高校经典教材同步辅导丛书

高等数学(第六版·上册)
同步辅导及习题全解

主　编　苏志平　郭志梅

中国水利水电出版社
www.waterpub.com.cn

内 容 提 要

本书是高教版《高等数学》（第六版）教材的配套学习辅导及习题解答。编写的重点在于提供原教材中各章节全部习题的精解详答，并对典型习题做了详细的分析和提纲挈领的点评。每章都对知识点进行归纳和提炼，帮助读者梳理清楚各章脉络，统揽全局；并在教材给出的习题的基础上，根据每章的知识重点，精选了有代表性的例题，方便读者迅速掌握各章的重点和难点。

本书编写思路清晰、逻辑缜密、内容详尽，简明易懂，力求循序渐进地帮助读者分析并解决学习中遇到的问题。

本书可作为各专业本科学生《高等数学》课程教学辅导材料和复习参考用书及考研强化复习的指导书，也可以作为《高等数学》课程教师的教学参考书。

图书在版编目（CIP）数据

高等数学（第六版上册）同步辅导及习题全解 / 苏志平，郭志梅主编.—北京：中国水利水电出版社，2009
（高校经典教材同步辅导丛书）
ISBN 978-7-5084-6750-4

I. 高… II.①苏…②郭… III.高等数学－高等学校－教学参考资料 IV.O13

中国版本图书馆 CIP 数据核字（2009）第 146773 号

策划编辑：杨庆川　责任编辑：杨元泓　加工编辑：郑秀芹　封面设计：李佳

书　　名	高校经典教材同步辅导丛书 高等数学（第六版·上册）同步辅导及习题全解
作　　者	主编　苏志平　郭志梅
出版　发行	中国水利水电出版社（北京市海淀区玉渊潭南路 1 号 D 座　100038） 网址：www.waterpub.com.cn E-mail：mchannel@263.net（万水） sales@waterpub.com.cn 电话：（010）68367658（营销中心）、82562819（万水）
经　　售	全国各地新华书店和相关出版物销售网点
排　　版	北京万水电子信息有限公司
印　　刷	北京市梦宇印务有限公司
规　　格	148mm×210mm　32 开本　11.5 印张　440 千字
版　　次	2009 年 8 月第 1 版　2010 年 12 月第 5 次印刷
印　　数	16001—22000 册
定　　价	12.50 元

编委会

前言

《高等数学》是大学数学课程中的一门重要的必修课，是理工科学生学习其他课程的基础和工具，也是硕士研究生入学考试的一门必考科目。然而由于高等数学自身的抽象性及其特有的逻辑方式，使其成为了众多学习者的一大难关。

为了帮助广大读者学好高等数学，我们根据国家教委审定的普通高等学校高等数学课程教学基本要求(教学大纲)和研究生入学考试教学大纲编写了这本辅导书。本书按照《高等数学》(同济大学应用数学系主编，第五版，高等教育出版社出版)的章节顺序编写，分为上下两册，共十二章，本册为第一至七章。

各章具体体系及特点如下：

本章知识结构网络图　结合每年考研大纲的要求，分别对各章知识点做了简练的概括，使读者在各章的学习过程中目标明确，有的放矢。

典型例题与解题技巧以及每节课后习题解答　本书尽可能地归纳了该课程所涉及的重要题型，这些题型都是在对历年考试和考研所涉及的题型进行深入分析后总结出来的，具有一定的代表性。本书除了包括传统辅导书的解题过程外，还对大部分具有代表性的习题给出了知识点窍和逻辑推理。知识点窍部分简明扼要地点出了题中涉及的核心知识点，让学生清楚地了解出题者的意图；而逻辑推理则注重引导学生思维，旨在培养学生科学的思维方法，掌握答题的思维技巧。

本章重难点及考研要求　阐述每一章中重要的性质定理、公式及结论，并对一些难于理解但又是大纲所要求的考研常涉及到的内容进行了详细的解释和归纳。目的是使读者站在一个更高的角度去分析问题、解决问题。

由于时间较仓促和编者水平有限，难免书中有疏漏之处，敬请各位同行和读者给予批评、指正。

编者

2009 年 8 月

目录

第一章　函数与极限

知识结构网络图

- 函数与极限
  - 函数
    - 定义(特点)
    - 性质(有界性、单调性、奇偶性和周期性)
    - 基本初等函数(定义、性质、图形)
    - 反函数、分段函数、隐函数
    - 复合函数(复合函数的分解)
  - 极限
    - 定义
      - 数列极限(ε—N 定义)
      - 函数极限(ε—δ 定义)
        - $\lim\limits_{x\to x_0} f(x)$
        - $\lim\limits_{x\to\pm\infty} f(x)$
        - 左、右极限
        - 极限存在的充要条件
    - 性质
      - 数列极限(唯一性、有界性、保号性、收敛数列与其子数列间的关系)
      - 函数极限(唯一性、局部有界性、局部保号性、函数极限与数列极限的关系)
    - 无穷小(大)
      - 定义及性质
      - 阶的分类
        - 高阶无穷小
        - 等价无穷小
        - 同阶无穷小
        - k 阶无穷小
    - 求极限的方法
      - 单调有界准则
      - 夹逼准则
      - 两个重要极限
      - 无穷小乘以有界变量
      - 利用极限运算法则及函数的连续性
    - 连续
      - 定义
      - 间断点
        - 第一类间断点
        - 第二类间断点
      - 连续函数的四则运算
      - 反函数与复合函数的连续性
      - 初等函数的连续性
    - 闭区间上连续函数的性质
      - 有界性与最大值最小值定理
      - 零点定理
      - 介值定理
      - 一致连续性

1.1 映射与函数

本节重难点及考研要求

重点及考点

1. 两个奇函数的和或差仍是奇函数;两个偶函数的和、差、积、商(除数不为 0) 仍是偶函数;两个奇函数的积或商(除数不为 0) 为偶函数;一个奇函数与一个偶函数的积、商(除数不为 0) 为奇函数.
2. 复合函数可由两个或多个函数相继进行有限次复合而成,但是并不是任意两个函数都可以进行复合. 设外层函数 $y = f(u), u \in D$,内层函数 $\mu = g(x), x \in E$. 仅当外层函数的定义域与内层函数的值域相交时,即 $E^* = \{x \mid g(x) \in D, x \in E\} \neq \varnothing$ 时,两个函数才能复合. 例如,$y = \sqrt{u^2 - 2}, u = \sin x$ 就不能复合成 $y = \sqrt{\sin^2 x - 2}$.
3. 函数有反函数的充要条件为函数是一一对应的. 严格单调函数必有反函数,且严格递增(减) 函数的反函数也必严格递增(减). 反之,有反函数的函数未必一定是严格单调函数,$y = f(x)$ 的反函数 $x = f^{-1}(y)$ 与 $y = f(x)$ 表示同一条曲线,若用 x 表示自变量,y 表示因变量,则 $y = f^{-1}(x)$ 及 $y = f(x)$ 的图像关于直线 $y = x$ 对称,$f^{-1}(x)$ 的定义域即为 $f(x)$ 的值域.
4. 分段函数是特别要注意的一类函数,它用几个不同解析式"分段"表示一个函数,所以解析式对应的自变量集合的并集是该函数的定义域. 定义域的各段最多只能在端点处重合,重合时对应的函数值应该相等. 图像分段的函数不一定是分段函数,分段函数的图像也可以是一条不断开的曲线(或曲面).
5. 本节的难点是复合函数,重点是复合函数和分段函数. 考研中常出现的题型是求复合函数,特别是求分段的复合函数,方法主要有 2 种:分析法和图示法.

考研要求

1. 理解函数的概念,掌握函数的表示方法,并会建立函数关系式.
2. 了解函数的有界性、单调性、周期性和奇偶性.
3. 理解复合函数及分段函数的概念,了解反函数及隐函数的概念.
4. 掌握基本初等函数的性质及其图形,了解初等函数的概念.

典型例题与解题技巧

题型 Ⅰ:判断函数的等价性

【题型分析】 当且仅当给定的两个函数其定义域和对应关系完全相同时,这两个函数才表示同一函数，否则表示不同的函数.

例 1　判断下列各组函数是否相等：

(1) 函数 $f(x)=\frac{x}{x}$ 与 $g(x)=1$；

(2) 函数 $f(x)=\sqrt{x^2}$，$g(x)=|x|$ 与 $h(x)=\begin{cases}x, & x\geqslant 0,\\ -x, & x<0.\end{cases}$

分析　当且仅当给定的函数其定义域和对应法则完全相同时，这些函数才表示同一函数，否则表示不同的函数.

解　(1) 由于 $f(x)$ 的定义域为 $(-\infty,0)\cup(0,+\infty)$，而 $g(x)$ 的定义域为 $(-\infty,+\infty)$，故 $f(x)\neq g(x)$.

(2) 由于 $f(x)$、$g(x)$ 和 $h(x)$ 的定义域均为 $(-\infty,+\infty)$，且对 $\forall x\in(-\infty,+\infty)$ 均有 $f(x)=g(x)=h(x)=|x|$，故 $f(x)=g(x)=h(x)$.

例 2　在下列各组函数中，找出两个函数等价的一组：

(1) $y=x^0$ 与 $y=1$；　(2) $y=(\sqrt{x})^2$ 与 $y=\sqrt{x^2}$.

分析　通过定义域和对应法则是否相同.

解　(1) $y=x^0$ 的定义域为 $\{x\mid x\neq 0\}$；$y=1$ 的定义域为 $\mathbf{R}$，故该组的两个函数不等价.

(2) $y=(\sqrt{x})^2$ 的定义域为 $\{x\mid x\geqslant 0\}$；$y=\sqrt{x^2}$ 的定义域为 $\mathbf{R}$，故该组的两个函数不等价.

题型 Ⅱ：求函数的定义域

【题型分析】　求函数的定义域有下列原则：① 分母不能为零；② 偶次根式的被开方数大于等于零；③ 对数的真数大于零；④ $\arcsin x$ 或 $\arccos x$ 的定义域为 $\{x\mid |x|\leqslant 1\}$；⑤ $\tan x$ 的定义域为 $\left\{x\mid x\neq k\pi+\frac{\pi}{2},k\in\mathbf{Z}\right\}$；⑥ $\cot x$ 的定义域为 $\{x\mid x\neq k\pi,k\in\mathbf{Z}\}$.

例 3　求下列函数的定义域：

(1) $y=\ln(x+1)+2^{\frac{1}{x-1}}$；　(2) $y=\arcsin\frac{2x}{1+x}$.

分析　求函数的定义域时，一般主要针对一些基本形式来确定其定义域，然后再综合考虑. 基本形式可分为 $\sqrt{A}$，$\frac{1}{A}$，$\ln A$，$\arcsin A$，$\arccos A$ 等，其相应的定义域为 $A\geqslant 0$，$A\neq 0$，$A>0$，$|A|\leqslant 1$ 等.

解　(1) $\begin{cases}x+1>0,\\ x-1\neq 0,\end{cases}$ 定义域为 $(-1,1)\cup(1,+\infty)$.

(2) $\begin{cases}\left|\dfrac{2x}{1+x}\right|\leqslant 1,\\ 1+x\neq 0,\end{cases}\Rightarrow\begin{cases}|2x|\leqslant|1+x|,\\ x\neq -1,\end{cases}$ 定义域为$\left[-\dfrac{1}{3},1\right]$.

题型 Ⅲ:求函数的表达式

【题型分析】

1. 观察法和变量代换法是解简单函数方程最基本的两种方法.

2. 利用函数表示法的变量无关性判断:当两个函数定义域相同且对应法则一致时,这两个函数表示同一个函数.

例 4　设 $f(x)$ 满足 $af(x)+bf\left(\dfrac{1}{x}\right)=\dfrac{c}{x}$($a,b,c$ 均为常数,且 $|a|\neq|b|$),求 $f(x)$.

分析　利用函数表示法的"变量无关性":当两个函数定义域相同、对应法则一致时,这两个函数表示同一个函数.

解　由题意可知 $f(x)$ 满足

$$af(x)+bf\left(\frac{1}{x}\right)=\frac{c}{x}. \qquad ①$$

令 $t=\dfrac{1}{x}$,则 $x=\dfrac{1}{t}$,故 $af\left(\dfrac{1}{t}\right)+bf(t)=ct$,

则 $$af\left(\frac{1}{x}\right)+bf(x)=cx, \qquad ②$$

联立①②解得 $f(x)=\dfrac{1}{a^2-b^2}\left(\dfrac{ac}{x}-bcx\right)$.

例 5　设 $f(x)$ 定义在 $(-\infty,+\infty)$ 上,且满足 $2f(x)+f(1-x)=x^2$,求 $f(x)$.

分析　通过变量代换将原式中的 x 换成 $1-x$.

解　$$2f(x)+f(1-x)=x^2 \qquad ①$$

将 x 换成 $1-x$,得 $2f(1-x)+f(1-(1-x))=(1-x)^2$,

即 $$2f(1-x)+f(x)=(1-x)^2. \qquad ②$$

由①式乘 2 减去②式即可消去 $f(1-x)$,得

$3f(x)=2x^2-(1-x)^2$,即 $3f(x)=x^2+2x-1$,

亦即 $f(x)=\dfrac{1}{3}(x^2+2x-1)$,$\forall x\in(-\infty,+\infty)$.

题型 Ⅳ:函数的奇偶性

【题型分析】

1. 函数的奇偶性是关于原点的对称区间而言,若定义域关于原点不对称,则该函数

既不是奇函数也不是偶函数,在判断函数奇偶性之前应先检查函数的定义域.

2. 利用 $f(-x)$ 和 $f(x)$ 的关系来判断函数的奇偶数.若 $f(-x)=f(x)$,为偶函数;若 $f(-x)=-f(x)$,则为奇函数.

例 6　判断下列函数的奇偶性:

(1) $y=e^{x^2}\sin x$;　(2) $y=\log_a(x+\sqrt{1+x^2})$,$(a>0,a\neq 1)$.

分析　先判断定义域是否对称,然后按定义判定奇偶性.

解　(1) 因为 $\sin x$ 为奇函数,x^2 为偶函数,所以 $y=e^{x^2}\sin x$ 为奇函数.

$$(2)\ f(-x)=\log_a(-x+\sqrt{1+x^2})=\log_a\frac{1}{x+\sqrt{1+x^2}}$$
$$=-\log_a(x+\sqrt{1+x^2})=-f(x),$$

所以原函数为奇函数.

例 7　判别下面函数的奇偶性:$y=\begin{cases}x(1-x), & x\geqslant 0,\\ x(1+x), & x<0.\end{cases}$

分析　分段函数奇偶性的判断仍按定义进行,注意分区间判定.

解　令 $f(x)=y=\begin{cases}-x^2+x, & x\geqslant 0,\\ x^2+x, & x<0.\end{cases}$

当 $x\geqslant 0$ 时,$f(-x)=(-x)^2+(-x)=x^2-x=-f(x)$,

当 $x<0$ 时,$f(-x)=(-x)^2-x=x^2-x\neq -f(x)$,

所以该函数为非奇非偶函数.

题型Ⅴ:函数的单调性和有界性

【题型分析】

1. 函数单调性的判断:若 $f(x)$ 在区间 D 上没有告知可导,则其单调性用定义判别;若 $f(x)$ 在区间 D 上可导,则利用导数判别更简便.

2. 证明函数有界的方法:

① 利用函数有界性的定义,对函数取绝对值,然后对不等式进行放缩处理.

② 采用求导来求最值的方法.

③ 根据连续函数的性质证明.

例 8　指出下面两个函数是否有界?

(1) $y=\dfrac{1}{x^2}$,$a\leqslant x\leqslant 1$(其中 $0<a<1$);

(2) $y=x\cos x$,$x\in(-\infty,+\infty)$.

分析　利用函数有界性的定义判断.

解 (1) 因为 $a \leqslant x \leqslant 1$,

所以 $a^2 \leqslant x^2 \leqslant 1 \Rightarrow 1 \leqslant \dfrac{1}{x^2} \leqslant \dfrac{1}{a^2}$,$\left(0 < a < 1 \Rightarrow \dfrac{1}{a^2} > 1\right)$

即 $y = \dfrac{1}{x^2}$,当 $x \in [a,1]$ 时有界,$\dfrac{1}{a^2}$ 是一个上界.

(2) 对 $\forall M > 0$,取 $x = (2[M]+1)\pi$($[M]$ 表示取 M 的整数部分),

则 $\cos x = -1$.

此时 $|f(x)| = |(2[M]+1)\pi\cos(2[M]+1)\pi| = (2[M]+1)\pi > M$,

由定义可知当 $x \in (-\infty, +\infty)$ 时 $y = x\cos x$ 无界.

例 9 设 $f(x)$ 在 $(0,+\infty)$ 上有定义,且 $\dfrac{f(x)}{x}$ 在 $(0,+\infty)$ 内单调减小,证明:对任意两点 $x_1 > 0, x_2 > 0$,有 $f(x_1+x_2) \leqslant f(x_1)+f(x_2)$.

分析 $\dfrac{f(x)}{x}$ 单调是唯一的条件,因此要从 $\dfrac{f(x)}{x}$ 出发,逐步构造和结论联系的桥梁.

解 不妨设 $0 < x_1 \leqslant x_2$,故有 $\dfrac{f(x_2)}{x_2} \leqslant \dfrac{f(x_1)}{x_1}$,

即 $x_1 f(x_2) \leqslant x_2 f(x_1)$,又因为 $x_2 < x_1 + x_2$,则 $\dfrac{f(x_1+x_2)}{x_1+x_2} \leqslant \dfrac{f(x_2)}{x_2}$.

得 $x_2 f(x_1+x_2) \leqslant x_1 f(x_2) + x_2 f(x_2) \leqslant x_2(f(x_2)+f(x_1))$,

即 $f(x_1+x_2) \leqslant f(x_1)+f(x_2)$.

题型 Ⅵ:反函数的求法

【题型分析】 反函数求法比较固定,具有很强的程序性,步骤如下:

1. 把 x 从方程 $y = f(x)$ 中解出.
2. 把刚才所得到的表达式中 x 与 y 对换,即可得到反函数 $f^{-1}(x)$.
3. 对于分段函数要牢记所求函数表达式的区间.

例 10 求函数 $y = \dfrac{10^x + 10^{-x}}{10^x - 10^{-x}} + 1$ 的反函数.

分析 把 x 从方程 $y = f(x)$ 中解出,然后变换 x, y.

解 当 $x \neq 0$ 时,将原式变形为 $y(10^{2x}-1) = 10^{2x}+1+(10^{2x}-1)$

即 $(y-2)10^{2x} = y$,解得 $x = \dfrac{1}{2}\lg\dfrac{y}{y-2}$,

故反函数为 $y = \dfrac{1}{2}\lg\dfrac{x}{x-2}$.

例 11 求 $y = f(x) = \begin{cases} 1+x^2, & x > 0, \\ 0, & x = 0, \\ -1-x^2, & x < 0 \end{cases}$ 的反函数.

分析　由 $y=f(x)$ 出发解出 x 的表达式，然后交换 x 与 y 的位置即可得出反函数 $y=f^{-1}(x)$.

解　(1) 当 $x>0$ 时，由 $y=1+x^2$ 解出 $x=\pm\sqrt{y-1}$，且 $x>0$，所以 $x=\sqrt{y-1}$，$y>1$；

(2) 当 $x=0$ 时，$y=0$；

(3) 当 $x<0$ 时，$y=-1-x^2$ 解出 $x=\pm\sqrt{-1-y}$，且 $x<0$，所以 $x=-\sqrt{-1-y}$，从而 $-1-y>0$，即 $y<-1$，

综上

$$x=f^{-1}(y)=\begin{cases}\sqrt{y-1}, & y>1,\\ 0, & y=0,\\ -\sqrt{-1-y}, & y<-1.\end{cases}$$

即所求反函数

$$y=f^{-1}(x)=\begin{cases}\sqrt{x-1}, & x>1,\\ 0, & x=0,\\ -\sqrt{-1-x}, & x<-1.\end{cases}$$

题型 Ⅶ：复合函数的求法

【题型分析】

1. 代入法：将一个函数中的自变量用另一个函数的表达式来替代，这种构成复合函数的方法称为代入法，适用于初等函数或抽象函数的复合.

2. 分析法：所谓分析法就是抓住最外层函数定义域的各区间段，结合中间变量的表达式及中间变量的定义域进行分析，从而得出复合函数的方法，该法适用于初等函数与分段函数或分段函数之间的复合.

例 12　设 $f(x)=\dfrac{1}{1-x}$，求 $f[f(f(x))]$；$f\left(\dfrac{1}{f(x)}\right)$.

分析　将一个函数中的自变量用另一个函数的表达式来代替.

解　$f(f(x))=\dfrac{1}{1-f(x)}=\dfrac{1}{1-\dfrac{1}{1-x}}=\dfrac{x-1}{x}(x\neq 0)$，

$$f[f(f(x))]=f(\frac{x-1}{x})=\frac{1}{1-\dfrac{x-1}{x}}=x,$$

$$f\left(\frac{1}{f(x)}\right)=\frac{1}{1-\dfrac{1}{f(x)}}=\frac{f(x)}{f(x)-1}=\frac{\dfrac{1}{1-x}}{\dfrac{1}{1-x}-1}=\frac{1}{x}(x\neq 0).$$

例 13 设 $f(x)=\begin{cases}\sqrt{1-x^2}, & |x|<1\\ x^2+1, & |x|\geqslant 1\end{cases}$,求 $f[f(x)]$.

分析 抓住最外层函数定义域的各区间段,结合中间变量的表达式及中间变量的定义域进行分析.

解 因当 $0<|x|<1$ 时,$|f(x)|=\sqrt{1-x^2}<1$,

所以 $f[f(x)]=\sqrt{1-f^2(x)}=\sqrt{1-(1-x^2)}=\sqrt{x^2}=|x|$,

当 $|x|\geqslant 1$ 时,$|f(x)|=|x^2+1|>1$,

所以 $f[f(x)]=f^2(x)+1=(x^2+1)^2+1=x^4+2x^2+2$,

当 $x=0$ 时,$|f(0)|=|\sqrt{1-0^2}|=1$,

所以 $f[f(0)]=[f(0)]^2+1=2$,

综上所述

$$f[f(x)]=\begin{cases}-x, & -1<x<0,\\ 2, & x=0,\\ x, & 0<x<1,\\ x^4+2x^2+2, & |x|\geqslant 1.\end{cases}$$

题型Ⅷ:周期函数的计算

【题型分析】 判定函数为周期函数的主要方法如下:

1. 从定义出发,找到 $T\neq 0$,使得 $f(x+T)=f(x)$.

2. 利用周期函数的运算性质证得.

例 14 设 $y=f(x),x\in(-\infty,+\infty)$ 的图形关于 $x=a,x=b$ 均对称 $(a<b)$,求证:$y=f(x)$ 是周期函数并求其周期.

分析 关键是构造 T,使 $f(x+T)=f(x)$.

解 对 $\forall x\in(-\infty,+\infty)$,

$$\begin{aligned}f(x+2b-2a)&=f(b+x+b-2a)=f(b-(x+b-2a))\\&=f(a+a-x)=f(a-(a-x))=f(x).\end{aligned}$$

所以 $f(x)$ 是周期函数,$2b-2a$ 是它的一个周期.

课后习题解答(习题 1-1)

1. 解 $A\cup B=(-\infty,3)\cup(5,+\infty)$, $A\cap B=[-10,-5)$,

$A\backslash B=(-\infty,-10)\cup(5,+\infty)$, $A\backslash(A\backslash B)=[-10,-5)$.

2. 证明 设 $x\in(A\cap B)^C$,则 $x\overline{\in}A\cap B$,

于是 $x \overline{\in} A$ 或 $x \overline{\in} B$.

所以 $x \in A^C \cup B^C$. 即 $(A \cap B)^C \subset A^C \cup B^C$,

同理可证 $A^C \cup B^C \subset (A \cap B)^C$,

因此 $(A \cap B)^C = A^C \cup B^C$.

3. 证明 (1) 首先设 $y \in f(A \cup B)$,则存在 $x \in A$ 或 B,使得 $y = f(x)$,

于是有 $y \in f(A)$ 或 $y \in f(B)$.

即 $y \in f(A) \cup f(B)$.

其次设 $y \in f(A) \cup f(B)$,则 $y \in f(A)$ 或 $f(B)$.

于是存在 $x \in A$ 或 B,使得 $y = f(x)$,

即 $y \in f(A \cup B)$, 故有 $f(A \cup B) = f(A) \cup f(B)$.

(2) 设 $y \in f(A \cap B)$,则存在 $x \in A \cap B$,使得 $y = f(x)$,

于是有 $y \in f(A)$,且 $y \in f(B)$,

故有 $f(A \cap B) \subset f(A) \cap f(B)$.

4. 解 (1) $3x + 2 \geqslant 0$,即 $x \geqslant -\frac{2}{3}$,定义域 $D = [-\frac{3}{2}, +\infty)$;

(2) $1 - x^2 \neq 0$,即 $x \neq \pm 1$;定义域 $D = (-\infty, -1) \cup (-1, 1) \cup (1, +\infty)$;

(3) $\begin{cases} x \neq 0, \\ 1 - x^2 \geqslant 0. \end{cases}$ 即 $\begin{cases} -1 \leqslant x < 0, \\ 0 < x \leqslant 1. \end{cases}$ 定义域 $D = [-1, 0) \cup (0, 1]$;

(4) $4 - x^2 > 0$,即 $D = (-2, 2)$;

(5) $x \geqslant 0$,即定义域 $D = [0, +\infty)$;

(6) $x + 1 \neq k\pi + \frac{\pi}{2}$($k$ 为整数), 即 $x \neq k\pi + \frac{\pi}{2} - 1$;

(7) $|x - 3| \leqslant 1$, 即 $2 \leqslant x \leqslant 4$, 故 $D = [2, 4]$;

(8) $\begin{cases} 3 - x \geqslant 0, \\ x \neq 0. \end{cases}$ 即 $\begin{cases} x \leqslant 3 \\ x \neq 0 \end{cases}$, $D = (-\infty, 0) \cup (0, 3]$;

(9) $x + 1 > 0$,即 $x > -1$, $D = (-1, +\infty)$;

(10) $x \neq 0$,即 $D = (-\infty, 0) \cup (0, +\infty)$.

5. 解 (1) 不同. 因为两者定义域不同.

(2) 不同. 因为两者对应法则不同. $x < 0$ 时, $g(x) = -x$.

(3) 相同. 因为两者定义域、对应法则均相同.

(4) 不同. 因为 $g(x) = \sec^2 x - \tan^2 x = \frac{1 - \sin^2 x}{\cos^2 x}$ 分母不能为 0,要求 $x \neq k\pi + \frac{1}{2}\pi$,故 $f(x)$ 与 $g(x)$ 定义域不同.

6. 解 因为 $|x|=\frac{\pi}{6}<\frac{\pi}{3}$,所以 $\varphi(\frac{\pi}{6})=|\sin\frac{\pi}{6}|=\frac{1}{2}$.

同理 $\varphi(\frac{\pi}{4})=|\sin\frac{\pi}{4}|=\frac{\sqrt{2}}{2},\varphi(-\frac{\pi}{4})=|\sin(-\frac{\pi}{4})|=\frac{\sqrt{2}}{2},\varphi(-2)=0.$

综上得 $y=\varphi(x)=\begin{cases}\sin x, & 0\leqslant x<\frac{\pi}{3},\\ -\sin x, & -\frac{\pi}{3}<x<0,\\ 0, & |x|\geqslant\frac{\pi}{3}.\end{cases}$

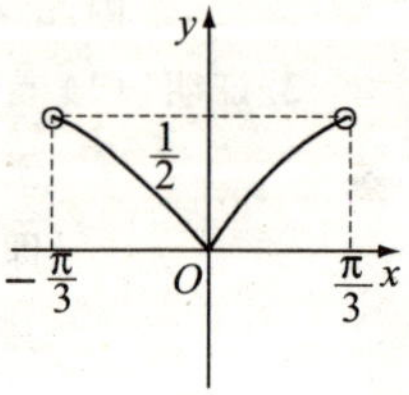

图 1-1

$y=\varphi(x)$ 的图形如图 1-1.

7. 解 (1) 设 $x_1<x_2$ 且 $x_1,x_2\in(-\infty,1)$,

$$f(x_1)-f(x_2)=\frac{x_1}{1-x_1}-\frac{x_2}{1-x_2}=\frac{x_1-x_2}{(1-x_1)(1-x_2)}<0,$$

即 $f(x_1)<f(x_2)$,故 $y=\frac{x}{1-x}$ 在 $(-\infty,1)$ 内单调增加.

(2) 设 $x_1<x_2$ 且 $x_1,x_2\in(0,+\infty)$,

$f(x_1)-f(x_2)=(x_1+\ln x_1)-(x_2+\ln x_2)=(x_1-x_2)+(\ln x_1-\ln x_2)$,

由于 $y=\ln x$ 为单调增加函数,所以 $(\ln x_1-\ln x_2)<0$.

又因 $x_1-x_2<0$,所以 $(x_1-x_2)+(\ln x_1-\ln x_2)<0$.

故 $f(x_1)-f(x_2)<0$,即 $f(x_1)<f(x_2)$.

故 $y=x+\ln x$ 在 $(0,+\infty)$ 内单调增加.

8. 证明 设 $x_1,x_2\in(-l,0)$ 且 $x_1<x_2$,则必有 $-x_1,-x_2\in(0,l)$,且 $-x_2<-x_1$;

由 $f(x)$ 在 $(0,l)$ 内单调增加,可得 $f(-x_2)<f(-x_1)$.

因为 $f(x)$ 在 $(-l,l)$ 内是奇函数,所以 $f(-x_2)=-f(x_2),f(-x_1)=-f(x_1)$,所以 $-f(x_2)<-f(x_1)$,亦即 $f(x_1)<f(x_2)$.

这就证明了对 $(-l,0)$ 内任取的 $x_1<x_2$,则有 $f(x_1)<f(x_2)$.

因此,$f(x)$ 在 $(-l,0)$ 内也单调增加.

9. 证明 设 $f_1(x),g_1(x)$ 为奇函数,$f_2(x),g_2(x)$ 为偶函数,

(1) $f_2(-x)+g_2(-x)=f_2(x)+g_2(x)$,即两个偶函数的和仍为偶函数.

$f_1(-x)+g_1(-x)=-[f_1(x)+g_1(x)]$,即两个奇函数的和仍为奇函数.

(2) $f_2(-x)g_2(-x)=f_2(x)g_2(x)$,即两个偶函数的积仍为偶函数.而

$f_1(-x)g_1(-x)=[-f_1(x)][-g_1(x)]=f_1(x)g_1(x)$,

即两个奇函数的乘积是偶函数,并且

$$f_2(-x)f_1(-x)=f_2(x)[-f_1(x)]=-f_2(x)f_1(x),$$

即偶函数与奇函数的乘积是奇函数.

10. 解 (1) $f(-x)=(-x)^2[1-(-x)^2]=x^2(1-x^2)=f(x)$,故 $f(x)$ 为偶函数.

(2) $f(-x)=3(-x)^2-(-x)^3=3x^2+x^3\neq f(x)$ 且 $\neq -f(x)$,故 $f(x)$ 非奇函数也非偶函数.

(3) $f(-x)=\dfrac{1-(-x)^2}{1+(-x)^2}=\dfrac{1-x^2}{1+x^2}=f(x)$,故 $f(x)$ 为偶函数.

(4) $f(-x)=(-x)[(-x)-1][(-x)+1]=-x(x-1)(x+1)=-f(x)$, $f(x)$ 为奇函数.

(5) $f(-x)=\sin(-x)-\cos(-x)+1=-\sin x-\cos x+1\neq f(x)$ 且 $\neq -f(x)$, $f(x)$ 既非奇函数也非偶函数.

(6) $f(-x)=\dfrac{a^{-x}+a^{-(-x)}}{2}=\dfrac{a^x+a^{-x}}{2}=f(x)$, $f(x)$ 为偶函数.

11. 解 (1) $y=\cos(x-2)$ 是周期函数,周期 $T=2\pi$.

(2) $y=\cos 4x$ 是周期函数,周期 $T=\dfrac{2\pi}{4}=\dfrac{\pi}{2}$.

(3) $y=1+\sin\pi x$ 是周期函数,周期 $T=\dfrac{2\pi}{\pi}=2$.

(4) $y=x\cos x$ 不是周期函数.

(5) $y=\sin^2 x=\dfrac{1-\cos 2x}{2}$ 是周期函数,周期 $T=\dfrac{2\pi}{2}=\pi$

12. 解 (1) 将 $y=\sqrt[3]{x+1}$ 改写为 $x=\sqrt[3]{y+1}$,得 $y=x^3-1(x\in R)$.

(2) 将 $y=\dfrac{1-x}{1+x}$ 改写为 $x=\dfrac{1-y}{1+y}$,得 $y=\dfrac{1-x}{1+x}(x\neq -1)$.

(3) 将 $y=\dfrac{ax+b}{cx+d}$ 改写为 $x=\dfrac{-dy+b}{cy-a}$,得 $y=\dfrac{-dx+b}{cx-a}(x\neq\dfrac{a}{c})$.

(4) 将 $y=2\sin 3x$ 改写为 $x=2\sin 3y$,得 $y=\dfrac{1}{3}\arcsin\dfrac{x}{2}(|x|\leqslant 2)$.

(5) 将 $y=1+\ln(x+2)$ 改写为 $x=1+\ln(y+2)$,得 $y=e^{x-1}-2(x\in R)$.

(6) 将 $y=\dfrac{2^x}{2^x+1}$ 改写为 $x=\dfrac{2^y}{2^y+1}$,得 $y=\log_2\dfrac{x}{1-x}(0<x<1)$.

13. 证明 (1) 必要性:设 $f(x)$ 在 X 上有界,即存在数 $M>0$,

使得 $|f(x)|\leqslant M, x\in X$.

因而 $-M\leqslant f(x)\leqslant M, x\in X$.

亦即 $f(x)$ 在 X 上既有上界 M,又有下界 $-M$.

(2) 充分性:设 $f(x)$ 在 X 上有上界 M_1,下界 M_2,

即　$M_2 \leqslant f(x) \leqslant M_1, x \in X$.

令 $M = \max(|M_1|, |M_2|)$，则 $-M \leqslant M_2, M_1 \leqslant M$，

因而　$-M \leqslant f(x) \leqslant M, x \in X$.　即　$|f(x)| \leqslant M, x \in X$.

故 $f(x)$ 在 X 上有界，证毕.

14. 解　(1) $y = \sin^2 x, y_1 = (\sin\frac{\pi}{6})^2 = \frac{1}{4}, y_2 = (\sin\frac{\pi}{3})^2 = \frac{3}{4}$.

(2) $y = \sin 2x, y_1 = \sin\frac{\pi}{4} = \frac{\sqrt{2}}{2}, y_2 = \sin\frac{\pi}{2} = 1$.

(3) $y = \sqrt{1+x^2}, y_1 = \sqrt{1+1} = \sqrt{2}, y_2 = \sqrt{1+2^2} = \sqrt{5}$.

(4) $y = e^{x^2}, y_1 = e^0 = 1, y_2 = e^1 = e$.

(5) $y = e^{2x}, y_1 = e^2, y_2 = e^{-2} = \frac{1}{e^2}$.

15. 解　(1) 当 $x \in [-1,1]$ 时 $x^2 \in [0,1]$，反之亦然，故 $f(x^2)$ 的定义域为 $[-1,1]$.

(2) 要使 $\sin x \in [0,1]$，当且仅当 $x \in [2k\pi, (2k+1)\pi]$ $(k \in \mathbf{Z})$，

故 $f(\sin x)$ 的定义域是 $\{x \mid x \in [2k\pi, (2k+1)\pi], k \in \mathbf{Z}\}$.

(3) 要使 $x + a \in [0,1]$，当且仅当 $x \in [-a, 1-a]$，

故 $f(x+a)$ 的定义域为 $[-a, 1-a]$ $(a > 0)$.

(4) 若 $0 < a \leqslant \frac{1}{2}$，定义域为 $[a, 1-a]$；若 $a > \frac{1}{2}$，则函数定义域为 $\varnothing$

16. 解　$f[g(x)] = \begin{cases} 1, x < 0, \\ 0, x = 0, \\ -1, x > 0. \end{cases}$ 如图 1-2(a) 所示.

$g[f(x)] = e^{f(x)} = \begin{cases} e^1 = e, |x| < 1 \\ e^0 = 1, |x| = 1, \\ e^{-1}, |x| > 1. \end{cases}$ 如图 1-2(b) 所示

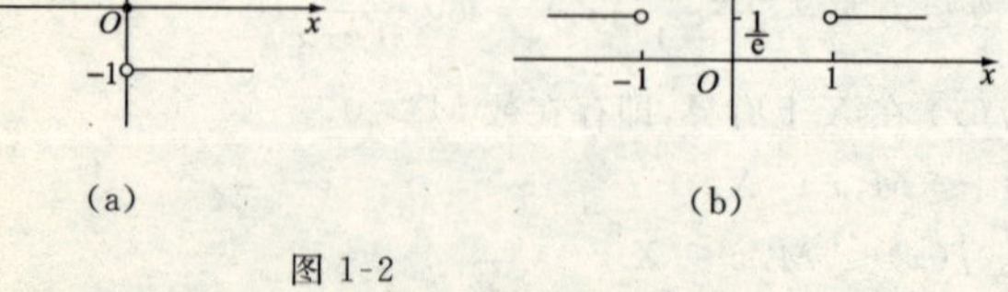

(a)　　(b)

图 1-2

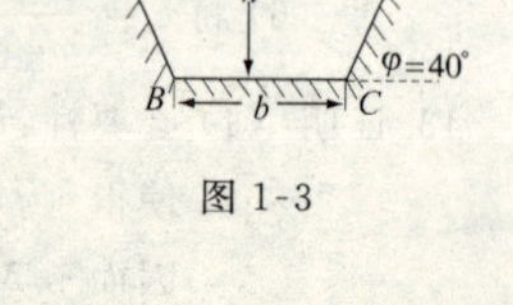

图 1-3

17. 解　如图 1-3 所示，$AB = CD$.

$S_0 = \frac{1}{2}h(BC + AD)$，

$h = CD\sin\varphi, AD = b + 2CD\cos\varphi, BC = b$，

从而 $S_0 = \dfrac{h}{2}(b + b + 2\dfrac{h}{\sin\varphi}\cos\varphi) = h(b + h\cot\varphi)$.　①

又由于 $L = AB + BC + CD = b + 2CD = b + \dfrac{2h}{\sin\varphi}$，　②

由 ①② 消去 b 得 $S_0 = h(L - \dfrac{2h}{\sin\varphi} + h\cot\varphi)$，

从而有 $L = \dfrac{S_0}{h} + \dfrac{2h}{\sin\varphi} - h\cot\varphi$，

即 $L = \dfrac{S_0}{h} + \dfrac{2 - \cos40^\circ}{\sin40^\circ}h$ 为所求周长 L 与水深 h 之间的函数关系式.

由题意可知，其定义域由 $h > 0$ 和 $b > 0$ 所确定，

由 ① 式可知 $b = \dfrac{S_0}{h} - h\cot40^\circ > 0$，　从而 $h^2 < S_0\tan40^\circ$，

所以 $0 < h < \sqrt{S_0\tan40^\circ}$，　所求定义域为$(0, \sqrt{S_0\tan40^\circ})$.

18. 解 (1) $p = \begin{cases} 90, & 0 \leqslant x \leqslant 100, \\ 90 - (x - 100) \times 0.01, & 100 < x < 1\,600, \\ 75, & x \geqslant 1\,600. \end{cases}$

(2) $P = (p - 60)x = \begin{cases} 30x, & 0 \leqslant x \leqslant 100, \\ 31x - 0.01x^2, & 100 < x < 1\,600, \\ 15x, & x \geqslant 1\,600. \end{cases}$

(3) 当定购 1 000 台时，按(2) 的结论厂方可获利

$P = 31x - 0.01x^2 = [31 \times 1\,000 - 0.01 \times (1\,000)^2] = 21\,000$(元).

所以当定购 1 000 台时，厂商获利 21 000 元.

19. 解 (1)$F = 90^\circ, C = \dfrac{5}{9}(120 - 32) = 32.2^\circ$，

$C = -50^\circ, F = 1.8 \times (-5) + 32 = 23^\circ$.

(2) 设温度 t 符合题意，则有 $t = 1.8t + 32, t = -40$.

即华氏 -80° 恰好也是摄氏 -40°.

20. 解 由列表中第 3 列，猜想 1986 年后任一年的世界人口是前一年人口的 1.018 倍. 于是，1986 年后的第 t 年世界人口将是 $P(t) = 4936 \cdot (1.018)^t$，

$P(24) = 4936 \cdot (1.018)^{24} \approx 76$ 亿.

1.2 数列的极限

本节重难点及考研要求

重点及考点

1. 正确理解数列极限的 $\varepsilon-N$ 的定义.

①ε 是任意给定的正数,但一经给出,又可视为固定的,以便依 ε 来求 N,由于 $\varepsilon>0$ 的任意性,所以定义中的不等式 $|x_n-a|<\varepsilon$ 可改写为 $|x_n-a|<k\varepsilon$(k 为大于 0 的常数),也可改为 $|x_n-a|<\varepsilon^2$,$|x_n-a|<\dfrac{1}{M}$(M 是任意正整数),$|x_n-a|\leqslant\varepsilon$ 等,其含义与 $|x_n-a|<\varepsilon$ 等价.

②N 的相应存在性.N 依赖于 ε,通常记作 $N=N(\varepsilon)$,但 N 并不是唯一的. $N(\varepsilon)$ 是强调其依赖性的一个符号,并不是单值函数关系,这里 N 的存在性是重要的,一般不计较其大小,甚至不必是自然数,只要是正数就可以. 所以,定义中的 $n>N$ 可改为 $n\geqslant N$ 或 $n>A(A\in\mathbf{R}^+)$.

③ 定义中"当 $n>N$ 时有 $|x_n-a|<\varepsilon$"是指 $n>N$ 的无穷多项式 x_n 都进入数 a 的 ε 邻域:$x_n\in(a-\varepsilon,a+\varepsilon)$. 即在 a 的 ε 邻域外最多只有 $\{x_n\}$ 的有限项,由此可知改变或增减数列 $\{x_n\}$ 的有限项,并不影响数列 $\{x_n\}$ 的收敛性.

2. 用极限定义证明 $\lim\limits_{n\to+\infty}x_n=a$ 是本节的难点.

用定义证明 $\lim\limits_{n\to+\infty}x_n=a$ 的关键在于给出了 ε,求对应的 $N=N(\varepsilon)$,这往往通过解不等式实现,有时 N 可直接解出,有时要利用一些技巧将不等式放大. 读者熟练掌握解证不等式的技巧是攻克这一难点的关键.

3. 数列 $\{x_n\}$ 若收敛,则它必为有界数列,反之有界数列则未必收敛. 例如 $\{\sin n\}$ 是有界数列,但 $\lim\limits_{n\to+\infty}\sin n$ 不存在.

4. 数列 $\{x_n\}$ 收敛的充要条件是 $\{x_n\}$ 的任意子列都收敛,且有相同的极限.

考研要求

1. 理解数列极限的概念,并用其证明简单极限问题.

2. 了解数列极限的性质.

典型例题与解题技巧

题型 Ⅰ:按定义证明数列极限等式

【题型分析】 用定义证明数列极限存在的步骤如下:

1. 给定任意 $\varepsilon>0$,要使 $|x_n-a|<\varepsilon$,经一系列放大 $|x_n-a|<\cdots<f(n)<\varepsilon$.

2. 解不等式 $f(n) < \varepsilon$，使 $n > g(\varepsilon)$.

3. 在上述解集中任取一正整数作为所求 N 即可.

例 1　设 a,k 为正常数，用定义证明 $\lim\limits_{n\to+\infty}\dfrac{1}{(n-a)^k}=0$.

分析　对 $\forall\varepsilon>0$，找到 N，使 $n>N$ 时，有 $|x_n-a|<\varepsilon$.

解　按定义即可证明　$\forall\varepsilon>0$，存在正整数 N，当 $n>N$ 时有

$$\left|\frac{1}{(n-a)^k}\right|<\varepsilon\Leftrightarrow|n-a|^k>\frac{1}{\varepsilon},$$

当 $n>a$ 时解不等式

$$|n-a|^k=(n-a)^k>\frac{1}{\varepsilon}\Leftrightarrow n>\left(\frac{1}{\varepsilon}\right)^{\frac{1}{k}}+a,$$

以 $[x]$ 表示不超过 x 的最大整数. 因此，对 $\forall\varepsilon>0$，取

$$N=\left[\left(\frac{1}{\varepsilon}\right)^{\frac{1}{k}}+|a|\right]+1.$$

当 $n>N$ 时，有 $\left|\dfrac{1}{(n-a)^k}\right|<\varepsilon$，即 $\lim\limits_{n\to+\infty}\dfrac{1}{(n-a)^k}=0$.

例 2　求证：$\lim\limits_{n\to\infty}\dfrac{2n-1}{n^2+n-4}=0$.

分析　有时求 N，在"放大"过程中还需要添加一定限制条件.

证明　对 $\forall\varepsilon>0$，找 N，使得 $\left|\dfrac{2n-1}{n^2+n-4}-0\right|<\varepsilon$，

而 $\left|\dfrac{2n-1}{n^2+n-4}-0\right|<\dfrac{2n}{n^2}$，限制 $n>4$，

则 $\dfrac{2n-1}{n^2+n-4}<\dfrac{2n}{n^2}=\dfrac{2}{n}<\varepsilon$，取 $N=\left[\dfrac{2}{\varepsilon}\right]$，

所以对 $\forall\varepsilon>0$，取 $N=\max\{4,\left[\dfrac{2}{\varepsilon}\right]\}$，当 $n>N$ 时，$\left|\dfrac{2n-1}{n^2+n-4}-0\right|<\varepsilon$.

题型 Ⅱ：证明数列没有极限（发散）

【题型分析】　证明数列发散的方法如下：

1. 找到两个子数列，证明它们的极限不相等.

2. 找到一个发散的子数列.

例 3　设 $a_n=\left(1+\dfrac{1}{n}\right)\sin\dfrac{n\pi}{2}$，证明数列 $\{a_n\}$ 没有极限.

分析　证 $\{a_n\}$ 没有极限，只需找到两个分别收敛到不同值的子列即可.

证明　设 k 为整数，若 $n=4k$，则

$$a_{4k}=\left(1+\frac{1}{4k}\right)\sin\frac{4k\pi}{2}=\left(1+\frac{1}{4k}\right)\sin 2k\pi=0,$$

若 $n=4k+1$,则

$$a_{4k+1}=\left(1+\frac{1}{4k+1}\right)\sin\left(\frac{4k\pi}{2}+\frac{\pi}{2}\right)=1+\frac{1}{4k+1}\to 1\ (k\to+\infty),$$

因此数列$\{a_n\}$没有极限.

课后习题解答(习题 1-2)

1. 解 (1)0; (2)0; (3)2; (4)1; (5)没有极限;(6)0; (7)发散; (8)发散.

2. 解 $\lim\limits_{n\to\infty}\dfrac{\cos\frac{n\pi}{2}}{n}=0$ 由于对于 $\forall\varepsilon>0$,$|x_n|<\varepsilon$,

只需证明$\left|\dfrac{\cos\frac{n\pi}{2}}{n}\right|\leqslant\dfrac{1}{n}<\varepsilon$,即$\dfrac{1}{\varepsilon}<n$,令 $N=\left[\dfrac{1}{\varepsilon}\right]$即可.

当 $\varepsilon=0.001$ 时,即 $N=\left[\dfrac{1}{\varepsilon}\right]=1000$ 即可.

3. 证明 (1) $\forall\varepsilon>0$,要使$\dfrac{1}{n^2}<\varepsilon$,只需$\sqrt{\dfrac{1}{\varepsilon}}<n$,

令 $N=\left[\sqrt{\dfrac{1}{\varepsilon}}\right]$,当$n>N=\left[\sqrt{\dfrac{1}{\varepsilon}}\right]$时,有$\left|\dfrac{1}{n^2}-0\right|<\varepsilon$,即$\lim\limits_{n\to\infty}\dfrac{1}{n^2}=0$.

(2) $\forall\varepsilon>0$,要使$\left|\dfrac{3n+1}{2n+1}-\dfrac{3}{2}\right|=\left|\dfrac{-1}{2(2n+1)}\right|<\dfrac{1}{2n+1}<\dfrac{1}{n}<\varepsilon$,

只需 $n>\dfrac{1}{\varepsilon}$.

令 $N=\left[\dfrac{1}{\varepsilon}\right]$,当 $n>N=\left[\dfrac{1}{\varepsilon}\right]$时,

有$\left|\dfrac{3n+1}{2n+1}-\dfrac{3}{2}\right|<\varepsilon$,即$\lim\limits_{n\to\infty}\dfrac{3n+1}{2n+1}=\dfrac{3}{2}$.

(3) $\forall\varepsilon>0$,要使$\left|\dfrac{\sqrt{n^2+a^2}}{n}-1\right|=\left|\dfrac{\sqrt{n^2+a^2}-n}{n}\right|<\varepsilon$,

由$\left|\dfrac{\sqrt{n^2+a^2}-n}{n}\right|=\left|\dfrac{n^2+a^2-n^2}{n(\sqrt{n^2+a^2}+n)}\right|=\left|\dfrac{a^2}{n(\sqrt{n^2+a^2}+n)}\right|<\left|\dfrac{a^2}{n}\right|$,

只需$\left|\dfrac{a^2}{n}\right|<\varepsilon$,即 $n>\dfrac{a^2}{\varepsilon}$.

令 $N=\left[\dfrac{a^2}{\varepsilon}\right]$,当 $n>N=\left[\dfrac{a^2}{\varepsilon}\right]$时,有$\left|\dfrac{\sqrt{n^2+a^2}}{n}-1\right|<\varepsilon$,

即 $\lim\limits_{n\to\infty}\dfrac{\sqrt{n^2+a^2}}{n}=1$.

(4) $\forall\varepsilon>0$,要使 $|0.\underbrace{999\cdots9}_{n个}|=\dfrac{1}{10^n}<\varepsilon$,只需 $10^n>\dfrac{1}{\varepsilon}$,即 $n>\lg\frac{1}{\varepsilon}$.

令 $N=[\lg\frac{1}{\varepsilon}]$,当 $n>N=[\log_{10}\frac{1}{\varepsilon}]$ 时,有 $|0.\underbrace{999\cdots9}_{n个}-1|=\dfrac{1}{10^n}<$

ε,即 $\lim\limits_{n\to\infty}0.\underbrace{999\cdots9}_{n个}=1$.

4. 证明 因为 $\lim\limits_{n\to\infty}u_n=a$,

由极限的定义可知,对于 $\forall\varepsilon>0,\exists N$,当 $n>N$ 时,

总有 $|u_n-a|<\varepsilon$,而且 $||u_n|-|a||<\varepsilon$.

于是 $\forall\varepsilon>0,\exists N$,当 $n>N$ 时,总有 $\Big||u_n|-|a|\Big|<\varepsilon$. 故 $\lim\limits_{n\to\infty}|u_n|=|a|$.

举例:$\lim\limits_{n\to\infty}(-1)^n$,虽有 $|u_n|=|(-1)^n|=1$,

且 $\lim\limits_{n\to\infty}|u_n|=1$,但 $\lim\limits_{n\to\infty}(-1)^n$ 不存在.　证毕.

5. 证明 因已知 $\{x_n\}$ 有界,故存在 $M>0$,使得对一切 $n\in\mathbf{N}$,

总有 $|x_n|\leqslant M$.　$\forall\varepsilon>0$,由 $\lim\limits_{n\to\infty}y_n=0$,则 $\exists N>0$,

当 $n>N$ 时,总有 $|y_n-0|=|y_n|<\varepsilon/M$,

从而有 $|x_ny_n-0|=|x_ny_n|=|x_n||y_n|<M\cdot\dfrac{\varepsilon}{M}=\varepsilon$,

所以 $\lim\limits_{n\to\infty}x_ny_n=0$.　证毕.

6. 证明 $\because\lim\limits_{k\to\infty}x_{2k-1}=a$,

$\therefore$ 对 $\forall\varepsilon>0,\exists N_1>0$,

当 $2k-1>N_1$ 时,

$|x_{2k-1}-a|<\varepsilon$.

又 $\because\lim\limits_{n\to\infty}x_{2k}=a$,

$\therefore$ 对上述 $\varepsilon>0,\exists N_2>0$,

当 $2k>N_2$ 时,$|x_{2k}-a|<\varepsilon$.

$\therefore$ 对上述 $\varepsilon>0,\exists N=\max\{N_1,N_2\}$,

当 $n>N$ 时,

$|x_n-a|<\varepsilon$,

故 $x_n\to a(n\to\infty)$.

1.3 函数的极限

本节重难点及考研要求

重点及考点

1. 正确理解函数极限的定义并用其证明简单极限问题是本节的重点和难点．若把数列$\{a_n\}$理解为自变量为自然数n的函数，即$a_n=f(n)$，则数列极限就是一类特殊函数的极限．

2. 由函数极限的定义可直接得到下列两个结论：

① $\lim\limits_{x\to\infty}f(x)=A \Leftrightarrow \lim\limits_{x\to+\infty}f(x)=\lim\limits_{x\to-\infty}f(x)=A$；

② $\lim\limits_{x\to x_0}f(x)=A \Leftrightarrow \lim\limits_{x\to x_0^+}f(x)=\lim\limits_{x\to x_0^-}f(x)=A$.

这两个结论可用来证明$\lim\limits_{x\to\infty}f(x)=A$，$\lim\limits_{x\to x_0}f(x)=A$，还可用来证明$\lim\limits_{x\to\infty}f(x)$不存在，$\lim\limits_{x\to x_0}f(x)$不存在．

3. 函数极限的许多重要性质与数列极限的相应性质类似，读者可对照学习，加深理解．

① 极限若存在，则必唯一，这为用各种方法求极限提供了依据．

② 局部有界性．收敛数列的有界性是整体的，即若$\lim\limits_{x\to+\infty}a_n$存在，则对$\forall n>N$都有$|a_n|\leqslant M$（$M$是与$n$无关的正常数且$M=\max\{M_1,M_2\}$），对$\forall n>N$有$|x_n|\leqslant M_1$，$M_2=\max\{|x_1|,|x_2|,\cdots,|x_N|\}$，函数极限$\lim\limits_{x\to x_0}f(x)$若存在，则只能推得函数在$x_0$的某邻域有界，即$\exists U_0(x_0,\delta)$，当$x\in U_0(x_0,\delta)$有$|f(x)|\leqslant M$，这是函数极限与数列极限的一个不同之处，要特别重视．

4. 极限不存在的几个典型例子．

① 趋于∞：$\lim\limits_{x\to\infty}n^2$，$\lim\limits_{x\to\infty}x$，等．

② 振荡：$\lim\limits_{x\to\infty}\sin x$，$\lim\limits_{x\to\infty}\cos x$，$\lim\limits_{x\to1}\sin\dfrac{1}{x-1}$等．

③ 左右极限不相等：

$\lim\limits_{x\to\infty}a^x\ (a>1)\left(\lim\limits_{x\to+\infty}a^x=+\infty,\ \lim\limits_{x\to-\infty}a^x=0\right)$，

$\lim\limits_{x\to\infty}\arctan x\left(\lim\limits_{x\to+\infty}\arctan x=\dfrac{\pi}{2},\ \lim\limits_{x\to-\infty}\arctan x=-\dfrac{\pi}{2}\right)$等．

考研要求

1. 理解函数极限的概念，并用其证明简单极限问题.

2. 了解函数极限的性质.

典型例题与解题技巧

题型Ⅰ:用定义证明函数极限存在

【题型分析】 1. 用定义证明函数极限存在的步骤如下:

① 对 $\forall \varepsilon>0$,由不等式 $|f(x)-A|<\varepsilon$,经一系列适当放大得 $|f(x)-A|<\cdots<C|x-x_0|<\varepsilon$($C$ 为常数).

② 解不等式 $C|x-x_0|<\varepsilon$,得 $|x-x_0|<\dfrac{\varepsilon}{C}$.

③ 取 $\delta=\dfrac{\varepsilon}{C}$,则当 $0<|x-x_0|<\delta$ 时,总有 $|f(x)-A|<\varepsilon$,即 $\lim\limits_{x\to x_0}f(x)=A$.

2. 用定义证明某些极限,解题的关键在于对 $\forall \varepsilon>0$,找到 $\delta>0$. 常用函数式放大的方法,一般需要对原来式子适当放大,然后再考虑如何取 δ,若 $x\to x_0$,x_0 为有限值时,在放大的式子中应保留 $|x-x_0|$ 的一个因子.

例 1 用定义证明 $a>0$ 时,$\lim\limits_{x\to a}\sqrt{x}=\sqrt{a}$.

分析 解不等式 $|f(x)-A|<\varepsilon$,用定义证得 $\lim\limits_{x\to x_0}f(x)=A$.

证明 不妨设 $\forall \varepsilon$,

$$\sqrt{x}-\sqrt{a}=\frac{|x-a|}{\sqrt{x}+\sqrt{a}}$$

$$<\frac{1}{\sqrt{a}}|x-a|<\varepsilon$$

$\exists \delta=\sqrt{a}\cdot\varepsilon$

当 $|x-a|<\delta$ 时,

有 $|\sqrt{x}-\sqrt{a}|<\varepsilon$ 成立,

即 $\lim\limits_{x\to a}\sqrt{x}=\sqrt{a}$.

题型Ⅱ:证明函数极限不存在

【题型分析】 证明极限不存在的方法就是从证明左、右极限入手,两个极限中或者有一个不存在,或者二者存在但不相等.

例 2 设 $f(x)=\begin{cases}x, & |x|\leqslant 1,\\ x-2, & |x|>1.\end{cases}$ 试讨论 $\lim\limits_{x\to 1}f(x)$ 及 $\lim\limits_{x\to -1}f(x)$.

分析 题中函数是分段表达式,讨论 $x\to 1$ 时 $f(x)$ 的极限值必须考虑左、右极限.

解 ① 由题目条件知

$$f(x)=\begin{cases}x-2, & x<-1,\\ x, & -1\leqslant x\leqslant 1,\\ x-2, & x>1.\end{cases}$$

因为 $\lim\limits_{x\to1^+}f(x)=\lim\limits_{x\to1^+}(x-2)=-1,\lim\limits_{x\to1^-}f(x)=\lim\limits_{x\to1^-}x=1.$

$\lim\limits_{x\to1^+}f(x)\neq\lim\limits_{x\to1^-}f(x)$,所以$\lim\limits_{x\to1}f(x)$不存在.

② 因为 $\lim\limits_{x\to-1^+}f(x)=\lim\limits_{x\to-1^+}x=-1,\lim\limits_{x\to-1^-}f(x)=\lim\limits_{x\to-1^-}(x-2)=-3,$

$\lim\limits_{x\to-1^+}f(x)\neq\lim\limits_{x\to-1^-}f(x)$,所以$\lim\limits_{x\to-1}f(x)$不存在.

课后习题解答(习题 1-3)

1. 解 (1) $\lim\limits_{x\to-2}f(x)=0.$

(2) $\lim\limits_{x\to-1}f(x)=-1.$

(3) $\lim\limits_{x\to0}f(x)$不存在,因为$f(0^+)\neq f(0^-)$.

2. 解 (1) 错,$\lim\limits_{x\to0}f(x)$存在与否与$f(0)$的值无关.

(2) 对,因为$f(0^+)=f(0^-)=0$.

(3) 错,$\lim\limits_{x\to0}f(x)$的值与$f(0)$的值无关.

(4) 错,$f(1^+)=0$,但$f(1^-)=-1$,故$\lim\limits_{x\to1}f(x)$不存在.

(5) 对,因为$f(1^-)\neq f(1^+)$.

(6) 对.

3. 解 (1) 对.

(2) 对,因为当$x<-1$时,$f(x)$无定义.

(3) 对,因为$f(0^+)=f(0^-)=0$.

(4) 错,$\lim\limits_{x\to0}f(x)$的值与$f(0)$的值无关.

(5) 对.

(6) 对.

(7) 对.

(8) 错,因为当$x>2$时,$f(x)$无定义,$f(2^+)$不存在.

4. 证明 $\lim\limits_{x\to0^+}\dfrac{x}{x}=\lim\limits_{x\to0^+}1=1,\lim\limits_{x\to0^-}\dfrac{x}{x}=\lim\limits_{x\to0^-}1=1$

所以$\lim\limits_{x\to0}f(x)=1,\lim\limits_{x\to0^+}\dfrac{|x|}{x}=\lim\limits_{x\to0^+}\dfrac{x}{x}=1,\lim\limits_{x\to0^-}\dfrac{|x|}{x}=\lim\limits_{x\to0^-}\dfrac{-x}{x}=-1,$

故$\lim\limits_{x\to0}\varphi(x)$不存在.

5. 证明 根据定义,有

(1) 对于 $\forall\varepsilon>0$,不在$\delta>0$,使得当$|x-3|<\delta$时,

有$|3x-1-8|<\varepsilon$,即$|x-3|<\dfrac{\varepsilon}{3}$.

所以 $\forall \varepsilon > 0$,取 $\delta = \dfrac{\varepsilon}{3}$,当 $|x-3| < \delta$ 时,

有 $|3x-1-8| < \varepsilon$,故 $\lim\limits_{x\to 3}(3x-1) = 8$.

(2) 对于 $\forall \varepsilon > 0$,不在 $\delta > 0$,使得当 $|x-2| < \delta$ 时,

有 $|5x+2-12| < \varepsilon$,即 $|x-2| < \dfrac{\varepsilon}{5}$.

所以 $\forall \varepsilon > 0$,取 $\delta = \dfrac{\varepsilon}{5}$,当 $|x-2| < \delta$ 时,有 $|5x+2-12| < \varepsilon$,

故 $\lim\limits_{x\to 2}(5x+2) = 12$.

(3) 对于 $\forall \varepsilon > 0$,不在 $\delta > 0$,使得当 $|x+2| < \delta$ 时,

有 $\left|\dfrac{x^2-4}{x+2}+4\right| = |x-2+4| = |x+2| < \varepsilon$,

所以 $\forall \varepsilon > 0$,取 $\delta = \varepsilon$,当 $|x+2| < \delta$ 时,有 $\left|\dfrac{x^2-4}{x+2}+4\right| < \varepsilon$,

故 $\lim\limits_{x\to -2}\dfrac{x^2-4}{x+2} = -4$.

(4) 对于 $\forall \varepsilon > 0$,找 $\delta > 0$,使得当 $\left|x+\dfrac{1}{2}\right| < \delta$ 时,

有 $\left|\dfrac{1-4x^2}{2x+1}-2\right| = |1-2x-2| = 2\left|x+\dfrac{1}{2}\right| < \varepsilon$,

所以 $\forall \varepsilon > 0$,取 $\delta = \dfrac{\varepsilon}{2}$,当 $\left|x+\dfrac{1}{2}\right| < \delta$ 时,

有 $\left|\dfrac{1-4x^2}{2x+1}-2\right| < \varepsilon$,　故 $\lim\limits_{x\to -\frac{1}{2}}\dfrac{1-4x^2}{2x+1} = 2$.

6. 证明 (1) $\forall \varepsilon > 0$,要使 $\left|\dfrac{1+x^3}{2x^3}-\dfrac{1}{2}\right| = \dfrac{1}{2|x^3|} = \dfrac{1}{2|x|^3} < \varepsilon$ 成立,

只须 $|x| > \sqrt[3]{\dfrac{1}{2\varepsilon}}$,可取 $X = \sqrt[3]{\dfrac{1}{2\varepsilon}}$,于是对 $\forall \varepsilon > 0$,ε$\exists X > 0$,当

$|x| > X$ 时,都有 $\left|\dfrac{1+x^3}{2x^3}-\dfrac{1}{2}\right| < \varepsilon$,　所以 $\lim\limits_{x\to\infty}\dfrac{1+x^3}{2x^3} = \dfrac{1}{2}$.

(2) $\forall \varepsilon > 0$,要使 $\left|\dfrac{\sin x}{\sqrt{x}}-0\right| = \dfrac{|\sin x|}{\sqrt{x}} \leqslant \dfrac{1}{\sqrt{x}} < \varepsilon$

成立,只须 $x > \dfrac{1}{\varepsilon^2}$,取 $X = \dfrac{1}{\varepsilon^2}$,于是对 $\forall \varepsilon > 0$,$\exists X = \dfrac{1}{\varepsilon^2}$.

当 $x > X$ 时,都有 $\left|\dfrac{\sin x}{\sqrt{x}}-0\right| < \varepsilon$,　故 $\lim\limits_{x\to+\infty}\dfrac{\sin x}{\sqrt{x}} = 0$.

7. 解 不妨假设 $1 < x < 3$,要使得 $|y-4| < 0.001$,即 $|x^2-4| < 0.001$,

只须 $|x-2||x+2|<5|x-2|<0.001$,

由于 $1<x<3$,所以 $3<x+2<5$,

即 $|x-2|<\frac{0.001}{5}=0.0002$,

故可取 $\delta=0.0002$,则当 $|x-2|<\delta$ 时,总有 $|y-4|<0.001$.

8. 解 要使 $|y-1|=\left|\frac{x^2-1}{x^2+3}-1\right|=\frac{4}{x^2+3}<0.01$,

只须 $x^2+3>400$,即 $x^2>397$,$|x|>\sqrt{397}$,可取 $X=\sqrt{397}$,则当 $|x|>X$ 时,总有 $|y-1|<0.01$.

9. 证明 对于 $\forall\varepsilon>0$,令 $\delta=\varepsilon$,使得当 $|x|<\delta$ 时,有 $||x|-0|<\varepsilon$,

所以 $\lim\limits_{x\to 0}|x|=0$.

10. 证明 因为函数 $f(x)$ 当 $x\to x_0$ 时极限存在,设为 A,即

$\forall\varepsilon>0,\exists\delta>0$,当 $|x-x_0|<\delta$ 时,有 $|f(x)-A|<\varepsilon$,

即 $A-\varepsilon<f(x)<A+\varepsilon$.

这里只要令 $\varepsilon=1,\exists\delta_1>0$,当 $|x-x_0|<\delta_1$ 时,

则有 $A-\varepsilon<f(x)<A+\varepsilon$,故命题成立.

11. 证明 (1) 必要性:设 $\lim\limits_{x\to x_0}f(x)=A$,则对任意 $\varepsilon>0$,存在 $\delta>0$,

使得当 $0<|x-x_0|<\delta$ 时,恒有 $|f(x)-A|<\varepsilon$.

特别地,当 $0<x-x_0<\delta$ 时,有 $|f(x)-A|<\varepsilon$,

即 $\lim\limits_{x\to x_0^+}f(x)=A$;

当 $0<x_0-x<\delta$ 时,有 $|f(x)-A|<\varepsilon$,

即 $\lim\limits_{x\to x_0^-}f(x)=A$.

(2) 充分性:设 $\lim\limits_{x\to x_0^+}f(x)=A=\lim\limits_{x\to x_0^-}f(x)$.

则对任意 $\varepsilon>0$,存在 $\delta_1>0$,使得当 $0<x-x_0<\delta_1$ 时,

恒有 $|f(x)-A|<\varepsilon$,

对同一个 $\varepsilon>0$,同样存在 $\delta_2>0$,使得当 $0<x_0-x<\delta_2$ 时,

恒有 $|f(x)-A|<\varepsilon$,故取 $\delta=\min\{\delta_1,\delta_2\}$,则当 $0<|x-x_0|<\delta$ 时,

恒有 $|f(x)-A|<\varepsilon$,所以 $\lim\limits_{x\to x_0}f(x)=A$.

12. 证明 当 $x\to\infty$ 时函数极限的局部有界性定理:

如果 $\lim\limits_{x\to\infty}f(x)=A$,则存在常数 $M>0$ 和 $x>0$,使得当 $|x|>X$ 时,有 $|f(x)|\leqslant M$.

因为 $\lim\limits_{x\to\infty} f(x) = A$，取 $\varepsilon \in R^f$，则存在 $X > 0$，

当 $|x| > X$ 时，$|f(x) - A| < \varepsilon \Rightarrow |f(x)| \leqslant |f(x) - A| + |A| < |A| + \varepsilon$.

即 $M = |A| + \varepsilon$，则定理成立.

1.4 无穷小与无穷大

本节重难点及考研要求

重点及考点

1. 无穷小是一个变量，"0"是唯一的常数无穷小，任何一个绝对值很小的数都不能作为无穷小．有限个无穷小的和、差、积仍是无穷小，无穷小与有界函数的乘积仍是无穷小．
2. 无穷大必为无界，而无界未必是无穷大，这是因为无穷大要求对于一切满足，$n > N(0 < |x - x_0| < \delta$ 或 $|x| > x_0)$ 的 $x_n(f(x))$ 均有 $|x_n| > G(|f(x)| > G)$，而无界仅需存在一个 n(或 x_0)，使对于不论多大的正数 G，总有 $|x_n| > G(|f(x_0)| > G)$ 即可．
3. 无穷大和无穷小的关系．在同一自变量的变化过程中：① 若 $f(x)$ 为无穷大，则 $\dfrac{1}{f(x)}$ 为无穷小；② 若 $f(x)$ 为无穷小，且 $f(x) \neq 0$，则 $\dfrac{1}{f(x)}$ 为无穷大．

考研要求

理解无穷小与无穷大的概念，并会判断无穷小与无穷大.

典型例题与解题技巧

题型 Ⅰ：无穷大和无穷小的判定

【题型分析】 1. 无穷小和无穷大一定要严格按定义判定.

2. 分清无穷小和有界，无穷大和无界这两组概念.

例 1　证明：$f(x) = x\sin x$ 当 $x \to \infty$ 时无界，但非无穷大.

分析　无界指的是可以取任意不定的数，而无穷大指的是取的数趋向无穷大. 一定要分清这两个概念.

证明　对于 $\forall M > 0$，总 $\exists n$，使得 $2n\pi + \dfrac{\pi}{2} > M$，而

$$f(2n\pi + \frac{\pi}{2}) = (2n\pi + \frac{\pi}{2})\sin(2n\pi + \frac{\pi}{2}) = 2n\pi + \frac{\pi}{2}.$$

所以无论给定多大的正数 M，总会有使 $|f(x)| > M$ 的点 x 存在，故 $f(x)$ 当

$x \to \infty$ 时无界.而对于点 $x_n = 2n\pi$, $f(x_n) = 0$,即对于任意给定的正数 M,使得当 $|x| > z$ 时, $|f(x)| > M$ 的点 z 不存在,故当 $x \to \infty$ 时 $f(x)$ 并非无穷大.

课后习题解答(习题 1-4)

1. 解 两个无穷小的商不一定是无穷小,例如当 $x \to 0$ 时, $x, \sin x, 2x^2$ 都是无穷小,

但 $\lim\limits_{x \to 0} \dfrac{\sin x}{x} = 1$, $\lim\limits_{x \to 0} \dfrac{x}{2x^2} = \infty$,可见商都不是无穷小.

2. 证明 (1) $\forall \varepsilon > 0$,要使 $\left| \dfrac{x^2-9}{x+3} \right| = |x-3| < \varepsilon$,只须取 $\delta = \varepsilon$,

于是对于 $\forall \varepsilon > 0$, $\exists \delta > 0$,当 $0 < |x-3| < \delta$ 时,总有 $\left| \dfrac{x^2-9}{x+3} \right| < \varepsilon$,

即 $\lim\limits_{x \to 3} \dfrac{x^2-9}{x+3} = 0$.故 $y = \dfrac{x^2-9}{x+3}$ 当 $x \to 3$ 时为无穷小.

(2) $\forall \varepsilon > 0$,要使 $\left| x\sin \dfrac{1}{x} \right| \leqslant |x| < \varepsilon$,只须取 $\delta = \varepsilon$,于是对于 $\forall \varepsilon > 0$, $\exists \delta > 0$,当 $0 < |x-0| < \delta$,总有 $\left| x\sin \dfrac{1}{x} \right| < \varepsilon$,即 $\lim\limits_{x \to 0} x\sin \dfrac{1}{x} = 0$.

故 $y = x\sin \dfrac{1}{x}$ 当 $x \to 0$ 时为无穷小.

3. 证明 $\forall M > 0$,要使 $\left| \dfrac{1+2x}{x} \right| = \left| \dfrac{1}{x} + 2 \right| > \left| \dfrac{1}{x} \right| - 2 > M$,

只须 $\left| \dfrac{1}{x} \right| > M+2$,即 $|x| < \dfrac{1}{M+2}$.可取 $\delta = \dfrac{1}{M+2}$,

于是 $\forall M > 0$, $\exists \delta = \dfrac{1}{M+2} > 0$.当 $0 < |x-0| < \delta$ 时,

总有 $\left| \dfrac{1+2x}{x} \right| = \left| \dfrac{1}{x} + 2 \right| > M$.

故当 $x \to 0$ 时, $y = \dfrac{1+2x}{x}$ 是无穷大.

由上述证明过程可知,当 $0 < |x| < \dfrac{1}{10\,002}$ 时, $|y| > 10^4$. 证毕.

4. 解 (1) $\dfrac{2x+1}{x} = 2 + \dfrac{1}{x}$,而当 $x \to \infty$ 时, $\dfrac{1}{x}$ 为无穷小,即 $\dfrac{2x+1}{x}$ 表示为常数 2 与无穷小之和,故 $\lim\limits_{x \to \infty} \dfrac{2x+1}{x} = 2$.

(2) $\dfrac{1-x^2}{1-x} = 1 + x$,当 $x \to 0$ 时, x 是无穷小,即 $\dfrac{1-x^2}{1-x}$ 表示为常数 1 与无穷

小之和，故$\lim\limits_{x\to 0}\dfrac{1-x^2}{1-x}=1$.

5. 解

	$f(x)\to A$	$f(x)\to\infty$	$f(x)\to+\infty$	$f(x)\to-\infty$
$x\to x_0$	$\forall\varepsilon>0,\exists\delta>0$，当$0<\|x-x_0\|<\delta$时总有$\|f(x)-A\|<\varepsilon$	$\forall M>0,\exists\delta>0$，当$0<\|x-x_0\|<\delta$时总有$\|f(x)\|>M$	$\forall M>0,\exists\delta>0$，当$0<\|x-x_0\|<\delta$时总有$f(x)>M$	$\forall M>0,\exists\delta>0$，当$0<\|x-x_0\|<\delta$时总有$f(x)<-M$
$x\to x_0^+$	$\forall\varepsilon>0,\exists\delta>0$，当$0<x-x_0<\delta$时总有$\|f(x)-A\|<\varepsilon$	$\forall M>0,\exists\delta>0$，当$0<x-x_0<\delta$时总有$\|f(x)\|>M$	$\forall M>0,\exists\delta>0$，当$0<x-x_0<\delta$时总有$f(x)>M$	$\forall M>0,\exists\delta>0$，当$0<x-x_0<\delta$时总有$f(x)<-M$
$x\to x_0^-$	$\forall\varepsilon>0,\exists\delta>0$，当$0<x_0-x<\delta$时总有$\|f(x)-A\|<\varepsilon$	$\forall M>0,\exists\delta>0$，当$0<x_0-x<\delta$时总有$\|f(x)\|>M$	$\forall M>0,\exists\delta>0$，当$0<x_0-x<\delta$时总有$f(x)>M$	$\forall M>0,\exists\delta>0$，当$0<x_0-x<\delta$时总有$f(x)<-M$
$x\to\infty$	$\forall\varepsilon>0,\exists X>0$，当$\|x\|>X$时总有$\|f(x)-A\|<\varepsilon$	$\forall M>0,\exists X>0$，当$\|x\|>X$时总有$\|f(x)\|>M$	$\forall M>0,\exists X>0$，当$\|x\|>X$时总有$f(x)>M$	$\forall M>0,\exists X>0$，当$\|x\|>X$时总有$f(x)<-M$
$x\to+\infty$	$\forall\varepsilon>0,\exists X>0$，当$x>X$时总有$\|f(x)-A\|<\varepsilon$	$\forall M>0,\exists X>0$，当$x>X$时总有$\|f(x)\|>M$	$\forall M>0,\exists X>0$，当$x>X$时总有$f(x)>M$	$\forall M>0,\exists X>0$，当$x>X$时总有$f(x)<-M$
$x\to-\infty$	$\forall\varepsilon>0,\exists X>0$，当$x<-X$时总有$\|f(x)-A\|<\varepsilon$	$\forall M>0,\exists X>0$，当$x<-X$时总有$\|f(x)\|>M$	$\forall M>0,\exists X>0$，当$x<-X$时总有$f(x)>M$	$\forall M>0,\exists X>0$，当$x<-X$时总有$f(x)<-M$

6. 解　$\forall M>0$，在区间$(-\infty,+\infty)$内总能找到$x=2k\pi(k=0,\pm1,\pm2,\cdots)$，使得$|x\cos x|=|2k\pi\cos 2k\pi|=2k\pi>M$，

只需$|k|>\dfrac{M}{2\pi}$即可，所以无界.

另外取$x_n=2n\pi+\dfrac{\pi}{2}(n=0,\pm1,\pm2,\cdots)$，$y(x_n)=0$.

所以当$n\to+\infty$时，$x_n\to+\infty$，y不是无穷大.

7. 证明　$\forall M>0$，在区间$(-\infty,+\infty)$内总能找到

$x_n=\dfrac{1}{2k\pi+\dfrac{\pi}{2}}(k=0,1,2,\cdots)$,使得 $y(x_n)=2k\pi+\dfrac{\pi}{2}>M$,

只需$k>\dfrac{M-\dfrac{\pi}{2}}{2\pi}$.

所以 $y=\dfrac{1}{x}\sin\dfrac{1}{x}$ 无界.另外取 $x_n=\dfrac{1}{2k\pi}(k=0,1,2,\cdots)$,$y(x_n)=0$.

所以当 $n\to+\infty$ 时,$x_n\to+\infty$,y 不是无穷大.

8. 解 因为$\lim\limits_{x\to 0}f(x)=0$,所以 $y=0$ 是函数图形的水平渐近线.

因为 $\lim\limits_{x\to-\sqrt{2}}f(x)=\infty$,$\lim\limits_{x\to\sqrt{2}}f(x)=\infty$,所以 $x=-\sqrt{2}$ 及 $x=\sqrt{2}$ 都是函数图形的铅直渐近线.

1.5 极限运算法则

本节重难点及考研要求

重点及考点

1. 利用有界变量乘以无穷小量仍是无穷小量的性质,是求极限问题的一个很好的技巧,也是考研中重点考查的技巧之一.利用极限和无穷小的关系,把极限问题转化为含有无穷小的等式运算.利用性质"若 $\lim\limits_{x\to x_0}\dfrac{f(x)}{g(x)}=a,a\neq\infty$,且 $\lim\limits_{x\to x_0}g(x)=0$,$\lim\limits_{x\to x_0}f(x)=0$"求极限等都是常用方法.

2. 在求极限时,经常碰到各种障碍使四则运算法则不能直接应用,例如$\dfrac{0}{0}$,$\dfrac{\infty}{\infty}$,$\infty-\infty$ 等 不定式.此时要运用各种方法对函数作恒等变换,比如:分解因式、约分和通分,分子和分母有理化,三角函数变换等,从而使四则运算法则能顺利地运用.

① 对$\dfrac{0}{0}$ 型,通常可通过因式分解,分子或分母有理化,三角恒等式等手段约去使分母极限为零的因子,从而消除障碍.

② 对$\dfrac{\infty}{\infty}$ 型,分子、分母同除以它们的代数和中的最高阶无穷大因子.

③ 对 $\infty-\infty$ 型,经通分或有理化分子等可化为$\dfrac{0}{0}$ 型或$\dfrac{\infty}{\infty}$ 型.

④ 对于$\dfrac{0}{0}$,$\dfrac{\infty}{\infty}$,$\infty-\infty$ 等不定式,也可用第三章第二节所讲方法求极限.

3. 对形如 $\lim\limits_{x\to\infty}\dfrac{f(x)}{g(x)}$ 的极限，若 $f(x),g(x)$ 为多项式，用分子、分母同除以 $f(x),g(x)$ 中 x 的最高次项，再利用 $\lim\limits_{x\to\infty}\dfrac{1}{x^k}=0(k>0)$ 可求结果（x 趋于有限值时不能运用该方法）.

考研要求

掌握极限的运算法则，会应用极限运算法则求极限.

典型例题与解题技巧

题型 Ⅰ：求 $\dfrac{0}{0}$ 型或 $\dfrac{\infty}{\infty}$ 型极限

【题型分析】 求解 $\dfrac{0}{0}$ 型或 $\dfrac{\infty}{\infty}$ 型的极限问题时，不能直接应用极限的四则运算法则，常用方法之一是消去分子、分母中极限为 0 或 ∞ 的因子，然后再应用极限的四则运算法则.

例 1 求下列极限：

(1) $I=\lim\limits_{n\to+\infty}\dfrac{n^{10}-|n+1|}{4n^{10}-8n^8+4n^2-1}$；　(2) $I=\lim\limits_{n\to+\infty}\dfrac{2\cdot 3^n+3\cdot(-2)^n}{5\cdot 3^n+2^n}$.

分析 题中均为 $\dfrac{\infty}{\infty}$ 型的极限，设法消去最高次的极限为 ∞ 的因子.

解 (1) 分子、分母同除以 n^{10}，就约去了分子、分母中极限为 ∞ 的因子，然后即可应用极限运算法则.

$$I=\lim_{n\to+\infty}\frac{1-\left|\dfrac{1}{n^9}+\dfrac{1}{n^{10}}\right|}{4-\dfrac{8}{n^2}+\dfrac{4}{n^8}-\dfrac{1}{n^{10}}}=\frac{1}{4}.$$

(2) 分子、分母同除以 3^n，就约去了分子、分母为 ∞ 的因子，并注意

$$\lim_{n\to+\infty}\left(-\frac{2}{3}\right)^n=0,\quad \lim_{n\to+\infty}\left(\frac{2}{3}\right)^n=0,$$

由极限的四则运算法则得 $I=\lim\limits_{n\to+\infty}\dfrac{2+3\cdot\left(-\dfrac{2}{3}\right)^n}{5+\left(\dfrac{2}{3}\right)^n}=\dfrac{2}{5}$.

例 2 求下列极限：

(1) $I=\lim\limits_{h\to 0}\dfrac{(x+h)^3-x^3}{h}$；　(2) $I=\lim\limits_{x\to 7}\dfrac{2-\sqrt{x-3}}{x^2-49}$.

分析 均是 $\dfrac{0}{0}$ 型极限，设法消去极限为 0 的因子.

解 (1) 将$(x+h)^3$展开，然后约去分子、分母中的公因子h，就可利用极限四则运算法则进行计算.

$$I=\lim_{h\to 0}\frac{3x^2h+3xh^2+h^3}{h}=\lim_{h\to 0}(3x^2+3xh+h^2)=3x^2.$$

也可将分子因式分解后约去h得

$$I=\lim_{h\to 0}\frac{h[(x+h)^2+x(x+h)+x^2]}{h}=3x^2.$$

(2) 消去极限为0的因子，分子、分母同乘以$2+\sqrt{x-3}$，得

$$I=\lim_{x\to 7}\frac{7-x}{(x-7)(x+7)(2+\sqrt{x-3})}$$

$$=\lim_{x\to 7}\frac{-1}{(x+7)(2+\sqrt{x-3})}=\frac{-1}{(7+7)(2+\sqrt{7-3})}=-\frac{1}{56}.$$

题型Ⅱ:求$0\cdot\infty$或$\infty-\infty$型的极限

【题型分析】 若$\lim\limits_{x\to a}f(x)=0$，$\lim\limits_{x\to a}g(x)=\infty$，称$\lim\limits_{x\to a}f(x)g(x)$为$0\cdot\infty$型极限，若$\lim\limits_{x\to a}f(x)=\infty$，$\lim\limits_{x\to a}g(x)=\infty$，则称$\lim\limits_{x\to a}[f(x)-g(x)]$为$\infty-\infty$型极限，求这类极限时不能直接用极限的四则运算法则，需要设法转化为求$\frac{0}{0}$或$\frac{\infty}{\infty}$型极限.

例3 求极限：$I=\lim\limits_{x\to+\infty}x(\sqrt{x^2+1}-x)$.

分析 遇到含有根式的$\infty-\infty$型极限，一般思路是将分母有理化，化为分式.

解 $I=\lim\limits_{x\to+\infty}x\dfrac{(\sqrt{x^2+1}-x)(\sqrt{x^2+1}+x)}{\sqrt{x^2+1}+x}=\lim\limits_{x\to+\infty}\dfrac{x}{\sqrt{x^2+1}+x}=\dfrac{1}{2}.$

课后习题解答(习题1-5)

1. 解 (1) $\lim\limits_{x\to 2}\dfrac{x^2+5}{x-3}=\dfrac{4+5}{2-3}=-9.$　　(2) $\lim\limits_{x\to\sqrt{3}}\dfrac{x^2-3}{x^2+1}=\dfrac{3-3}{3+1}=0.$

(3) $\lim\limits_{x\to 1}\dfrac{x^2-2x+1}{x^2-1}=\lim\limits_{x\to 1}\dfrac{(x-1)^2}{(x-1)(x+1)}=\lim\limits_{x\to 1}\dfrac{x-1}{x+1}=0.$

(4) $\lim\limits_{x\to 0}\dfrac{4x^3-2x^2+x}{3x^2+2x}=\lim\limits_{x\to 0}\dfrac{x(4x^2-2x+1)}{x(3x+2)}=\dfrac{1}{2}.$

(5) $\lim\limits_{h\to 0}\dfrac{(x+h)^2-x^2}{h}=\lim\limits_{h\to 0}\dfrac{(x^2+2hx+h^2)-x^2}{h}=\lim\limits_{h\to 0}\dfrac{2hx+h^2}{h}$

$=\lim\limits_{h\to 0}\dfrac{(2x+h)\cdot h}{h}=\lim\limits_{h\to 0}(2x+h)=2x.$

(6) $\lim\limits_{x\to\infty}\left(2-\dfrac{1}{x}+\dfrac{1}{x^2}\right)=2.$

(7) $\lim\limits_{x\to\infty}\dfrac{x^2-1}{2x^2-x-1}=\lim\limits_{x\to\infty}\dfrac{1-\frac{1}{x^2}}{2-\frac{1}{x}-\frac{1}{x^2}}=\dfrac{1}{2}.$

(8) $\lim\limits_{x\to\infty}\dfrac{x^2+x}{x^4-3x^2+1}=\lim\limits_{x\to\infty}\dfrac{\frac{1}{x^2}+\frac{1}{x^3}}{1-\frac{3}{x^2}+\frac{1}{x^4}}=0.$

(9) $\lim\limits_{x\to4}\dfrac{x^2-6x+8}{x^2-5x+4}=\lim\limits_{x\to4}\dfrac{(x-2)(x-4)}{(x-1)(x-4)}=\dfrac{2}{3}.$

(10) $\lim\limits_{x\to\infty}(1+\dfrac{1}{x})(2-\dfrac{1}{x^2})=\lim\limits_{x\to\infty}(1+\dfrac{1}{x})\lim\limits_{x\to\infty}(2-\dfrac{1}{x^2})=2.$

(11) $\lim\limits_{n\to\infty}(1+\dfrac{1}{2}+\dfrac{1}{4}+\cdots+\dfrac{1}{2^n})=\lim\limits_{n\to\infty}\dfrac{1-\frac{1}{2^{n+1}}}{1-\frac{1}{2}}=\dfrac{1-0}{1-\frac{1}{2}}=2.$

(12) $\lim\limits_{n\to\infty}\dfrac{1+2+3+\cdots+(n-1)}{n^2}=\lim\limits_{n\to\infty}\dfrac{1}{2}(1-\dfrac{1}{n})=\dfrac{1}{2}.$

(13) $\lim\limits_{n\to\infty}\dfrac{(n+1)(n+2)(n+3)}{5n^3}=\dfrac{1}{5}\lim\limits_{n\to\infty}(1+\dfrac{1}{n})(1+\dfrac{2}{n})(1+\dfrac{3}{n})=\dfrac{1}{5}.$

(14) $\lim\limits_{x\to1}(\dfrac{1}{1-x}-\dfrac{3}{1-x^3})=\lim\limits_{x\to1}\dfrac{1+x+x^2-3}{(1-x)(1+x+x^2)}=\lim\limits_{x\to1}\dfrac{x+x^2-2}{(1-x)(1+x+x^2)}$

$=\lim\limits_{x\to1}\dfrac{(x-1)+(x^2-1)}{1+x+x^2}=-\lim\limits_{x\to1}\dfrac{x+2}{x^2+x+1}=-1.$

2. 解 (1) 因为$\lim\limits_{x\to2}\dfrac{(x-2)^2}{x^3+2x^2}=\dfrac{0}{16}=0$，故$\lim\limits_{x\to2}\dfrac{x^3+2x^2}{(x-2)^2}=\infty.$

(2) 因为$\lim\limits_{x\to\infty}\dfrac{2x+1}{x^2}=\lim\limits_{x\to\infty}(\dfrac{2}{x}+\dfrac{1}{x^2})=0$，故$\lim\limits_{x\to\infty}\dfrac{x^2}{2x+1}=\infty.$

(3) 因为$\lim\limits_{x\to\infty}\dfrac{1}{2x^3-x+1}=\lim\limits_{x\to\infty}\dfrac{\frac{1}{x^3}}{2-\frac{1}{x^2}+\frac{1}{x^3}}=0$，

故$\lim\limits_{x\to\infty}(2x^3-x+1)=\infty.$

3. 解 (1) 当 $x\to0$ 时，x^2 是无穷小，而 $|\sin\dfrac{1}{x}|\leqslant1$ 为有界量，

从而 $x^2\sin\dfrac{1}{x}$ 仍是无穷小，故$\lim\limits_{x\to0}x^2\sin\dfrac{1}{x}=0.$

(2) 当 $x\to\infty$ 时，$\dfrac{1}{x}$ 是无穷小，而 $|\arctan x|<\dfrac{\pi}{2}$ 为有界量，

从而$\dfrac{\arctan x}{x}$是无穷小，故$\lim\limits_{x\to\infty}\dfrac{\arctan x}{x}=0.$

4. 解 (1) 错．例如 $a_n=\dfrac{1}{n}$，$b_n=\dfrac{n}{n+1}$，$n\in\mathbf{N}^+$，当 $n=1$ 时，$a_1=1>\dfrac{1}{2}=b_1.$

故对任意 $n \in \mathbf{N}^+$，$a_n < b_n$ 不成立．

(2) 错．例如 $b_n = \dfrac{n}{n+1}$，$c_n = (-1)^n n$，$n \in \mathbf{N}^+$．当 n 为奇数时，$b_n > c_n$ 不成立．

(3) 错．例如 $a_n = \dfrac{1}{n^2}$，$c_n = n$，$n \in \mathbf{N}^+$．$\lim\limits_{n\to\infty} a_n c_n = 0$.

(4) 对．因为若 $\lim\limits_{n\to\infty} b_n c_n$ 存在，则 $\lim\limits_{n\to\infty} c_n = \lim\limits_{n\to\infty}(b_n c_n) \cdot \lim\limits_{n\to\infty}\dfrac{1}{b_n}$ 也存在，与已知条件矛盾．

5. 解　(1) 对．因为若 $\lim\limits_{x\to x_0}[f(x)+g(x)]$ 存在，

则 $\lim\limits_{x\to x_0} g(x) = \lim\limits_{x\to x_0}[f(x)+g(x)] - \lim\limits_{x\to x_0} f(x)$ 也存在，与已知条件矛盾．

(2) 错．例如 $f(x) = \operatorname{sgn}x$，$g(x) = -\operatorname{sgn}x$，在 $x \to 0$ 时的极限都不存在，但 $f(x)+g(x) \equiv 0$，在 $x \to 0$ 时极限存在．

(3) 错．例如 $\lim\limits_{x\to 0} x = 0$，$\lim\limits_{x\to 0}\sin\dfrac{1}{x}$ 不存在，但 $\lim\limits_{x\to 0} x\sin\dfrac{1}{x} = 0$.

6. 证明　$\lim f(x) = A$，则 $f(x) = A + \alpha$，　其中 $\lim\alpha = 0$.

$\lim g(x) = B$，　则 $g(x) = B + \beta$，　其中 $\lim\beta = 0$.

从而 $f(x)\cdot g(x) = (A+\alpha)(B+\beta) = AB + A\beta + B\alpha + \alpha\beta$，

令 $r = A\beta + B\alpha + \alpha\beta$，

则 $\lim r = \lim(A\beta + B\alpha + \alpha\beta) = A\lim\beta + B\lim\alpha + \lim\alpha\lim\beta = 0$.

故 $\lim[f(x)\cdot g(x)] = AB = \lim f(x)\cdot\lim g(x)$. 证毕.

1.6 极限存在准则，两个重要极限

本节重难点及考研要求

重点及考点

1. 夹逼准则是证明极限存在且求极限的重要方法之一．欲证明 $\lim\limits_{x\to x_0} h(x)$ 存在并求之，需要对 $h(x)$ 进行适当的放大或缩小，得到在 x_0 收敛到同一极限值的两个辅助函数 $f(x)$ 及 $g(x)$（即 $f(x) \leqslant h(x) \leqslant g(x)$，$\lim\limits_{x\to x_0} f(x) = \lim\limits_{x\to x_0} g(x) = A$），夹逼准则的条件是充分不必要的，也就是说，如果对 $h(x)$ 放大、缩小不适当，虽得到两个函数 $f(x)$、$g(x)$ 满足 $f(x) \leqslant h(x) \leqslant g(x)$ 且 $\lim\limits_{x\to x_0} f(x) = A$，$\lim\limits_{x\to x_0} g(x) = B$，但 $A \neq B$，不能由此判定 $\lim\limits_{x\to x_0} h(x)$ 是否存在．

2. 单调有界准则主要分为：单调、有界两部分，是证明数列极限存在最常用的

准则，是本节的难点．证明数列单调性的方法有归纳法、缩放法，也可证明 $x_{n+1}-x_n\geqslant 0$（或 $x_{n+1}-x_n\leqslant 0$）或 $x_{n+1}-x_n$ 与 x_n-x_{n-1} 同号等．

3. 关于函数极限存在的柯西准则也是以充要条件形式给出的，既能用来证明函数极限存在，又能用来证明函数极限不存在．

4. 两个重要极限及其等价形式．两个重要极限分别由两个极限存在准则得到．在应用时要对函数或数列作适当的变形，在形式上要一致，或采用变量替换法使形式一致．记住下面的等价形式是必要的．

① $\lim\limits_{x\to 0}\dfrac{\sin x}{x}=1,\quad \lim\limits_{x\to\infty}x\sin\dfrac{1}{x}=1.$

② $\lim\limits_{x\to\infty}(1+\dfrac{1}{x})^x=\mathrm{e},\quad \lim\limits_{x\to 0}(1+x)^{\frac{1}{x}}=\mathrm{e},\quad \lim\limits_{x\to 0}(1-x)^{-\frac{1}{x}}=\mathrm{e},$

$\lim\limits_{x\to\infty}[1-\dfrac{1}{x}]^{-x}=\mathrm{e},\quad \lim\limits_{x\to+\infty}(1+\dfrac{1}{x})^x=\mathrm{e},\quad \lim\limits_{x\to-\infty}(1+\dfrac{1}{x})^x=\mathrm{e}.$

考研要求

掌握极限存在的两个准则，并会利用它们求极限. 掌控利用两个重要极限求极限的方法.

典型例题与解题技巧

题型 Ⅰ：利用单调有界准则证明和求解数列的极限

【题型分析】　利用单调有界准则证明极限存在，必须验证数列两个方面的性质：单调性和有界性. 其中单调性一般用数学归纳法进行判定，也可通过减法或除法比较前后项.

例 1　证明数列 $x_n=1+\dfrac{1}{2^2}+\dfrac{1}{3^2}+\cdots+\dfrac{1}{n^2}$ 收敛，

分析　证明 x_n 单调上升后，再证明它们有上界，由单调有界准则即可证出.

证明　(1) $x_{n+1}-x_n=\dfrac{1}{(n+1)^2}>0\quad(n=1,2,\cdots)$

$\Rightarrow x_n$ 单调上升. 为了估计 x_n，把 x_n 中的每一项作如下放大与变形。

$\dfrac{1}{k^2}<\dfrac{1}{k\cdot(k-1)}=\dfrac{1}{k-1}-\dfrac{1}{k},k=2,3,\cdots$

于是 $x_n<1+\dfrac{1}{1\cdot 2}+\dfrac{1}{2\cdot 3}+\dfrac{1}{3\cdot 4}+\cdots+\dfrac{1}{(n-1)n}$

$=1+\left(1-\dfrac{1}{2}\right)+\left(\dfrac{1}{2}-\dfrac{1}{3}\right)+\left(\dfrac{1}{3}-\dfrac{1}{4}\right)+\cdots+\left(\dfrac{1}{n-1}-\dfrac{1}{n}\right)$

$=2-\dfrac{1}{n}<2$. 因此 x_n 单调上升有上界 $\Rightarrow x_n$ 收敛.

例 2　设 $x_1=10,x_{n+1}=\sqrt{6+x_n}(n=1,2,\cdots)$，证明 $\{x_n\}$ 有极限，并求极限.

分析　证明$\{x_n\}$单调减小且$\lim\limits_{n\to\infty}x_n=A$.

证明　用数学归纳法证明数列$\{x_n\}$单调递减.

由$x_1=10,x_2=\sqrt{x_1+6}=4$,知$x_1>x_2$,设当$n=k$时,有$x_k>x_{k+1}$.由$x_{k+1}=\sqrt{x_k+6}>\sqrt{x_{k+1}+6}=x_{k+2}$,得到当$n=k+1$时,$x_{k+1}>x_{k+2}$也成立.因而对$\forall n\in\mathbf{N},x_n>x_{n+1}$成立,即$\{x_n\}$单调递减,又因为$x_n>0(n=1,2,\cdots)$,即$\{x_n\}$有下界.根据单调有界准则可知数列$\{x_n\}$有极限,设$\lim\limits_{n\to+\infty}x_n=A$,则有$A=\sqrt{A+6}$,解得$A=3$或$A=-2<0$(舍去),$\lim\limits_{n\to+\infty}x_n=3$.

题型 Ⅱ:利用夹逼准则求极限

【题型分析】　夹逼准则多适用于比较容易适度放大和缩小的函数,而且放大和缩小后的函数容易求得相同的极限,其核心就在于找到合适的不等式.夹逼准则所要建立的不等式可以只在n无穷大以后或在$x\to x_0$时点x_0的邻域内成立.

例 3　利用夹逼准则证明$\lim\limits_{n\to\infty}n\left(\frac{1}{n^2+a}+\frac{1}{n^2+2a}+\cdots+\frac{1}{n^2+na}\right)=1\quad(a\geqslant 0)$.

分析　将式子进行适当放大和缩小,使其具有相同的极限.

证明　可设$x_n=n\left(\frac{1}{n^2+a}+\frac{1}{n^2+2a}+\cdots+\frac{1}{n^2+na}\right)$.

观察这个多项式和构成的特点,发现各项的不同之处仅在于分母中的第二项,由a变至na,当$n\to\infty$时,它们比n^2要小很多.可以设当$n\to\infty$时

$$x_n\geqslant\frac{n}{n^2+na}+\frac{n}{n^2+na}+\cdots+\frac{n}{n^2+na}=\frac{n^2}{n^2+na},$$

$$x_n\leqslant\frac{n}{n^2+a}+\frac{n}{n^2+a}+\cdots+\frac{n}{n^2+a}=\frac{n^2}{n^2+a},$$

$$\lim_{n\to\infty}\frac{n^2}{n^2+na}=1=\lim_{n\to\infty}\frac{n^2}{n^2+a}$$

则$\frac{n^2}{n^2+na}\leqslant x_n\leqslant\frac{n^2}{n^2+a}$,

由夹逼准则,可知$\lim\limits_{n\to\infty}n\left(\frac{1}{n^2+a}+\frac{1}{n^2+2a}+\cdots+\frac{1}{n^2+na}\right)=1$.

题型 Ⅲ:利用两个重要极限求极限

【题型分析】　1. 在求$\frac{0}{0}$型时,常用到:当$\lim\limits_{x\to x_0}\varphi(x)=0$时,$\lim\limits_{x\to x_0}\frac{\sin[\varphi(x)]}{\varphi(x)}=1$.

2. 在求1^∞型时,常用到:当$\lim\limits_{x\to x_0}\varphi(x)=\infty$时,$\lim\limits_{x\to x_0}\left[1+\frac{1}{\varphi(x)}\right]^{\varphi(x)}=\mathrm{e}$.

3. 对于自变量的其它趋向,也有类似结论。

例 4　求$\lim\limits_{x\to 0}(1+3x)^{\frac{2}{\sin x}}$.

分析　化为$\lim\limits_{x\to\infty}(1+\frac{1}{x})^{x}=\mathrm{e}$的形式计算.

解　原式$=\lim\limits_{x\to 0}[(1+3x)^{\frac{1}{3x}}]^{\frac{6x}{\sin x}}=\mathrm{e}^{6}$.

例 5　求极限$\lim\limits_{x\to 1}(2-x)^{\sec\frac{\pi x}{2}}$.

分析　化为$\lim\limits_{x\to x_0}[1+\frac{1}{\varphi(x)}]^{\varphi(x)}=\mathrm{e}$的形式计算.

解　$\lim\limits_{x\to 1}(2-x)^{\sec\frac{\pi x}{2}}=\lim\limits_{x\to 1}[1+(1-x)]^{\frac{1}{\cos\frac{\pi x}{2}}}=\lim\limits_{x\to 1}\{[1+(1-x)]^{\frac{1}{1-x}}\}^{\frac{1-x}{\cos\frac{\pi x}{2}}}$.

而$\lim\limits_{x\to 1}[1+(1-x)]^{\frac{1}{1-x}}=\lim\limits_{y\to 0}(1+y)^{\frac{1}{y}}=\mathrm{e}$.

$$\lim_{x\to 1}\frac{1-x}{\cos\frac{\pi x}{2}}=\lim_{y\to 0}\frac{y}{\cos\frac{\pi}{2}(1-y)}=\lim_{y\to 0}\frac{y}{\sin\frac{\pi}{2}y}=\frac{2}{\pi}\lim_{y\to 0}\frac{\frac{\pi}{2}y}{\sin\frac{\pi}{2}y}=\frac{2}{\pi}.$$

故原式$=\mathrm{e}^{\frac{2}{\pi}}$.

课后习题解答(习题 1-6)

1. 解　(1) $\lim\limits_{x\to 0}\frac{\sin\omega x}{x}=\lim\limits_{\omega x\to 0}\omega\frac{\sin\omega x}{\omega x}\xlongequal{\omega x=t}\omega\lim\limits_{t\to 0}\frac{\sin t}{t}=\omega$.

(2) $\lim\limits_{x\to 0}\frac{\tan 3x}{x}=\lim\limits_{x\to 0}(\frac{\sin 3x}{3x}\cdot\frac{3}{\cos 3x})=3$.

(3) $\lim\limits_{x\to 0}\frac{\sin 2x}{\sin 5x}=\lim\limits_{x\to 0}(\frac{\sin 2x}{2x}\cdot\frac{5x}{\sin 5x}\cdot\frac{2}{5})=\frac{2}{5}$.

(4) $\lim\limits_{x\to 0}x\cot x=\lim\limits_{x\to 0}x\cdot\frac{\cos x}{\sin x}=1$.

(5) $\lim\limits_{x\to 0}\frac{1-\cos 2x}{x\sin x}=\lim\limits_{x\to 0}\frac{2\sin^2 x}{x\sin x}=\lim\limits_{x\to 0}\frac{2\sin x}{x}=2$.

(6) $\lim\limits_{n\to\infty}2^n\sin\frac{x}{2^n}=\lim\limits_{n\to\infty}\frac{\sin\frac{x}{2^n}}{\frac{x}{2^n}}\cdot x\xlongequal{\frac{x}{2^n}=t}x\lim\limits_{t\to 0}\frac{\sin t}{t}=x\cdot 1=x$.

2. 解　(1) $\lim\limits_{x\to 0}(1-x)^{\frac{1}{x}}=\lim\limits_{x\to 0}[1+(-x)]^{(-\frac{1}{x})\cdot(-1)}=\mathrm{e}^{-1}=\frac{1}{\mathrm{e}}$.

(2) $\lim\limits_{x\to 0}(1+2x)^{\frac{1}{x}}=\lim\limits_{x\to 0}(1+2x)^{\frac{1}{2x}\cdot 2}=\mathrm{e}^{2}$.

(3) $\lim\limits_{x\to\infty}\left(\frac{1+x}{x}\right)^{2x}=\lim\limits_{x\to\infty}\left(1+\frac{1}{x}\right)^{2x}=\lim\limits_{x\to\infty}\left[\left(1+\frac{1}{x}\right)^{x}\right]^{2}=\mathrm{e}^{2}$.

(4) $\lim\limits_{x\to\infty}\left(1-\dfrac{1}{x}\right)^{kx}=\lim\limits_{x\to\infty}\left(1+\dfrac{1}{-x}\right)^{kx}=\lim\limits_{x\to\infty}\left(1+\dfrac{1}{-x}\right)^{(-x)(-k)}=\mathrm{e}^{-k}$.

3. 证明 先假设:(1) $g(x)\leqslant f(x)\leqslant h(x)$;(2) $\lim\limits_{x\to x_0}g(x)=A$,$\lim\limits_{x\to x_0}h(x)=A$;

证明:$\lim\limits_{x\to x_0}f(x)=A$.

对 $\forall\varepsilon>0$,由 $\lim\limits_{x\to x_0}g(x)=A$,$\exists\delta_1>0$,当 $0<|x-x_0|<\delta_1$ 时,

$|g(x)-A|<\varepsilon$, 即 $A-\varepsilon<g(x)<A+\varepsilon$. ①

由 $\lim\limits_{x\to x_0}h(x)=A$,对上面的 $\varepsilon>0$,$\exists\delta_2>0$,使得当 $0<|x-x_0|<\delta_2$ 时,

$|h(x)-A|<\varepsilon$, 即 $A-\varepsilon<h(x)<A+\varepsilon$. ②

取 $\delta=\min(\delta_1,\delta_2)$,则当 $0<|x-x_0|<\delta$ 时,① 式与 ② 式同时成立.

又因为 $g(x)\leqslant f(x)\leqslant h(x)$,所以有 $A-\varepsilon<f(x)<A+\varepsilon$,因此由定义有 $\lim\limits_{x\to x_0}f(x)=A$.

(2) $\lim\limits_{x\to\infty}g(x)=A$,$\lim\limits_{x\to\infty}h(x)=A$,要证明 $\lim\limits_{x\to\infty}f(x)=A$.

对 $\forall\varepsilon>0$,由 $\lim\limits_{x\to\infty}g(x)=A$,故 $\exists X_1>0$,当 $|x|>X_1$ 时,

就有 $|g(x)-A|<\varepsilon$, 即 $A-\varepsilon<g(x)<A+\varepsilon$. ③

又由 $\lim\limits_{x\to\infty}h(x)=A$,对于上面的 $\varepsilon>0$,$\exists X_2>0$,当 $|x|>X_2$ 时,

就有 $|h(x)-A|<\varepsilon$, 即 $A-\varepsilon<h(x)<A+\varepsilon$. ④

又由于 $g(x)\leqslant f(x)\leqslant h(x)$,对于前面 $\forall\varepsilon>0$,取 $X=\max(X_1,X_2)$,只要 $|x|>X$,由 ③④ 就有 $A-\varepsilon<f(x)<A+\varepsilon$.

即 $|f(x)-A|<\varepsilon$,因此 $\lim\limits_{x\to\infty}f(x)=A$.

4. 解 (1) 因为 $1<\sqrt{1+\dfrac{1}{n}}<1+\dfrac{1}{n}$,

而且 $\lim\limits_{n\to\infty}\left(1+\dfrac{1}{n}\right)=1$, 故 $\lim\limits_{n\to\infty}\sqrt{1+\dfrac{1}{n}}=1$.

(2) $n\left(\dfrac{1}{n^2+n\pi}+\dfrac{1}{n^2+n\pi}+\cdots+\dfrac{1}{n^2+n\pi}\right)<$

$n\left(\dfrac{1}{n^2+\pi}+\dfrac{1}{n^2+2\pi}+\cdots+\dfrac{1}{n^2+n\pi}\right)<n\left(\dfrac{1}{n^2+\pi}+\dfrac{1}{n^2+\pi}+\cdots+\dfrac{1}{n^2+\pi}\right)$

$n\left(\dfrac{1}{n^2+n\pi}+\dfrac{1}{n^2+n\pi}+\cdots+\dfrac{1}{n^2+n\pi}\right)=n\dfrac{n}{n^2+n\pi}=\dfrac{1}{1+\dfrac{\pi}{n}}\to1$,

$n(\dfrac{1}{n^2+\pi}+\dfrac{1}{n^2+\pi}+\cdots+\dfrac{1}{n^2+\pi})=n\dfrac{n}{n^2+\pi}=\dfrac{1}{1+\pi/n^2}\to(n-\infty)$

当 $n\to\infty$ 时,有 $\lim\limits_{n\to\infty}n\left(\dfrac{1}{n^2+\pi}+\dfrac{1}{n^2+2\pi}+\cdots+\dfrac{1}{n^2+n\pi}\right)=1$.

(3) 设数列为$\{x_n\}$,则 $x_{n+1}=\sqrt{2+x_n}<2$,

① 有界性(数学归纳法):　当 $n=1$ 时,$x_1=\sqrt{2}<2$,

假设当 $n=k$ 时,$x_k<2$ 成立,当 $n=k+1$ 时,$x_{k+1}=\sqrt{2+x_k}<2$,

所以数列$\{x_n\}$有上界为 2.

② 单调性:

因为 $x_{n+1}-x_n=\sqrt{2+x_n}-x_n=\dfrac{2+x_n-x_n^2}{\sqrt{2+x_n}+x_n}=-\dfrac{(x_n-2)(x_n+1)}{\sqrt{2+x_n}+x_n}>0$,

所以数列$\{x_n\}$单调递增. 根据单调有界准则,极限存在,

设极限为 A,则由于 $x_{n+1}=\sqrt{2+x_n}$,

有 $\lim\limits_{n\to\infty}x_{n+1}=\lim\limits_{n\to\infty}\sqrt{2+x_n}$,即 $A^2=2+A$.

解得 $A=2$ 或者 $A=-1$(舍去负值),$\lim\limits_{n\to\infty}x_n=2$.

(4) 因为$\sqrt[n]{1+x}\geqslant 1$,且$\sqrt[n]{1+x}\leqslant 1+|x|$,$\lim\limits_{x\to 0}(1+|x|)=1$,所以$\lim\limits_{x\to 0}\sqrt[n]{1+x}=1$.

(5) 因为$\dfrac{1}{x}-1\leqslant\left[\dfrac{1}{x}\right]\leqslant\dfrac{1}{x}$,　当 $x\in(0,1)$ 时,

$\lim\limits_{x\to 0^+}(\dfrac{1}{x}-1)\cdot x=1$,$\lim\limits_{x\to 0^+}x\cdot\dfrac{1}{x}=1$,　所以 $\lim\limits_{x\to 0^+}x\cdot\left[\dfrac{1}{x}\right]=1$.

1.7 无穷小的比较

本节重难点及考研要求

重点及考点

1. 读者应着重掌握和深刻理解无穷小阶的概念和基本性质,熟记常用的等价无穷小,利用无穷小的等价代换来计算极限,掌握无穷小的比较方法 .

2. 利用无穷小求极限和比较无穷小量的阶是考研常出现的题型 .

考研要求

理解无穷小的概念. 会应用等价无穷小代换定理求极限,掌握无穷小的比较方法.

典型例题与解题技巧

题型 Ⅰ:比较无穷小的阶

【题型分析】　确定无穷小的阶的一般思路如下:

1. 利用等价无穷小替换,注意只能是乘除.

2. 通过求极限的方法确定无穷小的阶.

例 1 比较下列无穷小的阶：

(1) 当 $n\to+\infty$ 时，$\frac{1}{n}$ 与 $\frac{3n+2}{5n^2+n-1}$；(2) 当 $x\to1^-$ 时，$\ln(1+\sqrt{1-x})$ 与 $1-x$.

分析 当 $x\to a$ 时比较无穷小 $f(x)$ 与 $g(x)$ 的阶，也就是求 $\frac{0}{0}$ 型极限 $\lim\limits_{x\to a}\frac{f(x)}{g(x)}$.

解 (1) $$\lim_{n\to+\infty}\frac{\frac{3n+2}{5n^2+n-1}}{\frac{1}{n}}=\lim_{n\to+\infty}\frac{3n^2+2n}{5n^2+n-1}=\lim_{n\to+\infty}\frac{3+\frac{2}{n}}{5+\frac{1}{n}-\frac{1}{n^2}}=\frac{3}{5}.$$

因此，当 $n\to+\infty$ 时，$\frac{1}{n}$ 与 $\frac{3n+2}{5n^2+n-1}$ 是同阶而不等价的无穷小.

(2) $$\lim_{x\to1^-}\frac{1-x}{\ln(1+\sqrt{1-x})}=\lim_{x\to1^-}\left(\frac{\sqrt{1-x}}{\ln(1+\sqrt{1-x})}\cdot\frac{1-x}{\sqrt{1-x}}\right)$$

$$=\lim_{x\to1^-}\frac{\sqrt{1-x}}{\ln(1+\sqrt{1-x})}\lim_{x\to1^-}\sqrt{1-x}$$

$$=\lim_{t\to0^-}\frac{t}{\ln(1+t)}\lim_{x\to1^-}\sqrt{1-x}=1\times0=0,$$

因此，当 $x\to1^-$ 时，$1-x$ 是比 $\ln(1+\sqrt{1-x})$ 高阶的无穷小.

题型Ⅱ：利用等价无穷小求极限

【题型分析】 当用等价无穷小代换求极限时应注意：

1. 一般只适用于极限中函数相乘或相除形式，加减法不要应用.

2. 求 $x\to x_0$ 的极限过程，可作变量替换 $u=x-x_0$，然后对 u 的因子使用等价代换.

3. 熟悉常用的等价无穷小：当 $\varphi(x)\to0$ 时，$\sin\varphi(x)\sim\varphi(x)$，$\tan\varphi(x)\sim\varphi(x)$，$\ln[1+\varphi(x)]\sim\varphi(x)$，$1-\cos\varphi(x)\sim\frac{1}{2}\varphi^2(x)$，$e^{\varphi(x)}-1\sim\varphi(x)$，$[1+\varphi(x)]^a-1\sim a\varphi(x)$.

例 2 求下列极限：

(1) $\lim\limits_{x\to1^-}\sqrt{1-x^2}\cot\sqrt{\frac{1-x}{1+x}}$；(2) $\lim\limits_{x\to\infty}x\left[\sin\ln\left(1+\frac{3}{x}\right)-\sin\ln\left(1+\frac{1}{x}\right)\right]$；

(3) $\lim\limits_{x\to0}\frac{\ln(\sin^2x+e^x)-x}{\ln(x^2+e^{2x})-2x}$.

分析 (1) 中用到 $\tan\sqrt{\frac{1-x}{1+x}}\sim\sqrt{\frac{1-x}{1+x}}$.

(2) 中用到 $\sin\ln(1+\frac{k}{x})\sim\frac{k}{x}(x\to\infty)$.

(3) 中用到 $\ln(1+\frac{\sin^2 x}{e^x}) \sim \frac{\sin^2 x}{e^x}(x\to 0)$.

解 (1) $I=\lim\limits_{x\to 1^-}\sqrt{1-x^2}\dfrac{1}{\tan\sqrt{\dfrac{1-x}{1+x}}}=\lim\limits_{x\to 1^-}\dfrac{\sqrt{1-x^2}}{\sqrt{\dfrac{1-x}{1+x}}}=\lim\limits_{x\to 1^-}(1+x)=2$;

(2) $I=\lim\limits_{x\to\infty}x\sin\ln(1+\frac{3}{x})-\lim\limits_{x\to\infty}x\sin\ln(1+\frac{1}{x})$,

又因为 $\sin\ln\left(1+\frac{k}{x}\right)\sim\ln\left(1+\frac{k}{x}\right)\sim\frac{k}{x}$ ($x\to\infty$,k 为常数)

$I=\lim\limits_{x\to\infty}x\cdot\frac{3}{x}-\lim\limits_{x\to\infty}x\cdot\frac{1}{x}=3-1=2$;

(3) 先改写 $x=\ln e^x$,$2x=\ln e^{2x}$.

分子 $=\ln(\sin^2 x+e^x)-\ln e^x=\ln(1+\frac{\sin^2 x}{e^x})\sim\frac{\sin^2 x}{e^x}$,$(x\to 0)$

分母 $=\ln(x^2+e^{2x})-\ln e^{2x}=\ln(1+\frac{x^2}{e^{2x}})\sim\frac{x^2}{e^{2x}}$,$(x\to 0)$

于是 $I=\lim\limits_{x\to 0}\dfrac{\ln(\sin^2 x+e^x)-x}{\ln(x^2+e^{2x})-2x}=\lim\limits_{x\to 0}\dfrac{\sin^2 x e^{-x}}{x^2 e^{-2x}}=1$.

例 3　设当 $x\to 0$ 时 $(1+ax^2)^{\frac{1}{3}}-1$ 与 $\cos x-1$ 是等价无穷小,求常数 a 的值.

分析　等价无穷小 $\Leftrightarrow\lim\limits_{x\to 0}\dfrac{\alpha}{\beta}=1$.

解　$1-\cos x\sim\frac{1}{2}x^2\quad(x\to 0)$,$(1+bt)^a-1\sim abt\quad(t\to 0)$

$\Rightarrow(1+ax^2)^{\frac{1}{3}}-1\sim\frac{1}{3}ax^2(x\to 0)$.

$$\lim_{x\to 0}\frac{(1+ax^2)^{\frac{1}{3}}-1}{\cos x-1}=\lim_{x\to 0}\frac{\frac{1}{3}ax^2}{-\frac{1}{2}x^2}=-\frac{2}{3}a,$$

所以 $-\frac{2}{3}a=1$,即 $a=-\frac{3}{2}$.

课后习题解答(习题 1-7)

1. 解　因为 $\lim\limits_{x\to 0}\dfrac{x^2-x^3}{2x-x^2}=\lim\limits_{x\to 0}\dfrac{x-x^2}{2-x}=0$,

所以 x^2-x^3 是 $2x-x^2$ 的高阶无穷小.

$\lim\limits_{x\to 0}\dfrac{2x-x^3}{x}=2$,$\lim\limits_{x\to 0}\dfrac{x^2-x^3}{x^2}=1$,后者是 x 的 2 阶无穷小,大于前者 1 阶

无穷小.

2. 解 (1) 因为$\lim\limits_{x\to1}\dfrac{1-x^3}{1-x}=\lim\limits_{x\to1}(1+x+x^2)=3$，　所以 $1-x^3$ 与 $1-x$ 为同阶无穷小.

(2) 因为$\lim\limits_{x\to1}\dfrac{\frac{1}{2}(1-x^2)}{1-x}=\lim\limits_{x\to1}\dfrac{1+x}{2}=1$,所以$\dfrac{1}{2}(1-x^2)$与 $1-x$ 为等价无穷小.

3. 证明 (1) 令 $y=\arctan x$,则 $x=\tan y$.

当 $x\to0$, $y\to0$ 时,$\lim\limits_{x\to0}\dfrac{\arctan x}{x}=\lim\limits_{y\to0}\dfrac{y}{\tan y}=1$，

所以 $x\to0$ 时,$\arctan x\sim x$.

(2) $$\lim_{x\to0}\frac{\sec x-1}{\frac{x^2}{2}}=\lim_{x\to0}\frac{1-\cos x}{\frac{x^2}{2}\cdot\cos x}=\lim_{x\to0}\left(\frac{\sin\frac{x}{2}}{\frac{x}{2}}\right)^2=1^2=1.$$

所以 $x\to0$ 时,$\sec x-1\sim\dfrac{x^2}{2}$，　证毕.

4. 解 (1) 因为 $3x\sim\tan3x$(当 $x\to0$ 时),所以$\lim\limits_{x\to0}\dfrac{\tan3x}{2x}=\lim\limits_{x\to0}\dfrac{3x}{2x}=\dfrac{3}{2}$.

(2) 因为 $x\to0$ 时,$\sin x\sim x$，

$$\text{所以}\lim_{x\to0}\frac{\sin x^n}{(\sin x)^m}=\lim_{x\to0}\frac{x^n}{x^m}=\begin{cases}1, & \text{当 } n=m \text{ 时},\\ 0, & \text{当 } n>m \text{ 时},\\ \infty, & \text{当 } n<m \text{ 时}.\end{cases}$$

(3) $$\lim_{x\to0}\frac{\tan x-\sin x}{\sin^3x}=\lim_{x\to0}\frac{\sin x\left(\frac{1}{\cos x}-1\right)}{\sin^3x}$$

$$=\lim_{x\to0}\frac{1-\cos x}{\cos x\sin^2x}\ \left(1-\cos x\sim\frac{1}{2}x^2,\sin x\sim x\right)$$

$$=\lim_{x\to0}\frac{\frac{1}{2}x^2}{x^2\cos x}=\frac{1}{2}.$$

(4) $$\lim_{x\to0}\frac{\sin x-\tan x}{(\sqrt[3]{1+x^2}-1)(\sqrt{1+\sin x}-1)}=\lim_{x\to0}\frac{\sin x(\cos x-1)}{\cos x\cdot\frac{x^2}{3}\cdot\frac{\sin x}{2}}$$

$$=-6\lim_{x\to0}\frac{1-\cos x}{x^2}\cdot\frac{1}{\cos x}=-3$$

5. 证明 (1) 因为 $\lim\dfrac{\alpha}{\alpha}=\lim1=1$,所以 $\alpha\sim\alpha$.

(2) 因为 $\alpha\sim\beta$,所以$\lim\dfrac{\alpha}{\beta}=1$,所以$\lim\dfrac{\beta}{\alpha}=\lim\dfrac{1}{\frac{\alpha}{\beta}}=\dfrac{1}{1}=1$,所以 $\beta\sim\alpha$.

(3) 因为 $\alpha \sim \beta, \beta \sim \gamma$，所以 $\lim \frac{\alpha}{\beta} = 1, \lim \frac{\beta}{\gamma} = 1$.

又因 $\lim \frac{\alpha}{\gamma} = \lim \frac{\alpha}{\beta} \cdot \frac{\beta}{\gamma} = \lim \frac{\alpha}{\gamma} = 1$，所以 $\alpha \sim \gamma$.

1.8 函数的连续性与间断点

本节重难点及考研要求

重点及考点

1. 连续性是函数的基本性质，它是用极限方法研究函数性质的第一个范例．连续的三个要素为：有定义、有极限、极限值等于函数值．这三个要素的主要部分是极限．对于分段函数要考虑左、右连续．特殊间断点的类型主要讨论该点的左、右极限．

2. 判断函数连续的方法：

① 利用定义，一般需要适当放大表达式 $|f(x) - f(x_0)|$，去找满足 $|x - x_0| < \delta$ 的 δ，使 $|f(x) - f(x_0)|$ 的放大表达式中有 $|x - x_0|$ 的因子．

② 初等函数及其复合函数在定义域内连续．

③ 利用等价条件证明，即 $f(x_0^+) = f(x_0^-) = f(x_0)$.

3. 第一类间断点的特点是函数在该点左、右极限都存在，第二类间断点的特点是在该点至少有一侧的极限不存在(包含 $\infty, +\infty, -\infty$)，第一类间断点又分作两类：一类是左、右极限相等，即函数在该点存在极限，但 $f(x_0)$ 不存在(函数在 x_0 无定义)，或存在 $f(x_0)$ 但与 $\lim\limits_{x \to x_0} f(x)$ 不相等(极限值 $\neq$ 函数值)，称这类间断点为可去间断点；另一类是左、右极限都存在但不相等，这类间断点称为跳跃间断点．

考研要求

理解函数连续性的概念(含左连续与右连续)，会判别函数间断点的类型.

典型例题与解题技巧

题型Ⅰ：函数的连续性问题

【题型分析】　一个函数在一点处连续必须满足三个条件：一是有定义，二是有极限，三是定义值和极限相等，所以我们应求出分段点处的左、右极限，使之与该点的函数值相等，若不相等，则在该点不连续.

例 1 确定常数 a,b,使函数 $f(x)=\begin{cases}\dfrac{\sin ax}{\sqrt{1-\cos x}}, & x<0,\\ -1, & x=0,\\ \dfrac{1}{x}\ln\dfrac{1}{1+bx}, & x>0.\end{cases}$

在 $x=0$ 处连续.

分析 在分段点处左极限 = 右极限 = 函数在该点的值.

解 $\lim\limits_{x\to 0^-}f(x)=\lim\limits_{x\to 0^-}\dfrac{\sin ax}{\sqrt{1-\cos x}}=\lim\limits_{x\to 0^-}\dfrac{ax}{\sqrt{\dfrac{x^2}{2}}}=\lim\limits_{x\to 0^-}\dfrac{\sqrt{2}ax}{-x}=-\sqrt{2}a$,$f(0)=-1$,所

以 $-\sqrt{2}a=-1$,即 $a=\dfrac{\sqrt{2}}{2}$,

又 $\lim\limits_{x\to 0^+}f(x)=\lim\limits_{x\to 0^+}\dfrac{1}{x}\ln\dfrac{1}{1+bx}=\lim\limits_{x\to 0^+}-\dfrac{\ln(1+bx)}{x}=\lim\limits_{x\to 0^+}\dfrac{-bx}{x}=-b$,

所以 $-b=-1$,$b=1$.

故当 $a=\dfrac{\sqrt{2}}{2}$,$b=1$ 时,函数 $f(x)$ 在 $x=0$ 处连续.

例 2 设 $f(x)=\begin{cases}\dfrac{2^{\frac{1}{x}}-1}{2^{\frac{1}{x}}+1}, & x\neq 0,\\ 1, & x=0,\end{cases}$ 问 $f(x)$ 在 $x=0$ 处是否连续.

分析 $\lim\limits_{x\to 0}f(x)$ 是否存在

解 $\lim\limits_{x\to 0^+}f(x)=\lim\limits_{x\to 0^+}\dfrac{2^{\frac{1}{x}}-1}{2^{\frac{1}{x}}+1}=\lim\limits_{x\to 0^+}\dfrac{1-\dfrac{1}{2^{\frac{1}{x}}}}{1+\dfrac{1}{2^{\frac{1}{x}}}}=\dfrac{1-0}{1+0}=1$,

$\lim\limits_{x\to 0^-}f(x)=\lim\limits_{x\to 0^-}\dfrac{2^{\frac{1}{x}}-1}{2^{\frac{1}{x}}+1}=\dfrac{0-1}{0+1}=-1$,

$\lim\limits_{x\to 0^+}f(x)\neq\lim\limits_{x\to 0^-}f(x)\Rightarrow$ 极限不存在,函数不连续.

题型 Ⅱ:判别间断点及类型

【题型分析】 判断间断点及类型的一般步骤为:

1. 找出无定义的点.
2. 求该点的左、右极限.
3. 按间断点的定义判定.

例 3 讨论函数 $f(x)=\dfrac{1}{1-e^{\frac{x}{1-x}}}$ 的连续性,若有间断点,判别其类型.

分析 找出函数无定义的点,然后求出该点的左、右极限,根据定义判断属于哪类

间断点.

解 $f(x)=\dfrac{1}{1-e^{\frac{x}{1-x}}}$ 在 $x=1$ 处无定义,在 $x=0$ 处也无定义(此时 $1-e^0=0$),故 $x=1,x=0$ 为间断点,

而 $\lim\limits_{x\to 0}f(x)=\lim\limits_{x\to 0}\dfrac{1}{1-e^{\frac{x}{1-x}}}=\infty$,所以 $x=0$ 为第二类间断点.

又因为 $\lim\limits_{x\to 1^+}f(x)=\lim\limits_{x\to 1^+}\dfrac{1}{1-e^{\frac{x}{1-x}}}=1$, $\lim\limits_{x\to 1^-}f(x)=\lim\limits_{x\to 1^-}\dfrac{1}{1-e^{\frac{x}{1-x}}}=0$.

所以 $x=1$ 为第一类(跳跃)间断点.

例 4　设 $f(x)=\lim\limits_{n\to+\infty}\dfrac{x^{n+2}}{\sqrt[3]{2^{3n}+x^{3n}}}(x\geqslant 0)$,求 $f(x)$ 的间断点.

分析　由于 $\dfrac{x^{n+2}}{\sqrt[3]{2^{3n}+x^{3n}}}=x^2\dfrac{\left(\dfrac{x}{2}\right)^n}{\sqrt[3]{1+\left(\dfrac{x}{2}\right)^{3n}}}$,因此根式中要考虑在 $x=2$ 处分情况讨论.

解 $\dfrac{x^{n+2}}{\sqrt[3]{2^{3n}+x^{3n}}}=x^2\dfrac{\left(\dfrac{x}{2}\right)^n}{\sqrt[3]{1+\left(\dfrac{x}{2}\right)^{3n}}}$.

(1) 当 $0\leqslant x<2$ 时,$\left(\dfrac{x}{2}\right)^n\to 0$, $\left(\dfrac{x}{2}\right)^{3n}\to 0(n\to\infty)$,

有 $f(x)=\lim\limits_{n\to\infty}\dfrac{x^{2+n}}{\sqrt[3]{2^{3n}+x^{3n}}}=0$;

(2) 当 $x=2$ 时,$f(2)=2^2\cdot\dfrac{1}{\sqrt[3]{2}}<4$;

(3) 当 $x>2$ 时,$f(x)=x^2\cdot\lim\limits_{n\to\infty}\dfrac{\left(\dfrac{x}{2}\right)^n}{\sqrt[3]{1+\left(\dfrac{x}{2}\right)^{3n}}}=x^2\lim\limits_{n\to\infty}\dfrac{1}{\sqrt[3]{\left(\dfrac{x}{2}\right)^{-3n}+1}}=x^2>4$.

因此 $x=2$ 是 $f(x)$ 的第一类间断点,而在其余点 $f(x)$ 连续.

课后习题解答(习题 1-8)

1. 解　$x=-1,0,1,2,3$ 均为 $f(x)$ 的间断点,除 $x=0$ 外它们均为 $f(x)$ 的可去间断点.补充定义 $f(-1)=f(2)=f(3)=0$,修改定义使 $f(1)=2$,则它们均成为 $f(x)$ 的连续点.

2. 解　(1) $f(x)$ 在区间 $[0,1]$、$(1,2]$ 上是初等函数,因此连续,下面讨论分段点 $x=1$ 的连续性.

$$f(1-0)=\lim_{x\to1^-}x^2=1,f(1+0)=\lim_{x\to1^+}(2-x)=1,$$

所以 $f(x)$ 在区间$[0,2]$上连续. $f(x)$ 的图形如图 1-4(a) 所示.

(2) $\lim\limits_{x\to1^+}f(x)=\lim\limits_{x\to1^+}x=-1=f(-1)$,$\lim\limits_{x\to1^-}f(x)=\lim\limits_{x\to1^-}1=1$,所以 $f(x)$ 在 $x=-1$ 处间断,但连续,函数如图 1－4(b) 所示.

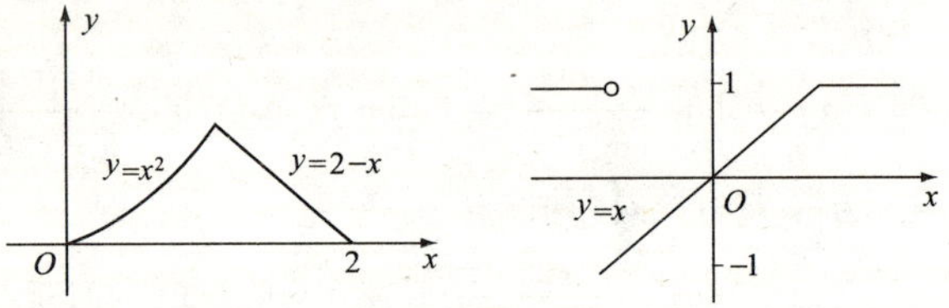

(a) (b)

图 1-4

3. 解 (1) 由于$\lim\limits_{x\to1}\dfrac{x^2-1}{x^2-3x+2}=\lim\limits_{x\to1}\dfrac{x+1}{x-2}=-2$,

即 $x=1$ 是可去间断点,且为第一类间断点.

令 $y(1)=-2$,则 $y=\dfrac{x^2-1}{x^2-3x+2}$ 在 $x=1$ 处连续.

而 $\lim\limits_{x\to2}\dfrac{x^2-1}{x^2-3x+2}=\lim\limits_{x\to2}\dfrac{x+1}{x-2}=\infty$,

即 $x=2$ 为无穷间断点,属于第二类间断点.

(2) 因为$\lim\limits_{x\to0}\dfrac{x}{\tan x}=1$,$\lim\limits_{x\to k\pi}\dfrac{x}{\tan x}=\infty(k\neq0)$,$\lim\limits_{x\to k\pi+\frac{\pi}{2}}\dfrac{x}{\tan x}=0$,

因此,$x=0$ 和 $x=k\pi+\dfrac{\pi}{2}(k\in\mathbf{Z})$ 是 $y(x)$ 的可去间断点,属于第一类间断点. $x=k\pi(k\in\mathbf{Z}$ 且 $k\neq0)$ 为 $y(x)$ 的无穷间断点,属于第二类间断点. 若令 $y(0)=1$,$y(k\pi+\dfrac{\pi}{2})=0$,则 $y(x)$ 在 $x=0$ 和 $x=k\pi+\dfrac{\pi}{2}$ 处都连续.

(3) 当 $x\to0$ 时,$y=\cos^2\dfrac{1}{x}$ 的值在 0 与 1 之间变动,即$\lim\limits_{x\to0}\cos^2\dfrac{1}{x}$ 不存在,故 $x=0$ 是 $y(x)$ 的第二类振荡间断点.

(4) 因为 $\lim\limits_{x\to1^-}y(x)=\lim\limits_{x\to1^-}(x-1)=0$,

$\lim\limits_{x\to1^+}y(x)=\lim\limits_{x\to1^+}(3-x)=2\neq y(1^-)$,

故 $x=1$ 是 $y(x)$ 的跳跃间断点,属于第一类间断点.

4. 解 由题设可知: $f(x)=\lim\limits_{n\to\infty}\dfrac{1-x^{2n}}{1+x^{2n}}x=\begin{cases}x, & |x|<1,\\ 0, & |x|=1,\\ -x, & |x|>1.\end{cases}$

易见 $f(x)$ 在 $(-\infty,-1)\cup(-1,1)\cup(1,+\infty)$ 上连续，而

$$f(-1-0)=\lim_{x\to-1^-}f(x)=\lim_{x\to-1^-}(-x)=1,$$

$$f(-1+0)=\lim_{x\to-1^+}f(x)=\lim_{x\to-1^+}x=-1\neq f(-1-0).$$

故 $x=-1$ 为 $f(x)$ 的第一类跳跃间断点.

$$f(1+0)=\lim_{x\to1^+}f(x)=\lim_{x\to1^+}(-x)=-1,$$

$$f(1-0)=\lim_{x\to1^-}f(x)=\lim_{x\to1^-}x=1\neq f(1+0).$$

故 $x=1$ 也为 $f(x)$ 的第一类跳跃间断点.

5. 解 (1) 对. 因为 $\big||f(x)|-|a|\big|\leqslant|f(x)-a|\to0(x\to a)$，

所以 $|f(x)|$ 也在 a 连续.

(2) 错. 例如 $f(x)=\begin{cases}1, & x\geqslant0,\\-1, & x<0,\end{cases}$

则 $|f(x)|$ 在 $a=0$ 处连续，而 $f(x)$ 在 $a=0$ 处不连续.

6. 证明 由于 $f(x_0)\neq0$，不妨设 $f(x_0)>0$，由题设可知，$\lim\limits_{x\to x_0}f(x)=f(x_0)$，由极限定义，对于取定 $\varepsilon=\dfrac{1}{2}f(x_0)>0$，$\exists\delta>0$，当 $|x-x_0|<\delta$ 时，

总有 $|f(x)-f(x_0)|<\varepsilon=\dfrac{1}{2}f(x_0)$，

即 $f(x_0)-\dfrac{1}{2}f(x_0)<f(x)<f(x_0)+\dfrac{1}{2}f(x_0)$，

从而有 $\dfrac{1}{2}f(x_0)<f(x)<\dfrac{3}{2}f(x_0)$.

这就证明了存在 x_0 的某一邻域 $U(x_0)$，当 $x\in U(x_0)$ 时，

$f(x)>\dfrac{1}{2}f(x_0)>0$，　故 $f(x)\neq0$.

同理可证 $f(x_0)<0$ 的情形.　证毕.

7. 证明 (1) $\forall\varepsilon>0$，取 $\delta=\varepsilon$，则当 $|x-0|=|x|<\delta$ 时，

$|f(x)-f(0)|=|f(x)|\leqslant|x|<\varepsilon$，

故 $\lim\limits_{x\to0}f(x)=f(0)$，即 $f(x)$ 在 $x=0$ 连续.

(2) $\forall x_0\neq0$，$f(x)$ 在 x_0 不连续.

若 $x_0=r\neq0$，$r\in\boldsymbol{Q}$，则 $f(x_0)=f(r)=r$.

分别取一有理数列 $\{r_n\}$：$r_n\to r(n\to\infty)$，$r_n\neq r$；取一无理数列 $\{s_n\}$：$s_n\to r(n\to\infty)$，则 $\lim\limits_{n\to\infty}f(r_n)=\lim\limits_{n\to\infty}r_n=r$，　$\lim\limits_{n\to\infty}f(s_n)=\lim\limits_{n\to\infty}0=0$，

而 $r\neq0$，由函数极限与数列极限的关系知 $\lim\limits_{x\to r}f(x)$ 不存在，故 $f(x)$ 在 r 处不连续.

若 $x_0=s, s\in Q$，同理可证 $f(x_0)=f(s)=0$，但$\lim\limits_{x\to s}f(x)$不存在，故 $f(x)$ 在 s 处不连续.

综上可知 $\forall x_0\neq 0$，有 $f(x)$ 在 x_0 不连续.

8. 解 (1) $f(x)=\cot(\pi x)+\cot\dfrac{\pi}{x}$.

(2) $f(x)=\begin{cases}1, & x\in Q,\\ -1, & x\in Q^C.\end{cases}$

(3) $f(x)=\begin{cases}xV, & x\in Q,\\ -x, & x\in Q^C.\end{cases}$

1.9 连续函数的运算与初等函数的连续性

本节重难点及考研要求

重点及考点

1. 连续函数的极限，根据函数 $f(x)$ 在 $x=x_0$ 点连续的定义可知，求连续函数 $f(x)$ 在 $x\to x_0$ 时的极限，只需求 $x=x_0$ 时的函数值. 因此对于初等函数 $f(x)$，在其定义区间内 $x\to x_0$ 处，极限为 $\lim\limits_{x\to x_0}f(x)=f(x_0)$.

2. 判断函数连续性要注意的问题：

① 初等函数在定义域内是连续的.

② 把函数的运算与极限的运算结合运用.

考研要求

了解连续函数的性质和初等函数的连续性.

典型例题与解题技巧

题型Ⅰ：利用连续函数性质求极限

【题型分析】 连续函数性质求极限的方法如下：

1. 变量代换，化为能用极限运算法则及连续性求极限的形式.
2. 充分利用初等函数和复合函数的连续性以及极限运算法则求极限.
3. 利用等价无穷小简化求解过程，再用复合函数求出极限值.

例1 求下列极限：

(1) $\lim\limits_{x\to 1}\cos\dfrac{x^2-1}{x-1}$；(2) $\lim\limits_{x\to 0}\dfrac{\ln(1+2x)}{\arcsin 3x}$.

(1) **分析**　用复合函数的连续性定理，即 $\lim\limits_{x\to x_0} f[\varphi(x)] = f[\lim\limits_{x\to x_0}\varphi(x)]$ 计算.

解　$\lim\limits_{x\to 1}\cos\dfrac{x^2-1}{x-1} = \lim\limits_{x\to 1}\cos(x+1) = \cos[\lim\limits_{x\to 1}(x+1)] = \cos 2.$

(2) **分析**　利用 $\arcsin 3x \sim 3x$ 替换.

解　$\arcsin 3x \sim 3x, \ln(1+2x) \sim 2x$

$$\lim_{x\to 0}\frac{\ln(1+2x)}{\arcsin 3x} = \lim_{x\to 0}\frac{2x}{3x} = \frac{2}{3}.$$

例 2　求 $\lim\limits_{x\to 0}\dfrac{\sqrt{1+\tan x}-\sqrt{1+\sin x}}{x\cdot\sqrt{1+\sin^2 x}-x}$.

分析　分子有理化，等价无穷小替换.

解　原式 $= \lim\limits_{x\to 0}\dfrac{(1+\tan x)-(1+\sin x)}{x\cdot 1\cdot(\sqrt{1+\tan x}+\sqrt{1+\sin x})} = \lim\limits_{x\to 0}\dfrac{\tan x-\sin x}{2x}$

$$= \lim_{x\to 0}\frac{\tan x(1-\cos x)}{2x} = \lim_{x\to 0}\frac{x\cdot\frac{1}{2}x^2}{2x} = 0.$$

题型 Ⅱ：判断连续性

【题型分析】　对于分段函数的连续性，可以利用 $f(x_0^+) = f(x_0^-) = f(x_0)$ 求解.

例 3　设 $f(x) = \lim\limits_{n\to\infty}\dfrac{\ln(e^n + x^n)}{n}$ $(x>0)$，

试讨论 $f(x)$ 在 $(0,+\infty)$ 上的连续性.

分析　当 $0<x<e, x>e, x=e$ 时分别讨论.

解　当 $0<x<e$ 时，$f(x) = \lim\limits_{n\to\infty}\dfrac{\ln(e^n+x^n)}{n} = \lim\limits_{n\to\infty}\dfrac{\ln e^n + \ln\left[1+\left(\frac{x}{e}\right)^n\right]}{n} = 1$；

当 $x>e$ 时，$f(x) = \lim\limits_{n\to\infty}\dfrac{\ln(e^n+x^n)}{n} = \lim\limits_{n\to\infty}\dfrac{\ln x^n + \ln\left[\left(\frac{e}{x}\right)^n+1\right]}{n} = \ln x$；

当 $x=e$ 时，$f(e) = \lim\limits_{n\to\infty}\dfrac{\ln(e^n+e^n)}{n} = 1$，

$$\lim_{n\to\infty}\frac{\ln 2e^n}{n} = \lim_{n\to\infty}\frac{\ln 2+n}{n} = 1$$

则 $f(x)$ 为分段函数，只需讨论分段点 $x=e$ 处是否连续，

$\lim\limits_{x\to e^+} f(x) = \lim\limits_{x\to e^+}\ln x = 1 = f(e) = \lim\limits_{x\to e^-} f(x)$，故 $f(x)$ 在 $(0,+\infty)$ 上连续.

课后习题解答(习题 1-9)

1. 解　$f(x)$ 的定义域为 $x^2+x-6=(x+3)(x-2)\neq 0$，即 $x\neq -3, x\neq 2$，所以 $f(x)$ 的连续区间为 $(-\infty,-3)\cup(-3,2)\cup(2,+\infty)$.

$\lim\limits_{x\to 0} f(x) = \dfrac{-3}{-6} = \dfrac{1}{2}$，

$$\lim_{x\to -3}\frac{x^3+3x^2-x-3}{x^2+x-6}=\lim_{x\to -3}\frac{x^2-1}{x-2}=-\frac{8}{5},$$

$$\lim_{x\to 2}\frac{x^3+3x^2-x-3}{x^2+x-6}=\lim_{x\to 2}\frac{x^2-1}{x-2}=\infty.$$

2. 解 设 $f(x_0)=g(x_0)$，$\varphi(x)$ 在 $x>x_0$，$x<x_0$ 时有两种情况：

(1) $\varphi(x)=\max\{f(x),g(x)\}=\begin{cases} f(x), & x>x_0, \\ f(x_0), & x=x_0, \\ g(x), & x<x_0. \end{cases}$

$\lim\limits_{x\to x_0^+}\varphi(x)=\lim\limits_{x\to x_0^+}f(x)=f(x_0)$，$\lim\limits_{x\to x_0^-}\varphi(x)=\lim\limits_{x\to x_0^-}g(x)=g(x_0)=f(x_0)$，

所以 $\varphi(x)$ 在 x_0 处连续.

(2) 对 $\varphi(x)=\max\{f(x),g(x)\}=\begin{cases} g(x), & x>x_0, \\ f(x_0), & x=x_0, \\ f(x), & x<x_0. \end{cases}$

同理可证 $\varphi(x)$ 在 x_0 处连续.

设 $f(x_0)\neq g(x_0)$，设在 x_0 的某个邻域 $(x_0-\delta,x_0+\delta)$ 内 $f(x)\geqslant g(x)$，

则 $\varphi(x)=f(x)$.　$\lim\limits_{x\to x_0}\varphi(x)=\lim\limits_{x\to x_0}f(x)=f(x_0)$，

当 $g(x)>f(x)$ 时，$\varphi(x)=g(x)$，$\lim\limits_{x\to x_0}\varphi(x)=\lim\limits_{x\to x_0}g(x)=g(x_0)$.

综上所述，$\varphi(x)=\max\{f(x),g(x)\}$ 在 x_0 处连续，同理 $\psi(x)=\min\{f(x),g(x)\}$ 在 x_0 处连续.

3. 解 (1) $\lim\limits_{x\to 0}\sqrt{x^2-2x+5}=\sqrt{0-0+5}=\sqrt{5}$.

(2) $\lim\limits_{\alpha\to\frac{\pi}{4}}(\sin 2\alpha)^3=\left(\sin\frac{\pi}{2}\right)^3=1$.

(3) $\lim\limits_{x\to\frac{\pi}{6}}\ln(2\cos 2x)=\ln\left(2\cos\frac{\pi}{3}\right)=0$.

(4) $\lim\limits_{x\to 0}\dfrac{\sqrt{x+1}-1}{x}=\lim\limits_{x\to 0}\dfrac{x}{x(\sqrt{x+1}+1)}=\dfrac{1}{\sqrt{0+1}+1}=\dfrac{1}{2}$.

(5) $\lim\limits_{x\to 1}\dfrac{\sqrt{5x-4}-\sqrt{x}}{x-1}=\lim\limits_{x\to 1}\dfrac{5x-4-x}{(\sqrt{5x-4}+\sqrt{x})(x-1)}=2$.

(6) $\lim\limits_{x\to\alpha}\dfrac{\sin x-\sin\alpha}{x-\alpha}=\lim\limits_{x\to\alpha}\dfrac{2\cos\frac{x+\alpha}{2}\sin\frac{x-\alpha}{2}}{x-\alpha}=\cos\alpha$.

(7) $\lim\limits_{x\to+\infty}(\sqrt{x^2+x}-\sqrt{x^2-x})=\lim\limits_{x\to+\infty}\dfrac{x^2+x-x^2+x}{\sqrt{x^2+x}+\sqrt{x^2-x}}=\dfrac{2}{2}=1$.

4. 解 (1) $\lim\limits_{x\to\infty} e^{\frac{1}{x}} = e^{\lim\limits_{x\to\infty}\frac{1}{x}} = e^0 = 1$

(2) $\lim\limits_{x\to 0} \ln \dfrac{\sin x}{x} = \ln \lim\limits_{x\to 0} \dfrac{\sin x}{x} = \ln 1 = 0.$

(3) $\lim\limits_{x\to\infty}(1+\dfrac{1}{x})^{\frac{x}{2}} = e^{\lim\limits_{x\to\infty}\frac{1}{x}\cdot 2x} = e^2.$

(4) $\lim\limits_{x\to 0}(1+3\tan^2 x)^{\cot^2 x} = e^{\lim\limits_{x\to 0}\cot^2 x\cdot 3\tan^2 x} = e^3.$

(5) $\lim\limits_{x\to\infty}(\dfrac{3+x}{6+x})^{\frac{x-1}{2}} = \lim\limits_{x\to\infty}\left(1-\dfrac{3}{x+6}\right)^{\frac{x-1}{2}}$

$$= e^{\lim\limits_{x\to\infty}\frac{x-1}{2}(-\frac{3}{x+6})} = e^{-\frac{3}{2}}.$$

(6) $\lim\limits_{x\to 0}\dfrac{\sqrt{1+\tan x}-\sqrt{1+\sin x}}{x\sqrt{1+\sin^2 x}-x}$

$$= \lim_{x\to 0}\frac{(\sqrt{1+\tan x}-\sqrt{1+\sin x})(\sqrt{1+\tan x}+\sqrt{1+\sin x})(\sqrt{1+\sin^2 x}+1)}{x(\sqrt{1+\sin^2 x}-1)(\sqrt{1+\sin^2 x}+1)(\sqrt{1+\tan x}+\sqrt{1+\sin x})}$$

$$= \lim_{x\to 0}\frac{(\tan x-\sin x)(\sqrt{1+\sin^2 x}+1)}{x\sin^2 x\cdot(\sqrt{1+\tan x}+\sqrt{1+\sin x})}$$

$$= \lim_{x\to 0}\frac{\tan x(1-\cos x)}{x\sin^2 x}$$

$$= \lim_{x\to 0}\frac{x\cdot\frac{1}{2}x^2}{x\cdot x^2} = \frac{1}{2}.$$

5. 解 (1) 错．例如 $\varphi(x)=\operatorname{sgn}x$，　$f(x)=e^x$，　$\varphi[f(x)]\equiv 1$ 在 $\boldsymbol{R}$ 上处处连续．

(2) 错．例如 $\varphi(x)=\begin{cases}1, & x\in\boldsymbol{Q},\\ -1, & x\in\boldsymbol{Q}^c,\end{cases}$　$[\varphi(x)]^2\equiv 1$ 在 $\boldsymbol{R}$ 上处处连续．

(3) 对．例如 $\varphi(x)$ 同(2)，$f(x)=|x|+1$，$f[\varphi(x)]\equiv 2$ 在 $\boldsymbol{R}$ 上处处连续．

(4) 对．因为，若 $F(x)=\dfrac{\varphi(x)}{f(x)}$ 在 $\boldsymbol{R}$ 上处处连续，则 $\varphi(x)=F(x)\cdot f(x)$ 也在 $\boldsymbol{R}$ 上处处连续，这与已知条件矛盾．

6. 解 根据初等函数的连续性，$f(x)$ 在 $(-\infty,0)$ 和 $(0,+\infty)$ 内连续. 因此要使 $f(x)$ 在 $(-\infty,+\infty)$ 内连续，考虑 $f(x)$ 在分段点 $x=0$ 处的连续性即可.

因为 $\lim\limits_{x\to 0^-}f(x)=\lim\limits_{x\to 0^-}e^x=1$，　$\lim\limits_{x\to 0^+}f(x)=\lim\limits_{x\to 0^+}(a+x)=a=f(0)$，

故要使 $f(x)$ 在 $x=0$ 处连续，需且只需 $a=1$.

1.10 闭区间上连续函数的性质

本节重难点及考研要求

重点及考点

1. 闭区间上连续函数的性质:最值可达性、整体有界性、介值性、根的存在性都是函数的整体性质．下面两条性质也十分重要．

① 若 $f(x)$ 在 $[a,b]$ 上连续且严格单调,则反函数 $f^{-1}(x)$ 在 $[f(a),f(b)]$ 或 $[f(b),f(a)]$ 上亦连续．

② 若 $f(x),g(x)$ 均在 $[a,b]$ 上连续,则 $m(x)=\min\{f(x),g(x)\}$ 及 $M(x)=\max\{f(x),g(x)\}$ 在 $[a,b]$ 上均连续．

2. 介值定理、最大值和最小值定理是闭区间连续函数的两个重要定理．用这两个定理证明一些命题是本节的重点与难点,也是考研中常出现的题型．

考研要求

了解闭区间上连续函数的性质(有界性、最大值和最小值定理、介值定理)及其简单应用.

典型例题与解题技巧

题型Ⅰ:用零点定理确定方程根的存在性

【题型分析】 求解此类问题的方法如下:

1. 确定函数的连续性,有时需要构造新的函数.
2. 在定义域内找到两点,使其值符号相反.
3. 由零点定理确定解.

例 1 证明 $f(x)=x^3+2x^2-4x-1$ 在 $(-\infty,+\infty)$ 内至少有 3 个零点.

分析 要证有 3 个零点,则需要找 4 个连续但函数值符号相反的点.

证明 取 $x=-4,x=-1,x=0,x=2$ 这 4 个点.

$f(0)=-1<0,f(2)=8+8-8-1>0,f(-1)=-1+2+4-1>0,$
$f(-4)=-64+32+16-1<0$
$\Rightarrow f(0)\cdot f(2)<0,f(-1)\cdot f(0)<0,f(-4)f(-1)<0.$

在 $(0,2)$,$(-1,0)$ 和 $(-4,-1)$ 之间各有 $f(x)$ 的一个零点,即 $f(x)$ 在 $(-\infty,+\infty)$ 内至少有三个零点.

题型Ⅱ:证明根的唯一性

【题型分析】 对于此类问题,首先利用零点定理证明根的存在性,然后再利用单调性说明根的唯一性.

例2　证明方程 $x=\cos x$ 在 $(-\infty,+\infty)$ 内存在唯一根.

分析　零点定理及单调性.

证明　令 $F(x)=x-\cos x$，则 $F(x)$ 在 $(-\infty,+\infty)$ 内连续，$F(0)=-1<0$

$$F\left(\frac{\pi}{2}\right)=\frac{\pi}{2}>0\Rightarrow\exists C\in\left(0,\frac{\pi}{2}\right)\text{ 使 }F(C)=0.$$

以下证明 $F(x)$ 单调上升. 对 $\forall x_2>x_1$，

$$\begin{aligned}F(x_2)-F(x_1)&=(x_2-\cos x_2)-(x_1-\cos x_1)\\&=(x_2-x_1)-(\cos x_2-\cos x_1)\\&=(x_2-x_1)+2\sin\frac{x_2-x_1}{2}\sin\frac{x_1+x_2}{2}.\end{aligned}$$

由于：

$$\left|2\sin\frac{x_2-x_1}{2}\sin\frac{x_1+x_2}{2}\right|\leqslant 2\left|\sin\frac{x_2-x_1}{2}\right|<2\cdot\frac{x_2-x_1}{2}=x_2-x_1,$$

于是 $F(x_2)-F(x_1)>0$，即 $F(x)$ 在 $(-\infty,+\infty)$ 内单调上升. 因此有唯一零点，即方程 $x=\cos x$ 在 $(-\infty,+\infty)$ 内存在唯一零点.

题型Ⅲ:用零点定理证明等式

【题型分析】　先设函数，再利用零点定理找到两个取值相反的点确定根的存在性，即可得到所证明的等式.

例3　若 $f(x)\in C[0,a](a>0)$ 且 $f(0)=f(a)$，

证明在 $(0,a)$ 内至少存在一点 ξ，使 $f(\xi)=f(\xi+\frac{a}{2})$.

分析　令 $g(x)=f(x)-f(x+\frac{a}{2})$，由零点定理确定结论.

证明　令 $g(x)=f(x)-f\left(x+\frac{a}{2}\right)\in C[0,\frac{a}{2}]$，

由于 $g(0)=f(0)-f\left(\frac{a}{2}\right)$，

$$g\left(\frac{a}{2}\right)=f\left(\frac{a}{2}\right)-f(a)=f\left(\frac{a}{2}\right)-f(0)=-\left(f(0)-f\left(\frac{a}{2}\right)\right).$$

所以 $g(0)\cdot g\left(\frac{a}{2}\right)\leqslant 0$，

若 $f(0)=f\left(\frac{a}{2}\right)$，则 $\xi=0$ 或 $\xi=\frac{a}{2}$. 即为所求

若 $f(0)\neq f\left(\frac{a}{2}\right)$，则 $g(0)\cdot g\left(\frac{a}{2}\right)<0$，由零点定理，$\exists\xi\in\left(0,\frac{a}{2}\right)$ 使得

$g(\xi)=0$,即 $f(\xi)=f\left(\xi+\dfrac{a}{2}\right)$.

课后习题解答(习题 1-10)

1. 证明 设 $F(x)=f(x)-x$,则 $F(0)=f(0)\geqslant 0, F(1)=f(1)-1\leqslant 0$.

若 $F(0)=0$ 或 $F(1)=0$,则 0 或 1 即为 $f(x)$ 的不动点;若 $F(0)>0$ 且 $F(1)<0$,则由零点定理,必存在 $c\in(0,1)$,使 $F(c)=0$,则 $f(c)=c$,这时 c 为 $f(x)$ 的不动点. 证毕.

2. 证明 设 $f(x)=x^5-3x-1$,则 $f(x)$ 在$[1,2]$上连续,且

$f(1)=1^5-3-1=-3<0, f(2)=2^5-3\times2-1=25>0$,

由零点定理知,至少有一点 $\xi\in(1,2)$,使得 $f(\xi)=0$.

故方程 $x^5-3x=1$ 在 1 和 2 之间至少有一个根. 证毕.

3. 证明 设 $F(x)=x-a\sin x-b$,

易见 $F(x)$ 在$[0,a+b]$上连续,且 $F(0)=-b$,

$F(a+b)=a+b-a\sin(a+b)-b=a[1-\sin(a+b)]\geqslant 0$,

若 $F(a+b)=0$,则 $a+b$ 就是该方程的一个正根,从而结论成立.

若 $F(a+b)>0$,由零点定理知,至少存在一点 $\xi\in(0,a+b)$,使得 $F(\xi)=0$,即所求方程至少有一个正根,且不超过 $a+b$. 证毕.

4. 证明 对于任意的 $x_0\in[a,b]$,由已知条件有 $|f(x)-f(x_0)|\leqslant L|x-x_0|$,其中 $x\in[a,b]$,

又因为 $\lim\limits_{x\to x_0}|x-x_0|=0$,

所以 $\lim\limits_{x\to x_0}|f(x)-f(x_0)|=0$, 于是 $f(x)$ 在$[a,b]$上连续.

再由 $f(a)\cdot f(b)<0$ 及零点定理可得结论. 证毕.

5. 证明 因为 $f(x)$ 在$[a,b]$上连续,而$[x_1,x_n]\subset[a,b]$,所以 $f(x)$ 在$[x_1,x_n]$上连续,设 $M=\max\limits_{x_1\leqslant x\leqslant x_n}\{f(x)\}, m=\min\limits_{x_1\leqslant x\leqslant x_n}\{f(x)\}$,则

$$m\leqslant\frac{f(x_1)+f(x_1)+\cdots+f(x_n)}{n}\leqslant M.$$

故由价值定理知:必存在 $\xi\in[x_1,x_n]$,使得

$$f(\xi)=\frac{f(x_1)+f(x_1)+\cdots+f(x_n)}{n}.$$

6. 证明 设 $\lim\limits_{x\to\infty}f(x)=A$,则取 $\varepsilon=1$,$\exists X>0$,当 $|x|>X$ 时,总有

$|f(x)-A|<\varepsilon=1$, 从而 $|f(x)|<1+|A|$, $|x|>X$. 又因 $f(x)$

在$[-X,X]$上连续，易见$[-X,X]\subset(-\infty,+\infty)$. 在闭区间$[-X,X]$上运用连续函数的有界性定理可知

$|f(x)|\leqslant M_0\quad x\in[-X,X]$，即$M=\max\{M_0,|A|+1\}$.

由以上推证可知　$|f(x)|\leqslant M\quad x\in(-\infty,+\infty)$.

故$f(x)$在$(-\infty,+\infty)$上有界. 证毕.

7. 解　若$\lim\limits_{x\to a^+}f(x)$和$\lim\limits_{x\to b^-}f(x)$都存在(为有限值)，则补充定义，$f(a)=\lim\limits_{x\to a^+}f(x)$，$f(b)=\lim\limits_{x\to b^-}f(x)$，从而$f(x)$在$[a,b]$上连续，由一致连续性定理，$f(x)$在$[a,b]$上一致连续，从而也在$(a,b)$内一致连续. 这就是说，当$f(a^+)$和$f(b^-)$都存在时，$f(x)$在$(a,b)$内一致连续.

总习题一全解

1. 解(1) 数列$\{x_n\}$有界是数列$\{x_n\}$收敛的必要条件. 数列$\{x_n\}$收敛是数列$\{x_n\}$有界的充分条件.

(2) $f(x)$在x_0的某一去心邻域内有界是$\lim\limits_{x\to x_0}f(x)$存在的必要条件.

$\lim\limits_{x\to x_0}f(x)$存在是$f(x)$在$x_0$的某一去心邻域内有界的充分条件.

(3) $f(x)$在x_0的某一去心邻域内无界是$\lim\limits_{x\to x_0}f(x)=\infty$的必要条件.

$\lim\limits_{x\to x_0}f(x)=\infty$是$f(x)$在$x_0$的某一去心邻域内无界的充分条件.

(4) $f(x)$当$x\to x_0$时的右极限$f(x_0^+)$与左极限$f(x_0^-)$都存在且相等是$\lim\limits_{x\to x_0}f(x)$存在的充分必要条件.

2. 解　$a=f(0)=\lim\limits_{x\to 0}f(x)=\lim\limits_{x\to 0}(\cos x)^{-x^2}=1$.

3. 解　(1) 因为$\lim\limits_{x\to 0}\dfrac{f(x)}{x}=\lim\limits_{x\to 0}\dfrac{2^x+3^x-2}{x}=\lim\limits_{x\to 0}\dfrac{2^x-1}{x}+\lim\limits_{x\to 0}\dfrac{3^x-1}{x}$

$$=\lim_{x\to 0}\frac{e^{x\ln 2}-1}{x}+\lim_{x\to 0}\frac{e^{x\ln 3}-1}{x}=\ln 2+\ln 3=\ln 6\neq 1,$$

所以当$x\to 0$时，$f(x)$与x同阶但非等价无穷小，应选(B).

(2) $f(0-0)=\lim\limits_{x\to 0^-}f(x)=-1$，　$f(0+0)=\lim\limits_{x\to 0^+}f(x)=1$，

因为$f(0-0)$，$f(0+0)$均存在，但$f(0+0)\neq f(0-0)$，

所以$x=0$是$f(x)$的跳跃间断点，应选(B).

4. 解　(1) $f(e^x)$的定义域由不等式：$0\leqslant e^x\leqslant 1$决定.

解得：$x\leqslant 0$. $\therefore f(e^x)$定义域为$\{x\mid x\leqslant 0\}$.

(2) $f(\ln x)$的定义域由不等式$0\leqslant \ln x\leqslant 1$决定.

解得$1\leqslant x\leqslant e$. $\therefore f(\ln x)$的定义域为$\{x\mid 1\leqslant x\leqslant e\}$.

(3) $f(\arctan x)$的定义域由不等式$0\leqslant \arctan x\leqslant 1$决定.

解得 $0 \leqslant x \leqslant \tan 1$，∴ $f(\arctan x)$ 的定义域为 $\{x \mid 0 \leqslant x \leqslant \tan 1\}$.

(4) $f(\cos x)$ 的定义域由不等式 $0 \leqslant \cos x \leqslant 1$ 决定.

解得：$\bigcup\limits_{n\in Z}\left[2n\pi-\frac{\pi}{2},2n\pi+\frac{\pi}{2}\right]$. ∴ $f(\cos x)$ 的定义域为 $\{x \mid 2n\pi-\frac{\pi}{2} \leqslant x \leqslant 2n\pi+\frac{\pi}{2}\ n \in \mathbf{Z}\}$.

5. 解 $f[f(x)] = \begin{cases} 0, x \leqslant 0 \\ x, x > 0 \end{cases} = f(x)$；　$g[g(x)] = \begin{cases} 0, x \leqslant 0 \\ 0, x > 0 \end{cases} = 0$；

$f[g(x)] = \begin{cases} 0, x \leqslant 0 \\ 0, x > 0 \end{cases} = 0$；　$g[f(x)] = \begin{cases} 0, x \leqslant 0 \\ -x^2, x > 0 \end{cases} = g(x)$.

6. 解 (1) 将 $y = \sin x$ 的图形中在 x 轴下方的部分折到 x 轴上方即可得 $y = |\sin x|$ 的图形，如图 1-7 所示。

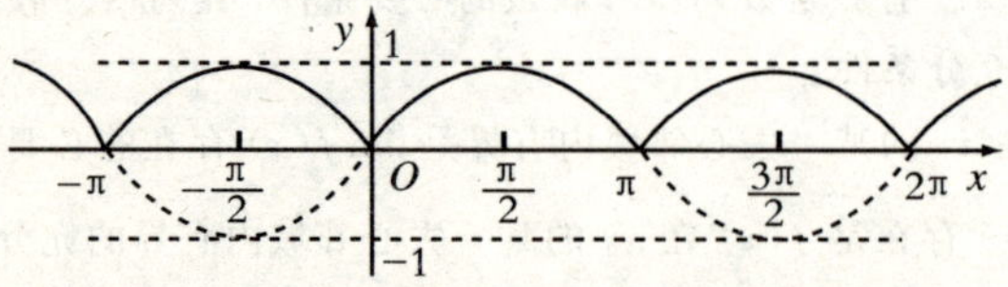

图 1-7

(2) ∵ $y = \sin|x|$ 为偶函数.

∴ 只要先画出 $y = \sin x$ 在 x 轴正方向上的图形，再由关于 y 轴对称画出 x 轴负方向上的图形即可.

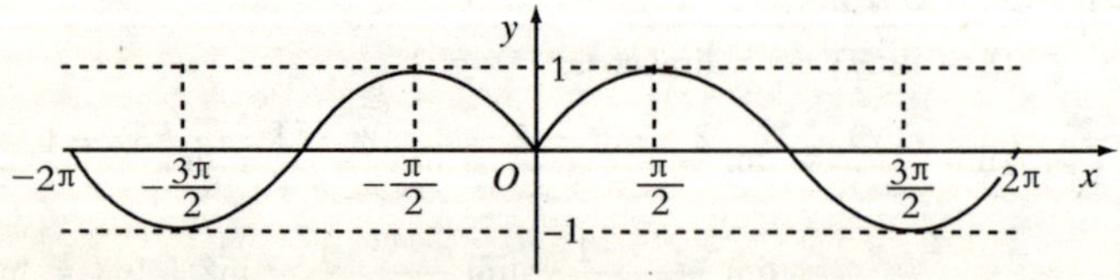

图 1-8

(3) 相当于将 $y = \sin x$ 的图形的振幅变为 2，周期变为 4π.

7. 解 设所围成的无底圆锥的高为 h，底面圆半径为 r.

则由题意，知：$\begin{cases} 2\pi R - R\alpha = 2\pi r, \\ h^2 + r^2 = R^2. \end{cases}$

解方程组，得：

$r = \frac{2\pi-\alpha}{2\pi} \cdot R$；$h = \frac{R}{2\pi} \cdot \sqrt{4\pi\alpha - \alpha^2}$，

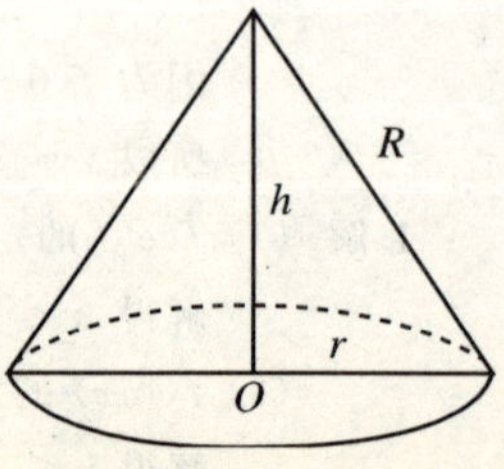

图 1-10

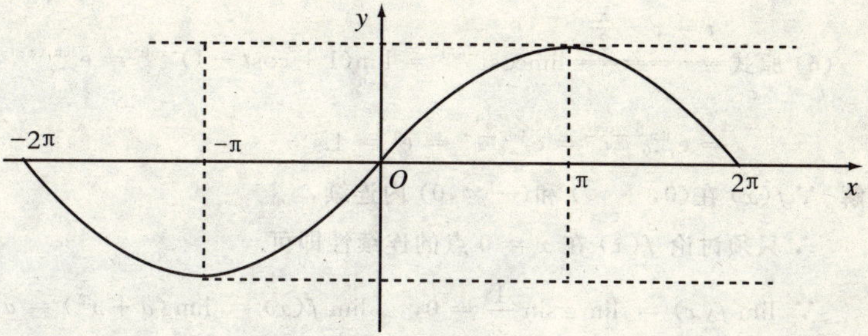

图 1-9

$\therefore V_{圆锥}=\frac{1}{3}\pi r^2\cdot h=\frac{R^3}{24\pi^2}\cdot(2\pi-\alpha)^2\cdot\sqrt{4\pi\alpha-\alpha^2}$

$(0<\alpha<2\pi)$.

8. 解　对 $\forall\varepsilon>0,\exists\delta=\varepsilon>0$,当 $0<|x-3|<\delta$ 时,

$\left|\frac{x^2-x-6}{x-3}-5\right|=|x-3|<\delta=\varepsilon$,　$\therefore\lim\limits_{x\to3}\frac{x^2-x-6}{x-3}=5$.

9. 解　(1) $\because\lim\limits_{x\to1}\frac{(x-1)^2}{x^2-x+1}=0,\therefore\lim\limits_{x\to1}\frac{x^2-x-1}{(x-1)^2}=\infty$.

(2) 原式 $=\lim\limits_{x\to+\infty}\frac{x(\sqrt{x^2+1}-x)(\sqrt{x^2+1}+x)}{\sqrt{x^2+1}+x}$

$=\lim\limits_{x\to+\infty}\frac{x}{\sqrt{x^2+1}+x}=\frac{1}{2}$.

(3) 令 $t=\frac{2x+1}{2}$,则 $x=\frac{2t-1}{2}$. $\therefore$ 当 $x\to\infty$ 时,$t\to\infty$.

$\therefore$ 原式 $=\lim\limits_{t\to\infty}\left(1+\frac{1}{t}\right)^{\frac{2t+1}{2}}=\lim\limits_{t\to\infty}\left(1+\frac{1}{t}\right)^{t\cdot\frac{2t+1}{2t}}=e^{\lim\limits_{t\to\infty}\frac{1}{t}\cdot t\cdot\frac{2t+1}{2t}}=e$

(4) $\because\sin x\sim x(x\to0),1-\cos x\sim\frac{x^2}{2}(x\to0)$,

$\therefore\tan x-\sin x=\tan x(1-\cos x)\sim\frac{x^3}{2}(x\to0)$.

$\therefore$ 原式 $=\lim\limits_{x\to0}\frac{\frac{x^3}{2}}{x^3}=\frac{1}{2}$.

(5) 原式 $=\lim\limits_{x\to0}\left(1+\frac{a^x+b^x+c^x-3}{3}\right)^{\frac{1}{x}}=e^{\lim\limits_{x\to0}\frac{1}{x}\cdot\frac{a^x+b^x+c^x-3}{3}}=e^{\lim\limits_{x\to0}\frac{(a^x-1)+(b^x-1)+(c^x-1)}{3x}}$

$=e^{\frac{1}{x}\lim\limits_{x\to0}\left(\frac{a^x-1}{x}+\frac{b^x-1}{x}+\frac{c^x-1}{x}\right)}$〈注 $a^x-1\sim x\ln a(x\to0,a>0)$〉

$=e^{\frac{1}{3}\lim\limits_{x\to0}\left(\frac{x\ln a}{x}+\frac{x\ln b}{x}+\frac{x\ln c}{x}\right)}=e^{\frac{1}{3}\ln abc}=\sqrt[3]{abc}$.

(6) 原式 $\xlongequal{t=x-\frac{\pi}{2}} \lim\limits_{x\to 0}\cos t^{-\cot t} = \lim\limits_{t\to 0}(1+\cos t-1)^{-\cot t} = e^{\lim\limits_{t\to 0}(\cos t-1)(-\cot t)}$

$= e^{\lim\limits_{x\to 0}\frac{1-\cos t}{\tan t}} = e^{\lim\limits_{x\to 0}\frac{\frac{1}{2}t^2}{t}} = e^0 = 1.$

10. 解 $\because f(x)$ 在 $(0,+\infty)$ 和 $(-\infty,0)$ 内连续，

$\therefore$ 只须讨论 $f(x)$ 在 $x=0$ 点的连续性即可.

$\because \lim\limits_{x\to 1^+} f(x) = \lim\limits_{x\to 1^+} x\sin\frac{1}{x} = 0,\quad \lim\limits_{x\to 0^-} f(x) = \lim\limits_{x\to 0^-}(a+x^2) = a,$

要使 $f(x)$ 在 $x=0$ 点连续，应满足

$\lim\limits_{x\to 0^+} f(x) = \lim\limits_{x\to 0^-} f(x) = f(0),\quad$ 即 $0 = a = a+0.$

$\therefore a=0,\ \therefore$ 当 $a=0$ 时，$f(x)$ 在 $(-\infty,+\infty)$ 内连续.

11. 解 $\because \lim\limits_{x\to 0^+} f(x) = \lim\limits_{x\to 0^+} e^{\frac{1}{x-1}} = \frac{1}{e},\quad \lim\limits_{x\to 0^-} f(x) = \lim\limits_{x\to 0^-} \ln(1+x) = 0.$

$\therefore x=0$ 为 $f(x)$ 的跳跃间断点，属第一类间断点.

$\because \lim\limits_{x\to 1^+} f(x) = \lim\limits_{x\to 1^+} e^{\frac{1}{x-1}} = +\infty,\quad \lim\limits_{x\to 1^-} f(x) = \lim\limits_{x\to 1^-} e^{\frac{1}{x-1}} = 0,$

$\therefore x=1$ 为 $f(x)$ 的第二类间断点.

12. 解 $\because \frac{n}{\sqrt{n^2+n}} \leqslant \frac{1}{\sqrt{n^2+1}} + \frac{1}{\sqrt{n^2+2}} + \cdots + \frac{1}{\sqrt{n^2+n}} \leqslant \frac{n}{\sqrt{n^2+1}},$

而且 $\lim\limits_{n\to\infty}\frac{n}{\sqrt{n^2+n}} = 1 = \lim\limits_{n\to\infty}\frac{n}{\sqrt{n^2+1}},$

$\therefore$ 由夹逼定理，知 $\lim\limits_{n\to\infty}\left(\frac{1}{\sqrt{n^2+1}}+\cdots+\frac{1}{\sqrt{n^2+n}}\right) = 1.$

13. 解 令 $f(x) = \sin x + x + 1,$

$\because f\left(-\frac{\pi}{2}\right) = \sin\left(-\frac{\pi}{2}\right) - \frac{\pi}{2} + 1 = -\frac{\pi}{2} < 0,$

$f\left(\frac{\pi}{2}\right) = \sin\frac{\pi}{2} + \frac{\pi}{2} + 1 = \frac{\pi}{2} + 2 > 0,$

又 $\because f(x)$ 在 $\left[-\frac{\pi}{2},\frac{\pi}{2}\right]$ 内连续，

$\therefore$ 由零点定理得 在 $\left(-\frac{\pi}{2},\frac{\pi}{2}\right)$ 至少存在一点 ξ，使 $f(\xi)=0.$

即方程 $\sin x + x + 1 = 0$ 在开区间 $\left(-\frac{\pi}{2},\frac{\pi}{2}\right)$ 内至少有一个根.

14. (1) **解** $\because d(M,L) = \frac{|kx-y+b|}{\sqrt{1+k^2}},$

$$\therefore \lim_{\substack{x\to\infty \\ x\to+\infty \\ (x\to-\infty)}} d(M,L)=\lim_{x\to\infty}\frac{|kx-y+b|}{\sqrt{k^2+1}}=0 \quad (y=f(x)),$$

从而得 $\lim\limits_{\substack{x\to\infty \\ x\to+\infty \\ (x\to-\infty)}}[kx-f(x)+b]=0.$

即 $b=\lim\limits_{\substack{x\to\infty \\ x\to+\infty \\ (x\to-\infty)}}[f(x)-kx].$ ①

又由 $\lim\limits_{\substack{x\to\infty \\ x\to+\infty \\ (x\to-\infty)}}\left[\frac{f(x)}{x}-k\right]=\lim\limits_{\substack{x\to\infty \\ x\to+\infty \\ (x\to-\infty)}}\frac{1}{x}\cdot[f(x)-kx]$

$=\lim\limits_{\substack{x\to\infty \\ x\to+\infty \\ (x\to-\infty)}}\frac{1}{x}\cdot b=0\cdot b=0.$ ②

于是曲线 $y=f(x)$ 有斜渐近线 $y=kx+b$，则其中常数 k 与 b 可由 ①、② 式确定.反之，若由 ①、② 两式求得 k 与 b，则知 $d(M,L)\to 0$，从而所得 $y=kx+b$ 确为曲线的渐近线.

(2) **解**　曲线 $y=(2x-1)e^{\frac{1}{x}}$.

设曲线的斜渐近线为 $y=kx+b$，

则由(1) 知 $k=\lim\limits_{x\to\infty}\frac{(2x-1)}{x}e^{\frac{1}{x}}=\lim\limits_{x\to\infty}\frac{2x-1}{x}\cdot\lim\limits_{x\to\infty}e^{\frac{1}{x}}=2,$

$b=\lim\limits_{x\to\infty}[(2x-1)e^{\frac{1}{x}}-2x]=\lim\limits_{x\to\infty}2x(e^{\frac{1}{x}}-1)-\lim\limits_{x\to\infty}e^{\frac{1}{x}}$

$\xlongequal{t=\frac{1}{x}}\lim\limits_{t\to 0}\frac{2(e^t-1)}{t}-1=1.$

$\therefore$ 曲线 $y=(2x-1)e^{\frac{1}{x}}$ 的斜渐近线为 $y=2x+1$.

第二章 导数与微分

知识结构网络图

- 导数与微分
  - 导数
    - 定义
      - $f'(x_0)=\lim\limits_{\Delta x\to 0}\dfrac{\Delta y}{\Delta x}=\lim\limits_{\Delta x\to 0}\dfrac{f(x_0+\Delta x)-f(x_0)}{\Delta x}$
      - 左、右导数
    - 导数的几何意义
    - 可导与连续的关系
    - 求导数的方法
      - 定义
      - 四则运算
      - 基本求导公式
      - 复合函数求导法
      - 隐函数求导法
      - 对数求导法
      - 参数方程所确定的函数求导法
    - 高阶导数
      - 定义
      - 求高阶导数的方法
  - 微分
    - 定义：$\Delta y=f(x_0+\Delta x)-f(x_0)=A\Delta x+o(\Delta x)$
    - 微分的几何意义
    - 可导与可微的关系：可导 $\Leftrightarrow$ 可微
    - 微分形式的不变性

2.1 导数的概念

本节重难点及考研要求

重点及考点

1. 导数的定义

在导数定义中要注意以下几点：

(1) 导数的定义也可写成：

$$\frac{dy}{dx}\Big|_{x=x_0}=\lim_{x\to x_0}\frac{f(x)-f(x_0)}{x-x_0}.$$

其中 $x-x_0$ 可记为 Δx，称为 x 的增量，$f(x)-f(x_0)$ 可记为 Δy，称为函数 y 的增量，从而导数存在即当 $\Delta x\to 0$ 时 $\frac{\Delta y}{\Delta x}$ 的极限存在.

(2) $f'(x_0)$ 只是 x_0 的函数，取决于 f 和 x_0，与 Δx 无关. 在求极限的表达式中 Δx 只是无穷小量，与它的具体形式无关，因此

$$\frac{f(x_0+2\Delta x)-f(x_0)}{2\Delta x},\frac{f(x_0-3h)-f(x_0)}{-3h}$$

当 $\Delta x\to 0(h\to 0)$ 的极限都是 $f'(x_0)$.

(3) 要求 $f'(x_0)$ 可以有两种方法：

一种是先求出 $f'(x)$ 的一般表达式，然后将 $x=x_0$ 代入表达式求得；

另一种是直接按定义计算 $f'(x_0)$.

2. 导数的几何意义

(1) 曲线 $y=f(x)$ 在 x_0 处的切线斜率为 $f'(x_0)$，从而过 $(x_0,f(x_0))$ 的切线方程为 $y-f(x_0)=f'(x_0)(x-x_0)$.

(2) 在过曲线上一点 (x_0,y_0) 时，才可以使用公式

$$y-y_0=f'(x_0)(x-x_0).$$

3. 可导性与连续性的关系

可导是连续的充分条件. 讨论函数在某点 x_0 处的连续性和可导性时，一旦根据导数定义验证了函数导数存在，则它一定在该点连续. 反之若函数在 x_0 处是间断的，则函数必不可导. 但函数连续则未必可导.

4. 分段函数的可导性

(1) 讨论分段函数在分界点处的可导性，必须应用导数定义.

(ⅰ) 设 $f(x)=\begin{cases}\varphi(x), & x\geqslant x_0,\\ \psi(x), & x<x_0,\end{cases}$ 讨论 $x=x_0$ 点的可导性.

由于分界点 $x=x_0$ 处左、右两侧所对应的函数表达式不同，按导数的定义，需分别求 $f'_-(x_0)$、$f'_+(x_0)$.

当 $f'_-(x_0)=f'_+(x_0)$ 时，$f(x)$ 在 $x=x_0$ 处可导，

且 $f'(x_0)=f'_-(x_0)=f'_+(x_0)$.

当 $f'_-(x_0)\neq f'_+(x_0)$ 时，$f(x)$ 在 $x=x_0$ 处不可导.

(ⅱ) 设 $f(x)=\begin{cases}g(x), & x\neq x_0,\\ A, & x=x_0,\end{cases}$ 讨论 $x=x_0$ 点的可导性.

由于分界点 $x = x_0$ 处左、右两侧所对应的函数表达式相同，按导数的定义，

$$f'(x_0) = \lim_{\Delta x \to 0} \frac{f(x_0 + \Delta x) - f(x_0)}{\Delta x}, \text{或 } f'(x_0) = \lim_{x \to x_0} \frac{f(x) - f(x_0)}{x - x_0},$$

一般不需分别求 $f'_-(x_0)$ 和 $f'_+(x_0)$.

(2) 讨论分段函数在定义域内的可导性时，由于非分界点处的可导性显而易见，只需定义讨论其分界点处的可导性即可.

(3) 因为可导的必要条件是连续，所以在做这类题目时，可首先观察分界点处的连续性. 若不连续则必不可导；若在该点连续，则按(1)中的方法讨论其可导性.

考研要求

1. 理解导数的概念.
2. 了解导数的物理意义，会用导数描述一些物理量.
3. 理解函数的可导性与连续性之间的关系.

典型例题与解题技巧

题型Ⅰ：根据导数的定义求解相关命题

【题型分析】

按照定义格式进行分析求解，注意正负号.

例 1　判断下列结论是否正确，为什么？

(1) 若 $f(x), g(x)$ 在 $x = x_0$ 同时可导，且 $f(x_0) = g(x_0)$，则 $f'(x_0) = g'(x_0)$.

(2) 若 $x \in (x_0 - \delta, x_0 + \delta)$，当 $x \neq x_0$ 时 $f(x) = g(x)$，则 $f(x)$ 与 $g(x)$ 在 $x = x_0$ 处有相同的可导性.

(3) 若存在 x_0 的邻域 $(x_0 - \delta, x_0 + \delta)$，当 $x \in (x_0 - \delta, x_0 + \delta)$ 时 $f(x) = g(x)$，则 $f(x)$ 与 $g(x)$ 在 $x = x_0$ 处有相同的可导性. 若可导，则 $f'(x_0) = g'(x_0)$.

分析　严格按照导数的定义 $f'(x_0) = \lim\limits_{\Delta x \to 0} \dfrac{f(x_0 + \Delta x) - f(x_0)}{\Delta x}$ 进行判定.

解　(1) 不正确. 函数在一点的可导性及导数值不仅与该点函数值有关，还与该点附近的函数值有关. 仅有 $f(x_0) = g(x_0)$ 不能保证 $f'(x_0) = g'(x_0)$. 正如曲线 $y = f(x)$ 与 $y = g(x)$ 在某处相同，但是相交而不相切，如图 2-1 所示.

(2) 不正确. 例如：

$$f(x) = x^2, g(x) = \begin{cases} x^2, & x \neq 0, \\ 1, & x = 0. \end{cases}$$

显然,$x \neq 0$ 时 $f(x)=g(x)$,但 $f(x)$ 在 $x=0$ 可导,而 $g(x)$ 在 $x=0$ 不可导,因为 $g(x)$ 在 $x=0$ 不连续.

(3) 正确.由假设条件立即可得.

例 2　设函数 $f(x)=|x|\sin x$,求 $f'(0)$.

分析　用导数定义解决

解　$f'(0)=\lim\limits_{x\to 0}\dfrac{|x|\sin x-0}{x-0}=\lim\limits_{x\to 0}\dfrac{|x|\sin x}{x}$

$=\lim\limits_{x\to 0}|x|\lim\limits_{x\to 0}\dfrac{\sin x}{x}=0\times 1=0.$

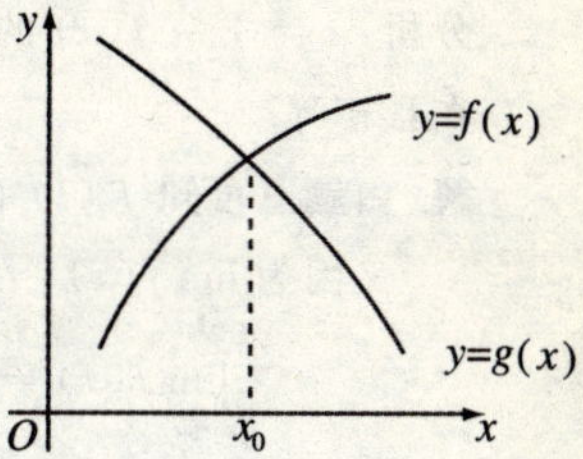

图 2-1

题型 Ⅱ:根据导数的定义及连续性判断函数的可导性

【题型分析】

1. 若分段函数在分段点处可导,则左极限 = 右极限,左导数 = 右导数.

2. 导数的两种常用表达方法:① $\lim\limits_{\Delta x\to 0}\dfrac{f(x+\Delta x)-f(x)}{\Delta x}$;② $\lim\limits_{x\to x_0}\dfrac{f(x)-f(x_0)}{x-x_0}$,其中 $\Delta x\to 0$,$x\to x_0$ 包括左、右两个方向.

3. 函数 $f(x)$ 在 x_0 点可导的充要条件是左导数 $f'_-(x_0)$ 和右导数 $f'_+(x_0)$ 存在且相等.

例 3　设 $f(x)$ 在 $x=0$ 处连续,且 $\lim\limits_{x\to 0}\dfrac{f(x)}{x}=A$.证明:$f(x)$ 在 $x=0$ 处可导.

分析　按照导数的定义先写出 $f'(0)$ 的表达式,尽可能地向已知表达式靠拢.

证明　方法 1　由于 $\lim\limits_{x\to 0}\dfrac{f(x)}{x}=A$,

所以 $\lim\limits_{x\to 0}f(x)=\lim\limits_{x\to 0}x\cdot\dfrac{f(x)}{x}=0$.

又因为 $f(x)$ 在 $x=0$ 处连续,所以 $f(0)=0$.

于是 $f'(0)=\lim\limits_{x\to 0}\dfrac{f(x)-f(0)}{x-0}=\lim\limits_{x\to 0}\dfrac{f(x)}{x}=A$.

即 $f(x)$ 在 $x=0$ 处可导.

方法 2　由于 $\lim\limits_{x\to 0}\dfrac{f(x)}{x}=A$,则 $\dfrac{f(x)}{x}=A+\alpha$,

其中 $\lim\limits_{x\to 0}\alpha=0$.

所以 $f(x)=Ax+\alpha x$,故 $\lim\limits_{x\to 0}f(x)=0$.

由于 $f(x)$ 在 $x=0$ 处连续,故 $f(0)=0$.

$f'(0)=\lim\limits_{x\to 0}\dfrac{f(x)-f(0)}{x-0}=\lim\limits_{x\to 0}\dfrac{f(x)}{x}=A$ 存在.

即 $f(x)$ 在 $x=0$ 处可导.

例 4 设 $f(x)=\begin{cases} e^{x^3}, & x\leqslant 1, \\ ax+b, & x>1, \end{cases}$ 问 a,b 取何值时 $f'(1)$ 存在.

分析 $x=1$ 是 $f(x)$ 的分界点,若要 $f'(1)$ 存在,则须 $f(x)$ 在 $x=1$ 处的左、右导数存在且相等.

解 由题意可知 $f'(1)$ 存在,则 $f(x)$ 在 $x=1$ 处连续.

又因为 $\lim\limits_{x\to 1^-} f(x)=\lim\limits_{x\to 1^-} e^{x^3}=e=f(1)$,

$\lim\limits_{x\to 1^+} f(x)=\lim\limits_{x\to 1^+}(ax+b)=a+b$,

所以 $a+b=e$. ①

因为 $f'_-(1)=\lim\limits_{x\to 1^-}\dfrac{f(x)-f(1)}{x-1}=\lim\limits_{x\to 1^-}\dfrac{e^{x^3}-e}{x-1}=\lim\limits_{x\to 1^-} e\dfrac{e^{x^3-1}-1}{x-1}$

$=e\lim\limits_{x\to 1^-}\frac{x^3-1}{x-1}=e\lim\limits_{x\to 1^-}(x^2+x+1)=3e$,

$f'_+(1)=\lim\limits_{x\to 1^+}\dfrac{f(x)-f(1)}{x-1}=\lim\limits_{x\to 1^+}\dfrac{ax+b-e}{x-1}=\lim\limits_{x\to 1^+}\dfrac{a(x-1)}{x-1}=a$,

所以 $a=3e$. ②

由 ①② 解得 $a=3e,b=-2e$. 即当 $a=3e,b=-2e$ 时,$f'(1)$ 存在.

例 5 设函数 $F(x)$ 在 $x=a$ 处连续且 $F(a)\neq 0$,讨论下列函数:

(1) $f(x)=(x-a)F(x)$; (2) $g(x)=|x-a|F(x)$,在 $x=a$ 处的连续性和可导性.

分析 看 $f'_+(a)$ 与 $f'_-(a)$ 是否相等,$g'_+(a)$ 与 $g'_-(a)$ 是否相等.

解 (1) 由于 $\lim\limits_{x\to a} f(x)=\lim\limits_{x\to a}(x-a)F(x)=0=f(a)$,

所以 $f(x)$ 在 $x=a$ 处连续.

又因为 $f'_+(a)=\lim\limits_{x\to a^+}\dfrac{f(x)-f(a)}{x-a}=\lim\limits_{x\to a^+}\dfrac{(x-a)F(x)}{x-a}=F(a)$,

同理 $f'_-(a)=F(a)$,所以 $f(x)$ 在 $x=a$ 处可导.

(2) 由于 $\lim\limits_{x\to a} g(x)=\lim\limits_{x\to a}|x-a|F(x)=0=g(a)$,

$g'_+(a)=\lim\limits_{x\to a^+}\dfrac{g(x)-g(a)}{x-a}=\lim\limits_{x\to a^+}\dfrac{(x-a)F(x)}{x-a}=F(a)$,

$g'_-(a)=\lim\limits_{x\to a^-}\dfrac{g(x)-g(a)}{x-a}=\lim\limits_{x\to a^-}\dfrac{-(x-a)F(x)}{x-a}=-F(a)$,

$g'_+(a)\neq g'_-(a)$,所以 $g(x)$ 在 $x=a$ 处连续但不可导.

题型 Ⅲ:导数的几何意义和应用

【题型分析】

1. 该类型的题目多以物理或几何的语言给出,要先把它转化为微分学的语言,然后就可以运用求导的知识求解了.

2. 常见的求法线、切线问题,关键是求切点及切线的斜率.

切线方程:$y-y_0=f'(x_0)(x-x_0)$;

法线方程:$y-y_0=-\dfrac{1}{f'(x_0)}(x-x_0)$.

例 6　写出平行于直线 $6x+2y+1=0$ 且与 $y=\dfrac{3}{4}x^4$ 相切的切线方程.

分析　由题意,所求切线的斜率易求,关键在于求切点.

解　由于 $6x+2y+1=0$,所以 $k=-3$,

故 $-3=y'=(\dfrac{3}{4}x^4)'=3x^3$,

即 $x=-1$. 当 $x=-1$ 时,$y=\dfrac{3}{4}x^4=\dfrac{3}{4}$,

故切点坐标为$(-1,\dfrac{3}{4})$,从而所求切线方程为

$y-\dfrac{3}{4}=-3(x+1)$,即 $3x+y+\dfrac{9}{4}=0$.

例 7　曲线 $y=\dfrac{1}{\sqrt{x}}$ 的切线与 x 轴和 y 轴围成一个图形,记切点的横坐标为 a,试求切线方程和这个图形的面积. 当切点沿曲线趋于无穷远时,该面积的变化趋势如何?(如图 2-2 所示)

分析　关键将图形面积表示成磁于 a 的函数.

解　由 $y=\dfrac{1}{\sqrt{x}}$,求导得 $y'=-\dfrac{1}{2}x^{-\frac{3}{2}}$,

切点 $P(a,\dfrac{1}{\sqrt{a}})$ 处的切线方程为

$y-\dfrac{1}{\sqrt{a}}=-\dfrac{1}{2\sqrt{a^3}}(x-a)$,

于是得到切线与 x 轴和 y 轴的交点分别为

$Q(3a,0)$,$R(0,\dfrac{3}{2\sqrt{a}})$.

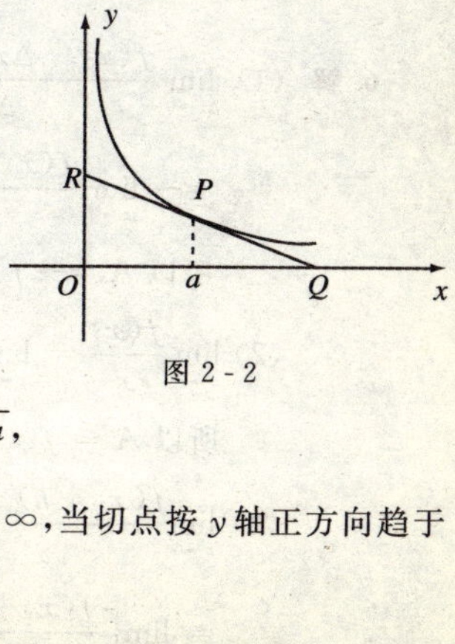

图 2-2

那么,$\triangle ORQ$ 的面积 $S=\dfrac{1}{2}\cdot 3a\cdot\dfrac{3}{2\sqrt{a}}=\dfrac{9}{4}\sqrt{a}$,

当切点按 x 轴正方向趋于无穷远时,有 $\lim\limits_{a\to+\infty}S=+\infty$,当切点按 y 轴正方向趋于无穷远时,有 $\lim\limits_{a\to 0^+}S=0$.

课后习题解答(习题 2-1)

1. 解　由题意有 $\bar{\omega}=\dfrac{\Delta\theta}{\Delta t}=\dfrac{\theta(t_0+\Delta t)-\theta(t_0)}{\Delta t}$，

则　$\omega=\lim\limits_{\Delta t\to 0}\bar{\omega}=\lim\limits_{\Delta t\to 0}\dfrac{\Delta\theta}{\Delta t}=\theta'(t_0)$.

2. 解　物体在$[t,t+\Delta t]$内的温度改变量为$\lim\limits_{\Delta t\to 0}\dfrac{\Delta T}{\Delta t}=T'(t)$，平均冷却速度为$\dfrac{\Delta T}{\Delta t}=\dfrac{T(t+\Delta t)-T(t)}{\Delta t}$，故在 t 时刻冷却速度为$\lim\limits_{\Delta t\to 0}\dfrac{\Delta T}{\Delta t}=T'(t)$.

3. 解　(1) $C'(x)=100-0.2x$，$C'(100)=100-20=80$(元/件).

(2) $C(101)=11\ 079.9$(元)，$C(100)=11\ 000$(元)，

$C(101)-C(100)=79.9$(元).

$C'(x)$ 是产量为 x 时的边际成本，它的意义为当产量达到 x 时，生产 x 件产品所增加的成本.

4. 解　$f'(-1)=\lim\limits_{\Delta x\to 0}\dfrac{f(-1+4x)-f(-1)}{\Delta x}=\lim\limits_{\Delta x\to 0}\dfrac{10(-1+\Delta x)^2-10(-1)^2}{\Delta x}$

$=10\lim\limits_{\Delta x\to 0}(-2+\Delta x)=-20$.

5. 证明　由定义得

$$(\cos x)'=\lim_{\Delta x\to 0}\frac{\cos(x+\Delta x)-\cos x}{\Delta x}=\lim_{\Delta x\to 0}\frac{-\sin\left(x+\frac{\Delta x}{2}\right)\cdot\sin\frac{\Delta x}{2}}{\Delta x}$$

$$=\lim_{\Delta x\to 0}\left[-\sin\left(x+\frac{\Delta x}{2}\right)\right]\lim_{\Delta x\to 0}\frac{\sin\frac{\Delta x}{2}}{\frac{\Delta x}{2}}=-\sin x.$$

6. 解　(1) $\lim\limits_{\Delta x\to 0}\dfrac{f(x_0-\Delta x)-f(x_0)}{\Delta x}=\lim\limits_{-\Delta x\to 0}-\dfrac{f(x_0-\Delta x)-f(x_0)}{-\Delta x}$

$=-\lim\limits_{\Delta x\to 0}\dfrac{f(x_0-\Delta x)-f(x_0)}{-\Delta x}=-f'(x_0)$，

所以 $A=-f'(x_0)$.

(2) $\lim\limits_{x\to 0}\dfrac{f(x)}{x}=\lim\limits_{x\to 0}\dfrac{f(x)-f(0)}{x-0}=\lim\limits_{x\to 0}\dfrac{f(x)-f(0)}{x-0}=f'(0)$，

所以 $A=f'(0)$.

(3) $\lim\limits_{h\to 0}\dfrac{f(x_0+h)-f(x_0-h)}{h}$

$=\lim\limits_{h\to 0}\left[\dfrac{f(x_0+h)-f(x_0)}{h}+\dfrac{f(x_0)-f(x_0-h)}{h}\right]$

$$=\lim_{h\to 0}\frac{f(x_0+h)-f(x_0)}{h}+\lim_{-h\to 0}\frac{f(x_0-h)-f(x_0)}{h}$$

$$=f'(x_0)+f'(x_0)=2f'(x_0),\quad \text{所以 } A=2f'(x_0).$$

7. 解 $f'_-(1)=\lim\limits_{x\to 1^-}\dfrac{f(x)-f(1)}{x-1}=\lim\limits_{x\to 1^-}\dfrac{\frac{2}{3}x^3-\frac{2}{3}}{x-1}$

$$=\lim_{x\to 1^-}\frac{2}{3}\cdot\frac{x^3-1}{x-1}=\lim_{x\to 1^-}\frac{2}{3}(x^2+x+1)=2;$$

$f'_+(1)=\lim\limits_{x\to 1^-}\dfrac{f(x)-f(1)}{x-1}=\lim\limits_{x\to 1^-}\dfrac{x^2-\frac{2}{3}}{x-1}=\infty,$

故该函数左导数存在，右导数不存在，因此应选(B).

8. 解 $F'_+(0)=\lim\limits_{x\to 0^+}\dfrac{F(x)-F(0)}{x-0}=\lim\limits_{x\to 0^+}\dfrac{f(x)(1+\sin x)-f(0)}{x}$

$$=\lim_{x\to 0^+}\left[\frac{f(x)-f(0)}{x}+f(x)\frac{\sin x}{x}\right]=f'(0)+f(0),$$

$F'_-(0)=\lim\limits_{x\to 0^-}\dfrac{F(x)-F(0)}{x-0}=\lim\limits_{x\to 0^-}\dfrac{f(x)(1-\sin x)-f(0)}{x}$

$$=\lim_{x\to 0^-}\left[\frac{f(x)-f(0)}{x}-f(x)\frac{\sin x}{x}\right]=f'(0)-f(0).$$

当 $f(0)=0$ 时，$F'_+(0)=F'_-(0)$，反之当 $F'_+(0)=F'_-(0)$ 时，$f(0)=0$，因此应选(A).

9. 解 (1) $f'(x)=\lim\limits_{h\to 0}\dfrac{f(x+h)-f(x)}{h}=\lim\limits_{h\to 0}\dfrac{(x+h)^4-x^4}{h}$

$$=\lim_{h\to 0}\frac{4hx^3}{h}+\lim_{h\to 0}\frac{o(h)}{h}=4x^3.$$

(2) $f'(x)=\lim\limits_{h\to 0}\dfrac{f(x+h)-f(x)}{h}=\lim\limits_{h\to 0}\dfrac{(x+h)^{\frac{2}{3}}-x^{\frac{2}{3}}}{h}=\dfrac{2}{3}x^{-\frac{1}{3}}.$

(3) $f'(x)=\lim\limits_{h\to 0}\dfrac{f(x+h)-f(x)}{h}=\lim\limits_{h\to 0}\dfrac{(x+h)^{1.6}-x^{1.6}}{h}=1.6x^{0.6}.$

(4) $f'(x)=\lim\limits_{h\to 0}\dfrac{\frac{1}{\sqrt{x+h}}-\frac{1}{\sqrt{x}}}{h}=\lim\limits_{h\to 0}\dfrac{(x+h)^{-\frac{1}{2}}-x^{-\frac{1}{2}}}{h}$

$$=\lim_{h\to 0}\frac{x^{-\frac{1}{2}}-\frac{1}{2}hx^{-\frac{3}{2}}+o(h)-x^{-\frac{1}{2}}}{h}=-\frac{1}{2}x^{-\frac{3}{2}}.$$

(5) $f'(x)=\lim\limits_{h\to 0}\dfrac{\frac{1}{(x+h)^2}-\frac{1}{x^2}}{h}=\lim\limits_{h\to 0}\dfrac{(x+h)^{-2}-x^{-2}}{h}$

$$=\lim_{h\to 0}\frac{x^{-2}-2hx^{-3}-x^{-2}+o(h)}{h}=-2x^{-3}=-\frac{2}{x^3}.$$

(6) $$f'(x)=\lim_{h\to 0}\frac{f(x+h)-f(x)}{h}=\lim_{h\to 0}\frac{(x+h)^{\frac{16}{5}}-x^{\frac{16}{5}}}{h}$$

$$=\lim_{h\to 0}\frac{x^{\frac{16}{5}}+\frac{16}{5}hx^{\frac{11}{5}}+o(h)-x^{\frac{16}{5}}}{h}=\frac{16}{5}x^{\frac{11}{5}}$$

(7) $$f'(x)=\lim_{h\to 0}\frac{f(x+h)-f(x)}{h}=\lim_{h\to 0}\frac{(x+h)^{\frac{37}{15}}-x^{\frac{37}{15}}}{h}=(x^{2+\frac{2}{3}-\frac{5}{2}})'$$

$$=\frac{1}{6}x^{\frac{1}{6}-1}=\frac{1}{6}x^{-\frac{5}{6}}.$$

10. 解 $v=s'=3t^2$， 所以$v\big|_{t=2}=3\times 2^2=12(\text{m/s})$.

11. 证明 因为 $$f'(0)=\lim_{x\to 0}\frac{f(x)-f(0)}{x-0}=-\lim_{-x\to 0}\frac{f(-x)-f(0)}{-x-0}$$

$$=-\lim_{x\to 0}\frac{f(-x)-f(0)}{-x-0}=-f'(0),$$

所以 $f'(0)=0$.

12. 解 $y'=\cos x$，

$$k_1=y'\Big|_{x=\frac{2}{3}\pi}=-\frac{1}{2},\quad k_2=y'\Big|_{x=\pi}=-1.$$

13. 解 $y'=-\sin\frac{\pi}{3}=-\frac{\sqrt{3}}{2}$,故在点$(\frac{\pi}{3},\frac{1}{2})$处的切线方程为

$$y-\frac{1}{2}=-\frac{\sqrt{3}}{2}(x-\frac{\pi}{3}),\sqrt{3}+2y-1-\frac{\sqrt{3}}{3}\pi=0.$$

法线方程为 $y-\frac{1}{2}=\frac{+2}{\sqrt{3}}(x-\frac{\pi}{3}),2x-\sqrt{3}y+\frac{\sqrt{3}}{2}-\sqrt{3}\pi=0.$

14. 解 $$f'(x)=(e^x)'=\lim_{h\to 0}\frac{e^{x+h}-e^x}{h}=\lim_{h\to 0}\frac{e^x h}{h}=e^x.$$

所以 $f'(0)=e^0=1$.

所以该曲线在点$(0,1)$处的切线方程为

$(y-1)=1\cdot(x-0)$， 即 $y=x+1$.

15. 解 设 x_1,x_2 对应的纵坐标分别为 y_1,y_2，

则 $y_1=x_1^2=1$，$y_2=x_2^2=9$.

所以割线的斜率为 $$k=\frac{y_2-y_1}{x_2-x_1}=\frac{9-1}{3-1}=4.$$

设抛物线上过点(x_0,y_0)的切线平行于这条割线，

由于 $f'(x)=(x^2)'=\lim\limits_{h\to0}\dfrac{(x+h)^2-x^2}{h}=\lim\limits_{h\to0}\dfrac{x^2+2hx+h^2-x^2}{h}=2x$,

所以 $f'(x_0)=2x_0=4$, $x_0=2$, $y_0=2^2=4$.

所以抛物线上点(2,4)处的切线平行于这条割线.

16. 解 (1) 因为 $\lim\limits_{x\to0^-}f(x)=\lim\limits_{x\to0^-}(-\sin x)=0$, $\lim\limits_{x\to0^+}f(x)=\lim\limits_{x\to0^+}\sin x=0$,

又因为 $|\sin0|=0$,故 $y=|\sin x|$ 在 $x=0$ 处连续.

又由 $f'_-(0)=\lim\limits_{x\to0^-}\dfrac{f(x)-f(0)}{x}=\lim\limits_{x\to0^-}\dfrac{-\sin x}{x}=-1$,

$f'_+(0)=\lim\limits_{x\to0^+}\dfrac{f(x)-f(0)}{x}=\lim\limits_{x\to0^+}\dfrac{\sin x}{x}=1$,

所以 $f'_+(0)\neq f'_-(0)$.

所以 $y=|\sin x|$ 在 $x=0$ 处不可导.

(2) 因为 $\lim\limits_{x\to0}f(x)=\lim\limits_{x\to0}x^2\sin\dfrac{1}{x}=0=f(0)$,所以该函数在 $x=0$ 处连续.

又 $\lim\limits_{x\to0}\dfrac{f(x)-f(0)}{x-0}=\lim\limits_{x\to0}\dfrac{x^2\sin\frac{1}{x}}{x}=\lim\limits_{x\to0}x\sin\dfrac{1}{x}=0$.

所以该函数在 $x=0$ 处可导,且导数为 0.

17. 解 $\lim\limits_{x\to1^-}f(x)=\lim\limits_{x\to1^-}x^2=1$, $\lim\limits_{x\to1^+}f(x)=\lim\limits_{x\to1^+}(ax+b)=a+b$,

$f(1)=1$,若这三个值相等,则函数在 $x=1$ 处连续,$a+b=1$.

又因 $f'_-(1)=\lim\limits_{x\to1^-}\dfrac{f(x)-f(1)}{x-1}=\lim\limits_{x\to1^-}\dfrac{x^2-1}{x-1}=2$.

$f'_+(1)=\lim\limits_{x\to1^+}f(x)=\lim\limits_{x\to1^+}\dfrac{(ax+b-1)}{x-1}=\lim\limits_{x\to1^+}\dfrac{a(x-1)+(a+b-1)}{x-1}=a$,

若 $f'_-(1)=f'_+(1)$, 即 $a=2$,即 $f'(1)$ 存在.

所以当 $a=2$,$b=-1$ 时 $f(x)$ 在 $x=1$ 处连续且可导.

18. 解 $f'_+(0)=\lim\limits_{x\to0^+}\dfrac{f(x)-f(0)}{x-0}=\lim\limits_{x\to0^+}\dfrac{x^2-0}{x-0}=0$,

$f'_-(0)=\lim\limits_{x\to0^-}\dfrac{f(x)-f(0)}{x-0}=\lim\limits_{x\to0^-}\dfrac{-x-0}{x-0}=-1$,

因为 $f'_+(0)\neq f'_-(0)$, 所以 $f'(0)$ 不存在.

19. 解 因为

$f'_-(0)=\lim\limits_{x\to0^-}\dfrac{f(x)-f(0)}{x-0}=\lim\limits_{x\to0^-}\dfrac{\sin x}{x-0}=1$,

$f'_+(0)=\lim\limits_{x\to0^+}\dfrac{f(x)-f(0)}{x-0}=\lim\limits_{x\to0^+}\dfrac{x-0}{x-0}=1$,

所以 $f'(0)=1$.

故 $f'(x)=\begin{cases}\cos x, & x<0,\\ 1, & x=0,\\ 1, & x>0,\end{cases}$ 即 $f'(x)=\begin{cases}\cos x, & x<0,\\ 1, & x\geqslant 0.\end{cases}$

20. 证明 由 $xy=a^2$ 得 $y=\dfrac{a^2}{x}, k=y'=-\dfrac{a^2}{x^2}$.

设(x_0,y_0)为曲线上任一点,则过该点的切线方程为

$$y-y_0=-\frac{a^2}{x_0^2}(x-x_0).$$

令 $y=0$,解得 $x=\dfrac{y_0x_0^2}{a^2}+x_0=2x_0$ 为切线在横轴上的截距,

令 $x=0$,解得 $y=\dfrac{a^2}{x_0}+y_0=2y_0$ 为切线在纵轴上的截距,

因此,此切线与两坐标轴构成的三角形的面积为

$$S=\frac{1}{2}\,|2x_0|\cdot|2y_0|=2\,|x_0y_0|.$$

又因为(x_0,y_0)在双曲线上,

所以满足曲线方程:$x_0y_0=a^2$,

所以 $S=2a^2$.

2.2 函数的求导法则

本节重难点及考研要求

重点及考点

1. 初等函数的导数

从上章我们知道,初等函数在其定义区域内是连续的.一般来说基本初等函数在定义域内除去个别点外都是可导的.

2. 求导运算注意事项

应当首先将要求导的函数简化为最简单的形式.

求导运算中加、减、乘最简单,而除法却不太方便,我们应尽量用各种办法简化求导过程,如将对根式除法求导运算改为乘法运算就比较容易.

对数求导法是简化求导的一种方法,它能运用于幂指函数与连乘、连除以及根式、乘幂等形式,但在有加减运算时慎用.

3. 分段函数的导数

当求分段函数的导数时，对分段区间内的函数可按常规求导，而对于分段点 x_0 处的导数，一定要按左、右导数定义进行计算，只有当 $f'_+(x_0)$ 和 $f'_-(x_0)$ 都存在且相等时，才认为函数在 x_0 处可导，否则函数的导数在 x_0 处是没有定义的，在讨论导数的连续性时，也应按分段区间内和分段点分别予以讨论.

4. 对于复合函数的求导应注意的问题

(1) 弄清函数是由哪些基本初等函数经过多少次复合步骤合成的.

(2) 在求导时，应由最外层的基本初等函数开始，逐层向里求导，一直求到对自变量求导数为止.

(3) 对于函数用导数的四则运算法则求导的过程中，如遇复合函数，则用复合函数求导法则求之.

(4) 如在复合函数中又有四则运算时，看在哪步发生，就在哪步用导数的四则运算法则计算.

考研要求

掌握导数的四则运算法则和复合函数的求导法则，掌握基本初等函数的导数公式.

典型例题与解题技巧

题型Ⅰ：利用求导的四则运算法则求某些初等函数的导数

【题型分析】

1. 尽量简化需要求导的函数.
2. 适当地做一些变量代换，转化为初等函数的求导.
3. 利用积、商的导数公式进行计算.
4. 熟悉各种基本初等函数的导数.

例 1　求下列函数的导数：

(1) $y=8x^3+x+x^{\frac{1}{3}}+7$；　(2) $y=e^x\sin x+x\ln x$；

(3) $y=\dfrac{2x+3}{x^2-5x+5}$；　(4) $y=\dfrac{\tan x}{\sqrt[3]{x^2}}$；

(5) $y=2^x\arctan x$.

分析　利用基本求导公式及导数的四则运算法则可求得.

解　(1) $y'=(8x^3+x+x^{\frac{1}{3}}+7)'=(8x^3)'+x'+(x^{\frac{1}{3}})'+(7)'$

$$=24x^2+1+\frac{1}{3}x^{-\frac{2}{3}}.$$

(2) $y'=(e^x\sin x+x\ln x)'=(e^x\sin x)'+(x\ln x)'$

$$= (e^x)'\sin x + e^x(\sin x)' + (x)'\ln x + x(\ln x)'$$

$$= e^x\sin x + e^x\cos x + \ln x + x\cdot\frac{1}{x}$$

$$= e^x(\sin x + \cos x) + \ln x + 1.$$

(3) $y' = \dfrac{(2x+3)'(x^2-5x+5)-(2x+3)(x^2-5x+5)'}{(x^2-5x+5)^2}$

$$= \frac{2(x^2-5x+5)-(2x+3)(2x-5)}{(x^2-5x+5)^2} = \frac{-2x^2-5x+25}{(x^2-5x+5)^2}.$$

(4) $y' = \dfrac{(\tan x)'\sqrt[3]{x^2}-\tan x(x^{\frac{2}{3}})'}{(\sqrt[3]{x^2})^2} = \dfrac{\sec^2 x\cdot x^{\frac{2}{3}}-\tan x\cdot\frac{2}{3}x^{-\frac{1}{3}}}{\sqrt[3]{x^4}}$

$$= \frac{1}{\sqrt[3]{x^2}}\left(\sec^2 x - \frac{2\tan x}{3x}\right).$$

(5) $y' = (2^x)'\arctan x + 2^x(\arctan x)' = 2^x\ln 2\cdot\arctan x + \dfrac{2^x}{1+x^2}$.

例 2 求下列函数的导数：

(1) $y = e^{\cos x^3}$； (2) $y = (x^2+\cos x)^5$； (3) $y = \ln\sqrt{\dfrac{x^2-1}{x^2+1}}$.

(1) **分析** 把 $\cos x^3$ 看作中间变量.

解 $y' = (e^{\cos x^3})' = e^{\cos x^3}\cdot(\cos x^3)' = e^{\cos x^3}\cdot(-\sin x^3)(x^3)' = -3x^2\sin x^3 e^{\cos x^3}$.

(2) **分析** 把 $x^2+\cos x$ 看作中间变量.

解 $y' = [(x^2+\cos x)^5]'$

$$= 5(x^2+\cos x)^4(x^2+\cos x)' = 5(x^2+\cos x)^4\cdot(2x-\sin x).$$

(3) **分析** 先对原函数进行化简.

解 $y = \ln\sqrt{\dfrac{x^2-1}{x^2+1}} = \dfrac{1}{2}\ln(x^2-1) - \dfrac{1}{2}\ln(x^2+1)$，

故 $y' = \dfrac{1}{2(x^2-1)}\cdot 2x - \dfrac{1}{2(x^2+1)}\cdot 2x = \dfrac{x}{x^2-1} - \dfrac{x}{x^2+1}$

$$= \frac{2x}{(x^2+1)(x^2-1)}.$$

题型 Ⅱ：复合函数求导

【题型分析】 复合函数的求导方法如下：

1. 弄清复合函数的复合结构和复合顺序.
2. 从外层向内层逐层求导，一直求到自变量一层为止.
3. 分段函数的复合函数求导，首先求出复合函数的表达式再求导数，注意分段点处要利用左、右导数表达.

4. ① 对于 $y=y(u)$，$u=u(x)$，则 y 通过中间变量 u 与 x 发生关系，从而 $\mathrm{d}y/\mathrm{d}x=(\mathrm{d}y/\mathrm{d}u)\cdot(\mathrm{d}u/\mathrm{d}x)$（即先除以 $\mathrm{d}u$ 再乘以 $\mathrm{d}u$）；

② 对于 $x=x(t)$，$y=y(t)$，则 y 与 x 通过 t 变量发生关系，从而 $\mathrm{d}y/\mathrm{d}x=(\mathrm{d}y/\mathrm{d}t)/(\mathrm{d}x/\mathrm{d}t)$（即分子分母间除以 $\mathrm{d}t$）.

例 3　设 $f(x)=\begin{cases}0, & x\leqslant 0\\ x, & x>0\end{cases}$，$g(x)=\begin{cases}0, & x\leqslant 0\\ -x^2, & x>0\end{cases}$，求 $\dfrac{\mathrm{d}}{\mathrm{d}x}g[f(x)]$.

分析　对于分段函数的复合函数求导，首先要求出复合函数的表达式，然后再求导函数，特别要注意在分段点处要利用左、右导数来求.

解　$g[f(x)]=\begin{cases}0, & f(x)\leqslant 0\\ -[f(x)]^2, & f(x)>0\end{cases}=\begin{cases}0, & x\leqslant 0\\ -x^2, & x>0\end{cases}$.

当 $x\neq 0$ 时，$\dfrac{\mathrm{d}}{\mathrm{d}x}g[f(x)]=\begin{cases}0, & x<0\\ -2x, & x>0\end{cases}$.

当 $x=0$ 时，$\dfrac{\mathrm{d}}{\mathrm{d}x}g[f(x)]=0$. 故 $\dfrac{\mathrm{d}}{\mathrm{d}x}g[f(x)]=\begin{cases}0, & x\leqslant 0\\ -2x, & x>0\end{cases}$.

例 4　已知 $f(u)$ 可导，求 $[f(\ln x)]'$，$\{f[(x+a)^n]\}'$，$\{[f(x+a)]^n\}'$.

分析　对复合函数求导，注意其结构，采用分层求解.

解　$[f(\ln x)]'=f'(\ln x)\cdot(\ln x)'=\dfrac{1}{x}f'(\ln x)$，

$\{f[(x+a)^n]\}'=f'[(x+a)^n]\cdot[(x+a)^n]'=n(x+a)^{n-1}f'[(x+a)^n]$，

$\{[f(x+a)]^n\}'=n[f(x+a)]^{n-1}\cdot f'(x+a)$.

题型 Ⅲ：求反函数的导数

【题型分析】　设 $y=f(x)$，其反函数为 $x=\varphi(y)$，则

1. $\varphi'(y_0)=\dfrac{1}{f'(x_0)}$.

2. $\dfrac{\mathrm{d}x}{\mathrm{d}y}=\dfrac{1}{f'(x)}\Big|_{x=f^{-1}(y)}=\dfrac{1}{y'_x}\Big|_{x=f^{-1}(y)}$.

3. $\dfrac{\mathrm{d}^2x}{\mathrm{d}y^2}=\dfrac{\mathrm{d}}{\mathrm{d}y}\left(\dfrac{1}{y'_x}\right)=\dfrac{\mathrm{d}}{\mathrm{d}x}\left(\dfrac{1}{y'x}\right)\dfrac{\mathrm{d}x}{\mathrm{d}y}=-\dfrac{y''_{xx}}{y'^3_x}$.

例 5　设 $y=a\ln\dfrac{a+\sqrt{a^2-x^2}}{x}$，求其反函数 $x=x(y)$ 的导数，其中常数 $a>0$.

分析　已知 $y=f(x)$ 的反函数的导数存在且 $y'(x)\neq 0$，则 $x'(y)=\dfrac{1}{y'(x)}$.

解 先求$\frac{dy}{dx}$,再利用$\frac{dx}{dy}=\frac{1}{\frac{dy}{dx}}$. 由 $y=a[\ln(a+\sqrt{a^2-x^2})-\ln x]\Rightarrow$

$$\frac{dy}{dx}=a\left[\frac{1}{a+\sqrt{a^2-x^2}}(a+\sqrt{a^2-x^2})'-\frac{1}{x}\right]$$

$$=a\left[\frac{1}{a+\sqrt{a^2-x^2}}\,\frac{-2x}{2\sqrt{a^2-x^2}}-\frac{1}{x}\right]$$

$$=a\left[\frac{-x(a-\sqrt{a^2-x^2})}{(a^2-a^2+x^2)\sqrt{a^2-x^2}}-\frac{1}{x}\right]$$

$$=-\frac{a^2}{x\sqrt{a^2-x^2}},$$

于是,由反函数求导公式得 $\frac{dx}{dy}=-\frac{x\sqrt{a^2-x^2}}{a^2}$.

例 6 设 $x=g(y)$ 是 $f(x)=\ln x+\arctan x$ 的反函数,求 $g'(\frac{\pi}{4})$.

分析 利用反函数的导数与直接函数的导数互为倒数的关系计算.

解 当 $x_0=1$ 时,$y_0=f(1)=\frac{\pi}{4}$,

$f'(x)=(\ln x+\arctan x)'=\frac{1}{x}+\frac{1}{1+x^2}$.

得到 $f'(1)=\frac{3}{2}$,于是 $g'(\frac{\pi}{4})=\frac{1}{f'(1)}=\frac{2}{3}$.

课后习题解答(习题 2-2)

1. 解 $(\cot x)'=\left(\frac{\cos x}{\sin x}\right)'=\frac{-\sin x\cdot\sin x-\cos x\cos x}{\sin^2 x}$

$$=-\frac{\sin^2 x+\cos^2 x}{\sin^2 x}=-\frac{1}{\sin^2 x}=-\csc^2 x.$$

$(\csc x)'=\left(\frac{1}{\sin x}\right)'=-\frac{\cos x}{\sin^2 x}=-\frac{\cos x}{\sin x}\cdot\frac{1}{\sin x}=-\cot x\csc x$.

2. 解 (1)$y'=-3x^2-\frac{28}{x^5}+\frac{2}{x^2}$. (2)$y'=15x^2-2^x\ln 2+3e^x$.

(3)$y'=2\sec^2 x+\sec x\tan x$. (4)$y'=(\frac{1}{2}\sin 2x)'=\cos 2x$.

(5)$y'=2x\ln x+x$. (6)$y'=3e^x\cos x+3e^x(-\sin x)=3e^x(\cos x-\sin x)$.

(7)$y'=\frac{x\cdot\frac{1}{x}-\ln x}{x^2}=\frac{1-\ln x}{x^2}$. (8)$y'=\frac{e^x x^2-2xe^x}{x^4}=\frac{(x-2)e^x}{x^3}$.

(9) $y' = 2x\ln x\cos x + x\cos x - x^2\ln x\sin x$.

(10) $s' = \dfrac{\cos t(1+\cos t)-(1+\sin t)(-\sin t)}{(1+\cos t)^2} = \dfrac{1+\sin t+\cos t}{(1+\cos t)^2}$.

3. 解 (1) $y' = \cos x + \sin x$.

$$y'\Big|_{x=\frac{\pi}{6}} = \cos\frac{\pi}{6}+\sin\frac{\pi}{6} = \frac{\sqrt{3}}{2}+\frac{1}{2} = \frac{\sqrt{3}+1}{2},$$

$$y'\Big|_{x=\frac{\pi}{4}} = \cos\frac{\pi}{4}+\sin\frac{\pi}{4} = \sqrt{2}.$$

(2) $\dfrac{d\rho}{d\theta} = \sin\theta+\theta\cos\theta-\dfrac{1}{2}\sin\theta = \dfrac{1}{2}\sin\theta+\theta\cos\theta\ \dfrac{d\rho}{d\theta}\Big|_{x=\frac{\pi}{4}}$

$$= \frac{1}{2}\sin\frac{\pi}{4}+\frac{\pi}{4}\cos\frac{\pi}{4} = \frac{\sqrt{2}}{4}\left(1+\frac{\pi}{2}\right).$$

(3) $f'(x) = -\dfrac{-3}{(5-x)^2}+\dfrac{2}{5}x = \dfrac{3}{(x-5)^2}+\dfrac{2}{5}x$

$$f'(0) = \frac{3}{25},\ f'(2) = \frac{3}{9}+\frac{4}{5} = \frac{17}{15}.$$

4. 解 (1) $v(t) = s'(t) = v_0 - gt$.

(2) 令 $v(t)=0$，得 $v_0-gt=0$，即 $t=\dfrac{v_0}{g}$，

故达到最高点的时间为 $t=\dfrac{v_0}{g}$(s).

5. 解 显然，曲线 $y=2\sin x+x^2$ 上横坐标为 $x_0=0$ 的点为 $(x_0,y_0)=(0,0)$，该点处的切线斜率为

$$k_0 = y'(0) = (2\sin x+x^2)'\Big|_{x=0} = 2\cos x+2x\Big|_{x=0} = 2.$$

其切线方程为 $y-y_0=k_0(x-x_0)$，即 $y=2x$.

法线方程为 $y-y_0=\dfrac{-1}{k_0}(x-x_0)$，即 $y=-\dfrac{1}{2}x$.

6. 解 (1) $y' = 4(2x+5)^3(2x+5)' = 8(2x+5)^3$.

(2) $y' = [\cos(4-3x)]' = -\sin(4-3x)(4-3x)'$

$$= -\sin(4-3x)(-3) = 3\sin(4-3x).$$

(3) $y' = e^{-3x^2}(-3x^2)' = -6xe^{-3x^2}$.

(4) $y' = \dfrac{1}{1+x^2}(1+x^2)' = \dfrac{2x}{1+x^2}$.

(5) $y' = 2\sin x(\sin x)' = 2\sin x\cos x = \sin 2x$.

(6) $y' = \frac{1}{2\sqrt{a^2-x^2}}(a^2-x^2)' = \frac{-x}{\sqrt{a^2-x^2}}$.

(7) $y' = \sec^2 x^2 (x^2)' = 2x\sec^2 x^2$.

(8) $y' = \frac{1}{1+(e^x)^2}(e^x)' = \frac{e^x}{1+e^{2x}}$.

(9) $y' = 2\arcsin x(\arcsin x)' = 2\arcsin x \frac{1}{\sqrt{1-x^2}}$.

(10) $y' = \frac{1}{\cos x}(\cos x)' = -\frac{\sin x}{\cos x} = -\tan x$.

7. 解　利用求导法则可得

(1) $y' = \frac{-2}{\sqrt{1-(1-2x)^2}} = -\frac{1}{\sqrt{x-x^2}}$.

(2) $y' = -\frac{1}{2}(1-x^2)^{-\frac{3}{2}}(-2x) = \frac{x}{\sqrt{(1-x^2)^3}}$.

(3) $y' = -\frac{1}{2}e^{-\frac{x}{2}}\cos 3x - 3e^{-\frac{x}{2}}\sin 3x = -\frac{1}{2}e^{-\frac{x}{2}}(\cos 3x + 6\sin 3x)$.

(4) $y' = -\frac{-\frac{1}{x^2}}{\sqrt{1-(\frac{1}{x})^2}} = \frac{|x|}{x^2\sqrt{x^2-1}}$.

(5) $y' = \frac{-\frac{1}{x}(1+\ln x) - \frac{1}{x}(1-\ln x)}{(1+\ln x)^2} = -\frac{2}{x(1+\ln x)^2}$.

(6) $y' = \frac{2\cos 2x \cdot x - \sin 2x}{x^2} = \frac{2x\cos 2x - \sin 2x}{x^2}$.

(7) $y' = \frac{1}{\sqrt{1-x}} \cdot \frac{1}{2\sqrt{x}} = \frac{1}{2\sqrt{x-x^2}}$.

(8) $y' = \frac{1}{x+\sqrt{a^2+x^2}} \cdot (1+\frac{2x}{2\sqrt{a^2+x^2}}) = \frac{1}{\sqrt{a^2+x^2}}$.

(9) $y' = \frac{\sec x\tan x + \sec^2 x}{\sec x + \tan x} = \sec x$.

(10) $y' = \frac{-\csc x\cot x + \csc^2 x}{\csc x - \cot x} = \csc x$.

8. 解　(1) $y' = 2\arcsin\frac{x}{2}\left(\arcsin\frac{x}{2}\right)' = 2\arcsin\frac{x}{2}\frac{\left(\frac{x}{2}\right)'}{\sqrt{1-\left(\frac{x}{2}\right)^2}} = \frac{2\arcsin\frac{x}{2}}{\sqrt{4-x^2}}$.

(2) $y' = \frac{1}{\tan\frac{x}{2}}\left(\tan\frac{x}{2}\right)' = \frac{1}{\tan\frac{x}{2}}\sec^2\frac{x}{2} \times \frac{1}{2} = \csc x$.

(3) $y' = \frac{1}{2}(1+\ln^2 x)^{-\frac{1}{2}}(1+\ln^2 x)' = \frac{\ln x}{x\sqrt{1+\ln^2 x}}$.

(4) $y' = (e^{\arctan\sqrt{x}})' = e^{\arctan\sqrt{x}}\frac{1}{1+(\sqrt{x})^2}\cdot\frac{1}{2\sqrt{x}} = e^{\arctan\sqrt{x}}\frac{1}{2\sqrt{x}(1+x)}$.

(5) $y' = (\sin^n x\cos nx)' = n\sin^{n-1}x\cos x\cos nx + \sin^n x[-\sin(nx)]n$
$= n\sin^{n-1}x\cos(n+1)x$.

(6) $y' = \frac{1}{1+\left(\frac{x+1}{x-1}\right)^2}\cdot\left(\frac{x+1}{x-1}\right)' = \frac{(x-1)^2}{2(x^2+1)}\cdot\frac{-2}{(x-1)^2} = -\frac{1}{1+x^2}$.

(7) $y' = \left(\frac{\arcsin x}{\arccos x}\right)' = \frac{\frac{1}{\sqrt{1-x^2}}(\arccos x) - \arcsin x\left(-\frac{1}{\sqrt{1-x^2}}\right)}{(\arccos x)^2}$

$= \frac{\arcsin x+\arccos x}{\sqrt{1-x^2}(\arccos x)^2} = \frac{\pi}{2\sqrt{1-x^2}(\arccos x)^2}$.

(8) $y' = \{\ln[\ln(\ln x)]\}' = \frac{1}{\ln(\ln x)}[\ln(\ln x)]' = \frac{1}{\ln(\ln x)}\cdot\frac{1}{\ln x}\cdot\frac{1}{x}$

$= \frac{1}{x\ln x\ln(\ln x)}$.

(9) $Y' = \left[\frac{2x}{(\sqrt{1+x}+\sqrt{1-x})^2}\right]' = \left(\frac{x}{1+\sqrt{1-x^2}}\right)'$

$= \frac{1}{\sqrt{1-x^2}(1+\sqrt{1-x^2})} = \frac{1}{\sqrt{1-x^2}+1-x^2}$.

(10) $y' = (\arcsin\frac{\sqrt{1-x}}{\sqrt{1+x}})' = \frac{1}{\sqrt{1-(\frac{\sqrt{1-x}}{\sqrt{1+x}})^2}}\cdot(\sqrt{\frac{1-x}{1+x}})'$

$= \sqrt{\frac{1+x}{2x}}\cdot\frac{1}{2}\sqrt{\frac{1+x}{1-x}}\cdot[-\frac{2}{(1+x)^2}] = \frac{-1}{\sqrt{2x}(1+x)\sqrt{1-x}}$.

9. 解　由题设可知

$$y' = \frac{2f(x)f'(x)+2g(x)g'(x)}{2\sqrt{f^2(x)+g^2(x)}}$$

$$= \frac{f(x)f'(x)+g(x)g'(x)}{f^2(x)+g^2(x)}\cdot\sqrt{f^2(x)+g^2(x)}.$$

10. 解　(1) $y' = f'(x^2)(2x) = 2xf'(x^2)$.

(2) $y' = f'(\sin^2 x)\cdot 2\sin x\cos x + f'(\cos^2 x)2\cos x(-\sin x)$
$= \sin 2x[f'(\sin^2 x) - f'(\cos^2 x)]$.

11. 解　(1) $y' = -e^x(x^2-2x+3) + e^{-x}(2x-2) = e^{-x}(-x^2+4x-5)$.

(2) $y' = 2\sin x \cdot \cos x \cdot \sin(x^2) + \sin^2 x\cos(x^2)2x$

$= \sin 2x\sin(x^2) + 2x\sin^2 x\cos(x^2)$.

(3) $y' = 2\arctan\frac{x}{2} \cdot \frac{1}{1+\left(\frac{x}{2}\right)^2} \cdot \frac{1}{2} = \frac{4}{x^2+4}\arctan\frac{x}{2}$.

(4) $y' = \frac{(\ln x)'x^n - \ln x \cdot (x^n)'}{x^{2n}} = \frac{1-n\ln x}{x^{n+1}}$.

(5) $y' = \frac{2e^{2t}(e^{2t}+1) - 2e^{2t}(e^{2t}-1)}{(e^{2t}+1)^2} = \frac{4e^{2t}}{(1+e^{2t})^2}$.

(6) $y' = \frac{1}{\cos\frac{1}{x}} \cdot (-\sin\frac{1}{x}) \cdot (-\frac{1}{x^2}) = \frac{1}{x^2}\tan\frac{1}{x}$.

(7) $y' = e^{-\sin^2\frac{1}{x}}(-2\sin\frac{1}{x} \cdot \cos\frac{1}{x}) \cdot (-\frac{1}{x^2}) = \frac{1}{x^2}\sin\frac{2}{x} \cdot e^{-\sin^2\frac{1}{x}}$.

(8) $y' = \frac{1}{2\sqrt{x+\sqrt{x}}} \cdot (1+\frac{1}{2\sqrt{x}}) = \frac{2\sqrt{x}+1}{4\sqrt{x} \cdot \sqrt{x+\sqrt{x}}}$.

(9) $y' = \arcsin\frac{x}{2} + x \cdot \frac{1}{\sqrt{1-\frac{x^2}{4}}} \cdot \frac{1}{2} + \frac{1}{2}\frac{1}{\sqrt{4-x^2}}(-2x) = \arcsin\frac{x}{2}$.

(10) $y' = (\arcsin\frac{2t}{1+t^2})' = \frac{2(1-t^2)}{|1-t^2|(1+t^2)}$

$$= \begin{cases} \frac{2}{1+t^2}, & \text{当 } |t| < 1 \\ -\frac{2}{1+t^2}, & \text{当 } |t| > 1 \end{cases},$$

(应用复合函数求导,把$\frac{2t}{1+t^2}$作为中间变量.)

12. 解 (1) $y' = \mathrm{sh}(\mathrm{sh}x)(\mathrm{sh}x)' = \mathrm{sh}(\mathrm{sh}x)\mathrm{ch}x$.

(2) $y' = (\mathrm{sh}x)'e^{\mathrm{ch}x} + \mathrm{sh}x e^{\mathrm{ch}x}(\mathrm{ch}x)' = \mathrm{ch}x e^{\mathrm{ch}x} + \mathrm{sh}x e^{\mathrm{ch}x}\mathrm{sh}x$

$= e^{\mathrm{ch}x}(\mathrm{ch}x + \mathrm{sh}^2 x)$.

(3) $y' = \frac{1}{\mathrm{ch}^2(\ln x)}(\ln x)' = \frac{1}{x\mathrm{ch}^2(\ln x)}$.

(4) $y' = 3\mathrm{sh}^2 x(\mathrm{sh}x)' + 2\mathrm{ch}x(\mathrm{ch}x)' = 3\mathrm{sh}^2 x\mathrm{ch}x + 2\mathrm{ch}x\mathrm{sh}x$

$= (3\mathrm{sh}x + 2)\mathrm{sh}x\mathrm{ch}x$.

(5) $y' = \frac{1}{\mathrm{ch}^2(1-x^2)}(1-x^2)' = -\frac{2x}{\mathrm{ch}^2(1-x^2)}$.

(6) $y' = \frac{1}{\sqrt{1+(x^2+1)^2}}(x^2+1)' = \frac{2x}{\sqrt{x^4+2x^2+2}}$.

(7) $y'=\dfrac{1}{\sqrt{(e^{2x})^2-1}}(e^{2x})'=\dfrac{2e^{2x}}{\sqrt{e^{4x}-1}}.$

(8) $y'=\dfrac{1}{1+\text{th}^2x}(\text{th}x)'=\dfrac{1}{(1+\text{th}^2x)}\cdot\dfrac{1}{\text{ch}^2x}=\dfrac{1}{\text{ch}^2x+\text{sh}^2x}=\dfrac{1}{1+2\text{sh}^2x}.$

(9) $y'=\dfrac{1}{\text{ch}x}(\text{ch}x)'+\dfrac{1}{2}[-2\text{ch}^{-3}x(\text{ch}x)']$

$$=\frac{\text{sh}x}{\text{ch}x}-\frac{\text{sh}x}{\text{ch}^3x}=\frac{\text{sh}x(\text{ch}^2x-1)}{\text{ch}^3x}=\frac{\text{sh}^3x}{\text{ch}^3x}=\text{th}^3x.$$

(10) $y'=2\text{ch}(\dfrac{x-1}{x+1})\text{ch}'(\dfrac{x-1}{x+1})(\dfrac{x-1}{x+1})'=\dfrac{2}{(x+1)^2}\text{sh}(2\cdot\dfrac{x-1}{x+1}).$

13. 解 由 $f(x)$ 在 x_0 处可导，且 $f(x_0)=0$，则有

$$f'(x_0)=\lim_{x\to x_0}\frac{f(x)-f(x_0)}{x-x_0}=\lim_{x\to x_0}\frac{f(x)}{x-x_0};$$

由 $g(x)$ 在 x_0 处连续，则有 $\lim\limits_{x\to x_0}g(x)=g(x_0)$，故

$$\lim_{x\to x_0}\frac{f(x)g(x)-f(x_0)g(x_0)}{x-x_0}=\lim_{x\to x_0}\frac{f(x)}{x-x_0}g(x)=f'(x_0)g(x_0),$$

即 $f(x)g(x)$ 在 x_0 处可导，其导数为 $f'(x_0)g(x_0)$.

14. 解 由(2) 知 $f(0)=1$，故

$$f'(x)=\lim_{\Delta x\to 0}\frac{f(x+\Delta x)-f(x)}{\Delta x}=\lim_{\Delta x\to 0}\frac{f(x)f(\Delta x)-f(x)}{\Delta x}$$

$$=\lim_{\Delta x\to 0}\left[f(x)\cdot\frac{f(\Delta x)-1}{\Delta x}\right]=\lim_{\Delta x\to 0}\left[f(x)\cdot\frac{\Delta xg(\Delta x)}{\Delta x}\right]$$

$$=\lim_{\Delta x\to 0}[f(x)g(\Delta x)]=f(x)\cdot 1=f(x).$$

2.3 高阶导数

本节重难点及考研要求

重点及考点

由高阶导数的定义可知，高阶导数可由通常的求导方法连续求导得到.这种直接计算高阶导数的方法一般用于较低阶导数；对于较高阶导数，可通过下面的方法求 n 阶导数.

求高阶导数的方法如下：

1. 归纳法：先求出函数的前几阶导数后，分析结果的规律性，归纳出 n 阶导数.

2. 间接法：通过四则运算、变量代换等方法来求高阶导数.

(1) 分式有理函数的高阶导数：先将有理假分式用多项式除法变为整式与有理真

分式之和,再将有理真分式写成部分分式之和,利用$(x^m)^{(n)}$公式求出所给函数的n阶导数.

(2) 由$\cos^n\alpha x$、$\sin^n\beta x$的和、差、积所组成函数的高阶导数:利用三角函数中积化和差与倍角公式把函数的幂数逐次降低,变为$\cos kx$、$\sin kx$之和或差的形式,利用$(\sin kx)^{(n)}$和$(\cos kx)^{(n)}$公式求出所给函数的n阶导数.

3. 利用莱布尼兹公式求导.

考研要求

了解高阶导数的概念,会求简单函数的n阶导数,会求分段函数的一阶、二阶导数.

典型例题与解题技巧

题型Ⅰ:用归纳法求n阶导数

【题型分析】 归纳法:对不能判断规律性的函数,求出所给函数的一至四阶导数后,分析结果的规律性,归纳出n阶导数,然后用数学归纳法证明.

例1 设函数$f(x)$有任意阶导数且$f'(x)=f^2(x)$,求$f^{(n)}(x)(n>2)$.

分析 逐一求出$y=f(x)$的一、二、三阶导数后,若能观察出规律性,就可写出$y^{(n)}$的公式,然后用数学归纳法证明.

解 将$f'(x)=f^2(x)$两边求导得$f''(x)=2f(x)f'(x)=2f^3(x)$,

再求导得 $f^{(3)}(x)=3!f^2(x)f'(x)=3!f^4(x)$.

由此可归纳证明$f^{(n)}(x)=n!f^{n+1}(x)$.

例2 用归纳法导出$y=\sin(ax+b)$的n阶导数公式,并证明.

分析 先总结出各阶导数的递增规律,然后用数学归纳法证明.

证明 $y'=a\cos(ax+b)=a\sin(ax+b+\frac{\pi}{2})$,

$$y''=a^2\sin(ax+b+\frac{\pi}{2}+\frac{\pi}{2})=a^2\sin(ax+b+2\cdot\frac{\pi}{2}),$$

由观察到的规律性知$y^{(n)}=a^n\sin(ax+b+\frac{n\pi}{2})$.

已知$n=1$成立,设$n=k$成立,则当$n=k+1$时,$y^{(k+1)}=(y^{(k)})'=[a^k\sin(ax+b+\frac{k\pi}{2})]'=a^{k+1}\sin[ax+b+\frac{(k+1)\pi}{2}]$,即$n=k+1$时成立.因此任意自然数$n$成立.

题型Ⅱ:用分解法求n阶导数

【题型分析】 分解法:通过四则运算、变量代换等方法求高阶导数.

1. 分式为有理函数的高阶导数：先将有理假分式用多项式除法变为整式与有理真分式之和，再将有理真分式写成部分分式之和，利用$(x^m)^{(n)}$公式求出所给函数的n阶导数；

2. 由$\cos^n\alpha x$、$\sin^n\beta x$的和、差、积所组成函数的高阶导数：利用三角函数中积化和差与倍角公式把函数的幂数逐次降低，变为$\cos kx$、$\sin kx$之和或差的形式，利用$(\sin kx)^{(n)}$和$(\cos kx)^{(n)}$公式求出所给函数的n阶导数.

例 3　设$y=\cos^4 x+\sin x\cos x$，求$y^{(n)}$.

分析　若$y=y(x)$是某些三角函数式，求$y^{(n)}$时常用三角函数恒等式及有关公式将它化为求形如$A\sin(ax+b)$或$B\cos(ax+b)$类型的三角函数的n阶导数.

解　$y=\frac{1}{4}(1+\cos 2x)^2+\frac{1}{2}\sin 2x=\frac{3}{8}+\frac{1}{2}\cos 2x+\frac{1}{8}\cos 4x+\frac{1}{2}\sin 2x.$

因为$(\sin kx)^{(n)}=k^n\sin(kx+\frac{n\pi}{2})$，$(\cos kx)^{(n)}=k^n\cos(kx+\frac{n\pi}{2})$，

故$y^{(n)}=2^{n-1}\cos\left(2x+\frac{n\pi}{2}\right)+2^{2n-3}\cos\left(4x+\frac{n\pi}{2}\right)+2^{n-1}\sin\left(2x+\frac{n\pi}{2}\right)(n\geqslant 1).$

例 4　求$f(x)=\frac{5x+12}{x^2+5x+6}$的$n$阶导数一般表达式.

分析　把$f(x)$分解为两个简单的式子，然后用基本函数的n阶导数求解.

解　$f(x)=\frac{5x+12}{x^2+5x+6}=\frac{2}{x+2}+\frac{3}{x+3}$，

所以　$$f^{(n)}(x)=2(\frac{1}{x+2})^{(n)}+3(\frac{1}{x+3})^{(n)}$$
$$=(-1)^n n![2(x+2)^{-(n+1)}+3(x+3)^{-(n+1)}].$$

题型 Ⅲ：用莱布尼兹公式求乘积的n阶导数

【题型分析】

1. 熟悉莱布尼兹公式，注意当$u(x)=x^m(m<k)$时，$u^{(k)}(x)=(x^m)^{(k)}=0$.

2. $y^{(n)}=\sum\limits_{k=0}^{n}C_n^k u^{(k)}(x)v^{(n-k)}(x)$.

例 5　设$y=x^2 e^{2x}$，求$y^{(n)}$.

分析　若$u^{(k)}(x)$，$v^{(k)}(x)$　$(k=1,2,\cdots,n)$会求，求乘积$y=u(x)v(x)$的n阶导数可用莱布尼兹公式$y^{(n)}=\sum\limits_{k=0}^{n}C_n^k u^{(k)}(x)v^{(n-k)}(x)$.

特别是，若$u(x)=x^m$，$m<k$为自然数，则$u^{(k)}(x)=(x^m)^{(k)}=0(k>m)$.

因此，$y^{(n)}$表达式中至多只有m项.

解　用莱布尼茨法则求解，有：

$(x^2)^{(k)}=0(k=3,4,\cdots)$，$(e^{2x})^{(k)}=2^k e^{2x}$，

得 $$y^{(n)}=\sum_{k=0}^{n}C_n^k(x^2)^{(k)}(e^{2x})^{(n-k)}$$
$$=x^2(e^{2x})^{(n)}+n(x^2)'(e^{2x})^{(n-1)}+\frac{n(n-1)}{2}(x^2)''(e^{2x})^{(n-2)}$$
$$=2^ne^{2x}\left[x^2+nx+\frac{1}{4}n(n-1)\right].$$

例 6 设 $f(x)=(x-a)^n\varphi(x)$，其中 $\varphi(x)$ 在 $x=a$ 处有 $n-1$ 阶连续导数，求 $f^{(n)}(a)$.

分析 仅知 $\varphi(x)$ 有 $n-1$ 阶连续导数，而不知道 $\varphi(x)$ 在 n 阶是否可导，因此应先应用莱布尼兹公式求出 $f(x)$ 的 $n-1$ 阶导数，再用定义求其 n 阶导数.

解 先用莱布尼兹公式，令 $u(x)=(x-a)^n, v(x)=\varphi(x)$，

则 $f^{(n-1)}(x)=[(x-a)^n\varphi(x)]^{(n-1)}$
$$=(x-a)^n\varphi^{(n-1)}(x)+C_{n-1}^1n(x-a)^{n-1}\varphi^{(n-2)}(x)+\cdots+n!(x-a)\varphi(x),$$

从而 $f^{(n-1)}(a)=0$，再利用导数定义
$$f^{(n)}(a)=\lim_{x\to a}\frac{f^{(n-1)}(x)-f^{(n-1)n-2}(a)}{x-a}$$
$$=\lim_{x\to a}[(x-a)^{n-1}\varphi^{(n-1)}(x)+C_{n-1}^1(x-a)^{n-2}\varphi^{(n-2)}(x)+\cdots+n!\varphi(x)]$$
$$=n!\varphi(a).$$

课后习题解答(习题 2-3)

1. 解 (1) $y'=4x+\frac{1}{x}, y''=4-\frac{1}{x^2}$.　　(2) $y'=2e^{2x-1}, y''=4e^{2x-1}$.

(3) $y'=\cos x-x\sin x, y''=-\sin x-\sin x-x\cos x=-2\sin x-x\cos x$.

(4) $y'=-e^{-t}\sin t+e^{-t}\cos t$
$$y''=e^{-t}\sin t-e^{-t}\cos t-e^{-t}\cos t-e^{-t}\sin t=-2e^{-t}\cos t.$$

(5) $$y'=\frac{-2x}{2\sqrt{a^2-x^2}}=-\frac{x}{\sqrt{a^2-x^2}}$$
$$y''=\frac{-\sqrt{a^2-x^2}+x\cdot\frac{-x}{\sqrt{a^2-x^2}}}{a^2-x^2}=-\frac{a^2}{(a^2-x^2)^{3/2}}.$$

(6) $$y'=\frac{-2x}{1-x^2}, y''=-\frac{2(1-x^2)-2x(-2x)}{(1-x^2)^2}=-\frac{2(1+x^2)}{(1-x^2)^2}.$$

(7) $y'=\sec^2x, y''=2\sec x\cdot\sec x\cdot\tan x=2\sec^2x\tan x$.

(8) $$y'=\frac{-3x^2}{(x^3+1)^2},$$

$$y''=\frac{-3}{(x^3+1)^4}[2x(x^3+1)^2-x^2\cdot 2(x^3+1)\cdot 3x^2]=\frac{6x(2x^3-1)}{(x^3+1)^3}.$$

(9) $y'=2x\arctan x+1, y''=2\arctan x+\frac{2x}{1+x^2}$.

(10) $y'=\frac{1}{x^2}[e^x\cdot x-e^x]=\frac{e^x}{x}-\frac{e^x}{x^2}$,

$$y''=\frac{e^x}{x}-\frac{e^x}{x^2}-\frac{1}{x^4}[e^x\cdot x^2-2xe^x]=\frac{e^x}{x^3}(x^2-2x+2).$$

(11) $y'=e^{x^2}+xe^{x^2}\cdot 2x=e^{x^2}(1+2x^2)$,

$y''=2xe^{x^2}(1+2x^2)+e^{x^2}\cdot 4x=2xe^{x^2}(2x^2+3)$.

(12) $y'=\frac{1}{x+\sqrt{1+x^2}}\cdot(1+\frac{x}{\sqrt{1+x^2}})=\frac{1}{\sqrt{1+x^2}}$,

$$y''=-\frac{1}{1+x^2}\cdot\frac{2x}{2\sqrt{1+x^2}}=-\frac{x}{(1+x^2)^{3/2}}.$$

2. 解　由题设可知

$f'(x)=6(x+10)^5$，　$f''(x)=30(x+10)^4$，　$f'''(x)=120(x+10)^3$，

因此　$f'''(2)=120\times 12^3=207\ 360$.

3. 解　由复合函数的求导公式有

(1) $y'=f'(x^2)\cdot 2x=2xf'(x^2)$，　　$y''=2[f'(x^2)+2x^2f''(x^2)]$.

(2) $y'=\frac{f'(x)}{f(x)}$,

$$y''=\frac{1}{f^2(x)}\{f''(x)f(x)-[f'(x)]^2\}=\frac{f(x)f''(x)-[f'(x)]^2}{f^2(x)}.$$

4. 解　(1) 由 $\frac{dx}{dy}=\frac{1}{y'}$ 得

$$\frac{d^2x}{dy^2}=\frac{d}{dy}\left(\frac{dx}{dy}\right)=\frac{d\left(\frac{1}{y'}\right)}{dy}=\frac{d\left(\frac{1}{y'}\right)}{dx}\frac{dx}{dy}=-\frac{y''}{(y')^2}\cdot\frac{1}{y'}=-\frac{y''}{(y')^3}.$$

(2) $$\frac{d^3x}{dy^3}=\frac{d\left(\frac{d^2x}{dy^2}\right)}{dy}=\frac{d\left[\frac{-y''}{(y')^3}\right]}{dx}\cdot\frac{dx}{dy}=-\frac{y'''(y')^3-y''3(y')^2y''}{(y')^6}\cdot\frac{1}{y'}$$

$$=\frac{3(y'')^2-y'''y'}{(y')^5}.$$

5. 解　$\frac{ds}{dt}=A\omega\cos\omega t, \frac{d^2s}{dt^2}=-A\omega^2\sin\omega t$,

所以物体运动的加速度　$a=\frac{d^2s}{dt^2}=-A\omega^2\sin\omega t$,

$$\frac{d^2 s}{dt^2}+\omega^2 s=-A\omega^2\sin\omega t+A\omega^2\sin\omega t=0.$$

6. 解 由题意知 $v=\frac{ds}{dt}=\frac{k}{\sqrt{s}}$,其中 k 为比例系数,则

$$a=\frac{d^2 s}{dt^2}=\frac{d}{ds}\left(\frac{k}{\sqrt{s}}\right)\cdot\frac{ds}{dt}=-\frac{1}{2}\cdot\frac{k}{s^{\frac{3}{2}}}\cdot\frac{k}{\sqrt{s}}=-\frac{k^2}{2s^2},$$

即陨星的加速度与 s^2 成反比.

7. 解 $a=\frac{d^2 x}{dt^2}=f'(x)f(x)$.

8. 解 $y'=C_1\lambda e^{\lambda x}-C_2\lambda e^{-\lambda x}$,

$y''=C_1\lambda^2 e^{\lambda x}+C_2\lambda^2 e^{-\lambda x}=\lambda^2(C_1 e^{\lambda x}+C_2 e^{-\lambda x})=\lambda^2 y$.

9. 解 因为 $y'=e^x\sin x+e^x\cos x$,

$y''=e^x\sin x+e^x\cos x+e^x\cos x-e^x\sin x=2e^x\cos x$,

所以 $y''-2y'+2y=2e^x\cos x-2e^x\sin x-2e^x\cos x+2e^x\sin x=0$.

10. 解 (1) $(e^x\cos x)^{(4)}$

$$=(e^x)^{(4)}\cos x+4(e^x)'''(\cos x)'+\frac{4\times 3}{2!}(e^x)''(\cos x)''+$$

$$\frac{4\times 3\times 2}{3!}(e^x)'(\cos x)'''+e^x(\cos x)^{(4)}$$

$$=e^x\cos x+(-4e^x\sin x)+6e^x(-\cos x)+4e^x\sin x+e^x\cos x-4e^x\cos x$$

$$=-4e^x\cos x.$$

(2) $(x^2\sin 2x)^{(50)}$

$$=(\sin 2x\times x^2)^{50}$$

$$=(\sin 2x)^{(50)}x^2+50(\sin 2x)^{(49)}(x^2)'+\frac{50\times 49}{2!}(\sin 2x)^{(48)}(x^2)'',$$

又因为 $\sin(2x)^{(n)}=2^n\sin(2x+\frac{n\pi}{2})$, 所以

$$(x^2\sin 2x)^{(50)}=2^{50}\sin\left(2x+\frac{\pi}{2}\times 50\right)x^2+50\times 2^{49}\sin\left(2x+\frac{\pi}{2}\times 49\right)2x$$

$$+\frac{50\times 49}{2}\times 2^{48}\sin\left(2x+\frac{\pi}{2}\times 48\right)\times 2$$

$$=2^{50}\left(-x^2\sin 2x+50x\cos 2x+\frac{1\,225}{2}\sin 2x\right).$$

11. 解 (1) 因为 $(x^k)^{(n)}=0\quad(k=1,2,\cdots,n-1)$

故 $y^{(n)}=(x^n+a_1x^{n-1}+\cdots+a_n)^{(n)}=(x^n)^{(n)}=n!$.

(2) $y'=2\sin x\cos x=\sin 2x$,

$$y''=2\cos 2x=2\sin\left(2x+\frac{\pi}{2}\right),$$

$$y'''=2^2\cos\left(2x+\frac{\pi}{2}\right)=2^2\sin\left(2x+2\times\frac{\pi}{2}\right),$$

……

$$y^{(n)}=2^{n-1}\sin\left[2x+(n-1)\frac{\pi}{2}\right].$$

(3) $y'=\ln x+x\cdot\frac{1}{x}=\ln x+1,$

$$y''=\frac{1}{x}=x^{-1},y'''=(-1)x^{-2},y^{(4)}=(-1)(-2)x^{-3},$$

……

$$y^{(n)}=(-1)^{n-2}(n-2)!x^{-(n-1)}.$$

(4) $y'=e^x+xe^x=e^x(1+x),$

$$y''=e^x(1+x)+e^x=e^x(2+x),$$

$$y'''=e^x(2+x)+e^x=e^x(3+x),$$

……

$$y^{(n)}=e^x(n+x).$$

12. 解　本题可用莱布尼兹公式求解.

设 $u=\ln(1+x),v=x^2$，则 $u^{(n)}=\frac{(-1)^{n-1}(n-1)!}{(1+x)^n}(n=1,2,\cdots)$，

$v'=2x,v''=2,v^{(k)}=0(k\geqslant 3)$. 故由莱布尼兹公式，得

$$f^{(n)}(x)=\frac{(-1)^{n-1}(n-1)!}{(1+x)^n}\cdot x^2+n\cdot\frac{(-1)^{n-1}(n-2)!}{(1+x)^{n-1}}\cdot 2x$$

$$+\frac{n(n-1)}{2}\cdot\frac{(-1)^{n-3}(n-3)!}{(1+x)^{n-2}}\cdot 2\quad(n\geqslant 3)$$

$$f^{(n)}(0)=\frac{(-1)^{n-1}n!}{n-2}\quad(n\geqslant 3).$$

2.4 隐函数及由参数方程所确定的函数的导数相关变化率

本节重难点及考研要求

重点及考点

1. 求隐函数的导数，在方程两边同时对 x 求导时要注意到 y 是 x 的函数.

2. 隐函数求导方法如下：

(1) 直接法:方程 $F(x,y)=0$ 两边对 x 求导,这里 y 是 x 的函数,且 y 是 x 的复合函数,求 y 对 x 的导数时要用复合函数的链锁法则.

(2) 对数法:对等式两边取对数,此种方法适用于幂指函数、函数连乘积、函数乘方、函数开方等形式.

3. 由参数式来确定的函数的导数是实际问题中经常用到的,计算时要分清 $\frac{dy}{dt}$ 在分子上,而 $\frac{dx}{dt}$ 在分母上,不是相反,最好 $\frac{dy}{dx}$ 应化简到最简形式,这对求高阶导数是有利的.

考研要求

会求隐函数和用参数方程所确定的函数的导数.

典型例题与解题技巧

题型Ⅰ:隐函数求导问题

【题型分析】 由方程 $F(x,y)=0$ 所确定的函数 $y=y(x)$,称为变量 x 的隐函数,其导数 $\frac{dy}{dx}$ 的求法有三种:

1. 直接求导法.方程两边对 x 求导,要记住 y 是 x 的函数,则 y 的函数是 x 的复合函数.例如 $\frac{1}{y}$、y^2、$\ln y$、e^y 等都是 x 的复合函数,对 x 求导应按复合函数链锁法则进行.

2. 公式法.由 $F(x,y)=0$ 知 $\frac{dy}{dx}=-\frac{F'_x(x,y)}{F'_y(x,y)}$,

其中,$F'_x(x,y)$,$F'_y(x,y)$ 分别表示 $F(x,y)$ 对 x 和 y 的偏导数.

3. 利用微分形式不变性.在方程两边求微分,然后解出 $\frac{dy}{dx}$.

例 1 求下列方程确定的隐函数 $y=y(x)$ 的导数 y':

(1) $x^{\frac{2}{3}}+y^{\frac{2}{3}}=a^{\frac{2}{3}}(a>0)$;　　(2) $y\sin x-\cos(x-y)=0$.

分析 由隐函数求导方法进行求解.

解 (1) 隐函数求导法.注意 y 是 x 的函数,将方程两边对 x 求导得

$$\frac{2}{3}x^{-\frac{1}{3}}+\frac{2}{3}y^{-\frac{1}{3}}y'=0,\text{解出 } y' \text{ 得 } y'=-x^{-\frac{1}{3}}y^{-\frac{1}{3}}.$$

(2) y 解不出来,直接用隐函数求导法.注意 y 是 x 的函数,将方程两边对 x 求导得 $y'\sin x+y\cos x+\sin(x-y)(1-y')=0$,

即　$y'[\sin x-\sin(x-y)]+y\cos x+\sin(x-y)=0$.

解得　$y'=\frac{y\cos x+\sin(x-y)}{\sin(x-y)-\sin x}$.

例 2　设方程 $xy^2+e^y=\cos(x+y^2)$，求 y'.

分析　可以用三种方法进行求解.

解　方法 1　$y^2+2xyy'+e^yy'=-\sin(x+y^2)\cdot(1+2yy')$,

$$y'=-\frac{y^2+\sin(x+y^2)}{2xy+e^y+2y\sin(x+y^2)}.$$

方法 2　令 $F(x,y)=xy^2+e^y-\cos(x+y^2)$.

$F'_x=y^2+\sin(x+y^2)$，　$F'_y=2xy+c^y+2y\sin(x+y^2)$,

$$\frac{dy}{dx}=-\frac{F'_x(x,y)}{F'_y(x,y)}=-\frac{y^2+\sin(x+y^2)}{2xy+e^y+2y\sin(x+y^2)}.$$

方法 3　$d(xy^2+e^y)=d\cos(x+y^2)$,

即 $y^2dx+2xydy+e^ydy=-\sin(x+y^2)(dx+2ydy)$,

所以 $[2xy+e^y+2y\sin(x+y^2)]dy=-[y^2+\sin(x+y^2)]dx$,

$$\frac{dy}{dx}=-\frac{y^2+\sin(x+y^2)}{2xy+e^y+2y\sin(x+y^2)}.$$

题型 Ⅱ:幂指函数与连乘积、乘方、开方形式的对数求导法

【题型分析】　幂指函数 $y=u(x)^{v(x)}$ 可用以下 3 种方法求导:

1. 对数求导法.

① 取对数:$\ln y=\ln u^v=v\ln u$(将显函数化为隐函数).

② 求导数:$\frac{1}{y}y'=v'\ln u+v\cdot\frac{1}{u}\cdot u'$.

③ 解出 y':$y'=u^v(v'\ln u+\frac{v\,u'}{u})$.

幂指函数的导数公式为 $(u^v)'=u^v(v'\ln u+\frac{vu'}{u})$.

2. 指数求导法.利用恒等式 $u^v=e^{v\ln u}$ 得

$$(u^v)'=(e^{v\ln u})(v\ln u)'=u^v(v\ln u)'=u^v(v'\ln u+\frac{vu'}{u}).$$

3. 公式法.利用对数求导法的基本公式,得

$(u^v)'=u^v(\ln u^v)'=u^v(v\ln u)'$.

例 3　设 $y=x^{a^x}+a^{x^x}+x^{x^a}$，求 y.

分析　指数求导法,$u^v=e^{v\ln u}$.

解　$y=e^{a^x\ln x}+a^{e^{x\ln x}}+e^{x^a\ln x}$

$$y'=e^{a^x\ln x}(a^x\ln x\cdot\ln a+a^x\cdot\frac{1}{x})+a^{e^{x\ln x}}e^{x\ln x}(\ln x+1)\cdot\ln a+e^{x^{a\ln x}}(ax^{a-1}\ln x+x^a\cdot\frac{1}{x})$$

$$=x^{a^x}a^x(\ln a\ln x+\frac{1}{x})+a^{x^x}(\ln x+1)x^x\cdot\ln a+x^{x^a+a-1}(a\ln x+1).$$

例 4 设 $y=(x-2)^2\sqrt[3]{\frac{(x+3)^2(3-2x^2)^4}{(1+x^2)(5-3x^3)}}$,求 y'.

分析 对数微分法,先对式子的两边取自然对数,然后在等式两端对 x 求导.

解 先将表达式写成分式指数幂的形式.

$$y=(x-2)^2(x+3)^{\frac{2}{3}}(3-2x^2)^{\frac{4}{3}}(1+x^2)^{-\frac{1}{3}}(5-3x^3)^{-\frac{1}{3}},$$

$$\ln y=2\ln(x-2)+\frac{2}{3}\ln(x+3)+\frac{4}{3}\ln(3-2x^2)-\frac{1}{3}\ln(1+x^2)-\frac{1}{3}\ln(5-3x^3),$$

上式两边对 x 求导,得

$$\frac{y'}{y}=\frac{2}{x-2}+\frac{2}{3(x+3)}-\frac{16x}{3(3-2x^2)}-\frac{2x}{3(1+x^2)}+\frac{3x^2}{5-3x^3},$$

所以 $y'=(x-2)^2\sqrt[3]{\frac{(x+3)^2(3-2x^2)^4}{(1+x^2)(5-3x^3)}}\times\left[\frac{2}{x-2}+\frac{2}{3(x+3)}-\frac{16x}{3(3-2x^2)}-\frac{2x}{3(1+x^2)}+\frac{3x^2}{5-3x^3}\right].$

题型 Ⅲ:参数方程求导法

【题型分析】 求参数方程的导数时,利用参数方程所确定的初等函数的求导法则.

例 5 设 $y=y(x)$,由 $\begin{cases}x=\arctan t\\2y-ty^2+e^t=5\end{cases}$ 所确定,求 $\frac{dy}{dx}$.

分析 $\frac{dy}{dx}=\frac{dy/dt}{dx/dt}$.

解 $\frac{dx}{dt}=\frac{1}{1+t^2}$.第二个方程两端对 t 对导,得 $2\frac{dy}{dt}-y^2-2ty\frac{dy}{dt}+e^t=0$,解得

$$\frac{dy}{dt}=\frac{y^2-e^t}{2(1-ty)},$$

所以 $\frac{dy}{dt}=\frac{dy/dt}{dx/dt}=\frac{(y^2-e^t)(1+t^2)}{2(1-ty)}$.

例 6 已知 $\begin{cases}x=f'(t)\\y=tf'(t)-f(t)\end{cases}$,其中 $f''(t)\neq0$,求 $\frac{dy}{dx}$ 与 $\frac{d^2y}{dx^2}$.

分析 抽象函数的求导仍按参数方程求导方法解出.

解 $\frac{dy}{dx}=\frac{y'_t}{x'_t}=\frac{[tf'(t)-f(t)]'}{f''(t)}=\frac{tf''(t)}{f''(t)}=t.$

将上式对 x 求导,并注意 t 是 x 的函数,得

$$\frac{d^2y}{dx^2}=\frac{d}{dx}(t)=(t')\frac{dt}{dx}=\frac{1}{\frac{dx}{dt}}=\frac{1}{f''(t)}.$$

课后习题解答(习题 2-4)

1. 解　利用隐函数求导法法则可得：

(1) $2y\cdot\frac{dy}{dx}-2y-2x\cdot\frac{dy}{dx}=0$，　从而　$\frac{dy}{dx}=\frac{y}{y-x}$.

(2) $3x^2+3y^2\cdot\frac{dy}{dx}-3ay-3ax\cdot\frac{dy}{dx}=0$，　从而　$\frac{dy}{dx}=\frac{ay-x^2}{y^2-ax}$.

(3) $y+x\cdot\frac{dy}{dx}=e^{x+y}(1+\frac{dy}{dx})$，从而　$\frac{dy}{dx}=\frac{e^{x+y}-y}{x-e^{x+y}}$.

(4) $\frac{dy}{dx}=-e^y-xe^y\cdot\frac{dy}{dx}$，从而　$\frac{dy}{dx}=-\frac{e^y}{1+xe^y}$.

2. 解　由题设 $x^{\frac{2}{3}}+y^{\frac{2}{3}}=a^{\frac{2}{3}}$.

两边对 x 求导可得：　$\frac{2}{3}x^{-\frac{1}{3}}+\frac{2}{3}y^{-\frac{1}{3}}y'=0$.

即　$y'=-\sqrt[3]{\frac{y}{x}}$，

在点$(\frac{\sqrt{2}}{4}a,\frac{\sqrt{2}}{4}a)$处切线斜率为　$k=y'\Big|_{x=\frac{\sqrt{2}}{4}a}=-1$，

切线方程为　$y-\frac{\sqrt{2}}{4}a=-(x-\frac{\sqrt{2}}{4}a)$，

即　$x+y-\frac{\sqrt{2}}{2}a=0$.

法线方程为　$y-\frac{\sqrt{2}}{4}a=-\frac{1}{k}(x-\frac{\sqrt{2}}{4}a)=x-\frac{\sqrt{2}}{4}a$.

即　$x-y=0$

3. 解　(1) 两边对 x 求导，得　$2x-2y\frac{dy}{dx}=0$，　解得　$\frac{dy}{dx}=\frac{x}{y}$，

两边对 x 求导　$\frac{dy^2}{dx^2}=\frac{y-x\frac{dy}{dx}}{y^2}$，

把$\frac{dy}{dx}$代入得　$\frac{dy^2}{dx^2}=\frac{y-x\cdot\frac{x}{y}}{y^2}=\frac{y^2-x^2}{y^3}=-\frac{1}{y^3}$.

(2) 应用隐函数的求导方法，得 $2b^2x+2a^2y\cdot\frac{dy}{dx}=0$，

解得：$\frac{dy}{dx}=-\frac{b^2x}{a^2y}$，再对 x 求导，得$\frac{d^2y}{dx^2}=-\frac{b^2}{a^2}\cdot\frac{y-x\cdot\frac{dy}{dx}}{y^2}=-\frac{b^4}{a^2}\cdot\frac{1}{y^3}$.

(3) 应用隐函数的求导方法，得$\frac{dy}{dx}=(1+\frac{dy}{dx})\cdot\sec^2(x+y)$，解得

$\frac{dy}{dx}=-\csc^2(x+y)$,再对 x 求导,得 $\frac{d^2y}{dx^2}=-2\csc^2(x+y)\cdot\cot^3(x+y)$.

(4) 两边对 x 求导 $\quad \frac{dy}{dx}=e^y+xe^y\frac{dy}{dx}$, 解得 $\quad \frac{dy}{dx}=\frac{e^y}{1-xe^y}$,

两边对 x 求导 $\quad \frac{dy^2}{dx^2}=\frac{e^y\frac{dy}{dx}(1-xe^y)+e^y(e^y+xe^y\frac{dy}{dx})}{(1-xe^y)^2}$,

把$\frac{dy}{dx}$代入,得 $\quad \frac{dy^2}{dx^2}=\frac{e^{2y}(3-y)}{(2-y)^3}$.

4. 解 (1) $\ln y=x\ln\left(\frac{x}{1+x}\right)=x\ln x-x\ln(1+x)$,两边对 x 求导得

$$\frac{1}{y}\frac{dy}{dx}=\ln x+1-\ln(1+x)-\frac{x}{1+x},$$

$$\frac{dy}{dx}=y\left(\frac{1}{1+x}+\ln\frac{x}{1+x}\right)=\left(\frac{x}{1+x}\right)^x\left(\frac{1}{1+x}+\ln\frac{x}{1+x}\right).$$

(2) $\ln y=\frac{1}{5}\left[\ln(x-5)-\frac{1}{5}\ln(x^2+2)\right]$.

两边对 x 求导得 $\quad \frac{1}{y}\frac{dy}{dx}=\frac{1}{5}\left[\frac{1}{x-5}-\frac{1}{5}\cdot\frac{2x}{x^2+2}\right]$,

$$\frac{dy}{dx}=\frac{3x^2+10x+10}{25(x-5)^{\frac{4}{5}}(x^2+2)^{\frac{26}{25}}}.$$

(3) $\ln y=\frac{1}{2}\ln(x+2)+4\ln(3-x)-5\ln(x+1)$,两边对 x 求导可得

$$\frac{1}{y}\cdot\frac{dy}{dx}=\frac{1}{2}\cdot\frac{1}{x+2}+\frac{-4}{3-x}-\frac{5}{x+1}.$$

$$\frac{dy}{dx}=y\left[\frac{1}{2(x+2)}-\frac{4}{3-x}-\frac{5}{x+1}\right]$$

$$=\frac{\sqrt{x+2}(3-x)^4}{(x+1)^5}\left[\frac{1}{2(x+2)}-\frac{4}{3-x}-\frac{5}{x+1}\right].$$

(4) $\ln y=\frac{1}{2}\left[\ln x+\ln\sin x+\frac{1}{2}\ln(1-e^x)\right]$

$$\frac{1}{y}\cdot\frac{dy}{dx}=\frac{1}{2}\left[\frac{1}{x}+\frac{\cos x}{\sin x}+\frac{1}{2}\cdot\frac{-e^x}{1-e^x}\right].$$

$$\frac{dy}{dx}=\frac{1}{2}y\left[\frac{1}{x}+\cot x-\frac{e^x}{2(1-e^x)}\right]$$

$$=\frac{1}{2}\sqrt{x\sin x\sqrt{1-e^x}}\left[\frac{1}{x}+\cot x-\frac{e^x}{2(1-e^x)}\right].$$

5. 解 由参数方程的求导公式可得

(1) $\frac{dy}{dx}=\frac{dy/dt}{dx/dt}=\frac{3bt^2}{2at}=\frac{3bt}{2a}$; $\quad$ (2) $\frac{dy}{dx}=\frac{\cos\theta-\theta\sin\theta}{1-\sin\theta-\theta\cos\theta}$.

6. 解 $\frac{dy}{dx}=\frac{dy/dt}{dx/dt}=\frac{e^t\cos t-e^t\sin t}{e^t\sin t+e^t\cos t}=\frac{\cos t-\sin t}{\cos t+\sin t},\frac{dy}{dx}\Big|_{t=\frac{\pi}{3}}=\frac{\frac{1}{2}-\frac{\sqrt{3}}{2}}{\frac{1}{2}+\frac{\sqrt{3}}{2}}=\sqrt{3}-2.$

7. 解 (1) $t=\frac{\pi}{4}$ 时，所对应的曲线上的点为$(\frac{\sqrt{2}}{2},0)$.

又 $\because \frac{dy}{dx}=\frac{dy}{dt}/\frac{dx}{dt}=\frac{-2\sin 2t}{\cos t}=-4\sin t$,

$\therefore(\frac{\sqrt{2}}{2},0)$ 处的切线斜率为$\frac{dy}{dx}/t=\frac{\pi}{4}=-2\sqrt{2}$,

法线斜率为$\frac{\sqrt{2}}{4}$.

所以曲线在 $t=\frac{\pi}{4}$ 处的切线方程为

$y=-2\sqrt{2}(x-\frac{\sqrt{2}}{2})$，即 $2\sqrt{2}x+y-2=0$.

法线方程为 $y=\frac{1}{2\sqrt{2}}(x-\frac{\sqrt{2}}{2})$，即$\sqrt{2}x-4y-1=0$.

(2) $t=2$ 时，所对应的曲线上的点为$(\frac{6a}{5},\frac{12a}{5})$,

$\frac{dy}{dx}=\frac{dy}{dt}/\frac{dx}{dt}=\frac{6at(1+t^2)-3at^2\cdot 2t}{(1+t^2)^2}\cdot\frac{(1+t^2)^2}{3a(1+t^2)-3at^2\cdot 2t}=\frac{2t}{1-t^2}$.

得曲线在点$(\frac{6a}{5},\frac{12a}{5})$处的切线斜率为$\frac{dy}{dx}\big|_{t=2}=-\frac{4}{3}$,

法线斜率为$-1/-\frac{4}{3}=\frac{3}{4}$.

因此曲线在点$(\frac{6a}{5},\frac{12a}{5})$处的切线方程为 $y-\frac{12a}{5}=-\frac{4}{3}(x-\frac{6a}{5})$,

法线方程为 $y-\frac{12a}{5}=\frac{3}{4}(x-\frac{6a}{5})$.

8. 解 利用参数方程求导公式，逐阶求导.

(1) $\frac{dy}{dx}=\frac{dy/dt}{dx/dt}=\frac{-1}{t}=-\frac{1}{t}$,

$\frac{d^2y}{dx^2}=\frac{d}{dt}\left(\frac{dy}{dx}\right)\frac{dt}{dx}=\frac{d}{dt}\left(-\frac{1}{t}\right)/\frac{dx}{dt}=\frac{\frac{1}{t^2}}{t}=\frac{1}{t^3}$.

(2) $\frac{dy}{dx}=\frac{dy/dt}{dx/dt}=\frac{b\cos t}{-a\sin t}=-\frac{b}{a}\cot t$.

$\frac{d^2y}{dx^2}=\frac{d}{dt}\left(-\frac{b}{a}\cot t\right)/\frac{dx}{dt}=\frac{-\frac{b}{a}(-\csc^2 t)}{-a\sin t}=-\frac{b}{a^2\sin^3 t}$.

(3) $\frac{dy}{dx}=\frac{dy/dt}{dx/dt}=\frac{2e^t}{-3e^{-t}}=-\frac{2}{3}e^{2t}$,

$\frac{d^2y}{dx^2}=\frac{d}{dt}(\frac{dy}{dx})\frac{dt}{dx}=\frac{d}{dt}(-\frac{2}{3}e^{2t})/\frac{dx}{dt}=-\frac{4}{3}e^{2t}/(-3e^{-t})=\frac{4}{9}e^{3t}$.

(4) $\frac{dy}{dx}=\frac{dy/dt}{dx/dt}=\frac{f'(t)+tf''(t)-f'(t)}{f''(t)}=t$,

$\frac{d^2y}{dx^2}=\frac{d}{dt}(\frac{dy}{dx})/\frac{dx}{dt}=\frac{d}{dt}(t)/f''(t)=\frac{1}{f''(t)}$.

9. 解 (1) $\frac{dy}{dx}=\frac{dy/dt}{dx/dt}=\frac{3t^2-1}{2t}$;

$\frac{d^2y}{dx^2}=\frac{d\left(\frac{dy}{dx}\right)}{dt}/\frac{dx}{dt}=-\frac{1}{4}\left(\frac{1}{t^3}+\frac{3}{t}\right)$; $\frac{d^3y}{dx^3}=-\frac{3}{8t^5}(1+t^2)$.

(2) $\frac{t^4-1}{8t^3}$(参考(1)).

10. 解 设波的半径为 r,对应圆面积 $S=\pi r^2$.

$\frac{dr}{dt}=6$,所以$\frac{dS}{dt}=2\pi rr'$, 当 $t=2$ 时,$r=2\cdot 6=12$.

因此$\left.\frac{dS}{dt}\right|_{t=2}=2\pi\times 12\times 6=144\pi(m^2/s)$.

11. 解 设在 t 时刻容器中的水深为 h,水的容积为 V,由$\frac{r}{4}=\frac{h}{8}$得 $r=\frac{h}{2}$. 故

$V=\frac{1}{3}\pi r^2h=\frac{\pi h^3}{12}$.

$\frac{dV}{dt}=\frac{\pi}{12}3h^2\frac{dh}{dt}=\frac{\pi}{4}h^2\frac{dh}{dt}$.

当 $h=5$ 时,$\frac{dV}{dt}=4$, 故$\frac{dh}{dt}=\frac{16}{25\pi}\approx 0.204(m/min)$.

12. 解 设在 t 时刻漏斗中的水深为 y,圆柱形筒中水深为 h.

因为$\frac{1}{3}6\pi^2\cdot 18-\frac{1}{3}\pi r^2y=5^2\pi h$, 由$\frac{r}{6}=\frac{y}{18}$,得 $r=\frac{y}{3}$.

故相关式为$\frac{1}{3}6^2\pi\cdot 18-\frac{1}{3}\left(\frac{y}{3}\right)^2\cdot\pi y=5^2\pi h$,

即$\frac{1}{3}\times 6^2\times 18-\frac{1}{3^3}y^3=5^2h$.

两边对 t 求导得,$-\frac{1}{9}y^2\frac{dy}{dt}=25\frac{dh}{dt}$.

当 $y=12$ 时,$\frac{dy}{dt}=-1$,代入上式,得

$$\frac{dh}{dt}=\frac{-\frac{1}{32}\times 12^2\times(-1)}{5^2}=\frac{16}{25}\approx 0.64(\text{cm/min}).$$

2.5 函数的微分

本节重难点及考研要求

重点及考点

1. 微分的定义

① 函数改变量的线性主部是函数的微分.

② 若函数 $y=f(x)$ 在 x 处有导数 $f'(x)$，则

$\Delta y=f(x+\Delta x)-f(x)=f'(x)\Delta x+o(\Delta x)$.

对自变量 x 有 $dx=\Delta x$，所以 $dy=f'(x)dx$.

③ 由于 $f'(x)=dy/dx$，可看成两个微分之商，故导数又称为微商.

④ 导数 $f'(x)$ 只与 f 和 x 点有关，而与 Δx 无关.

微分 dy 不仅与 $f'(x)$ 有关，而且与 Δx 有关.

由于若函数在 x 点可微则必可导，反之亦然，故两者是等价的.

2. 一阶微分的不变性.

由于 $dy=f'(x)dx$，我们可以求 y 的微分，然后去掉 dx 就得到导数 $f'(x)$. 当 y 是复合函数时，利用一阶微分不变性一步一步由表及里求微分.

3. 近似计算中微分和导数的运用.

在近似计算中经常要求函数 y 的改变量的大小，也即 y 的绝对误差

$\delta_y=|dy|=|f'(x)|\delta_x$.

另一种运算是求函数 y 的近似值 $f(x_0+\Delta x)$，则有

$f(x_0+\Delta x)=f(x_0)+\Delta y\approx f(x_0)+f'(x_0)\Delta x$.

而 y 相对误差 δ_y^* 约为

$\delta_y^*=\frac{\delta_y}{|y|}=\left|\frac{y'}{y}\right|\delta_x$.

4. 求微分常用的方法.

① 对能正确求出 $f'(x)$ 的函数，利用 $dy=f'(x)dx$ 求微分.

② 利用微分运算法则及一阶微分不变性求微分.

5. 利用微分近似计算公式 $f(x_0+\Delta x)\approx f(x_0)+f'(x_0)\Delta x$ 解题. 正确选择 x_0 和 Δx，原则是所选 x_0 要使 $f(x_0)$ 和 $f'(x_0)$ 易计算，而 $|\Delta x|$ 尽可能地小，而自变量

增量 Δx 也可以取负值.

考研要求

了解微分的四则运算法则和一阶微分形式的不变性,会求函数的微分.

典型例题与解题技巧

题型 I:对微分定义的理解

【题型分析】

1. 熟练掌握微分的定义 $dy = f'(x_0)\Delta x$.
2. 可微与可导相互等价.
3. $\Delta y = dy + o(\Delta x)$.

例 1 判断下列函数在指定点处的可微性. 若可微,对任意 Δx 及 $\Delta x = -0.1$,求出函数在该点的微分.

(1) $y = xe^x, x = 0$; (2) $y = |x-1|, x = 1$.

分析 判断可微性与可导性是等价的,求微分归结为求导数.

解 (1) 因 $y = xe^x$ 在 $x = 0$ 可导,所以可微.

$$dy\Big|_{x=0} = y'(0)\Delta x = (xe^x + e^x)\Big|_{x=0}\Delta x = \Delta x.$$

当 $\Delta x = -0.1$ 时,$dy|_{x=0} = -0.1$;

(2) 因为 $y'_+(1) = 1, y'_-(1) = -1, y = |x-1|$ 在 $x = 1$ 处不可导.

所以它在 $x = 1$ 不可微.

例 2 设 $f(x)$ 在 $x = x_0$ 可微,$f'(x_0) \neq 0$,则 $\Delta x \to 0$ 时 $f(x)$ 在 x_0 处的微分与 Δx 比较是(　　)无穷小,$\Delta y = f(x_0 + \Delta x) - f(x_0)$ 与 Δx 比较是(　　)无穷小,$[\Delta y - df(x)]|_{x=x_0}$ 与 Δx 比较是(　　)无穷小.

(A) 等价　　(B) 同阶　　(C) 低阶　　(D) 高阶

分析 严格按定义求解 $\lim\limits_{\Delta x\to 0}\dfrac{df(x)}{\Delta x}$, $\lim\limits_{\Delta x\to 0}\dfrac{\Delta y}{\Delta x}$,及 $\lim\limits_{\Delta x\to 0}\dfrac{[\Delta y - dy(x)]}{\Delta x}$.

解 $df(x)|_{x=x_0} = f'(x_0)\Delta x, \lim\limits_{\Delta x\to 0}\dfrac{f'(x_0)\Delta x}{\Delta x} = f'(x_0) \neq 0$,

则 $df(x)|_{x=x_0}$ 与 Δx 是同阶无穷小($\Delta x \to 0$).

按定义 $\lim\limits_{\Delta x\to 0}\dfrac{\Delta y}{\Delta x} = f'(x_0) \neq 0$,则 Δy 与 Δx 也是同阶无穷小($\Delta x \to 0$).

按微分定义 $\Delta y - dy(x)|_{x=x_0} = o(\Delta x)$　($\Delta x \to 0$),

则 $\Delta y - df(x)|_{x=x_0}$ 是比 Δx 高阶的无穷小.

题型 Ⅱ:求函数的微分

【题型分析】 1. $y=f(x)$ 的微分 $dy=f'(x)dx$ 的实质是求导数 $f'(x)$;复合函数 $z=g(y)$,其中 $y=f(x)$,z 关于 y 的微分 $dz=g'(y)dy$,z 关于 x 的微分 $dz=g'(y)dy=g'(y)f'(x)dx$.

2. 求微分关键是求导数,在没有显函数的表达式时,可以按隐函数或参数方程求导.

3. 求高阶微分时应求高阶导数,如 $d^2y=f''(x)dx^2$.

4. 微分与可导是等价的,可微性可通过是否可导来判定.

例 3　求下列函数的微分 dy:

(1) $y=\ln\arctan\dfrac{1}{x}$;　　(2) $y=x\sqrt{1+x^2}+\ln(x+\sqrt{1+x^2})$.

分析　由函数的导数与微分之间的关系,所有求导数的方法均可用于求微分.求微分有两种基本方法.

(1) 先求出函数的导数,再乘以自变量的微分;

(2) 利用微分形式的不变性逐步求出函数的微分.

解　(1) $dy=\dfrac{1}{\arctan\dfrac{1}{x}}\cdot\dfrac{1}{1+\dfrac{1}{x^2}}\left(-\dfrac{1}{x^2}\right)dx$.

即　$dy=-\dfrac{1}{(1+x^2)\arctan\dfrac{1}{x}}dx$.

(2) $dy=\left(\sqrt{1+x^2}+\dfrac{x^2}{\sqrt{1+x^2}}\right)dx+\dfrac{1}{x+\sqrt{1+x^2}}\cdot\left(1+\dfrac{x}{\sqrt{1+x^2}}\right)dx$

$=\dfrac{2(1+x^2)}{\sqrt{1+x^2}}dx=2\sqrt{1+x^2}dx$.

例 4　设 $y=f(\ln x)e^{f(x)}$,其中 $f(x)$ 可微,求 dy.

分析　求解函数 $y=f(x)$ 的微分实质是求导数 $f'(x)$.

解　$dy=d[f(\ln x)e^{f(x)}]$

$=e^{f(x)}\cdot df(\ln x)+f(\ln x)\cdot de^{f(x)}$

$=f'(\ln x)e^{f(x)}d(\ln x)+f(\ln x)e^{f(x)}df(x)$

$=\left[\dfrac{1}{x}e^{f(x)}f'(\ln x)+f(\ln x)e^{f(x)}f'(x)\right]dx$

$=e^{f(x)}\left[\dfrac{1}{x}f'(\ln x)+f(\ln x)f'(x)\right]dx$.

题型 Ⅲ:函数的近似计算

【题型分析】

1. 由微分的定义,我们知道如果 $y=f(x)$ 在 x_0 点可微,则 $\Delta y=f(x_0+\Delta x)-f(x_0)=f'(x_0)\Delta x+o(\Delta x)(\Delta x\to 0)$. 因此若 $f'(x_0)$ 和 $f(x_0)$ 易求,则 $f(x_0+\Delta x)\approx f(x_0)+f'(x_0)\Delta x$,误差是 Δx 的高阶无穷小.

2. 关键是选好 $y=f(x)$ 使 $f(x_0)$ 及 $f'(x_0)$ 均可方便地得到.

例 5 已知 $y=y(x)$ 是由方程 $e^{xy}=x+y^2$ 确定的,求当 $x=1.03$ 时 y 的近似值.

分析 利用 $\Delta y=f(x_0+\Delta x)-f(x_0)\approx dy$,而 $dy=f'(x_0)dx$,可求出 y 的增量 Δy 的近似值和函数的近似值 $f(x_0+\Delta x)=f(x_0)+f'(x_0)\Delta x$.

解 当 $x=1$ 时,$e^y=1+y^2$ 有唯一解 $y=0$.

方程两边对 x 求导,$e^{xy}(y+xy')=1+2yy'$,

$$y'=\frac{ye^{xy}-1}{2y-xe^{xy}},y'|_{x=1}=1.$$

因而取 $x_0=1,\Delta x=0.03$,

$$y(1.03)\approx y(1)+y'(1)\times 0.03=0+1\times 0.03=0.03.$$

例 6 近似计算下列值:

(1) $\sqrt[4]{80}$; (2) $\arctan 1.02$.

分析 近似公式 $\sqrt[n]{a^n+x}\approx a(1+\frac{x}{na^n})\quad(|x|<a^n)$.

解 (1) 由 $\sqrt[n]{a^n+x}\approx a(1+\frac{x}{na^n})$ 得

$$\sqrt[4]{80}=\sqrt[4]{3^4-1}\approx 3(1-\frac{1}{4\times 3^4})=2.990\,7.$$

(2) 取 $f(x)=\arctan(1+x),x_0=0,\Delta x=0.02$,

$$\arctan 1.02\approx\frac{\pi}{4}+\frac{1}{2}\times 0.02=0.795\,4.$$

课后习题解答(习题 2-5)

1. 解 $y=f(x)=x^3-x,x_0=2$,

$\Delta y=f(x_0+\Delta x)-f(x_0)=f(2+\Delta x)-f(2)$

当 $\Delta x=1$ 时,$\Delta y=f(3)-f(2)=24-6=18$;

当 $\Delta x=0.1$ 时,$\Delta y=f(2.1)-f(2)=1.161$;

当 $\Delta x=0.01$ 时,$\Delta y=f(2.01)-f(2)=0.110\,601$,

而函数 $y=x^3-x$ 在 $x=2$ 处的微分为

$$dy=(x^3-x)'\big|_{x=2}\cdot dx=11dx,$$

则 $dy\big|_{\substack{x=2\\ \Delta x=1}}=11, dy\big|_{\substack{x=2\\ \Delta x=0.1}}=1.1, dy\big|_{\substack{x=2\\ \Delta x=0.01}}=0.11.$

2. 解　在图 2-4(a) 中

$|MN|$ 表示 dy,为正值. $|BM|$ 表示 Δy,为正值.

$|BN|$ 表示 $\Delta y-dy$,为正值.

在图 2-4(b) 中

$|MN|$ 表示 dy,为正值. $|BM|$ 表示 Δy,为正值.

$-|BN|$ 表示 $\Delta y-dy$,为负值.

在图 2-4(c) 中

$-|BN|$ 表示 dy,为负值. $-|BM|$ 表示 Δy,为负值.

$-|MN|$ 表示 $\Delta y-dy$,为负值.

在图 2-4(d) 中

$-|BM|$ 表示 dy,为负值. $-|BN|$ 表示 Δy,为负值.

$|MN|$ 表示 $\Delta y-dy$,为正值.

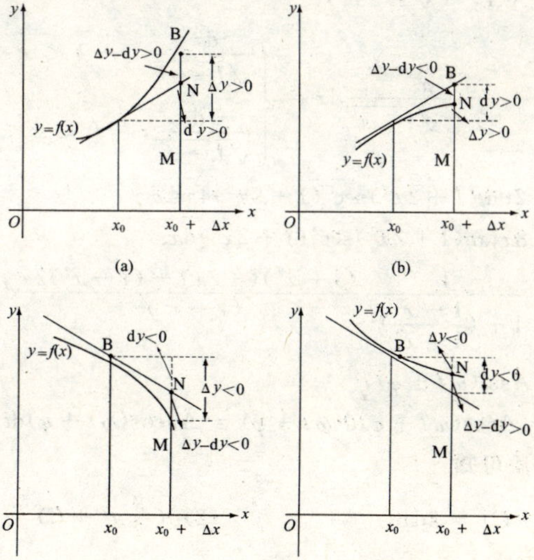

图 2-4

3. 解　(1) $y'=-\dfrac{1}{x^2}+\dfrac{1}{\sqrt{x}}$,故 $dy=\left(-\dfrac{1}{x^2}+\dfrac{1}{\sqrt{x}}\right)dx$.

(2) $y'=\sin 2x+x\cos 2x\times 2=\sin 2x+2x\cos 2x$,

故 $dy=(\sin 2x+2x\cos 2x)dx$.

(3) $y' = [x(x^2+1)^{-\frac{1}{2}}]' = (x^2+1)^{-\frac{1}{2}} + x\left(-\frac{1}{2}\right)(x^2+1)^{-\frac{3}{2}} \times 2x$

$= \dfrac{1}{(x^2+1)\sqrt{x^2+1}}$,

所以 $dy = \dfrac{1}{(x^2+1)\sqrt{x^2+1}}dx$.

(4) $dy = d\ln^2(1-x) = 2\ln(1-x)d\ln(1-x)$

$= \dfrac{2\ln(1-x)}{x-1}dx$.

(5) $dy = d(x^2e^{2x}) = e^{2x}dx^2 + x^2de^{2x} = e^{2x}2xdx + x^2 2e^{2x}dx$

$= 2x(1+x)e^{2x}dx$.

(6) $dy = \cos(3-x)d(e^{-x}) + e^{-x}d[\cos(3-x)]$

$= -e^{-x}\cos(3-x)dx + e^{-x}[-\sin(3-x)d(3-x)]$

$= -e^{-x}\cos(3-x)dx + e^{-x}\sin(3-x)dx$

$= e^{-x}[\sin(3-x) - \cos(3-x)]dx$.

(7) $dy = \dfrac{1}{\sqrt{1-(\sqrt{1-x^2})^2}}d(\sqrt{1-x^2}) = \dfrac{1}{|x|}\cdot\dfrac{1}{2\sqrt{1-x^2}}d(1-x^2)$

$$= -\frac{x}{|x|\sqrt{1-x^2}}dx = \begin{cases} \dfrac{dx}{\sqrt{1-x^2}}, & -1<x<0, \\ \dfrac{-dx}{\sqrt{1-x^2}}, & 0<x<1. \end{cases}$$

(8) $dy = 2\tan(1+2x^2)\sec^2(1+2x^2)4xdx$

$= 8x\tan(1+2x^2)\sec^2(1+2x^2)dx$.

(9) $dy = \dfrac{1}{1+(\frac{1-x^2}{1+x^2})^2}\dfrac{(1+x^2)(-2x)-(1-x^2)2x}{(1+x^2)^2}dx = \dfrac{-2x}{1+x^4}dx$.

(10) $s = A\sin(\omega t+\varphi)$,

$ds = A\cos(\omega t+\varphi)d(\omega t+\varphi) = A\omega\cos(\omega t+\varphi)dt$.

4. 解 由微分性质可知:

(1) $d(2x+C) = 2dx$;　　(2) $d(\frac{3}{2}x^2+C) = 3xdx$;

(3) $d(\sin t+C) = \cos tdt$;　　(4) $d(-\frac{1}{\omega}\cos\omega x+C) = \sin\omega xdx$;

(5) $d[\ln(1+x)+C] = \dfrac{1}{1+x}dx$;　　(6) $d(-\frac{1}{2}e^{-2x}+C) = e^{-2x}dx$;

(7) $d(2\sqrt{x}+C) = \dfrac{1}{\sqrt{x}}dx$;　　(8) $d(\frac{1}{3}\tan 3x+C) = \sec^2 3xdx$.

其中 C 为任意常数.

5. 解设电缆长度变化为 ΔS，$\Delta S \approx \mathrm{d}S = \frac{8f}{3l} \cdot \Delta f$.

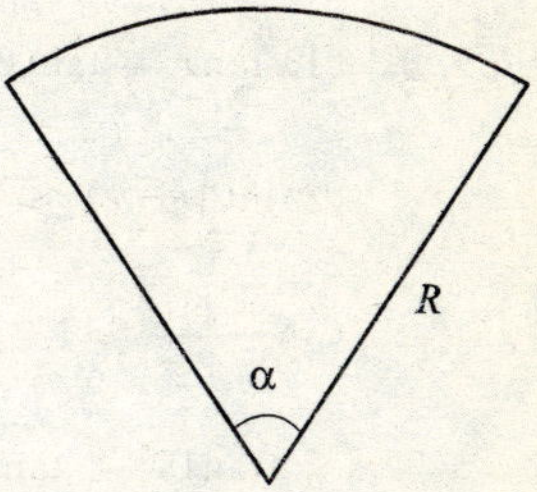

图 2-5

6. 解　(1) 如图 2-5 所示，扇形面积　$S = \frac{1}{2}\alpha R^2$，

$$\Delta S \approx \mathrm{d}S = \left(\frac{1}{2}\alpha R^2\right)'\Delta\alpha = \frac{1}{2}R^2\Delta\alpha,$$

令　$\alpha = 60° = \frac{\pi}{3}, R = 100$，　则

$$\Delta\alpha = -30' = -\frac{1}{2} = -\frac{\pi}{360},$$

代入上式得 $\Delta S \approx \frac{1}{2} \times 100^2 \times \left(-\frac{\pi}{360}\right) \approx -43.64(\mathrm{cm}^2)$，　即面积将减少约 $43.64\ \mathrm{cm}^2$.

(2) $\Delta S \approx \mathrm{d}S = \left(\frac{1}{2}\alpha R^2\right)'\Delta R = \alpha R \Delta R$，

将 $\alpha = 60° = \frac{\pi}{3}, R = 100, \Delta R = 1$ 代入上式，得

$$\Delta S \approx \frac{\pi}{3} \times 100 \times 1 \approx 104.72\ (\mathrm{cm})^2,$$　即面积将增加 $104.72\ \mathrm{cm}^2$.

7. 解　(1) 令 $f(x) = \cos x, f'(x) = -\sin x$，

$$\cos 29° = \cos\left(\frac{\pi}{6} - \frac{\pi}{180}\right) \approx \cos\frac{\pi}{6} + (-\sin x)\Big|_{x=\frac{\pi}{6}} \times \left(-\frac{\pi}{180}\right)$$

$$= \frac{\sqrt{3}}{2} + \frac{\pi}{360} \approx 0.874\ 67.$$

(2) $$\tan 136° = \tan\left(\frac{3\pi}{4} + \frac{\pi}{180}\right) \approx \tan\frac{3\pi}{4} + (\tan x)'\Big|_{x=\frac{3\pi}{4}} \times \frac{\pi}{180}$$

$$= \tan\frac{3}{4}\pi + \sec^2\frac{3}{4}\pi \times \frac{\pi}{180} \approx -0.965\ 09.$$

8. 解　利用近似式 $f(x_0 + \Delta x) \approx f(x_0) + f'(x_0)\Delta x$ 求解.

(1) 取 $f(x) = \arcsin x$，　则　$f'(x) = \frac{1}{\sqrt{1-x^2}}$，

再取　$x_0 = 0.5, \Delta x = 0.000\ 2$，

从而　$$\arcsin 0.500\ 2 \approx \arcsin\frac{1}{2} + \frac{1}{\sqrt{1-\frac{1}{4}}} \times 0.000\ 2$$

$$\approx \frac{\pi}{6} + \frac{2}{\sqrt{3}} \times 0.000\ 2 \approx 0.523\ 83 = 30°47''.$$

(2) 令 $f(x) = \arccos x, f'(x) = \frac{-1}{\sqrt{1-x^2}}$.

$$\arccos 0.499\ 5 = \arccos(0.5 - 0.000\ 5) \approx 60°2'.$$

9. 解 (1) $\tan x=\tan(0+x)\approx\tan 0+(\tan x)'\Big|_{x=0}x=(\sec^2 x)\Big|_{x=0}x=x.$

(2) $\ln(1+x)\approx\ln 1+(\ln x)'\Big|_{x=1}x=x.$

(3) $\dfrac{1}{1+x}\approx 1+\left(\dfrac{1}{x}\right)'\Big|_{x=1}x=1-\dfrac{1}{x^2}\Big|_{x=1}x=1-x,$

$\tan 45'=\tan\left(45\times\dfrac{\pi}{180\times 60}\right)\approx 45\times\dfrac{\pi}{180\times 60}\approx 0.013\ 09;$

$\ln 1.002\approx 0.002.$

10. 解 利用近似公式 $\sqrt[n]{1+x}\approx 1+\dfrac{1}{n}x$ 求解得.

(1) $\sqrt[3]{996}=\sqrt[3]{1\ 000-4}=10\sqrt[3]{1-\dfrac{4}{10^3}}\approx 10\left(1-\dfrac{1}{3}\cdot\dfrac{4}{10^3}\right)\approx 9.986\ 7.$

(2) $\sqrt[6]{65}=\sqrt[6]{64+1}=2\sqrt[6]{1+\dfrac{1}{64}}\approx 2(1+\dfrac{1}{6}\times\dfrac{1}{64})\approx 2.005\ 2.$

11. 解 $\dfrac{\delta_V}{|V|}=\dfrac{V_D'\Delta D}{V}=\dfrac{\dfrac{\pi}{2}D^2\delta_D}{\dfrac{\pi}{6}D^3}=3\dfrac{\delta_D}{D}<\dfrac{2}{100},$

即　$\dfrac{\delta_D}{D}<\dfrac{2}{3}\%=0.67\%.$　故测量的相对误差不能超过 0.67%.

12. 解 如图 2-6 所示,取弦中点与圆心连接辅助线,则有

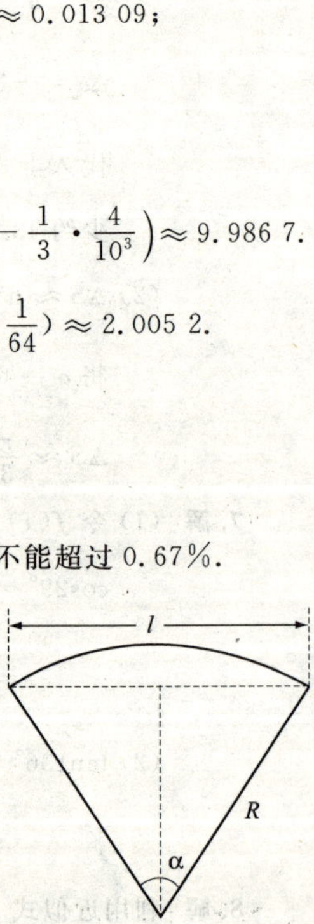

图 2-6

$\dfrac{l}{2}=R\sin\dfrac{\alpha}{2},\qquad \alpha=2\arcsin\dfrac{l}{2R},$

$\Delta\alpha\approx d\alpha=\dfrac{2}{2R}\cdot\dfrac{dl}{\sqrt{1-(\dfrac{l}{2R})^2}}$

$=\dfrac{1}{R}\cdot\dfrac{2R\,dl}{\sqrt{4R^2-l^2}}=\dfrac{2dl}{\sqrt{4R^2-l^2}}.$

当　$\Delta t=\delta_1=dl=0.1, R=200$ 时,

$l=2R\sin\dfrac{\alpha}{2}=2\times 200\sin\dfrac{55^\circ}{2}=184.7$

代入上式,得

$\delta_\alpha=\Delta\alpha\approx\dfrac{2\times 0.1}{\sqrt{14\times 200^2-184.7^2}}$

$=0.000\ 56$(弧度)$\approx 1'55''$,即引起中心角的误差 δ_α 约为 $1'55''$.

总习题二全解

1. 解 (1) $f(x)$ 在点 x_0 可导是 $f(x)$ 在点 x_0 连续的充分条件. $f(x)$ 在点 x_0 连续是

$f(x)$ 在点 x_0 可导的必要条件.

(2) 在点 x_0 的左导数 $f'_-(x_0)$ 及右导数 $f'_+(x_0)$ 都存在且相等是 $f(x)$ 在点 x_0 可导的充分必要条件.

(3) $f(x)$ 在点 x_0 可导是 $f(x)$ 在点 x_0 可微的充分必要条件.

2. 解 $f'(0)=\lim\limits_{x\to 0}\dfrac{f(x)-f(0)}{x-0}=\lim\limits_{x\to 0}[(x+1)(x+2)\cdots(x+n)]=n!$.

3. 解 设 $f(x)$ 在 $x=a$ 的某个邻域内有定义,则 $f(x)$ 在 $x=a$ 处可导的一个充分条件是(D).

4. 解 细棒的线密度:$\rho(x)=\dfrac{\mathrm{d}m}{\mathrm{d}x}=m'(x)$,

$\therefore$ 细棒在点 x_0 处的线密度为:$\left.\dfrac{\mathrm{d}m}{\mathrm{d}x}\right|_{x=x_0}$.

5. 解 由导数的定义,得:

$$f'(x)=\lim_{\Delta x\to 0}\frac{f(x+\Delta x)-fx)}{\Delta x}=\lim_{\Delta x\to 0}\frac{\dfrac{1}{x+\Delta x}-\dfrac{1}{x}}{\Delta x}=-\frac{1}{x^2}.$$

6. 解 (1) $f'_-(0)=\lim\limits_{\Delta x\to 0^-}\dfrac{f(0+\Delta x)-f(0)}{\Delta x}=\lim\limits_{\Delta x\to 0^-}\dfrac{\sin\Delta x-0}{\Delta x}=1$.

$f'_+(0)=\lim\limits_{\Delta x\to 0^+}\dfrac{f(0+\Delta x)-f(0)}{\Delta x}=\lim\limits_{\Delta x\to 0^+}\dfrac{\ln(1+\Delta x)}{\Delta x}=1$.

$\therefore f'(0)$ 存在且 $f'(0)=f'_+(0)=f'_-(0)=1$.

(2) $f'_-(0)=\lim\limits_{\Delta x\to 0^-}\dfrac{f(\Delta x)-f(0)}{\Delta x}=\lim\limits_{\Delta x\to 0^-}\dfrac{1}{1+e^{\frac{1}{\Delta x}}}=1$,

$f'_+(0)=\lim\limits_{\Delta x\to 0^+}\dfrac{f(\Delta x)-f(0)}{\Delta x}=\lim\limits_{\Delta x\to 0^+}\dfrac{1}{1+e^{\frac{1}{\Delta x}}}=0$,

$\because f'_-(0)\neq f'_+(0)$,　$\therefore f'(0)$ 不存在.

7. 解 首先讨论连续性:

$\because \lim\limits_{x\to 0}f(x)=\lim\limits_{x\to 0}x\cdot\sin\dfrac{1}{x}=0=f(0)$.

$\therefore f(x)$ 在 $x=0$ 处连续.

以下讨论可导性:

$$\because \lim_{\Delta x\to 0^+}\frac{f(0+\Delta x)-f(0)}{\Delta x}=\lim_{\Delta x\to 0^+}\frac{\Delta x\sin\dfrac{1}{\Delta x}}{\Delta x}=\lim_{\Delta x\to 0^+}\sin\frac{1}{\Delta x}.$$

$\therefore f'_+(0)$ 不存在,从而 $f(x)$ 在 $x=0$ 处不可导.

8. 解 (1) $y'=\dfrac{1}{\sqrt{1-\sin^2 x}}\cdot(\sin x)'=\dfrac{\cos x}{|\cos x|}$.

(2) $y'=\dfrac{1}{1+\left(\dfrac{1+x}{1-x}\right)^2}\cdot\left(\dfrac{1+x}{1-x}\right)'$

$$=\frac{(1-x)^2}{2(x^2+1)}\frac{(1-x)+(1+x)}{(1-x)^2}=\frac{1}{x^2+1}.$$

(3) $y'=(\ln\tan\frac{x}{2})'-(\cos x\cdot\ln\tan x)'$

$$=\frac{1}{2\tan\frac{x}{2}}\cdot\sec^2\frac{x}{2}+\sin x\cdot\ln\tan x-\cos x\cdot\frac{1}{\tan x}\cdot\sec^2 x$$

$=\sin x\cdot\ln\tan x.$

(4) $y'=\frac{1}{e^x+\sqrt{1+e^{2x}}}(e^x+\sqrt{1+e^{2x}})'$

$$=\frac{1}{e^x+\sqrt{1+e^{2x}}}\cdot\left(e^x+\frac{e^{2x}}{\sqrt{1+e^{2x}}}\right)=\frac{e^x}{\sqrt{1+e^{2x}}}.$$

(5) $\because \ln y=\ln\sqrt[x]{x}=\frac{\ln x}{x}$. 上式两边对 x 求导,得 $\frac{1}{y}\cdot y'=\frac{1-\ln x}{x^2}$.

$$\therefore y'=\frac{(1-\ln x)\cdot\sqrt[x]{x}}{x^2}=x^{\frac{1}{x}-2}(1-\ln x).$$

9. 解 (1) $\because y'=(\cos^2 x\cdot\ln x)'=2\cos x\cdot(-\sin x)\cdot\ln x+\frac{\cos^2 x}{x}$

$$=-\sin 2x\cdot\ln x+\frac{\cos^2 x}{x},$$

$$\therefore y''=-(\sin 2x\cdot\ln x)'+\left(\frac{\cos^2 x}{x}\right)'=-2\ln x\cos 2x-\frac{2\sin 2x}{x}-\frac{\cos^2 x}{x^2}.$$

(2) $\because y'=\frac{\sqrt{1-x^2}-x\cdot(\sqrt{1-x^2})'}{1-x^2}=\frac{1}{(1-x^2)^{\frac{3}{2}}}.$

$$\therefore y''=[(1-x^2)^{-\frac{3}{2}}]'=-\frac{3}{2}(1-x^2)^{-\frac{5}{2}}\cdot(-2x)=3x\cdot(1-x^2)^{-\frac{5}{2}}.$$

10. 解 (1) $y'=[(1+x)^{\frac{1}{m}}]'=\frac{1}{m}\cdot(1+x)^{\frac{1}{m}-1}$,

$$y''=\frac{1}{m}\cdot\left(\frac{1}{m}-1\right)\cdot(1+x)^{\frac{1}{m}-2},$$

一般地,可得

$$y^{(n)}=\frac{1}{m}\cdot\left(\frac{1}{m}-1\right)\cdots\left(\frac{1}{m}-n+1\right)\cdot(1+x)^{\frac{1}{m}-n}.$$

(2) $\because y=-\frac{x+1-2}{1+x}=-1+\frac{2}{1+x}$,

$$\therefore y'=\left(\frac{2}{1+x}\right)'=-\frac{2}{(1+x)^2}, y''=\frac{2\cdot 2}{(1+x)^3}, y'''=-\frac{2\cdot 2\cdot 3}{(1+x)^4}.$$

一般地,可得 $y^{(n)}=(-1)^n\frac{2\cdot n!}{(1+x)^{n+1}}$.

11. 解 把方程 $e^y+xy=e$ 两边对 x 求导,得

$e^y \cdot \dfrac{dy}{dx} + y + x \cdot \dfrac{dy}{dx} = 0$. 解得$\dfrac{dy}{dx} = -\dfrac{y}{e^y + x}$.

上式两边对 x 求导,得

$$\frac{d^2 y}{dx^2} = -\frac{\frac{dy}{dx}(e^y + x) - y(e^y \cdot \frac{dy}{dx} + 1)}{(e^y + x)^2}.$$

∵ 当 $x = 0$ 时,$e^y = e$,即 $y = 1$.

此时,$y'(0) = -\dfrac{1}{e+0} = -\dfrac{1}{e}$.

$$\therefore y''(0) = -\frac{-\frac{1}{e} \cdot e - e\left(-\frac{1}{e}\right) - 1}{e^2} = \frac{1}{e^2}.$$

12. 解 (1) $\dfrac{dy}{dx} = \dfrac{dy}{d\theta} \Big/ \dfrac{dx}{d\theta} = \dfrac{3a\sin^2\theta \cdot \cos\theta}{3a \cdot \cos^2\theta(-\sin\theta)} = -\tan\theta$,

$\therefore \dfrac{d^2 y}{dx^2} = \dfrac{d}{dx}(-\tan\theta) = -\dfrac{d}{d\theta}(\tan\theta) \Big/ \dfrac{dx}{d\theta} = \dfrac{1}{3a}\sec^4\theta\csc\theta$.

(2) $\dfrac{dy}{dx} = \dfrac{dy}{dt} \Big/ \dfrac{dx}{dt} = \dfrac{1}{1+t^2} \Big/ \dfrac{t}{1+t^2} = \dfrac{1}{t}$.

$\therefore \dfrac{d^2 y}{dx^2} = \dfrac{d}{dx}\left(\dfrac{1}{t}\right) = \dfrac{d}{dt}(\dfrac{1}{t}) \Big/ \dfrac{dx}{dt} = -\dfrac{1+t^2}{t^3}$.

13. 解 $\dfrac{dy}{dx} = \dfrac{dy}{dt} \Big/ \dfrac{dx}{dt} = -e^{-t}/2e^t = -\dfrac{1}{2e^{2t}}$.

当 $t = 0$ 时,曲线所对应的点为(2,1).

∴ 过点(2,1) 的切线的斜率为$\left.\dfrac{dy}{dx}\right|_{t=0} = -\dfrac{1}{2}$.

法线的斜率为 2.

∴ 过点(2,1) 的切线方程为 $y - 1 = -\dfrac{1}{2}(x - 2)$,即 $x + 2y - 4 = 0$.

法线方程为 $y - 1 = 2(x - 2)$,即 $2x - y - 3 = 0$.

14. 解 由 $f(x)$ 连续,令关系式两端 $x \to 0$,取极限得

$f(1) - 3f(1) = 0$,　$f(1) = 0$.

又因为　$\lim\limits_{x\to 0} \dfrac{f(1+\sin x) - 3f(1-\sin x)}{x} = 8$,

而$\lim\limits_{x\to 0} \dfrac{f(1+\sin x) - 3f(1-\sin x)}{x} \xlongequal{令 t = \sin x} \lim\limits_{t\to 0} \dfrac{f(1+t) - 3f(1-t)}{-t}$

$= \lim\limits_{t\to 0} \dfrac{f(1+t) - f(1)}{t} + 3\lim\limits_{t\to 0} \dfrac{f(1-t) - f(1)}{-t} = 4f'(1)$,

故 $f'(1) = 2$.

由于 $f(x+5) = f(x)$,于是 $f(6) = f(1) = 0$,

$$f'(6)=\lim_{x\to 0}\frac{f(6+x)-f(6)}{x}=\lim_{x\to 0}\frac{f(1+x)-f(1)}{x}=f'(1)=2,$$

因此,曲线 $y=f(x)$ 在点 $(6,f(6))$ 即 $(6,0)$ 处的切线方程为

$y-0=2(x-6)$,即 $2x-y-12=0$,

15. 解 建立坐标系如图 2-7 所示. 根据题意,可知

$y|_{x=0}=0\Rightarrow d=0.$

$y|_{x=-L}=H\Rightarrow -aL^3+bL^2-cL=H.$

为使飞机平稳降落,尚需满足

$y'|_{x=0}=0\Rightarrow c=0.$

$y'|_{x=-L}=0\Rightarrow 3aL^2-2bL=0.$

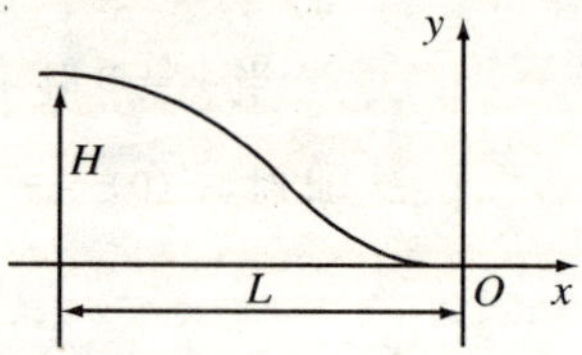

图 2-7

解得 $a=\dfrac{2H}{L^3}$,$b=\dfrac{3H}{L^2}$. 故飞机的降落路径为

$$y=H\left[2\left(\frac{x}{L}\right)^3+3\left(\frac{x}{L}\right)^2\right].$$

16. 解 记中午十二点整的时刻为 $t=0$.

当 $t=0$ 时,甲船位于 O 点,乙船位于 A 点,建立如图 2-8 所示坐标系. 则甲船的位置 $x(t)=6t$,乙船位置 $y(t)=-8t+16$,甲、乙两船之间的距离

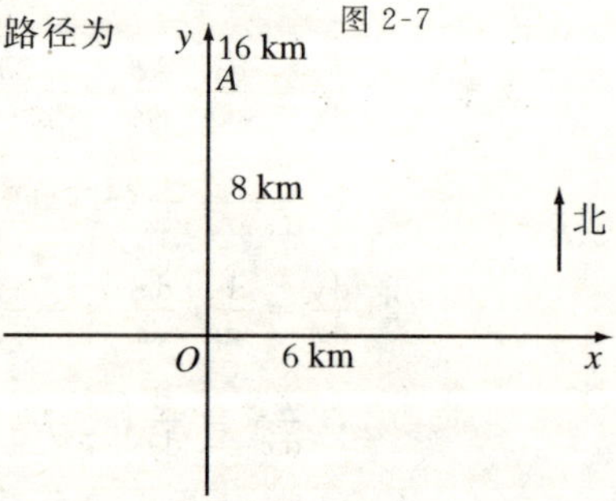

图 2-8

$$s(t)=\sqrt{x^2(t)+y^2(t)}=\sqrt{36t^2+(16-8t)^2}.$$

∴ 下午一点整两船相离的速度为

$$\left.\frac{\mathrm{d}}{\mathrm{d}t}s(t)\right|_{t=1}=s'(t)|_{t=1}=-\frac{14}{5}=-2.8(\mathrm{km/h}).$$

17. 解 $\sqrt[3]{1.02}=\sqrt[3]{1+0.02}$

$$\approx\sqrt[3]{1}+(\sqrt[3]{x})'|_{x=1}\times 0.02\approx 1.006\ 7.$$

18. 解 ∵ $\Delta T=0.05\ \mathrm{s}$ 且 $l=\dfrac{g}{4\pi^2}\cdot T^2$,

$$\therefore \Delta l\approx \mathrm{d}l=\frac{g}{4\pi^2}2\cdot T\cdot\Delta T=\frac{980\times 0.05T}{2\pi^2}.$$

当 $l=20\ \mathrm{cm}$ 时,$T=2\pi\sqrt{\dfrac{20}{980}}$.

$$\therefore \Delta l\approx\frac{980\times 0.05}{2\pi^2}\cdot 2\pi\sqrt{\frac{20}{980}}=\frac{7}{\pi}\approx 2.23(\mathrm{cm}).$$

∴ 摆长约需加长 2.23 cm.

第三章 微分中值定理与导数的应用

知识结构网络图

- 微分中值定理与导数的应用
  - 重要结论
    - 闭区间上连续函数的性质
      - 有界性
      - 最值性
      - 介值性
    - 中值定理
      - 罗尔定理
      - 拉格朗日中值定理
      - 柯西中值定理
    - 泰勒公式
  - 函数性态的研究
    - 求单调区间
    - 求极值、最值
    - 求凹凸区间
    - 求拐点
    - 求渐近线
  - 方程根的证明
    - 介值定理、罗尔定理 ⇒ 存在性
    - 函数单调性、极值与最值、凹凸性 ⇒ 个数
  - 不等式的证明
    - 利用函数的单调性
    - 利用微分中值定理
    - 利用极值、最值
    - 利用凹凸性
  - 单调性及极值
    - 第一、二判别法
    - 驻点定义
    - 凹凸性及判别法

3.1 微分中值定理

本节重难点及考研要求

重点及考点

1. 罗尔定理、拉格朗日定理、柯西中值定理、泰勒定理一般都称为微分中值定理，这一组中值定理是微分学的理论基础. 尤其是拉格朗日定理，它建立了函数值与导数之间的定量关系(尽管 ξ 不一定知道)，泰勒定理建立了函数值与高阶导数之间的关系. 如果要解决的问题中有未知的 ξ，首先应分析题目中所给抽象函数 $f(x)$ 的条件，如仅有连续性条件，那么只能利用闭区间上连续函数的性质，而不能应用微分中值定理. 如有可导条件，微分中值定理一定会用到. 若只有一阶可导，则大多数情况下应用拉格朗日定理，若给出高阶导数条件，则可直接用泰勒定理，或多次应用罗尔定理(或拉格朗日定理). 如题目中的结论中有多个 ξ 出现，例如要证明 $f'(\xi)+\xi f(\xi)=C$，显然与中值定理基本形式有所差异，但我们可以变形使之成为 $F'(\xi)=f'(\xi)+\xi f(\xi)-C=0$，对于 $F(x)$ 而言正是罗尔定理的理论，因此我们应构造辅助函数 $F(x)$，使得 $F'(x)=f'(x)+xf(x)-C$. 求出原函数 $F(x)=xf(x)-Cx$，再利用已知条件检验 $F(x)$ 是否满足罗尔定理条件. 这为中值定理的证明提供了一个用构造函数法证明数学命题的精彩典范；通过巧妙地数学变换，将一般化为特殊(特殊情况先证明)，将复杂问题化为简单问题的论证思想是重要而常用的数学思想.

2. 利用中值定理证明结论为 $f^{(n)}(\xi)=0$ 的命题.

(1) 使用罗尔定理：$f^{(n-1)}(x)$ 在 $[a,b]$ 上满足罗尔定理的条件，再由该定理可证得命题.

(2) 使用费马定理：验证 ξ 为 $f^{(n)}(x)$ 的最值或极值点，用费马定理可证得命题.

3. 对于不能直接套用公式的函数.

利用中值定理证明含有多个 ξ 的关系式或 $f^{(n)}(\xi)=k$ 的命题($k\neq 0$)：第一步作辅助函数 $F(x)=0$；第二步验证 $F(x)$ 满足罗尔定理，第三步由定理的条件可证命题. 有两种作辅助函数的方法.

(1)① 将欲证结论中的 ξ 换成 x；② 通过恒等变形将结论转化为易消除导数符号形式；③ 用观察法或积分法计算出原函数(仅消除一次导数)；④ 移项，使等式一边为 0，而另一边即可转化为所要求辅助函数 $F(x)$.

(2)k 常数法. ① 将常数部分设为 k_0；② 作恒等变形，使等式一端为 a 和 $f(a)$ 的代数式，另一端为 b 和 $f(b)$ 的代数式；③ 分析关于端点的表达式是否为对称式或轮换对称式，若是，只要把端点 a 改为 x，相应的函数值 $f(a)$ 改成 $f(x)$，则换变量后的端点表达式即所求的辅助函数 $F(x)$.

4. 利用中值定理证明在 $[a,b]$ 内至少存在两点 ξ、η 满足某种关系式的命题.

此类命题证明方法是两次使用拉格朗日中值定理；或者两次使用柯西中值定理；或者一次拉格朗日中值定理，一次柯西中值定理，最后作变形运算.

5. 证明方程只有一个根的问题的方法如下：

(1) 方程根的存在性往往利用连续函数介值定理或罗尔定理来证明.

(2) 方程根的唯一性常用反证法或借助函数的单调性来证明.

考研要求

1. 理解并会用罗尔定理、拉格朗日中值定理.
2. 了解并会用柯西中值定理.

典型例题与解题技巧

题型Ⅰ：验证函数是否满足定理成立的条件

【题型分析】

1. 熟练掌握罗尔定理、拉格朗日中值定理、柯西中值定理应用的条件和格式.
2. 验证是否满足条件.

例 1　验证 $y=f(x)=x^m(1-x)^n$，n,m 为自然数，是否满足罗尔定理的条件，若满足，在 $(0,1)$ 内求出 c 使 $f'(c)=0$.

分析　罗尔定理条件是闭区间连续，开区间可导，$f(a)=f(b)$.

解　$f(x)$ 在 $[0,1]$ 可导，$f(0)=f(1)=0$，故满足罗尔定理的条件.

$$\begin{aligned}f'(x)&=mx^{m-1}(1-x)^n-nx^m(1-x)^{n-1}\\&=x^{m-1}(1-x)^{n-1}[m-(n+m)x].\end{aligned}$$

令 $f'(x)=0$，得　$x=\dfrac{m}{n+m}\in(0,1)$.

因此　当 $c=\dfrac{m}{n+m}$ 时，$f'(c)=0$.

例 2　验证函数 $f(x)=x^2$ 在区间 $[0,1]$ 上满足拉格朗日中值定理，写出相应的拉格朗日中值公式，求出满足公式的 c

分析　列出拉格朗日中值定理的条件，逐个验证.

解　$f(x)$ 在 $[0,1]$ 可导，满足拉格朗日中值定理的条件，于是 $f(x)$ 在 $[0,1]$ 上的拉格朗日中值公式是 $f(1)-f(0)=f'(c)$，即 $1=3c^2$，$c=\dfrac{1}{\sqrt{3}}$.

题型Ⅱ:证明根的存在性($f^{(n)}(\xi)=0$的命题)

【题型分析】

1. 对于 $f^{(n)}(\xi)=0$ 形式的问题:

当 $n=0$ 时,直接用连续函数的零点定理证明;

当 $n=1$ 时,应用罗尔定理证明;

当 $n\geqslant 2$ 时,多次应用罗尔定理证明.

2. 对于含有多个 ξ 的关系式的命题证明,通常将关系式变形为一边为 0 的形式,即 $F(\xi)=0$ 或 $F'(\xi)=0$,对于 $F'(\xi)=0$,则要构造辅助函数 $F(x)$,而求辅助函数通常可用下列方法:

① 直接积分法,即对 $F'(x)=0$ 两边积分,可得 $F(x)=C$,该 $F(x)$ 即为辅助函数.

② 积分因子法,即寻求 $u(x)\neq 0$,使得 $u(x)F'(x)=G'(x)=0$,求得的 $G(x)$ 即为辅助函数.

③ 解微分方程法,即将 $F'(x)=0$ 视为微分方程求解,然后将解的形式变形为 $G(x)=C$(该 C 即为方程通解中的任意常数),那么 $G(x)$ 即为辅助函数.

④k 常数法,将关系式中的常数 k 的等式变形为 $F(a)=F(b)$,则 $F(x)$ 即为辅助函数.

例 3 设函数 $f(x)$ 在$[0,3]$上连续,在$(0,3)$内可导,且 $f(0)+f(1)+f(2)=3$,$f(3)=1$. 试证:必存在 $\xi\in(0,3)$,使 $f'(\xi)=0$.

分析 首先验证 $f^{(n-1)}(x)$ 在$[a,b]$上是否满足罗尔定理的条件,再由该定理验证命题.

证明 因为 $f(x)$ 在$[0,3]$上连续,所以 $f(x)$ 在$[0,2]$上连续,且在$[0,2]$上必存在最大值 M 和最小值 m,于是

$m\leqslant f(0)\leqslant M, m\leqslant f(1)\leqslant M, m\leqslant f(2)\leqslant M.$

故 $m\leqslant \dfrac{f(0)+f(1)+f(2)}{3}\leqslant M.$

由介值定理知,至少存在一点 $c\in[0,2]$,使

$$f(c)=\frac{f(0)+f(1)+f(2)}{3}=1.$$

因为 $f(c)=1=f(3)$,且 $f(x)$ 在$[c,3]$上连续,在$(c,3)$内可导.

所以由罗尔定理知,必存在 $\xi\in(c,3)\subset(0,3)$,使 $f'(\xi)=0$.

题型Ⅲ:证明至少存在一点 $\xi\in(a,b)$ 使 $f'(\xi)=k(k\neq 0)$

【题型分析】 求解此类问题,有两种处理方法.

1. 原函数法.

其步骤为:

① 将欲证结论中的 ξ 换成 x.

② 通过恒等变形将结论化为易消除导数符号的形式(或称之为易积分形式).

③ 用观察法或积分法求出原函数(即不含导数符号的式子),为简便,积分常数取作零.

④ 移项使等式一边为 0,则另一边即为所求辅助函数 $F(x)$.

2. 常数 k 值法(此法适用于常数已分离出的命题).

构造辅助函数的步骤:

① 令常数部分为 k.

② 恒等变形,使等式一端为由 a 及 $f(a)$ 构成的代数式,另一端为由 b 及 $f(b)$ 构成的代数式.

③ 分析关于端点的表达式是否为对称式或轮换对称式,若是,只要把端点 a 改成 x,相应的函数值 $f(a)$ 改成 $f(x)$,则换变量后的端点表达式就是所求的辅助函数 $F(x)$.

例 4　设 $f(x)$ 在区间 $[a,b]$ 上连续,在 (a,b) 内可导,证明:在 (a,b) 内至少存在一点 ξ,使得 $\dfrac{bf(b)-af(a)}{b-a}=\xi f'(\xi)+f(\xi)$.

分析　令 $\dfrac{bf(b)-af(a)}{b-a}=k$,构造 $F(x)$.

证明　记 $\dfrac{bf(b)-af(a)}{b-a}=k$.

令 $F'(\xi)=\xi f'(\xi)+f(\xi)-k=0$,两边积分.由于

$$\begin{aligned}\int[xf'(x)+f(x)]\mathrm{d}x&=\int x\mathrm{d}f(x)+\int f(x)\mathrm{d}x\\&=xf(x)-\int f(x)\mathrm{d}x+\int f(x)\mathrm{d}x\\&=xf(x).\end{aligned}$$

故令 $F(x)=xf(x)-kx$,于是 $F(a)=F(b)=\dfrac{ab}{b-a}[f(a)-f(b)]$.

$F(x)$ 满足罗尔定理条件,存在 ξ 使得 $F'(\xi)=0$.可得结论.

题型 Ⅳ:利用拉格朗日中值定理证明等式或不等式

【题型分析】

1. 证明等式时,将恒等式转化为 $f(x)=C$,利用 $f'(x)=0$ 证明或设辅助函数 $F(x)$,使 $F'(\xi)=\dfrac{F(b)-F(a)}{b-a}$.

2. 当证明不等式时,关键是找到适当函数,然后对其在所给范围内应用中值定理,再将 $f'(\xi)$ 作适当的放大或缩小即可得证.

3. 若 $f'(x)=0(a<x<b)$,则有恒等式 $f(x)=f(x_0)(a<x<b)$,其中 x_0 是区间 (a,b) 中的某一个数.

例5 求证:当 $x\geqslant 1$ 时,$\arctan x-\frac{1}{2}\arccos\frac{2x}{1+x^2}=\frac{\pi}{4}$.

分析 构造新函数,验证其导数为0.

证明 令 $f(x)=\arctan x-\frac{1}{2}\arccos\frac{2x}{1+x^2}-\frac{\pi}{4}$.

$$f'(x)=\frac{1}{1+x^2}+\frac{1}{2}\frac{1}{\sqrt{1-\left(\frac{2x}{1+x^2}\right)^2}}\cdot\frac{2(1+x^2)-4x^2}{(1+x^2)^2}$$

$$=\frac{1}{1+x^2}+\frac{1}{2}\frac{1+x^2}{x^2-1}\cdot\frac{2(1-x^2)}{(1+x^2)}\equiv 0(x>1\text{ 时}),$$

由于 $f(x)$ 在 $[1,+\infty)$ 上连续,所以 $f(x)$ 在 $[1,+\infty)$ 上恒为常数,故

$f(x)=f(1)=0$,即 $\arctan x-\frac{1}{2}\arccos\frac{2x}{1+x^2}=\frac{\pi}{4}$.

例6 设 $e<a<b<e^2$,证明 $(b-a)\frac{2}{e^2}<\ln^2 b-\ln^2 a<\frac{4}{e}(b-a)$.

分析 $\frac{2}{e^2}<\frac{\ln^2 b-\ln^2 a}{b-a}<\frac{4}{e}$,可以用拉格朗日中值定理证明.

证明 令 $f(x)=\ln^2 x$,在 $[a,b]$ 上由拉格朗日中值定理可得

$$\frac{f(b)-f(a)}{b-a}=\frac{\ln^2 b-\ln^2 a}{b-a}=f'(\xi)=\frac{2\ln\xi}{\xi}\ (a<\xi<b).$$

因 $e<a<\xi<b<e^2$,则 $1<\ln\xi<2$,$\frac{1}{e^2}<\frac{1}{\xi}<\frac{1}{e}$.

即 $\frac{2}{e^2}<\frac{2\ln\xi}{\xi}<\frac{4}{e}$,故 $\frac{2}{e^2}<\frac{\ln^2 b-\ln^2 a}{b-a}<\frac{4}{e}$.

课后习题解答(习题3-1)

1. 解 设 $f(x)=\ln\sin x$,在 $\left[\frac{\pi}{6},\frac{5\pi}{6}\right]$ 上满足定理(1),(2)的条件,

又由于 $f(\frac{5\pi}{6})=\ln\sin(\pi-\frac{\pi}{6})=\ln\sin\frac{5\pi}{6}=\ln\sin\frac{\pi}{6}=f(\frac{\pi}{6})$,

$f'(x)=\frac{1}{\sin x}\cos x=\cot x$,

令 $f'(x)=0$,得 $(\frac{\pi}{6},\frac{5}{6}\pi)$ 内的根 $\frac{\pi}{2}$,

故存在 $\xi=\frac{\pi}{2}\in(\frac{\pi}{6},\frac{5\pi}{6})$，使 $f'(\xi)=0$.

2. 证明　$y=4x^3-5x^2+x-2$ 是一个多项式函数，在整个数轴上是连续可导的，从而在 $[0,1]$ 上也连续，在 $(0,1)$ 内可导，即它满足拉格朗日中值定理的两个条件，故 $\exists\xi\in(0,1)$，使得

$y(1)-y(0)=y'(\xi)(1-0)=y'(\xi)$.

易见　$y(1)=-2, y(0)=-2$，　$y'(x)=12x^2-10x+1$.

令 $y'(\xi)=0$，即　$12\xi^2-10\xi+1=0$，

$\xi_{1,2}=\frac{10\pm\sqrt{100-48}}{2\times12}=\frac{5\pm\sqrt{13}}{12}$，故存在两个点 $\xi_1=\frac{5-\sqrt{13}}{12}$，

$\xi_2=\frac{5+\sqrt{13}}{12}$，使 $y'(\xi)=0$（ξ 在 ξ_1 和 ξ_2 之间）. 证毕.

3. 证明　易知函数 $\sin x$ 及 $x+\cos x$ 在 $[0,\frac{\pi}{2}]$ 上连续，在 $(0,\frac{\pi}{2})$ 内可导，

且在 $(0,\frac{\pi}{2})$ 内　$F'(x)=1-\sin x>0$，

由此可知 $f(x)=\sin x$ 及 $F(x)=x+\cos x$ 满足柯西中值定理的全部条件，

故 $\exists\xi\in(0,\frac{\pi}{2})$，使得　$$\frac{f(\frac{\pi}{2})-f(0)}{F(\frac{\pi}{2})-F(0)}=\frac{f'(\xi)}{F'(\xi)}.$$

下面求出 ξ 的值：

由题设知 $f(\frac{\pi}{2})-f(0)=1, F(\frac{\pi}{2})-F(0)=\frac{\pi}{2}-1$，

从而　$\frac{f'(\xi)}{F'(\xi)}=\frac{\cos\xi}{1-\sin\xi}=\frac{2}{\pi-2}$，　即　$$\frac{\cos\frac{\xi}{2}+\sin\frac{\xi}{2}}{\cos\frac{\xi}{2}-\sin\frac{\xi}{2}}=\frac{2}{\pi-2}.$$

由罗尔定理得　$\tan\frac{\xi}{2}=\frac{2-(\pi-2)}{2+(\pi-2)}=\frac{4-\pi}{\pi}$，

所以　$\xi=2n\pi+2\arctan\frac{4-\pi}{\pi}$.

由题设取　$n=0, \xi_0=2\arctan\frac{4-\pi}{\pi}$，

因　$0<\frac{4-\pi}{\pi}<1$，　从而　$0<\xi_0<2\arctan1=\frac{\pi}{2}$.

故有 $\xi_0\in(0,\frac{\pi}{2})$ 为满足柯西中值定理公式中的 ξ.　证毕.

4. 证明 设函数 $y=px^2+qx+r, x\in[a,b]$,则它在$[a,b]$上连续,在(a,b)内可导,由拉格朗日中值定理得,至少存在一点 $\xi\in(a,b)$ 使 $y(b)-y(a)=y'(\xi)(b-a)$. 下面找出这样的 ξ,令

$(pb^2+qb+r)-(pa^2+qa+r)=(2p\xi+q)(b-a)$,

即 $p(b-a)(b+a)+q(b-a)=(2p\xi+q)(b-a)$,

因为 $b-a\neq 0$,

所以有 $p(a+b)+q=2p\xi+q$,则 $\xi=\dfrac{a+b}{2}$ 满足条件.

5. 证明 由于 $f(x)$ 在$[1,2]$上连续,在$(1,2)$内可导,且 $f(1)=f(2)$,所以由罗尔定理可知 $\exists\xi_1\in(1,2)$ 使 $f'(\xi_1)=0$;同理 $\exists\xi_2\in(2,3)$,使 $f'(\xi_2)=0$;$\exists\xi_3\in(3,4)$ 使 $f'(\xi_3)=0$,显然它们都是方程 $f'(x)=0$ 的根,由于方程 $f'(x)=0$ 为三次方程,它只能有三个根(包括实根、复根),故 ξ_1、ξ_2 和 ξ_3 是方程 $f'(x)=0$ 的全部根.

6. 证明 设 $f(x)=\arcsin x+\arccos x, x\in[-1,1]$,由于

$$f'(x)=\frac{1}{\sqrt{1-x^2}}+\left(-\frac{1}{\sqrt{1-x^2}}\right)=0,$$

$f(x)=c, x\in[-1,1]$,所以 $f(0)=c$,

又 $f(0)=\arcsin 0+\arccos 0=0+\dfrac{\pi}{2}=\dfrac{\pi}{2}$,

即 $c=\dfrac{\pi}{2}$,所以 $\arcsin x+\arccos x=\dfrac{\pi}{2}$.

7. 证明 设函数 $F(x)=a_0x^n+a_1x^{n-1}+\cdots+a_{n-1}x, x\in[0,x_0]$,则 $F(0)=0$,又因为 x_0 为 $F(x)=0$ 的根,所以 $F(x_0)=0$,由于 $F(x)$ 在$[0,x_0]$上连续,在$(0,x_0)$内可导,且 $F(0)=F(x_0)=0$,根据罗尔定理 $\exists\xi\in(0,x_0)$,使得 $F'(\xi)=0$. 即 $a_0n\xi^{n-1}+a_1(n-1)\xi^{n-2}+\cdots+a_{n-1}=0\xi$,就是方程 $a_0nx^{n-1}+a_1(n-1)x^{n-2}+\cdots+2a_{n-1}=0$ 的一个小于 x_0 的正根.

8. 证明 因为 $f(x)$ 在$[x_1,x_2]$上连续,在(x_1,x_2)内可导,且 $f(x_1)=f(x_2)$,所以根据罗尔定理 $\exists\xi_1\in(x_1,x_2)$ 使得 $f'(\xi_1)=0$,同理可得 $\exists\xi_2\in(x_2,x_3)$ 使 $f'(\xi_2)=0$.
又函数 $\varphi(x)=f'(x)$ 在$[\xi_1,\xi_2]$连续,在(ξ_1,ξ_2)内可导,

且 $\varphi(\xi_1)=f'(\xi_1)=f'(\xi_2)=\varphi(\xi_2)=0$,

根据罗尔定理 $\exists\xi\in(\xi_1,\xi_2)$,使 $\varphi'(x)\Big|_{x=\xi}=[f'(x)]'\Big|_{x=\xi}=0$,即 $f''(\xi)=0$.

9. 证明 设 $f(x)=x^n, x\in[a,b]$,

由于 $f(x)$ 在$[a,b]$上连续,在(a,b)内可导,

故 $f(a)-f(b)=f'(\xi)(a-b),\xi\in(b,a)$，

即 $a^n-b^n=n\xi^{n-1}(a-b),\xi\in(b,a)$.

因为 $nb^{n-1}(a-b)<n\xi^{n-1}(a-b)<na^{n-1}(a-b)$，

所以 $nb^{n-1}(a-b)<a^n-b^n<na^{n-1}(a-b)$.

10. 证明 构造函数 $y=f(x)=\ln x$，将此函数在 $[a,b]$ 上用拉格朗日中值定理，有

$$\frac{f(a)-f(b)}{a-b}=f'(\xi),\xi\in(b,a),\quad 即\ \ln a-\ln b=\frac{1}{\xi}(a-b),$$

因为 $\frac{1}{a}<\frac{1}{\xi}<\frac{1}{b}$，所以 $\frac{1}{a}(a-b)<\ln a-\ln b<\frac{1}{b}(a-b)$，

即 $\frac{a-b}{a}<\ln\frac{a}{b}<\frac{a-b}{b}$.

11. 证明 (1) 令 $f(x)=\arctan x$，它在整个数轴上连续且可导，从而在 $[a,b]$ 或 $[b,a]$ 上也满足拉格朗日中值定理所需的条件，

而 $f'(\xi)=(\arctan x)'\Big|_{x=\xi}=\frac{1}{1+\xi^2}\leqslant 1$，

所以 $|\arctan a-\arctan b|=|f'(\xi)(a-b)|=|f'(\xi)|\cdot|a-b|\leqslant|a-b|$.

(2) 令 $f(x)=e^x$，它在 $[1,x]$ 上连续，在 $(1,x)$ 内可导，由拉格朗日中值定理有

$e^x-e^1=e^{\xi}(x-1),1<\xi<x$.

而 $e^x>e^1$，故 $e^x-e>e^1(x-1)=ex-e$，

从而 $e^x>ex\quad(x>1)$.

12. 证明 设 $f(x)=x^5+x-1$，它在 $(-\infty,+\infty)\supset[0,1]$ 上连续，又由于 $f(0)=-1<0,f(1)=1>0$，所以由零点定理，$\exists\xi\in(0,1)$ 使得 $f(\xi)=0$，即题设方程至少有 1 个正根. 假设 $f(x)=0$ 有 2 个正根 ξ_1、ξ_2，即 $f(\xi_1)=0,f(\xi_2)=0$，不妨设 $\xi_1>\xi_2$，又易见 $f(x)$ 亦在 $[\xi_1,\xi_2]$ 上连续且可导，由罗尔定理，$\exists\eta\in(\xi_1,\xi_2)$，使得 $f'(\eta)=0$，即 $5\eta^4+1=0$，但这是不可能的，从而根的唯一性得证.

13. 证明 设 $F(x)=\begin{vmatrix}f(a)&f(x)\\g(a)&g(x)\end{vmatrix}=f(a)g(x)-g(a)f(x)$，

由题设 $f(x)$ 和 $g(x)$ 的连续可导条件，知 $F(x)$ 亦在 $[a,b]$ 上连续，在 (a,b) 内可导，由拉格朗日中值定理，$\exists\xi\in(a,b)$ 使

$F(a)-F(b)=F'(\xi)(b-a)$，

即 $\begin{vmatrix}f(a)&f(b)\\g(a)&g(b)\end{vmatrix}-\begin{vmatrix}f(a)&f(a)\\g(a)&g(a)\end{vmatrix}=(b-a)[f(a)g'(\xi)-g(a)f'(\xi)]$，

亦即 $\begin{vmatrix}f(a)&f(b)\\g(a)&g(b)\end{vmatrix}=(b-a)\begin{vmatrix}f(a)&f'(\xi)\\g(a)&g'(\xi)\end{vmatrix}$.

14. 证明 改证等价形式 $f(x)/e^x = 1$.

构造辅助函数 $F(x) = f(x)/e^x$,显见它在 $(-\infty, +\infty)$ 内可导,且

$$F'(x) = \frac{f'(x)e^x - f(x)e^x}{e^2 x} = \frac{f'(x) - f(x)}{e^x} = 0.$$

所以 $F(x) \equiv C$(C 为常数,$x \in \mathbf{R}$).

又由 $f(0) = 1$,得 $F(0) = \frac{f(0)}{e^0} = 1$.

故 $F(x) = \frac{f(x)}{e^x} = 1, f(x) = e^x (x \in \mathbf{R})$.

15. 证明 记 $g(x) = x^n$,易见它在 $x = 0$ 的某邻域内也具有 n 阶导数,且在 $(0,x)$ 或 $(x,0)$ 内 $g'(x) \neq 0, g''(x) \neq 0, \cdots, g^{(n)}(x) \neq 0$,且一切阶导数都在 $[0,x]$ 或 $[x,0]$ 上及它们的部分区间可导且连续,连续运用柯西中值定理共 n 次,注意到当 $0 < \xi_i < x (i = 1,2,\cdots,n)$ 时,可记 $\xi_i = \theta_i x (0 < \theta_i < 1)$.

有

$$\frac{f(x)}{x^n} = \frac{f(x) - f(0)}{g(x) - g(0)} = \frac{f'(\theta_1 x)}{n(\theta_1 x)^{n-1}} = \frac{f'(\theta_1 x) - f'(0)}{n(\theta_1 x)^{n-1} - ng'(0)}$$

$$= \frac{1}{n} \frac{f'(\theta_1 \theta_2 x)}{(n-1)(\theta_1 \theta_1 x)^{n-2}}$$

$$= \frac{1}{n(n-1)} \cdot \frac{f''(\theta_1 \theta_1 x) - f''(0)}{(\theta_1 \theta_2 x)^{n-2} - g''(0)}$$

$$= \cdots = \frac{1}{n!} \cdot \frac{f^{(n)}(\theta_1 \theta_2 \cdots \theta_n x)}{1}$$

$$\overset{\Delta}{=\!=} \frac{f^{(n)}(\theta x)}{n!},$$

其中 $0 < \theta = \theta_1 \theta_2 \cdots \theta_n < 1$.

3.2 洛必达法则

本节重难点及考研要求

重点及考点

1. 归纳起来,通常求未定式的步骤如下:

① 考查所求极限是否为未定式,如不是未定式,则直接利用极限四则运算法则求得答案;如果是未定式,则变形为 $\frac{0}{0}$ 或 $\frac{\infty}{\infty}$ 型.

② 为了利用 $x \to 0$ 时的等价无穷小,当所求极限是 $x \to a$ 时可作变换 $u = x - a$,则把问题变成 $u \to 0$ 的形式(当 $x \to \infty$ 时,可用变换 $u = \frac{1}{x}$).

③ 对于$\frac{0}{0}$型，把分子、分母乘积因子中的无穷小量用形如x^a的等价无穷小代替.

④ 检查表达式中是否有非零极限乘积因子，如果有则应将极限分为两个极限乘积，一个极限为确定值，再考虑余下的未定型$\frac{0}{0}$.

⑤ 如留下的未定式不能再应用前面的方法解决，则用洛必达法则使分子、分母的无穷小阶数降低.

⑥ 继续上述过程，先用等价无穷小代替，再应用洛必达法则，直至得到答案.

2. 通过洛必达法则容易求得

$$\lim_{x\to+\infty}\frac{x}{e^x}=\lim_{x\to+\infty}\frac{1}{e^x}=0,\lim_{x\to+\infty}\frac{\ln x}{x}=\lim_{x\to+\infty}\frac{1}{x}=0.$$

所以当$x\to+\infty$时，e^x趋于$+\infty$快于x，x趋于$+\infty$又快于$\ln x$.

通过多次使用洛必达法则后可知e^x快于$x^a(a>0)$，x又快于$(\ln x)^\beta(\beta>0)$.

所以$\lim\limits_{x\to+\infty}x^a e^{-x}=0$，$\lim\limits_{x\to+\infty}\frac{1}{x}(\ln x)^\beta=0$，或者$\lim\limits_{x\to+\infty}\frac{e^{-\frac{1}{x}}}{x}=0$等.

3. 利用洛必达法则求未定式极限是考研重点之一.当$\lim\limits_{x\to+\infty}\frac{f'(x)}{g'(x)}$不存在时，不能用洛必达法则，求极限时要注意与其他方法结合，特别一些常用的等价无穷小代换要记住.

4. 洛必达法则求极限的几种方法.

(1) 求解$\frac{0}{0}$型极限的方法：

① 利用因式分解或根式有理化消去零因子，再用连续函数的性质求极限.

② 利用等价无穷小的替换性质求极限，注意加减时不能使用这种方法.

③ 直接使用洛必达法则.

④ 利用变量代换(根据极限的不同特点，选用合适的变量代换法，如令$x=\frac{1}{t}$或$x=\frac{1}{t^2}$).

(2) 求解$\frac{\infty}{\infty}$型极限的方法：

① 直接使用洛必达法则.

② 通过变量代换化为$\frac{0}{0}$型.

(3) 求解$\infty-\infty$型极限的方法：通过对式子的通分、根式有理化、变量代换等方法，转化为$\frac{0}{0}$或$\frac{\infty}{\infty}$型，再用①②中的方法.

(4) 求解$0\cdot\infty$型极限的方法：同样转化为$\frac{0}{0}$或$\frac{\infty}{\infty}$型，再用洛必达法则求解.

(5) 求解 1^{∞} 型极限的方法：

① 用对数恒等变形公式 $e^{\infty\ln 1}=e^{\infty\cdot 0}\Rightarrow e^{\frac{\infty}{\infty}或\frac{0}{0}}$，再用洛必达法则求解.

② 利用重要极限：$\lim\limits_{x\to 0}\dfrac{\sin x}{x}=1,\lim\limits_{x\to\infty}\left(1+\dfrac{1}{x}\right)^{x}=e.$

(6) 求解 0^0 或 ∞^0 型极限的方法：

通过对数恒等式转化为 $\dfrac{0}{0}$ 或 $\dfrac{\infty}{\infty}$ 型，再用洛必达法则求解.

考研要求

会用洛必达法则求未定式极限.

典型例题与解题技巧

题型Ⅰ：利用洛必达法则求几类未定式的极限

【题型分析】

1. 只要符合条件，可以连续用洛必达法则.

2. 使用洛必达法则时，注意配合使用等价无穷小代换、变量替换法、恒等变形，有确定极限的因子先求出极限等方法.

例 1　求极限 $I=\lim\limits_{x\to 0}\dfrac{\sin^2 x-x^2}{x^4}$.

分析　若用洛必达法则求 $\dfrac{0}{0}$ 或 $\dfrac{\infty}{\infty}$ 型极限时，得到的 $\lim\limits_{x\to 0}\dfrac{f'(x)}{g'(x)}$ 还是 $\dfrac{0}{0}$ 或 $\dfrac{\infty}{\infty}$ 型极限，只要符合条件可连续用洛必达法则，一直用到求出极限为止. 若用到某一步极限不存在，则法则失效.

解　$I\xlongequal[\text{洛必达法则}]{\frac{0}{0}}\lim\limits_{x\to 0}\dfrac{(\sin^2 x-x^2)'}{(x^4)'}=\lim\limits_{x\to 0}\dfrac{2\sin x\cos x-2x}{4x^3}$

$=\lim\limits_{x\to 0}\dfrac{\sin 2x-2x}{4x^3}\xlongequal[\text{洛必达法则}]{\frac{0}{0}}\lim\limits_{x\to 0}\dfrac{2\cos 2x-2}{12x^2}$

$=\lim\limits_{x\to 0}\dfrac{\cos 2x-1}{6x^2}\xlongequal[\text{洛必达法则}]{\frac{0}{0}}\lim\limits_{x\to 0}\dfrac{-2\sin 2x}{12x}=-\dfrac{1}{3}.$

例 2　求 $\lim\limits_{x\to+\infty}(\sin\sqrt{x+1}-\sin\sqrt{x})$.

分析　此类未定式是未能确定函数的极限形态的关系式，如 $\sin\sqrt{x+1}$ 当 $x\to+\infty$ 时极限不存在，此时不能用等价无穷小或洛必达法则，应具体题目具体分析，利用有界函数乘无穷小仍为无穷小或者中值定理进行计算.

解 设 $f(t)=\sin\sqrt{t}$,在 $[x,x+1]$ 上满足拉格朗日中值定理,

$$\sin\sqrt{x+1}-\sin\sqrt{x}=[(\sin\sqrt{x})]'|_{x=\xi}(x+1-x)$$
$$=\frac{\cos\sqrt{\xi}}{2\sqrt{\xi}},\xi\in(x,x+1).$$

当 $x\to+\infty$ 时,$\xi\to+\infty$,故原式 $=\lim\limits_{\xi\to+\infty}\frac{\cos\sqrt{\xi}}{2\sqrt{\xi}}=0$.

题型 Ⅱ:关于洛必达法则的综合题

【题型分析】 洛必达法则常与导数极限及微分中值定理相结合,务必掌握洛必达法则的使用条件以及微分中值定理的定义.

例 3 求下列数列的极限:

(1) $I=\lim\limits_{n\to+\infty}\frac{n}{a^{\sqrt{n}}}$,其中 $a>1$ 为常数;(2) $I=\lim\limits_{n\to+\infty}n^2[2^{\frac{1}{n(n+1)}}-3^{\frac{1}{n(n+1)}}]$.

分析 对于 $\frac{0}{0}$ 或 $\frac{\infty}{\infty}$ 型等数列极限,可转化为其对应的函数极限,运用洛必达法则来求.

解 (1) 设 $a>1$ 为常数,令 $f(x)=\frac{x^2}{a^x}$,则

$$\lim_{x\to+\infty}f(x)\overset{\frac{\infty}{\infty}}{=\!=}\lim_{x\to+\infty}\frac{2x}{a^x\ln a}\overset{\frac{\infty}{\infty}}{=\!=}\lim_{x\to+\infty}\frac{2}{a^x\ln^2 a}=0.$$

于是,由 $\lim\limits_{n\to+\infty}\sqrt{n}=+\infty\Rightarrow\lim\limits_{n\to+\infty}\frac{n}{a^{\sqrt{n}}}=\lim\limits_{n\to+\infty}f(\sqrt{n})=0$.

$$(2)\ I=\lim_{n\to+\infty}\frac{n^2}{n(n+1)}\cdot\frac{2^{\frac{1}{n(n+1)}}-3^{\frac{1}{n(n+1)}}}{\frac{1}{n(n+1)}}=\lim_{n\to+\infty}\frac{2^{\frac{1}{n(n+1)}}-3^{\frac{1}{n(n+1)}}}{\frac{1}{n(n+1)}}$$
$$=\lim_{x\to0}\frac{2^x-3^x}{x}\overset{\frac{0}{0}}{=\!=}\lim_{x\to0}(2^x\ln2-3^x\ln3)=\ln\frac{2}{3}.$$

例 4 求 $\lim\limits_{x\to\infty}x^2[\arctan x-\arctan(x+a)]$,其中 $a>0$.

分析 令 $f(t)=\arctan t$,然后用拉格朗日中值定理.

解 设 $f(t)=\arctan t$ 在 $[x,x+a]$ 上满足拉格朗日中值定理条件,故

$$\arctan(x+a)-\arctan x=\frac{1}{1+\xi^2}a\ (\xi\text{在}x\text{和}x+a\text{之间}),$$

$$-\frac{ax^2}{1+x^2}\leqslant x^2[\arctan x-\arctan(a+x)]\leqslant-\frac{ax^2}{1+(x+a)^2}.$$

当 $x\to\infty$ 时,两端极限都是 $-a$,由夹逼定理可知

$$\lim_{x\to\infty}x^2[\arctan x-\arctan(x+a)]=-a.$$

课后习题解答(习题 3-2)

1. 解 (1) $\lim\limits_{x\to 0}\dfrac{\ln(1+x)}{x}=\lim\limits_{x\to 0}\dfrac{\frac{1}{1+x}}{1}=1.$

(2) $\lim\limits_{x\to 0}\dfrac{e^x-e^{-x}}{\sin x}=\lim\limits_{x\to 0}\dfrac{e^x+e^{-x}}{\cos x}=\dfrac{e^0+e^{-0}}{\cos 0}=\dfrac{2}{1}=2.$

(3) $\lim\limits_{x\to a}\dfrac{\sin x-\sin a}{x-a}=\lim\limits_{x\to a}\dfrac{\cos x}{1}=\dfrac{\cos a}{1}=\cos a.$

(4) $\lim\limits_{x\to \pi}\dfrac{\sin 3x}{\tan 5x}=\lim\limits_{x\to \pi}\dfrac{3\cos 3x}{5\sec^2 5x}=-\dfrac{3}{5}.$

(5) $\lim\limits_{x\to \frac{\pi}{2}}\dfrac{\ln\sin x}{(\pi-2x)^2}=\lim\limits_{x\to \frac{\pi}{2}}\dfrac{\frac{1}{\sin x}\cos x}{2(\pi-2x)\cdot(\pi-2x)'}=\lim\limits_{x\to \frac{\pi}{2}}\dfrac{\cot x}{2(\pi-2x)\cdot(-2)}$

$$=-\frac{1}{4}\lim_{x\to \frac{\pi}{2}}\frac{-\csc^2 x}{-2}=-\frac{1}{8}.$$

(6) $\lim\limits_{x\to a}\dfrac{x^m-a^m}{x^n-a^n}=\lim\limits_{x\to a}\dfrac{mx^{m-1}}{nx^{n-1}}=\dfrac{ma^{m-1}}{na^{n-1}}=\dfrac{m}{n}a^{m-n}.$

(7) $\lim\limits_{x\to 0^+}\dfrac{\ln\tan 7x}{\ln\tan 2x}=\lim\limits_{x\to 0^+}\dfrac{\frac{1}{\tan 7x}\cdot\sec^2 7x\cdot 7}{\frac{1}{\tan 2x}\cdot\sec^2 2x\cdot 2}=\dfrac{7}{2}\lim\limits_{x\to 0^+}\dfrac{\tan 2x}{\tan 7x}$

$$=\frac{7}{2}\lim_{x\to 0^+}\frac{\sec^2(2x)\cdot 2}{\sec^2(7x)\cdot 7}=1.$$

(8) $\lim\limits_{x\to \frac{\pi}{2}}\dfrac{\tan x}{\tan 3x}\xlongequal{x=\frac{\pi}{2}-t}\lim\limits_{t\to 0}\dfrac{\tan(\frac{\pi}{2}-t)}{\tan(\frac{3}{2}\pi-3t)}=\lim\limits_{t\to 0}\dfrac{\cot t}{\cot 3t}$

$$=\lim_{x\to 0}\frac{\tan 3t}{\tan t}=\lim_{x\to 0}\frac{3t}{t}=3.$$

(9) $\lim\limits_{x\to +\infty}\dfrac{\ln(1+\frac{1}{x})}{\operatorname{arccot}x}=\lim\limits_{x\to +\infty}\dfrac{(-\frac{1}{x^2})}{-\frac{1}{1+x^2}}=\lim\limits_{x\to +\infty}\dfrac{1+x^2}{x^2}$

$$=\lim_{x\to \infty}\frac{\frac{1}{x}}{arcotx}=1.$$

(10) $\lim\limits_{x\to 0}\dfrac{\ln(1+x^2)}{\sec x-\cos x}=\lim\limits_{x\to 0}\dfrac{\cos x\cdot\ln(1+x^2)}{1-\cos^2 x}=\lim\limits_{x\to 0}\dfrac{\ln(1+x^2)}{1-\cos^2 x}$

$$= \lim_{x \to 0} \frac{\ln(1+x^2)}{\sin^2 x} = \lim_{x \to 0} \frac{x^2}{x^2} = 1.$$

(11) $\lim\limits_{x \to 0}(x\cot 2x) = \lim\limits_{x \to 0} \dfrac{x}{\tan 2x} = \lim\limits_{x \to 0} \dfrac{1}{\sec^2 2x \cdot 2} = \lim\limits_{x \to 0} \dfrac{\cos^2 2x}{2} = \dfrac{1}{2}.$

(12) $\lim\limits_{x \to 0} x^2 e^{x^{-2}} \xlongequal{t = x^{-2}} \lim\limits_{x \to +\infty} \dfrac{1}{t} e^t = \lim\limits_{x \to +\infty} \dfrac{e^t}{t}$

$$= \lim_{x \to +\infty} \frac{e^t}{1} = +\infty.$$

(13) $\lim\limits_{x \to 1}\left(\dfrac{2}{x^2-1} - \dfrac{1}{x-1}\right) = \lim\limits_{x \to 1} \dfrac{-x+1}{x^2-1} = \lim\limits_{x \to 1} \dfrac{-1}{2x} = -\dfrac{1}{2}.$

(14) 设 $y = \left(1+\dfrac{a}{x}\right)^x$，则 $\ln y = x\ln(1+\dfrac{a}{x})$，

$$\lim_{x \to \infty} \ln y = \lim_{x \to \infty} \frac{\ln\left(1+\frac{a}{x}\right)}{\frac{1}{x}} = \lim_{x \to \infty} \frac{\frac{1}{1+\frac{a}{x}} \cdot \left(-\frac{a}{x^2}\right)}{-\frac{1}{x^2}}$$

$$= \lim_{x \to \infty} \frac{ax}{x+a} = \lim_{x \to \infty} \frac{a}{1} = a,$$

所以 $\lim\limits_{x \to \infty}\left(1+\dfrac{a}{x}\right)^x = e^a.$

(15) 设 $x^{\sin x} = e^{\sin x \cdot \ln x}$，

$$\lim_{x \to 0^+} \sin x \cdot \ln x = \lim_{x \to 0^+} \frac{\ln x}{\csc x} = \lim_{x \to 0^+} \frac{\frac{1}{x}}{-\csc x \cot x}$$

$$= -\lim_{x \to 0^+} \frac{\sin^2 x}{x \cdot \cos x} = -\lim_{x \to 0^+} \frac{\sin^2 x}{x} = -\lim_{x \to 0^+} \frac{2\sin x\cos x}{1} = 0,$$

所以 $\lim\limits_{x \to 0^+} x^{\sin x} = \lim\limits_{x \to 0^+} \sin x \ln x = e^{\lim\limits_{x \to 0^+} \sin x \ln x} = e^0 = 1.$

(16) 设 $y = (\dfrac{1}{x})^{\tan x}$，则 $\ln y = -\tan x \ln x$，

$$\lim_{x \to 0^+}(\ln y) = -\lim_{x \to 0^+} \tan x \ln x = -\lim_{x \to 0^+} \frac{\ln x}{\cot x}$$

$$= -\lim_{x \to 0^+} \frac{\frac{1}{x}}{-\csc^2 x} = \lim_{x \to 0^+} \frac{\sin^2 x}{x} = \lim_{x \to 0^+} \frac{\sin x}{x} \cdot \sin x = 0,$$

所以 $\lim\limits_{x \to 0^+} (\dfrac{1}{x})^{\tan x} = \lim\limits_{x \to 0^+} y = e^0 = 1.$

2. 证明 $\lim\limits_{x \to \infty} \dfrac{x+\sin x}{x} = \lim\limits_{x \to \infty}(1+\dfrac{1}{x} \cdot \sin x) = 1.$

由此可知，$\lim\limits_{x\to\infty}\dfrac{x+\sin x}{x}$ 存在且等于 1，但不能用洛必达法则得到此结论.

如用洛必达法则有 $\lim\limits_{x\to\infty}\dfrac{x+\sin x}{x}=\lim\limits_{x\to\infty}(1+\cos x)=1+\lim\limits_{x\to\infty}\cos x$.

由于 $\cos x$ 是周期函数，易知 $\lim\limits_{x\to\infty}\cos x$ 不存在，由此得原极限不存在的结论，但已证原极限存在且为 1，因此不能采用洛必达法则. 证毕.

3. 证明 $\lim\limits_{x\to 0}\dfrac{x^2\sin\dfrac{1}{x}}{\sin x}=\lim\limits_{x\to 0}\left(\dfrac{x}{\sin x}\cdot x\sin\dfrac{1}{x}\right)=\lim\limits_{x\to 0}\dfrac{x}{\sin x}\cdot\lim\limits_{x\to 0}x\sin\dfrac{1}{x}=1\times 0=0.$

可知此极限存在且为零. 如用洛必达法则，则有

$$\lim_{x\to 0}\frac{x^2\sin\dfrac{1}{x}}{\sin x}=\lim_{x\to 0}\frac{2x\sin\dfrac{1}{x}+x^2\cos\dfrac{1}{x}\left(-\dfrac{1}{x^2}\right)}{\cos x}=\lim_{x\to 0}\cos\frac{1}{x}.$$

易知 $\lim\limits_{x\to 0}\cos\dfrac{1}{x}$ 不存在. 但已证原极限存在且为零. 因此不能用洛必达法则得出结论. 证毕.

4. 解 由题设知 $f(0)=e^{-\frac{1}{2}}$，而 $f(0-0)=\lim\limits_{x\to 0^-}f(x)=e^{-\frac{1}{2}}=f(0)$，因此 $f(x)$ 在 $x=0$ 处左连续. 下面来求 $f(x)$ 在 $x=0$ 处的右极限.

令 $y=\left[\dfrac{(1+x)^{\frac{1}{x}}}{e}\right]^{\frac{1}{x}}$，则有

$$\ln y=\frac{1}{x}[\ln(1+x)^{\frac{1}{x}}-1]=\frac{1}{x}\left[\frac{1}{x}\ln(1+x)-1\right]=\frac{\ln(1+x)-x}{x^2}.$$

而
$$\lim_{x\to 0^+}\ln y=\lim_{x\to 0^+}\frac{\ln(1+x)-x}{x^2}=\lim_{x\to 0^+}\frac{\dfrac{1}{1+x}-1}{2x}$$
$$=\frac{1}{2}\lim_{x\to 0^+}\left[-\frac{1}{(1+x)^2}\right]=-\frac{1}{2},$$

因此
$$\lim_{x\to 0^+}y=\lim_{x\to 0^+}\left[\frac{(1+x)^{\frac{1}{x}}}{e}\right]^{\frac{1}{x}}=e^{-\frac{1}{2}}=f(0).$$

故 $f(x)$ 在 $x=0$ 处是连续的.

3.3 泰勒公式

本节重难点及考研要求

重点及考点

1. 泰勒公式是拉格朗日中值定理的推广，当 $n=0$ 时，

$f(x)=f(x_0)+f'(\xi)(x-x_0)$， 即为拉格朗日中值定理.

2. 泰勒公式在近似计算中可以使函数的近似值更精确，如果 $|f^{(n+1)}(x)|\leqslant M$，则

$$f(x)\approx f(x_0)+f'(x_0)(x-x_0)+\cdots+\frac{1}{n!}f^{(n)}(x_0)(x-x_0)^n.$$

其误差 $|R_n(x)|=\left|\dfrac{f^{(n+1)}(\xi)}{(n+1)!}(x-x_0)^{n+1}\right|\leqslant\dfrac{M}{(n+1)!}|x-x_0|^{n+1}$ 它是用微分代替增量的近似公式的进一步推广.

3. 麦克劳林公式计算未定式极限时是十分有效的，它不像洛必达法则，分子、分母每求一次导数，分子、分母的无穷小阶数都只减少 1 次，而利用麦克劳林公式可以马上得到分子、分母的无穷小的阶数，然后可直接比较迅速得到答案.

4. 泰勒公式的余项有两大类：一类是定性的皮亚诺型余项 $R_n(x)=o[(x-a)^n]$. 另一类是定量的，如拉格朗日型余项 $R_n(x)=\dfrac{f^{n+1}(\xi)}{(n+1)!}(x-a)^{n+1}$（$\xi$ 在 x 与 a 之间）和柯西型余项 $R_n(x)=\dfrac{1}{n!}f^{(n+1)}(\xi)(x-\xi)^n(x-a)$，$\xi$ 在 x 与 a 之间.

这两类余项本质相同，但是作用不同，一般来说，当不需要定量的讨论余项 $R_n(x)=f(x)-T_n(x)$ 时，可用皮亚诺型余项，当要定量讨论余项 $R_n(x)=f(x)-T_n(x)$ 时，要用拉格朗日型余项.

5. 将函数在某点处展成泰勒公式的方法

(1) 直接按公式展开，有时需将函数作简单变型，转化为可展开的形式.

(2) 利用常用的麦克劳林公式，通过适当的变量代换，四则运算、复合以及逐项微分、积分将函数展开.

6. 泰勒公式的一个应用 —— 求高阶导数

根据常用的麦克劳林公式其通项中的项 $(x-x_0)^n$ 的系数正是 $\dfrac{1}{n!}f^{(n)}(x_0)$，将函数化为常用的麦克劳林公式，即可求得高阶导数 $f^{(n)}(x_0)$.

考研要求

理解并会用泰勒定理.

典型例题与解题技巧

题型 Ⅰ：求函数的泰勒展开式

【题型分析】　求泰勒公式的方法

1. 直接求法.　2. 间接求法.

间接求法的理论根据是泰勒公式的唯一性.

例 1 写出 $f(x)=\ln\cos x$ 在 $x_0=\dfrac{\pi}{4}$ 处带拉格朗日型余项的二阶泰勒公式.

分析 可直接利用公式展开.

解 $f(x)$ 在 x_0 处带拉格朗日型余项的二阶泰勒公式,

$f(x)=f(x_0)+f'(x_0)(x-x_0)+\dfrac{f''(x_0)}{2!}(x-x_0)^2+\dfrac{1}{3!}f'''(\xi)(x-x_0)^3$(其中 ξ 介于 x 与 x_0 之间).

$f\left(\dfrac{\pi}{4}\right)=-\dfrac{1}{2}\ln 2$,又因为 $f'(x)=-\tan x$,则 $f'\left(\dfrac{\pi}{4}\right)=-1$.

又 $f''(x)=-\sec^2 x$,则 $f''\left(\dfrac{\pi}{4}\right)=-2$.

又 $f'''(x)=-2\sec^2 x\tan x$,则 $f'''(\xi)=-2\sec^2\xi\tan\xi$.

代入公式中,得

$f(x)=-\dfrac{1}{2}\ln 2-\left(x-\dfrac{\pi}{4}\right)-\left(x-\dfrac{\pi}{4}\right)^2-\dfrac{2}{3!}\sec^2\xi\tan\xi\left(x-\dfrac{\pi}{4}\right)^3$(其中 ξ 介于 x 与 $\dfrac{\pi}{4}$ 之间)

例 2 把 $f(x)=\ln(1+\sin x)$ 在 $x=0$ 点展开到 x^4 项(带佩亚诺型余项).

分析 进行初等函数的四则运算后再利用泰勒公式求解.

解
$$\begin{aligned}f(x)&=\ln(1+\sin x)\\&=\sin x-\frac{(\sin x)^2}{2}+\frac{1}{3}(\sin x)^3-\frac{1}{4}(\sin x)^4+o(\sin^4 x)\\&=\left[x-\frac{x^3}{3!}+o(x^5)\right]-\frac{1}{2}\left[x-\frac{x^3}{3!}+o(x^3)\right]^2\\&\quad+\frac{1}{3}\left[x-\frac{x^3}{3!}+o(x^3)\right]^3-\frac{1}{4}[x+o(x)]^4+o(x^4)\\&=x-\frac{x^3}{6}+o(x^4)-\frac{1}{2}\left[x^2-\frac{x^4}{3}+o(x^4)\right]+\\&\quad\frac{1}{3}[x^3+o(x^4)]-\frac{1}{4}x^4+o(x^4)+o(x^4)\\&=x-\frac{x^2}{2}+\frac{1}{6}x^3-\frac{x^4}{12}+o(x^4).\end{aligned}$$

题型Ⅱ:利用泰勒展开式求极限

【题型分析】

1. 根据题目的具体形式,把某些初等函数展开为相对应阶数的泰勒公式.
2. 结合等价无穷小代换与洛必达法则进行分析代换、求解.

3. 熟练掌握常用的函数的麦克劳林公式.

例 3 求下列极限:

(1) $\lim\limits_{x\to 0}\dfrac{\cos x+\mathrm{e}^{-\frac{x^2}{2}}}{\sin^4 x}$;　　(2) $\lim\limits_{x\to\infty}\left[x-x^2\ln\left(1+\dfrac{1}{x}\right)\right]$.

分析 充分利用某些函数的展开式,将其展开到合适的阶.

解 (1) $\lim\limits_{x\to 0}\dfrac{\cos x-\mathrm{e}^{-\frac{x^2}{2}}}{\sin^4 x}=\lim\limits_{x\to 0}\dfrac{\cos x-\mathrm{e}^{-\frac{x^2}{2}}}{x^4}$,

分母的次数为 4,只要把 $\cos x$、$\mathrm{e}^{-\frac{x^2}{2}}$ 展开到出现 x 的 4 次幂即可.

$$\cos x=1-\frac{1}{2!}x^2+\frac{1}{4!}x^4+o(x^4),$$

$$\mathrm{e}^{-\frac{x^2}{2}}=1-\frac{x^2}{2}+\frac{1}{2!}\left(-\frac{x^2}{2}\right)^2+o(x^4),$$

$$\text{故原极限}=\lim_{x\to 0}\frac{\left(\frac{1}{4!}-\frac{1}{8}\right)x^4+o(x^4)}{x^4}=-\frac{1}{12};$$

(2) $\ln\left(1+\dfrac{1}{x}\right)$ 的展开式只要取到 2 次项即可.

$$\ln\left(1+\frac{1}{x}\right)=\frac{1}{x}-\frac{1}{2}\left(\frac{1}{x}\right)^2+o\left(\left(\frac{1}{x}\right)^2\right),$$

$$\text{故原极限}=\lim_{x\to\infty}\left[x-x^2\left(\frac{1}{x}-\frac{1}{2x^2}+o\left(\frac{1}{x^2}\right)\right)\right]$$

$$=\lim_{x\to\infty}\left[\frac{1}{2}+o\left(\frac{1}{x^2}\right)\cdot x^2\right]=\frac{1}{2}.$$

例 4 求下列极限:

(1) $\lim\limits_{x\to 0}\dfrac{x^2}{\sqrt[5]{1+5x}-(1+x)}$;　　(2) $\lim\limits_{x\to 0}\left(1+\dfrac{1}{x^2}-\dfrac{1}{x^3}\ln\dfrac{2+x}{2-x}\right)$.

分析 把(1)中 $\sqrt[5]{1+5x}$ 化为 3 阶的泰勒公式,把(2)中 $\ln\dfrac{2+x}{2-x}$ 也展为 3 阶的泰勒形式.

解 (1) 分子关于 x 的次数为 2,

则 $\sqrt[5]{1+5x}=(1+5x)^{\frac{1}{5}}=1+\dfrac{1}{5}(5x)+\dfrac{1}{2!}\cdot\dfrac{1}{5}\left(\dfrac{1}{5}-1\right)(5x)^2+o(x^2)$

$$=1+x-2x^2+o(x^2),$$

$$\text{原极限}=\lim_{x\to 0}\frac{x^2}{[1+x-2x^2+o(x^2)]-(1+x)}=-\frac{1}{2}.$$

(2) $\ln\frac{2+x}{2-x}=\ln\frac{1+\frac{x}{2}}{1-\frac{x}{2}}=\ln(1+\frac{x}{2})-\ln(1-\frac{x}{2})$

$=[\frac{x}{2}-\frac{1}{2}(\frac{x}{2})^3+\frac{1}{3}(\frac{x}{2})^3+o(x^3)]-[-\frac{x}{2}-\frac{1}{2}(\frac{x}{2})^2-\frac{1}{3}(\frac{x}{2})^3+o(x^3)]$

$=x+\frac{1}{12}x^3+o(x^3)$,

因 $1+\frac{1}{x^2}-\frac{1}{x^3}[x+\frac{1}{12}x^3+o(x^3)]=1-\frac{1}{12}-\frac{o(x^3)}{x^3}$,

故 $\lim\limits_{x\to 0}(1+\frac{1}{x^2}-\frac{1}{x^3}\ln\frac{2+x}{2-x})=\frac{11}{12}$.

题型 Ⅲ:泰勒公式的应用及相应的一些综合题

【题型分析】

1. 根据条件灵活运用泰勒公式,得到相应的展开式和余项,然后根据极限存在等条件解决问题.

2. 用泰勒公式作计算或证明时,注意两点:其一是展到第几阶,由题目条件而定;其二是采用哪种余项,一般来说,若命题出现极限过程,一般用佩亚诺型余项,反之多用拉格朗日型余项,作计算时拉格朗日型余项可以检验精度.

例 5 设函数 $f(x)$ 在 $x=0$ 的某邻域内具有一阶连续导数,且 $f(0)\neq 0$,$f'(0)\neq 0$,若 $af(h)+bf(2h)-f(0)$ 在 $h\to 0$ 时是比 h 高阶的无穷小,试确定 a,b 的值.

分析 此类题目的关键是根据条件灵活运用泰勒公式,得到相应的展开式和余项,然后根据极限存在等条件(本题为高阶无穷小的必要条件)解决问题.

解 因为 $f(x)$ 在 $x=0$ 的某邻域内具有一阶连续导数,所以由泰勒公式采用佩亚诺型余项得 $f(x)=f(0)+f'(0)x+o(x)$,

所以 $f(h)=f(0)+f'(0)h+o(h)$,

$f(2h)=f(0)+2f'(0)h+o(h)$,

所以 $af(h)+bf(2h)-f(0)=(a+b-1)f(0)+(a+2b)f'(0)h+o(h)$,

因此要使 $af(h)+bf(2h)-f(0)$ 为 h 的高阶无穷小,必须有

$\begin{cases}a+b-1=0\\a+2b=0\end{cases}$,即 $\begin{cases}a=2\\b=-1\end{cases}$.

例 6 求证 $\frac{x^2}{3}<1-\cos x<\frac{x^2}{2}\ (0<x<\frac{\pi}{2})$.

分析 把 $1-\cos x$ 展成 2 阶形式.

证明 由 $\cos x$ 的泰勒公式得

$$\cos x=1-\frac{1}{2}x^2+\frac{x^4}{4!}\cos\xi\quad\left(0<\xi<x<\frac{\pi}{2}\right)$$

$$\Rightarrow\quad\frac{x^2}{2}>1-\cos x=x^2\left(\frac{1}{2}-\frac{x^2}{24}\cos\xi\right)>x^2\left[\frac{1}{2}\frac{-\left(\frac{\pi}{2}\right)}{24}\right]$$

$$=x^2\left(\frac{1}{2}-\frac{\pi^2}{96}\right)>x^2\left(\frac{1}{2}-\frac{1}{9}\right)>\frac{x^2}{3}.$$

课后习题解答(习题 3-3)

1. 解　因为 $f(4)=-56, f'(4)=(4x^3-15x^2+2x-3)\Big|_{x=4}=21$，

$f''(4)=(12x^2-30x+2)\Big|_{x=4}=74, f'''(4)=(24x-30)\Big|_{x=4}=66$，

$f^{(4)}(4)=24$，

所以按 $(x-4)$ 的乘幂展开的多项式为

$$f(x)=x^4-5x^3+x^2-3x+4$$

$$=f(4)+f'(4)(x-4)+\frac{f''(4)}{2!}(x-4)^2+\frac{f'''(4)}{3!}(x-4)^3+\frac{f^{(4)}(4)}{4!}(x-4)^4$$

$$=-56+21(x-4)+\frac{74}{2}(x-4)^2+\frac{66}{6}(x-4)^3+\frac{24}{24}(x-4)^4$$

$$=-56+21(x-4)+37(x-4)^2+11(x-4)^3+(x-4).$$

余项 $R_4(x)=\frac{f^{(5)}(\xi)}{5!}(x-4)^5$，由于 $f^{(5)}(x)=0$，所以 $R_4(x)=0$.

2. 解　因为 $f(x)$ 是 x 的 6 次多项式，当 $n\geqslant 7$ 时，$f^{(n)}(0)=0$，所以按 x 乘幂展开函数为

$$f(x)=f(0)+f'(0)x+\frac{f''(0)}{2!}x^2+\frac{f'''(0)}{3!}x^3+\frac{f^{(4)}(0)}{4!}x^4+\frac{f^{(5)}(0)}{5!}x^5+\frac{f^{(6)}(0)}{6!}x^6.$$

可计算出 $f(0)=1, f'(0)=-9, f''(0)=60, f'''(0)=-270, f^{(4)}(0)=720$，

$f^{(5)}(0)=-1\,080, f^{(6)}(0)=720, f(x)=1-9x+30x^2-45x^3+30x^4-9x^5+x^6$.

3. 解　因为 $f(x)=x^{\frac{1}{2}}, f'(x)=\frac{1}{2}x^{-\frac{1}{2}}, f''(x)=-\frac{1}{4}x^{-\frac{3}{2}}, f'''(x)=\frac{3}{8}x^{-\frac{5}{2}}$，

$f^{(4)}(x)=-\frac{15}{16}x^{-\frac{7}{2}}$，所以

$$f(x)=\sqrt{x}=f(4)+f'(4)(x-4)+\frac{f''(4)}{2!}(x-4)^2+\frac{f'''(4)}{3!}(x-4)^3+$$

$$\frac{f^{(4)}\xi}{4!}(x-4)^4=2+\frac{1}{4}(x-4)-\frac{1}{64}(x-4)^2+\frac{1}{512}(x-4)^3-\frac{1\cdot 15(x-4)^4}{4!\cdot 16\xi^{\frac{7}{2}}}$$

(ξ 在 4 与 x 之间)，ξ 可记为 $\xi=4+\theta(x-4)\quad(0<\theta<1)$.

4. 解 取 $x_0=2$,则由泰勒中值定理有

$$\ln x=\ln 2+\frac{1}{2}(x-2)-\frac{1}{2^3}(x-2)^2+\frac{1}{3\cdot 2^3}(x-2)^3-\cdots+(-1)^{n-1}\frac{1}{n\cdot 2^n}(x-2)^n+o[(x-2)^n].$$

5. 解 因为 $f(x)=\frac{1}{x}=x^{-1}, f'(x)=-x^{-2}$,

$f''(x)=(-1)(-2)x^{-3}\cdots f^{(k)}(x)=(-1)^k\cdot k!x^{-(k+1)}$,

所以 $f(-1)=-1, f'(-1)=-1$,

$$f''(-1)=-2!, f'''(-1)=-3!,\cdots f^{(n)}(-1)=-n!,$$

$$R_n(x)=\frac{f^{(n+1)}(\xi)}{(n+1)!}(x+1)^{n+1}=\frac{(-1)^{n-1}(n+1)!\xi^{-(n+2)}}{(n+1)!}(x+1)^{n+1}$$

$$=(-1)^{n+1}\xi^{-(n+2)}(x+1)^{n+1}(\xi\text{在}-1\text{与}x\text{之间}).$$

故 $f(x)=\frac{1}{x}$

$$=f(-1)+f'(-1)(x+1)+\frac{f''(-1)}{2!}(x+1)^2+\cdots+\frac{f^{(n)}(-1)}{n!}(x+1)^n+R_n(x)$$

$$=-[1+(x+1)+(x+1)^2+\cdots+(x+1)^n]+(-1)^{n-1}\xi^{-(n+2)}(x+1)^{n+1}.$$

6. 解 $f(x)=\tan x$,

$\therefore f'(x)=\sec^2 x, f''(x)=2\sec^2 x\tan x$,

$f'''(x)=4\sec^2 x\tan^2 x+2\sec^4 x$,

$f^{(4)}(x)=24\tan^3 x\sec^2 x+16\tan x\sec^2 x$,

$\therefore f(0)=0, f'(0)=1, f''(0)=0, f'''(0)=2$,

$$\therefore f(x)=\tan x=f(0)+f'(0)x+\frac{f''(0)}{2}x^2+\frac{f'''(0)}{3!}x^3+\frac{f^{(4)}(\theta x)}{4!}x^4$$

$$=x+\frac{1}{3}x^3+\frac{[24\tan^3(\theta x)+16\tan(\theta x)]\sec^2(\theta x)}{4!}x^4\quad(0<\theta<1).$$

7. 解 $f(x)=xe^x=x+x^2+\frac{1}{2!}x^3+\cdots+\frac{1}{(n-1)!}x^n+o(x^n)$.

8. 解 根据3阶麦克劳林公式展开得　$f(x)=e^x=1+\frac{x}{1!}+\frac{x^2}{2!}+\frac{x^4}{3!}+\frac{(e^x)^{(4)}}{4!}\Big|_{x=\xi}\cdot x^4$,

所以误差 $=\frac{(e^x)^{(4)}}{4!}\Big|_{x=\xi}\cdot x^4=\frac{e^\xi}{4!}x^4$,已知 $0<x\leqslant\frac{1}{2}$,从而 $0<\xi<\frac{1}{2}$.

所以误差 $\leqslant\frac{3^{\frac{1}{2}}}{4!}\cdot\left(\frac{1}{2}\right)^4\approx 0.004\,5<0.01$,

$$\sqrt{e}=e^{\frac{1}{2}}\approx 1+\frac{1}{2}+\frac{1}{2}\left(\frac{1}{2}\right)^2+\frac{1}{6}\left(\frac{1}{2}\right)^3\approx 1.645.$$

9. 解 (1) 设函数 $f(x)=x^{\frac{1}{3}}$，则

$$f'(x)=\frac{1}{3}x^{-\frac{2}{3}},f''(x)=-\frac{2}{9}x^{-\frac{5}{3}},f'''(x)=\frac{10}{27}x^{-\frac{8}{3}},f^{(4)}(x)=-\frac{80}{81}x^{-\frac{11}{3}},$$

因为 $30=27+3$，

$$所以\ \sqrt[3]{30}\approx(27)^{\frac{1}{3}}+\frac{1}{3}(27)^{-\frac{2}{3}}\cdot 3-\frac{\frac{2}{9}(27)^{-\frac{5}{3}}\cdot 3^2}{2!}+\frac{\frac{10}{27}(27)^{-\frac{8}{3}}\cdot 3^3}{3!}$$

$$=3(1+\frac{1}{3^3}-\frac{1}{3^6}+\frac{5}{3^{10}})\approx 3+0.111\,11-0.004\,12+0.000\,25\approx 3.107\,24.$$

$$误差\left|\frac{\frac{80}{81}(\xi)^{-\frac{11}{3}}}{4!}\cdot 3^4\right|_{\xi\in(27,30)}<\frac{\frac{80}{81}(27)^{-\frac{11}{3}}}{4!}\cdot 3^4=\frac{80}{4!\,3^{11}}=1.88\times 10^{-5}.$$

(2) 直观上看 $18°=\frac{\pi}{10}$，极靠近 0，所以用麦克劳林公式作近似计算：

设函数 $f(x)=\sin x$，则 $f'(x)=\cos x,f''(x)=-\sin x,f'''(x)=-\cos x$，$f^{(4)}(x)=\sin x$，

$f(0)=0,f'(0)=1,f''(0)=0,f'''(0)=-1,f^{(4)}(0)=0.$

$$故\ \sin 18°=\sin\frac{\pi}{10}\approx f(0)+f'(0)\frac{\pi}{10}+\frac{f''(0)}{2!}\left(\frac{\pi}{10}\right)^2+\frac{f'''(0)}{3!}\left(\frac{\pi}{10}\right)^3$$

$$=0+1\cdot\frac{\pi}{10}+0+\frac{1}{3!}\left(\frac{\pi}{10}\right)^3\approx 0.309\,0.$$

$$误差=|R_3|=\left|\frac{\sin\xi}{4!}x^4\right|_{3\in(0,\frac{\pi}{10})}\leqslant\frac{\sin\frac{\pi}{10}}{4!}(\frac{\pi}{10})^4=1.3\times 10^{-4}.$$

10. 解 (1) $\lim\limits_{x\to+\infty}\sqrt[3]{x^3+3x^2}-\sqrt[4]{x^4-2x^3}$

$$=\lim_{x\to+\infty}x(\sqrt[3]{1+\frac{3}{x}}-\sqrt[4]{1-\frac{2}{x}})$$

$$=\lim_{x\to+\infty}x\left[1+\frac{1}{3}\cdot\frac{3}{x}+o\left(\frac{3}{x}\right)-1+\frac{1}{4}\cdot\frac{2}{x}+o\left(\frac{2}{x}\right)\right]$$

$$=\lim_{x\to+\infty}x\left[\frac{3}{2}\cdot\frac{1}{x}+o\left(\frac{1}{x}\right)\right]=\frac{3}{2}.$$

(2) $\lim\limits_{x\to 0}\dfrac{\cos x-e^{-\frac{x^2}{2}}}{x^2[x+\ln(1-x)]}$

$$=\lim_{x\to 0}\frac{\left[1-\frac{1}{2!}x^2+\frac{1}{4!}x^4+o(x^5)\right]-[1-\frac{x^2}{2}+\frac{x^4}{8}+o(x^4)]}{x^2[x+(-x-\frac{1}{2}x^2+o(x^2))]}$$

$$= \lim_{x \to 0} \frac{-\frac{1}{12}x^4 + o(x^4)}{x^2[-\frac{1}{2}x^2 + o(x^2)]} = \frac{1}{6}.$$

$$(3) \lim_{x \to 0} \frac{1 + \frac{1}{2}x^2 - \sqrt{1 + x^2}}{(\cos x - e^{x^2})\sin x^2}$$

$$= \lim_{x \to 0} \frac{1 + \frac{1}{2}x^2 - [1 + \frac{1}{2}x^2 + \frac{\frac{1}{2}\left(\frac{1}{2} - 1\right)}{2!}x^4 + o(x^4)]}{[1 - \frac{1}{2!}x^2 + o(x^2) - 1 - x^2 + o(x^2)]\sin x^2}$$

$$= \lim_{x \to 0} \frac{\frac{1}{8}x^4 + o(x^4)}{[-\frac{3}{2}x^2 + o(x^2)]\sin x^2} = -\frac{1}{12}.$$

3.4 函数的单调性与曲线的凹凸性

本节重难点及考研要求

重点及考点

1. 用一阶导数的符号研究函数的单调性.

划分函数 $f(x)$ 的单调区间,确定其分点时应考查所有 $f'(x) = 0$ 和 $f'(x)$ 不存在的点,这样能保证 $f'(x)$ 在各部分区间内不变号,从而得到单调区间.

设 $f(x)$ 在 (a,b) 内可导,若 $f'(x) > 0$ ($f'(x) < 0$),则 $f(x)$ 在 (a,b) 内严格递增(严格递减).

设 $f(x)$ 在 (a,b) 内可导,若 $f'(x) \geqslant 0$ ($f'(x) \leqslant 0$),且使 $f'(x) = 0$ 的点都是孤立点,则 $f(x)$ 在 (a,b) 内严格递增(严格递减). 这里要特别注意的是:若 $f'(a) > 0$,只能得到结论 $f(x)$ 在点 a 严格增加,即 $\forall x \in U_-^0(a,\delta)$ 有 $f(x) < f(a)$;$\forall x \in U_+^0(a,\delta)$,有 $f(x) > f(a)$;但不能由此得到结论 $f(x)$ 在 $U(a,\delta)$ 内单调增加.

2. 利用函数单调性证明不等式的步骤.

(1) 构造辅助函数:使不等式一端为 0,另一端即为作的辅助函数 $F(x)$.

(2) 判断单调性:求 $F'(x)$,并验证 $F(x)$ 在指定区间的增减性.

(3) 求出区间端点的函数值或极限值,比较后即得证. 或直接用不等式判断.

3. 判定曲线 $y = f(x)$ 的拐点的步骤.

(1) 求导数:计算 $f''(x)$.

(2) 求特殊点：令 $f''(x)=0$，解出这个方程在 I 内的实根，并求出在区间 I 内 $f''(x)$ 不存在的点.

(3) 对于(2)中求出的每一个实根或二阶导数不存在的点 x_0，检查 $f''(x)$ 在 x_0 左右两侧邻近的符号，如果两侧的符号相反时，点 $(x_0,f(x_0))$ 是拐点，则当两侧的符号相同时，点 $(x_0,f(x_0))$ 不是拐点.

考研要求

1. 掌握用导数判断函数单调性的方法.

2. 会用导数判断函数图形的凹凸性，会求函数图形的拐点.

典型例题与解题技巧

题型Ⅰ：讨论函数的单调性并求单调区间

【题型分析】

1. 构造函数，判断函数是否可导.

2. 当可导时，判定导数的正负. 当不可导时，按单调性定义.

例 1　求函数 $y=(x-2)^5(2x+1)^4$ 的单调区间.

分析　利用一阶导数的正负来判别函数的单调性，即导数大于零为增函数，相应区间为增区间；导数小于零为减函数，相应区间为减区间.

解　$y'=5(x-2)^4(2x+1)^4+(x-2)^5\cdot 4(2x+1)^3\cdot 2$

$=(x-2)^4(2x+1)^3[5(2x+1)+8(x-2)]$

$=(x-2)^4(2x+1)^3(18x-11)$.

当 $x<-\dfrac{1}{2}$ 时，$y'>0$；当 $-\dfrac{1}{2}<x<\dfrac{11}{18}$ 时，$y'<0$；

当 $x>\dfrac{11}{18}$ 且 $x\neq 2$ 时，$y'>0$.

所以函数在 $\left(-\infty,-\dfrac{1}{2}\right)\cup\left(\dfrac{11}{18},+\infty\right)$ 内单增，在 $\left[-\dfrac{1}{2},\dfrac{11}{18}\right]$ 上单减.

题型Ⅱ：判别函数的凹凸性及凹凸区间与拐点

【题型分析】

1. 设 $f(x)$ 在 $[a,b]$ 上连续，在 (a,b) 可导，则 $f(x)$ 在 $[a,b]$ 为凸(凹)的(即对 $\forall x_0$，$x\in(a,b)$，$x\neq x_0$，总有 $f(x)<(>)f(x_0)+f'(x_0)(x-x_0)$).

$\Leftrightarrow f'(x)$ 在 (a,b) 是单调减(增)函数.

2. 设 $f(x)$ 在 $[a,b]$ 上连续，在 (a,b) 二阶可导，则 $f(x)$ 在 $[a,b]$ 为凸(凹)的

$\Leftrightarrow f''(x) \leqslant 0(\geqslant 0)$，$\forall x \in (a,b)$，且$(a,b)$的任意子区间上$f''(x) \not\equiv 0$.

3. 拐点的判别法.

① 拐点的必要条件.

若$(x_0, f(x_0))$是曲线$y = f(x)$的拐点，则$f''(x_0) = 0$或$f''(x_0)$不存在.

② 第一充分判别法.

设$f(x)$在$U(x_0,\delta)$连续，在$U_0(x_0,\delta)$二阶可导，且$f''(x)$在x_0两侧变号，则$(x_0, f(x_0))$是曲线$y = f(x)$的拐点.

③ 第二充分判别法.

设$f''(x_0) = 0$，又有$f'''(x_0) \neq 0$，则$(x_0, f(x_0))$是曲线$y = f(x)$的拐点.

例 2　求函数$y = \dfrac{a}{x}\ln\dfrac{x}{a}(a > 0)$的凹凸区间和拐点.

分析　首先求二阶导数$f''(x)$求得$f''(x) = 0$或$f''(x)$不存在的点，再对求得点的左右两侧考查符号，若两侧符号相同，则相应点不是拐点；若两侧符号相反，则相应点为拐点.

解　$y' = -\dfrac{a}{x^2}\ln\dfrac{x}{a} + \dfrac{a}{x}\cdot\dfrac{1}{x} = \dfrac{a}{x^2}(1 - \ln\dfrac{x}{a})\quad(x > 0)$，

$$y'' = -\frac{2a}{x^3}(1 - \ln\frac{x}{a}) + \frac{a}{x^2}\left(-\frac{1}{x}\right) = \frac{a}{x^3}(2\ln\frac{x}{a} - 3),$$

令$y'' = 0$，得　$x = ae^{\frac{3}{2}}$.

当$0 < x < ae^{\frac{3}{2}}$时，$y'' < 0$；当$x > ae^{\frac{3}{2}}$时，$y'' > 0$；

又当$x = ae^{\frac{3}{2}}$时，$y = \dfrac{3}{2}e^{\frac{3}{2}}$；

故函数在$(0, ae^{\frac{3}{2}}]$上是凸的，在$[ae^{\frac{3}{2}}, +\infty)$上凹的，拐点为$(ae^{\frac{3}{2}}, \dfrac{3}{2}e^{\frac{3}{2}})$.

题型Ⅲ：讨论方程的根的问题

【题型分析】　求方程根个数的步骤如下：

1. 求出$f(x)$的驻点和使$f'(x)$不存在的点，划分$f(x)$的单调区间.

2. 求出各单调区间的极值.

3. 分析极值与x轴的位置判断根的个数.

4. 利用导数来讨论方程的根或函数的零点，通常是用连续函数的介值定理、洛必达法则或泰勒公式来证明根的存在性，再用函数的单调性、极值、最值及凹凸性来证明方程的个数.

例 3　试确定$y = x^3 - 3ax + 2$的极值，并问方程$x^3 - 3ax + 2 = 0$何时有3个不同的实根.

分析　求出 y'、y''，然后按区间讨论.

解　$y' = 3x^2 - 3a = 3(x^2 - a)$，

当 $a \leqslant 0$ 时，$y' \geqslant 0$，函数无极值；当 $a > 0$ 时，$y' = 3(x-\sqrt{a})(x+\sqrt{a})$.

令 $y' = 0$，得驻点 $x = \pm\sqrt{a}$，

又 $y'' = 6x, y''(\sqrt{a}) = 6\sqrt{a} > 0, y''(-\sqrt{a}) = -6\sqrt{a} < 0$，

故 $x = \sqrt{a}$ 为极小值点，$y(\sqrt{a}) = 2 - 2a^{\frac{3}{2}}$；

$x = -\sqrt{a}$ 为极大值点，$y(-\sqrt{a}) = 2 + 2a^{\frac{3}{2}} > 0$.

又当 $x < -\sqrt{a}$ 时，$y' > 0$，y 单增；当 $-\sqrt{a} < x < \sqrt{a}$ 时，$y' < 0$，y 单减，

当 $x > \sqrt{a}$ 时，$y' > 0$ 单增，且 $\lim\limits_{x \to -\infty} y = -\infty$，$\lim\limits_{x \to +\infty} y = +\infty$，

所以当 $y(\sqrt{a}) = 2 - 2a^{\frac{3}{2}} < 0$，即 $a > 1$ 时，y 有 3 个零点分别在 $(-\infty, -\sqrt{a})$，$(-\sqrt{a}, \sqrt{a})$，$(\sqrt{a}, +\infty)$ 内.

当 $y(\sqrt{a}) = 2 - 2a^{\frac{3}{2}} > 0$，即 $a < 1$ 时，y 只有 1 个零点，即方程 $x^3 - 3ax + 2 = 0$；当 $a > 1$ 时有 3 个不同实根，当 $a < 1$ 时有唯一实根.

例 4　如果当 $x > 0$ 时，方程 $ax + \dfrac{1}{x^2} = 1$ 有且仅有一个解，求 a 的取值范围.

分析　求出 $f'(x)$、$f''(x)$，然后分区间进行讨论.

解　设 $f(x) = ax + \dfrac{1}{x^2} - 1$，

则 $f'(x) = a - \dfrac{2}{x^3}, f''(x) = \dfrac{6}{x^4} > 0$.

(1) 当 $a \leqslant 0$ 时，$f'(x) < 0$，$f(x)$ 为严格单调减函数，且 $\lim\limits_{x \to 0^+} f(x) = +\infty$.

当 $a < 0$ 时，$\lim\limits_{x \to +\infty} f(x) = -\infty$；当 $a = 0$ 时，$\lim\limits_{x \to +\infty} f(x) = -1$.

因此，当 $a \leqslant 0$ 时，原方程在 $(0, +\infty)$ 内有且仅有一个解.

(2) 当 $a > 0$ 时，令 $f'(x) = 0$，得唯一驻点 $x = \sqrt[3]{\dfrac{a}{2}}$，且 $f''\left(\dfrac{2}{a}\right) > 0$，即唯一驻点是极小值点，由于 $f''(x) > 0$，故 $f(x)$ 在 $(0, +\infty)$ 内是凹的，令函数的极小值为零，即

$$f\left(\sqrt[3]{\frac{a}{2}}\right) = a\sqrt[3]{\frac{a}{2}} + \sqrt[3]{\left(\frac{a}{2}\right)^2} - 1 = 0,$$

由此解得 a，此时原方程有且仅有一个解.

综合以上得，当 $a = \dfrac{2}{9}\sqrt{3}$ 时，方程有且仅有一个解.

课后习题解答(习题 3-4)

1. 解 $f'(x)=\dfrac{1}{1+x^2}-1=-\dfrac{x^2}{1+x^2}\leqslant 0, x\in\mathbf{R}$.

上式中等号仅在 $x=0$ 处成立,故 $f(x)$ 在 $(-\infty,+\infty)$ 内单调递减.

2. 解 $f'(x)=1-\sin x\geqslant 0, x\in[0,2\pi]$,且在 $(0,2\pi)$ 内使 $f'(x)=1-\sin x=0$ 的点 $x=\pi/2$ 是孤立的(仅此一个),故 $f(x)=x+\cos x$ 在 $[0,2\pi]$ 上是单调增加的.

3. 解 (1) $y'=6x^2-12x-18=6(x^2-2x-3)=6(x+1)(x-3)$,

令 $y'=0$,得 $x_1=-1, x_2=3$,没有 y 的不可导点,x_1、x_2 将 y 的定义域 $(-\infty,+\infty)$ 划分成 3 个区间:

$I_1=(-\infty,-1)$;$I_2=(-1,3)$;$I_3=(3,+\infty)$.

在 I_1 内,$y'>0$,故 y 在 $(-\infty,1]$ 上单调增加;

在 I_2 内,$y'<0$,故 y 在 $(-1,3)$ 上单调减少;

在 I_3 内,$y'>0$,故 y 在 $[3,+\infty)$ 上单调增加.

(2) $y'=2-\dfrac{8}{x^2}=\dfrac{2(x+2)(x-2)}{x^2}$,

令 $y'=0$,得 $x=-2$(因 $x>0$,故舍去),$x=2$.

当 $0<x<2$ 时,$y'<0$,故 y 在 $(0,2]$ 上单调减少;

当 $2<x<+\infty$ 时,$y'>0$,故 y 在 $[2,+\infty)$ 上单调增加.

(3) $y'=\dfrac{-10(12x^2-18x+6)}{(4x^3-9x^2+6x)^2}=-\dfrac{60(2x-1)(x-1)}{x^2(4x^2-9x+6)^2}$,

由 $4x^2-9x+6>0$(其判别式 $\Delta=81-96<0$),知 y 的不可导点为 $x_1=0$;令 $y'=0$,得 $x_2=\dfrac{1}{2}, x_3=1$.

列表讨论如下.

x	$(-\infty,0)$	$(0,\frac{1}{2})$	$(\frac{1}{2},1)$	$(1,+\infty)$
y'	$-$	$-$	$+$	$-$
y	↘	↘	↗	↘

于是 y 的单调减少区间有 $(-\infty,0]$,$(0,\frac{1}{2}]$ 和 $[1,+\infty)$;单调增加区间是 $[\frac{1}{2},1]$.

(4) $y'=\dfrac{1}{x+\sqrt{1+x^2}}\left(1+\dfrac{1}{\sqrt{1+x^2}}\right)=\dfrac{1}{\sqrt{1+x^2}}>0(x\in\mathbf{R})$,

故 $y=\ln(x+\sqrt{1+x^2})$ 在其定义域 $(-\infty,+\infty)$ 内都是单调增加的.

(5) $y'=(x+1)^3+3(x-1)(x+1)^2=(x+1)^2(4x-2)$,

令 $y'=0$,得 $x_1=-1, x_2=\frac{1}{2}$,由 $(x+1)^2\geqslant 0$,知 $x<\frac{1}{2}$ 时,$y'\leqslant 0$,其中 $x=-1$ 时是使 $y'=0$ 的唯一孤立点;而当 $x>\frac{1}{2}$ 时,$y'>0$. 所以函数的单调增加区间是 $[\frac{1}{2},+\infty)$,而单调减少区间是 $(-\infty,\frac{1}{2}]$.

(6) 此函数定义域为 $(-\infty,+\infty)$.

$$y'=\sqrt[3]{(2x-a)(a-x)^2}\left[\frac{2}{3}\cdot\frac{1}{2x-a}+\frac{2}{3}\cdot\frac{-1}{a-x}\right]$$

$$=\frac{2}{3}\cdot\frac{3x-2a}{\sqrt[3]{(2x-a)^2(x-a)}}.$$

所以函数驻点为 $x_1=\frac{2a}{3}$,导数无定义点为 $x_2=\frac{a}{2}, x_3=a$.

列表讨论如下:

x	$(-\infty,\frac{a}{2})$	$\frac{a}{2}$	$(\frac{a}{2},\frac{2}{3}a)$	$\frac{2}{3}a$	$(\frac{2}{3}a,a)$	a	$(a,+\infty)$
y'	+		+		−		+
y	↗		↗		↘		↗

此函数在 $(-\infty,\frac{2}{3}a]$,$[a,+\infty)$ 内单调增加,在 $[\frac{2}{3}a,a]$ 上单调减少.

(7) $y'=e^{-x}x^{n-1}(n-x)\quad(n>0,x\geqslant 0)$,

所以函数定义域为 $[0,+\infty)$,驻点为 $x_0=n$.

列表讨论如下:

x	0	$(0,n)$	n	$(n,+\infty)$
y'		+		−
y		↗		↘

所以此函数在 $[0,n]$ 上单调增加,在 $[n,+\infty)$ 内单调减少.

(8) 当 $2n\pi\leqslant 2x\leqslant(2n+1)\pi$,即 $n\pi\leqslant x\leqslant n\pi+\frac{\pi}{2}$ 时 $(n=0,\pm 1,\pm 2,\cdots)$,

$y=x+\sin x, y'=1+2\cos 2x$,

因为函数定义域为 $[0,\frac{\pi}{2}]$,以周期 π 向 $(-\infty,+\infty)$ 开拓且导数也为周期 π 的函数,

所以由函数在 $[0,\frac{\pi}{2}]$ 内的单调性推知函数在全部定义域区间的单调性.

在$[0,\frac{\pi}{2}]$内，$x_0=\frac{\pi}{3}$为驻点，由$\cos 2x$为减函数，得增减性如下.

x	0	$(0,\frac{\pi}{3})$	$\frac{\pi}{3}$	$(\frac{\pi}{3},\frac{\pi}{2})$	$\frac{\pi}{2}$
y'		+		−	
y		↗		↘	

由此得，当$n\pi\leqslant x\leqslant n\pi+\frac{\pi}{3}$时，$y$单调增加；

当$n\pi+\frac{\pi}{3}\leqslant x\leqslant n\pi+\frac{\pi}{2}$时，$y$单调减少$(n=0,\pm 1,\pm 2,\cdots)$；

当$(2n+1)\pi\leqslant 2x\leqslant(2n+2)\pi$，即$n\pi+\frac{\pi}{2}\leqslant x\leqslant(n+1)\pi$时$(n=0,\pm 1,\pm 2,\cdots)$，$y=x-\sin 2x$. 由前面类似的讨论可知，当$\frac{(2n+1)\pi}{2}\leqslant x\leqslant\frac{(2n+1)\pi}{2}+\frac{\pi}{3}$时，$y$单调增加；当$\frac{(2n+1)\pi}{2}+\frac{\pi}{3}\leqslant x\leqslant(n+1)\pi$时，$y$单调减少.

将两种情况综合后可知：

此函数在$[\frac{k\pi}{2},\frac{k\pi}{2}+\frac{\pi}{3}]$上单调增加，在$[\frac{k\pi}{2}+\frac{\pi}{3},\frac{k\pi}{2}+\frac{\pi}{2}]$上单调减少$(k=0,\pm 1,\pm 2,\cdots)$.

4. 解　由所给图形知，当$x<0$时，$y=f(x)$单调增加，从而$f'(x)\geqslant 0$，故排除(A)、(C)；当$x>0$时，随着x增大，$y=f(x)$先单调增加，然后单调减少，再单调增加，因此随着x增大，先有$f'(x)\geqslant 0$，然后有$f'(x)\leqslant 0$，继而又有$f'(x)\geqslant 0$，故应选(D).

5. 证明　(1) 令$f(x)=1+\frac{1}{2}x-\sqrt{1+x}\quad x\in[0,\bar{x}]$，

因为$f'(x)=\frac{1}{2}-\frac{1}{2\sqrt{1+x}}=\frac{\sqrt{1+x}-1}{2\sqrt{1+x}}>0, x\in(0,\bar{x})$，

所以当$x\in[0,\bar{x}]$时$f(x)$单调增加，所以当$x>0$时，$f(x)>f(0)$，

即$1+\frac{1}{2}x-\sqrt{1+x}>1+\frac{1}{2}\cdot 0-\sqrt{1+0}=0$

得$1+\frac{1}{2}x>\sqrt{1+x}$.

(2) 设$f(x)=1+x\ln(x+\sqrt{1+x^2})-\sqrt{1+x^2}\quad x\in[0,\bar{x}]$，

因为$f'(x)=\ln(x+\sqrt{1+x^2})+x\frac{1}{x+\sqrt{1+x^2}}(1+\frac{2x}{2\sqrt{1+x^2}})-\frac{2x}{2\sqrt{1+x^2}}=\ln(x+\sqrt{1+x^2})>0, x\in[0,\bar{x}]$，

所以 $f(x)$ 单调增加，$x \in [0,\bar{x}]$，

所以当 $x > 0$ 时，$f(x) > f(0) = 0$，

即 $1 + x\ln(x + \sqrt{1+x^2}) - \sqrt{1+x^2} > 0$，

从而推出

$1 + x\ln(x + \sqrt{1+x^2}) > \sqrt{1+x^2}$.

(3) 设 $f(x) = \sin x + \tan x - 2x, f(0) = 0$,

则 $f'(x) = \cos x + \sec^2 x - 2, f'(0) = 0$,

$f''(x) = -\sin x + 2\sec^2 x\tan x = \sin x(2\sec^3 x - 1) > 0, x \in (0,\frac{\pi}{2})$,

所以函数 $f'(x)$ 在 $(0,\frac{\pi}{2})$ 上单调增加，

当 $x_1 = x > x_2 = 0$ 时，　$f'(x_1) > f'(x_2)$，即 $f'(x) > f'(0) = 0$.

因为 $f'(x) > 0$，

所以函数 $f(x)$ 在 $(0,\frac{\pi}{2})$ 上单调增加.

因而当 $0 < x < \frac{\pi}{2}$ 时，$f(x) > f(0) = 0$. 即 $\sin x + \tan x - 2x > 0$，

从而推出 $\sin x + \tan x > 2x, x \in (0,\frac{\pi}{2})$.

(4) 设 $f(x) = \tan x - x - \frac{1}{3}x^3$.

则 $f(0) = 0, f'(x) = \sec^2 x - 1 - x^2 = \tan^2 x - x^2 = (\tan x - x)(\tan x + x)$，

因为当 $0 < x < \frac{\pi}{2}$ 时，$\tan x > x, \tan x + x > 0$，

所以 $f'(x) > 0$，因而 $f(x)$ 在 $(0,\frac{\pi}{2})$ 上单调增加.

所以当 $0 < x < \frac{\pi}{2}$ 时，有 $f(x) > f(0) = 0$，

即当 $0 < x < \frac{\pi}{2}$ 时，$\tan x - x - \frac{1}{3}x^3 > 0$，从而　$\tan x > x + \frac{1}{3}x^3$.

(5) 设 $f(x) = x\ln 2 - 2\ln x$，则 $f(4) = 0$，

$f'(x) = \ln 2 - \frac{2}{x} = \frac{\ln 4}{2} - \frac{2}{x} > \frac{\ln e}{2} - \frac{2}{4} = 0$，

所以 $f(x) > f(4) = 0$，　$x\ln 2 - 2\ln x > 0$，

即 $\ln 2^x > \ln x^2$，　又因 $\ln x$ 为增函数，　所以 $2^x > x^2$.

6. 解　令 $f'(x) = 0$，得 $x = \frac{1}{a}$.

$\ln x$ 的定义域是$(0,+\infty)$,当 $0<x<\frac{1}{a}$ 时,$1-ax>0$. $f'(x)>0$, $f(x)$ 单调增加;反之,当 $x>\frac{1}{a}$ 时,$f(x)$ 单调减少,又显见函数 $f(x)$ 连续$(x>0)$,且 $\lim\limits_{x\to0^+}f(x)=-\infty$, $\lim\limits_{x\to+\infty}x(\frac{\ln x}{x}-a)=-\infty$(因为$\lim\limits_{x\to\infty}\frac{\ln x}{x}=0$),所以 $f(x)$ 至多有两个实根、下面讨论参数 a 的各种情形.由于 $f(\frac{1}{a})=\ln\frac{1}{a}-a\cdot\frac{1}{a}=-(\ln a+1)$,有

(1) 当 $f(\frac{1}{a})=0$,即 $\ln a=-1$, $a=\frac{1}{\mathrm{e}}$ 时,$f(x)$ 的图形与 x 轴只有一个交点,此时题设方程有唯一实根 $x=\mathrm{e}$.

(2) 当 $f(\frac{1}{a})>0$,即 $\ln a+1<0$, $\ln a<-1$, $0<a<\frac{1}{\mathrm{e}}$ 时,$f(x)$ 的图形与 x 轴有两个交点,方程有两个实根.

(3) 当 $f(\frac{1}{a})<0$,即 $a>\frac{1}{\mathrm{e}}$ 时,方程没有实根.

7. 解 单调函数的导函数不一定仍是单调函数,考查题中所给函数,由于 $f'(x)=1+\cos x\geqslant0(x\in\mathbf{R})$,且使 $1+\cos x=0$ 的点 $x=(2n+1)\pi\ (n\in\mathbf{N})$ 是一些孤立奇点,它们不能构成区间,所以 $f(x)$ 在 $x\in(-\infty,+\infty)$ 都是单调增加的,但显见 $\cos x$ 是周期函数,非单调,从而 $f'(x)=1+\cos x$ 在$(-\infty,+\infty)$内不是单调函数.

8. 解 (1) $y'=4-2x$, $y''=-2<0$, $x\in\mathbf{R}$,

所以该曲线在整个数轴上都是上凸的.

(2) $y'=\mathrm{ch}x$, $y''=\mathrm{sh}x$,令 $y'=0$,得 $x=0$.

当 $-\infty<x<0$ 时,$y''=\mathrm{sh}x<0$;

当 $0<x<+\infty$ 时,$y''=\mathrm{sh}x>0$.

所以双曲正弦的图形在$(-\infty,0]$ 上是上凸的;在$[0,+\infty)$ 上是向上凹的.

(3) $y'=1-\frac{1}{x^2}$, $y''=\frac{2}{x^3}>0(x>0)$,所以该曲线在正横轴上是凹的.

(4) $y'=\arctan x+\frac{x}{1+x^2}$, $y''=\frac{1}{1+x^2}+\frac{1+x^2-x\cdot2x}{(1+x^2)^2}=\frac{2}{(1+x^2)^2}>0$,

所以 y 在其定义域$(-\infty,+\infty)$ 上都是上凹的.

9. 解 (1) $y'=3x^2-10x+3$, $y''=6x-10$.

令 $y''=0$，得 $x=\frac{5}{3}$；在 $(-\infty,\frac{5}{3}]$ 内 $y''<0$；在 $[\frac{5}{3},+\infty)$ 内 $y''>0$.

所以曲线在 $(-\infty,\frac{5}{3})$ 内为凸；在 $[\frac{5}{3},\infty)$ 内为凹；拐点为 $(\frac{5}{3},\frac{20}{7})$.

(2) $y'=e^{-x}-xe^{-x}$，$y''=-e^{-x}-e^{-x}+xe^{-x}=e^{-x}(x-2)$，

在 $(-\infty,2]$ 内，$y''<0$；在 $[2,+\infty)$ 内 $y''>0$.

所以在 $(-\infty,2]$ 内曲线为凸；在 $[2,+\infty)$ 内曲线为凹；拐点为 $(2,\frac{2}{e^2})$.

(3) $y'=4(x+1)^3+e^x$，$y''=12(x+1)^2+e^x>0$，

所以曲线在 $(-\infty,+\infty)$ 内是凹的，曲线没有拐点.

(4) $y=\ln(x^2+1)$，$x\in(-\infty,+\infty)$，

$y'=\frac{2x}{x^2+1}$，$y''=\frac{(x^2+1)\cdot 2-2x\cdot 2x}{(x^2+1)^2}=\frac{-2(x-1)(x+1)}{(x^2+1)^2}$.

当 $x\in(-\infty,-1)$ 时，$y''<0$，

当 $x\in(-1,1)$ 时，$y''>0$，

当 $x\in(1,+\infty)$ 时，$y''<0$.

所以，此函数曲线在 $(-\infty,-1]$ 和 $[1,+\infty)$ 上是凸的，

在 $[-1,1]$ 上是凹的，拐点为 $(-1,\ln 2)$ 和 $(1,\ln 2)$.

(5) $y'=e^{\arctan x}\cdot\frac{1}{1+x^2}$，$y''=\frac{-2e^{\arctan x}}{(1+x^2)^2}\cdot(x-\frac{1}{2})$，

当 $x\in(-\infty,\frac{1}{2})$ 时，$y''>0$，当 $x\in(\frac{1}{2},+\infty)$ 时，$y''<0$，

所以在 $(-\infty,\frac{1}{2}]$ 上是凹的，在 $[\frac{1}{2},+\infty)$ 上是凸的；

拐点为 $(\frac{1}{2},e^{\arctan\frac{1}{2}})$.

(6) $y=x^4(12\ln x-7)$，

则 $y'=4x^3(12\ln x-7)+12x^3$，$y''=144\ln x\cdot x^2$，$x\in(0,+\infty)$，

所以此函数曲线在 $(0,1]$ 上是凸的；在 $[1,+\infty)$ 上是凹的；拐点为 $(1,-7)$.

10. 证明 (1) 设函数 $f(t)=t^n$，$f'(t)=nt^{n-1}$，$f''(t)=n(n-1)t^{n-2}$，因为当 $n>1$ 时，对 $t\in(0,+\infty)$，由 $f''(t)>0$ 可知 $f(t)$ 是向上凹的.

故对任意 $x,y\in(0,+\infty)$ $(x\neq y)$，有 $f(\frac{x+y}{2})<\frac{f(x)+f(y)}{2}$，

即证出 $(\frac{x+y}{2})^n<\frac{x^n+y^n}{2}$.

(2) 设函数 $f(t)=e^t$，$f'(t)=f''(t)=e^t$.

对 $t\in(-\infty,+\infty)$，由 $f''(t)>0$ 知，$f(t)$ 是向上凹的.

故对任意 $x,y\in(-\infty,+\infty)$ $(x\neq y)$，

有 $f(\frac{x+y}{2})<\frac{f(x)+f(y)}{2}$，

即证出 $e^{\frac{x+y}{2}}<\frac{e^x+e^y}{2}$.

(3) 令 $f(t)=t\ln t(t>0)$. 因为 $f'(t)=1+\ln t,f''(t)=\frac{1}{t}>0$，所以 $f(t)$ 在 $(0,+\infty)$ 内是凹的，于是对于任意 $x,y\in(0,+\infty),x\neq y$，都有

$\frac{x\ln x+y\ln y}{2}>\frac{x+y}{2}\ln\frac{x+y}{2}$.

故　$x\ln x+y\ln y=(x+y)\ln\frac{x+y}{2}$.

11. 证明 $y'=\frac{x^2+(1-2x)(x-1)}{(x^2+1)^2}=\frac{-x^2+2x+1}{(x^2+1)^2}$，

$$y''=\frac{(2-2x)(x^2+1)^2+(x^2-2x-1)\cdot 4x(x^2+1)}{(x^2+1)^4}=\frac{2(x+1)(x^2-4x+1)}{(x^2+1)^3}.$$

令 $y''=0$，解得 $x_1=-1,x_{2,3}=2\mp\sqrt{3}$，

$\therefore$ 当 $x\in(-\infty,-1)$ 时，$y''<0$. 当 $x\in(-1,2-\sqrt{3})$ 时，$y''>0$.

当 $x\in(2-\sqrt{3},2+\sqrt{3})$ 时，$y''<0$. 当 $x\in(2+\sqrt{3},+\infty)$ 时，$y''>0$.

$\therefore$ 当 $x_1=-1$ 时，$y_1=-1$，当 $x_2=2+\sqrt{3}$ 时，$y_2=\frac{-1+\sqrt{3}}{4}$，

当 $x_3=2-\sqrt{3}$ 时，$y_3=\frac{-1-\sqrt{3}}{4}$.

$\therefore(-1,-1),(2+\sqrt{3},\frac{-1+\sqrt{3}}{4}),(2-\sqrt{3},\frac{-1-\sqrt{3}}{4})$ 是曲线 $y=\frac{x-1}{x^2+1}$ 的三个拐点，很容易验证这三点在同一条直线上.

12. 解 $y'=3ax^2+2bx,y''=6ax+2b$.

因为(1,3)为拐点，由必要条件知，应有 $y''(1)=0$. 所以　$6a+2b=0$. ①

又因拐点(1,3)在曲线上，代入得　$a+b=3$. ②

①② 联立，解得　$a=-\frac{3}{2},b=\frac{9}{2}$.

13. 解 因为点(−2,44)与(1,−10)都在曲线上，所以

$$\begin{cases}-8a+4b-2c+d=44, & ①\\ a+b+c+d=-10. & ②\end{cases}$$

$y'=3ax^2+2bx+c,y''=6ax+2b$.

分别代入 $x_0=-2$ 与 $x_1=1$，由题设驻点与拐点条件，又得

$$\begin{cases}12a-4b+c=0, & ③\\ 6a+2b=0. & ④\end{cases}$$

联立 ①②③④，解得 $a=1,b=-3,c=-24,d=16$.

14. 解 $y'=4k\times(x^2-3)$，$y''=4k(x^2-3+2x^2)=12k(x^2-1)$，拐点处的 $y''=0$. 令上式为零，显见 $k\neq0$（否则 $y=0$，无拐点），解得 $x_{1,2}=\pm1$ 对应 $y_{1,2}=4k$. 由 $y''=12k(x^2-1)$，可验证当 x 通过 $x_{1,2}=\pm1$ 两点的两侧邻近时，y'' 都变号，所以拐点坐标为 $M_1(1,4k)$，$M_2(-1,4k)$，两拐点处切线的斜率

$k_{1,2}=y'(\pm1)=\mp8k$. 从而两拐点处法线的斜率 $\bar{k}_{12}=\pm\dfrac{1}{8k}$.

法线方程为 $y-4k=\dfrac{1}{8k}(x-1)$ 与 $y-4k=-\dfrac{1}{8k}(x+1)$.

又因为两法线通过原点(0,0)，代入上面两式，都得到 $32k^2=1$，

故 $k=\pm\dfrac{\sqrt{2}}{8}$.

15. 解 函数 $y=f(x)$ 在 $x=x_0$ 的某邻域内有 3 阶连续导数. 用泰勒公式得

$$f(x)=f(x_0)+f'(x_0)(x-x_0)+\frac{f''(x_0)}{2!}(x-x_0)^2+\frac{f'''(\xi)}{3!}(x-x_0)^3$$

（ξ 在 x_0 与 x 之间）. 又已知 $f'(x_0)=f''(x_0)=0$，所以 $f(x)=f(x_0)+\dfrac{f'''(\xi)}{3!}(x-x_0)^3$.

由于 $f'''(x_0)\neq0$，且 $f'''(x)$ 连续，则在 x_0 充分小的邻域内，$f'''(x)\neq0$. 特别地；$f'''(\xi)\neq0$，不妨设 $f'''(\xi)>0$（$f'''(\xi)<0$ 的证明完全类似），则当 $x<x_0$ 时，$f(x)-f(x_0)<0$，即 $f(x)<f(x_0)$.

当 $x>x_0$ 时，$f(x)-f(x_0)>0$，即 $f(x)>f(x_0)$，$f''(x)$ 在 x_0 两侧变号，故 $x=x_0$ 时，不是极值点，又由拉格朗日中值定理得

$f''(x)-f''(x_0)=f'''(\xi)(x-x_0)$（$\xi$ 在 x_0 与 x 之间），

同样不妨设 $f'''(\xi)>0$，则当 $x<x_0$ 时，$f''(x)-f''(x_0)<0$，即 $f''(x)<f''(x_0)=0$；当 $x>x_0$ 时，$f''(x)-f''(x_0)>0$，即 $f''(x)>f''(x_0)=0$，$f''(x)$ 在 x_0 两侧变号. 综上，$x=x_0$ 为拐点.

3.5 函数的极值与最大值、最小值

本节重难点及考研要求

重点及考点

1. 驻点和极值点的关系

首先,它们的定义不同:驻点是导数为零的点,而极值点表明该点的值大于(或小于)其小邻域上任何其他的值.而费马定理指出,如果函数在极值点处可导,则它一定是驻点.然而即使函数在某点处不可导,它仍然可能是极值点,如 $y=|x|$ 在 $x=0$ 处不可导,但 $x=0$ 仍是函数的极小值点.另外驻点仅是可导函数取得极值的必要条件.即:可能 x_0 是函数 $f(x)$ 的驻点,但 x_0 并不是函数的极值点,例如 $y=x^3$ 在 $x=0$ 处 $y'=0$,而 $x=0$ 却不是极值点.

2. 驻点和拐点定义的差异

驻点是一阶导数为零的点,以 $x=x_0$ 表示.而拐点通常是二阶导数为零,且它的两侧二阶导数符号不同.拐点是曲线凸孤和凹孤的分界点,是研究曲线图形的重要特征的依据之一,而驻点主要用来考查该点是否是极值点.

3. 极值点与最值点的差异

最值点是函数在某一区间上取得最大(小)值的点,它可能是极值点,也可能是边界点,甚至在某一区间上不存在最值点.如 $y=x^3$ 在 $(-1,1)$ 上,由于 $(-1,1)$ 是开区间,$y=x^3$ 并不能取得最值.

极值点是函数在某点的小邻域内的最值点,但它不一定是更大的一个区间上的最值.可能在某一区间上有多个极值点,甚至某点的极小值比另一点的极大值还大.因此求某一区间上的最值,通常是求出该区间上的所有驻点、导数不存在的点以及边界点,然后将这些点的函数值予以比较,找到最值.

4. 求极值的步骤

(1) 求出导数 $f'(x)$.

(2) 求出 $f(x)$ 的全部驻点与不可导点.

(3) 考查 $f'(x)$ 的符号在每个驻点或不可导点的左右邻近情形,以确定该点是否为极值点,如果是极值点,进一步确定是极大值点还是极小值点.

(4) 求出各极值点的函数值,就是函数 $f(x)$ 的全部极值.

5. 计算函数最值的方法.

(1) 根据计算驻点的方法求出 $f(x)$ 在 (a,b) 内的驻点 $x_1,x_2,x_3,\cdots x_m$ 及不可导点 $x_1',x_2',\cdots,x_n'$.

(2) 计算 $f(x_i)$ $(i=1,2,\cdots,m)$, $f(x_j')$ $(j=1,2,\cdots,n)$ 及 $f(a),f(b)$.

(3) 比较(2)中各值的大小,其中最大的和最小的便是 $f(x)$ 在 $[a,b]$ 上的最大值和最小值.

6. 求方程根的个数的步骤

(1) 求出 $f(x)$ 的驻点和使 $f'(x)$ 不存在的点,划分 $f(x)$ 的单调区间.

(2) 求出各单调区间的极值.

(3) 分析极值与 x 轴的位置以判断根的个数.

7. 用最大、最小值解应用题

(1) 先把实际问题转化为某函数在某区间上的最值问题;

(2) 求函数在某区间内部的极值;

(3) 把极值点与区间边界上的函数值作比较.

考研要求

1. 掌握用导数求函数极值的方法.

2. 掌握函数最大值和最小值的求法及其简单应用.

典型例题与解题技巧

题型 Ⅰ:求函数的极值与最值

【题型分析】

1. 求函数的极值的步骤如下:

(1) 求 $f'(x)$,求出使 $f'(x)$ 不存在的点和 $f'(x)=0$ 的驻点.

(2) 判别上述点处函数是否取得极值.

2. 求函数在某一区间上最值的步骤如下:

(1) 求出该区间上所有导数不存在和导数为 0 的点.

(2) 求出上述各点和区间端点处的函数值.

(3) 上述函数值最大者即为函数的最大值,最小值即为函数的最小值.

例 1　求下列函数的极值:

(1) $y = x^{\frac{1}{x}}\ (x > 1)$;　　(2) $y = 2 - (x-1)^{\frac{2}{3}}$.

分析　要求函数 $f(x)$ 的极值,应先求出 $f(x)$ 的驻点和导数不存在的点,然后按该点的二阶导数的符号或通过该点的两侧的导数的符号判断为极大值还是极小值.

解　(1) $\ln y = \dfrac{1}{x}\ln x,\ \dfrac{y'}{y} = -\dfrac{1}{x^2}\ln x + \dfrac{1}{x^2}$,

所以　$y' = x^{\frac{1}{x}}(1-\ln x)\dfrac{1}{x^2}$,由 $y'=0$ 求得驻点 $x_0 = \mathrm{e}$.

且 $\begin{cases} y' < 0, & x > \mathrm{e}, \\ y' > 0, & x < \mathrm{e}. \end{cases}$

所以 $x_0 = \mathrm{e}$ 是极大值点,极大值为 $f(\mathrm{e}) = \mathrm{e}^{\frac{1}{\mathrm{e}}}$.

(2) $y' = -\dfrac{2}{3}\cdot\dfrac{1}{\sqrt[3]{x-1}}$,导数不存在的点为 $x_0 = 1$.

且 $\begin{cases} y' < 0, x > 1, \\ y' > 0, x < 1. \end{cases}$

所以 $y = 2 - (x-1)^{\frac{2}{3}}$ 在 $x = 1$ 处取得极大值 $f(1) = 2$.

例 2 设函数 $y = y(x)$ 是由方程 $2y^3 - 2y^2 + 2xy - x^2 = 1$ 确定的，求 $y = y(x)$ 的驻点，并判定其驻点是否为极值点.

分析 本驻点就是求一阶导数等于零的点，本问题转化为求隐函数的导数的问题.

解 将 $2y^3 - 2y^2 + 2xy - x^2 = 1$ 两边对 x 求导，有

$6y^2 y' - 4yy' + 2y + 2xy' - 2x = 0$,

得 $\quad y' = \dfrac{x-y}{3y^2 - 2y + x}$.

令 $y' = 0$，得 $y = x$，将 $y = x$ 代入原方程，得 $2x^3 - 2x^2 + 2x^2 - x^2 = 1$，得驻点 $x = 1$. 将 $6y^2 y' - 4yy' + 2y + 2xy' - 2x = 0$ 两边对 x 求导，得

$12y(y')^2 + 6y^2 y'' - 4(y')^2 - 4yy'' + 2y' + 2y' + 2xy'' - 2 = 0$.

将 $x = y = 1$ 及 $y'|_{x=1} = 0$ 代入上式，得 $y''|_{x=1} = \dfrac{1}{2} > 0$,

因此 $y = y(x)$ 在 $x = 1$ 处取极小值.

题型 Ⅱ:最值的应用

【题型分析】

1. 把物理、几何问题抽象为数学模型，确定目标函数.
2. 按函数的最值求法确定物理、几何问题最值.

例 3 过曲线 $y = 1 - 2\sqrt{x}\ (x \geqslant 0)$ 上一点引一切线，设切线夹在两坐标轴间的部分长度为 l，求使 l 最小时切点坐标及 l 的最小值.

分析 先把切线方程表示出来，再把部分长度表示出来，最后求最值.

解 设切点坐标为$(a, 1 - 2\sqrt{a})$，而切线斜率为 $f'(a) = -\dfrac{1}{\sqrt{a}}$,

切线方程为 $y - (1 - 2\sqrt{a}) = -\dfrac{1}{\sqrt{a}}(x - a)$，即 $y = -\dfrac{1}{\sqrt{a}}x - \sqrt{a} + 1$.

切线与 y 轴交点为 $y = 0, y = 1 - \sqrt{a}$. 与 x 轴交点为 $x = \sqrt{a} - a, x = 0$.

故切线夹在两坐标轴的部分长度平方为

$L = l^2 = (1 - \sqrt{a})^2 + (\sqrt{a} - a)^2 = (1 - \sqrt{a})^2(1 + a)$.

令 $L' = (1 - \sqrt{a})\left[-\dfrac{1}{\sqrt{a}}(1 + a) + (1 - \sqrt{a})\right] = 0$.

解得 $a = 1$，即切点为$(1, -1)$，$l = 0$.

课后习题解答(习题 3-5)

1. 解 (1) 因为 $y' = 6x^2 - 12x - 18 = 6(x+1)(x-3)$，

所以驻点为 $x_1 = -1, x_2 = 3$，

所以 $x = -1$ 为极大值点，极大值为 17；

$x = 3$ 为极小值点，极小值为 -47.

(2) $y' = 1 - \frac{1}{1+x} = \frac{x}{1+x}$，令 $y' = 0$，得 $x = 0$，当 $x < 0$ 时，$y' < 0$；当 $x > 0$ 时，$y' > 0$. 所以 $x = 0$ 为极小值点，函数极小值 $y(0) = 0$.

(3) $y' = -4x^3 + 4x = -4x(x-1)(x+1)$，令 $y' = 0$，得 $x_1 = 0, x_2 = 1, x_3 = -1$，$y'' = -12x^2 + 4$，$y''(0) = 4 > 0$，$y''(-1) = -8 < 0$，$y''(1) = -8 < 0$.

故极小值 $y(0) = 0$，极大值 $y(-1) = 1$ 和 $y(1) = 1$.

(4) $y' = 1 - \frac{1}{2\sqrt{1-x}} = \frac{2\sqrt{1-x} - 1}{2\sqrt{1-x}}$.

令 $y' = 0$，得 $x = \frac{3}{4}$，当 $x < \frac{3}{4}$ 时，$y' > 0$，当 $\frac{3}{4} < x < 1$ 时，$y' < 0$，

所以 $x = \frac{3}{4}$ 为极大值点，极大值 $y(\frac{3}{4}) = \frac{5}{4}$.

(5) 因为 $y' = \frac{-5(x - \frac{12}{5})}{\sqrt{(4+5x^2)^3}}$，驻点为 $x_0 = \frac{12}{5}$，

所以 $x_0 = \frac{12}{5}$ 为极大值点，$y(\frac{12}{5}) = \frac{\sqrt{205}}{10}$ 为极大值.

(6) 因为 $y' = \frac{-x(x+2)}{(x^2+x+1)^2}$，驻点为 $x_1 = 0, x_2 = -2$，

所以极大值 $y(0) = 4$，极小值为 $y(-2) = \frac{8}{3}$.

(7) 函数定义域为 $(-\infty, +\infty)$，令

$y' = e^x(\cos x - \sin x) = 0$.

得驻点　$x_0 = k\pi + \frac{\pi}{4}, k \in \mathbf{Z}$.

又由　$y'' = e^x(\cos x - \sin x - \sin x - \cos x) = -2e^x \sin x$.

$$y''(2n\pi + \frac{\pi}{4}) = -\sqrt{2}\, e^{2n\pi + \frac{\pi}{4}} < 0;$$

$$y''[(2n+1)\pi + \frac{\pi}{4}] = \sqrt{2}\, e^{(2n+1)\pi + \frac{\pi}{4}} > 0, n \in \mathbf{Z}.$$

所以此函数在 $x_1=2n\pi+\frac{\pi}{4}$ 处取极大值 $\frac{\sqrt{2}}{2}e^{2n\pi+\frac{\pi}{4}}$，在 $x_2=(2n+1)\pi+\frac{\pi}{4}$ 处取极小值 $-\frac{\sqrt{2}}{2}e^{(2n+1)\pi+\frac{\pi}{4}}$，其中 $n=0,\pm1,\pm2,\cdots$

(8) $\ln y=\frac{1}{x}\ln x, y'=x^{\frac{1}{x}}\cdot\frac{1-\ln x}{x^2}$.

令 $y'=0$ 得 $1-\ln x\geqslant 0$，得驻点为 $x_0=e$. 它在函数的定义域 $(0,+\infty)$ 内，而不可导点 $x=0\overline{\in}(0,+\infty)$.

当 $0<x<e$ 时，$1-\ln x>0$，从而 $y'>0$；

当 $e<x<+\infty$ 时，$1-\ln x<0$，从而 $y'<0$.

所以函数在 $x_0=e$ 处取极大值 $y(e)=e^{\frac{1}{e}}$.

(9) 此函数定义域为 $(-\infty,+\infty)$.

因为 $y'=-\frac{2}{3}\cdot\frac{1}{\sqrt[3]{(x+1)^2}}<0$. $x_0=-1$ 点导数不存在，而函数有意义，故 $x=-1$ 不是极值点，y 在 $(-\infty,+\infty)$ 内无极值.

(10) 因为 $y'=1+\sec^2x>0, x\in(-\infty,+\infty)$，故此函数无极值点.

2. 证明 $y'=3ax^2+2bx+c$，由条件 $b^2-3ac<0$ 推出 $a\neq0, c\neq0$.

因为 y' 为二次三项式，$\Delta=(2b)^2-4(3a)c=4(b^2-3ac)<0$，

所以当 $a>0$ 时，$y'>0, x\in(-\infty,+\infty)$，从而函数 $y(x)$ 单调上升.

当 $a<0$，时 $y'<0, x\in(-\infty,+\infty)$，从而函数 $y(x)$ 单调下降.

对任意给定的 a，$y(x)$ 在 $(-\infty,+\infty)$ 总是单调的，$y(x)$ 在 $(-\infty,+\infty)$ 内无极值.

3. 解 $f'(x)=a\cos x+\cos 3x$，若此函数在 $x=\frac{\pi}{3}$ 处为极值点，

则 $f'(\frac{\pi}{3})=0$，即 $a\cos\frac{\pi}{3}+\cos(3\cdot\frac{\pi}{3})=0$，

解得 $a=2$，这时

$$f''(x)\Big|_{x=\frac{\pi}{3}}=-a\sin x-3\sin 3x\Big|_{x=\frac{\pi}{3}}=(-2)\sin\frac{\pi}{3}-3\sin(3\cdot\frac{\pi}{3})<0.$$

所以 $x_0=\frac{\pi}{3}$ 为极大值点，且极大值为 $f(\frac{\pi}{3})=2\sin\frac{\pi}{3}+\frac{1}{3}\sin(3\cdot\frac{\pi}{3})=\sqrt{3}$.

4. 解 (1) $y'=6x^2-6x=6x(x-1)$，

令 $y'=0$，得 $x_1=0, x_2=1, y(0)=0, y(1)=-1, y(-1)=-5$，$y(4)=80$，

函数最小值为 $y(-1)=-5$，最大值为 $y(4)=80$.

(2) $y' = 4x^3 - 16x = 4x(x-2)(x+2)$，

令 $y' = 0$ 得 $x_1 = 0, x_2 = 2, x_3 = -2$(舍去)，

$y(0) = 2, y(2) = -14, y(-1) = -5, y(3) = 11$，

函数最大值为 $y(3) = 11$，最小值为 $y(2) = -14$.

(3) $y' = 1 - \dfrac{1}{2\sqrt{1-x}}$，在$[-5,1]$上，边界点为$-5$、1，驻点为 $x = \dfrac{3}{4}$，

又因为 $y(-5) = -5 + \sqrt{6}$，$y(1) = 1$，又因为 $y(\dfrac{3}{4}) = \dfrac{5}{4}$，

所以此函数最大值为 $y(\dfrac{3}{4}) = \dfrac{5}{4}$，最小值为 $y(-5) = -5 + \sqrt{6}$.

5. 解　$y' = 6x^2 - 12x - 18$.

令 $y' = 0$，解驻点 $x_1 = -1$(舍去)，$x_2 = 3$，

由于 $y(1) = -29, y(3) = -61, y(4) = -47$，

所以该函数在 $x = 1$ 处取得最大值，最大值为 $y(1) = -29$.

6. 解　$y' = 2x + \dfrac{54}{x^2}$，$f(x)$ 在$(-\infty, 0)$内有唯一驻点 $x_0 = -3$，

又因为 $y''\Big|_{x=-3} = 2 - \dfrac{108}{x^3} > 0$，故 $x_0 = -3$ 为极小值点.

所以 $x_0 = -3$ 就是最小值点，最小值为 $y(-3) = 27$.

7. 解　$y' = \dfrac{(x^2+1) - x \cdot 2x}{(x^2+1)^2} = \dfrac{1-x^2}{(x^2+1)^2}$，

因为 $x \geqslant 0$，所以令 $y' = 0$，得 $x = 1$.

当 $0 \leqslant x \leqslant 1$ 时，$y' > 0$；当 $x > 1$ 时，$y' < 0$.

所以 $x = 1$ 为函数的极大值点，此极大值点也为最大值点，

函数的最大值为 $y(1) = \dfrac{1}{2}$.

8. 解　设宽为 x，长为 y，面积为 S，则 $S = xy$，由 $2x + y = 20$ 得 $y = 20 - 2x$，代入 $S = xy$ 得 $S = x(20-2x) = 2(10x - x^2)$，$x \in (0,10)$，

则 $S' = 20 - 4x = -4(x-5)$，$S'' = -4$，

故有唯一驻点 $x = 5$，从而 $y = 10$，此时 $S = 50(\mathrm{m}^2)$.

所以应围成垂直于墙壁的边长为 5 m 和平行于墙壁的边长为 10 m 的长方形，才能使小屋面积最大.

9. 解　依题意有 $V = \pi r^2 h$，其中 V 为常量，所以 $h = \dfrac{V}{\pi r^2}$.

表面积　$S = 2\pi r^2 + 2\pi rh = 2\pi r^2 + \dfrac{2V}{r}$,

这里 S 是目标函数,r 是自变量,令 $S'_r = 4\pi r - \dfrac{2V}{r^2} = \dfrac{2(2\pi r^3 - V)}{r^2} = 0$.

得唯一驻点 $r = \sqrt[3]{\dfrac{V}{2\pi}}$. 这时 $h = 2\sqrt[3]{\dfrac{V}{2\pi}} = 2r$.

用问题的实际意义和驻点的唯一性知,当 $r = \sqrt[3]{\dfrac{V}{2\pi}}$ 和 $h = 2r = 2\sqrt[3]{\dfrac{V}{2\pi}}$ 时,表面积最小,这时底直径与高的比为 1∶1.

10. 解　如图 3-2 所示,设截面周长为 l,则 $\lambda = x + 2y + \pi \cdot \dfrac{x}{2}$,

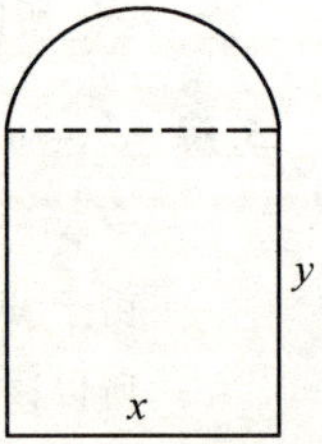

图 3-2

又由 $xy + \dfrac{1}{2} + \dfrac{1}{2}\pi(\dfrac{x}{2})^2 = 5$,

得　$y = \dfrac{1}{x}(5 - \dfrac{1}{8}\pi x^2)$,　$l = \dfrac{40 - \pi x^2}{4x} + x + \dfrac{1}{2}\pi x$.

因为 $l'_x = \dfrac{-2\pi x \cdot 4x - 4(40 - \pi x^2)}{16x^2} + 1 + \dfrac{\pi}{2}$

$= \dfrac{4[(\pi + 4)x^2 - 40]}{16x^2}$ $(x > 0)$,

令 $l' = 0$,得唯一驻点 $x = \sqrt{\dfrac{40}{\pi + 4}}$(舍去 $x = -\sqrt{\dfrac{40}{\pi + 4}}$).

由问题的实际意义和驻点唯一性可知,只有 $x = \sqrt{\dfrac{40}{\pi + 4}} \approx 2.366$ 时,才能使截面的周长最小.

11. 解　由图 3-3 所示受力分析可知 $F \cdot \cos\alpha = (P - F\sin\alpha)\mu$.

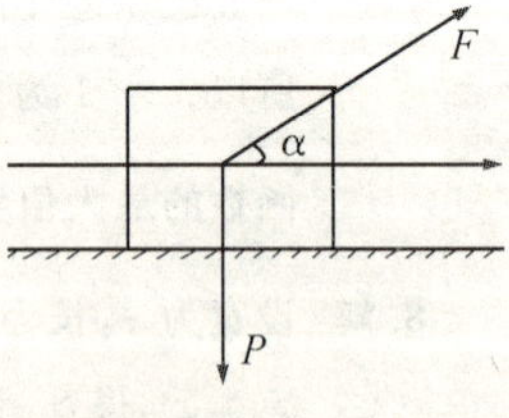

图 3-3

所以 $F = \dfrac{\mu P}{\cos\alpha + \mu\sin\alpha}$,$\alpha \in [0, \dfrac{\pi}{2})$.

令 $u = \cos\alpha + \mu\sin\alpha$,$\alpha \in [0, \dfrac{\pi}{2})$,

则只需求 u 的最大值点.

$u_\alpha{}' = -\sin\alpha + \mu\cos\alpha$.　　令 $y' = 0$,得 $\alpha = \arctan\mu$.

由于是实际问题,因此驻点就是极值点,因而 $\alpha = \arctan\mu$ 为函数的极大值点.

所以当 $\alpha = \arctan(0.25) = 14°2'$ 时,力 F 最小.

12. 解　如图 3-4 所示,设杆长为 x. 则杆重 $5x$,由诸力平衡,得等式

$xF = 49 \times 0.1\text{g} + 5x \cdot \frac{x}{2}\text{g}$,

得 $F = \frac{4.9}{x}\text{g} + \frac{5}{2}x\text{g} \quad (x > 0)$.

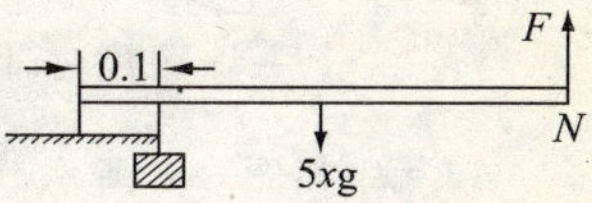

图 3-4

下面求力 F 当 x 为何值时取最小值.

因为 $F' = -\frac{4.9}{x^2}\text{g} + \frac{5}{2}\text{g} = \frac{5x^2 - 9.8}{5x^2}\text{g}$,

令 $F' = 0$,得唯一驻点 $x_0 = \sqrt{\frac{9.8}{5}}$(舍去 $x_1 = -\sqrt{\frac{9.8}{5}}$),再由问题的实际意义知,最省力的杠杆长存在,所以当 $x_0 = \sqrt{1.96} = 1.4(\text{m})$,

即杆长为 1.4 m 时最省力.

13. 解 如图 3-5 所示,设漏斗的容积为 V,高为 h,顶圆半径为 r,

则 $\begin{cases} V = \frac{1}{3}\pi r^2 h, & ① \\ 2\pi r = R \cdot \varphi, & ② \\ h = \sqrt{R^2 - r^2}. & ③ \end{cases}$

由 ② 式得 $r = \frac{R\varphi}{2\pi}$,代入 ③ 式得 $h = \sqrt{R^2 - (\frac{R\varphi}{2\pi})^2} = \frac{R}{2\pi}\sqrt{4\pi^2 - \varphi^2}$,

代入 ① 式,得函数 $V = \frac{R^3}{24\pi^2}\sqrt{4\pi^2\varphi^4 - \varphi^6}$,$\varphi \in (0, 2\pi)$,

令 $y = 4\pi^2\varphi^4 - \varphi^6$,$\varphi \in (0, 2\pi)$,$y$ 与 V 具有相同的最大值点.

图 3-5

$y' = 16\pi^2\varphi^3 - 6\varphi^5 = -6\varphi^3(\varphi^2 - \frac{16}{6}\pi^2) = -6\varphi^3(\varphi - \sqrt{\frac{8}{3}}\pi)(\varphi + \sqrt{\frac{8}{3}}\pi)$,

故函数 y 有唯一正驻点 $\varphi_0 = \sqrt{\frac{8}{3}}\pi$.

又因为当 $0 < \varphi < \sqrt{\frac{8}{3}}\pi$ 时,$y' < 0$;当 $\varphi > \sqrt{\frac{8}{3}}\pi$ 时,$y' > 0$.

所以 $\varphi_0 = \sqrt{\frac{8}{3}}\pi$ 为 y 的极大值点,它也是 V 的最大值点,即当扇形中心取

$\sqrt{\frac{8}{3}}\pi$ 弧度时,做成的漏斗容积最大.

14. 解 如图 3-6 所示,吊臂对地面的倾角为 φ 时,屋架能够吊到的最大高度为 h. 在直角三角形 EDG 中,建立如下关系式:

$15\sin\varphi = (h-1.5)+2+3\tan\varphi$.

解出 h, $h = 15\sin\varphi - 3\tan\varphi - \frac{1}{2}$,

$$h' = 15\cos\varphi - \frac{3}{\cos^2\varphi},$$

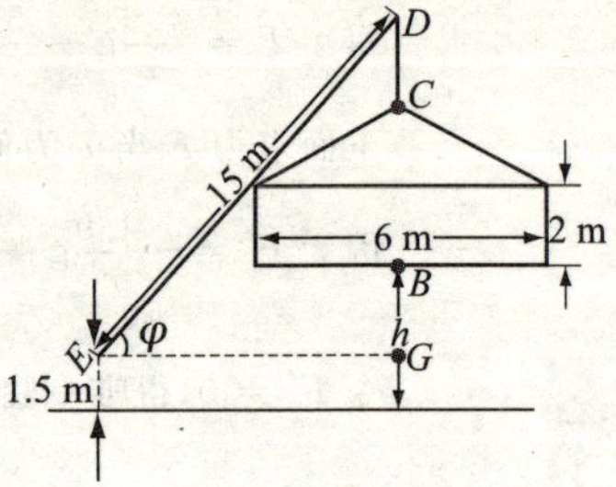

图 3-6

令 $h'=0$,得 $\cos\varphi = \sqrt[3]{\frac{1}{5}}$,解得唯一驻点 $\varphi = \arccos\sqrt[3]{\frac{1}{5}} \approx 54°$,

又因为 $h''\Big|_{\varphi=54°} = -15\sin\varphi - 3\times(-2)\cos^{-3}\varphi\cdot(-\sin\varphi) < 0$,

所以 $\varphi = 54°$ 为极大值点,也是最大值点.

$mah = 15\sin 54° - 3\tan 54° - \frac{1}{2} \approx 7.5(\text{m})$.

所以此屋架最高能水平吊至 7.5 m 高,现只要求水平地吊到 6 m 处,因此可以吊上去.

15. 解 设租金为$(1\,000+50x)$元,则租出的公寓套数为$(50-x)$,再设 y 为净收入,有

$y = [(1\,000+50x)-100](50-x) = (900+50x)(50-x)$,

$y' = 50x(50-x)+(900+50x)\times(-1)$.

令 $y'=0$,得 $x_0=16$ 为唯一驻点,即为最大值点.

此时租金为$(1\,000+50\times16)=1\,800$(元),收入 57 800 元,对比租金为 1 000 元时,收入$(1\,000-100)\times50=45\,000$(元),故房租定为 1 800 元可获得最大收入.

16. 解 设利润函数为 $p(x)$,则 $p(x) = (x-40)n = a+b(x-40)(80-x)$.

$p'(x) = b(120-2x)$,令 $p'(x)=0$,得 $x=60$(元).

由 $p''(x) = -2b < 0$ 知 $x=60$ 为极大值点,又由于驻点唯一,这个极大值点就是最大值点,即售出价格定在 60元时能带来最大利润.

3.6 函数图形的描绘

本节重难点及考研要求

重点及考点

1. 渐近线:渐近线是对当 x 趋近于间断点或趋近于 ∞ 时的状态的研究. 如果间断点 x_0 是无穷间断点,则 $x=x_0$ 一定是铅直渐近线;如果没有间断点,则不存在铅直渐近线. 当 x 趋近于 ∞ 时,$f(x)$ 趋于常数 A,则 $y=A$ 是水平渐近线,如当 x 趋于 ∞ 时 $f(x)$ 也趋于 ∞,需进一步考查 $\dfrac{f(x)}{x}$ 是否趋于非零常数 a,且 $f(x)-ax$ 趋于常数 b,若 $a\neq 0$,b 存在且有限,则 $y=ax+b$ 是曲线的斜渐近线.

2. 反映函数综合性态的几何图像比较直观、形象,因而如何作函数的图像成为一类主要问题. 主要步骤是:求函数的定义域,研究周期性、奇偶性、求曲线与坐标轴交点,研究函数单调区间与极值,研究函数凹凸性与求曲线的拐点,求曲线渐近线方程,最后综合上述资料,作出函数图像.

考研要求

1. 会求水平、铅直和斜渐近线.

2. 会描绘函数的图形.

典型例题与解题技巧

题型Ⅰ:求曲线的渐近线

【题型分析】 求曲线 $y=f(x)$ 的渐近线的步骤如下:

1. 若有点 c 使 $\lim\limits_{x\to c}f(x)=\infty$,则 $x=c$ 为 $y=f(x)$ 的铅直渐近线.

2. 求极限 $\lim\limits_{x\to\infty}f(x)$. 若 $\lim\limits_{x\to\infty}f(x)=b$,则 $y=b$ 为 $y=f(x)$ 的水平渐近线.

3. 若 $\lim\limits_{x\to\infty}f(x)=\infty$,则曲线 $y=f(x)$ 无水平渐近线. 此时,考查极限 $\lim\limits_{x\to\infty}\dfrac{f(x)}{x}$. 若 $\lim\limits_{x\to\infty}\dfrac{f(x)}{x}=k\neq\infty$ 再求极限 $\lim\limits_{x\to\infty}[f(x)-kx]=b$,则 $y=kx+b$ 为曲线 $y=f(x)$ 的斜渐近线.

例 1　求曲线 $y=\dfrac{1+e^{-x^2}}{1-e^{-x^2}}$ 的渐近线.

分析　注意求渐近线的方法.

解　$x=0$ 时,函数不定义.

① $\lim\limits_{x\to 0^+} y(x) = \lim\limits_{x\to 0^+} \dfrac{1+e^{-x^2}}{1-e^{-x^2}} = \lim\limits_{x\to 0^+} \dfrac{e^{x^2}+1}{e^{x^2}-1} = +\infty$,

所以 $x=0$ 是曲线的铅直渐近线.

② $\lim\limits_{x\to+\infty} y(x) = \lim\limits_{x\to+\infty} \dfrac{1+e^{-x^2}}{1-e^{-x^2}} = 1$,$\therefore y=1$ 是曲线的水平渐近线.

③ $\lim\limits_{x\to+\infty} \dfrac{y(x)}{x} = \lim\limits_{x\to+\infty} \dfrac{e^{x^2}+1}{x(e^{x^2}-1)} = 0$,所以曲线没有斜渐近线.

例 2　已知 $y=y(x)$ 是由方程 $y^3-x^3+2xy=0$ 所确定的隐函数,设 $y=y(x)$ 有斜渐近线 $y=ax+b$,求 a,b.

分析　由斜渐近线的定义及极限的处理方法求解.

解　由斜渐近线的定义可知 $a=\lim\limits_{x\to+\infty}\dfrac{y}{x}$.令 $\dfrac{y}{x}=u$,则 $y=xu$,并且当 $x\to\infty$ 时,$u\to a$.将 $y=xu$ 代入 $y^3-x^3+2xy=0$,得

$$u^3x^3-x^3+2x^2u=0 \text{ 或者 } u^3-1+\frac{2u}{x}=0.$$

对两边取极限得 $\lim\limits_{x\to\infty}\left(u^3-1+\dfrac{2u}{x}\right)=0$,得到 $a^2-1=0$,即 $a=1$.

又 $b=\lim\limits_{x\to\infty}(y-ax)=\lim\limits_{x\to\infty}(y-x)$,令 $y-x=t$,则当 $x\to\infty$ 时,$t\to b$.将 $y=t+x$ 代入 $y^3-x^3+2xy=0$ 得 $(t+x)^3-x^3+2x(t+x)=0$,

即 $t^3+3t^2x+3tx^2+2xt+2x^2=0$,于是

$$\frac{t^3}{x^2}+\frac{3t^2}{x}+3t+\frac{2t}{x}+2=0.$$

两边同取极限 $\lim\limits_{x\to\infty}\left(\dfrac{t^3}{x^2}+\dfrac{3t^2}{x}+3t+\dfrac{2t}{x}+2\right)=0$ 得到 $3b+2=0$,所以 $b=-\dfrac{2}{3}$.

题型 Ⅱ:函数作图

【**题型分析**】　函数作图步骤如下:

1. 求出 $y=f(x)$ 的定义域.

2. 判别 $y=f(x)$ 的奇偶性、周期性.

3. 尽量求出 $y=f(x)$ 与坐标轴的交点.

4. 求出 $f'(x)$ 的驻点和使 $f'(x)$ 不存在的点;求出 $f''(x)=0$ 的点及使 $f''(x)$ 不存在的点.

5. 求出渐近线.

6. 将所求结果按特殊点由小到大排列,列表.

7. 绘制曲线(在坐标系中先画出渐近线和特殊点).

例 3　描绘函数 $y=\dfrac{(x+1)^3}{(x-1)^2}$ 的图形.

分析　对已知函数 $y=f(x)$,根据其定义域、奇偶性、周期性、单调区间、凹凸区间、极值、拐点以及渐近线,并辅助以若干个点的函数值,就可描绘出其函数的图形.

解　(1) 定义域为 $x\neq 1$,即 $(-\infty,1)\cup(1,+\infty)$,函数无奇偶性、周期性.

(2) $y'=\dfrac{3(x+1)^2(x-1)^2-(x+1)^3 2(x-1)}{[(x-1)^2]^2}=\dfrac{(x+1)^2(x-5)}{(x-1)^3}$,

令 $y'=0\Rightarrow x=-1, x=5$;使 y' 不存在的点为 $x=1$(该点不在定义域内,所以可以不写).

$y''=\dfrac{24(x+1)}{(x-1)^4}$,令 $y''=0\Rightarrow x=-1$,使 y'' 不存在的点为 $x=1$.

(3) 列表如下.

x	$(-\infty,-1)$	-1	$(-1,1)$	1	$(1,5)$	5	$(5,+\infty)$
y'	$+$	0	$+$	不	$-$	0	$+$
y''	$-$	0	$+$	存	$+$	$+$	$+$
y	↗	$(-1,0)$ 拐点	↗	在	↘	$f(5)=\dfrac{27}{2}$ 极小值	↗

(4) 因 $\lim\limits_{x\to 1}\dfrac{(x+1)^3}{(x-1)^2}=\infty$,故 $x=1$ 为 y 的铅直渐近线,

又因为 $a=\lim\limits_{x\to\infty}\dfrac{f(x)}{x}=\lim\limits_{x\to\infty}\dfrac{(x+1)^3}{x(x-1)^2}=1$,

$b=\lim\limits_{x\to\infty}[f(x)-ax]=\lim\limits_{x\to\infty}\left[\dfrac{(x+1)^3}{(x-1)^2}-x\right]=5$,

故 $y=x+5$ 为 y 的斜渐近线.

(5) 作图如图 3-7 所示.

函数与坐标轴的交点为 $(-1,0)$,且为拐点;另描几个特殊点 $(2,8)$,$\left(5,\dfrac{27}{2}\right)$.

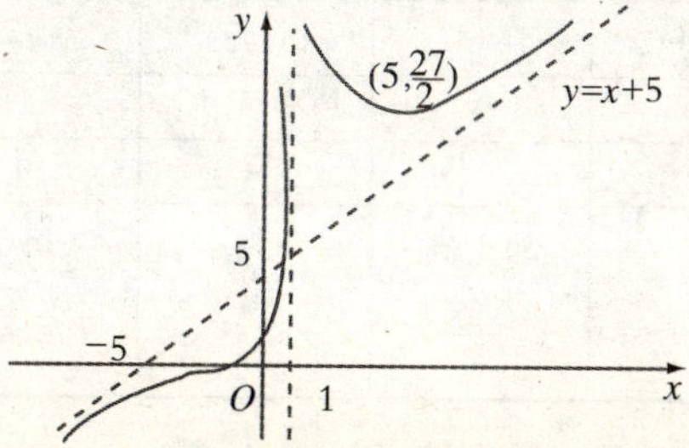

图 3-7

课后习题解答(习题 3-6)

1. 解　(1) ① 函数定义域是$(-\infty,+\infty)$,无奇偶性等性质.

② $y'=\frac{4}{5}(x^3-3x+2)=\frac{4}{5}(x+2)(x-1)^2$, $y''=\frac{12}{5}(x^2-1)$.

令 $y'=0$,得 $x_1=-2$, $x_{2,3}=1$;令 $y''=0$,得 $x_{1,2}=\pm 1$.

没有间断点和不可导点,$x_{1,2,3}$ 将定义域划分成 4 个子区间.

③ 列表如下.

x	$(-\infty,-2)$	-2	$(-2,-1)$	-1	$(-1,1)$	1	$(1,+\infty)$
y'	$-$	0	$+$	$+$	$+$	0	$+$
y''	$+$	$+$	$+$	0	$-$	0	$+$
y	↘	极小 $-\frac{17}{5}$	↗	拐点 $(-1,-\frac{6}{5})$	↗	拐点 $(1,2)$	↗

④ 经计算曲线无渐近线.

⑤ 算出曲线与 y 轴交点$(0,\frac{7}{5})$,补充计算几个特殊点坐标$(2,3)$,$(-3,2)$,结合表中信息描绘函数草图,如图 3-8 所示.

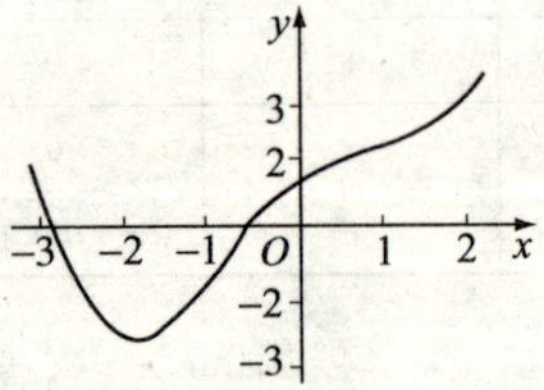

图 3-8

(2) ① 函数定义域是$(-\infty,+\infty)$,是奇函数,可利用对称性作图,先作$[0,+\infty)$这一半的图形.

② $y'=\frac{1+x^2-2x^2}{(1+x^2)^2}=\frac{1-x^2}{(1+x^2)^2}$,

$$y''=\frac{-2x(1+x^2)^2-(1-x^2)\cdot 2(1+x^2)2x}{(1+x^2)^4}=\frac{2x(x^2-3)}{(1+x^2)^3}.$$

③ 令 $y'=0$,得驻点 $x=\pm 1$;令 $y''=0$,得 $x=0,\pm\sqrt{3}$;无不可导点,只取 $x=0,1,\sqrt{3}$ 几点划分正半轴,列表讨论函数形态如下.

x	0	$(0,1)$	1	$(1,\sqrt{3})$	$\sqrt{3}$	$(\sqrt{3},+\infty)$
y'	$+$	$+$	0	$-$	$-$	$-$
y''	0	$-$	$-$	$-$	0	$+$
y	拐点 $(0,0)$	↖	极大值 $\frac{1}{2}$	↘	拐点 $(\sqrt{3},\frac{\sqrt{3}}{4})$	↖

④ $\lim\limits_{x\to\infty}y=\lim\limits_{x\to\infty}\frac{1}{2x}=0$. 知 $y=0$ 是水平渐近线.

⑤ 综上所述，作图如图 3-9 所示.

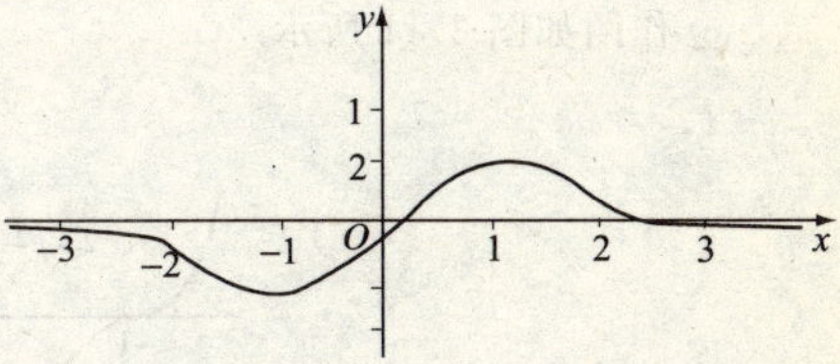

图 3-9

(3) ① 函数定义域为 **R**.

② $y' = -2(x-1)e^{-(x-1)^2}$，

$$y'' = -2[1-2(x-1)^2]e^{-(x-1)^2}$$

$$= 4[(x-1)^2 - \frac{1}{2}]e^{-(x-1)^2}.$$

③ 令 $y' = 0$，得驻点 $x = 1$；令 $y'' = 0$，得拐点 $x = 1 \pm \frac{\sqrt{2}}{2}$.

④ 列表讨论函数形态如下.

x	$(-\infty, 1-\frac{\sqrt{2}}{2})$	$1-\frac{\sqrt{2}}{2}$	$(1-\frac{\sqrt{2}}{2}, 1)$	1	$(1, 1+\frac{\sqrt{2}}{2})$	$1+\frac{\sqrt{2}}{2}$	$(1+\frac{\sqrt{2}}{2}, \infty)$
y'	+	+	+	0	−		−
y''	+	0	−	−	−	0	+
y	↗	拐点 $(1-\frac{\sqrt{2}}{2}, \frac{1}{\sqrt{e}})$	↖	极大 1	↘	拐点 $(1+\frac{\sqrt{2}}{2}, \frac{1}{\sqrt{e}})$	↘

⑤ 作图如 3-10 所示.

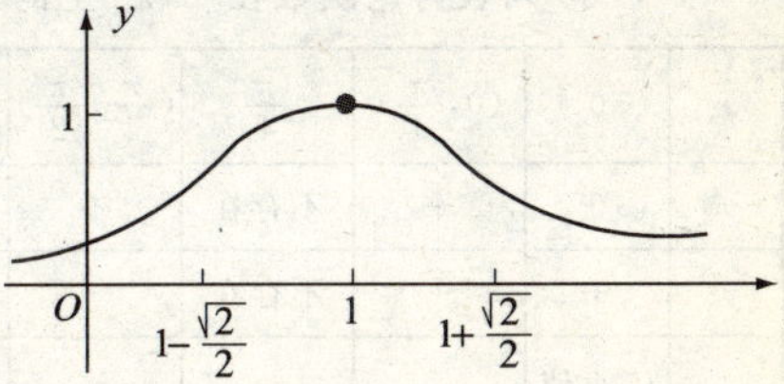

图 3-10

(4) ① 定义域 $(-\infty, 0) \cup (0, +\infty)$.

② 无奇偶性，无周期性.

③ 铅直渐近线 $x = 0$，无斜渐近线，

$\lim\limits_{x\to 0^+} y = +\infty$，$\lim\limits_{x\to 0^-} y = -\infty$.

④ $y' = 2x - \frac{1}{x^2}$，　$y'' = (2x - \frac{1}{x^2})'$

$$= 2 + \frac{2}{x^3} = \frac{2(x+1)(x^2-x+1)}{x^3}.$$

⑤ 列表讨论函数的形态如下.

x	$(-\infty, -1)$	-1	$(-1, 0)$	0	$(0, \frac{1}{\sqrt[3]{2}})$	$\frac{1}{\sqrt[3]{2}}$	$(\frac{1}{\sqrt[3]{2}}, +\infty)$
y'	−		−		−	0	+
y''	+		−		+	+	+
$y = f(x)$ 的图形	↘◡	拐点	↘⌒		↘◡	极小值	↗◡

⑥ 作图如图 3-11 所示.

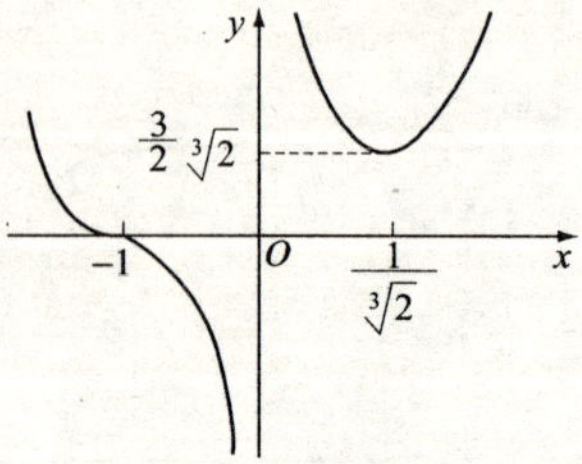

图 3-11

(5) ① 定义域 $x \neq \frac{n\pi}{2}+\frac{\pi}{4}\quad (n=0,\pm 1,\pm 2,\cdots)$.

② 偶函数,周期为 2π,以下讨论$[0,\pi]$并作出$[-\pi,\pi]$的图形.

③ 铅直渐近线 $x_1=\frac{\pi}{4},x_2=\frac{3}{4}\pi$,无水平渐近线.

$$\lim_{x\to\frac{\pi}{4}^+} y=-\infty,\quad \lim_{x\to\frac{\pi}{4}^-} y=+\infty,\quad \lim_{x\to\frac{3\pi}{4}^+} y=-\infty,\quad \lim_{x\to\frac{3\pi}{4}^-} y=+\infty.$$

④ $y'=\frac{\sin x(3-2\sin^2 x)}{\cos^2(2x)},y''=\frac{\cos x\cdot(3+12\sin^2 x-4\sin^4 x)}{\cos^3(2x)}$.

⑤ 列表讨论函数在$[0,\pi]$上的形态如下.

x	0	$(0,\frac{\pi}{4})$	$\frac{\pi}{4}$	$(\frac{\pi}{4},\frac{\pi}{2})$	$\frac{\pi}{2}$	$(\frac{\pi}{2},\frac{3\pi}{4})$	$\frac{3\pi}{4}$	$(\frac{3\pi}{4},\pi)$	π
y'	0	+	不存在	+	+	+	不存在	+	0
y''	+	+	不存在	−	0	+	不存在	−	−
y	极小值 1	↗	∞	↗	拐点 $(\frac{\pi}{2},0)$	↗	∞	↗	极大值 −1

⑥ 综上所述，可将此函数的图形描绘出来，如图 3-12 所示，其中作出 $y=f(x)$ 在$[0,\pi]$上的图形用实线表示;用对称性得到的点在$[-\pi,0]$上的图形用虚线表示.

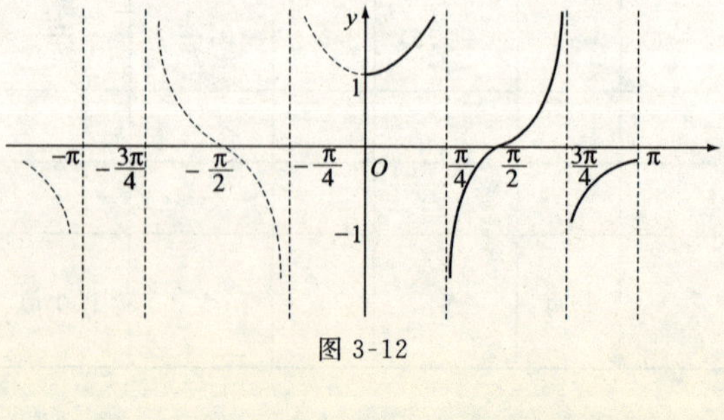

图 3-12

3.7 曲　率

本节重难点及考研要求

重点及考点

在曲线某点处的曲率圆与该点处的原曲线具有相同的切线和曲率，且在该点附近有相同的凹凸性，因此实际问题中常用曲率圆代替原曲线. 掌握曲率的计算公式是考研的基本要求. 另外本节的题型还有曲率在综合题中的应用，特别是涉及曲率的最值问题，这就要求对知识能够融汇贯通，灵活应用. 总之在解此部分习题时要做到公式运用正确，计算熟练准确.

考研要求

了解曲率和曲率半径的概念，会计算曲率和曲率半径.

典型例题与解题技巧

题型Ⅰ：求曲线的曲率和曲率半径及相关问题

【题型分析】

1. 熟悉掌握曲率的常用的计算公式 $K=\dfrac{|y''|}{(1+y'^2)^{\frac{3}{2}}}$.

2. 曲率常和最值、几何、物理等问题联系在一起，求解时注意抽象出数学模型，注意把知识综合运用，融汇贯通.

例　如图 3-13 所示，设曲线 L 的方程为 $y=f(x)$，且 $y''>0$，又因为 MT、MP 分别为该曲线在点 $M(x_0,y_0)$ 处的切线和法线，已知线段 MP 的长度为$\dfrac{(1+{y_0}'^2)^{\frac{3}{2}}}{y_0''}$(其中 $y'_0=y'(x_0)$，$y''_0=y''(x_0)$)，试推导点 $P(\xi,\eta)$ 的坐标表达式.

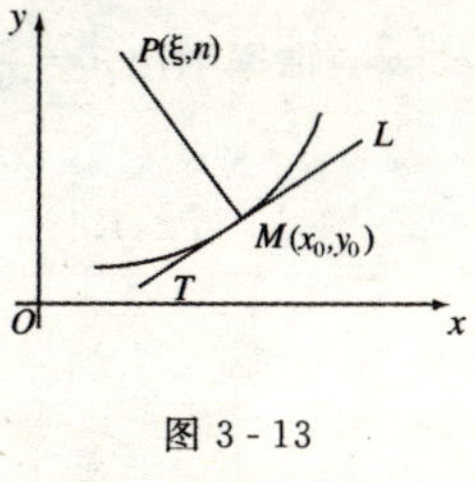

图 3-13

分析　本题即要求推导曲线 L 在 M 点的曲率圆圆心坐标所满足的方程，其中 $MP=$ 曲率半径 ρ.

解　由题设 (ξ,η) 满足

$$(x_0-\xi)^2+(y_0-\eta)^2=\frac{(1+y'^2_0)^3}{y''^2_0}. \quad ①$$

又由于 $PM \perp MT$，

所以 $y'_0=-\frac{x_0-\xi}{y_0-\eta}$，即 $x_0-\xi=-(y_0-\eta)y'_0$. ②

将②代入①式，求得 $(y_0-\eta)^2=\frac{(1+y'^2_0)^2}{y''^2_0}$.

又知 $y''>0$，曲线是向上凹的，故 $y_0-\eta<0$，于是

$y_0-\eta=-\frac{1+y'^2_0}{y''_0}$.

又由 $x_0-\xi=-(y_0-\eta)y'_0=\frac{y'_0(1+y'^2_0)}{y''_0}$，

推得 $\begin{cases}\xi=x_0-\frac{y'_0(1+y'^2_0)}{y''_0}\\ \eta=y_0+\frac{1+y'^2_0}{y''_0}\end{cases}$.

课后习题解答(习题 3-7)

1. 解 将 $4x^2+y^2=4$ 两边对 x 求导，得

$8x+2y\cdot y'=0$. 代入(0,2)，$y'\Big|_{x=0}=0, 8+2y'\cdot y'+2y\cdot y''=0$，

$y''\Big|_{x=0}=-2$，点(0,2)处的曲率 $k\Big|_{(0,2)}=\left|\frac{|y''|}{(1+y'^2)^{\frac{3}{2}}}\right|_{(2,4)}=\frac{2}{(1+0^2)^{\frac{3}{2}}}=2$.

2. 解 因为 $y'=\frac{1}{\sec x}\cdot\sec x\cdot\tan x=\tan x, y''=\sec^2 x$，所以曲率 $K=\frac{|y''|}{(1+y'^2)^{\frac{3}{2}}}$

$=\frac{|\sec^2 x|}{(1+\tan^2 x)^{\frac{3}{2}}}=|\cos x|$，曲率半径 $\rho=\frac{1}{K}=\frac{1}{|\cos x|}=|\sec x|$.

3. 解 顶点为(2,−1)，$y'=2x-4, y''=2, K\Big|_{(2,-1)}=\frac{|y''|}{(1+y'^2)^{\frac{3}{2}}}\Big|_{x=2}=2$，曲率半径 $\rho=\frac{1}{2}$.

4. 解 $y'_x=\frac{y'_t}{x'_t}=\frac{3a\sin^2 t\cos t}{-3a\cos^2 t\sin t}=-\tan t, y''_x=\frac{(y'_x)'_t}{x'_t}$

$=\frac{-\sec^2 t}{-3a\cos^2 t\sin t}=\frac{1}{3a\sin t\cos^4 t}$，

$$曲率\ K=\frac{\left|\frac{1}{3a\sin t\cos^4 t}\right|}{[1+(-\tan t)^2]^{\frac{3}{2}}}=\left|\frac{1}{3a\sin t\cos t}\right|=\left|\frac{2}{3a\sin(2t)}\right|.$$

$t=t_0$ 处的曲率为 $K\Big|_{t=t_0}=\left|\dfrac{2}{3a\sin 2t_0}\right|$.

5. 解 $y'=\dfrac{1}{x},y''=-\dfrac{1}{x^2}$,

曲率半径 $\rho=\dfrac{(1+y'^2)^{\frac{3}{2}}}{|y''|}=x^2\cdot(1+\dfrac{1}{x^2})^{\frac{3}{2}}=\dfrac{(1+x^2)^{\frac{3}{2}}}{x}$.

$\rho'=\left[\dfrac{(1+x^2)^{\frac{3}{2}}}{x}\right]'=\dfrac{(1+x^2)^{\frac{1}{2}}\cdot(2x^2-1)}{x^2}$,

令 $\rho'=0$,得 $x_1=\dfrac{\sqrt{2}}{2},x_2=-\dfrac{\sqrt{2}}{2}$(舍去),

所以曲线在点$(\dfrac{\sqrt{2}}{2},-\dfrac{\ln 2}{2})$曲率半径为最小,最小的曲率半径为

$$\rho=\frac{(1+\frac{1}{2})^{\frac{3}{2}}}{\frac{\sqrt{2}}{2}}=\frac{3\sqrt{3}}{2}.$$

6. 证明 $y=a\operatorname{ch}\dfrac{x}{a}=a\left(\dfrac{e^{\frac{x}{a}}+e^{-\frac{x}{a}}}{2}\right)=\dfrac{a}{2}(e^{\frac{x}{2}}+e^{-\frac{x}{a}}),y'=\dfrac{1}{2}(e^{\frac{x}{a}}-e^{-\frac{x}{a}})$,

$y''=\dfrac{1}{2a}(e^{\frac{x}{a}}+e^{-\frac{x}{a}})$,曲率半径 $\rho=-\dfrac{(1+y'^2)^{\frac{3}{2}}}{|y''|}=\dfrac{[1+\frac{1}{4}(e^{\frac{x}{a}}-e^{-\frac{x}{a}})^2]^{\frac{3}{2}}}{\frac{1}{2a}(e^{\frac{x}{a}}+e^{-\frac{x}{a}})}=\dfrac{y^2}{a}$.

7. 解 因为 $y=\dfrac{x^2}{10\ 000},y'\Big|_{x=0}=\dfrac{x}{5\ 000}=0,y''\Big|_{x=0}=\dfrac{1}{5\ 000}$,

所以 $\rho\Big|_{x=0}=\dfrac{(1+0^2)^{\frac{3}{2}}}{\frac{1}{5\ 000}}=5\ 000$.

向心力 $F=\dfrac{mv^2}{\rho}=\dfrac{70\times 200^2}{5\ 000}=560(\mathrm{N})$,因此座椅对飞行员的反力为

$70\times 9.8+560=1\ 246(\mathrm{N})$.

8. 解 如图 3-13 所示取桥顶为原点,竖直向下为 y 轴正向,则抛物线方程为 $y=ax^2(a>0)$,桥端点(5,0.25)在抛物线上,所以 $a=\dfrac{0.25}{5^2}=0.01,y=0.01x^2$.

显然 $y'(0)=0,y''(0)=0.02$,所以顶点处抛物线的曲率半径 $\rho\Big|_{x=0}=$

$\dfrac{(1+y'^2)^{3/2}}{|y''|}=\dfrac{1}{0.02}=50.$

向心力 $F=\dfrac{mv^2}{g}=\dfrac{5\times10^3}{50}\times\left(\dfrac{21.6\times10^3}{60\times60}\right)^2=3\,600(\mathrm{N})$,

所以汽车越过桥顶时对桥的总压力为

$5\times10^3\times9.8-3\,600=45\,400(\mathrm{N})$.

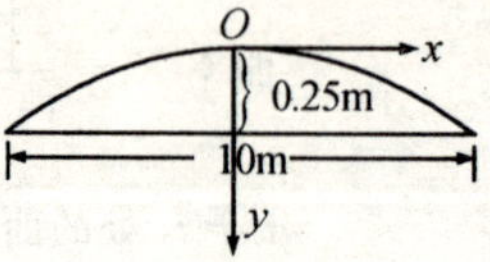

图 3-13

*9 解 因为与 x 轴交点的纵坐标 $y_0=0$,推出 $x_0=1$,即交点为(1,0),

$y'(x_0)=\left.\dfrac{1}{x}\right|_{x=1}=1, y''(1)=-\left.\dfrac{1}{x^2}\right|_{x=1}=-1$, 故 $\rho=\dfrac{(1+y'^2)^{\frac{3}{2}}}{|y''|}=\sqrt{8}$.

又有 $\xi=x-\dfrac{y'(1+y'^2)}{y''}=1-\dfrac{1\cdot(1+1)}{-1}=3$,

$\eta=y+\dfrac{1+y'^2}{y''}=0+\dfrac{1+1}{-1}=-2$.

故(1,0)处 $y=\ln x$ 的曲率圆方程为 $(x-3)^2+(y+2)^2=8$.

*10. 解 $y'\left(\dfrac{\pi}{4}\right)=\sec x\Big|_{x=\frac{\pi}{4}}=2$, $y''\left(\dfrac{\pi}{4}\right)=2\sec^2x\tan x=4$.

$\rho=\dfrac{(1+y^{2\prime})^{3/2}}{|y''|}=\dfrac{\sqrt{125}}{4}$; $\xi=x-\dfrac{y^2\cdot(1+y'^2)}{y''}=\dfrac{\pi}{4}-\dfrac{5}{2}$;

$\eta=y+\dfrac{1+y'^2}{y''}=1+\dfrac{5}{4}=\dfrac{9}{4}$.

故该曲率圆方程为 $(x-\dfrac{\pi}{4}+\dfrac{5}{2})^2+(y-\dfrac{9}{4})^2=\dfrac{125}{16}$.

*11. 解 $2yy'=2p, y'=\dfrac{p}{y}$; 又因为 $y''=-\dfrac{py'}{y^2}=-\dfrac{p^2}{y^3}$,

而 $\alpha=x-\dfrac{y'(1+y'^2)}{y''}=x-\dfrac{(\frac{p}{y})\left[1+(\frac{p}{y})^2\right]}{-\frac{p^2}{y^3}}=x+\dfrac{y^2+p^2}{p}$

$=\dfrac{y^2+2y^2+2p^3}{2p}=\dfrac{3y^2}{2p}+p$,

$\beta=y+\dfrac{1+y'^2}{y''}=y+\dfrac{1+(\frac{p}{y})^2}{-\frac{p^2}{y^3}}=y-\dfrac{y^3}{p^2}\left(1+\dfrac{p^2}{y^2}\right)=-\dfrac{y^2}{p^2}$,

所以该渐屈线的参数方程为

$\begin{cases}\alpha=\dfrac{3y^2}{2p}+p,\\ \beta=-\dfrac{y^3}{p^2}.\end{cases}$ 或 $27p\beta^2=8(\alpha-p)^3$.

其中 y 或 t 为参变数.

3.8 方程的近似解

本节重难点及考研要求

重点及考点

1. 利用切线法求方程近似解的图示

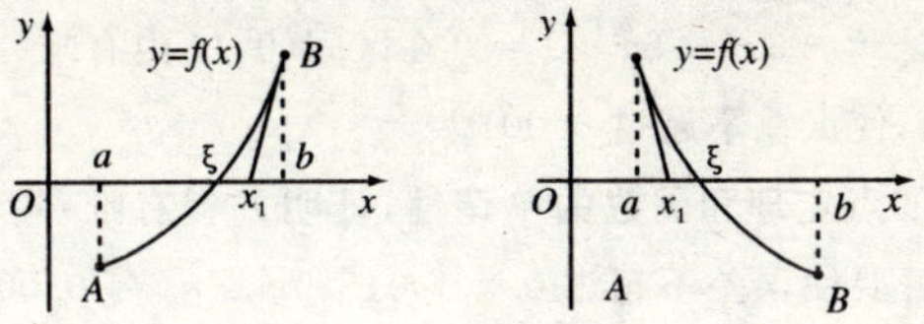

图 3-22

(1) $f(a)<0, f(b)>0 \quad f'(x)>0, f''(x)>0$

(2) $f(a)>0, f(b)<0 \quad f'(x)<0, f''(x)>0$

(3) $f(a)<0, f(b)>0 \quad f'(x)>0, f''(x)<0$

(4) $f(a)>0, f(b)<0 \quad f'(x)<0, f''(x)<0$

2. 利用切线法求方程近似解的步骤如下：

(1) $f(x)$ 在 $[a,b]$ 上有 $f(a)$ 与 $f''(x)$ 同号.

(2) 令 $x_0=a$，在端点 $(x_0, f(x_0))$ 作切线，切线方程为 $y-f(x_0)=f'(x_0)(x-x_0)$.

(3) 令 $y=0$，从上式中解出 x，就得到切线与 x 轴交点的横坐标为 $x_1=x_0-\dfrac{f(x_0)}{f'(x_0)}$，它比 x_0 更接近方程的根 ξ.

(4) 再在点 $(x_1, f(x_1))$ 作切线，可得根的近似值 x_2，如此继续，在点 $(x_{n-1}, f(x_n-1))$ 作切线，得根的近似值 $x_n=x_{n-1}-\dfrac{f(x_n-1)}{f'(x_n-1)}$.

如果 $f(b)$ 与 $f''(x)$ 同号，切线作在端点 B（如图 3-23 所示）可记 $x_0=b$，仍按公式 x_n 计算切线与 x 轴交点的横坐标.

典型例题与解题技巧

题型 Ⅰ：计算排列的逆序数

【题型分析】 利用二分法求方程近似解，首先要保证函数连续，且在给定区间有唯一实根，然后根据误差范围确定计算结果.

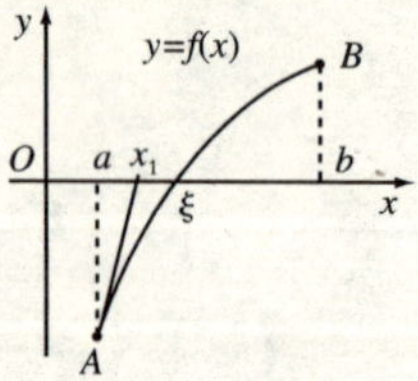

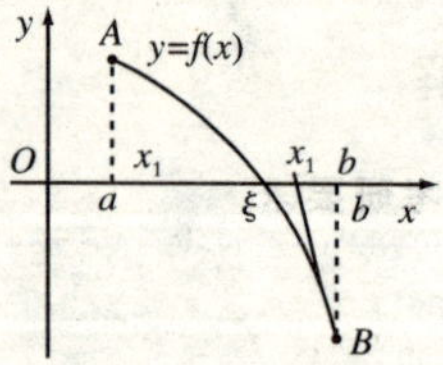

图 3-23

例　试证明方程 $x^3-3x^2+6x-1=0$ 在区间(0,1)内有唯一的实根，并且用二分法求这个根的近似值，使误差不超过 0.001.

分析　首先利用零点定理和函数的单调性，证明方程有唯一实根；其次，利用二分法来求解近似值. 注意要使误差不超过 0.001，只需 $b_n-a_n\leqslant 0.001$ 即可.

解　设 $f(x)=x^3-3x^2+6x-1, x\in[0,1]$,

因为 $f(x)$ 在 $[0,1]$ 上连续，且 $f(0)=-1<0, f(1)=3>0$,

故由零点定理知在(0,1)内至少有一点 ξ 使 $f(\xi)=0$.

又因为 $f'(x)=3x^2-6x+6=3(x-1)^2+3>0$,

所以 $f(x)$ 在 $[0,1]$ 上单调增加.

于是在(0,1)内 $f(x)$ 的零点是唯一的，

即方程 $x^3-3x^2+6x-1=0$ 在(0,1)区间内有唯一实根.

下面用二分法求这个根的近似值.

k	a_k	b_k	中点 x_k	$f(x_k)$ 符号
0	0	1	0.500	+
1	0	0.500	0.250	+
2	0	0.25	0.125	−
3	0.125	0.250	0.188	+
4	0.125	0.188	0.157	−
5	0.157	0.188	0.173	−
6	0.173	0.188	0.267	+
7	0.173	0.267	0.220	+
8	0.173	0.220	0.196	+
9	0.173	0.196	0.185	+
10	0.173	0.185	0.179	−
11	0.179	0.185	0.182	−
12	0.182	0.185	0.183	+
13	0.182	0.183	0.183	

所以 $\xi=0.183$.

课后习题解答(习题 3-8)

1. 略.

2. 略.

3. 解 设函数 $f(x)=x^3+3x-1$, $f'(x)=3x^2+3$, $f''(x)=6x$,由于 $f(0)=-1<0$, $f(1)>0$,且 $f'(x)>0$,故 $f(x)$ 在$[0,1]$内有唯一零点 ξ,即 $f(x)=0$ 有唯一实根 ξ.

$f(1)f''(x)>0$,取 $x_0=1$, $X_1=1-\frac{3}{6}=0.5$, $X_2=0.5-\frac{0.625}{3.75}\approx 0.33$,

$X_3=0.33-\frac{0.026}{3.33}\approx 0.32$, $X_4=0.32+\frac{0.01}{3.31}\approx 0.32$,近似根 $\xi\approx 0.32$.

4. 解 先确定根所在区间.画出 $y=\lg x$ 与 $y=\frac{1}{x}$ 的草图,可发现它们交点的横坐标位于 1 到 3 之间,事实上记 $f(x)=x\lg x-1$,由于 $f(1)=-1<0$, $f(3)=3\lg 3-1>0$,又由 $f(x)$ 在$(0,+\infty)\supset[1,3]$上的连续性,知 $\exists\,\xi\in(1,3)$ 使得 $f(\xi)=0$,即在$(1,3)$内存在根,又 $f'(x)=\lg x+x\cdot\frac{1}{x}\lg e>0\,(x>1)$.

故 $f(x)$ 在$[1,+\infty)\supset[1,3]$上单调增加,故在$(1,3)$内根 ξ 唯一.

下面用二分法求 ξ 的近似值:

i	a_i	b_i	中点 ξ_i	$f(\xi_1)$
0	1	3	2	−
1	2	3	2.50	−
2	2.50	3	2.75	+
3	2.50	2.75	2.63	+
4	2.50	2.63	2.57	+
5	2.50	2.57	2.54	+
6	2.50	2.54	2.52	+
7	2.50	2.52	2.51	+
8	2.50	2.51	2.51	+

由计算知 $f(2.50)<0$, $f(2.51)>0$,可见根 ξ 在 2.50 与 2.51 之间,它们分别是 ξ 精确到 0.01 的不足与过剩近似值.

总习题三全解

1. 解 2.

2. 解 (1) (B).

(2) 取 $f(x)=x^3, f'(x)=3x^2, f''(x)=6x, f'''(x)=6>0$,

$x_0=0$,符合题意,但明显排除(A)、(B)、(C).因此应填(D).

3. 解 例如函数 $f(x)=|x|$.

$f(x)$ 在$[-1,1]$上连续,在$(-1,1)$内除 $x=0$ 点外处处可导,

即 $f'(x)=\begin{cases}1, & 0<x<1,\\ -1, & -1<x<0.\end{cases}$

而 $f(1)-f(-1)=0, f'(x)\neq 0$.

$\therefore$ 在 $(-1,1)$ 内不存在 ξ,使 $f(1)-f(-1)=f'(\xi)[1-(-1)]$.

4. 解 $\because f'(x)$ 存在. $\therefore f(x)$ 是连续函数.

$\therefore$ 由拉格朗日中值定理得 $\exists\xi\in(x,x+a)$ 或 $(x+a,x)$,

使 $f(x+a)-f(x)=f'(\xi)\cdot a$.

$\because \xi$ 介于 x 与 $x+a$ 之间,

$\therefore$ 当 $x\to\infty$ 时 $\xi\to\infty$.

$\therefore \lim\limits_{x\to\infty}[f(x+a)-f(x)]=\lim\limits_{x\to\infty}a\cdot f'(\xi)=a\lim\limits_{\xi\to\infty}f'(\xi)=ak$.

5. 证明 $\because f'(x)=3x^2-3=3(x+1)(x-1)$,

当 $x\in(0,1)$ 时,$f'(x)<0$.

$\therefore f(x)$ 在$[0,1]$上单调减少.

$\therefore f(x)$ 在$[0,1]$内至多有一个实根.

6. 证明 作辅助函数 $F(x)=a_0x+\frac{1}{2}a_1x^2+\frac{1}{3}a_2x^3+\cdots+\frac{1}{n+1}a_nx^{n+1}$,

显然 $F(x)$ 在$[0,1]$上满足中值定理条件.

又 $F(0)=0, F(1)=a_0+\frac{a_1}{2}+\cdots+\frac{a_n}{n+1}=0$,

由罗尔定理知存在 $\xi\in(0,1)$,使得 $F'(\xi)=0$.

而 $F'(x)=f(x)=a_0+a_1x+\cdots+a_nx^n$.

故 $f(x)$ 在$(0,1)$内至少有一个零点.

7. 证明 令 $F(x)=xf(x)$,则 $F(x)$ 在$[0,a]$上连续,在$(0,a)$内可导,

且 $F(0)=F(a)=0$,故由罗尔定理知,存在点 $\xi\in(0,a)$,

使得 $F'(\xi)=0$,即 $f(\xi)+\xi f'(\xi)=0$.

8. 证明 设 $g(x)=\ln x$, 则由柯西中值定理得

存在一点 $\xi\in(a,b)$,使 $\frac{f(b)-f(a)}{g(b)-g(a)}=\frac{f'(\xi)}{g'(\xi)}$,

即　$f(b)-f(a)=\xi f'(\xi)\ln\dfrac{b}{a}$.

9. 证明 因为 $g'(x)>|f'(x)|\geqslant 0$，所以 $g(x)$ 严格单调增加.

当 $x>a$ 时，$g(x)>g(a)$.

又由柯西中值定理知，存在 $\xi\in(a,x)$，使 $\dfrac{f(x)-f(a)}{g(x)-g(a)}=\dfrac{f'(\xi)}{g'(\xi)}$.

故　$\dfrac{|f(x)-f(a)|}{g(x)-g(a)}=\dfrac{|f'(\xi)|}{g'(\xi)}<1$. $|f(x)-f(a)|<g(x)-g(a)$.

10. 解 (1) $(x^{x-1})'=[e^{(x-1)\ln x}]'=x^{x-1}\left(\ln x+\dfrac{x-1}{x}\right)$.

$$\lim_{x\to1}\frac{x-x^x}{1-x+\ln x}=\lim_{x\to1}\frac{1-x^{x-1}}{\dfrac{\ln x+1}{x}-1}=\lim_{x\to1}\frac{-x^{x-1}\left(\ln x+\dfrac{x-1}{x}\right)}{\dfrac{1-(\ln x+1)}{x^2}}$$

$$=\lim_{x\to1}x^{x+1}\left(1+\lim_{x\to1}\frac{x-1}{\ln x}\cdot\lim_{x\to1}\frac{1}{x}\right)=1+\lim_{x\to1}\frac{1}{\dfrac{1}{x}}=2.$$

(2) $\lim\limits_{x\to0}\left[\dfrac{1}{\ln(1+x)}-\dfrac{1}{x}\right]=\lim\limits_{x\to0}\dfrac{\ln(1+x)-x}{x\ln(1+x)}$

$$=\lim_{x\to0}\frac{x-\ln(1+x)}{x^2}=\lim_{x\to0}\frac{1-\dfrac{1}{1+x}}{2x}$$

$=\lim\limits_{x\to0}\dfrac{1}{2(1+x)}=\dfrac{1}{2}$.　$\boxed{\ln(1+x)\sim x\quad(x\to0).}$

(3) $\lim\limits_{x\to+\infty}\left(\dfrac{2}{\pi}\arctan x\right)^x=\lim\limits_{x\to+\infty}e^{x\ln\left(\frac{2}{\pi}\arctan x\right)}=e^{\lim\limits_{x\to+\infty}\frac{\ln\frac{2}{\pi}+\ln\arctan x}{\frac{1}{x}}}$

$$=e^{-\lim\limits_{x\to+\infty}\left(\frac{1}{\arctan x}\cdot\frac{x^2}{1+x^2}\right)}=e^{-\frac{2}{\pi}}.$$

(4) 设 $y=\left[\dfrac{a_1^{\frac{1}{x}}+a_2^{\frac{1}{x}}+\cdots+a_n^{\frac{1}{x}}}{n}\right]^{nx}$，则

$\ln y=nx[\ln(a_1^{\frac{1}{x}}+a_2^{\frac{1}{x}}+\cdots+a_n^{\frac{1}{x}})-\ln n]$

$\lim\limits_{x\to\infty}\ln y=\lim\limits_{x\to\infty}\{nx[\ln(a_1^{\frac{1}{x}}+a_2^{\frac{1}{x}}+\cdots+a_n^{\frac{1}{x}})-\ln n]\}$.

$$=n\lim_{x\to\infty}\left[\frac{\dfrac{1}{a_1^{\frac{1}{x}}+a_2^{\frac{1}{x}}+\cdots+a_n^{\frac{1}{x}}}\cdot(a_1^{\frac{1}{x}}\ln a_1+a_2^{\frac{1}{x}}\ln a_2+\cdots+a^{\frac{1}{x}}n\ln a_n)\left(-\dfrac{1}{x^2}\right)}{-\dfrac{1}{x^2}}\right]$$

$$=n\frac{\ln a_1+\ln a_2+\cdots+\ln a_n}{n}=\ln(a_1a_2\cdots a_n),$$

得原式 $=\lim\limits_{x\to\infty}y=e^{\ln(a_1a_2\cdots a_n)}=a_1a_2\cdots a_n$.

11. 证明 (1) 设 $f(x)=\dfrac{\tan x}{x}\quad x\in\left(0,\dfrac{\pi}{2}\right)$,

则 $$f'(x)=\frac{\sec^2x\cdot x-\tan x}{x^2}=\frac{x-\frac{1}{2}\sin 2x}{x^2\cos^2x}.$$

令 $g(x)=x-\dfrac{1}{2}\sin 2x,\qquad g'(x)=1-\cos 2x>0, x\in\left(0,\dfrac{\pi}{2}\right)$,

所以 $g(x)$ 在 $\left[0,\dfrac{\pi}{2}\right]$ 上单调增加. 则当 $x>0$ 时, $g(x)>g(0)=0$.

从而 $f'(x)>0$, 得 $f(x)$ 在 $\left(0,\dfrac{\pi}{2}\right)$ 上单调增加.

当 $0<x_1<x_2<\dfrac{\pi}{2}$ 时, $f(x_2)>f(x_1)$. 即 $\dfrac{\tan x_2}{x_2}>\dfrac{\tan x_1}{x_1}$, $\dfrac{\tan x_2}{\tan x_1}>\dfrac{x_2}{x_1}$.

(2) 设 $f(x)=(1+x)\ln(1+x)-\arctan x$,

$$f'(x)=\ln(1+x)+1-\frac{1}{1+x^2}=\ln(1+x)+\frac{x^2}{1+x^2}>0\quad(x>0).$$

所以 $f(x)$ 在 $[0,+\infty)$ 上单调增加.

当 $x>0$ 时, $f(x)>f(0)=0$, $(1+x)\ln(1+x)-\arctan x>0$,

即 $\ln(1+x)>\dfrac{\arctan x}{1+x}$.

(3) 设 $f(x)=\ln^2x\quad(e<a<x<b<e^2)$.

$f(x)$ 在 $[a,b]$ 上连续, 在 (a,b) 内可导, 由拉格朗日中值定理知, 至少存在一点 $\xi\in(a,b)$, 使 $\ln^2b-\ln^2a=\dfrac{2\ln\xi}{\xi}(b-a)$.

设 $\varphi(t)=\dfrac{\ln t}{t}$, 则 $\varphi'(t)=\dfrac{1-\ln t}{t^2}$.

当 $t>e$ 时, $\varphi'(t)<0$, 所以 $\varphi(t)$ 在 $[e,+\infty)$ 上单调减少,

而 $e<a<\xi<b<e^2$, 从而 $\varphi(\xi)>\varphi(e^2)$, 即 $\dfrac{\ln\xi}{\xi}>\dfrac{\ln e^2}{e^2}=\dfrac{2}{e^2}$,

因此 $\ln^2b-\ln^2a>\dfrac{4}{e^2}(b-a)$.

12. 解 由 $f'(x)=a^x\ln a-a=0$, 得唯一驻点 $x(a)=1-\dfrac{\ln\ln a}{\ln a}$.

考查函数 $x(a)=1-\dfrac{\ln\ln a}{\ln a}$ 在 $a>1$ 时的最小值. 令

$$x'(a)=-\frac{\frac{1}{a}-\frac{1}{a}\ln\ln a}{(\ln a)^2}=-\frac{1-\ln\ln a}{a(\ln a)^2}=0,$$

得唯一驻点 $a = e^e$. 当 $a > e^e$ 时，$x'(a) > 0$；当 $a < e^e$ 时，$x'(a) < 0$，因此 $x(e^e) = 1 - \frac{1}{e}$ 为极小值，也是最小值.

13. 解 由方程确定函数 $y = y(x)$ 为某一闭区间上的连续函数，从而有最大值与最小值，且最值点必是 $y = y(x)$ 的驻点.

对方程 $x^2 - xy + y^2 = 3$ 两边关于 x 求导得

$$2x - \left(y + x\frac{dy}{dx}\right) + 2y\frac{dy}{dx} = 0. \qquad \frac{dy}{dx} = \frac{2x - y}{x - 2y}.$$

由题意令 $\frac{dy}{dx} = 0$，得 $y = 2x$， 代入原方程得 $x^2 = 1, x = \pm 1$.

当 $x = 1$ 时，$y = 2$，当 $x = -1$ 时，$y = -2$.

所以纵坐标最大点为$(1,2)$，纵坐标最小点为$(-1,-2)$.

14. 解 令 $f(x) = \sqrt[x]{x} = e^{\frac{1}{x}\ln x}$，则 $f'(x) = \sqrt[x]{x}\,\frac{1 - \ln x}{x^2}$.

令 $f'(x) = 0$，得 $x = e$.

当 $0 < x < e$ 时，$f'(x) > 0$，从而 $f(x)$ 在$(0,e)$内单调增加.

当 $x > e$ 时，$f'(x) < 0$，从而 $f(x)$ 在$(e,+\infty)$内单调减小.

又因为 $f(2) = \sqrt{2}$，$f(3) = \sqrt[3]{3}$，且$\sqrt{2} < \sqrt[3]{3}$，故数列$\{\sqrt[n]{n}\}$的最大项为$\sqrt[3]{3}$.

15. 解 $y' = \cos x, y'' = -\sin x$,

$$K = \frac{|y''|}{(1 + y'^2)^{\frac{3}{2}}} = \frac{\sin x}{(1 + \cos^2 x)^{\frac{3}{2}}}, \quad x \in (0, \pi), \quad \rho = \frac{1}{K} = \frac{(1 + \cos^2 x)^{\frac{3}{2}}}{\sin x}.$$

$$\rho'(x) = \frac{\frac{3}{2}(1 + \cos^2 x)^{\frac{1}{2}} \cdot 2\cos(-\sin x) \cdot \sin x - (1 + \cos^2 x)^{\frac{3}{2}} \cdot \cos x}{\sin^2 x}$$

$$= \frac{-2\cos x\sqrt{1 + \cos^2 x}(\sin^2 x + 1)}{\sin^2 x}.$$

令 $\rho'(x) = 0$，得驻点 $x = \frac{\pi}{2}$.

当 $0 < x < \frac{\pi}{2}$ 时，$\rho'(x) < 0$，当$\frac{\pi}{2} < x < \pi$ 时，$\rho'(x) > 0$.

故当 $x = \frac{\pi}{2}$ 时，即在点$\left(\frac{\pi}{2}, 1\right)$处，有最小曲率半径 $\rho\left(\frac{\pi}{2}\right) = 1$.

16. 证明 令 $f(x) = x^3 - 5x - 2$，则 $f'(x) = 3x^2 - 5$.

故当 $0 < x < \sqrt{\frac{5}{3}}$ 时，$f'(x) < 0$，即 $f(x)$ 在$\left[0, \sqrt{\frac{5}{3}}\right]$上单调减少，从而 $f(x) \leqslant f(0) = -2 < 0$， $x \in \left[0, \sqrt{\frac{5}{3}}\right]$.

又当 $x>\sqrt{\frac{5}{3}}$ 时，$f'(x)>0$，即 $f(x)$ 在 $\left[\sqrt{\frac{5}{3}},+\infty\right)$ 上单调递增，所以 $f(x)$ 在 $\left[\sqrt{\frac{5}{3}},+\infty\right)$ 上最多有一个零点.

而 $f\left(\sqrt{\frac{5}{3}}\right)=-\left(2+\frac{10}{3}\sqrt{\frac{5}{3}}\right)<0,\quad \lim\limits_{n\to\infty}f(x)=+\infty.$

故 $f(x)$ 在 $\left[\sqrt{\frac{5}{3}},+\infty\right)$ 上最少有一个零点.

综上所述，$f(x)$ 在 $(0,+\infty)$ 上有且仅有一个根.

下面用切线法求根的近似值.

$$x_n=x_{n-1}-\frac{f(x_{n-1})}{f'(x_{n-1})},\qquad \text{取 } x_0=3\text{，则}$$

$$x_1=3-\frac{f(3)}{f'(3)}=3-\frac{10}{22}\approx 2.545\,5,$$

$$x_2=x_1-\frac{f(x_1)}{f'(x_1)}=2.545\,5-\frac{f(2.545\,5)}{f'(2.545\,5)}\approx 2.427\,1,$$

$$x_3=x_2-\frac{f(x_2)}{f'(x_2)}=2.427\,1-\frac{f(2.427\,1)}{f'(2.427\,1)}\approx 2.414\,3,$$

$$x_4=x_3-\frac{f(x_3)}{f'(x_3)}=2.414\,3-\frac{f(2.414\,3)}{f'(2.414\,3)}\approx 2.414\,2,$$

而 $f(2.414)\approx-0.002\,7$，$f(x_4)>0$，

因而 $f(x)=0$ 的根 x_0 介于 2.414 与 2.415 之间，故可取近似值 $x_0\approx 2.414$.

17. 证明　由洛必达法则得

$$\lim_{h\to0}\frac{f(x_0+h)+f(x_0-h)-2f(x_0)}{h^2}=\lim_{h\to0}\frac{f'(x_0+h)-f'(x_0-h)}{2h}$$

$$=\lim_{h\to0}\frac{f'(x_0+h)-f'(x_0)-[f'(x_0-h)-f'(x_0)]}{2h}$$

$$=\frac{1}{2}[f''(x_0)+f''(x_0)]=f''(x_0).$$

18. 解　因为 $f^{(n)}(x_0)$ 存在，所以 $f^{(n-1)}(x),f^{(n-2)}(x),\cdots,f''(x),f'(x),f(x)$，在 $x=x_0$ 处均连续，即 $\lim\limits_{x\to x_0}f^{(k)}(x)=f^{(k)}(x_0)=0,k=0,1,2,\cdots,n-1.$

连续使用洛必达法则 $n-1$ 次，有 $\lim\limits_{x\to x_0}\frac{f(x)}{(x-x_0)^n}$

$$= \lim_{x \to x_0} \frac{f'(x)}{n(x-x_0)^{n-1}}$$

$$= \lim_{x \to x_0} \frac{f''(x)}{n(n-1)(x-x_0)^{n-2}} = \cdots = \lim_{x \to x_0} \frac{f^{(n-1)}(x)}{n!(x-x_0)}$$

$$= \frac{1}{n!} f^{(n)}(x_0) = 0, \quad 故\ f(x) = o[(x-x_0)^n].$$

19. 证明 不妨设 $a < x_1 < x_2 < b$($x_1 = x_2$ 时显然成立)，

令 $\lambda = (1-t)x_1 + tx_2, 0 \leqslant t \leqslant 1$.

显然 $\lambda = x_1 + t(x_2 - x_1) \in [x_1, x_2] \subset (a,b)$.

把 $f(x)$ 在 $x_0 = \lambda$ 处按一阶泰勒公式展开：

$$f(x) = f(\lambda) + (x-\lambda)f'(\lambda) + \frac{1}{2!}(x-\lambda)^2 f''(\xi). \qquad \xi \in (x,\lambda)\text{ 或 }(\lambda,x). ①$$

分别把 $x = x_1, x = x_2$ 代入 ① 式得

$$f(x_1) = f(\lambda) + (x_1-\lambda)f'(\lambda) + \frac{1}{2}(x_1-\lambda)^2 f''(\xi_1), \qquad x_1 < \xi_1 < \lambda. ②$$

$$f(x_2) = f(\lambda) + (x_2-\lambda)f'(\lambda) + \frac{1}{2}(x_2-\lambda)^2 f''(\xi_2), \qquad \lambda < \xi_2 < x_2. ③$$

$(1-t) \times ② + t \times ③$ 得

$$(1-t)f(x_1) + tf(x_2) = (1-t+t)f(\lambda) + [(1-t)x_1 + tx_2 - \lambda] \cdot f(\lambda)$$

$$+ \frac{1}{2}[(1-t)(x_1-\lambda)^2 f''(\xi_1) + t(x_2-\lambda)^2 f''(\xi_2)].$$

由 $\lambda = (1-t)x_1 + tx_2$ 知$[(1-t)x_1 + tx_2 - \lambda]f'(\lambda) = 0$.

由题设 $f''(x) \geqslant 0$,且 $0 \leqslant t \leqslant 1$ 知

$$\frac{1}{2}[(1-t)(x_1-\lambda)^2 f''(\xi_1) + t(\lambda_2-\lambda)^2 f''(\xi_2)] \geqslant 0,$$

故$(1-t)f(x_1) + tf(x_2) \geqslant f(\lambda) = f[(1-t)x_1 + tx_2]$.　原命题得证.

20. 解 利用泰勒公式得

$f(x) = x - (a + b\cos x) \cdot \sin x$,则 $f'(0) = 1 - a\cos x - b\cos^2 x + b\sin^2 x \big|_{x=0}$

$= 1 - a - b = 0, \therefore a + b = 1.$　①

$f''(0) = a\cos x + 4b\cos 2x \big|_{x=0} = a + 4b = 0$,即 $a + 4b = 0$.　②

联立 ①、② 可得 $a = \frac{4}{3}, b = -\frac{1}{3}$.

第四章 不定积分

知识结构网络图

- 不定积分
  - 基本概念
    - 原函数
    - 不定积分
  - 基本性质
  - 积分公式
  - 积分法
    - 直接积分法
    - 换元法
      - 第一换元法(凑微分法)
      - 第二换元法
        - (1) $\sqrt{a^2-x^2}$,令 $x=a\sin t$ $\left(-\frac{\pi}{2}<t<\frac{\pi}{2}\right)$
          或 $x=a\,\text{th}t$ $(-\infty<t<+\infty)$
        - (2) $\sqrt{a^2+x^2}$,令 $x=a\tan t$ $\left(-\frac{\pi}{2}<t<\frac{\pi}{2}\right)$
          或 $x=a\,\text{sh}t$ $(-\infty<t<+\infty)$
        - (3) $\sqrt{x^2-a^2}$,令 $x=a\sec t$ $(0<t<\frac{\pi}{2})$
          或 $x=a\,\text{ch}t$ $(0<t<+\infty)$
        - (4) 若有 e^{kx},令 $t=e^{kx}$
        - (5) 若有$\frac{1}{x}$,令 $t=\frac{1}{x}$
    - 分部积分法 $\int u\mathrm{d}v=uv-\int v\mathrm{d}u$
    - 有理函数的积分
    - 三角函数有理式的积分
    - 某些无理式的积分

4.1 不定积分的概念与性质

本节重难点及考研要求

重点及考点

1. 原函数与不定积分的概念非常重要,求不定积分的问题实际上就是求原函数的问题,它不仅是计算定积分的基础,也是以后计算重积分与解微分方程的基础.

2. 不定积分是原函数的全体,两者是不同的概念,前者是一个集合,后者是该集合中的一个元素.

3. $f(x)$ 的任意两个原函数至多相差一个常数,在可相差常数的前提下,不定积分与求导互为逆运算.

4. 基本积分表中给出的 15 个基本积分公式是求不定积分的基础,必须熟记. 显然,在熟记了基本初等函数的导数公式的基础上去记忆这些公式也并不困难.

5. 利用基本公式或性质,或将被积函数经适当变换后再用公式或性质求积分的方法叫直接积分法,这是计算不定积分的一种基本方法.

6. 可积条件,即原函数存在定理:若函数 $f(x)$ 在区间 Ⅰ 上连续,则原函数一定存在,这是可积的充分条件.

考研要求

理解原函数和不定积分的概念,掌握不定积分的基本公式和性质.

典型例题与解题技巧

题型 Ⅰ:对原函数和不定积分概念的理解

【题型分析】

1. 熟练掌握原函数和不定积分的定义,这是求解此类问题的基础.

2. 区分两者的不同点,不定积分是一个无限集,原函数是无限集中的一个元素.

例 1　若 $F'(x)=\dfrac{1}{\sqrt{1-x^2}}$,$F(1)=\dfrac{3}{2}\pi$,求 $F(x)$.

分析　由 $F'(x)=\dfrac{1}{\sqrt{1-x^2}}$,对其求不定积分即可求得 $F(x)$,此 $F(x)$ 中带有常数 C. 又知 $F(1)=\dfrac{3}{2}\pi$,由此条件便可确定常数 C.

解　由题意有 $F(x)=\displaystyle\int\frac{dx}{\sqrt{1-x^2}}=\arcsin x+C$,

又根据 $F(1)=\dfrac{3}{2}\pi$,则 $\arcsin 1+C=\dfrac{3}{2}\pi$,

即 $C=\pi$,从而 $F(x)=\arcsin x+\pi$.

例 2　$\ln(x+\sqrt{1+x^2})$ 是哪一个函数的一个原函数?

分析　求导数.

解　$[\ln(x+\sqrt{1+x^2})]'=\dfrac{1}{x+\sqrt{1+x^2}}\left(1+\dfrac{x}{\sqrt{1+x^2}}\right)=\dfrac{1}{\sqrt{1+x^2}}$,

因此 $\ln(x+\sqrt{1+x^2})$ 是 $\dfrac{1}{\sqrt{1+x^2}}$ 的一个原函数.

题型Ⅱ:利用不定积分的性质和基本积分表求不定积分

【题型分析】

1. 熟练掌握基本积分公式,对于所求积分可通过恒等变形然后利用积分性质或积分表进行求解.

2. 常用的变形法包括将一项拆成多项,分解因子,分母有理化,三角函数的三角恒等变形等.

例 3 $\int x^5\sqrt[4]{x}\,\mathrm{d}x$.

分析 要求熟记基本积分表,并在求解的过程中应用不定积分的两个性质.

解 $\int x^5\sqrt[4]{x}\,\mathrm{d}x=\int x^5x^{\frac{1}{4}}\,\mathrm{d}x=\int x^{\frac{21}{4}}\,\mathrm{d}x=\frac{4}{25}x^{\frac{25}{4}}+C.$

例 4 求下列不定积分:

(1) $\int\frac{x^2+1}{\sqrt{x}}\mathrm{d}x$;　　(2) $\int\frac{x^4+2x^2+4}{x^2+1}\mathrm{d}x$.

分析 利用不定积分的性质及基本积分公式求解.

解 (1) $\int\frac{x^2+1}{\sqrt{x}}\mathrm{d}x=\int(x^{\frac{3}{2}}+x^{-\frac{1}{2}})\mathrm{d}x=\frac{2}{5}x^{\frac{5}{2}}+2x^{\frac{1}{2}}+C.$

(2)
$$\int\frac{x^4+2x^2+4}{x^2+1}\mathrm{d}x=\int\frac{x^2(x^2+1)+(x^2+1)+3}{x^2+1}\mathrm{d}x$$
$$=\int x^2\,\mathrm{d}x+\int\mathrm{d}x+3\int\frac{1}{x^2+1}\mathrm{d}x$$
$$=\frac{1}{3}x^3+x+3\arctan x+C.$$

题型Ⅲ:积分的几何意义和物理意义

【题型分析】

1. 此类题目的关键是由实际问题抽象出数学模型,列出积分式.

2. 按照题目中所给出的条件求解积分式.

例 5 一曲线通过点$(\mathrm{e}^2,3)$,且在任一点处的切线斜率等于该点横坐标的倒数,求该积分曲线.

分析 函数的原函数图形即为此函数的积分曲线.由题意,本题是求函数$\frac{1}{x}$的通过点$(\mathrm{e}^2,3)$的那条积分曲线.

解 设该曲线的方程为 $y=f(x)$,

由题意知　$y'=f'(x)=\frac{1}{x}$,

从而　$y=\int\frac{1}{x}\mathrm{d}x=\ln|x|+C$,

又因为曲线过点$(e^2,3)$,

所以　$3=\ln e^2+C=2+C$,

即得　$C=1$,

因此该曲线方程为 $y=\ln|x|+1$.

例 6　设质点沿 x 轴作直线运动，任意时刻 t 的加速度 $a(t)=12t^2-3\sin t$. 已知初速度 $v(0)=5$，初始位移 $s(0)=-3$，求质点的速度 $v(t)$ 及位移 $s(t)$.

分析　根据加速度与速度的关系列出积分式求解.

解　因为　$\int(12t^2-3\sin t)\mathrm{d}t=4t^3+3\cos t+C$,

所以加速度 $a(t)=12t^2-3\sin t$ 的质点的速度为

$v(t)=4t^3+3\cos t+C$.

因为初速度 $v(0)=5$，应有 $C=2$，即 $v(t)=4t^3+3\cos t+2$.

由　$s(t)=\int v(t)\mathrm{d}t=\int(4t^3+3\cos t+2)\mathrm{d}t=t^4+3\sin t+2t+C'$,

及　$s(0)=C'=-3$,

得　$s(t)=t^4+3\sin t+2t-3$.

课后习题解答(习题 4-1)

1. 解　(1) $\frac{\mathrm{d}}{\mathrm{d}x}[\ln(x+\sqrt{x^2+1})+C]$

$$=\frac{1}{x+\sqrt{x^2+1}}\cdot\left(1+\frac{x}{\sqrt{x^2+1}}\right)=\frac{1}{\sqrt{x^2+1}}.$$

(2) $\frac{\mathrm{d}}{\mathrm{d}x}\left(\frac{\sqrt{x^2-1}}{x}+C\right)=\frac{\frac{x}{\sqrt{x^2-1}}\cdot x-\sqrt{x^2-1}}{x^2}=\frac{1}{x^2\sqrt{x^2-1}}.$

(3) $\frac{\mathrm{d}}{\mathrm{d}x}\left(\arctan x+\frac{1}{x+1}+C\right)=\frac{1}{x^2+1}-\frac{1}{(x+1)^2}=\frac{2x}{(x^2+1)(x+1)^2}.$

(4) $\frac{\mathrm{d}}{\mathrm{d}x}(\ln|\tan x+\sec x|+C)=\frac{1}{\tan x+\sec x}\cdot(\sec^2x+\sec x\tan x)=\sec x.$

(5) $\frac{\mathrm{d}}{\mathrm{d}x}(x\sin x+\cos x+C)=\sin x+x\cos x-\sin x=x\cos x.$

(6) $\frac{\mathrm{d}}{\mathrm{d}x}\left[\frac{1}{2}e^x(\sin x-\cos x)+C\right]$

$$= \frac{1}{2}e^x(\sin x - \cos x) + \frac{1}{2}e^x(\cos x + \sin x) = e^x \sin x.$$

2. 解 (1) $\int \frac{dx}{x^2} = \frac{1}{-2+1}x^{-2+1} + C = -\frac{1}{x} + C.$

(2) $\int x\sqrt{x}\,dx = \int x^{\frac{3}{2}}dx = \frac{1}{\frac{3}{2}+1}x^{\frac{3}{2}+1} + C = \frac{2}{5}x^{\frac{5}{2}} + C.$

(3) $\int \frac{dx}{\sqrt{x}} = \int x^{-\frac{1}{2}}dx = \frac{1}{-\frac{1}{2}+1}x^{-\frac{1}{2}+1} + C = 2\sqrt{x} + C.$

(4) $\int x^2\sqrt[3]{x}\,dx = \int x^{\frac{7}{3}}dx = \frac{1}{\frac{7}{3}+1}x^{\frac{7}{3}+1} + C = \frac{3}{10}x^{\frac{10}{3}} + C.$

(5) $\int \frac{dx}{x^2\sqrt{x}} = \int x^{-\frac{5}{2}}dx = \frac{1}{-\frac{5}{2}+1}x^{-\frac{5}{2}+1} + C = -\frac{2}{3}x^{-\frac{3}{2}} + C.$

(6) $\int \sqrt[m]{x^n}\,dx = \int x^{\frac{n}{m}}dx = \frac{1}{\frac{n}{m}+1}x^{\frac{n}{m}+1} + C = \frac{m}{m+n}x^{\frac{m+n}{m}} + C \quad (n \neq m).$

(7) $\int 5x^3 dx = 5\int x^3 dx = \frac{5}{4}x^4 + C.$

(8) $\int (x^2 - 3x + 2)dx = \int x^2 dx - 3\int x dx + 2\int dx = \frac{1}{3}x^3 - \frac{3}{2}x^2 + 2x + C.$

(9) $\int \frac{dh}{\sqrt{2gh}} = \frac{1}{\sqrt{2g}}\int h^{-\frac{1}{2}}dh = \frac{1}{\sqrt{2g}} \cdot \frac{1}{-\frac{1}{2}+1}h^{-\frac{1}{2}+1} + C = \sqrt{\frac{2h}{g}} + C.$

(10) $\int (x^2+1)^2 dx = \int x^4 dx + 2\int x^2 dx + \int dx = \frac{x^5}{5} + \frac{2x^3}{3} + x + C.$

(11) $\int (\sqrt{x}+1)(\sqrt{x^3}-1)dx = \int (x^2 - x^{\frac{1}{2}} + x^{\frac{3}{2}} - 1)dx$

$$= \int x^2 dx - \int x^{\frac{1}{2}}dx + \int x^{\frac{3}{2}}dx - \int dx$$

$$= \frac{x^3}{3} - \frac{2}{3}x^{\frac{3}{2}} + \frac{2}{5}x^{\frac{5}{2}} - x + C.$$

(12) $\int \frac{(1-x)^2}{\sqrt{x}}dx = \int x^{\frac{3}{2}}dx - 2\int x^{\frac{1}{2}}dx + \int x^{-\frac{1}{2}}dx = \frac{2}{5}x^{\frac{5}{2}} - \frac{4}{3}x^{\frac{3}{2}} + 2x^{\frac{1}{2}} + C.$

(13) $\int (2e^x + \frac{3}{x})dx = 2\int e^x dx + 3\int \frac{dx}{x} = 2e^x + 3\ln|x| + C.$

(14) $\int (\frac{3}{1+x^2} - \frac{2}{\sqrt{1-x^2}})dx = 3\int \frac{1}{1+x^2}dx - 2\int \frac{1}{\sqrt{1-x^2}}dx$

$$= 3\arctan x - 2\arcsin x + C.$$

(15) $\int e^x(1-\frac{e^{-x}}{\sqrt{x}})dx = \int e^x dx - \int x^{-\frac{1}{2}}dx = e^x - 2x^{\frac{1}{2}} + C.$

(16) $\int 3^x e^x dx = \int (3e)^x dx = \frac{(3e)^x}{\ln(3e)} + C.$

(17) $\int \frac{2\times 3^x - 5\times 2^x}{3^x}dx = \int\left[2-5(\frac{2}{3})^x\right]dx = 2x - 5\times\frac{1}{\ln\frac{2}{3}}(\frac{2}{3})^x + C.$

(18) $\int \sec x(\sec x - \tan x)dx = \int \sec^2 x dx - \int \sec x\tan x dx = \tan x - \sec x + C.$

(19) $\int \cos^2\frac{x}{2}dx = \int\frac{1+\cos x}{2}dx = \frac{1}{2}x + \frac{1}{2}\sin x + C.$

(20) $\int\frac{dx}{1+\cos 2x} = \int\frac{1}{2\cos^2 x}dx = \frac{1}{2}\int\sec^2 x dx = \frac{1}{2}\tan x + C.$

(21) $\int\frac{\cos 2x}{\cos x - \sin x}dx = \int\frac{\cos^2 x - \sin^2 x}{\cos x - \sin x}dx = \int(\cos x + \sin x)dx = \sin x - \cos x + C.$

(22) $\int\frac{\cos 2x}{\cos^2 x\sin^2 x}dx = \int\frac{\cos^2 x - \sin^2 x}{\cos^2 x\sin^2 x} = \int(\csc^2 x - \sec^2 x)dx = -\cot x - \tan x + C.$

(23) $\int\cot^2 x dx = \int(\csc^2 x - 1)dx = -\cot x - x + C.$

(24) $\int\cos\theta(\tan\theta + \sec\theta)d\theta = \int(\sin\theta + 1)d\theta = -\cos\theta + \theta + C.$

(25) $\int\frac{x^2}{1+x^2}dx = \int dx - \int\frac{1}{1+x^2}dx = x - \arctan x + C.$

(26) $\int\frac{3x^4+2x^2}{x^2+1}dx = \int 3x^2 dx - \int dx + \int\frac{1}{x^2+1}dx = x^3 - x + \arctan x + C.$

3. 解 (1) $y = \int(x-2)^2 dx = \frac{1}{3}(x-2)^3 + C,$

由 $y|_{x=2} = 0$，得 $C = 0$，于是所求的解为 $y = \frac{1}{3}(x-2)^3.$

(2) $\frac{dx}{dt} = \int\frac{2}{t^3}dt = -\frac{1}{t^2} + C_1$，　由 $\frac{dx}{dt}|_{t=1} = 1$ 得 $C_1 = 2$，

故 $\frac{dx}{dt} = -\frac{1}{t^2} + 2$，　$x = \int(-\frac{1}{t^2}+2)dt = \frac{1}{t} + 2t + C_2$，由 $x|_{t=1} = 1$，

得 $y = \frac{1}{t} + 2t - 2.$

4. 解 (1) $\frac{ds}{dt} = \int -k dt = -kt + C_1$，

由 $\frac{ds}{dt}\Big|_{t=0} = 20$，得 $C_1 = 20$，故 $\frac{ds}{dt} = -kt + 20$，

两边积分得 $s=\int(-kt+20)\mathrm{d}t=-\frac{1}{2}kt^2+20t+C_2$,

由 $s|_{t=0}=0$ 得 $C_2=0$,于是所求的解为 $s=-\frac{1}{2}kt^2+20t$.

(2)令 $\frac{\mathrm{d}s}{\mathrm{d}t}=0$,解得 $t=\frac{20}{k}$.

(3)根据题意,当 $t=\frac{20}{k}$ 时,$s=50$,即 $-\frac{1}{2}k\left(\frac{20}{k}\right)^2+\frac{400}{k}=50$,

解得 $k=4$,即得刹车加速度为 $-4\ \mathrm{m/s^2}$.

5. 解 设该曲线的方程为 $y=f(x)$,

由题意得知 $y'=f'(x)=\frac{1}{x}$,所以 $y=\int\frac{1}{x}\mathrm{d}x=\ln x+C$,

而点 $(\mathrm{e}^2,3)$ 在曲线上,所以 $3=f(\mathrm{e}^2)=\ln\mathrm{e}^2+C=2+C$,

从而 $C=1$,因此,该曲线的方程为 $y=\ln x+1$.

6. 解 设此物体自坐标原点沿横轴正向由静止开始运动,位移函数为 $s=s(t)$,

则 $s'(t)=v(t)=3t^2$, 于是 $s(t)=\int 3t^2\mathrm{d}t=t^3+C$.

因为物体自原点横轴方向开始运动,所以 $s(0)=0$,

即 $0=0^3+C, C=0$. 因此,位移函数为 $s(t)=t^3$.

(1)3 s 后物体离开出发点的距离:$s(3)=3^3=27(\mathrm{m})$.

(2)由 $360=t^3$,得物体走完 360 m 所需时间为 $t=\sqrt[3]{360}\approx 7.11(\mathrm{s})$.

7. 解 $\frac{\mathrm{d}}{\mathrm{d}x}[\arcsin(2x-1)]=\frac{1}{\sqrt{1-(2x-1)^2}}\cdot 2=\frac{1}{\sqrt{x-x^2}}$.

$\frac{\mathrm{d}}{\mathrm{d}x}\left[2\arctan\sqrt{\frac{x}{1-x}}\right]=2\cdot\frac{x}{1+\frac{x}{1-x}}\cdot\frac{1}{2}\sqrt{\frac{1-x}{x}}\cdot\frac{1}{(1-x)^2}=\frac{1}{\sqrt{x-x^2}}$.

4.2 换元积分法

本节重难点及考研要求

重点及考点

1. 第一类换元法又称凑微分法,它是复合函数求导数的逆运算,这种方法在求不定积分时经常使用,但比利用复合函数求导法则求导数要困难,因为方法中的 $\varphi(x)$ 隐含在被积函数中.如何适当选择 $u=\varphi(x)$,把积分中的 $\varphi'(x)\mathrm{d}x$"凑"成 $\mathrm{d}u$ 没有一般捷径可循,所以多做练习,熟练掌握各种形式的凑微分方法是关键,这也是对微分运算熟练程度的检验,因为事实上任何一个微分运算公式都可以作为凑微分的途径.

2. 常用的凑微分公式

(1) $\int f(ax+b)\mathrm{d}x=\frac{1}{a}\int f(ax+b)\mathrm{d}(ax+b)\quad(a\neq 0)$.

(2) $\int f(ax^2+b)x\mathrm{d}x=\frac{1}{2a}\int f(ax^2+b)\mathrm{d}(ax^2+b)\quad(a\neq 0)$.

(3) $\int f(ax^\alpha+b)x^{\alpha-1}\mathrm{d}x=\frac{1}{a^\alpha}\int f(ax^\alpha+b)\mathrm{d}(ax^\alpha+b)\quad(a\neq 0,b\neq 0)$.

(4) $\int f\left(\frac{1}{x}\right)\frac{1}{x^2}\mathrm{d}x=-\int f(\frac{1}{x})\mathrm{d}(\frac{1}{x})$.

(5) $\int f(\ln x)\frac{1}{x}\mathrm{d}x=\int f(\ln x)\mathrm{d}\ln x$.

(6) $\int f(\mathrm{e}^{ax})\mathrm{e}^{ax}\mathrm{d}x=\frac{1}{a}\int f(\mathrm{e}^{ax})\mathrm{d}\mathrm{e}^{ax}\quad(a\neq 0)$.

(7) $\int f(\sin x)\cos x\mathrm{d}x=\int f(\sin x)\mathrm{d}\sin x$.

(8) $\int f(\cos x)\sin x\mathrm{d}x=-\int f(\cos x)\mathrm{d}\cos x$.

(9) $\int f(\tan x)\sec^2 x\mathrm{d}x=\int f(\tan x)\frac{1}{\cos^2 x}\mathrm{d}x=\int f(\tan x)\mathrm{d}\tan x$.

(10) $\int f(\cot x)\csc^2 x\mathrm{d}x=\int f(\cot x)\frac{1}{\sin^2 x}\mathrm{d}x=-\int f(\cot x)\mathrm{d}\cot x$.

(11) $\int f(\sec x)\sec x\tan x\mathrm{d}x=\int f(\sec x)\mathrm{d}\sec x$.

(12) $\int f(\arcsin x)\frac{1}{\sqrt{1-x^2}}\mathrm{d}x=\int f(\arcsin x)\mathrm{d}\arcsin x$.

(13) $\int f(\arctan x)\frac{1}{1+x^2}\mathrm{d}x=\int f(\arctan x)\mathrm{d}\arctan x$.

3. 第二类换元法的关键是作变量的一个适当代换 $x=\psi(t)$，使 $f[\psi(t)]\psi'(t)$ 的原函数易求. 当被积函数中含有根式而又不能凑微分时，常可考虑用第二类换元积分法将被积函数有理化.

4. 第二类换元法常用的变量代换如下.

(1) 三角代换.

被积函数中含有 $\sqrt{a^2-x^2}$ 时，常用代换 $x=a\sin t$，$\left(-\frac{\pi}{2}<t<\frac{\pi}{2}\right)$；

被积函数中含有 $\sqrt{a^2+x^2}$ 时，常用代换 $x=a\tan t$，$\left(-\frac{\pi}{2}<t<\frac{\pi}{2}\right)$；

被积函数中含有 $\sqrt{x^2-a^2}$ 时,常用代换 $x=a\sec t$, $\left(0<t<\frac{\pi}{2}\right)$.

注意适当选取 t 的范围,使 $x=\psi(t)$ 单调可导.

(2) 倒代换:$x=\frac{1}{t}$.

(3) 指数代换:被积函数由 a^x 构成,令 $a^x=t$,则 $\mathrm{d}x=\frac{1}{\ln a}\cdot\frac{\mathrm{d}t}{t}$.

(4) 根式代换:被积函数由 $\sqrt[n]{ax+b}$ 构成,令 $\sqrt[n]{ax+b}=t$.

(5) 万能代换:令 $t=\tan\frac{x}{2}$,则 $x=2\arctan t,\sin x=\frac{2t}{1+t^2},\cos x=\frac{1-t^2}{1+t^2},\mathrm{d}x=\frac{2}{1+t^2}\mathrm{d}t$.

考研要求

掌握不定积分的换元积分法.

典型例题与解题技巧

题型Ⅰ:用第一类换元积分法求不定积分

【题型分析】

1. 熟练掌握常见的凑微分形式.
2. 注意将原式变形,同乘或同除以某个因子,然后凑微分.
3. 对于复杂形式的凑微分法.

将被积分式 $g(x)\mathrm{d}x$ 写成 $f(x)\varphi(x)\mathrm{d}x$ 或 $\frac{\varphi(x)}{f(x)}\mathrm{d}x$ 的形式,其中 $f(x)$ 较 $\varphi(x)$ 复杂. 观察 $f(x)$ 和 $\varphi(x)$,对 $f(x)$ 或构成 $f(x)$ 的主要部分求导,若其导数为 $\varphi(x)$ 的常数倍,则 $\varphi(x)\mathrm{d}x=k\mathrm{d}f(x)$ 或 $\varphi(x)\mathrm{d}x=k\mathrm{d}f_*(x)$. 其中 k 为常数,$f_*(x)$ 为 $f(x)$ 的主要部分.

例 1 求下列不定积分:

(1) $\int\frac{e^x}{e^{2x}+1}\mathrm{d}x$; (2) $\int\frac{1}{x^2}\sin\frac{1}{x}\mathrm{d}x$; (3) $\int\frac{x}{(1+x^2)^{\frac{3}{2}}}\mathrm{d}x$;

(4) $\int\frac{\mathrm{d}x}{\sin 2x+2\sin x}$; (5) $\int\frac{\sin x\cos x}{\sin^4x+\cos^4x}\mathrm{d}x$; (6) $\int\frac{\arctan\sqrt{x}}{(1+x)\sqrt{x}}\mathrm{d}x$.

解 (1) $\int\frac{e^x}{e^{2x}+1}\mathrm{d}x=\int\frac{\mathrm{d}(e^x)}{(e^x)^2+1}=\arctan e^x+C$.

(2) $\int\frac{1}{x^2}\sin\frac{1}{x}\mathrm{d}x=-\int\sin\frac{1}{x}\mathrm{d}\left(\frac{1}{x}\right)=\cos\frac{1}{x}+C$.

(3) $\int\frac{x}{(1+x^2)^{\frac{3}{2}}}\mathrm{d}x=\frac{1}{2}\int\frac{\mathrm{d}(x^2)}{(1+x^2)^{\frac{3}{2}}}=\frac{1}{2}\int\frac{\mathrm{d}(x^2+1)}{(1+x^2)^{\frac{3}{2}}}$

$$=-(1+x^2)^{-\frac{1}{2}}+C.$$

(4) $\displaystyle\int\frac{dx}{\sin 2x+2\sin x}=\int\frac{dx}{2\sin x(1+\cos x)}=\int\frac{dx}{8\sin\frac{x}{2}\cos^3\frac{x}{2}}$

$$=\int\frac{\sec^2\frac{x}{2}}{4\tan\frac{x}{2}}d\tan\frac{x}{2}=\frac{1}{4}\int\left[\frac{1}{\tan\frac{x}{2}}+\tan\frac{x}{2}\right]d\tan\frac{x}{2}$$

$$=\frac{1}{4}\left[\ln\left|\tan\frac{x}{2}\right|+\frac{1}{2}\tan^2\frac{x}{2}\right]+C.$$

(5) $\displaystyle\int\frac{\sin x\cos x}{\sin^4 x+\cos^4 x}dx=\frac{1}{2}\int\frac{\sin 2x}{1-\frac{1}{2}\sin^2 2x}dx=\frac{1}{2}\int\frac{\sin 2x dx}{\frac{1}{2}(1+\cos^2 2x)}$

$$=-\frac{1}{2}\int\frac{d(\cos 2x)}{1+\cos^2 2x}=-\frac{1}{2}\arctan(\cos 2x)+C.$$

(6) $\displaystyle\int\frac{\arctan\sqrt{x}}{(1+x)\sqrt{x}}dx=2\int\frac{\arctan\sqrt{x}}{1+x}d\sqrt{x}=2\int\arctan\sqrt{x}\,d\arctan\sqrt{x}$

$$=\arctan^2\sqrt{x}+C.$$

例 2　求下列不定积分：

(1) $I=\displaystyle\int\frac{1+x^2}{1+x^4}dx$；　(2) $I=\displaystyle\int\frac{x^2-1}{1+x^4}dx$.

分析　分子分母同除以一个因子，然后凑微分求解.

解　(1)分子、分母同除以 x^2 得

$$I=\int\frac{(1+\frac{1}{x^2})dx}{x^2+\frac{1}{x^2}}.$$

注意　$(1+\frac{1}{x^2})dx=d(x-\frac{1}{x})$，$x^2+\frac{1}{x^2}=(x-\frac{1}{x})^2+2$，

于是　$$I=\int\frac{d(x-\frac{1}{x})}{(x-\frac{1}{x})^2+2}=\frac{1}{\sqrt{2}}\int\frac{d\left[\frac{1}{\sqrt{2}}(x-\frac{1}{x})\right]}{1+\left[\frac{1}{\sqrt{2}}(x-\frac{1}{x})\right]^2}$$

$$=\frac{1}{\sqrt{2}}\arctan\frac{1}{\sqrt{2}}(x-\frac{1}{x})+C.$$

(2)与题(1)类似，只须注意

$$(1-\frac{1}{x^2})dx=d(x+\frac{1}{x}),\ x^2+\frac{1}{x^2}=(x+\frac{1}{x})^2-2,$$

于是 $I=\int\frac{\mathrm{d}(x+\frac{1}{x})}{(x+\frac{1}{x})^2-(\sqrt{2})^2}\xlongequal{u=x+\frac{1}{x}}\frac{1}{2\sqrt{2}}\int(\frac{1}{u-\sqrt{2}}-\frac{1}{u+\sqrt{2}})\mathrm{d}u$

$$=\frac{1}{2\sqrt{2}}\ln\left|\frac{x+\frac{1}{x}-\sqrt{2}}{x+\frac{1}{x}+\sqrt{2}}\right|+C=\frac{1}{2\sqrt{2}}\ln\left|\frac{x^2-\sqrt{2}x+1}{x^2+\sqrt{2}x+1}\right|+C.$$

题型Ⅱ:用第二类换元积分法求不定积分

例 3　求下列不定积分:

(1) $\int\frac{\mathrm{d}x}{\sqrt{x}(1+\sqrt[3]{x})}$;　　(2) $\int\frac{x+1}{\sqrt[3]{3x+1}}\mathrm{d}x$.

分析　当被积函数是 x 与 $\sqrt[n]{ax+b}$ 的有理式(即 x 与 $u=\sqrt[n]{ax+b}$ 经过有限次四则运算所得的式子)时,常可选用根式代换 $t=\sqrt[n]{ax+b}$. 此时 $x=\frac{t^n-b}{a}$, $\mathrm{d}x=\frac{nt^{n-1}}{a}\mathrm{d}t$,因而可以去根号.

解　(1)为了去根号,作根式代换,令 $x=t^6$,则

$$原式=\int\frac{6t^5\mathrm{d}t}{t^3(1+t^2)}=6\int\frac{t^2}{1+t^2}\mathrm{d}t=6\int\frac{t^2+1-1}{1+t^2}\mathrm{d}t$$

$$=6\int(1-\frac{1}{1+t^2})\mathrm{d}t=6(t-\arctan t)+C=6(\sqrt[6]{x}-\arctan\sqrt[6]{x})+C.$$

(2)令 $\sqrt[3]{3x+1}=t$,则 $x=\frac{t^3-1}{3}$ 且 $\mathrm{d}x=t^2\mathrm{d}t$,于是

$$原式=\int\frac{\frac{t^3-1}{3}+1}{t}t^2\mathrm{d}t=\int\frac{t^4+2t}{3}\mathrm{d}t=\frac{1}{3}\int t^4\mathrm{d}t+\frac{2}{3}\int t\mathrm{d}t$$

$$=\frac{1}{15}t^5+\frac{1}{3}t^2+C=\frac{1}{15}(3x+1)^{\frac{5}{3}}+\frac{1}{3}(3x+1)^{\frac{2}{3}}+C.$$

例 4　求下列不定积分:

(1) $\int\frac{1}{(1-x)\sqrt{1-x^2}}\mathrm{d}x$;　　(2) $\int\frac{1}{\sqrt{1+\mathrm{e}^{2x}}}\mathrm{d}x$;

(3) $\int\frac{\sqrt{x^2-a^2}}{x}\mathrm{d}x$;　　(4) $\int\frac{\mathrm{d}x}{(2x^2+1)\sqrt{x^2+1}}$.

分析　被积函数中含有 $\sqrt{x^2\pm a^2}$ 或 $\sqrt{a^2-x^2}$,而又不能凑微分时可考虑第二类换元法中的三角代换法. 根据被积函数形式的不同,采用不同的三角代换,目的是去根号,即化积分函数中的无理式为有理式.

解 (1)令 $x=\sin t,-\frac{\pi}{2}<t<\frac{\pi}{2},\mathrm{d}x=\cos t\mathrm{d}t$,则

$$\int\frac{1}{(1-x)\sqrt{1-x^2}}\mathrm{d}x=\int\frac{1}{(1-\sin t)\cos t}\cos t\mathrm{d}t$$

$$=\int\frac{1}{1-\sin t}\mathrm{d}t=\int\frac{1+\sin t}{\cos^2 t}\mathrm{d}t=\int\sec^2 t\mathrm{d}t+\int\sec t\cdot\tan t\mathrm{d}t$$

$$=\tan t+\sec t+C=\frac{x}{\sqrt{1-x^2}}+\frac{1}{\sqrt{1-x^2}}+C=\frac{x+1}{\sqrt{1-x^2}}+C.$$

(2)令 $\mathrm{e}^x=\tan t,x=\ln\tan t,\mathrm{d}x=\frac{1}{\sin t\cos t}\mathrm{d}t$,则

$$\int\frac{1}{\sqrt{1+\mathrm{e}^{2x}}}\mathrm{d}x=\int\frac{1}{\sec t}\cdot\frac{1}{\sin t\cdot\cos t}\mathrm{d}t=\int\csc t\mathrm{d}t$$

$$=\ln|\csc t-\cot t|+C$$

$$=\ln\left|\frac{\sqrt{1+\mathrm{e}^{2x}}}{\mathrm{e}^x}-\frac{1}{\mathrm{e}^x}\right|+C=\ln(\sqrt{1+\mathrm{e}^{2x}}-1)-x+C.$$

(3)当 $x>a$ 时,令 $x=a\sec t,0\leqslant x\leqslant\frac{\pi}{2}$.

$$原式=\int\frac{a\tan t}{a\sec t}\cdot a\sec t\cdot\tan t\mathrm{d}t$$

$$=\int a\tan^2 t\mathrm{d}t=\int a(\sec^2 t-1)\mathrm{d}t=a(\tan t-t)+C$$

$$=\sqrt{x^2-a^2}-a\arccos\frac{a}{x}+C,$$

当 $x<-a$,令 $x=-t$,

$$原式=\int\frac{\sqrt{t^2-a^2}}{t}\mathrm{d}t$$

$$=\sqrt{t^2-a^2}-a\cdot\arccos\frac{a}{t}+C=\sqrt{x^2-a^2}-a\arccos\frac{a}{-x}+C,$$

综上所述, $原式=\sqrt{x^2-a^2}-a\cdot\arccos\frac{a}{|x|}+C.$

(4)令 $x=\tan t,-\frac{\pi}{2}<t<\frac{\pi}{2},\mathrm{d}x=\sec^2 t\mathrm{d}t$.

$$原式=\int\frac{\sec^2 t}{(2\tan^2 t+1)\sqrt{1+\tan^2 t}}\mathrm{d}t=\int\frac{\mathrm{d}t}{\cos t\cdot(2\tan^2 t+1)}$$

$$=\int\frac{\cos t\mathrm{d}t}{2\sin^2 t+\cos^2 t}=\int\frac{\mathrm{d}\sin t}{1+\sin^2 t}=\arctan(\sin t)+C$$

$$=\arctan\left(\frac{x}{\sqrt{1+x^2}}\right)+C.$$

课后习题解答(习题 4-2)

1. 解 (1)$\frac{1}{a}$;(2)$\frac{1}{7}$;(3)$\frac{1}{2}$;(4)$\frac{1}{10}$;(5)$-\frac{1}{2}$;(6)$\frac{1}{12}$;(7)$\frac{1}{2}$;(8)-2;(9)$-\frac{2}{3}$;

(10)$\frac{1}{5}$;(11)$-\frac{1}{5}$;(12)$\frac{1}{3}$;(13)-1;(14)-1.

2. 解 (1)$\int e^{5x}dt=\frac{1}{5}\int e^{5t}d5t=\frac{1}{5}e^{5x}+C.$

(2)$\int(3-2x)^3dx=-\frac{1}{2}\int(3-2x)^3d(3-2x)=-\frac{1}{8}(3-2x)^4+C.$

(3)$\int\frac{dx}{1-2x}=-\frac{1}{2}\cdot\frac{d(1-2x)}{1-2x}=-\frac{1}{2}\ln|1-2x|+C.$

(4)$\int\frac{dx}{\sqrt[3]{2-3x}}=-\frac{1}{3}\int\frac{d(2-3x)}{(2-3x)^{\frac{1}{3}}}=-\frac{1}{2}(2-3x)^{\frac{2}{3}}+C.$

(5)$\int(\sin ax-e^{\frac{x}{b}})dx=-\frac{1}{a}\cos ax-be^{\frac{x}{b}}+C.$

(6)$\int\frac{\sin\sqrt{t}}{\sqrt{t}}dt=2\int\sin\sqrt{t}\,d\sqrt{t}=-2\cos\sqrt{t}+C.$

(7)$\int xe^{-x^2}dx=-\frac{1}{2}\int e^{-x^2}d(-x^2)=-\frac{1}{2}e^{-x^2}+C.$

(8)$\int x\cos x^2dx=\frac{1}{2}\int\cos x^2d(x^2)=\frac{1}{2}\sin x^2+C.$

(9)$\int\frac{x}{\sqrt{2-3x^2}}dx=-\frac{1}{6}\int(2-3x^2)^{-\frac{1}{2}}d(2-3x^2)=-\frac{1}{3}\sqrt{2-3x^2}+C.$

(10)$\int\frac{3x^3}{1-x^4}dx=-\frac{3}{4}\int\frac{d(1-x^4)}{1-x^4}=-\frac{3}{4}\ln|1-x^4|+C.$

(11)$\int\frac{x+1}{x^2+2x+5}dx=\frac{1}{2}\int\frac{d(x^2+2x+5)}{x^2+2x+5}=\frac{1}{2}\ln(x^2+2x+5)+C.$

(12)$\int\cos^2(\omega t+\varphi)\sin(\omega t+\varphi)dt=-\frac{1}{\omega}\int\cos^2(\omega t+\varphi)d\cos(\omega t+\varphi)$

$$=-\frac{1}{3\omega}\cos^3(\omega t+\varphi)+C.$$

(13)$\int\frac{\sin x}{\cos^3x}dx=-\int\frac{d\cos x}{\cos^3x}=\frac{1}{2}\cos^{-2}x+C.$

(14)$\int\frac{\sin x+\cos x}{\sqrt[3]{\sin x-\cos x}}dx=\int(\sin x-\cos x)^{-\frac{1}{3}}d(\sin x-\cos x)$

$$=\frac{3}{2}(\sin x-\cos x)^{\frac{2}{3}}+C.$$

(15) $\int \tan^{10} x\sec^2 x\mathrm{d}x = \int \tan^{10} x\mathrm{d}\tan x = \frac{1}{11}\tan^{11} x + C.$

(16) $\int \frac{\mathrm{d}x}{x(\ln x)\ln(\ln x)} = \int \frac{\mathrm{d}(\ln x)}{\ln x \cdot \ln(\ln x)} = \int \frac{\mathrm{d}[\ln(\ln x)]}{\ln(\ln x)}$

$= \ln|\ln(\ln x)| + C(x > 1).$

(17) $\int \frac{\mathrm{d}x}{(\arcsin x)^2\sqrt{1-x^2}} = \int (\arcsin x)^{-2}\mathrm{d}(\arcsin x) = -\frac{1}{\arcsin x} + C.$

(18) $\int \frac{10^{2\arccos x}}{\sqrt{1-x^2}}\mathrm{d}x = -\int 10^{2\arccos x}\mathrm{d}(\arccos x) = -\frac{1}{2}\int 10^{2\arccos x}\mathrm{d}(2\arccos x)$

$= -\frac{1}{2\ln 10}10^{2\arccos x} + C.$

(19) $\int \tan\sqrt{1+x^2} \cdot \frac{x\mathrm{d}x}{\sqrt{1+x^2}} = \frac{1}{2}\int \tan\sqrt{1+x^2}(1+x^2)^{-\frac{1}{2}}\mathrm{d}(1+x^2)$

$= \frac{1}{2} \times 2\int \tan\sqrt{1+x^2}\,\mathrm{d}\sqrt{1+x^2}$

$= -\ln|\cos\sqrt{1+x^2}| + C.$

(20) $\int \frac{\arctan\sqrt{x}}{\sqrt{x}(1+x)}\mathrm{d}x = 2\int \frac{\arctan\sqrt{x}}{1+(\sqrt{x})^2}\mathrm{d}\sqrt{x}$

$= 2\int \arctan\sqrt{x}\,\mathrm{d}\arctan\sqrt{x} = (\arctan\sqrt{x})^2 + C.$

(21) $\int \frac{1+\ln x}{(x\ln x)^2}\mathrm{d}x = \int \frac{\mathrm{d}(x\ln x)}{(x\ln x)^2} = -\frac{1}{x\ln x} + C.$

(22) $\int \frac{\mathrm{d}x}{\sin x\cos x} = \int \frac{\sec^2 x}{\tan x}\mathrm{d}x = \int \frac{\mathrm{d}\tan x}{\tan x} = \ln|\tan x| + C.$

(23) $\int \frac{\ln\tan x}{\cos x\sin x}\mathrm{d}x = \int \frac{\ln\tan x}{\tan x \cdot \cos^2 x}\mathrm{d}x = \int \ln\tan x \cdot \frac{1}{\tan x}\mathrm{d}\tan x$

$= \int \ln\tan x\,\mathrm{d}(\ln\tan x) = \frac{1}{2}(\ln\tan x)^2 + C.$

(24) $\int \cos^3 x\mathrm{d}x = \int (1-\sin^2 x)\mathrm{d}\sin x = \sin x - \frac{1}{3}\sin^3 x + C.$

(25) $\int \cos^2(\omega t+\varphi)\mathrm{d}t = \frac{1}{\omega}\int \frac{1+\cos 2(\omega t+\varphi)}{2}\mathrm{d}\omega t$

$= \frac{1}{2}\left\{t + \frac{1}{2\omega}\int \cos 2(\omega t+\varphi)\mathrm{d}[2(\omega t+\varphi)]\right\}$

$= \frac{1}{2}t + \frac{1}{4\omega}\sin 2(\omega t+\varphi) + C.$

(26) $\int \sin 2x\cos 3x\mathrm{d}x = \frac{1}{2}\int [\sin 5x + \sin(-x)]\mathrm{d}x = -\frac{1}{10}\cos 5x + \frac{1}{2}\cos x + C.$

(27) $\int \cos x\cos\frac{x}{2}dx=\frac{1}{2}\int(\cos\frac{3}{2}x+\cos\frac{x}{2})dx$

$$=\frac{1}{3}\sin\frac{3}{2}x+\sin\frac{x}{2}+C.$$

(28) $\int \sin 5x\sin 7x dx=-\frac{1}{2}\int(\cos 12x-\cos 2x)dx$

$$=\frac{1}{4}\sin 2x-\frac{1}{24}\sin 12x+C.$$

(29) $\int \tan^3 x\sec x dx=\int(\sec^2 x-1)d\sec x=\frac{1}{3}\sec^3 x-\sec x+C.$

(30) $\int\frac{dx}{e^x+e^{-x}}=\int\frac{e^x dx}{e^{2x}+1}=\int\frac{de^x}{1+(e^x)^2}=\arctan e^x+C.$

(31) $\int\frac{1-x}{\sqrt{9-4x^2}}dx=\int\frac{dx}{\sqrt{9-4x^2}}-\int\frac{xdx}{\sqrt{9-4x^2}}$

$$=\frac{1}{2}\arcsin(\frac{2}{3}x)+\frac{1}{4}\sqrt{9-4x^2}+C.$$

(32) $\int\frac{x^3}{9+x^2}dx=\frac{1}{2}\int\frac{x^2+9-9}{9+x^2}d(9+x^2)$

$$=\frac{1}{2}[9+x^2-9\ln(9+x^2)]+C$$

$$=\frac{x^2}{2}-\frac{9}{2}\ln(x^2+9)+C.$$

(33) $\int\frac{dx}{2x^2-1}=\frac{1}{2}\int\frac{\sqrt{2}x+1-(\sqrt{2}x-1)}{(\sqrt{2}x+1)(\sqrt{2}x-1)}dx$

$$=\frac{1}{2\sqrt{2}}\ln\left|\frac{\sqrt{2}x-1}{\sqrt{2}x+1}\right|+C.$$

(34) $\int\frac{dx}{(x+1)(x-2)}=\frac{1}{3}\int\frac{(x+1)-(x-2)}{(x+1)(x-2)}dx$

$$=\frac{1}{3}\ln\left|\frac{x-2}{x+1}\right|+C.$$

(35) $\int\frac{x}{x^2-x-2}dx=\int\frac{x}{(x-2)(x+1)}dx=\int\frac{1}{3}(\frac{2}{x-2}+\frac{1}{x+1})dx$

$$=\frac{2}{3}\ln|x-2|+\frac{1}{3}\ln|x+1|+C.$$

(36) $\int\frac{x^2 dx}{\sqrt{a^2-x^2}}\xlongequal{x=a\sin x}\int\frac{a^2\sin^2 t}{a\cos t}a\cos t dt$

$$=a^2\int\frac{1-\cos 2t}{2}dt=\frac{a^2}{2}t-\frac{a^2}{4}\int\cos 2t d(2t)$$

$$\xlongequal{t=\arcsin\frac{x}{a}}\frac{a^2}{2}\left(\arcsin\frac{x}{a}-\frac{x}{a^2}\sqrt{a^2-x^2}\right)+C.$$

(37) $\int\frac{\mathrm{d}x}{x\sqrt{x^2-1}}=\int\frac{\mathrm{d}x}{x^2\sqrt{1-\left(\frac{1}{x}\right)^2}}=-\int\frac{\mathrm{d}\left(\frac{1}{x}\right)}{\sqrt{1-\left(\frac{1}{x}\right)^2}}=-\arcsin\frac{1}{x}+C.$

(38) 令 $x=\tan t$，$\int\frac{\mathrm{d}x}{\sqrt{(x^2+1)^3}}=\int\frac{\sec^2t\mathrm{d}t}{\sec^3t}=\int\cos t\mathrm{d}t=\sin t+C$

$$\xlongequal{t=\arctan x}\frac{x}{\sqrt{1+x^2}}+C.$$

(39) $\int\frac{\sqrt{x^2-9}}{x}\mathrm{d}x\xlongequal{x=3\sec t}\int\frac{9\sec t\tan^2t\mathrm{d}t}{3\sec t}=3\int\tan^2t\mathrm{d}t$

$$=3\left[\int\sec^2t\mathrm{d}t-\int\mathrm{d}t\right]=3\tan t-3t+C$$

$$\xlongequal{t=\arccos\frac{3}{x}}\sqrt{x^2-9}-3\arccos\frac{3}{x}+C.$$

(40) $\int\frac{\mathrm{d}x}{1+\sqrt{2x}}\xlongequal{\sqrt{2x}=t}\int\frac{t\mathrm{d}t}{1+t}=\int\left(1-\frac{1}{1+t}\right)\mathrm{d}t=\int\mathrm{d}t-\int\frac{\mathrm{d}(1+t)}{1+t}$

$$=t-\ln(1+t)+C\xlongequal{t=\sqrt{2x}}\sqrt{2x}-\ln(1+\sqrt{2x})+C.$$

(41) $\int\frac{\mathrm{d}x}{1+\sqrt{1-x^2}}\xlongequal{\text{令 }x=\sin t}\int\frac{\cos t\mathrm{d}t}{1+\cos t}$

$$=\int\mathrm{d}t-\int\frac{1}{1+\cos t}\mathrm{d}t=t-\int\frac{\mathrm{d}t}{2\cos^2\frac{t}{2}}$$

$$=t-\int\sec^2\frac{t}{2}\mathrm{d}\frac{t}{2}=t-\tan\frac{t}{2}+C$$

$$=t-\frac{\sin t}{1+\cos t}+C\xlongequal{t=\arcsin t}\arcsin x-\frac{x}{1+\sqrt{1-x^2}}+C.$$

(42) $\int\frac{\mathrm{d}x}{x+\sqrt{1-x^2}}\xlongequal{x=\sin t}\int\frac{\cos t\mathrm{d}t}{\sin t+\cos t}=\frac{1}{2}\int\frac{\cos t+\sin t+\cos t-\sin t}{\cos t+\sin t}\mathrm{d}t$

$$=\frac{1}{2}\int\mathrm{d}t+\frac{1}{2}\int\frac{\mathrm{d}(\sin t+\cos t)}{\sin t+\cos t}$$

$$=\frac{1}{2}t+\frac{1}{2}\ln|\sin t+\cos t|+C$$

$$\xlongequal{t=\arcsin x}\frac{1}{2}\arcsin x+\frac{1}{2}\ln\left|\sqrt{1-x^2}+x\right|+C.$$

(43) $\int \frac{x-1}{x^2+2x+3}dx = \int \frac{x+1-2}{(x+1)^2+2}dx$

$$= \frac{1}{2}\int \frac{d[(x+1)^2+2]}{(x+1)^2} - \sqrt{2}\int \frac{d\left(\frac{x+1}{\sqrt{2}}\right)}{\left(\frac{x+1}{\sqrt{2}}\right)^2+1}$$

$$= \frac{1}{2}\ln(x^2+2x+3) - \sqrt{2}\arctan\frac{x+1}{\sqrt{2}} + C.$$

(44)略.

4.3 分部积分法

本节重难点及考研要求

重点及考点

1. 分部积分的关键是如何恰当地选取 u 和 v,选取原则如下:① v 易求;② $\int v du$ 要比 $\int u dv$ 容易积分.

2. 分部积分的方法和过程相当灵活,有时要通过多次分部积分才能求得最终结果,有时需兼用换元法,而首要的条件是需对微分公式相当熟练.

3. 被积函数中含有两种不同类型函数的乘积时,常考虑用分部积分法.

4. 用分部积分法求不定积分的过程中有时会出现复原的情况,应注意.第一种情况是所求积分又出现但系数不同,可通过移项得到结果;第二种情况是得到递推公式;第三种情况是积分又回到原形式且与积分前系数也一样,说明积分有误.

5. 选择 u 和 v' 时可按反三角函数、对数函数、幂函数、三角函数、指数函数的顺序把排在前面的那类函数选作 u,而把排在后面的那类函数选作 v'.

考研要求

掌握不定积分的分部积分法.

典型例题与解题技巧

题型Ⅰ:分部积分法求不定积分

例 1　求下列不定积分:

(1) $\int x^2 e^{-x} dx$;　　(2) $\int x^2 e^{2x} dx$.

分析 被积函数是幂函数与指数函数的乘积，一般将幂函数看作 u，指数函数看作 v.

解 (1)原式 $=-\int x^2\mathrm{d}e^{-x}=-x^2e^{-x}+\int e^{-x}\cdot 2x\mathrm{d}x$

$=-x^2e^{-x}-2\int x\mathrm{d}e^{-x}=-x^2e^{-x}-2xe^{-x}+2\int e^{-x}\mathrm{d}x$

$=-x^2e^{-x}-2xe^{-x}-2e^{-x}+C.$

(2)原式 $=\frac{1}{2}\int x^2\mathrm{d}e^{2x}=\frac{1}{2}[x^2e^{2x}-2\int xe^{2x}\mathrm{d}x]=\frac{1}{2}[x^2e^{2x}-\int x\mathrm{d}e^{2x}]$

$=\frac{1}{2}[x^2e^{2x}-xe^{2x}+\int e^{2x}\mathrm{d}x]=\frac{1}{2}[x^2e^{2x}-xe^{2x}+\frac{1}{2}e^{2x}]+C.$

例 2　求下列不定积分：

(1) $\int x\sin 2x\mathrm{d}x$；　(2) $\int x^2\sin x\cos x\mathrm{d}x$；　(3) $\int x\cos^2 x\mathrm{d}x$.

分析 被积函数为幂函数与三角函数的乘积，一般考虑将幂函数设为 u，三角函数设为 v.

解 (1)原式 $=-\frac{1}{2}\int x\mathrm{d}\cos 2x=-\frac{1}{2}x\cos 2x+\frac{1}{2}\int\cos 2x\mathrm{d}x$

$=-\frac{x}{2}\cos 2x+\frac{1}{4}\sin 2x+C.$

(2)原式 $=\frac{1}{2}\int x^2\sin 2x\mathrm{d}x=-\frac{1}{4}\int x^2\mathrm{d}\cos 2x$

$=-\frac{1}{4}[x^2\cos 2x-\int\cos 2x\cdot 2x\mathrm{d}x]$

$=-\frac{1}{4}[x^2\cos 2x-\int x\mathrm{d}\sin 2x]$

$=-\frac{1}{4}[x^2\cos 2x-x\sin 2x-\frac{1}{2}\cos 2x]+C.$

(3)原式 $=\int x\cdot\frac{1+\cos 2x}{2}\mathrm{d}x=\frac{1}{2}[\int x\mathrm{d}x+\int x\cos 2x\mathrm{d}x]$

$=\frac{1}{2}[\int x\mathrm{d}x+\frac{1}{2}\int x\mathrm{d}\sin 2x]$

$=\frac{1}{2}[\frac{x^2}{2}+\frac{1}{2}(x\sin 2x-\int\sin 2x\mathrm{d}x)]$

$=\frac{x^2}{4}+\frac{1}{4}x\sin 2x+\frac{1}{8}\cos 2x+C.$

题型Ⅱ：分部积分法的推广公式及表格法求不定积分

例 3　求不定积分 $\int x(\arcsin x)^2\mathrm{d}x$.

分析 当某些不定积分需要多次分部积分才能求解时,采用分部积分的推广公式及画表格来计算就比较简便,不易出错.

解 令 $\arcsin x=u$, $x=\sin u$, $\mathrm{d}x=\cos u\mathrm{d}u$,

于是原式 $=\int \sin u\cdot u^2\cos u\mathrm{d}u=\frac{1}{2}\int u^2\sin 2u\mathrm{d}u$.

故原式 $=\frac{1}{2}\left(-\frac{1}{2}u^2\cos 2u+\frac{1}{2}u\sin 2u+\frac{1}{4}\cos 2u\right)+C$

$$=-\frac{1}{4}u^2(\cos^2 u-\sin^2 u)+\frac{1}{4}u(2\sin u\cos u)+\frac{1}{8}(\cos^2 u-\sin^2 u)+C$$

$$=-\frac{1}{4}(\arcsin x)^2(1-2x^2)+\frac{1}{2}x\sqrt{1-x^2}\arcsin x+\frac{1}{8}(1-2x^2)+C.$$

题型Ⅲ:求递推公式

【题型分析】

1. 选出 u 和 v,原则是 v 容易积分,u 容易求导.
2. 利用分部积分法,尽量使分部积分的式子的形式向原积分式凑.
3. 找出 I_n 与 I_{n-1} 或 I_{n-2} 的关系.

例 4 求出 $I_n=\int(\arcsin x)^n\mathrm{d}x$ 的递推公式.

分析 实质就是利用分部积分法得出 I_n 与 I_{n-1} 或 I_{n-2} 的关系.

解 令 $\arcsin x=t$,则 $x=\sin t$,$\mathrm{d}x=\cos t\mathrm{d}t$,于是

$$I_n=\int t^n\mathrm{d}\sin t=t^n\sin t+n\int t^{n-1}\mathrm{d}\cos t$$

$$=t^n\sin t+n[t^{n-1}\cos t-(n-1)I_{n-2}]$$

$$=x(\arcsin x)^n+n\sqrt{1-x^2}(\arcsin x)^{n-1}-n(n-1)I_{n-2}.$$

其中 $I_1=x\arcsin x+\sqrt{1-x^2}+C$.

$I_2=x(\arcsin x)^2+2\sqrt{1-x^2}\arcsin x-2x+C$.

例 5 求 $I_6=\int\frac{\mathrm{d}x}{\sin^6 x}$ 及 $I_n=\int\frac{\mathrm{d}x}{\sin^n x}$ 的递推公式,n 为任意自然数.

分析 用分部积分逐次化简,找出规律.

解 $I_n=\int\frac{\mathrm{d}x}{\sin^n x}=\int\frac{1}{\sin^{n-2}x}\frac{1}{\sin^2 x}\mathrm{d}x=-\int\frac{1}{\sin^{n-2}x}\mathrm{d}\cot x$

$$=-\frac{\cot x}{\sin^{n-2}x}+\int\cot x\mathrm{d}\left(\frac{1}{\sin^{n-1}x}\right)=-\frac{\cot x}{\sin^{n-2}x}-(n-2)\int\cot x\frac{\cos x}{\sin^{n-1}x}\mathrm{d}x$$

$$=-\frac{\cot x}{\sin^{n-2}x}-(n-2)\int\frac{1-\sin^2 x}{\sin^n x}\mathrm{d}x=-\frac{\cos x}{\sin^{n-1}x}-(n-2)I_n+(n-2)I_{n-2}.$$

解出 $I_n=-\frac{1}{n-1}\cdot\frac{\cos x}{\sin^{n-1}x}+\frac{n-2}{n-1}I_{n-2}$.

这就是 I_n 的递推公式，由此可求出

$$I_6=\int\frac{dx}{\sin^6 x}=-\frac{1}{5}\cdot\frac{\cos x}{\sin^5 x}+\frac{4}{5}I_4=-\frac{1}{5}\cdot\frac{\cos x}{\sin^5 x}+\frac{4}{5}\left(-\frac{1}{3}\cdot\frac{\cos x}{\sin^3 x}+\frac{2}{3}I_2\right)$$

$$=-\frac{1}{5}\cdot\frac{\cos x}{\sin^5 x}-\frac{4}{15}\cdot\frac{\cos x}{\sin^3 x}-\frac{8}{15}\cot x+C,$$

其中 $I_2=\int\frac{dx}{\sin^2 x}=-\cot x+C$.

课后习题解答(习题 4-3)

1. 解 $\int x\sin x dx=-\int xd(\cos x)=-x\cos x+\int\cos xdx$

$=-x\cos x+\sin x+C.$

2. 解 $\int\ln xdx=x\ln x-\int xd(\ln x)=x\ln x-\int x\cdot\frac{1}{x}dx=x(\ln x-1)+C.$

3. 解 $\int\arcsin xdx=x\arcsin x-\int\frac{xdx}{\sqrt{1-x^2}}=x\arcsin x+\frac{1}{2}\int\frac{d(1-x^2)}{\sqrt{1-x^2}}$

$=x\arcsin x+\sqrt{1-x^2}+C.$

4. 解 $\int xe^{-x}dx=-\int xde^{-x}=-xe^{-x}+\int e^{-x}dx=-xe^{-x}-e^{-x}+C.$

5. 解 $\int x^2\ln xdx=\frac{1}{3}\int\ln xdx^3=\frac{1}{3}\left[x^3\ln x-\int x^3\cdot\frac{dx}{x}\right]$

$=\frac{1}{3}\left[x^3\ln x-\frac{1}{3}x^3\right]+C=\frac{x^3}{3}\left(\ln x-\frac{1}{3}\right)+C.$

6. 解 $\int e^{-x}\cos xdx=-\int\cos xde^{-x}=-e^{-x}\cos x+\int e^{-x}(-\sin x)dx$

$=-e^{-x}\cos x+\int\sin xde^{-x}$

$=-e^{-x}(\cos x-\sin x)-\int e^{-x}\cos xdx,$

移项，解出 $\int e^{-x}\cos xdx$，得

$\int e^{-x}\cos xdx=\frac{1}{2}e^{-x}(\sin x-\cos x)+C.$

7. 解 $\int e^{-2x}\sin\frac{x}{2}dx=-\frac{1}{2}\int\sin\frac{x}{2}de^{-2x}$

$$=-\frac{1}{2}e^{-2x}\sin\frac{x}{2}+\frac{1}{4}\int e^{-2x}\cos\frac{x}{2}dx$$

$$=-\frac{1}{2}e^{-2x}\sin\frac{x}{2}-\frac{1}{8}\int\cos\frac{x}{2}de^{-2x}$$

$$=-\frac{1}{2}e^{-2x}\sin\frac{x}{2}-\frac{1}{8}e^{-2x}\cos\frac{x}{2}-\frac{1}{16}\int e^{-2x}\sin\frac{x}{2}dx,$$

$$=-\frac{2}{17}e^{-2x}\left(\cos\frac{x}{2}+4\sin\frac{x}{2}\right)+C.$$

8. 解 $\int x\cos\frac{x}{2}dx=2\int x d\sin\frac{x}{2}=2(x\sin\frac{x}{2}-\int\sin\frac{x}{2}dx)$

$$=2(x\sin\frac{x}{2}+2\cos\frac{x}{2})+C=2x\sin\frac{x}{2}+4\cos\frac{x}{2}+C.$$

9. 解 $\int x^2\arctan x dx=\frac{1}{3}\int\arctan x dx^3$

$$=\frac{1}{3}(x^3\arctan x-\int x^3\ \frac{1}{1+x^2}dx)$$

$$=\frac{1}{3}x^3\arctan x-\frac{1}{3}\int\frac{x^3+x-x}{1+x^2}dx$$

$$=\frac{1}{3}x^3\arctan x-\frac{1}{3}\int x dx+\frac{1}{3}\int\frac{x dx}{1+x^2}$$

$$=\frac{1}{3}x^3\arctan x-\frac{1}{6}x^2-\frac{1}{6}\ln(1+x^2)+C.$$

10. 解 $\int x\tan^2 x dt=\int x(\sec^2 x-1)dx=\int x\sec^2 x dx-\int x dx$

$$=\int x d\tan x-\int x dx=x\tan x-\int\tan x dx-\frac{1}{2}x^2$$

$$=x\tan x+\ln|\cos x|-\frac{1}{2}x^2+C.$$

11. 解 $\int x^2\cos x dx=\int x^2 d\sin x=x^2\sin x-2\int x\sin x dx$

$$=x^2\sin x+2\int x d\cos x=x^2\sin x+2x\cos x-2\int\cos x dx$$

$$=x^2\sin x+2x\cos x-2\sin x+C.$$

12. 解 $\int te^{-2t}dt=-\frac{1}{2}\int d(e^{-2t})=-\frac{1}{2}(te^{-2t}-\int e^{-2t}dt)$

$$=-\frac{1}{2}te^{-2t}-\frac{1}{4}e^{-2t}+C=-\frac{1}{2}e^{-2t}(t+\frac{1}{2})+C.$$

13. 解 $\int(\ln x)^2 dx=x(\ln x)^2-\int x\cdot 2\ln x\frac{1}{x}dx=x(\ln x)^2-2\int\ln x dx$

$$=x(\ln x)^2-2(x\ln x-\int dx)=x(\ln x)^2-2x(\ln x-1)+C.$$

14. 解 $\int x\sin x\cos x dx=\frac{1}{2}\int x\sin 2x dx=-\frac{1}{4}\int x d(\cos 2x)$

$$=-\frac{1}{4}(x\cos 2x-\int \cos 2x dx)$$

$$=-\frac{1}{4}x\cos 2x+\frac{1}{8}\sin 2x+C.$$

15. 解 $\int x^2\cos^2\frac{x}{2}dx=\frac{1}{2}\int x^2(1+\cos x)dx=\frac{x^3}{6}+\frac{1}{2}\int x^2 d\sin x$

$$=\frac{x^3}{6}+\frac{1}{2}(x^2\sin x-\int \sin x\cdot 2x dx)$$

$$=\frac{x^3}{6}+\frac{1}{2}x^2\sin x+\int x d\cos x$$

$$=\frac{x^3}{6}+\frac{1}{2}x^2\sin x+(x\cos x-\int \cos x dx)$$

$$=\frac{x^3}{6}+\frac{1}{2}x^2\sin x+x\cos x-\sin x+C.$$

16. 解 $\int x\ln(x-1)dx=\frac{1}{2}\int \ln(x-1)dx^2=\frac{1}{2}\left[x^2\ln(x-1)-\int\frac{x^2}{x-1}dx\right]$

$$=\frac{1}{2}\left[x^2\ln(x-1)-\int\frac{x^2-1+1}{x-1}dx\right]$$

$$=\frac{1}{2}x^2\ln(x-1)-\frac{1}{2}\times\left[\int(x+1)dx+\int\frac{dx}{x-1}\right]$$

$$=\frac{1}{2}x^2\ln(x-1)-\frac{1}{4}(x+1)^2-\ln(x-1)+C.$$

17. 解 $\int(x^2-1)\sin 2x dx=\int x^2\sin 2x dx-\int \sin 2x dx$

$$=-\frac{1}{2}\int x^2 d\cos 2x+\frac{1}{2}\cos 2x$$

$$=-\frac{1}{2}(x^2\cos 2x-\int 2x\cos 2x dx)+\frac{1}{2}\cos 2x$$

$$=-\frac{1}{2}x^2\cos 2x+\frac{1}{2}\int x d\sin 2x+\frac{1}{2}\cos 2x$$

$$=-\frac{1}{2}x^2\cos 2x+\frac{1}{2}(x\sin 2x-\int \sin 2x dx)+\frac{1}{2}\cos 2x$$

$$=-\frac{1}{2}x^2\cos 2x+\frac{1}{2}x\sin 2x+\frac{1}{4}\cos 2x+\frac{1}{2}\cos 2x+C$$

$$=-\frac{1}{2}(x^2-\frac{3}{2})\cos 2x+\frac{x}{2}\sin 2x+C.$$

18. 解 $\int \frac{(\ln x)^3}{x^2}dx = \int (\ln x)^3 d(-\frac{1}{x}) = -\frac{1}{x}(\ln x)^3 + 3\int \frac{(\ln x)^2}{x^2}dx$

$$= -\frac{1}{x}(\ln x)^3 - 3\int (\ln x)^2 d(\frac{1}{x})$$

$$= -\frac{(\ln x)^3}{x} - 3\left[\frac{1}{x}(\ln x)^2 - 2\int \frac{\ln x}{x^2}dx\right]$$

$$= -\frac{1}{x}(\ln x)^3 - \frac{3}{x}(\ln x)^2 - 6\int \ln x d(\frac{1}{x})$$

$$= -\frac{1}{x}(\ln x)^3 - \frac{3}{x}(\ln x)^2 - 6(\frac{\ln x}{x} - \int \frac{dx}{x^2})$$

$$= -\frac{1}{x}(\ln^3 x + 3\ln^2 x + 6\ln x + 6) + C.$$

19. 解 $\int e^{\sqrt[3]{x}}dx \xlongequal[x=t^3]{\sqrt[3]{x}=t} \int e^t 3t^2 dt = 3\int t^2 de^t = 3(t^2 e^t - \int e^t 2t dt)$

$$= 3t^2 e^t - 6(te^t - \int e^t dt)$$

$$= 3t^2 e^t - 6te^t + 6e^t + C$$

$$\xlongequal{t=\sqrt[3]{x}} 3e^{\sqrt[3]{x}}(2\sqrt[3]{x^2} - 2\sqrt[3]{x} + 2) + C.$$

20. 解 $\int \cos(\ln x)dx = x\cos(\ln x) + \int x[\sin(\ln x)]\frac{1}{x}dx$

$$= x\cos(\ln x) + \int \sin(\ln x)dx$$

$$= x\cos(\ln x) + x\sin(\ln x) - \int x d[\sin(\ln x)]$$

$$= x\cos(\ln x) + x\sin(\ln x) - \int \cos(\ln x)dx.$$

故 $\int \cos(\ln x)dx = \frac{1}{2}x[\cos(\ln x) + \sin(\ln x) + C].$

21. 解 $\int (\arcsin x)^2 dx = x(\arcsin x)^2 - \int x 2\arcsin x \frac{dx}{\sqrt{1-x^2}}$

$$= x(\arcsin x)^2 + \int \arcsin x \frac{d(1-x^2)}{\sqrt{1-x^2}}$$

$$= x(\arcsin x)^2 + \int \arcsin x \cdot 2d\sqrt{1-x^2}$$

$$= x(\arcsin x)^2 + 2\left[\sqrt{1-x^2}\arcsin x - \int \sqrt{1-x^2} \cdot \frac{dx}{(1-x^2)^{\frac{1}{2}}}\right]$$

$$= x(\arcsin x)^2 + 2\sqrt{1-x^2}\arcsin x - 2x + C.$$

22. 解 $\int e^x\sin^2 x dx=\int e^x\frac{1-\cos 2x}{2}dx=\frac{1}{2}e^x-\frac{1}{2}\int e^x\cos 2x dx$,

而 $\int e^x\cos 2x dx=\frac{2}{5}e^x\sin 2x+\frac{1}{5}e^x\cos 2x+C$,

所以 $\int e^x\sin^2 x dx=\frac{1}{2}e^x-\frac{1}{5}e^x\sin 2x-\frac{1}{10}e^x\cos 2x+C$.

23. 解 $\int x\ln^2 x dx=\int\ln^2 x d\left(\frac{x^2}{2}\right)=\frac{x^2}{2}\ln^2 x-\int x\ln x dx$

$$=\frac{x^2}{2}\ln^2 x-\int\ln x d\left(\frac{x^2}{2}\right)=\frac{x^2}{2}\ln^2 x-\frac{x^2}{2}\ln x+\int\frac{x}{2}dx$$

$$=\frac{x^2}{4}(2\ln^2 x-2\ln x+1)+C.$$

24. 解 设 $\sqrt{3x+9}=u$，即 $x=\frac{1}{3}(u^2-9)$，$dx=\frac{2}{3}u du$，则

$$\int e^{\sqrt{3x+9}}dx=\int\frac{2}{3}ue^u du=\int\frac{2}{3}u d(e^u)$$

$$=\frac{2}{3}ue^u-\int\frac{2}{3}e^u du=\frac{2}{3}ue^u-\frac{2}{3}e^u+C$$

$$=\frac{2}{3}e^{\sqrt{3x+9}}(\sqrt{3x+9}-1)+C.$$

4.4 有理函数的积分

本节重难点及考研要求

重点及考点

1. 有理函数的积分

(1)有理函数指由两个多项的商所表示的函数，形如：

$$\frac{P(x)}{Q(x)}=\frac{a_0x^n+a_1x^{n-1}+\cdots+a_{n-1}x+a_n}{b_0x^m+b_1x^{m-1}+\cdots+b_{m-1}x+b_m},$$

其中 m,n 为非负整数；$a_0,a_1,\cdots,a_n$ 及 $b_0,b_1,\cdots,b_m$ 为实数，且 $a_0\neq 0,b_0\neq 0$.

当 $n<m$ 时，称这有理函数为真分式；

当 $n\geqslant m$ 时，称这有理函数为假分式.

(2)一个假分式总可以化成一个多项式与一个真分式之和的形式，而多项式的积分易求，因此研究有理函数的积分问题的重点是研究真分式的积分问题.

(3)给定真分式 $\frac{P(x)}{Q(x)}$，$Q(x)$ 是一个 n 次多项式，则 $Q(x)$ 在实数范围内总可以分解成一次因式与二次因式的乘积：

$$Q(x)=\prod_{j=1}^{s}(x-Q_j)^{m_j}\prod_{j=1}^{t}(x^2+p_jx+q_j)^{k_j}\quad(p_j^2-4q_j<0)$$

其中$\sum\limits_{j=1}^{s}m_j+2\sum\limits_{j=1}^{t}k_j=n$.

$$\frac{P(x)}{Q(x)}=\sum_{j=1}^{s}\left[\frac{A_1^j}{x-Q_j}+\frac{A_2^j}{(x-Q_j)^2}+\cdots+\frac{A_{m_j}^j}{(x-Q_j)^{m_j}}\right]+$$

$$\sum_{j=1}^{t}\left[\frac{B_1^jx+C_1^j}{x^2+p_jx+q_j}+\cdots+\frac{B_{k_j}^jx+C_{k_j}^j}{(x^2+p_jx+q_j)^{k_j}}\right].$$

其中带指标的A、B、C是待定常数.对上式通分后消去分母,然后比较x^{n-1},x^{n-2},…,x^1,x^0的系数,得n个方程组,由这个方程组可得n个未知数,$\frac{P(x)}{Q(x)}$形式的具体形式如下.

对应 $Q(x)$ 的	则$\frac{P(x)}{Q(x)}$分解成最简单分式代数和后含有
一次因子$(x-a)$	$\frac{A}{x-a}$
k次因子$(x-a)^k$	$\frac{A_1}{x-a}+\frac{A_2}{(x-a)^2}+\cdots+\frac{A_i}{(x-a)^k}$
一次因子(x^2+px+q)	$\frac{Ax+B}{x^2+px+q}$
k次因子$(x^2+px+q)^k$	$\frac{A_1x+B_1}{x^2+px+q}+\cdots+\frac{A_2x+B_2}{(x^2+px+q)^2}+\cdots+\frac{A_ix+B_i}{(x^2+px+q)^k}$

因此任何一个有理真分式$\frac{P(x)}{Q(x)}$可分解为以下四种部分分式和的形式:

$$\frac{A}{x-a},\frac{A}{(x-a)^n},\frac{Ax+B}{x^2+px+q},\frac{Ax+B}{(x^2+px+q)^n},\text{其中 }p^2-4q<0.$$

(4)对于有理真分式函数的积分$\int\frac{P(x)}{Q(x)}\mathrm{d}x$,可按以下步骤来求:

1)将$Q(x)$分解成一次因式与二次因式的乘积形式.

2)用待定系数法将$\frac{P(x)}{Q(x)}$分解成部分分式之和.

3)对每个简单部分分式逐项积分.

(5)四种基本类型的积分.

$$\int\frac{A}{x-a}\mathrm{d}x=A\ln|x-a|+C.\qquad\int\frac{A}{(x-a)^n}\mathrm{d}x=\frac{A}{1-n}(x-a)^{1-n}+C.$$

$$\int\frac{Ax+B}{x^2+px+q}\mathrm{d}x=\int\frac{\frac{A}{2}(2x+p)+B-\frac{Ap}{2}}{x^2+px+q}\mathrm{d}x$$

$$=\frac{A}{2}\int\frac{\mathrm{d}(x^2+px+q)}{x^2+px+q}+\left(B-\frac{Ap}{2}\right)\int\frac{\mathrm{d}x}{\left(x+\frac{p}{2}\right)^2+q-\frac{p^2}{4}}$$

$$=\frac{A}{2}\ln|x^2+px+q|+\left(B-\frac{Ap}{2}\right)\frac{1}{\sqrt{q-\frac{p^2}{4}}}\arctan\frac{x+\frac{p}{2}}{\sqrt{q-\frac{p^2}{4}}}+C.$$

$$\int\frac{Ax+B}{(x^2+px+q)^n}\mathrm{d}x=\frac{A}{2}\int\frac{\mathrm{d}(x^2+px+q)}{(x^2+px+q)^n}$$

$$+\left(B-\frac{Ap}{2}\right)\int\frac{\mathrm{d}x}{\left[\left(x+\frac{p}{2}\right)^2+\left(q-\frac{p^2}{4}\right)\right]^n}$$

$$=\frac{A}{2(1-n)}(x^2+px+q)^{1-n}+\left(B-\frac{Ap}{2}\right)J_n,$$

其中 $J_n=\int\frac{\mathrm{d}u}{(u^2+a^2)^n}=\frac{1}{2a^2(n-1)}\left[\frac{u}{(u^2+a^2)^{n-1}}+(2n-3)J_{n-1}\right].$

其中 $J_1=\int\frac{\mathrm{d}u}{u^2+a^2}=\frac{1}{a}\arctan\frac{u}{a}+C.$

(6)以上方法在理论上已证明是可行的，即有理函数必是可积的，但它却不一定是最简便的方法. 所以大部分有理函数的积分还是要通过凑微分法或其他方法进行灵活处理.

2. 三角函数有理式的积分 $\int R(\sin x,\cos x)\mathrm{d}x$

(1)对于三角函数有理式的积分，可以通过万能代换公式进行计算. 令 $\tan\frac{x}{2}=t$，则 $\sin x=\frac{2t}{1+t^2}$，$\cos x=\frac{1-t^2}{1+t^2}$，$\mathrm{d}x=\frac{2}{1+t^2}\mathrm{d}t$，故 $\int R(\sin x,\cos x)\mathrm{d}x=\int R\left(\frac{2t}{1+t^2},\frac{1-t^2}{1+t^2}\right)\frac{2}{1+t^2}\mathrm{d}t$ 化为有理函数的积分. 但这种方法是一般方法，对三角函数的积分还是首先考虑利用三角公式(如倍角公式、积化和差、和差化积等)先变换被积函数，再用换元法或分部积分法寻求简便方法来计算积分.

(2)对三角有理式的积分的基本思路是：

①尽量使分母简单. 为此常用公式 $1+\cos x=2\cos^2\frac{x}{2}$，$1-\cos x=2\sin^2\frac{x}{2}$ 等，把分母化为 $\sin^k x$(或 $\cos^k x$)的单项式.

②尽量使幂降低. 为此常用倍角公式或积化和差等公式.

(3)常用技巧：1 的妙用，如 $\sin^2 x+\cos^2 x=1$ 等.

如$\int\sqrt{1+\sin x}\,\mathrm{d}x=\int\sqrt{\sin^2\frac{x}{2}+\cos^2\frac{x}{2}+2\sin\frac{x}{2}\cos\frac{x}{2}}\,\mathrm{d}x$

$$=\int\sqrt{\left(\sin\frac{x}{2}+\cos\frac{x}{2}\right)^2}\,\mathrm{d}x=\int\left(\sin\frac{x}{2}+\cos\frac{x}{2}\right)\mathrm{d}x$$

$$=-2\cos\frac{x}{2}+2\sin\frac{x}{2}+C,$$

巧妙运用 1 后结果很易求出.

3. 简单无理函数的积分

简单无理函数的积分的关键是运用变量代换,或分子、分母有理化,把根号去掉,从而化为有理函数的积分,为此可以通过对被积函数的变形或根据被积表达式的特点灵活地选择变量代换来达到目的.

常用的代换有 $x=\sqrt[n]{ax+b}$,$x=\sqrt[n]{\frac{ax+b}{cx+d}}$等.

考研要求

会求有理函数、三角函数有理式和简单无理函数的不定积分.

典型例题与解题技巧

题型Ⅰ:求一般不定积分

【题型分析】 对于有理真分式函数的积分$\int\frac{P(x)}{Q(x)}\mathrm{d}x$,可按以下步骤求得积分:

1. 首先将 $Q(x)$因式分解为一次因式与二次因式.

2. 用待定系数法将$\frac{P(x)}{Q(x)}$分解成部分分式之和.

3. 对每个简单部分分式逐项积分.

例 1 求下列不定积分:

(1) $\int\frac{\mathrm{e}^x}{\mathrm{e}^{2x}+1}\mathrm{d}x$;　(2) $\int\frac{1}{x^2}\sin\frac{1}{x}\mathrm{d}x$;　(3) $\int\frac{x}{(1+x^2)^{\frac{3}{2}}}\mathrm{d}x$;

(4) $\int\frac{\mathrm{d}x}{\sin2x+2\sin x}$;　(5) $\int\frac{\sin x\cos x}{\sin^4x+\cos^4x}\mathrm{d}x$;　(6) $\int\frac{\arctan\sqrt{x}}{(1+x)\sqrt{x}}\mathrm{d}x$.

分析 第一类换元积分法又称凑微分法,由于 $\varphi(x)$隐含在被积函数中,所以,这一部分是不定积分中较难掌握的部分,也是非常重要的部分,熟练掌握凑微分法再结合分部积分法可解决绝大部分的不定积分.应多做练习,熟悉各种形式的凑微分方法,也是对求导能力的一种检验.

解　(1) $\int \frac{e^x}{e^{2x}+1}dx=\int \frac{de^x}{(e^x)^2+1}=\arctan e^x+C.$

(2) $\int \frac{1}{x^2}\sin\frac{1}{x}dx=-\int \sin\frac{1}{x}d\left(\frac{1}{x}\right)=\cos\frac{1}{x}+C.$

(3) $\int \frac{x}{(1+x^2)^{\frac{3}{2}}}dx=\frac{1}{2}\int \frac{dx^2}{(1+x^2)^{\frac{3}{2}}}=-(1+x^2)^{-\frac{1}{2}}+C.$

(4) $\int \frac{dx}{\sin 2x+2\sin x}=\int \frac{dx}{2\sin x(1+\cos x)}=\int \frac{dx}{8\sin\frac{x}{2}\cos^3\frac{x}{2}}$

$$=\int \frac{\sec^2\frac{x}{2}}{4\tan\frac{x}{2}}d\tan\frac{x}{2}=\frac{1}{4}\int\left(\frac{1}{\tan\frac{x}{2}}+\tan\frac{x}{2}\right)d\tan\frac{x}{2}$$

$$=\frac{1}{4}\left(\ln\left|\tan\frac{x}{2}\right|+\frac{1}{2}\tan^2\frac{x}{2}\right)+C.$$

(5) $\int \frac{\sin x\cos x}{\sin^4 x+\cos^4 x}dx=\frac{1}{2}\int \frac{\sin 2x}{1-\frac{1}{2}\sin^2 2x}dx=\frac{1}{2}\int \frac{\sin 2x dx}{\frac{1}{2}(1+\cos^2 2x)}$

$$=-\frac{1}{2}\int \frac{d(\cos 2x)}{1+\cos^2 2x}=-\frac{1}{2}\arctan(\cos 2x)+C.$$

(6) $\int \frac{\arctan\sqrt{x}}{(1+x)\sqrt{x}}dx=2\int \frac{\arctan\sqrt{x}}{1+x}d\sqrt{x}=2\int \arctan\sqrt{x}\,d\arctan\sqrt{x}$

$$=\arctan^2\sqrt{x}+C.$$

例 2　求下列不定积分：

(1) $\int \frac{x^{11}}{x^8+3x^4+2}dx$;　(2) $\int \frac{1}{x(x^{10}+1)}dx$;　(3) $\int \frac{1}{(x+1)^2(x^2+1)}dx$.

分析　将分母分解因式化为几种典型的积分形式之一，有时需要换元代换.

解　(1)令 $x^4=t$，则原式 $=\int \frac{\frac{1}{4}t^2}{t^2+3t+2}dt$，

而 $\frac{1}{4}\cdot\frac{t^2}{(t+1)(t+2)}=\frac{1}{4}(1+\frac{1}{t+1}-\frac{4}{t+2})$，

故原式 $=\frac{t}{4}+\frac{1}{4}\ln|1+t|-\ln|t+2|+C$

$$=\frac{1}{4}x^4+\frac{1}{4}\ln|1+x^4|-\ln|x^4+2|+C.$$

(2)原式 $=\int \frac{x^9}{x^{10}(x^{10}+1)}dx=\frac{1}{10}\int (\frac{1}{x^{10}}-\frac{1}{x^{10}+1})dx^{10}$

$$=\frac{1}{10}\ln(x^{10})-\frac{1}{10}\ln(x^{10}+1)+C.$$

(3)设 $\frac{1}{(x+1)^2(x^2+1)}=\frac{A}{x+1}+\frac{B}{(x+1)^2}+\frac{Cx+D}{x^2+1}$,

将等式右端通分并比较系数得

$$\begin{cases}A+C=0,\\A+B+2C+D=0,\\A+C+2D=0,\\A+B+D=1.\end{cases}\quad\text{故得}\quad\begin{cases}A=\frac{1}{2},\\B=\frac{1}{2},\\C=-\frac{1}{2},\\D=0.\end{cases}$$

$$\text{故原积分}=\frac{1}{2}\int\frac{1}{x+1}dx+\frac{1}{2}\int\frac{1}{(x+1)^2}dx-\frac{1}{2}\int\frac{x}{x^2+1}dx$$

$$=\frac{1}{2}\ln|x+1|-\frac{1}{2(x+1)}-\frac{1}{4}\ln(x^2+1)+C.$$

题型Ⅱ:求三角函数的不定积分

【题型分析】

1. 一般情况下,三角有理式的积分 $\int R(\sin x,\cos x)dx$ 可以通过万能代换 $\tan\frac{x}{2}=t,\sin x=\frac{2t}{1+t^2},\cos x=\frac{1-t^2}{1+t^2},dx=\frac{2dt}{1+t^2}$ 化为有理函数的积分,从而知三角有理式总是可积的.另外有两种特殊情形:

①若积分可化为 $\int R(\tan x)dx$,可作变换 $\tan x=t,dx=\frac{dt}{1+t^2}$ 化为有理式的积分;②若积分可化为 $\int f(\tan x)\frac{1}{\cos^2x}dx$,则可用第一类换元法求积分.

2. 尽量使分母简单,为此将分子、分母同乘以一个因子,把分母化为 $\sin^kx$(或 $\cos^kx$)的单项式,或将分母整个看成一项.

3. 尽量使 $R(\sin x,\cos x)$ 的幂降低,为此可利用倍角公式或积化和差公式.

例3 求下列不定积分:

(1) $\int\frac{1}{3+\cos x}dx$; (2) $\int\frac{1}{\tan x+\sin x}dx$; (3) $\int\frac{\sin x}{\sin x+\cos x}dx$.

分析 三角有理式的积分一般可以通过万能代换转化为有理式再进行积分.

解 (1)令 $\tan\frac{x}{2}=t$,

$$\int\frac{dx}{3+\cos x}=\int\frac{dt}{2+t^2}=\frac{1}{\sqrt{2}}\arctan\frac{t}{\sqrt{2}}+C=\frac{1}{\sqrt{2}}\arctan\left(\frac{1}{\sqrt{2}}\tan\frac{x}{2}\right)+C.$$

(2) $$\int\frac{dx}{\tan x+\sin x}\xlongequal{u=\tan\frac{x}{2}}\int\frac{1}{\frac{2u}{1-u^2}+\frac{2u}{1+u^2}}\cdot\frac{2}{1+u^2}du$$

$$=\frac{1}{2}\int\frac{1-u^2}{u}du=\frac{1}{2}\left(\ln|u|-\frac{1}{2}u^2\right)+C$$

$$=\frac{1}{2}\left[\ln\left|\tan\frac{x}{2}\right|-\frac{1}{2}\tan^2\frac{x}{2}\right]+C.$$

(3)原式$$=\int\frac{\sin x+\cos x-\cos x}{\sin x+\cos x}dx$$

$$=x-\int\frac{\cos x}{\sin x+\cos x}dx=x-\int\frac{\cos x-\sin x+\sin x}{\sin x+\cos x}dx$$

$$=x-\int\frac{d(\sin x+\cos x)}{\sin x+\cos x}-\int\frac{\sin x}{\sin x+\cos x}dx,$$

所以 $$\int\frac{\sin x}{\sin x+\cos x}dx=\frac{1}{2}(x-\ln|\sin x+\cos x|)+C.$$

例 4　求下列不定积分：

(1) $\int\frac{dx}{\sin^4 x+\cos^4 x}$；　(2) $\int\frac{1}{\sin^4 x\cos^4 x}dx$.

分析　三角函数的基本公式 $\sin^2 x+\cos^2 x=1$ 和 $\sin 2x=2\sin x\cos x$ 的应用.

解　(1)原式$$=\int\frac{dx}{1-2\sin^2 x\cos^2 x}=\int\frac{1}{1-\frac{1}{2}\sin^2 2x}dx$$

$$=\int\frac{dx}{1-\frac{1}{2}\cdot\frac{1-\cos 4x}{2}}=\int\frac{4dx}{3+\cos 4x}$$

$$\xlongequal{u=4x}\frac{du}{3+\cos u}$$〈利用例 3(1)的结果〉

$$=\frac{1}{\sqrt{2}}\arctan\left(\frac{1}{\sqrt{2}}\tan 2x\right)+C.$$

(2)原式$$=\int\frac{16}{\sin^4 2x}dx=8\int\frac{1}{\sin^2 2x}\cdot\csc^2 2x\,d2x$$

$$=-8\int(\cot^2 2x+1)d\cot 2x$$

$$=-\frac{8}{3}\cot^3 2x-8\cot 2x+C.$$

题型Ⅲ:求无理函数的不定积分

【题型分析】

1. 对于被积函数含有无理根式的积分,总体思路是设法作根式代换使积分化为有理函数的积分,常用的代换有 $t=\sqrt[n]{ax+b}$,$t=\sqrt[n]{\dfrac{ax+b}{cx+d}}$等.

2. 可尝试将无理函数的分子或分母有理化.

3. 被积函数中出现 $\sqrt[n]{f(x)}$ 与 $\sqrt[m]{f(x)}$,一般设 $t=\sqrt[k]{f(x)}$,其中 k 为 m,n 的最小公倍数.

常见的变量代换除了三角代换外还有以下形式.

类型	积分形式	所作代换
1	$\int R\left(x,\sqrt[n_1]{\dfrac{ax+b}{cx+d}},\sqrt[n_2]{\dfrac{ax+b}{cx+d}},\cdots,\sqrt[n_k]{\dfrac{ax+b}{cx+d}}\right)\mathrm{d}x$	$t^N=\dfrac{ax+b}{cx+d}$,N 为 $n_1,n_2,\cdots,n_k$ 的最小公倍数
2	$\int R(\sqrt{a-x},\sqrt{b-x})\mathrm{d}x$	$\sqrt{a-x}=\sqrt{b-a}\cdot\tan t$
3	$\int R(\sqrt{x-a},\sqrt{b-x})\mathrm{d}x$	$\sqrt{x-a}=\sqrt{b-a}\cdot\sin t$
4	$\int R(\sqrt{x-a},\sqrt{x-b})\mathrm{d}x$	$\sqrt{x-a}=\sqrt{b-a}\cdot\sec t$

例5 求下列无理函数的不定积分:

(1) $\displaystyle\int\frac{\mathrm{d}x}{\sqrt{ax+b}+c}$ $(a\neq0)$; (2) $\displaystyle\int\frac{\mathrm{d}x}{\sqrt[3]{(x+1)^2(x-1)^4}}$.

分析 一般是通过变量代换去掉根号,化为有理函数的积分来进行.另外解题时可先尝试将无理函数的分子或分母有理化.

解 (1)令 $t=\sqrt{ax+b}$,则 $x=\dfrac{t^2-b}{a}$,$\mathrm{d}x=\dfrac{2t}{a}\mathrm{d}t$,所以

$$\text{原式}=\int\frac{1}{t+c}\cdot\frac{2t}{a}\mathrm{d}t=\frac{2}{a}\int\frac{t}{t+c}\mathrm{d}t=\frac{2}{a}\int\frac{t+c-c}{t+c}\mathrm{d}t$$

$$=\frac{2}{a}\int\mathrm{d}t-\frac{2c}{a}\int\frac{\mathrm{d}t}{t+c}=\frac{2}{a}t-\frac{2c}{a}\ln|t+c|+C$$

$$=\frac{2}{a}\sqrt{ax+b}-\frac{2c}{a}\ln|\sqrt{ax+b}+c|+C.$$

(2) $$\int\frac{\mathrm{d}x}{\sqrt[3]{(x+1)^2(x-1)^4}}=\int\frac{1}{(x+1)(x-1)}\sqrt[3]{\frac{x+1}{x-1}}\,\mathrm{d}x,$$

令 $\sqrt[3]{\frac{x+1}{x-1}}=t$，则 $x=\frac{t^3+1}{t^3-1}, dx=\frac{-6t^2}{(t^3-1)^2}dt$，

所以原式 $=\int \frac{t}{\frac{4t^3}{(t^3-1)^2}}\cdot\frac{-6t^2}{(t^3-1)^2}dt=-\frac{3}{2}\int dt=-\frac{3}{2}t+C$

$$=-\frac{3}{2}\sqrt[3]{\frac{x+1}{x-1}}+C.$$

课后习题解答(习题 4-4)

1. 解 (1) $\int \frac{x^3}{x+3}dx=\int \frac{(x+3)(x^2-3x+9)-27}{x+3}dx$

$$=\int\left(x^2-3x+9-\frac{27}{x+3}\right)dx$$

$$=\frac{1}{3}x^3-\frac{3}{2}x^2+9x-27\ln|x+3|+C.$$

(2) $\int \frac{2x+3}{x^2+3x-10}dx=\int \frac{d(x^2+3x-10)}{x^2+3x-10}=\ln|x^2+3x-10|+C.$

(3) $\int \frac{x+1}{x^2-2x+5}dx=\int \frac{x-1+2}{x^2-2x+5}dx$

$$=\frac{1}{2}\int \frac{d(x^2-2x+5)}{x^2-2x+5}+2\int \frac{dx}{x^2-2x+5}$$

$$=\frac{1}{2}\ln(x^2-2x+5)+\arctan\frac{x-1}{2}+C.$$

(4) $\int \frac{dx}{x(x^2+1)}=\int \frac{1}{x}dx-\int \frac{xdx}{1+x^2}=\ln|x|-\frac{1}{2}\ln(1+x^2)+C$

$$=\ln\frac{|x|}{\sqrt{1+x^2}}+C.$$

(5) $\int \frac{3}{x^3+1}dx=\int\left(\frac{1}{x+1}+\frac{-x+2}{x^2-x+1}\right)dx$

$$=\ln|x+1|-\frac{1}{2}\int \frac{d(x^2-x+1)}{x^2-x+1}+\frac{3}{2}\int \frac{d(x-\frac{1}{2})}{(x-\frac{1}{2})^2+(\frac{\sqrt{3}}{2})^2}$$

$$=\ln\frac{x+1}{\sqrt{x^2-x+1}}+\sqrt{3}\arctan\frac{2x-1}{\sqrt{3}}+C.$$

(6) $\int \frac{x^2+1}{(x+1)^2(x-1)}dx=\int\left[\frac{-1}{(x+1)^2}+\frac{\frac{1}{2}}{x+1}+\frac{\frac{1}{2}}{x-1}\right]dx$

$$=\frac{1}{x+1}+\frac{1}{2}\ln|x+1|+\frac{1}{2}\ln|x-1|+C$$

$$=\frac{1}{x+1}+\frac{1}{2}\ln|x^2-1|+C.$$

(7) $\int\frac{x\mathrm{d}x}{(x+1)(x+2)(x+3)}=\int\left(\frac{2}{x+2}-\frac{\frac{1}{2}}{x+1}-\frac{\frac{3}{2}}{x+3}\right)\mathrm{d}x$

$$=2\ln|x+2|-\frac{1}{2}\ln|x+1|-\frac{3}{2}\ln|x+3|+C$$

$$=\frac{1}{2}\ln\frac{(x+2)^4}{|x+1||x+3|^3}+C.$$

(8) $\int\frac{x^5+x^4-8}{x^3-x}\mathrm{d}x=\int(x^2+x+1)\mathrm{d}x+\int\frac{x^2+x-8}{x^3-x}\mathrm{d}x$

$$=\frac{1}{3}x^3+\frac{1}{2}x^2+x+\int\left(\frac{8}{x}-\frac{4}{x+1}-\frac{3}{x-1}\right)\mathrm{d}x$$

$$=\frac{1}{3}x^3+\frac{1}{2}x^2+x+8\ln|x|-4\ln|x+1|-3\ln|x-1|+C.$$

(9) 令 $\frac{1}{(x^2+1)(x^2+x)}=\frac{A}{x}+\frac{B}{x+1}+\frac{Cx+D}{x^2+1}$,

得 $1=A(x+1)(x^2+1)+Bx(x^2+1)+x(x+1)(Cx+D)$.

令 $x=0$, 得 $A=1$;

令 $x=-1$, 得 $B=-\frac{1}{2}$;

令 $x=1$, 得 $C+D=-1$;

令 $x=2$, 得 $2C+D=-\frac{3}{2}$,

得 $C=-\frac{1}{2},D=-\frac{1}{2}$.

故 $\int\frac{1}{(x^2+1)(x^2+x)}\mathrm{d}x=\int\left[\frac{1}{x}+\frac{-\frac{1}{2}}{x+1}+\frac{-\frac{1}{2}x-\frac{1}{2}}{x^2+1}\right]\mathrm{d}x$

$$=\ln|x|-\frac{1}{2}\ln|x+1|-\frac{1}{4}\ln|x^2+1|-\frac{1}{2}\arctan x+C.$$

(10) $\int\frac{1}{x^4-1}\mathrm{d}x=\int\frac{\mathrm{d}x}{(x+1)(x-1)(x^2+1)}$

$$=\frac{1}{4}\int\frac{1}{x-1}\mathrm{d}x-\frac{1}{4}\int\frac{1}{x+1}\mathrm{d}x-\frac{1}{2}\int\frac{1}{x^2+1}\mathrm{d}x$$

$$=\frac{1}{4}\ln\left|\frac{x-1}{x+1}\right|-\frac{1}{2}\arctan x+C.$$

(11) $\int \frac{dx}{(x^2+1)(x^2+x+1)} = \int \left(\frac{-x}{x^2+1} + \frac{x+1}{x^2+x+1}\right) dx$

$= -\frac{1}{2}\ln(x^2+1) + \frac{1}{2}\int \frac{d(x^2+x+1)}{x^2+x+1} + \frac{1}{2}\int \frac{dx}{(x+\frac{1}{2})^2 + (\frac{\sqrt{3}}{2})^2}$

$= -\frac{1}{2}\ln(x^2+1) + \frac{1}{2}\ln(x^2+x+1) + \frac{\sqrt{3}}{3}\arctan\frac{2x+1}{\sqrt{3}} + C.$

(12) $\int \frac{(x+1)^2}{(x^2+1)^2}dx = \int \frac{x^2+1+2x}{(x^2+1)^2}dx = \int \frac{dx}{x^2+1} + \int \frac{2x}{(x^2+1)^2}dx$

$= \arctan x + \int \frac{d(x^2+1)}{(x^2+1)^2} = \arctan x - \frac{1}{x^2+1} + C.$

(13) 原式 $= -\int \frac{(x^2+x+1)-(x-1)}{(x^2+x+1)^2}dx$

$= -\int \frac{dx}{x^2+x+1} + \frac{1}{2}\int \frac{(2x+1)-3}{(x^2+x+1)^2}dx$

$= -\int \frac{d(x+\frac{1}{2})}{(x+\frac{1}{2})^2+\frac{3}{4}} + \frac{1}{2}\int \frac{d(x^2+x+1)}{(x^2+x+1)^2} - \frac{3}{2}\int \frac{dx}{(x^2+x+1)^2}$

$= -\frac{2}{\sqrt{3}}\arctan\frac{2x+1}{\sqrt{3}} - \frac{1}{2(x^2+x+1)} - \frac{3}{2}\int \frac{dx}{(x^2+x+1)^2}$

$= -\frac{2}{\sqrt{3}}\arctan\frac{2x+1}{\sqrt{3}}$

$- \frac{1}{2(x^2+x+1)} - \left[\frac{2x+1}{2(x^2+x+1)} + \frac{2}{\sqrt{3}}\arctan\frac{2x+1}{\sqrt{3}}\right] + C$

$= -\frac{4}{\sqrt{3}}\arctan\frac{2x+1}{\sqrt{3}} - \frac{x+1}{x^2+x+1} + C.$

(14) 令 $u = \tan x$，则 $\cos^2 x = \frac{1}{1+u^2}$，$\sin^2 x = \frac{u^2}{1+u^2}$，

所以　$\int \frac{dx}{3+\sin^2 x} = \int \frac{1}{3+\frac{u^2}{1+u^2}} \cdot \frac{du}{1+u^2}$

$= \int \frac{du}{3+4u^2} = \frac{1}{4}\int \frac{du}{u^2+\frac{3}{4}}$

$= \frac{1}{4} \cdot \frac{2}{\sqrt{3}}\arctan\frac{2u}{\sqrt{3}} + C = \frac{1}{2\sqrt{3}}\arctan\frac{2\tan x}{\sqrt{3}} + C.$

(15) $\int \frac{dx}{3+\cos x}=\int \frac{dt}{2+t^2}=\frac{1}{\sqrt{2}}\arctan \frac{t}{\sqrt{2}}+C$

$$=\frac{1}{\sqrt{2}}\arctan(\frac{1}{\sqrt{2}}\tan \frac{x}{2})+C.$$

(16)令 $t=\tan \frac{x}{2}$,则 $\sin x=\frac{2t}{1+t^2}$, $dt=\frac{1}{2}\sec^2 \frac{x}{2}dx=\frac{1}{2}(1+t^2)dx$,

所以 $dx=\frac{2dt}{1+t^2}$,

故 $\int \frac{dx}{2+\sin x}\xlongequal{t=\tan \frac{x}{2}}\int \frac{1}{2+\frac{2t}{1+t^2}}\frac{2t}{1+t^2}dt=\frac{1}{2}\int \frac{2t+1-1}{1+t+t^2}dt$

$$=\frac{1}{2}\int \frac{d(t^2+t+1)}{t^2+t+1}-\frac{1}{2}\int \frac{d(t+\frac{1}{2})}{(t+\frac{1}{2})^2+(\frac{\sqrt{3}}{2})^2}$$

$$=\frac{1}{2}\ln(1+t+t^2)-\frac{1}{2}\cdot \frac{2}{\sqrt{3}}\arctan \frac{2t+1}{\sqrt{3}}+C$$

$$\xlongequal{t=\tan \frac{x}{2}}\frac{1}{2}\ln(\sec^2 \frac{x}{2}+\tan \frac{x}{2})-\frac{1}{\sqrt{3}}\arctan \frac{2\tan \frac{x}{2}+1}{\sqrt{3}}+C.$$

(17)令 $t=\tan \frac{x}{2}$,则 $dx=\frac{2}{1+t^2}dt,\cos x=\frac{1-t^2}{1+t^2},\sin x=\frac{2t}{1+t^2}$,

所以 $\int \frac{dx}{1+\sin x+\cos x}\xlongequal{\tan \frac{x}{2}=t}\int \frac{1}{1+\frac{2t}{1+t^2}+\frac{1-t^2}{1+t^2}}\cdot \frac{2}{1+t^2}dt$

$$=\ln|1+t|+C\xlongequal{t=\tan \frac{x}{2}}\ln\left|1+\tan \frac{x}{2}\right|+C.$$

(18)令 $t=\tan \frac{x}{2}$,则 $dx=\frac{2dt}{1+t^2},\sin x=\frac{2t}{1+t^2},\cos x=\frac{1-t^2}{1+t^2}$,

所以 $\int \frac{dx}{2\sin x-\cos x+5}\xlongequal{\tan \frac{x}{2}=t}\int \frac{1}{\frac{4t}{1+t^2}-\frac{1-t^2}{1+t^2}+5}\frac{2}{1+t^2}dt$

$$=\frac{1}{3}\int \frac{1}{(t+\frac{1}{3})^2+(\frac{\sqrt{5}}{3})^2}d(t+\frac{1}{3})$$

$$=\frac{1}{\sqrt{5}}\arctan \frac{3t+1}{\sqrt{5}}+C$$

$$\xlongequal{t=\tan\frac{x}{2}}\frac{1}{\sqrt{5}}\arctan\frac{3\tan\frac{x}{2}+1}{\sqrt{5}}+C.$$

(19)令 $\sqrt[3]{x+1}=t$，则 $x+1=t^3$，$dx=3t^2dt$.

所以 $$\int\frac{dx}{1+\sqrt[3]{x+1}}=\int\frac{3t^2dt}{1+t}=3\left[\int\frac{(t^2-1)dt}{1+t}+\int\frac{dt}{1+t}\right]$$

$$=3\left[\frac{t^2}{2}-t+\ln(1+t)\right]+C$$

$$\xlongequal{t=\sqrt[3]{x+1}}\frac{3}{2}\sqrt[3]{(1+x)^2}-3\sqrt[3]{1+x}$$

$$+3\ln(1+\sqrt[3]{1+x})+C.$$

(20) $$\int\frac{(\sqrt{x})^3-1}{\sqrt{x}+1}dx=\int[(\sqrt{x})^2-\sqrt{x}+1-\frac{2}{\sqrt{x}+1}]dx$$

$$=\frac{1}{2}x^2-\frac{2}{3}x^{\frac{3}{2}}+x-4\sqrt{x}+4\ln(\sqrt{x}+1)+C.$$

(21)令 $\sqrt{x+1}=u$，则 $x=u^2+1$，$dx=2udu$. 所以

$$\int\frac{\sqrt{x+1}-1}{\sqrt{x+1}+1}dx\xlongequal[x=u^2-1]{\sqrt{x+1}=u}\int\frac{u-1}{u+1}2udu$$

$$=2\left[\int(u+1)du-3\int du+2\int\frac{du}{u+1}\right]$$

$$=(u+1)^2-6u+4\ln|u+1|+C$$

$$\xlongequal{u=\sqrt{x+1}}x-4\sqrt{x+1}+4\ln(1+\sqrt{x+1})+C.$$

(22)令 $u=\sqrt[4]{x}$，则 $x=u^4$，$dx=4u^3du$，

$$\int\frac{dx}{\sqrt{x}+\sqrt[4]{x}}=\int\frac{4u^3}{u^2+u}du=4\int\frac{u^2}{u+1}du$$

$$=4\int\frac{u^2-1+1}{u+1}du=4\int\left(u-1+\frac{1}{u+1}\right)du$$

$$=4\left(\frac{1}{2}u^2-u+\ln|u+1|\right)+C$$

$$=2\sqrt{x}-4\sqrt[4]{x}+\ln(\sqrt[4]{x}+1)+C.$$

(23)令 $\sqrt{\frac{1-x}{1+x}}=t$，则 $x=\frac{1-t^2}{t^2+1}$，$dx=\frac{-4t}{(1+t^2)^2}dt$. 所以

$$\int\sqrt{\frac{1-x}{1+x}}\cdot\frac{dx}{x}=-2\int\frac{2t^2}{(1-t^2)(1+t^2)}dt$$

$$=-2\int(\frac{1}{1-t^2}-\frac{1}{1+t^2})dt$$

$$=\ln\frac{t-1}{t+1}+2\arctan t+C\xlongequal{t=\sqrt{\frac{1-x}{1+x}}}$$

$$\ln|\frac{\sqrt{1-x}-\sqrt{1+x}}{\sqrt{1-x}+\sqrt{1+x}}|+2\arctan\sqrt{\frac{1-x}{1+x}}+C.$$

(24)令 $x-1=\frac{1}{u}$,则 $x=1+\frac{1}{u}$,$dx=-\frac{du}{u^2}$,

$$原式=\int\frac{-\frac{du}{u^2}}{\frac{1}{u}\sqrt[3]{\left(2+\frac{1}{u}\right)^2\frac{1}{u}}}=-\int\frac{du}{(2u+1)^{\frac{2}{3}}}$$

$$=-\frac{1}{2}\int(2u+1)^{-\frac{2}{3}}d(2u+1)$$

$$=-\frac{3}{2}(2u+1)^{\frac{1}{3}}+C$$

$$=-\frac{3}{2}\sqrt[3]{\frac{x+1}{x-1}}+C.$$

4.5 积分表的使用

本节重难点及考研要求

重点及难点

名称	定义	说明
积分表	为了使用方便,往往把常用的积分公式汇集成表,这种表叫积分表	积分是按照被积函数的类型来排列的,在求积分时可以根据被积函数的类型直接或经过简单的变形后在表内查到所需的结果

考研要求

掌握积分表的使用.

典型例题与解题技巧

题型Ⅰ:直接利用积分表

【题型分析】 这类题目比较简单,可以根据被积函数的形式,直接去查积分表.

例1　求$\int\sqrt{1+\sin x}\,\mathrm{d}x$.

分析 利用,$\sin^2\frac{x}{2}+\cos^2\frac{x}{2}=1$变形后计算.

解 原式$=\int\sqrt{\sin^2\frac{x}{2}+\cos^2\frac{x}{2}+2\sin\frac{x}{2}\cos\frac{x}{2}}\,\mathrm{d}x$

$$=\int\sqrt{(\sin\frac{x}{2}+\cos\frac{x}{2})^2}\,\mathrm{d}x=\int\left(\cos\frac{x}{2}+\sin\frac{x}{2}\right)\mathrm{d}x$$

$$=-2\cos\frac{x}{2}+2\sin\frac{x}{2}+C.$$

例2　求$\int\frac{x}{(3x+4)^2}\mathrm{d}x$.

分析 直接应用积分表计算.

解 被积函数中含有$ax+b$,在积分表中查公式

$$\int\frac{x}{(ax+b)^2}\mathrm{d}x=\frac{1}{a^2}(\ln|ax+b|+\frac{b}{ax+b})+C,$$

取$a=3,b=4$得

$$\int\frac{x}{(3x+4)^2}\mathrm{d}x=\frac{1}{9}(\ln|3x+4|+\frac{4}{3x+4})+C.$$

题型Ⅱ:先进行变量代换,再查表求积分

【题型分析】 先作变量代换,化为表中的积分形式,再查表进行求解.

例3　求$\int\frac{\mathrm{d}x}{x\sqrt{4x^2+9}}$.

分析 这个积分不能在表中直接查到,需要先进行变量代换.

解 令$2x=u$,则原式$=\int\frac{\mathrm{d}u}{u\sqrt{u^2+3^2}}$,

查积分表公式得$a=3,x=u$,

故$\int\frac{\mathrm{d}u}{u\sqrt{u^2+3^2}}=\frac{1}{3}\ln\frac{\sqrt{u^2+3^2}-3}{|u|}+C$,

即原式$=\frac{1}{3}\ln\frac{\sqrt{4x^2+9}-3}{2|x|}+C.$

题型Ⅲ:用递推公式求积分

【题型分析】 注意递推公式初始项的值.

例 4 求$\int \ln^3 x\mathrm{d}x$.

解 在积分表中查得公式得

$$\int \ln^3 x\mathrm{d}x = x(\ln x)^3 - 3\int (\ln x)^2 \mathrm{d}x = x(\ln x)^3 - 3\left[x(\ln x)^2 - 2\int \ln x\mathrm{d}x\right]$$

$$= x(\ln x)^3 - 3x(\ln x)^2 + 6(x\ln x - x) + C.$$

例 5 求$\int \sin^3 x\mathrm{d}x$.

分析 先求出一般的形式,再令 $u=3$ 求解.

解 在积分表中查得公式

$$\int \sin^n x\mathrm{d}x = -\frac{\sin^{n-1}x\cos x}{n} + \frac{n-1}{n}\int \sin^{n-2}x\mathrm{d}x,$$

当 $n=3$ 时,

$$\int \sin^3 x\mathrm{d}x = -\frac{\sin^2 x\cos x}{3} + \frac{2}{3}\int \sin x\mathrm{d}x = -\frac{\sin^2 x\cos x}{3} - \frac{2}{3}\cos x + C.$$

课后习题解答(习题 4-5)

1. 解 原式$=\frac{1}{2}\ln|2x+\sqrt{4x^2-9}|+C$.

2. 解 原式$=\frac{1}{2}\arctan\frac{x+1}{2}+C$.

3. 解 原式$=\ln\left[(x-2)+\sqrt{5-4x+x^2}\right]+C$.

4. 解 原式$=\frac{x}{2}\sqrt{2x^2+9}+\frac{9\sqrt{2}}{4}\ln(\sqrt{2}x+\sqrt{2x^2+9})+C$.

5. 解 原式$=\frac{x}{2}\sqrt{3x^2-2}-\frac{\sqrt{3}}{3}\ln|\sqrt{3}x+\sqrt{3x^2-2}|+C$.

6. 解 原式$=\frac{\mathrm{e}^{2x}}{5}(\sin x+2\cos x)+C$.

7. 解 原式$=(\frac{x^2}{2}-1)\arcsin\frac{x}{2}+\frac{x}{4}\sqrt{4-x^2}+C$.

8. 解 原式$=\frac{x}{18(9+x^2)}+\frac{1}{54}\arctan\frac{x}{3}+C$.

9. 解 原式$=-\frac{1}{2}\cdot\frac{\cos x}{\sin^2 x}+\frac{1}{2}\ln\left|\tan\frac{x}{2}\right|+C$.

10. 解　原式$=-\frac{e^{-2x}}{13}(2\sin 3x+3\cos 3x)+C$.

11. 解　原式$=-\frac{\sin 8x}{16}+\frac{\sin 2x}{4}+C$.

12. 解　原式$=x\ln^3 x-3x\ln^2 x+6x\ln x-6x+C$.

13. 解　原式$=-\frac{1}{x}-\ln\left|\frac{1-x}{x}\right|+C$.

14. 解　原式$=2\sqrt{x-1}-2\arctan\sqrt{x-1}+C$.

15. 解　原式$=\frac{x}{2(1+x^2)}+\frac{1}{2}\arctan x+C$.

16. 解　原式$=\arccos\frac{1}{|x|}+C$.

17. 解　原式$=\frac{1}{9}\left(\ln|2+3x|+\frac{2}{2+3x}\right)+C$.

18. 解　原式$=\frac{\cos^5 x\sin x}{6}+\frac{5\cos^3 x\sin x}{24}+\frac{5}{8}\left(\frac{x}{2}+\frac{\sin 2x}{4}\right)+C$.

19. 解　原式$=\frac{x(x^2-1)\sqrt{x^2-2}}{4}-\frac{1}{2}\ln|x+\sqrt{x^2-2}|+C$.

20. 解　原式$=\frac{1}{\sqrt{21}}\ln\left|\frac{\sqrt{3}\tan\frac{x}{2}+\sqrt{7}}{\sqrt{3}\tan\frac{x}{2}-\sqrt{7}}\right|+C$.

21. 解　原式$=\frac{\sqrt{2x-1}}{x}-2\arctan\sqrt{2x-1}+C$.

22. 解　原式$=\arcsin x+\sqrt{1-x^2}+C$.

23. 解　原式$=\frac{1}{2}\ln|x^2-2x-1|+\frac{3}{\sqrt{2}}\ln\left|\frac{x-(\sqrt{2}+1)}{x+(\sqrt{2}-1)}\right|+C$.

24. 解　原式$=-\sqrt{1+x-x^2}+\frac{1}{2}\arcsin\frac{2x-1}{\sqrt{5}}+C$.

25. 解　原式$=\frac{1}{12}x^3-\frac{25}{16}x+\frac{125}{32}\arctan\frac{2x}{5}+C$.

总习题四全解

1. 解　$\int\frac{dx}{e^x-e^{-x}}=\int\frac{e^x dx}{e^{2x}-1}=\int\frac{de^x}{(e^x+1)(e^x-1)}$

$$=\frac{1}{2}\int\left(\frac{1}{e^x-1}-\frac{1}{e^x+1}\right)de^x=\frac{1}{2}\ln\frac{|e^x-1|}{e^x+1}+C.$$

2. 解 $\int \frac{x}{(1-x)^3}dx=\int \frac{1-(1-x)}{(1-x)^3}dx$

$$=-\int (1-x)^{-3}d(1-x)+\int \frac{1}{(1-x)^2}d(1-x)$$

$$=\frac{1}{2}(1-x)^{-2}-\frac{1}{1-x}+C.$$

3. 解 $\int \frac{x^2}{a^6-x^6}dx=\frac{1}{3}\int \frac{dx^3}{(a^3)^2-(x^3)^2}=\frac{1}{6a^3}\ln\left|\frac{a^3+x^3}{a^3-x^3}\right|+C.$

4. 解 $\int \frac{1+\cos x}{x+\sin x}dx=\int \frac{d(x+\sin x)}{x+\sin x}=\ln|x+\sin x|+C.$

5. 解 $\int \frac{\ln(\ln x)}{x}dx=\int \ln(\ln x)d\ln x=\ln(\ln x)\ln x-\int \ln x\frac{1}{\ln x}\cdot\frac{1}{x}dx$

$$=\ln x[\ln(\ln x)-1]+C.$$

6. 解 $\int \frac{\sin x\cos x}{1+\sin^4 x}dx=\frac{1}{2}\int \frac{d\sin^2 x}{1+(\sin^2 x)^2}=\frac{1}{2}\arctan(\sin^2 x)+C.$

7. 解 $\int \tan^4 x dx=\int (\sec^2 x-1)^2 dx=\int \sec^4 x dx-2\int \sec^2 x dx+\int dx$

$$=\int (1+\tan^2 x)d\tan x-2\tan x+x$$

$$=\frac{1}{3}\tan^3 x-\tan x+x+C.$$

8. 解 $\int \sin x\sin 2x\sin 3x dx=-\frac{1}{2}\int \sin x[\cos 5x-\cos x]dx$

$$=-\frac{1}{4}\int [(\sin 6x-\sin 4x)-\sin 2x]dx$$

$$=-\frac{1}{4}\left(-\frac{1}{6}\cos 6x+\frac{1}{4}\cos 4x+\frac{1}{2}\cos 2x\right)+C$$

$$=\frac{1}{24}\cos 6x-\frac{1}{16}\cos 4x-\frac{1}{8}\cos 2x+C.$$ （积化和差公式.）

9. 解 $\int \frac{dx}{x(x^6+4)}=\int \frac{dx}{x^7\left(1+\frac{4}{x^6}\right)}=-\frac{1}{24}\int \frac{d\left(\frac{4}{x^6}\right)}{1+\frac{4}{x^6}}=-\frac{1}{24}\ln\left(1+\frac{4}{x^6}\right)+C$

$$=\frac{1}{4}\ln|x|-\frac{1}{24}\ln(x^6+4)+C.$$

10. 解 $\int \sqrt{\frac{a+x}{a-x}}dx=\int \frac{a+x}{\sqrt{a^2-x^2}}dx=a\int \frac{dx}{\sqrt{a^2-x^2}}+\int \frac{\left(-\frac{1}{2}\right)}{\sqrt{a^2-x^2}}d(a^2-x^2)$

$$=a\arcsin\left(\frac{x}{a}\right)-(a^2-x^2)^{\frac{1}{2}}+C.$$

11. 解 $\int \frac{1}{\sqrt{x(1+x)}}dx=\int \frac{dx}{\sqrt{x}\cdot\sqrt{1+x}}=\int \frac{2d\sqrt{x}}{\sqrt{1+(\sqrt{x})^2}}$

$=2\ln(\sqrt{x}+\sqrt{1+x})+C=\ln\left|x+\frac{1}{2}+\sqrt{x(x+1)}\right|+C.$

12. 解 $\int x\cos^2 x dx=\frac{1}{2}\int x(1+\cos2x)dx=\frac{1}{4}x^2+\frac{1}{4}\int x d\sin2x$

$=\frac{1}{4}x^2+\frac{1}{4}x\sin2x-\frac{1}{4}\int \sin2x dx=\frac{1}{4}x^2+\frac{1}{4}x\sin2x+\frac{1}{8}\cos2x+C.$

13. 解 $\int e^{ax}\cos bx dx=\frac{1}{b}\int e^{ax}d\sin bx=\frac{1}{b}e^{ax}\sin bx-\frac{a}{b}\int e^{ax}\sin bx dx$

$=\frac{1}{b}e^{ax}\sin bx+\frac{a}{b^2}(e^{ax}\cos bx-\int \cos bx\cdot ae^{ax}dx)$

$=\frac{1}{b}e^{ax}\sin bx+\frac{a}{b^2}e^{ax}\cos bx-\frac{a^2}{b^2}\int e^{ax}\cos bx dx.$

移项，得$\left(1+\frac{a^2}{b^2}\right)\int e^{ax}\cos bx dx=\frac{1}{b^2}e^{ax}(b\sin bx+a\cos bx)+C_1$，

所以$\int e^{ax}\cos bx dx=\frac{e^{ax}}{a^2+b^2}(b\sin bx+a\cos bx)+C.$

14. 解 令$\sqrt{1+e^x}=t$，则　$x=\ln(t^2-1),dx=\frac{2t}{t^2-1}dt.$

原式$=\int \frac{2t}{t(t^2-1)}dt=2\int \frac{dt}{t^2-1}=\ln\frac{t-1}{t+1}+C=\ln\frac{\sqrt{1+e^x}-1}{\sqrt{1+e^x}+1}+C.$

15. 解 令$x=\frac{1}{t}$　$(t\neq 0)$，则$dx=-\frac{1}{t^2}dt.$

原式$=\int \frac{-\frac{1}{t^2}dt}{\frac{1}{t}\sqrt{\frac{1}{t^2}-1}}=-\int \frac{|t|dt}{\sqrt{1-t^2}}$，　当$t>0$时，

原式$=-\int \frac{tdt}{\sqrt{1-t^2}}=\frac{1}{2}\int (1-t^2)^{-\frac{1}{2}}d(1-t^2)$

$=(1-t^2)^{\frac{1}{2}}+C=\sqrt{1-\frac{1}{x^2}}+C=\frac{\sqrt{x^2-1}}{x}+C.$

当$t<0$时，原式$=\int \frac{tdt}{\sqrt{1-t^2}}=\frac{1}{2}\int (1-t^2)^{-\frac{1}{2}}d(1-t^2)$

$=-(1-t^2)^{\frac{1}{2}}+C=-\sqrt{1-\frac{1}{x^2}}+C$

$=-\frac{\sqrt{x^2-1}}{-x}+C=\frac{\sqrt{x^2-1}}{x}+C.$

请读者思考，为什么要对$t>0,t<0$分别求解？

16. 解　令 $x=a\sin t$，则

$$\int\frac{dx}{(a^2-x^2)^{\frac{5}{2}}}=\int\frac{1}{a^5\cos^5 t}a\cos t dt=\frac{1}{a^4}\int\sec^4 t dt=\frac{1}{a^4}\int(\tan^2 t+1)d\tan t$$

$$=\frac{1}{a^4}\left(\frac{1}{3}\tan^3 t+\tan t\right)+C$$

$$=\frac{x^3}{3a^4(a^2-x^2)^{\frac{3}{2}}}+\frac{x}{a^4\sqrt{a^2-x^2}}+C.$$

17. 解　$$\int\frac{dx}{x^4\sqrt{1+x^2}}\xlongequal{x=\frac{1}{t}}\int\frac{1}{\frac{1}{t^4}\sqrt{1+\frac{1}{t^2}}}\left(-\frac{1}{t^2}\right)dt$$

$$=-\int\frac{t^3}{\sqrt{1+t^2}}dt=-\frac{1}{2}\int\frac{t^2}{\sqrt{1+t^2}}d(1+t^2)$$

$$=-\int t^2 d\sqrt{1+t^2}=-t^2\sqrt{1+t^2}+\int\sqrt{1+t^2}dt^2$$

$$=-t^2\sqrt{1+t^2}+\frac{2}{3}(1+t^2)^{\frac{3}{2}}+C$$

$$=-\frac{\sqrt{1+x^2}}{x^3}+\frac{2\sqrt{(1+x^2)^3}}{3x^3}+C$$

$$=\frac{\sqrt{1+x^2}}{x}-\frac{\sqrt{(1+x^2)^3}}{3x^3}+C.$$

18. 解　$$\int\sqrt{x}\sin\sqrt{x}dx\xlongequal[x=t^2]{\sqrt{x}=t}\int t\cdot\sin t\cdot 2t dt=-2\int t^2 d\cos t$$

$$=-2t^2\cos t+2\int 2t\cos t dt=-2t\cos t+4\int t d\sin t$$

$$=-2t\cos t+4t\sin t-4\int\sin t dt$$

$$=-2t\cos t+4t\sin t+4\cos t+C$$

$$=-2x\cos\sqrt{x}+4\sqrt{x}\sin\sqrt{x}+4\cos\sqrt{x}+C.$$

19. 解　$$\int\ln(1+x^2)dx=x\ln(1+x^2)-\int\frac{2x^2}{1+x^2}dx$$

$$=x\ln(1+x^2)-2\int\left(1-\frac{1}{1+x^2}\right)dx=x\ln(1+x^2)-2x+2\arctan x+C.$$

20. 解　$$\int\frac{\sin^2 x}{\cos^3 x}dx=-\int\frac{\sin x}{\cos^3 x}d\cos x=\frac{1}{2}\int\sin x d\left(\frac{1}{\cos^2 x}\right)$$

$$=\frac{1}{2}\cdot\frac{\sin x}{\cos^2 x}-\frac{1}{2}\int\frac{1}{\cos^2 x}d\sin x=\frac{\sin x}{2\cos^2 x}-\frac{1}{2}\int\frac{1}{1-\sin^2 x}d\sin x$$

$$=\frac{\sin x}{2\cos^2 x}-\frac{1}{4}\ln\left|\frac{1+\sin x}{1-\sin x}\right|+C.$$

21. 解 $\int \arctan\sqrt{x}\,\mathrm{d}x = x\arctan\sqrt{x} - \int \frac{x}{1+x}\mathrm{d}\sqrt{x}$

$= x\arctan\sqrt{x} - \int\left(1-\frac{1}{1+x}\right)\mathrm{d}\sqrt{x} = x\arctan\sqrt{x} - \sqrt{x} + \arctan\sqrt{x} + C.$

22. 解 $\int \frac{\sqrt{1+\cos x}}{\sin x}\mathrm{d}x = \int \frac{\sqrt{2\cos^2\frac{x}{2}}}{2\sin\frac{x}{2}\cos\frac{x}{2}}\mathrm{d}x = \operatorname{sgn}\left(\cos\frac{x}{2}\right)\int \frac{\sqrt{2}}{2\sin\frac{x}{2}}\mathrm{d}x$

$$= \sqrt{2}\ln\left(\left|\csc\frac{x}{2}\right| - \left|\cot\frac{x}{2}\right|\right) + C.$$

23. 解 $\int \frac{x^3}{(1+x^8)^2}\mathrm{d}x = \frac{1}{4}\int \frac{\mathrm{d}x^4}{(1+x^8)^2} \xlongequal{x^4=\tan t} \frac{1}{4}\int \frac{\sec^2 t\mathrm{d}t}{\sec^4 t}$

$= \frac{1}{4}\int \cos^2 t\mathrm{d}t = \frac{1}{8}\int (1+\cos 2t)\mathrm{d}t = \frac{1}{8}t + \frac{1}{16}\sin 2t + C$

$= \frac{1}{8}\arctan x^4 + \frac{x^4}{8(1+x^8)} + C.$

24. 解 $\int \frac{x^{11}}{x^8+3x^4+2}\mathrm{d}x = \frac{1}{4}\int \frac{x^8\mathrm{d}(x^4)}{x^8+3x^4+2}$

$\xlongequal{u=x^4} \frac{1}{4}\int \frac{u^2\mathrm{d}u}{u^2+3u+2} = \frac{1}{4}\left(\int \mathrm{d}u - \int \frac{3u+2}{u^2+3u+2}\mathrm{d}u\right)$

$= \frac{1}{4}u - \frac{1}{4}\int\left(\frac{4}{u+2} - \frac{1}{u+1}\right)\mathrm{d}u$

$= \frac{1}{4}u - \ln(u+2) + \frac{1}{4}\ln(u+1) + C$

$= \frac{x^4}{4} + \ln\frac{\sqrt[4]{x^4+1}}{x^4+2} + C.$

25. 解 $\int \frac{\mathrm{d}x}{16-x^4} = \frac{1}{8}\int\left(\frac{1}{4+x^2} + \frac{1}{4-x^2}\right)\mathrm{d}x = \frac{1}{8}\int \frac{\mathrm{d}x}{4+x^2} + \frac{1}{8}\int \frac{\mathrm{d}x}{4-x^2}$

$= \frac{1}{8}\cdot\frac{1}{2}\arctan\frac{x}{2} + \frac{1}{32}\int\left(\frac{1}{2+x} + \frac{1}{2-x}\right)\mathrm{d}x$

$= \frac{1}{16}\arctan\frac{x}{2} + \frac{1}{32}\ln|2+x| - \frac{1}{32}\ln|2-x| + C$

$= \frac{1}{16}\arctan\frac{x}{2} + \frac{1}{32}\ln\left|\frac{2+x}{2-x}\right| + C.$

26. 解 $\int \frac{\sin x}{1+\sin x}\mathrm{d}x = \int \frac{1+\sin x-1}{1+\sin x}\mathrm{d}x = \int \mathrm{d}x - \int \frac{\mathrm{d}x}{\left(\sin\frac{x}{2}+\cos\frac{x}{2}\right)^2}$

$$= x - \int \frac{2\mathrm{d}\left(\tan\frac{x}{2}+1\right)}{\left(1+\tan\frac{x}{2}\right)^2} = x + \frac{2}{1+\tan\frac{x}{2}} + C.$$

27. 解 $\int\frac{x+\sin x}{1+\cos x}\mathrm{d}x=\int\frac{x+2\sin\frac{x}{2}\cos\frac{x}{2}}{2\cos^2\frac{x}{2}}\mathrm{d}x$

$=\int x\cdot\frac{1}{2}\sec^2\frac{x}{2}\mathrm{d}x+\int\tan\frac{x}{2}\mathrm{d}x=\int x\mathrm{d}\tan\frac{x}{2}+\int\tan\frac{x}{2}\mathrm{d}x$

$=x\tan\frac{x}{2}-\int\tan\frac{x}{2}\mathrm{d}x+\int\tan\frac{x}{2}\mathrm{d}x=x\tan\frac{x}{2}+C.$

28. 解 $\int\mathrm{e}^{\sin x}\cdot\frac{x\cos^3x-\sin x}{\cos^2x}\mathrm{d}x=\int x\mathrm{e}^{\sin x}\cos x\mathrm{d}x-\int\mathrm{e}^{\sin x}\cdot\frac{\sin x}{\cos^2x}\mathrm{d}x$

$=\int x\mathrm{d}\mathrm{e}^{\sin x}+\int\mathrm{e}^{\sin x}\cdot\frac{1}{\cos^2x}\mathrm{d}\cos x=x\mathrm{e}^{\sin x}-\int\mathrm{e}^{\sin x}\mathrm{d}x-\int\mathrm{e}^{\sin x}\mathrm{d}\left(\frac{1}{\cos x}\right)$

$=x\mathrm{e}^{\sin x}-\int\mathrm{e}^{\sin x}\mathrm{d}x-\mathrm{e}^{\sin x}\cdot\frac{1}{\cos x}+\int\frac{1}{\cos x}\mathrm{d}\mathrm{e}^{\sin x}$

$=x\mathrm{e}^{\sin x}-\int\mathrm{e}^{\sin x}\mathrm{d}x-\frac{1}{\cos x}\mathrm{e}^{\sin x}+\int\mathrm{e}^{\sin x}\mathrm{d}x$

$=x\mathrm{e}^{\sin x}-\frac{1}{\cos x}\mathrm{e}^{\sin x}+C=\mathrm{e}^{\sin x}(x-\sec x)+C.$

29. 解 $\int\frac{\sqrt[3]{x}}{x(\sqrt{x}+\sqrt[3]{x})}\mathrm{d}x\xlongequal{\sqrt[6]{x}=t}\int\frac{6t^2\cdot t^5}{t^6(t^3+t^2)}\mathrm{d}t$

$=\int\frac{6\mathrm{d}t}{t(t+1)}=6\int\left(\frac{1}{t}-\frac{1}{t+1}\right)\mathrm{d}t$

$=6\ln\frac{t}{1+t}+C=\ln\frac{x}{(\sqrt[6]{x}+1)^6}+C.$

30. 解 $\int\frac{\mathrm{d}x}{(1+\mathrm{e}^x)^2}=\int\frac{\mathrm{e}^x}{\mathrm{e}^x(1+\mathrm{e}^x)^2}\mathrm{d}x=\int\frac{\mathrm{d}\mathrm{e}^x}{\mathrm{e}^x(1+\mathrm{e}^x)^2}$

$=\int\left[\frac{1}{\mathrm{e}^x}-\frac{1}{1+\mathrm{e}^x}-\frac{1}{(1+\mathrm{e}^x)^2}\right]\mathrm{d}\mathrm{e}^x=\ln\mathrm{e}^x-\ln(1+\mathrm{e}^x)+\frac{1}{1+\mathrm{e}^x}+C$

$=\ln\frac{\mathrm{e}^x}{1+\mathrm{e}^x}+\frac{1}{1+\mathrm{e}^x}+C.$

31. 解 $\int\frac{\mathrm{e}^{3x}+\mathrm{e}^x}{\mathrm{e}^{4x}-\mathrm{e}^{2x}+1}\mathrm{d}x=\int\frac{\mathrm{e}^x+\mathrm{e}^{-x}}{\mathrm{e}^{2x}-1+\mathrm{e}^{-2x}}\mathrm{d}x=\int\frac{1}{(\mathrm{e}^x-\mathrm{e}^{-x})^2+1}\mathrm{d}(\mathrm{e}^x-\mathrm{e}^{-x})$

$=\arctan(\mathrm{e}^x-\mathrm{e}^{-x})+C\xlongequal{\text{或}}\arctan(2\mathrm{sh}x)+C.$

32. 解 $\int\frac{x\mathrm{e}^x}{(\mathrm{e}^x+1)^2}\mathrm{d}x=-\int x\mathrm{d}\left(\frac{1}{\mathrm{e}^x+1}\right)=-\frac{x}{\mathrm{e}^x+1}+\int\frac{1}{\mathrm{e}^x+1}\mathrm{d}x$

$=-\frac{x}{\mathrm{e}^x+1}+\int\left(\frac{1}{\mathrm{e}^x}-\frac{1}{\mathrm{e}^x+1}\right)\mathrm{d}\mathrm{e}^x=-\frac{x}{\mathrm{e}^x+1}+\ln\frac{\mathrm{e}^x}{\mathrm{e}^x+1}+C$

$=\frac{x\mathrm{e}^x}{\mathrm{e}^x+1}-\ln(1+\mathrm{e}^x)+C.$

33. 解 $\int \ln^2(x+\sqrt{1+x^2})\mathrm{d}x$

$$=x\ln^2(x+\sqrt{1+x^2})-\int x2\ln(x+\sqrt{1+x^2})\frac{1}{\sqrt{1+x^2}}\mathrm{d}x$$

$$=x\ln^2(x+\sqrt{1+x^2})-2\int \ln(x+\sqrt{1+x^2})\mathrm{d}\sqrt{1+x^2}$$

$$=x\ln^2(x+\sqrt{1+x^2})-2\sqrt{1+x^2}\ln(x+\sqrt{1+x^2})+2x+C.$$

34. 解 $\int \frac{\ln x}{(1+x^2)^{\frac{3}{2}}}\mathrm{d}x \xlongequal{x=\tan t} \int \frac{\ln\tan t}{\sec^3 t}\sec^2 t\mathrm{d}t$

$$=\int \ln\tan t\mathrm{d}\sin t=\sin t\ln\tan t-\int \sin t\frac{1}{\tan t}\sec^2 t\mathrm{d}t$$

$$=\sin t\ln\tan t-\int \sec t\mathrm{d}t=\sin t\ln\tan t-\ln|\sec t+\tan t|+C$$

$$=\frac{x}{\sqrt{1+x^2}}\ln x-\ln|x+\sqrt{1+x^2}|+C.$$

35. 解 $\int \sqrt{1-x^2}\arcsin x\mathrm{d}x \xlongequal{x=\sin t} \int t\cos^2 t\mathrm{d}t$

$$=\int t\frac{1+\cos 2t}{2}\mathrm{d}t=\frac{1}{4}t^2+\frac{1}{4}\int t\mathrm{d}\sin 2t$$

$$=\frac{1}{4}t^2+\frac{1}{4}t\sin 2t-\frac{1}{4}\int \sin 2t\mathrm{d}t=\frac{1}{4}t^2+\frac{1}{4}t\sin 2t+\frac{1}{8}\cos 2t+C$$

$$=\frac{1}{4}(\arcsin x)^2+\frac{1}{2}x\sqrt{1-x^2}\arcsin x-\frac{1}{4}x^2+C.$$

36. 解 用分部积分法，令 $u=\arccos x$，$\mathrm{d}u=\frac{x^3}{\sqrt{1-x^2}}\mathrm{d}x$，则

$$u=\int \mathrm{d}u=\int \frac{x^3\mathrm{d}x}{\sqrt{1-x^2}}=\frac{1}{2}\int \frac{x^2}{\sqrt{1-x^2}}\mathrm{d}x^2$$

$$=-\frac{1}{2}\int \frac{x^2}{\sqrt{1-x^2}}\mathrm{d}(1-x^2)=-\frac{1}{2}\int 2x^2\mathrm{d}\sqrt{1-x^2}$$

$$=-x^2\sqrt{1-x^2}+\int \sqrt{1-x^2}\cdot 2x\mathrm{d}x=-x^2\sqrt{1-x^2}-\int \sqrt{1-x^2}\mathrm{d}(1-x^2)$$

$$=-x^2\sqrt{1-x^2}-\frac{2}{3}(1-x^2)\sqrt{1-x^2}+C_1=-\frac{2+x^2}{3}\cdot\sqrt{1-x^2}+C_1,$$

故原式 $=\int \arccos x\mathrm{d}\left(-\frac{2+x^2}{3}\cdot\sqrt{1-x^2}\right)$

$$=-\frac{2+x^2}{3}\sqrt{1-x^2}\cdot\arccos x-\int \frac{2+x^2}{3}\cdot\sqrt{1-x^2}\cdot\frac{1}{\sqrt{1-x^2}}\mathrm{d}x$$

$$=-\frac{2+x^2}{3}\sqrt{1-x^2}\arccos x-\frac{1}{9}x^3-\frac{2}{3}x+C.$$

37. 解 原式 $=\int\frac{\cos x}{\sin x(1+\sin x)}dx=\int\frac{d(\sin x)}{\sin x(1+\sin x)}$

$$=\int\left(\frac{1}{\sin x}-\frac{1}{1+\sin x}\right)d(\sin x)=\ln|\sin x|-\ln|1+\sin x|+C$$

$$=-\ln|\csc x+1|+C.$$

38. 解 原式 $=\int\frac{\sin^2 x+\cos^2 x}{\sin^3 x\cdot\cos x}dx=\int\frac{dx}{\sin x\cos x}+\int\frac{\cos x}{\sin^3 x}dx$

$$=\int\csc 2x\,d(2x)+\int\frac{1}{\sin^3 x}d(\sin x)$$

$$=\ln|\csc 2x-\cot 2x|-\frac{1}{2}\sin^{-2}x+C$$

$$=\ln\left|\frac{2\sin^2 x}{2\sin x\cos x}\right|-\frac{1}{2}\csc^2 x+C=\ln|\tan x|-\frac{1}{2}\csc^2 x+C.$$

39. 解 令 $\tan\frac{x}{2}=t$,则 $x=2\arctan t$.

$$dx=\frac{2dt}{1+t^2},\sin x=\frac{2t}{1+t^2},\cos x=\frac{1-t^2}{1+t^2}.$$

$$原式=\int\frac{\frac{2}{1+t^2}}{\left(2+\frac{1-t^2}{1+t^2}\right)\frac{2t}{1+t^2}}dt=\int\frac{1+t^2}{(t^2+3)t}dt$$

$$=\frac{1}{3}\int\left(\frac{2t}{t^2+3}+\frac{1}{t}\right)dt=\frac{1}{3}\int\frac{d(t^2+3)}{t^2+3}+\frac{1}{3}\int\frac{dt}{t}$$

$$=\frac{1}{3}\ln(t^2+3)+\frac{1}{3}\ln|t|+C=\frac{1}{3}\ln\left|\tan^3\frac{x}{2}+3\tan\frac{x}{2}\right|+C.$$

40. 解 $\int\frac{\sin x\cos x}{\sin x+\cos x}dx=\frac{1}{2}\int\frac{2\sin x\cos x+1-1}{\sin x+\cos x}dx$

$$=\frac{1}{2}\int\frac{(\sin x+\cos x)^2}{\sin x+\cos x}dx-\frac{1}{2}\int\frac{1}{\sin x+\cos x}dx$$

$$=\frac{1}{2}(\sin x-\cos x)-\frac{1}{2\sqrt{2}}\int\frac{d\left(x+\frac{\pi}{4}\right)}{\sin\left(x+\frac{\pi}{4}\right)}$$

$$=\frac{1}{2}(\sin x-\cos x)-\frac{1}{2\sqrt{2}}\ln\left[\csc\left(x+\frac{\pi}{4}\right)-\cot\left(x+\frac{\pi}{4}\right)\right]+C$$

$$=\frac{1}{2}(\sin x-\cos x)-\frac{1}{2\sqrt{2}}\ln\tan\left(\frac{x}{2}+\frac{\pi}{8}\right)+C.$$

第五章 定积分

知识结构网络图

- 定积分
  - 基本概念
    - 划分、近似、求和、求极限
    - 几何意义
  - 可积函数类
    - 闭区间上连续函数
    - 闭区间上至多有有限个第一类间断点
    - 单调有界函数
  - 基本性质
    - $\int_a^b (f\pm g)\,\mathrm{d}x=\int_a^b f\,\mathrm{d}x\pm\int_a^b g\,\mathrm{d}x$
    - $\int_a^b f(x)\,\mathrm{d}x=\int_a^c f(x)\,\mathrm{d}x+\int_c^b f(x)\,\mathrm{d}x$
    - $\int_a^b f(x)\,\mathrm{d}x=-\int_b^a f(x)\,\mathrm{d}x$
    - $f(x)\leqslant g(x)\Rightarrow\int_a^b f(x)\,\mathrm{d}x\leqslant\int_a^b g(x)\,\mathrm{d}x$
    - $\min\limits_{[a,b]}f(x)(b-a)\leqslant\int_a^b f(x)\,\mathrm{d}x\leqslant\max\limits_{[a,b]}f(x)(b-a)$
    - $\left|\int_a^b f(x)\,\mathrm{d}x\right|\leqslant\int_a^b |f(x)|\,\mathrm{d}x$
    - 积分第一中值定理
  - 积分上限函数及其导数
    - $\Phi(x)=\int_a^x f(t)\,\mathrm{d}t\Rightarrow\Phi'(x)=f(x)$
    - $\Phi(x)=\int_{\varphi(x)}^{\Psi(x)} f(t)\,\mathrm{d}t\Rightarrow\Phi'(x)=f(\Psi(x))\Psi'(x)-f(\varphi(x))\varphi'(x)$
  - 定积分计算方法
    - 定义
    - 牛顿一莱布尼兹公式
    - 换元法
    - 分部积分法
    - 利用函数的周期性、奇偶性
  - 反常积分（广义积分）
    - 定义
      - 无穷限的反常积分
      - 无界函数的反常积分
    - 收敛判别法
      - 收敛定义
      - 比较判别法
      - 阿贝尔判别法

5.1 定积分的概念与性质

本节重难点及考研要求

重点及考点

1. 定积分的概念是本节,也是本章最重要的知识点,利用定积分定义计算定积分和计算和式极限是各类考试命题的热点之一.

定积分的概念是通过分析求曲边梯形的面积和求变速直线运动的路程这两个实例抽象出来的.定积分的定义如下:设函数 $f(x)$在$[a,b]$上有界,在$[a,b]$中任意插入若干个分点

$a=x_0<x_1<x_2<\cdots<x_{n-1}<x_n=b$,

把区间$[a,b]$分成几个小区间

$[x_0,x_1],[x_1,x_2],\cdots,[x_{n-1},x_n]$,

各个小区间的长度依次为

$\Delta x_1=x_1-x_0,\Delta x_2=x_2-x_1,\cdots,\Delta x_n=x_n-x_{n-1}$.

在每个小区间$[x_{i-1},x_i]$上任取一点 $\xi_i(i=1,2,\cdots,n,x_{i-1}\leqslant\xi_i\leqslant x_i)$作函数值 $f(\xi_i)$与小区间长度 Δx_i 的乘积 $f(\xi_i)\Delta x_i$,并作和 $S=\sum\limits_{i=1}^{n}f(\xi_i)\Delta x_i$.

记 $\lambda=\max\{\Delta x_1,\Delta x_2,\cdots,\Delta x_n\}$,如果不论对$[a,b]$怎样分法,也不论在小区间$[x_{i-1},x_i]$上点 ξ_i 怎样取法,只要当 $\lambda\to 0$ 时,和 S 总趋于确定的极限 I,这时我们称这个极限 I 为函数 $f(x)$ 在区间 $[a,b]$ 上的定积分(简称积分),记作 $\int_a^b f(x)\mathrm{d}x$,即 $\int_a^b f(x)\mathrm{d}x=I=\lim\limits_{\lambda\to 0}\sum\limits_{i=1}^{n}f(\xi_i)\Delta x_i$.

此时,称 $f(x)$在$[a,b]$上可积.

利用定积分的定义计算定积分时要注意:

(1)对区间$[a,b]$的划分一般为 n 等分,此时 $\Delta x_i=\dfrac{b-a}{n}$,这样做的合理性是由所求定积分假定存在为前提条件作保证的.

(2)每个小区间$[x_{i-1},x_i]$中点 $\xi_i(i=1,2,\cdots,n)$的取法一般取 $\xi_i=x_{i-1}$,或$\xi_i=x_i$,或 $\xi_i=\dfrac{x_{i-1}+x_i}{2}$,这样做的合理性也是由所求定积分假定存在为前提条件作保证的.

由(1)(2)关于区间$[a,b]$的特殊分割及 ξ_i 的特殊取法,使得和式$\sum\limits_{i=1}^{n}f(\xi_i)\Delta x_i$尽可能易求.

利用定积分的定义还可证明函数在$[a,b]$上不可积．

利用定积分定义是计算某些类型的和式极限的方式之一，此时要注意：

要把欲求和式极限转化为$\lim\limits_{\lambda\to 0}\sum\limits_{i=1}^{n} f(\xi_i)\Delta x_i$ 的形式．一般先从欲求和式极限中有的和式提取因子$\frac{1}{n}$作为$[0,1]$区间的一个分割的小区间长度，即$\frac{1}{n}=\Delta x_i$ $(i=1,2,\cdots,n)$，此时 $\lambda=\frac{1}{n}$；再将欲求和式极限中的和式的其余因子转化为某函数$f(x)$在小区间$[\frac{i-1}{n},\frac{i}{n}]$上某点（比如$\frac{i-1}{n}$或$\frac{i}{n}$）的值．这样做的合理性是由所求极限假定存在（相应的是积分假定存在）为前提条件所保证的．

2. 定积分的性质是计算定积分及研究函数可积性的重要工具，因而也是各类考试的热点之一．本节讲述的主要性质有（假定下述性质中涉及的定积分均存在）

(1)定积分关于被积函数的可加性：

$$\int_a^b [f(x)\pm g(x)]\mathrm{d}x=\int_a^b f(x)\mathrm{d}x\pm\int_a^b g(x)\mathrm{d}x.$$

(2)定积分关于积分区间的可加性：$\int_a^b f(x)\mathrm{d}x=\int_a^c f(x)\mathrm{d}x+\int_c^b f(x)\mathrm{d}x.$

(3)定积分的数乘性质：$\int_a^b kf(x)\mathrm{d}x=k\int_a^b f(x)\mathrm{d}x$ （k 为常数）．

(4)$\int_a^b \mathrm{d}x=b-a.$

(5)若在$[a,b]$上 $f(x)\geqslant 0$，则$\int_a^b f(x)\mathrm{d}x\geqslant 0$ $(a<b)$．（称作保号性）

(6)若在$[a,b]$上 $f(x)\geqslant g(x)$，则（(5)的推论）

$$\int_a^b f(x)\mathrm{d}x\geqslant\int_a^b g(x)\mathrm{d}x.$$

(7)$\left|\int_a^b f(x)\mathrm{d}x\right|\leqslant\int_a^b |f(x)|\mathrm{d}x$ $(a<b)$．

(8)设 $M=\max\limits_{x\in[a,b]} f(x)$，$m=\min\limits_{x\in[a,b]} f(x)$，

则 $m(b-a)\leqslant\int_a^b f(x)\mathrm{d}x\leqslant M(b-a).$

(9)（定积分中值定理）若 $f(x)$在$[a,b]$上连续，则$\exists\,\xi\in[a,b]$满足

$$\int_a^b f(x)\mathrm{d}x=f(\xi)(b-a).$$

注意：① 上述公式又称积分中值公式，它的几何解释为：在$[a,b]$上至少存在一点 ξ，使得以$[a,b]$为底边，以曲线 $y=f(x)$为曲边的曲边梯形面积等于同底边而高为 $f(\xi)$的矩形面积（如图 5-1 所示）．

注意:② 由积分中值公式导出的

$$f(\xi)=\frac{1}{b-a}\int_a^b f(x)\mathrm{d}x,$$

又称为 $f(x)$ 在 $[a,b]$ 上的积分平均值(或平均值).

定积分的上述性质常常用于定积分的计算,大小估计和比较,也经常用于讨论定积分的存在性、证明不等式等(见例 3 及例 4).

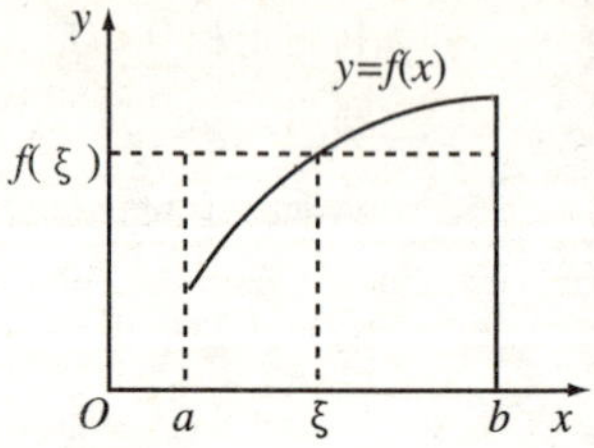

图 5-1

3. 函数的可积条件

(1)可积的必要条件:设 $f(x)$ 在 $[a,b]$ 上可积,则它必在 $[a,b]$ 上有界.

(2)可积的充分条件:

①若 $f(x)$ 在 $[a,b]$ 连续,则 $f(x)$ 在 $[a,b]$ 可积.

②若 $f(x)$ 在 $[a,b]$ 至多有有限个间断点且有界,则 $f(x)$ 在 $[a,b]$ 可积.

③若 $f(x)$ 在 $[a,b]$ 上单调有界,则 $f(x)$ 在 $[a,b]$ 可积.

可积的必要条件常常用于证明函数不可积(例如,若 $f(x)$ 在 $[a,b]$ 至少有一个无界点,则 $f(x)$ 在 $[a,b]$ 不可积);函数可积的充分条件常常是判断函数可积的重要方法.

考研要求

理解定积分的概念,掌握定积分的性质及定积分中值定理.

典型例题与解题技巧

题型Ⅰ:由定积分的几何意义求定积分

【题型分析】 根据 $f(x)$,$x=a$,$x=b$ 及 x 轴所围成的一些特殊图形的面积如三角形、圆形来求 $\int_a^b f(x)\mathrm{d}x$,注意位于 x 轴上方的面积取正,位于 x 轴下方的面积取负.

例 1 由定积分的几何意义求定积分 $I=\int_a^b x\mathrm{d}x \quad (a<b)$.

分析 利用定积分的几何意义求定积分的方法:根据 $f(x)$,$x=a$,$x=b$ 及 x 轴围成的一些特殊图形的面积来求 $\int_a^b f(x)\mathrm{d}x$,容易直接求解.

解 设 $0\leqslant a<b$,则 $I=\int_a^b x\mathrm{d}x$ 表示图 5-2 中梯形 $ABCD$(当 $a=0$ 时 A、D 重合为三角形)的面积,梯形的高为 $b-a$,两个底边长分别为 a 与 b,于是

$$I=\frac{1}{2}(b+a)(b-a)=\frac{1}{2}(b^2-a^2).$$

设 $a<0<b$，则 I 表示图 5-3 中$\triangle OBC$面积减去$\triangle OAD$面积，于是

$$I=\frac{1}{2}b\cdot b-\frac{1}{2}a\cdot a=\frac{1}{2}(b^2-a^2).$$

当 $a<b\leqslant 0$ 时类似.

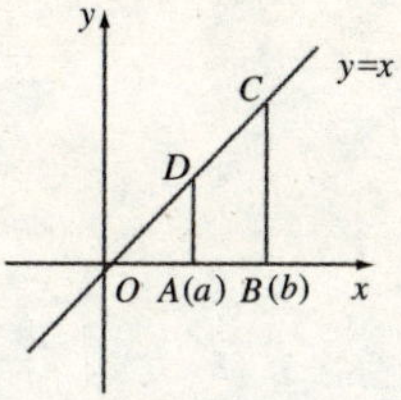

图 5-2

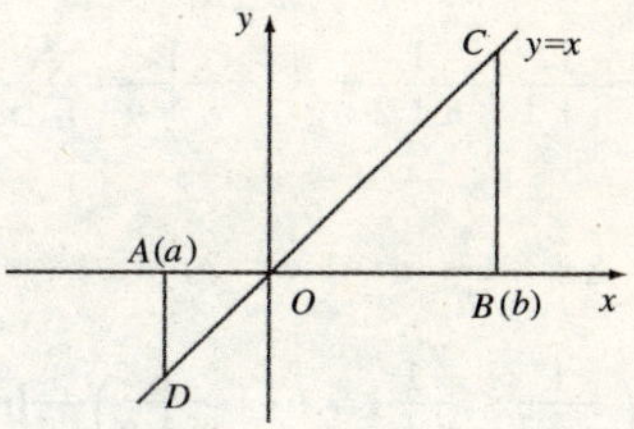

图 5-3

例 2　设 $f(x)$在$[a,b]$恒正，$f'(x)>0$，$f''(x)<0$，将下列积分值按大小排序：

$$\int_a^b\left[f(a)+\frac{f(b)-f(a)}{b-a}(x-a)\right]\mathrm{d}x,\ \int_a^b f(x)\mathrm{d}x,\ \int_a^b f(a)\mathrm{d}x.$$

分析　按几何意义画出图形，分析图形的面积大小.

解　按题意，曲线 $y=f(x)(x\in[a,b])$在 x 轴上方，单调上升且是凸的，如图 5-4 所示.

由定积分的几何意义知，

$\int_a^b f(x)\mathrm{d}x$ 是曲边梯形 $ABEFD$ 的面积，$\int_a^b f(a)\mathrm{d}x$ 是矩形 $ABCD$ 的面积.

注意 $y=f(a)+\frac{f(b)-f(a)}{b-a}(x-a)$，$x\in[a,b]$是线段 DE 的方程，于是

$\int_a^b\left[f(a)+\frac{f(b)-f(a)}{b-a}(x-a)\right]\mathrm{d}x$ 是梯形 $ABED$ 的面积.

比较这几块面积可知

$$\int_a^b f(a)\mathrm{d}x<\int_a^b\left[f(a)+\frac{f(b)-f(a)}{b-a}(x-a)\right]\mathrm{d}x<\int_a^b f(x)\mathrm{d}x.$$

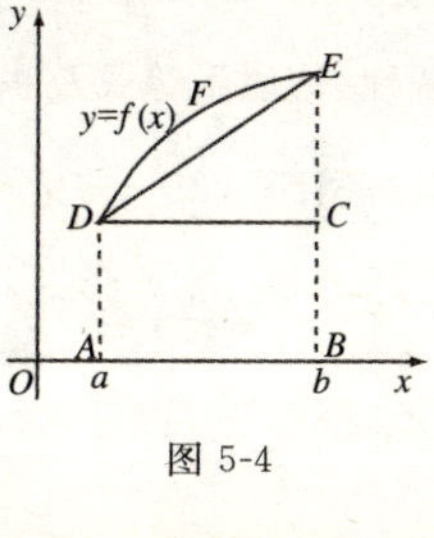

图 5-4

题型Ⅱ：利用定积分求极限

例 3　求 $\lim\limits_{n\to\infty}\left(\frac{1}{n+1}+\frac{1}{n+2}+\cdots+\frac{1}{n+n}\right)$.

分析 利用定积分定义来求,适用于极限中每项均提出$\frac{1}{n}$因子,且其他各项之和可用一个通式表示成 n 项和的极限.

解 利用定积分形式,即$\lim\limits_{n\to\infty}\sum\limits_{i=1}^{n}f(\xi_i)\Delta x_i$,只需求出 $f(x)$、a 和 b.

由于$\frac{1}{n+1}+\frac{1}{n+2}+\cdots+\frac{1}{n+n}=\sum\limits_{i=1}^{n}\frac{1}{n+i}=\frac{1}{n}\sum\limits_{i=1}^{n}\frac{1}{1+\frac{i}{n}}$,

取 $\Delta x_i=\frac{1}{n}$,$a=1$,$b=2$,$f(x)=\frac{1}{x}$,则

$$\lim_{n\to\infty}\left(\frac{1}{n+1}+\frac{1}{n+2}+\cdots+\frac{1}{n+n}\right)=\lim_{n\to\infty}\frac{1}{n}\sum_{i=1}^{n}\frac{1}{1+\frac{i}{n}}$$

$$=\int_1^2\frac{1}{x}\mathrm{d}x=\ln x\Big|_1^2=\ln 2.$$

【小结】 定积分求极限的方法:

1. 直接用定积分定义求极限:适用于每项可提出$\frac{1}{n}$因子,其他各项可写成 n 项和的通式表示的极限.

2. 利用定积分单调性求极限:将被积函数 $f(x)$ 在积分区间内放大或缩小,保留以 n 为指数幂的因子,利用定积分单调性即可求得极限.

3. 利用积分中值定理也可求极限.

题型Ⅲ:利用定积分性质证明不等式

例 4 证明下列不等式:

(1) $\frac{2}{3}<\int_0^1\frac{\mathrm{d}x}{\sqrt{2+x-x^2}}<\frac{1}{\sqrt{2}}$;

(2) $\int_a^b xf(x)\mathrm{d}x\geqslant\frac{a+b}{2}\int_a^b f(x)\mathrm{d}x$,其中 $f(x)$ 在$[a,b]$上连续且单调增加.

分析 充分利用定积分的单调性、估值不等式及积分中值定理来证.

证明 (1)用微分学方法或配方法计算$\left(2+x-x^2=\frac{9}{4}-\left(x-\frac{1}{2}\right)^2\right)$.

易求得 $\sqrt{2}\leqslant\sqrt{2+x-x^2}\leqslant\frac{3}{2}$,$x\in[0,1]$.

于是 $\frac{2}{3}<\int_0^1\frac{\mathrm{d}x}{\sqrt{2+x-x^2}}<\frac{1}{\sqrt{2}}$.

(2)因为 $f(x)$ 在$[a,b]$上单调增加,则有

$$\left(x-\frac{a+b}{2}\right)\left[f(x)-f\left(\frac{a+b}{2}\right)\right]\geqslant 0,$$

从而　$\int_a^b \left(x-\frac{a+b}{2}\right)\left[f(x)-f\left(\frac{a+b}{2}\right)\right]\mathrm{d}x \geqslant 0$，

且 $\int_a^b \left(x-\frac{a+b}{2}\right)\mathrm{d}x=0$，从而 $\int_a^b \left(x-\frac{a+b}{2}\right)f\left(\frac{a+b}{2}\right)\mathrm{d}x=0$，

故有　$\int_a^b xf(x)\mathrm{d}x \geqslant \frac{a+b}{2}\int_a^b f(x)\mathrm{d}x$.

【小结】

1. 利用函数的单调增减性构造函数，求导数.

2. 用估值不等式及积分中值定理来证明.

3. 二阶及二阶以上导数考虑用泰勒展开式展开后再进行适当放缩.

例 5　证明 $2-\frac{\pi}{2} \leqslant \int_{-1}^{1} \frac{x^2+x}{1+\sin^2 x}\mathrm{d}x \leqslant \frac{2}{3}$.

分析　充分利用定积分的单调性、估值不等式及积分中值定理来证明.

证明　由定积分性质，得

$$\int_{-1}^{1} \frac{x^2+x}{1+\sin^2 x}\mathrm{d}x=\int_{-1}^{1} \frac{x^2}{1+\sin^2 x}\mathrm{d}x+\int_{-1}^{1} \frac{x}{1+\sin^2 x}\mathrm{d}x=2\int_0^1 \frac{x^2}{1+\sin^2 x}\mathrm{d}x,$$

且 $0 \leqslant \sin^2 x \leqslant x^2$，即 $\frac{x^2}{1+x^2} \leqslant \frac{x^2}{1+\sin^2 x} \leqslant x^2$，

从而 $\int_0^1 \frac{x^2}{1+x^2}\mathrm{d}x \leqslant \int_0^1 \frac{x^2}{1+\sin^2 x}\mathrm{d}x \leqslant \int_0^1 x^2\mathrm{d}x$.

而 $\int_0^1 \frac{x^2}{1+x^2}\mathrm{d}x=\int_0^1 (1-\frac{1}{1+x^2})\mathrm{d}x=(x-\arctan x)\Big|_0^1=1-\frac{\pi}{4}$，

$\int_0^1 x^2\mathrm{d}x=\frac{1}{3}x^3\Big|_0^1=\frac{1}{3}$，有 $1-\frac{\pi}{4} \leqslant \int_0^1 \frac{x^2}{1+\sin^2 x}\mathrm{d}x \leqslant \frac{1}{3}$，

$2-\frac{\pi}{2} \leqslant 2\int_0^1 \frac{x^2}{1+\sin^2 x}\mathrm{d}x \leqslant \frac{2}{3}$，即 $2-\frac{\pi}{2} \leqslant \int_{-1}^{1} \frac{x^2+x}{1+\sin^2 x}\mathrm{d}x \leqslant \frac{2}{3}$.

课后习题解答(习题 5-1)

1. 解　函数 $y=x^2+1$ 在 $[a,b]$ 连续，故在 $[a,b]$ 上可积，将 $[a,b]$ n 等分，取 $\xi_k(k=1,2,\cdots,n)$ 为每个小区间的右端点 $a+\frac{k(b-a)}{n}$，得

$$S=\int_a^b (x^2+1)\mathrm{d}x=\lim_{n\to+\infty}\sum_{k=1}^{n}\{[a+\frac{k(b-a)}{n}]^2+1\}\frac{b-a}{n}$$

$$=\lim_{n\to+\infty}\frac{b-a}{n}\sum_{k=1}^{n}[a^2+1+\frac{b-a}{n}2ak+\frac{(b-a)^2}{n^2}k^2]$$

$$=\lim_{n\to+\infty}\{\frac{b-a}{n}[n(a^2+1)+\frac{b-a}{n}2a(1+2+\cdots+n)+\frac{(b-a)^2}{n^2}(1^2+\cdots+n^2)]\}$$

$$=(b-a)[a^2+1+ab-a^2+\frac{(b-a)^2}{3}]$$

$$=\frac{(b-a)^2}{3}+b-a.$$

2. 解 (1) $\int_a^b x\mathrm{d}x=\lim\limits_{n\to\infty}\sum\limits_{i=1}^{n}f(\xi_i)\Delta x_i=\lim\limits_{n\to\infty}\sum\limits_{i=1}^{n}\xi_i\Delta x_1$

$$=\lim_{n\to\infty}\sum_{i=1}^{n}\left(a+\frac{b-a}{n}i\right)\cdot\frac{b-a}{n}(\text{其中 }\xi_i=a+\frac{b-a}{n}i,\Delta x_i=\frac{b-a}{n})$$

$$=(b-a)\lim_{n\to\infty}\frac{1}{n}\sum_{i=1}^{n}(a+\frac{b-a}{n}i)$$

$$=(b-a)\lim_{n\to\infty}\frac{1}{n}\left[na+\frac{b-a}{n}(1+2+\cdots+n)\right]$$

$$=(b-a)\lim_{n\to\infty}\left[a+\frac{b-a}{2}(1+\frac{1}{n})\right]=(b-a)\cdot\frac{b+a}{2}=\frac{1}{2}(b^2-a^2).$$

(2) $\int_0^1 \mathrm{e}^x\mathrm{d}x=\lim\limits_{\lambda\to 0}\sum\limits_{i=1}^{n}f(\xi_i)\Delta x_i=\lim\limits_{\lambda\to 0}\sum\limits_{i=1}^{n}\mathrm{e}^{\xi_i}\Delta x_i$

$$=\lim_{n\to\infty}\sum_{i=1}^{n}\mathrm{e}^{\frac{i}{n}}\cdot\frac{1}{n}\quad(\xi_i=\frac{i}{n},\Delta x_i=\frac{1}{n})$$

$$=\lim_{n\to\infty}\frac{1}{n}\frac{\mathrm{e}^{\frac{1}{n}}[1-(\mathrm{e}^{\frac{1}{n}})^n]}{1-\mathrm{e}^{\frac{1}{n}}}=\lim_{n\to\infty}\frac{\mathrm{e}^{\frac{1}{n}}(1-\mathrm{e})}{n(1-\mathrm{e}^{\frac{1}{n}})},\lim_{n\to\infty}\mathrm{e}^{\frac{1}{n}}(1-\mathrm{e})=1-\mathrm{e},$$

$$\lim_{n\to\infty}n(1-\mathrm{e}^{\frac{1}{n}})=\lim_{n\to\infty}\frac{1-\mathrm{e}^{\frac{1}{n}}}{\frac{1}{n}}=\lim_{n\to\infty}\frac{1-\mathrm{e}^{\frac{1}{x}}}{\frac{1}{x}}=\lim_{n\to\infty}\frac{\frac{1}{x^2}\mathrm{e}^{\frac{1}{x}}}{-\frac{1}{x^2}}=-1,$$

所以 $\int_0^1 \mathrm{e}^x\mathrm{d}x=\mathrm{e}-1.$

3. 解 (1) $\int_0^1 2x\mathrm{d}x=1$,表示直线 $y=2x$,横轴及直线 $x=1$ 所围的面积为 1.

(2) $\int_0^1\sqrt{1-x^2}\,\mathrm{d}x=\frac{\pi}{4}$,表示曲线 $y=\sqrt{1-x^2}$,x 轴及 y 轴及直线 $x=1$ 所围的面积为$\frac{\pi}{4}$.

(3) $\int_{-\pi}^{\pi}\sin x\mathrm{d}x=0$,表示 $\sin x$ 为奇函数,与横轴区间所围的面积和为 0.

(4) $\int_{-\frac{\pi}{2}}^{\frac{\pi}{2}}\cos x\mathrm{d}x=2\int_0^{\frac{\pi}{2}}\cos x\mathrm{d}x$,表示曲线 $y=\cos x$ 与 x 轴在$\left[-\frac{\pi}{2},\frac{\pi}{2}\right]$内围成的面积.(见图 5-5)

4. 解 (1)根据定积分的几何意义,$\int_0^t x\mathrm{d}x$ 表示的是由直线 $y=x$,$x=t$ 以及 y 轴所

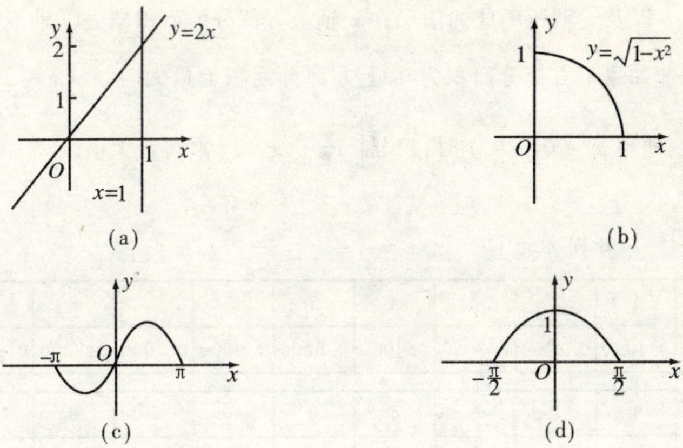

图 5-5

围成的直角三角形面积，该直角三角形的两条直角边的长均为 t，因此面积为 $\frac{t^2}{2}$，故有 $\int_0^t x\mathrm{d}x=\frac{t^2}{2}$.

(2) 根据定积分的几何意义，$\int_{-2}^{4}\left(\frac{x}{2}+3\right)\mathrm{d}x$ 表示的是由直线 $y=\frac{x}{2}+3$，$x=-2$，$x=4$ 以及 x 轴所围成的梯形的面积，该梯形的两底长分别为 $\frac{-2}{2}+3=2$ 和 $\frac{4}{2}+3=5$，梯形的高为 $4-(-2)=6$，因此面积为 21.

故有 $\int_{-2}^{4}\left(\frac{x}{2}+3\right)\mathrm{d}x=21$.

(3) 根据定积分的几何意义，$\int_{-1}^{2}|x|\mathrm{d}x$ 表示的是由直线 $y=|x|$，$x=-1$，$x=2$ 以及 x 轴所围成的图形的面积. 该图形由两个等腰直角三角形组成，一个由直线 $y=-x$，$x=-1$ 和 x 轴所围成，其直角边长为 1，面积为 $\frac{1}{2}$；另一个由直线 $y=x$，$x=2$ 和 x 轴所围成，其直角边长为 2，面积为 2.

因此 $\int_{-1}^{2}|x|\mathrm{d}x=\frac{5}{2}$.

(4) 根据定积分的几何意义，$\int_{-3}^{3}\sqrt{9-x^2}\mathrm{d}x$ 表示的是由上半圆周 $y=\sqrt{9-x^2}$ 以及 x 轴所围成的半圆的面积，因此有 $\int_{-3}^{3}\sqrt{9-x^2}\mathrm{d}x=\frac{9}{2}\pi$.

5. 解 根据定积分的几何意义，$\int_a^b(x-x^2)\mathrm{d}x$ 表示的是由直线 $y=x-x^2$，$x=a$，x

$=b$ 以及 x 轴所围成的图形在 x 轴上方部分的面积减去 x 轴下方部分面积.因此如果下方部分面积为0,上方部分面积为最大时,$\int_a^b(x-x^2)\mathrm{d}x$ 的值最大,即当 $a=0,b=1$ 时,积分 $\int_a^b(x-x^2)\mathrm{d}x$ 取得最大值.

6. 解

计算 y_i 并列表如下.

i	0	1	2	3	4	5	6	7	8	9	10
x_i	0.0000	0.1000	0.2000	0.3000	0.4000	0.5000	0.6000	0.7000	0.8000	0.9000	1.0000

i	0	1	2	3	4	5	6	7	8	9	10
y_i	1.0000	0.9091	0.8333	0.7692	0.7143	0.6667	0.6250	0.5882	0.5556	0.5263	0.5000

按抛物线法公式,求得

$$S=\frac{1}{30}[(y_0+y_{10})+2(y_2+y_4+y_6+y_8)+4(y_1+y_3+y_5+y_7+y_9)]$$

$$\approx 0.693\,1.$$

7. 解 (1) $\int_{-1}^{1}f(x)\mathrm{d}x=\frac{1}{3}\int_{-1}^{1}3f(x)\mathrm{d}x=6.$

(2) $\int_{1}^{3}f(x)\mathrm{d}x=\int_{-1}^{3}f(x)\mathrm{d}x-\int_{-1}^{1}f(x)\mathrm{d}x=-2.$

(3) $\int_{3}^{-1}g(x)\mathrm{d}x=-\int_{-1}^{3}g(x)\mathrm{d}x=-3.$

(4) $\int_{-1}^{3}\frac{1}{5}[4f(x)+3g(x)]\mathrm{d}x=\frac{4}{5}\int_{-1}^{3}f(x)\mathrm{d}x+\frac{3}{5}\int_{-1}^{3}g(x)\mathrm{d}x=5.$

8. 解 如图5-6所示,建立坐标系,x 轴垂直于水面向下,y 轴在水面,闸门底部在水面下面3米处,将 OH 分成 n 个小区间,在第 i 个区间 Δx_i 上,考虑闸门相应部分所受的水压力 ΔP_i,$\Delta P_i=9.8xL\Delta x_i$,

故整个闸门所受的水压力

$$P=\lim_{\lambda\to0}\sum_{i=1}^{n}9.8x_iL\Delta x_i=9.8L\lim_{\lambda\to0}\sum_{i=1}^{n}x_i\Delta x_i$$

$$=9.8L\lim_{n\to\infty}\sum_{i=1}^{n}\left(\frac{H}{n}i\cdot\frac{H}{n}\right)$$

$$=9.8LH^2\lim_{n\to\infty}\frac{1}{n^2}(1+2+\cdots+n)$$

$$=9.8LH^2\lim_{n\to\infty}\frac{1}{n^2}\cdot\frac{n(n+1)}{2}$$

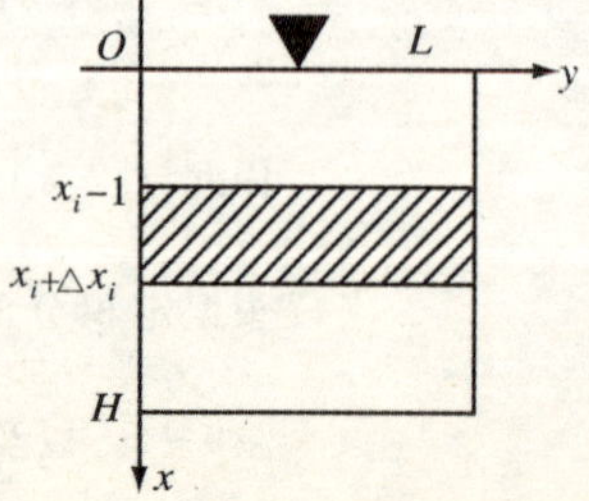

图 5-6

$$= 4.9LH^2 \lim_{n\to\infty}(1+\frac{1}{n}) = 4.9LH^2,$$

将 $L = 2\ \text{m}, H = 3\ \text{m}$ 代入，得 $P = 88.2\ (\text{kN})$.

9. 证明 (1) $\int_a^b kf(x)\mathrm{d}x = \lim_{\lambda\to 0}\sum_{i=1}^{n} kf(\xi_i)\Delta x_i = \lim_{n\to\infty} k\sum_{i=1}^{n} f(\xi_i)\Delta x_i$

$$= k\lim_{\lambda\to 0}\sum_{i=1}^{n} f(\xi_i)\Delta x_i = k\int_a^b f(x)\mathrm{d}x.$$

(其中 $\lambda = \max\{\Delta x_1, \Delta x_2, \cdots, \Delta x_n\}$)

(2) $\int_a^b 1\mathrm{d}x = \lim_{\lambda\to 0}\sum_{i=1}^{n} f(\xi_i)\Delta_i = \lim_{\lambda\to 0}\sum_{i=1}^{n}\Delta x_i = \int_a^b \mathrm{d}x.$

$$\int_a^b \mathrm{d}x = \lim_{\lambda\to 0}\sum_{i=1}^{n}\Delta x_i = \lim_{n\to\infty}\sum_{i=1}^{n}\frac{b-a}{n} = \lim_{n\to\infty}\frac{b-a}{n}\cdot n = b-a.$$

10. 解 (1) $6 \leqslant \int_1^4 (x^2+1)\mathrm{d}x \leqslant 51$；　(2) $\pi \leqslant \int_{\frac{\pi}{4}}^{\frac{5\pi}{4}} (1+\sin^2 x)\mathrm{d}x \leqslant 2\pi$；

(3) $\frac{\pi}{9} \leqslant \int_{\frac{1}{\sqrt{3}}}^{\sqrt{3}} x\arctan x\mathrm{d}x \leqslant \frac{2}{3}\pi$；　(4) $-2\mathrm{e}^2 \leqslant \int_2^0 \mathrm{e}^{x^2-x}\mathrm{d}x \leqslant -2\mathrm{e}^{-\frac{1}{4}}$.

11. 证明 记 $a = \int_0^1 f(x)\mathrm{d}x$，则由定积分性质 5，得 $\int_0^1 [f(x)-a]^2\mathrm{d}x \geqslant 0$，

即 $\int_0^1 [f(x)-a]^2\mathrm{d}x = \int_0^1 f^2(x)\mathrm{d}x - 2a\int_0^1 f(x)\mathrm{d}x + a^2$

$$= \int_0^1 f^2(x)\mathrm{d}x - \left[\int_0^1 f(x)\mathrm{d}x\right]^2 \geqslant 0,$$

由此结论成立.

12. 证明 (1) 反证法. 即设 $f(x)\equiv 0, x\in[a,b]$ 不成立. 即必存在一点 $x_0\in[a,b]$，使得 $f(x_0)\neq 0$，不妨设 $f(x_0)>0$. 由题设 $f(x)$ 在 $[a,b]$ 上连续，则存在包含 x_0 的某邻域 $(x_0-\delta, x_0+\delta)$ (x_0 非端点) 或 $[a, x_0+\delta]$ $(x_0=a)$ 或 $(x_0-\delta, b)$ $(x_0=b)$. 由连续性可知，在这些邻域内，应用有 $f(x)>0$. 故在这几个邻域内. 总存在某小区间 $[c_1, c_2]$，也有 $f(x)>0$. 从而 $\int_{c_1}^{c_2} f(x)\mathrm{d}x > 0$. 又因为 $\int_a^b f(x)\mathrm{d}x = \int_a^{c_1} f(x)\mathrm{d}x + \int_{c_1}^{c_2} f(x)\mathrm{d}x + \int_{c_2}^{b} f(x)\mathrm{d}x = 0$，而由题设 $f(x)\geqslant 0, x\in[a,b]$，由单调性性质可知，

$\int_a^{c_1} f(x)\mathrm{d}x \geqslant 0$，$\int_{c_2}^{b} f(x)\mathrm{d}x \geqslant 0$，而 $\int_{c_1}^{c_2} f(x)\mathrm{d}x > 0$，与题设 $\int_a^b f(x)\mathrm{d}x = 0$ 矛盾.

类似可证，不可能有 $f(x_0)<0$. 故 $f(x)\equiv 0, x\in[a,b]$.

(2) 由 $f(x)\geqslant 0$ 可知，$\int_a^b f(x)\mathrm{d}x \geqslant 0$，即 $\int_a^b f(x)\mathrm{d}x$ 等于 0 或者大于 0. 而若 $\int_a^b f(x)\mathrm{d}x = 0$，由(1)可知，$f(x)\equiv 0, x\in[a,b]$，这与题设 $f(x)\not\equiv 0$

矛盾,从而$\int_a^b f(x)\mathrm{d}x > 0$.

(3) 设 $F(x) = g(x) - f(x), x \in [a,b]$. 则 $F(x) \geqslant 0, x \in [a,b]$.

又因为$\int_a^b F(x)\mathrm{d}x = \int_a^b g(x)\mathrm{d}x - \int_a^b f(x)\mathrm{d}x = 0$,由(1)知,

$F(x) = g(x) - f(x) \equiv 0$,

从而 $f(x) \equiv g(x), x \in [a,b]$.

13. 解 (1) 由于在$[0,1]$区间上 $x^3 \leqslant x^2$. 由性质5的推论1得$\int_0^1 x^2\mathrm{d}x \geqslant \int_0^1 x^3\mathrm{d}x$,又因为在$(0,1)$区间上 $x^2 > x^3$,故$\int_0^1 x^2\mathrm{d}x > \int_0^1 x^3\mathrm{d}x$.

(2) $x \in [1,2], x^3 \geqslant x^2, x^3 - x^2 \geqslant 0$,又因为 $x^3 - x^2 \not\equiv 0$,

所以$\int_1^2 (x^3 - x^2)\mathrm{d}x > 0$,即$\int_1^2 x^3\mathrm{d}x > 0 > \int_1^2 x^2\mathrm{d}x$.

(3) 在$[1,2]$区间上 $0 \leqslant \ln x < 1$ 故 $\ln x \geqslant (\ln x)^2$,

于是$\int_1^2 \ln x\mathrm{d}x \geqslant \int_1^2 (\ln x)^2\mathrm{d}x$,考查取等号的情形:如果$\int_1^2 \ln x\mathrm{d}x = \int_1^2 (\ln x)^2\mathrm{d}x$,由第7题(3)知在$[1,2]$上 $\ln x \equiv (\ln x)^2$,但这是不可能的,例如 $\ln 2 \neq (\ln 2)^2$. 故$\int_1^2 \ln x\mathrm{d}x > \int_1^2 (\ln x)^2\mathrm{d}x$.

(4) 当 $x > 0$ 时,不等式 $x > \ln(1+x)$ 成立,所以$\int_0^1 x\mathrm{d}x > \int_0^1 \ln(1+x)\mathrm{d}x$.

(5) 由 $y' = \mathrm{e}^x - 1$ 在$[0,+\infty)$上非负,知 $y = \mathrm{e}^x - x - 1$ 在$[0,+\infty)$上单调增加,因此当 $x \geqslant 0$ 时,$y(x) \geqslant 0$,即 $\mathrm{e}^x \geqslant x+1$ 等号仅当 $x = 0$ 时成立,从而有

$\int_0^1 \mathrm{e}^x\mathrm{d}x \geqslant \int_0^1 (x+1)\mathrm{d}x$,而$\int_0^1 \mathrm{e}^x\mathrm{d}x \neq \int_0^1 (x+1)\mathrm{d}x$,否则由第7题(3)知在$[0,1]$上 $\mathrm{e}^x \equiv x+1$,而当$x=1$时,$\mathrm{e} > 2$,

故$\int_0^1 \mathrm{e}^x\mathrm{d}x > \int_0^1 (x+1)\mathrm{d}x$.

5.2 微积分基本公式

本节重难点及考研要求

重点及考点

1. 积分上限函数是本章的一个重要知识点. 在积分$\int_a^x f(t)\mathrm{d}t (a \leqslant x \leqslant b)$中,$x$ 是积分上限,它在$[a,b]$上变化,而 t 是积分变量,它在$[a,x]$上变化.

2. 性质(2)又称为原函数存在定理,它一方面肯定了连续函数的原函数是存在的,

另一方面初步揭示了定积分与原函数之间的联系.

3. 关于积分限函数还有更一般的结论:设 $f(x)$ 在区间 I 上连续,$\varphi(x)$ 和 $\psi(x)$ 在 $[a,b]$ 上可导,且 $\varphi(x)$ 和 $\psi(x)$ 的值域包含于 I,

设 $\Phi(x)=\int_{\varphi(x)}^{\psi(x)} f(t)\mathrm{d}t$,

则 $\Phi'(x)=\frac{\mathrm{d}}{\mathrm{d}x}\int_{\varphi(x)}^{\psi(x)} f(t)\mathrm{d}t=f[\psi(x)]\psi'(x)-f[\varphi(x)]\varphi'(x)\qquad x\in[a,b]$.

注:(1)$\int_{\varphi(x)}^{\psi(x)} f(t)\mathrm{d}t$ 也是一个变限积分,它是积分上下限都是函数的积分,其结果也是 x 的函数 ,称为积分限函数.

(2) 不难看出,积分上限函数是它的一个特殊情形($\psi(x)=x,\varphi(x)=a$).

(3) 关于它的求导问题在近年的考研题目中屡屡出现,也是热点问题之一.

4. 牛顿 — 莱布尼兹公式也叫微积分基本公式.它给出了求连续函数积分的一般方法,同时,它也揭示了定积分与原函数或不定积分之间的联系.

考研要求

理解变上限定积分定义的函数,会求它的导数,掌握牛顿 — 莱布尼兹公式.

典型例题与解题技巧

题型Ⅰ:求变限函数的导数

【题型分析】 1. 变限积分也是函数,利用函数求导的性质进行求导. 2. 记住通用公式 $F(x)=\int_{\psi(x)}^{\varphi(x)} f(t)\mathrm{d}t$,则 $F'(x)=f[\varphi(x)]\varphi'(x)-f[\psi(x)]\psi'(x)$. 3. 结合积分中值定理,微分中值定理等求解复杂问题.

例 1 计算下列各导数

(1) $\frac{\mathrm{d}}{\mathrm{d}x}\int_0^{x^2}\sqrt{1+t^2}\mathrm{d}t$; (2) $\frac{\mathrm{d}}{\mathrm{d}x}\int_{\sin x}^{\cos x}\cos(\pi t^2)\mathrm{d}t$.

分析 $F(x)=\int_{\psi(x)}^{\varphi(x)} f(t)\mathrm{d}t$ 在$[a,b]$ 内可导,则 $F'(x)=f(\varphi(x))\varphi'(x)-f[\psi(x)]\psi'(x)$.

解 (1) $\frac{\mathrm{d}}{\mathrm{d}x}\int_0^{x^2}\sqrt{1+t^2}\mathrm{d}t=\sqrt{1+(x^2)^2}\cdot 2x=2x\sqrt{1+x^4}$;

(2) $$\frac{\mathrm{d}}{\mathrm{d}x}\int_{\sin x}^{\cos x}\cos(\pi t^2)\mathrm{d}t=\cos(\pi\cos^2 x)\cdot(-\sin x)-\cos(\pi\sin^2 x)\cos x$$
$$=-\cos(\pi\cos^2 x)\sin x-\cos(\pi\sin^2 x)\cos x.$$

例 2 设 $y=y(x)$ 由方程 $\int_0^y \mathrm{e}^{t^2}\mathrm{d}t+\int_0^{x^2}\frac{\sin t}{\sqrt{t}}\mathrm{d}t=1$ 确定,求 $\frac{\mathrm{d}y}{\mathrm{d}x}$.

分析 把 y 看作是 x 的函数,两边求导.

解 方程$\int_0^y e^{y^2}dt+\int_0^{x^2}\frac{\sin t}{\sqrt{t}}dt=1$,两边对$x$求导,把$y$看作是$x$的函数,则得

$$e^{y^2}\cdot\frac{dy}{dx}+\frac{\sin x^2}{\sqrt{x^2}}\cdot 2x=0,即\frac{dy}{dx}=\pm 2e^{-y^2}\sin x^2.$$

题型Ⅱ:变限积分的极限

【题型分析】 对于定积分求极限主要有两种方法:

1. 求导,利用洛必达法则结合无穷大、无穷小的等价代换求解.
2. 利用定积分的估值定理,适当缩放使用夹逼准则求解.

例3 求极限$\lim\limits_{x\to 0}\frac{(\int_0^x e^{t^2}dt)^2}{\int_0^x te^{2t^2}dt}$.

分析 求导然后利用洛必达法则进行求解.

解 $$\lim_{x\to 0}\frac{(\int_0^x e^{t^2}dt)^2}{\int_0^x te^{2t^2}dt}\overset{\frac{0}{0}}{=\!=}\lim_{x\to 0}\frac{2\int_0^x e^{t^2}dt\cdot e^{x^2}}{xe^{2x^2}}$$

$$=\lim_{x\to 0}\frac{2\int_0^x e^{t^2}dt}{xe^{x^2}}\overset{\frac{0}{0}}{=\!=}\lim_{x\to 0}\frac{2e^{x^2}}{e^{x^2}+x\cdot e^{x^2}\cdot 2x}=\lim_{x\to 0}\frac{2}{1+2x^2}=2.$$

例4 求$\lim\limits_{n\to\infty}\frac{1}{n}\sqrt[n]{(1+n)(n+2)\cdots(2n)}$.

分析 先利用定积分定义将极限转化为定积分,再利用牛顿—莱布尼兹公式求解.

解 令$y_n=\frac{1}{n}\sqrt[n]{(1+n)(n+2)\cdots(2n)}$.

$$\ln y_n=\frac{1}{n}[\ln(n+1)+\ln(n+2)+\cdots+\ln(2n)]-\ln n$$

$$=\frac{1}{n}[\ln(n+1)+\ln(n+2)+\cdots+\ln(2n)-n\ln n]$$

$$=\sum_{i=1}^{n}\ln\left(1+\frac{i}{n}\cdot\frac{1}{n}\right),$$

$$原式=\lim_{n\to\infty}e^{\ln y_n}=e^{\lim\limits_{n\to\infty}\ln y_n}=e^{\lim\limits_{n\to\infty}\sum\limits_{i=1}^{n}\frac{1}{n}\ln(1+\frac{i}{n})}=e^{\int_0^1\ln(1+x)dx}$$

$$=e^{(x+1)\ln(1+x)-x|_0^1}=e^{2\ln 2-1}=4e^{-1}.$$

题型Ⅲ:直接用牛顿—莱布尼兹公式计算定积分

【题型分析】

1. 用牛顿—莱布尼兹公式求出原函数,代入积分上、下限求解.

2. 对于不好直接积分的原函数，可以将积分进行变形，拆成几个简单的定积分，然后进行求解.

例 5　计算下列定积分：

(1)$\int_0^1 \frac{\mathrm{d}x}{\sqrt{4-x^2}}$；　(2)$\int_1^2 (x+\frac{1}{x})^2\mathrm{d}x$；　(3)$\int_{-1}^1 |x|\mathrm{d}x$.

分析　被积函数的原函数是易求得的，因此可利用牛顿—莱布尼兹公式求定积分.

解　(1) 原式 $=\arcsin\frac{x}{2}\Big|_0^1=\frac{\pi}{6}$.

(2) 原式 $=\int_1^2(x^2+2+\frac{1}{x^2})\mathrm{d}x=\left[\frac{x^3}{3}+2x-\frac{1}{x}\right]_1^2=\frac{29}{6}$.

(3) 原式 $=\int_{-1}^0(-x)\mathrm{d}x+\int_0^1 x\mathrm{d}x=-\frac{x^2}{2}\Big|_{-1}^0+\frac{x^2}{2}\Big|_0^1=1$.

课后习题解答(习题 5-2)

1. 解　$y'=\sin x, y'(0)=\sin 0=0, y'(\frac{\pi}{4})=\sin\frac{\pi}{4}=\frac{\sqrt{2}}{2}$.

2. 解　$x'_t=\sin t, y'_t=\cos t, \frac{\mathrm{d}y}{\mathrm{d}x}=\frac{y'_t}{x'_t}=\frac{\cos t}{\sin t}=\cot t$.

3. 解　方程两边对 x 求导得　$\mathrm{e}^y\frac{\mathrm{d}y}{\mathrm{d}x}+\cos x=0, \frac{\mathrm{d}y}{\mathrm{d}x}=-\frac{\cos x}{\mathrm{e}^y}$.

4. 解　$I'(x)=x\mathrm{e}^{-x^2}$，令 $I'(x)=0$，得 $x=0$.

当 $x>0$ 时，$I'(x)>0$；当 $x<0$ 时，$I'(x)<0$，

所以当 $x=0$ 时，函数 $I(x)$ 取极小值.

5. 解　(1) $\frac{\mathrm{d}}{\mathrm{d}x}\int_0^{x^2}\sqrt{1+t^2}\,\mathrm{d}t=\sqrt{1+(x^2)^2}\cdot(x^2)'=2x\sqrt{1+x^4}$.

(2) $\frac{\mathrm{d}}{\mathrm{d}x}\int_{x^2}^{x^3}\frac{\mathrm{d}t}{\sqrt{1+t^4}}=\frac{3x^2}{\sqrt{1+x^{12}}}-\frac{2x}{\sqrt{1+x^8}}$.

(3) $\frac{\mathrm{d}}{\mathrm{d}x}\int_{\sin x}^{\cos x}\cos(\pi t^2)\mathrm{d}t=\frac{\mathrm{d}}{\mathrm{d}x}\left[\int_{\sin x}^{a}\cos(\pi t^2)\mathrm{d}t+\int_a^{\cos x}\cos(\pi t^2)\mathrm{d}t\right]$

$=\frac{\mathrm{d}}{\mathrm{d}x}\left[-\int_a^{\sin x}\cos(\pi t^2)\mathrm{d}t+\int_a^{\cos x}\cos(\pi t^2)\mathrm{d}t\right]$

$=\frac{\mathrm{d}}{\mathrm{d}x}\left[-\int_a^{\sin x}\cos(\pi t^2)\mathrm{d}t\right]+\frac{\mathrm{d}}{\mathrm{d}x}\left[\int_a^{\cos x}\cos(\pi t^2)\mathrm{d}t\right]$

$=-\cos[\pi\sin^2 x][\sin x]'+\cos[\pi(\cos x)^2](\cos x)'$

$=-\cos(\pi\sin^2 x)\cos x+\sin x\cos(\pi\sin^2 x)$

$=(\sin x-\cos x)\cos(\pi\sin^2 x)$.

6. 解 (1) $\int_0^a(3x^2-x+1)\mathrm{d}x = x^3-\frac{x^2}{2}+x\Big|_0^a = a(a^2-\frac{a}{2}+1).$

(2) $\int_1^2\left(x^2+\frac{1}{x^4}\right)\mathrm{d}x = \left(\frac{1}{3}x^3-\frac{1}{3}x^{-3}\right)\Big|_1^2 = \frac{21}{8}.$

(3) $\int_4^9\sqrt{x}(1+\sqrt{x})\mathrm{d}x = \int_4^9(\sqrt{x}+x)\mathrm{d}x = (\frac{2}{3}x^{\frac{3}{2}}+\frac{1}{2}x^2)\Big|_4^9 = \frac{271}{6}.$

(4) $\int_{\frac{1}{\sqrt{3}}}^{\sqrt{3}}\frac{\mathrm{d}x}{1+x^2} = \arctan x\Big|_{\frac{1}{\sqrt{3}}}^{\sqrt{3}} = \frac{\pi}{3}-\frac{\pi}{6} = \frac{\pi}{6}.$

(5) $\int_{-\frac{1}{2}}^{\frac{1}{2}}\frac{\mathrm{d}x}{\sqrt{1-x^2}} = \arcsin x\Big|_{-\frac{1}{2}}^{\frac{1}{2}} = \frac{\pi}{6}+\frac{\pi}{6} = \frac{\pi}{3}.$

(6) $\int_0^{\sqrt{3a}}\frac{\mathrm{d}x}{a^2+x^2} = \frac{1}{a}\arctan\frac{x}{a}\Big|_0^{\sqrt{3a}} = \frac{\pi}{3a}.$

(7) $\int_0^1\frac{\mathrm{d}x}{\sqrt{4-x^2}} = \arcsin\frac{x}{2}\Big|_0^1 = \frac{\pi}{6}.$

(8) $\int_{-1}^0\frac{3x^4+3x^2+1}{x^2+1}\mathrm{d}x = (x^3+\arctan x)\Big|_{-1}^0 = 1+\frac{\pi}{4}.$

(9) $\int_{-e-1}^{-2}\frac{\mathrm{d}x}{1+x} = \ln|1+x|\Big|_{-e-1}^{-2} = -1.$

(10) $\int_0^{\frac{\pi}{4}}\tan^2\theta\mathrm{d}\theta = (\tan\theta-\theta)\Big|_0^{\frac{\pi}{4}} = 1-\frac{\pi}{4}.$

(11) $\int_0^{2\pi}|\sin x|\mathrm{d}x = \int_0^{\pi}\sin x\mathrm{d}x+\int_{\pi}^{2\pi}(-\sin x)\mathrm{d}x = (-\cos x)\Big|_0^{\pi}+\cos x\Big|_{\pi}^{2\pi} = 4.$

(12) $\int_0^2 f(x)\mathrm{d}x = \int_0^1(x+1)\mathrm{d}x+\int_1^2\frac{1}{2}x^2\mathrm{d}x = (\frac{1}{2}x^2+x)\Big|_0^1+\frac{1}{6}x^3\Big|_1^2 = \frac{8}{3}.$

7. 证明 (1) $\int_{-\pi}^{\pi}\cos kx\mathrm{d}x = \frac{1}{k}\sin kx\Big|_{-\pi}^{\pi} = \frac{1}{k}(\sin k\pi+\sin k\pi) = 0.$

(2) $\int_{-\pi}^{\pi}\sin kx\mathrm{d}x = -\frac{1}{k}\cos kx\Big|_{-\pi}^{\pi} = 0.$

(3) $\int_{-\pi}^{\pi}\cos^2 kx\mathrm{d}x = \frac{1}{2}\int_{-\pi}^{\pi}(1+\cos 2kx)\mathrm{d}x = \frac{1}{2}\left[x\Big|_{-\pi}^{\pi}\right]+\frac{1}{4k}\left[\sin 2kx\Big|_{-\pi}^{\pi}\right] = \pi.$

(4) $\int_{-\pi}^{\pi}\sin^2 kx\mathrm{d}x = \frac{1}{2}\int_{-\pi}^{\pi}(1-\cos^2 kx)\mathrm{d}x = \frac{1}{2}\left[x\Big|_{-\pi}^{\pi}\right]-\frac{1}{4k}\left[\sin 2kx\Big|_{-\pi}^{\pi}\right] = \pi.$

8. 证明 (1) $\int_{-\pi}^{\pi}\cos kx\sin lx\mathrm{d}x = \int_{-\pi}^{\pi}\frac{1}{2}[\sin(l+k)x+\sin(1-k)x]\mathrm{d}x = 0.$

(2) $\int_{-\pi}^{\pi}\cos kx\cos lx\mathrm{d}x = \int_{-\pi}^{\pi}\frac{1}{2}[\cos(k+l)x+\cos(k-l)x]\mathrm{d}x = 0.$

(3) $\int_{-\pi}^{\pi}\sin kx\sin lx\,dx=\int_{-\pi}^{\pi}\frac{1}{2}[\cos(k-1)x-\cos(k+l)x]dx=0.$

9. 解　(1) $\lim\limits_{x\to 0}\frac{\int_0^x\cos t^2\,dt}{x}=\lim\limits_{x\to 0}\frac{\cos x^2}{1}=1.$

(2) $\lim\limits_{x\to 0}\frac{(\int_0^x e^{t^2}\,dt)^2}{\int_0^x te^{2t^2}\,dt}=\lim\limits_{x\to 0}\frac{2e\,x^2\int_0^x e^{t^2}\,dt}{xe^{2x^2}}=\lim\limits_{x\to 0}\frac{2\int_0^x e^{t^2}\,dt}{xe^{x^2}}=\lim\limits_{x\to 0}\frac{2e^{x^2}}{e^{x^2}+xe^{x^2}\cdot 2x}=2.$

10. 解　当 $x\in[0,1)$ 时，$\varphi(x)=\int_0^x f(t)dt=\int_0^x t^2\,dt=\frac{1}{3}t^3\Big|_0^x=\frac{1}{3}x^3-\frac{1}{3}0^3=\frac{1}{3}x^3$；

当 $x\in[1,2]$ 时，$\varphi(x)=\int_0^x f(t)dt=\int_0^1 f(t)dt+\int_1^2 f(t)dt$

$$=\int_0^1 t^2\,dt+\int_1^x t\,dt=\frac{t^3}{3}\Big|_1^x+\frac{t^2}{2}\Big|_1^x=\frac{x^2}{2}-\frac{1}{6};$$

故 $\varphi(x)=\begin{cases}\frac{x^3}{3}, & 当\ x\in[0,1)\ 时,\\ \frac{x^2}{2}-\frac{1}{6}, & 当\ x\in[1,2]\ 时.\end{cases}$

因为 $\lim\limits_{x\to 1^-}\varphi(x)=\lim\limits_{x\to 1^-}\frac{x^3}{3}=\frac{1}{3}$，

$\lim\limits_{x\to 1^+}\varphi(x)=\lim\limits_{x\to 1^+}(\frac{x^2}{2}-\frac{1}{6})=\frac{1}{3}=\lim\limits_{x\to 1^-}\varphi(x).$

所以 $\varphi(x)$ 在 $(0,2)$ 上连续.

11. 解　当 $x<0$ 时，$\varphi(x)=\int_0^x f(t)dt=0$；

当 $0\leqslant x\leqslant\pi$ 时，$\varphi(x)=\int_0^x f(t)dt=\int_0^x\frac{1}{2}\sin t\,dt=\frac{1}{2}(1-\cos x)$；

当 $x>\pi$ 时，$\varphi(x)=\int_0^x f(t)dt=\int_0^{\pi}f(t)dt+\int_{\pi}^x f(t)dt.$

故　$\Phi(x)=\begin{cases}0, & x<0,\\ \sin^2\frac{x}{2}, & 0\leqslant x\leqslant\pi,\\ 1, & x>\pi.\end{cases}$

12. 证明　由题设

$$F'(x)=\frac{f(x)(x-a)-\int_a^x f(t)dt}{(x-a)^2}=\frac{f(x)(x-a)-f(\xi)(x-a)}{(x-a)^2}$$

$$=\frac{f(x)-f(\xi)}{x-a}=\frac{f'(\eta)(x-\xi)}{x-a}\leqslant 0,$$其中 $\xi<\eta<x,a\leqslant\xi\leqslant x$，证毕.

13. 解 $F'(0)=\lim\limits_{x\to 0}\dfrac{F(x)-F(0)}{x}=\lim\limits_{x\to 0}\dfrac{\int_0^x \frac{\sin t}{t}\mathrm{d}t}{x}=\lim\limits_{x\to 0}\dfrac{\frac{\sin x}{x}}{1}=1.$

14. 解 $\dfrac{\mathrm{d}y}{\mathrm{d}x}=-\mathrm{e}^{-x}\int_0^x \mathrm{e}^t f(t)\mathrm{d}t+\mathrm{e}^{-x}\cdot \mathrm{e}^x f(x)=-y+f(x)$，

因此 $y(x)$ 满足微分方程 $\dfrac{\mathrm{d}y}{\mathrm{d}x}+y=f(x)$.

由条件 $\lim\limits_{x\to+\infty}f(x)=1$，从而存在 $X_0>0$，当 $x>X_0$ 时，有 $f(x)>\dfrac{1}{2}$.

由此

$$\begin{aligned}\int_0^x \mathrm{e}^t f(t)\mathrm{d}t&=\int_0^{X_0}\mathrm{e}^t f(t)\mathrm{d}t+\int_{X_0}^x \mathrm{e}^t f(t)\mathrm{d}t\\&\geqslant\int_0^{X_0}\mathrm{e}^t f(t)\mathrm{d}t+\int_{X_0}^x \frac{1}{2}\mathrm{e}^{X_0}\mathrm{d}t\\&=\int_0^{X_0}\mathrm{e}^t f(t)\mathrm{d}t+\frac{1}{2}\mathrm{e}^{X_0}(x-X_0),\end{aligned}$$

故当 $x\to+\infty$ 时，$\int_0^x \mathrm{e}^t f(t)\mathrm{d}t\to+\infty$，从而利用洛必达法则，有

$$\lim_{x\to+\infty}y(x)=\lim_{x\to+\infty}\frac{\int_0^x \mathrm{e}^t f(t)\mathrm{d}t}{\mathrm{e}^x}=\lim_{x\to+\infty}\frac{\mathrm{e}^x f(x)}{\mathrm{e}^x}=1.$$

5.3 定积分的换元法和分部积分法

本节重难点及考研要求

重点及考点

1. 用换元法计算定积分时应注意：

(1) 三换：一换积分变量，二换被积函数，三换积分上下限.

(2) 引入新变量时要注意使换元函数在积分区间上单调且具有连续导数.

(3) 作什么样的变量替换一般要从被积函数的形式入手，与不定积分的换元法非常类似，但又有不同. 其不同之处在于定积分中积分变量的取值范围(即上下限)是确定的，因此在作换元后被积函数的形式往往更具体 .

(4) 变限积分函数一般是用其导数的性质，如果被积函数中含积分上限变量 x，一般先把 x 提到积分号外才能求导数；若不能直接提出积分号，可考虑用换元法把 x 变换到积分的上下限中去再求导.

2. 利用被积函数的特点进行积分

(1) 被积函数是奇函数或偶函数，且在对称区间上积分时直接利用性质可得积分结果等于零(被积函数为奇函数)或等于 2 倍的一半区间上的积分(被积

函数为偶函数).

(2) 被积函数不是奇偶函数,但在对称区间上作积分,可考虑利用变换 $x=-u$.

(3) 被积函数若是周期函数或三角函数,首先要考虑利用周期函数的性质计算积分,这样可简化计算.

(4) 被积函数是分段函数,则计算时先利用积分的区间可加性将积分拆成在各段上分别积分,再合起来;被积函数带有绝对值符号,需先脱掉绝对值符号转化为分段函数再积分.

3. 用分部积分法计算定积分

这是定积分计算中的重点内容.其应用关键同不定积分一样,就是恰当地选取 u 和 v,特别适用于当被积函数可看成两个函数的乘积时.定积分寻找 u 和 v 的思路同不定积分一样.读者可自己对照不定积分的分部积分法来研究定积分的分部积分法.同不定积分方法类似,在定积分计算时,换元法与分部积分法也常常是一起来使用的.

考研要求

掌握定积分的换元积分法与分部积分法.

典型例题与解题技巧

题型Ⅰ:换元法求解定积分

【题型分析】 用换元法求定积分时,主要遵循以下几个原则:

1. 有根式的,尽量去掉根式.

2. 当出现的根式是 $(x^2+a^2)^{\frac{q}{p}}$ 的形式时,一般令 $x=a\tan t$;当出现的根式是 $(a^2-x^2)^{\frac{q}{p}}$ 时,一般令 $x=a\cos t$ 或 $x=a\sin t$,然后根据 t 的上下限选择绝对值是取正号还是负号.

3. 当被积函数形如 $\dfrac{1}{ax^2+bx+c}$ 时,尽量化为 $\dfrac{1}{(a_1x+b_1)^2+c_1^2}$,再用 $\int_{x_1}^{x_2}\dfrac{dx}{1+x^2}=\arctan x\Big|_{x_1}^{x_2}$ 或 $\int_{x_1}^{x_2}\dfrac{dx}{x^2-1}=\dfrac{1}{2}\ln\left|\dfrac{x-1}{x+1}\right|\Bigg|_{x_1}^{x_2}$ 计算;同理对形如 $\dfrac{1}{\sqrt{c+bx-ax^2}}$ $(a>0)$ 的被积函数,化成 $\dfrac{1}{\sqrt{c_1^2-(a_1x+b_1)^2}}$,再根据 $\int_{x_1}^{x_2}\dfrac{dx}{\sqrt{1-x^2}}=\arcsin x\Big|_{x_1}^{x_2}$ 计算.

4. 若出现 $\int_a^b\dfrac{x^p}{x^q+c}dx\,(p>q)$ 形式的被积函数,常用加减项的办法在高阶项中消去分母,至不能消为止.

5. 将反三角函数转换为三角函数,如令 $x=\arcsin t$,则 $t=\sin x$.

例 1　求下列定积分：

(1) $\int_0^a \frac{dx}{(x^2+a^2)^{\frac{2}{3}}}$；　　(2) $\int_0^{\frac{\pi}{2}} \frac{\sin x}{\sin x+\cos x}dx$；

(3) $\int_0^{\frac{\pi}{4}} \frac{\sin x}{1+\sin x}dx$；　　(4) $\int_0^{\ln 2} \sqrt{1-e^{-2x}}\,dx$.

分析　在用换元法求定积分时，方法与不定积分换元法是完全相同的，只需注意积分限的变化.

解　(1) 令 $x=a\tan t \Rightarrow t=\arctan\frac{x}{a}$，$dx=\frac{a}{\cos^2 t}dt$.

$$\int_0^a \frac{dx}{(x^2+a^2)^{\frac{3}{2}}}=\int_0^{\frac{\pi}{4}} \frac{a\sec^2 t}{|a\sec t|^3}dt=\frac{1}{a^2}\int_0^{\frac{\pi}{4}} \frac{dt}{\sec t}$$

$$=\frac{1}{a^2}\int_0^{\frac{\pi}{4}} \cos t\,dt=\frac{1}{a^2}\sin\frac{\pi}{4}=\frac{1}{\sqrt{2}a^2}.$$

(2) 令 $x=\frac{\pi}{2}-t$，当 $x=0$ 时，$t=\frac{\pi}{2}$，当 $x=\frac{\pi}{2}$ 时，$t=0$，$dx=-dt$.

则 $\int_0^{\frac{\pi}{2}} \frac{\sin x}{\sin x+\cos x}dx=-\int_{\frac{\pi}{2}}^0 \cdot \frac{\sin\left(\frac{\pi}{2}-t\right)}{\sin\left(\frac{\pi}{2}-t\right)+\cos\left(\frac{\pi}{2}-t\right)}dt$

$$=\int_0^{\frac{\pi}{2}} \frac{\cos t}{\sin t+\cos t}dt,$$

且 $\int_0^{\frac{\pi}{2}} \frac{\sin x}{\sin x+\cos x}dx+\int_0^{\frac{\pi}{2}} \frac{\cos x}{\sin x+\cos x}dx=\int_0^{\frac{\pi}{2}} dx=\frac{\pi}{2}$.

所以 $\int_0^{\frac{\pi}{2}} \frac{\sin x}{\sin x+\cos x}dx=\frac{\pi}{4}$.

(3) 先用分部积分法再作万能替换：

$\int_0^{\frac{\pi}{4}} \frac{\sin x}{1+\sin x}dx=\int_0^{\frac{\pi}{4}} \frac{\sin x+1-1}{1+\sin x}dx=\frac{\pi}{4}-\int_0^{\frac{\pi}{4}} \frac{1}{1+\sin x}dx$.

令 $t=\tan\frac{x}{2} \Rightarrow \sin x=\frac{2t}{1+t^2}$，$dx=\frac{2}{1+t^2}dt$.

因此 $I=\frac{\pi}{4}-\int_0^{\tan\frac{\pi}{8}} \frac{1}{1+\frac{2t}{1+t^2}} \cdot \frac{2}{1+t^2}dt$

$$=\frac{\pi}{4}-2\int_0^{\tan\frac{\pi}{8}} \frac{dt}{(1+t)^2}=\frac{\pi}{4}+\frac{2}{1+t}\Big|_0^{\tan\frac{\pi}{8}}$$

$$=\frac{\pi}{4}+\frac{2}{1+\tan\frac{\pi}{8}}-2=\frac{\pi}{4}+\sqrt{2}-2;$$

(4) 作指数代换与幂函数代换的结合，令

$$t=\sqrt{1-e^{-2x}}\Rightarrow x=-\frac{1}{2}\ln(1-t^2),\mathrm{d}x=\frac{1}{1-t^2}\mathrm{d}t;$$

$\int_0^{ln^2}\sqrt{1-e^{-2x}}\mathrm{d}x=x=0$ 时，$t=0$；$x=\ln2$ 时，$t=\frac{\sqrt{3}}{2}$. 于是

$$\int_0^{\frac{\sqrt{3}}{2}}t\cdot\frac{t}{1-t^2}\mathrm{d}t=\int_0^{\frac{\sqrt{3}}{2}}\frac{t^2-1+1}{1-t^2}\mathrm{d}t$$

$$=-\frac{\sqrt{3}}{2}+\frac{1}{2}\int_0^{\frac{\sqrt{3}}{2}}\left(\frac{1}{1-t}+\frac{1}{1+t}\right)\mathrm{d}t$$

$$=-\frac{\sqrt{3}}{2}+\frac{1}{2}\ln\frac{1+t}{1-t}\Big|_0^{\frac{\sqrt{3}}{2}}=-\frac{\sqrt{3}}{2}+\ln(2+\sqrt{3}).$$

例 2　求 $\int_0^{\frac{1}{4}}\frac{\sqrt{1-x}}{1-\sqrt{x}}\mathrm{d}x$.

分析　三角代换 $x=\sin^2t$.

解　令 $x=\sin^2t,\mathrm{d}x=2\sin t\cos t\mathrm{d}t$,

当 $x=0$ 时，$t=0$；当 $x=\frac{1}{4}$ 时，$t=\frac{\pi}{6}$.

则
$$\int_0^{\frac{1}{4}}\frac{\sqrt{1-x}}{1-\sqrt{x}}\mathrm{d}x=\int_0^{\frac{\pi}{6}}\frac{\cos t}{1-\sin t}2\sin t\cos t\mathrm{d}t=2\int_0^{\frac{\pi}{6}}\sin t\mathrm{d}t+2\int_0^{\frac{\pi}{6}}\sin^2t\mathrm{d}t$$

$$=-2\cos t\Big|_0^{\frac{\pi}{6}}+\int_0^{\frac{\pi}{6}}(1-\cos2t)\mathrm{d}t$$

$$=2-\sqrt{3}+\left[t-\frac{1}{2}\sin2t\right]_0^{\frac{\pi}{6}}$$

$$=2-\frac{5}{4}\sqrt{3}+\frac{\pi}{6}.$$

题型 Ⅱ：利用分部积分法求解定积分

【题型分析】　设 $u(x)$、$v(x)$ 在 $[a,b]$ 上具有连续导数 $u'(x)$、$v'(x)$，则有分部积分公式：$\int_a^b u(x)v'(x)\mathrm{d}x=u(x)v(x)\Big|_a^b-\int_a^b v(x)u'(x)\mathrm{d}x$. 其中 $u(x)$、$v(x)$ 的选择与不定积分的分部积分法相同.

例 3　计算下列定积分：

(1) $\int_0^{\frac{\pi}{4}}\frac{2x-\sin2x}{1+\cos2x}\mathrm{d}x$；　(2) $\int_0^2 x^3e^x\mathrm{d}x$.

分析　用分部积分法求解定积分，方法与不定积分类似，需要注意 $u(x)$、$v(x)$ 的选择.

解 (1) $\int_0^{\frac{\pi}{4}} \frac{2x-\sin 2x}{1+\cos 2x}dx = \int_0^{\frac{\pi}{4}} \frac{2x}{1+\cos 2x}dx - \int_0^{\frac{\pi}{4}} \frac{\sin 2x}{1+\cos 2x}dx$

$= \int_0^{\frac{\pi}{4}} \frac{x}{\cos^2 x}dx - \int_0^{\frac{\pi}{4}} \frac{\sin 2x}{1+\cos 2x}dx$

$= \int_0^{\frac{\pi}{4}} x d\tan x + \frac{1}{2}\int_0^{\frac{\pi}{4}} \frac{1}{1+\cos 2x}d(1+\cos 2x)$

$= x\tan x\Big|_0^{\frac{\pi}{4}} - \int_0^{\frac{\pi}{4}} \frac{\sin x}{\cos x}dx + \frac{1}{2}\ln(1+\cos 2x)\Big|_0^{\frac{\pi}{4}}$

$= \frac{\pi}{4} + \ln\cos x\Big|_0^{\frac{\pi}{4}} - \frac{1}{2}\ln 2 = \frac{\pi}{4} - \frac{1}{2}\ln 2 - \frac{1}{2}\ln 2 = \frac{\pi}{4} - \ln 2.$

(2) $\int_0^2 x^3 e^x dx = \int_0^2 x^3 de^x = x^3 e^x\Big|_0^2 - \int_0^2 e^x dx^3 = 8e^2 - 3\int_0^2 x^2 e^x dx$

$= 8e^2 - 3\int_0^2 x^2 de^x = 8e^2 - 3x^2 e^x\Big|_0^2 + 3\int_0^2 e^x dx^2$

$= -4e^2 + 6\int_0^2 xe^x dx = -4e^2 + 6\int_0^2 x de^x$

$= -4e^2 + 6xe^x\Big|_0^2 - 6\int_0^2 e^x dx = 8e^2 - 6e^x\Big|_0^2$

$= 2e^2 + 6.$

例 4 求下列定积分：

(1) $\int_1^2 x\ln\sqrt{x}\,dx$；　(2) $\int_0^1 e^{\sqrt{x}}dx$；　(3) $\int_0^{\frac{\pi}{4}} \frac{x\sin x}{\cos^3 x}dx$.

分析 定积分的分部积分法与不定积分的分部积分法相同，注意 u、v 的选取.

解 (1) $\int_1^2 x\ln\sqrt{x}\,dx = \int_1^2 \ln\sqrt{x}\,d\frac{x^2}{2} = \frac{x^2}{2}\ln\sqrt{x}\Big|_1^2 - \frac{1}{4}\int_1^2 x dx = \ln 2 - \frac{3}{8}.$

(2) $\int_0^1 e^{\sqrt{x}}dx \xlongequal{\sqrt{x}=t} 2\int_0^1 te^t dt = 2\int_0^1 t de^t = 2te^t\Big|_0^1 - 2\int_0^1 e^t dt = 2.$

(3) 原式 $= \int_0^{\frac{\pi}{4}} x\tan x\sec^2 x dx = \frac{1}{2}\int_0^{\frac{\pi}{4}} x d\tan^2 x$

$= \frac{1}{2}x\tan^2 x\Big|_0^{\frac{\pi}{4}} - \frac{1}{2}\int_0^{\frac{\pi}{4}} \tan^2 x dx$

$= \frac{\pi}{8} - \frac{1}{2}\int_0^{\frac{\pi}{4}} \sec^2 x dx + \frac{1}{2}\int_0^{\frac{\pi}{4}} dx$

$= \frac{\pi}{8} - \frac{1}{2}\tan x\Big|_0^{\frac{\pi}{4}} + \frac{1}{2}x\Big|_0^{\frac{\pi}{4}}$

$= \frac{\pi}{4} - \frac{1}{2}.$

题型 Ⅲ:利用奇偶性和周期性计算定积分等综合题

【题型分析】

1. $\int_{-a}^{a} f(x)\mathrm{d}x = \int_{0}^{a}[f(x)+f(-x)]\mathrm{d}x$,

$$\int_{-a}^{a} f(x)\mathrm{d}x = \begin{cases} 2\int_{0}^{a} f(x)\mathrm{d}x, & \text{当 } f(-x)=f(x) \\ 0, & \text{当 } f(-x)=-f(x) \end{cases}.$$

2. 分段函数的定积分计算方法:

① 被积函数定义域的不同区间段的端点是积分限,根据不同的积分段进行积分,最后求和即可.

② 被积函数是由给定函数与单一函数复合而成时,要进行变量代换进行定积分,同时积分限也改变.

例 5　求 $\int_{-\frac{\pi}{2}}^{\frac{\pi}{2}}(x^3+\sin^2 x)\cos^2 x\mathrm{d}x$.

分析　积分区间对称,且被积函数拆成两项后,一项 $x^3\cos^2 x$ 为奇函数,另一项 $\sin^2 x\cos^2 x$ 为偶函数,可以用性质(在对称区间上奇函数积分为 0,偶函数为 2 倍的一半区间的积分)简化计算.

解　原式 $=2\int_{0}^{\frac{\pi}{2}}\sin^2 x\cos^2 x\mathrm{d}x = 2\int_{0}^{\frac{\pi}{2}}(\sin^2 x-\sin^4 x)\mathrm{d}x = 2(\frac{\pi}{4}-\frac{3}{16}\pi)=\frac{\pi}{8}$.

课后习题解答(习题 5-3)

1. 解　(1) $\int_{\frac{\pi}{3}}^{\pi}\sin(x+\frac{\pi}{3})\mathrm{d}x = -\cos(x+\frac{\pi}{3})\Big|_{\frac{\pi}{3}}^{\pi}=0$.

(2) $\int_{-2}^{1}\frac{\mathrm{d}x}{(11+5x)^3}=\frac{1}{5}\int_{-2}^{1}(11+5x)^{-3}\mathrm{d}(11+5x)$

$$=\frac{1}{5}\cdot\frac{1}{-2}\cdot(11+5x)^{-2}\Big|_{-2}^{1}=\frac{51}{512}.$$

(3) $\int_{0}^{\frac{\pi}{2}}\sin\varphi\cos^3\varphi\mathrm{d}\varphi=-\int_{0}^{\frac{\pi}{2}}\cos^3\varphi\mathrm{d}\cos\varphi=-\frac{1}{4}\cos^4\varphi\Big|_{0}^{\frac{\pi}{2}}=\frac{1}{4}$.

(4) $\int_{0}^{\pi}(1-\sin^3\theta)\mathrm{d}\theta=\int_{0}^{\pi}\mathrm{d}\theta+\int_{0}^{\pi}\sin^2\theta\mathrm{d}\cos\theta$

$$=\theta\Big|_{0}^{\pi}+\int_{0}^{\pi}(1-\cos^2\theta)\mathrm{d}\cos\theta=\pi+(\cos\theta-\frac{1}{3}\cos^3\theta)\Big|_{0}^{\pi}=\pi-\frac{4}{3}.$$

(5) $\int_{\frac{\pi}{6}}^{\frac{\pi}{2}}\cos^2 u\mathrm{d}u=\int_{\frac{\pi}{6}}^{\frac{\pi}{2}}\frac{1+\cos 2u}{2}\mathrm{d}u=(\frac{1}{2}u+\frac{1}{4}\sin 2u)\Big|_{\frac{\pi}{6}}^{\frac{\pi}{2}}=\frac{\pi}{6}-\frac{\sqrt{3}}{8}$.

(6) $\int_0^{\sqrt{2}} \sqrt{2-x^2}\,dx$，令 $x=\sqrt{2}\sin t, dx=\sqrt{2}\cos t dt$，代入得

$$\int_0^{\sqrt{2}} \sqrt{2-x^2}\,dx = \int_0^{\sqrt{2}} 2\cos^2 t dt = 2\int_0^{\sqrt{2}} \left(\frac{1+\cos 2t}{2}\right)dt = \frac{\pi}{2}+\frac{1}{2}\sin^2 t\Big|_0^{\frac{\pi}{2}} = \frac{\pi}{2}.$$

(7) 令 $y=2\sin t, dy=2\cos t dt$，

$$\int_{-\sqrt{2}}^{\sqrt{2}} \sqrt{8-2y^2}\,dy = \int_{-\frac{\pi}{4}}^{\frac{\pi}{4}} 2\sqrt{8}\cos^2 t dt = 4\sqrt{8}\int_0^{\frac{\pi}{4}} \cos^2 t dt$$

$$= 4\sqrt{8}\int_0^{\frac{\pi}{4}} \frac{1+\cos 2t}{2}dt = 2\sqrt{8}\left(t+\frac{1}{2}\sin 2t\right)\Big|_0^{\frac{\pi}{4}} = \sqrt{2}(\pi+2).$$

(8) 原式 $\xlongequal{x=\sin t} \int_{\pi/4}^{\pi/2} \frac{\sqrt{1-\sin^2 t}}{\sin^2 t}\cos t dt$

$$= \int_{\pi/4}^{\pi/2} \cot^2 t dt = \int_{\pi/4}^{\pi/2} (\csc^2 t - 1)dt$$

$$= -(\cot t + t)\Big|_{\pi/4}^{\pi/2} = -\left(\frac{\pi}{2}-1-\frac{\pi}{4}\right) = 1-\frac{\pi}{4}.$$

(9) 原式 $\xlongequal{x=a\sin t} \int_0^{\pi/2} a^4\sin^2 t\sqrt{1-\sin^2 t}\cos t dt$

$$= a^4\int_0^{\pi/2} \sin^2 t\cos^2 t dt = \frac{a^4}{8}\int_0^{\pi/2} \sin^2 2t d(2t)$$

$$\xlongequal{2t=u} \frac{a^4}{8}\int_0^{\pi} \frac{1-\cos 2u}{2}du = \frac{a^4}{16}\left(u\Big|_0^{\pi} - \frac{1}{2}\sin 2u\Big|_0^{\pi}\right) = \frac{1}{16}\pi a^4.$$

(10) 原式 $\xlongequal{x=\tan u} \int_{\pi/4}^{\pi/3} \frac{\sec^2 u du}{\tan^2 u \cdot \sec u} = \int_{\pi/4}^{\pi/3} \frac{d\sin u}{\sin^2 u}$

$$= -\frac{1}{\sin u}\Big|_{\pi/4}^{\pi/3} = \sqrt{2}-\frac{2}{\sqrt{3}}.$$

(11) 令 $\sqrt{5-4x}=u$，则 $x=\frac{5-u^2}{4u}, dx=-\frac{u}{2}du$.

$$\int_{-1}^{1} \frac{x dx}{\sqrt{5-4x}} = -\int_3^1 \frac{5-u^2}{4u}\cdot\frac{u}{2}du = \frac{1}{8}\int_1^3 (5-u^2)du$$

$$= \frac{1}{8}\left(5u-\frac{1}{3}u^3\right)\Big|_1^3 = \frac{1}{6}.$$

(12) 令 $\sqrt{x}=u$，则 $x=u^2, dx=2u du$.

$$\int_1^4 \frac{dx}{1+\sqrt{x}} = \int_1^2 \frac{2u du}{1+u} = 2\int_1^2 \frac{1+u-1}{1+u}du = 2\int_1^2 \left(1-\frac{1}{1+u}\right)du$$

$$= 2(u-\ln(1+u))\Big|_1^2 = 2\left(1+\ln\frac{2}{3}\right).$$

(13) 令 $\sqrt{1-x}=u$，则 $x=1-u^2, dx=-2u du$，

$$\int_{3/4}^{1}\frac{dx}{\sqrt{1-x}-1}=\int_{1/2}^{0}\frac{-2udu}{u-1}=2\int_{0}^{\frac{1}{2}}\frac{u-1+1}{u-1}du$$

$$=2\int_{0}^{\frac{1}{2}}\left(1+\frac{1}{u-1}\right)du=2(u+\ln|u-1|)\Big|_{0}^{\frac{1}{2}}=1-2\ln 2.$$

(14) 令 $x=\sqrt{3}a\sin t$，则 $dx=\sqrt{3}a\cos t$，不妨设 $a>0$，

$$原式=\int_{0}^{\arcsin\sqrt{\frac{2}{3}}}\sqrt{3}a\sin t dt=\sqrt{3}a\cos t\Big|_{0}^{\arcsin\sqrt{\frac{2}{3}}}=(\sqrt{3}-1)a.$$

(15) $原式=-\int_{0}^{1}e^{-\frac{t^2}{2}}d(-\frac{t^2}{2})=-e^{-\frac{t^2}{2}}\Big|_{0}^{1}=1-e^{-\frac{1}{2}}.$

(16) $原式=\int_{1}^{e^2}\frac{d(1+\ln x)}{\sqrt{1+\ln x}}=2\sqrt{1+\ln x}\Big|_{1}^{e^2}=2(\sqrt{3}-1).$

(17) $原式=\int_{-2}^{0}\frac{d(x+1)}{(x+1)^2+1}=\arctan(x+1)\Big|_{-2}^{0}=\frac{\pi}{4}+\frac{\pi}{4}=\frac{\pi}{2}.$

(18) 令 $x=1+\tan u$，则 $dx=\sec^2 udu$，因此

$$\int_{0}^{2}\frac{xdx}{(x^2-2x+2)^2}=\int_{0}^{2}\frac{xdx}{[(x-1)^2+1]^2}=\int_{-\frac{\pi}{4}}^{\frac{\pi}{4}}\frac{(1+\tan u)du}{\sec^2 u}$$

$$=2\int_{0}^{\frac{\pi}{4}}\cos^2 udu=\int_{0}^{\frac{\pi}{4}}(1+\cos 2u)du=\frac{\pi}{4}+\frac{1}{2}.$$

(19) $x^4\sin x$ 为奇函数，故 $\int_{-\pi}^{\pi}x^4\sin xdx=0.$

(20) $4\cos^4\theta$ 为偶函数，故

$$\int_{-\frac{\pi}{2}}^{\frac{\pi}{2}}4\cos^4\theta d\theta=4\cdot 2\int_{0}^{\frac{\pi}{2}}\cos^4\theta d\theta=2\int_{0}^{\frac{\pi}{2}}(2\cos^2\theta)^2d\theta$$

$$=2\int_{0}^{\frac{\pi}{2}}(1+\cos 2\theta)^2d\theta$$

$$=2\int_{0}^{\frac{\pi}{2}}(1+2\cos 2\theta+\cos^2 2\theta+\cos^2 2\theta)d\theta$$

$$=2\theta\Big|_{0}^{\frac{\pi}{2}}+2\int_{0}^{\frac{\pi}{2}}\cos 2\theta d2\theta+\int_{0}^{\frac{\pi}{2}}(1+\cos 4\theta)d\theta$$

$$=\pi+2\sin 2\theta\Big|_{0}^{\frac{\pi}{2}}+\frac{\pi}{2}+\frac{1}{4}\int_{0}^{\frac{\pi}{2}}\cos 4\theta d4\theta$$

$$=\frac{3}{2}\pi+\frac{1}{4}\sin 4\theta\Big|_{0}^{\frac{\pi}{2}}=\frac{3}{2}\pi.$$

(21) $\int_{-\frac{1}{2}}^{\frac{1}{2}}\frac{(\arcsin x)^2}{\sqrt{1-x^2}}dx=2\int_{0}^{\frac{1}{2}}(\arcsin x)^2d(\arcsin x)=2\cdot\frac{1}{3}(\arcsin x)^3\Big|_{0}^{\frac{1}{2}}=\frac{\pi^3}{324}.$

(22) $\dfrac{x^3\sin^2 x}{x^4+2x^2+1}$ 为奇函数,故 $\displaystyle\int_{-5}^{5}\frac{x^3\sin^2 x}{x^4+2x^2+1}\mathrm{d}x=0$.

(23) 原式 $\displaystyle=\frac{1}{2}\int_{-\pi/2}^{\pi/2}(\cos3x+\cos x)\mathrm{d}x=\int_{0}^{\pi/2}(\cos3x+\cos x)\mathrm{d}x$

$$=\left(\frac{1}{3}\sin3x+\sin x\right)\Big|_0^{\pi/2}=\frac{2}{3}.$$

(24) 原式 $\displaystyle=2\int_0^{\pi/2}\sqrt{\cos x\sin^2 x\mathrm{d}x}=2\int_0^{\pi/2}\sqrt{\cos x}\,|\sin x|\,\mathrm{d}x$

$$=-2\int_0^{\pi/2}(\cos x)^{1/2}\mathrm{d}\cos x=-2\cdot\frac{2}{3}(\cos x)^{2/3}\Big|_0^{\pi/2}=\frac{4}{3}.$$

(25) 原式 $\displaystyle=\frac{1}{\sqrt{2}}\int_0^{\pi}\sqrt{\cos^2 x\mathrm{d}x}=\sqrt{2}\left(\int_0^{\pi/2}\cos x\mathrm{d}x-\int_{\pi/2}^{\pi}\cos x\mathrm{d}x\right)$

$$=\sqrt{2}\left(\sin x\Big|_0^{\pi/2}-\sin x\Big|_{\pi/2}^{\pi}\right)=2\sqrt{2}.$$

(26) $\displaystyle\int_0^{2\pi}|\sin(x+1)|\,\mathrm{d}x\xlongequal{x=u-1}\int_0^{2\pi+1}|\sin u|\,\mathrm{d}u$,

由于 $|\sin x|$ 是以 π 为周期的周期函数,因此上式 $\displaystyle=2\int_0^{\pi}|\sin u|\,\mathrm{d}u=4$.

2. 证明 令 $a+b-x=t$,

则 $x=a+b-t,\mathrm{d}x=-\mathrm{d}t$,当 $x=a$、b 时,t 分别为 b、a,

于是有 $\displaystyle\int_a^b f(a+b-x)\mathrm{d}x=\int_a^b f(t)(-\mathrm{d}t)=\int_a^b f(t)\mathrm{d}t$.

由于 $\displaystyle\int_a^b f(t)\mathrm{d}t=\int_a^b f(x)\mathrm{d}x$, 故 $\displaystyle\int_a^b f(x)\mathrm{d}x=\int_a^b f(a+b-x)\mathrm{d}x$.

3. 证明 令 $t=\dfrac{1}{u}$, 则 $\mathrm{d}t=-\dfrac{1}{u^2}\mathrm{d}u$, 当 $t=x$、1 时,u 分别为 $\dfrac{1}{x}$、1.

于是有 $\displaystyle\int_x^1\frac{\mathrm{d}t}{1+t^2}=\int_{\frac{1}{x}}^{1}\frac{-\frac{1}{n^2}}{1+\frac{1}{n^2}}\mathrm{d}u=\int_1^{\frac{1}{x}}\frac{1}{1+u^2}\mathrm{d}u$,

$$=\int_1^{\frac{1}{x}}\frac{1}{1+u^2}\mathrm{d}u=\int_1^{\frac{1}{x}}\frac{\mathrm{d}t}{1+t^2},$$

故 $\displaystyle\int_x^1\frac{\mathrm{d}x}{1+x^2}=\int_1^{\frac{1}{x}}\frac{\mathrm{d}x}{1+x^2}$.

4. 证明 令 $1-x=t$,则 $x=1-t,\mathrm{d}x=-\mathrm{d}t$.

当 $x=0$、1 时,t 分别为 1、0, 于是

$$\int_0^1 x^m(1-x)^n\mathrm{d}x=\int_1^0(1-t)^m t^n(-\mathrm{d}t)=\int_0^1 t^n(1-t)^m\mathrm{d}t$$

$$=\int_0^1 x^n(1-x)^m\mathrm{d}x.$$

5. 证明　令 $x=u+\frac{n}{2}\pi$，则 $\mathrm{d}x=\mathrm{d}u$，因此

$$\int_{\frac{n}{2}\pi}^{\frac{n+1}{2}\pi} f\mid\sin x\mid\mathrm{d}x=\int_0^{\frac{\pi}{2}} f(\mid\sin(u+\frac{n}{2}\pi)\mid)\mathrm{d}u=\begin{cases}\int_0^{\frac{\pi}{2}} f(\sin u)\mathrm{d}u, n\text{ 为偶数}\\ \int_0^{\frac{\pi}{2}} f(\cos u)\mathrm{d}u, n\text{ 为奇数}\end{cases}.$$

$$\int_{\frac{n}{2}\pi}^{\frac{n+1}{2}\pi} f\mid\cos x\mid\mathrm{d}x=\int_0^{\frac{\pi}{2}} f(\mid\cos(u+\frac{n}{2}\pi)\mid)\mathrm{d}u=\begin{cases}\int_0^{\frac{\pi}{2}} f(\cos u)\mathrm{d}u, n\text{ 为偶数}\\ \int_0^{\frac{\pi}{2}} f(\sin u)\mathrm{d}u, n\text{ 为奇数}\end{cases}.$$

由于 $\int_0^{\frac{\pi}{2}} f(\sin x)\mathrm{d}x=\int_0^{\frac{\pi}{2}} f(\cos x)\mathrm{d}x$，故得证.

6. 证明　令 $F(x)=\int_0^x f(t)\mathrm{d}t$，则 $F(-x)=\int_0^{-x} f(t)\mathrm{d}t$，令 $t=-u$，则 $t=0$、$-x$ 时，u 分别为 0、x. 于是有 $F(-x)=\int_0^x f(-u)(-\mathrm{d}u)=-\int_0^x f(-u)\mathrm{d}u$.

若 $f(t)$ 为奇函数，则 $f(-u)=-f(u)$，

因而 $F(-x)=-\int_0^x -f(u)\mathrm{d}u=\int_0^x f(u)\mathrm{d}u=\int_0^x f(t)\mathrm{d}t=F(x)$，

故 $\int_0^x f(t)\mathrm{d}t$ 是偶函数.

类似地，若 $f(t)$ 是连续偶函数，则 $f(-u)=f(u)$，因而

$F(-x)=-\int_0^x f(u)\mathrm{d}u=-\int_0^x f(t)\mathrm{d}t=-F(x)$，故 $\int_0^x f(t)\mathrm{d}t$ 是奇函数.

7. 解　(1) $\int_0^1 x\mathrm{e}^{-x}\mathrm{d}x=-\int_0^1 x\mathrm{d}\mathrm{e}^{-x}=-(x\mathrm{e}^{-x})\Big|_0^1+\int_0^1\mathrm{e}^{-x}\mathrm{d}x=1-\frac{2}{\mathrm{e}}$.

(2) $\int_1^{\mathrm{e}} x\ln x\mathrm{d}x=\frac{1}{2}\int_1^{\mathrm{e}}\ln x\mathrm{d}x^2=\frac{1}{2}\left(x^2\ln x\Big|_1^{\mathrm{e}}-\int_1^{\mathrm{e}} x\mathrm{d}x\right)$

$$=\frac{1}{2}\left[\mathrm{e}^2-\frac{1}{2}x^2\Big|_1^{\mathrm{e}}\right]=\frac{1}{4}(\mathrm{e}^2+1).$$

(3) $\int_0^{2\pi/\omega} t\sin\omega t\,\mathrm{d}t$　（ω 为常数）

$$=-\frac{1}{\omega}\int_0^{2\pi/\omega} t\mathrm{d}(\cos\omega t)=-\frac{1}{\omega}\left[t\cos\omega t\Big|_0^{2\pi/\omega}-\int_0^{2\pi/\omega}\cos\omega t\,\mathrm{d}t\right]$$

$$=-\frac{2\pi}{\omega^2}+\frac{1}{\omega^2}\sin\omega t\Big|_0^{2\pi/\omega}=-\frac{2\pi}{\omega^2}.$$

(4) $\int_{\pi/4}^{\pi/3}\frac{x}{\sin^2 x}dx=-\int_{\pi/4}^{\pi/3}xd\cot x=-x\cot x\Big|_{\pi/4}^{\pi/3}+\int_{\pi/4}^{\pi/3}\frac{\cos x}{\sin x}dx$

$$=-\left(\frac{\pi}{3}\cdot\frac{\sqrt{3}}{3}-\frac{\pi}{4}\cdot 1\right)+\ln|\sin x|\Big|_{\pi/4}^{\pi/3}$$

$$=\left(\frac{1}{4}-\frac{\sqrt{3}}{9}\right)\pi+\ln\frac{\sqrt{3}}{2}-\ln\frac{\sqrt{2}}{2}=\left(\frac{1}{4}-\frac{\sqrt{3}}{9}\right)\pi+\frac{1}{2}\ln\frac{3}{2}.$$

(5) $\int_1^4\frac{\ln x}{\sqrt{x}}dx=2\int_1^4\ln xd(\sqrt{x})=2\left[(\sqrt{x}\ln x)\Big|_1^4-\int_1^4\frac{\sqrt{x}}{x}dx\right]$

$$=2\left[4\ln 2-2\sqrt{x}\Big|_1^4\right]=4(2\ln 2-1).$$

(6) $\int_0^1 x\arctan xdx=\frac{1}{2}\left[(x^2\arctan x)\Big|_0^1-\int_0^1\frac{x^2}{1+x^2}dx\right]$

$$=\frac{1}{2}\left[\frac{\pi}{4}-\int_0^1\frac{1+x^2-1}{1+x^2}dx\right]=\frac{\pi}{8}-\frac{1}{2}(x-\arctan x)\Big|_0^1$$

$$=\frac{\pi}{4}-\frac{1}{2}.$$

(7) 因为$\int_0^{\frac{\pi}{2}}e^{2x}\cos xdx=\int_0^{\frac{\pi}{2}}e^{2x}d\sin x$

$$=e^{2x}\sin x\Big|_0^{\frac{\pi}{2}}-\int_0^{\frac{\pi}{2}}\sin x\cdot 2e^{2x}dx=e^{\pi}+2\int_0^{\frac{\pi}{2}}e^{2x}d\cos x$$

$$=e^{\pi}+2e^{2x}\cos x\Big|_0^{\frac{\pi}{2}}-2\int_0^{\frac{\pi}{2}}\cos x\cdot 2e^{2x}dx$$

$$=e^{\pi}-2-4\int_0^{\frac{\pi}{2}}e^{2x}\cos xdx,$$

所以 $\int_0^{\frac{\pi}{2}}e^{2x}\cos xdx=\frac{1}{5}(e^{\pi}-2).$

(8) $\int_1^2 x\log_2 xdx=\frac{1}{\ln 2}\int_1^2 x\ln xdx=\frac{1}{2\ln 2}\int_1^2\ln xdx^2$

$$=\frac{1}{2\ln 2}\left(x^2\ln x\Big|_1^2-\int_1^2 x^2\cdot\frac{1}{x}dx\right)=\frac{1}{2\ln 2}\left(4\ln 2-\frac{x^2}{2}\Big|_1^2\right)=2-\frac{3}{4\ln 2}.$$

(9) $\int_0^{\pi}(x\sin x)^2dx=\int_0^{\pi}x^2\frac{1-\cos 2x}{2}dx=\frac{1}{2}\int_0^{\pi}x^2dx-\frac{1}{2}\int_0^{\pi}x^2\cos 2xdx$

$$=\frac{x^3}{6}\Big|_0^{\pi}-\frac{1}{4}\int_0^{\pi}x^2d\sin 2x=\frac{\pi^3}{6}-\frac{1}{4}\left(x^2\sin 2x\Big|_0^{\pi}-\int_0^{\pi}\sin 2x\cdot 2xdx\right)$$

$$=\frac{\pi^3}{6}-\frac{1}{4}\int_0^{\pi}xd\cos 2x=\frac{\pi^3}{6}-\frac{1}{4}\left(x\cos 2x\Big|_0^{\pi}-\int_0^{\pi}\cos 2xdx\right)$$

$$=\frac{\pi^3}{6}-\frac{\pi}{4}+\frac{1}{8}\sin 2x\Big|_0^{\pi}=\frac{\pi^3}{6}-\frac{\pi}{4}.$$

(10) $\int_1^e \sin(\ln x)\mathrm{d}x = x\sin(\ln x)\Big|_1^e - \int_1^e x\cos(\ln x)\cdot\frac{1}{x}\mathrm{d}x$

$= e\sin1 - \int_1^e \cos(\ln x)\mathrm{d}x = e\sin1 - \left[x\cos(\ln x)\Big|_1^e + \int_1^e x\sin(\ln x)\frac{1}{x}\mathrm{d}x\right]$

$= e\sin1 - e\cos1 + 1 - \int_1^e \sin(\ln x)\mathrm{d}x,$

$= \frac{e}{2}(\sin1 - \cos1 + 1).$

(11) $\int_{\frac{1}{e}}^e |\ln x|\mathrm{d}x$，由$[\frac{1}{e},1]$上 $\ln x<0$ 知 $|\ln x| = -\ln x$，

由$[1,e]$上 $\ln x>0$ 知 $|\ln x| = \ln x$，

所以$\int_{\frac{1}{e}}^e |\ln x|\mathrm{d}x = -\int_{\frac{1}{e}}^1 \ln x\mathrm{d}x + \int_1^e \ln x\mathrm{d}x$，

而$\int \ln x\mathrm{d}x = x\ln x - \int x\cdot\frac{1}{x}\mathrm{d}x = x\ln x - x + C$，

于是有$\int_{\frac{1}{e}}^e |\ln x|\mathrm{d}x = -[x\ln x - x]\Big|_{\frac{1}{e}}^1 + [x\ln x - x]\Big|_1^e = 2 - \frac{2}{e}.$

(12) $\int_0^1 (1-x^2)^{\frac{m}{2}}\mathrm{d}x$，令 $x=\sin t$，则 $\mathrm{d}x = \cos t\mathrm{d}t$.

$\int_0^1 (1-x^2)^{\frac{m}{2}}\mathrm{d}x = \int_0^{\frac{\pi}{2}} (\cos^2 t)^{\frac{m}{2}}\cos t\mathrm{d}t = \int_0^{\frac{\pi}{2}} \cos^{m+1} t\mathrm{d}t$

$$= \begin{cases} \dfrac{1\cdot3\cdot\cdots\cdot m}{2\cdot4\cdot6\cdot\cdots\cdot(m+1)}\cdot\dfrac{\pi}{2}, & (m\text{ 为奇数}) \\ \dfrac{2\cdot4\cdot6\cdot\cdots\cdot m}{1\cdot3\cdot5\cdot\cdots\cdot(m+1)}, & (m\text{ 为偶数}) \end{cases}.$$

(13) $J_m = \int_0^\pi x\sin^m x\mathrm{d}x$，令 $x = \pi - t$，则 $\mathrm{d}x = -\mathrm{d}t$，

$J_m = \int_\pi^0 (\pi - t)\sin^m(\pi - t)(-\mathrm{d}t) = \int_0^\pi (\pi - t)\sin^m(\pi - t)\mathrm{d}t$

$= \pi\int_0^\pi \sin^m t\mathrm{d}t - \int_0^\pi t\sin^t\mathrm{d}t = \pi\int_0^\pi \sin^m t\mathrm{d}t - \int_0^\pi x\sin^m x\mathrm{d}x,$

所以有 $J_m = \frac{\pi}{2}\int_0^\pi \sin^m x\mathrm{d}x = \frac{\pi}{2}\cdot2\cdot\int_0^{\frac{\pi}{2}} \sin^x\mathrm{d}x = \pi\int_0^{\frac{\pi}{2}} \sin^m x\mathrm{d}x$

$$= \begin{cases} \dfrac{1\cdot3\cdot5\cdot\cdots\cdot(m-1)}{2\cdot4\cdot6\cdot\cdots\cdot m}\cdot\dfrac{\pi^2}{2}, & (m\text{ 为偶数}) \\ \dfrac{2\cdot4\cdot6\cdot\cdots\cdot(m-1)}{1\cdot3\cdot5\cdot\cdots\cdot m}\cdot\pi, & (m\text{ 为大于 1 的奇数}) \end{cases}$$

5.4 反常积分

本节重难点及考研要求

重点及考点

1. 反常积分在计算时首先要区分类型,判断是无穷限积分还是瑕积分.特别是无穷限积分与瑕积分的混合型,一定要先进行分解,分解为多个单一类型的反常积分再逐个计算.

2. 反常积分的计算方法是转化为定积分的计算后再求极限.因此在它收敛时,与常义定积分具有相同的性质和积分方法,如换元法、分部积分法及牛顿—莱布尼兹公式.

3. 反常积分的牛顿—莱布尼兹公式

(1) 设 $F(x)$ 是 $f(x)$ 在 $[a,+\infty)$ 上的一个原函数,

则 $\int_a^{+\infty} f(x)\mathrm{d}x = \lim\limits_{x\to+\infty} F(x) - F(a) \xlongequal{\triangle} F(+\infty) - F(a) \xlongequal{\triangle} [F(x)]_a^{+\infty}$.

其中若 $\lim\limits_{x\to+\infty} F(x)$ 存在则,$\int_a^{+\infty} f(x)\mathrm{d}x$ 收敛;

若 $\lim\limits_{x\to+\infty} F(x)$ 不存在则,$\int_a^{+\infty} f(x)\mathrm{d}x$ 发散.

类似地,若在 $(-\infty,b)$ 上 $F'(x) = f(x)$,则当 $F(-\infty)$ 存在时,

$\int_{-\infty}^{b} f(x)\mathrm{d}x = [F(x)]_{-\infty}^{b} = F(b) - F(-\infty)$;当 $F(-\infty)$ 不存在时,

反常积分 $\int_{-\infty}^{b} f(x)\mathrm{d}x$ 发散.

(2) 设 $x=a$ 为 $f(x)$ 的瑕点,在 $(a,b]$ 上 $F'(x) = f(x)$,若 $\lim\limits_{x\to a+0} F(x)$ 存在,则反常积分

$\int_a^b f(x)\mathrm{d}x = F(b) - \lim\limits_{x\to a+0} F(x) = F(b) - F(a^+)$;若 $\lim\limits_{x\to a+0} F(x)$ 不存在,则反常积分发散.

类似地有 b 为瑕点的计算公式.

4. 计算瑕积分时要特别注意找到所有瑕点,用极限的方法来求,不能直接用常义积分计算.

5. 关于常义定积分的对称区间的奇、偶函数的结论不能推广到反常积分,即若 $f(x)$ 在 $(-\infty,+\infty)$ 上为奇函数,则 $\int_{-\infty}^{+\infty} f(x)\mathrm{d}x$ 不一定为 0;若 $f(x)$ 在 $(-\infty,+\infty)$ 上为偶函数,$\int_{-\infty}^{+\infty} f(x)\mathrm{d}x$ 也不一定等于 $2\int_0^{+\infty} f(x)\mathrm{d}x$.

考研要求

了解广义积分的概念并会计算广义积分.

典型例题与解题技巧

题型Ⅰ:求无穷限的广义积分

【题型分析】 求反常积分的步骤为:

1. 首先要区别反常积分的类型,即是无穷限积分还是无界函数的反常积分,对同时具有无穷限和无界函数的反常积分,一定要进行分解,使各个单独的积分成为只有一个瑕点的积分或一个为无穷限的反常积分.

2. 求出被积函数的原函数.

3. 利用定义求出各个反常积分的值.

4. 求出各值的代数和,即为所求反常积分的值.

例1 求下列广义积分:

(1) $\int_1^{+\infty}\frac{1}{\sqrt{x}}\ln\frac{x+1}{x}dx$; (2) $\int_{-\infty}^{+\infty}\frac{dx}{1+x^2}$; (3) $\int_0^{+\infty}\frac{xe^x}{(1+e^x)^2}dx$; (4) $\int_1^{+\infty}\frac{\ln^2 x}{x^2}dx$.

解 (1) $\int_1^{+\infty}\frac{1}{\sqrt{x}}\ln\frac{x+1}{x}dx=\lim\limits_{a\to+\infty}\int_1^a\frac{1}{\sqrt{x}}\ln\frac{x+1}{x}dx$

$$=\lim_{a\to+\infty}\left[\int_1^a\frac{1}{\sqrt{x}}\ln(x+1)dx-\int_1^a\frac{1}{\sqrt{x}}\ln x dx\right],$$

其中 $\int_1^a\frac{1}{\sqrt{x}}\ln(x+1)dx=2\sqrt{x}\ln(x+1)\Big|_1^a-\int_1^a\frac{2\sqrt{x}}{(x+1)}dx$

$$=2\sqrt{a}\ln(a+1)-2\ln2-[4\sqrt{a}-4\arctan\sqrt{a}-4+\pi],$$

$$\int_1^a\frac{1}{\sqrt{x}}\ln x dx=2\sqrt{x}\ln x\Big|_1^a-2\int_1^a\frac{\sqrt{x}}{x}dx=2\sqrt{a}\ln a-4\sqrt{a}+4,$$

于是 $\lim\limits_{a\to+\infty}\left[\int_1^a\frac{1}{\sqrt{x}}\ln(x+1)dx-\int_1^a\frac{1}{\sqrt{x}}\ln x dx\right]$

$$=\lim_{a\to+\infty}\left[2\sqrt{a}\ln\frac{a+1}{a}+4\arctan\sqrt{a}-2\ln2-\pi\right]$$

$$=2\pi-2\ln2-\pi=\pi-2\ln2.$$

(2) $\int_{-\infty}^{+\infty}\frac{dx}{1+x^2}=\int_{-\infty}^0\frac{dx}{1+x^2}+\int_0^{+\infty}\frac{dx}{1+x^2}=\lim\limits_{a\to-\infty}\int_a^0\frac{dx}{1+x^2}+\lim\limits_{b\to+\infty}\int_0^b\frac{dx}{1+x^2}$

$$=\lim_{a\to-\infty}\arctan x\Big|_a^0+\lim_{b\to+\infty}\arctan x\Big|_0^b$$

$$=-\lim_{a\to-\infty}\arctan a+\lim_{b\to+\infty}\arctan b=-\left(-\frac{\pi}{2}\right)+\frac{\pi}{2}=\pi.$$

(3) $\int_0^{+\infty}\frac{xe^x}{(1+e^x)^2}dx=-\int_0^{+\infty}xd\left(\frac{1}{e^x+1}\right)=-\frac{x}{e^x+1}\Big|_0^{+\infty}+\int_0^{+\infty}\frac{dx}{e^x+1}$

$$=0-\int_0^{+\infty}\frac{de^{-x}}{1+e^{-x}}=-\ln(1+e^{-x})\Big|_0^{+\infty}=\ln2.$$

(4) $\int_1^{+\infty}\frac{\ln^2 x}{x^2}dx=-\int_1^{+\infty}\ln^2 x d\frac{1}{x}=-\frac{\ln^2 x}{x}\Big|_1^{+\infty}+\int_1^{+\infty}\frac{1}{x}2\ln x\cdot\frac{1}{x}dx$

$$=0-2\int_1^{+\infty}\ln x d\frac{1}{x}=-\frac{2\ln x}{x}\Big|_1^{+\infty}+2\int_1^{+\infty}\frac{dx}{x^2}$$

$$=-\frac{2}{x}\Big|_1^{+\infty}=2.$$

题型Ⅱ:无界函数的广义积分

【题型分析】 广义积分收敛时,具有与定积分相同的性质与积分方法,如换元法、分部积分法,以及广义的牛顿—莱布尼兹公式.在用广义的牛顿—莱布尼兹公式时,无穷远点或无界点处原函数应取极限.另外要特别注意无界函数的广义积分,因为这一类广义积分很容易当成定积分来计算而导致错误.

例 2 设 $\varphi(x)=\frac{x+1}{x(x-2)}$,求 $\int_1^3\frac{\varphi'(x)}{1+\varphi^2(x)}dx$.

分析 $x\to 2$ 时,$\varphi(x)\to\infty$,故 $x=2$ 是瑕点,要用极限形式表示.

解 因为 $x\to 2$ 时,$\varphi(x)\to\infty$,

所以 $\int_1^3\frac{\varphi'(x)}{1+\varphi^2(x)}dx=\int_1^2\frac{\varphi'(x)}{1+\varphi^2(x)}dx+\int_2^3\frac{\varphi'(x)}{1+\varphi^2(x)}dx$

$$=\lim_{\varepsilon\to 0^+}\int_1^{2-\varepsilon}\frac{d\varphi(x)}{1+\varphi^2(x)}+\lim_{\varepsilon'\to 0^+}\int_{2+\varepsilon'}^3\frac{d\varphi(x)}{1+\varphi^2(x)}$$

$$=\lim_{\varepsilon\to 0^+}\arctan\varphi(x)\Big|_1^{2-\varepsilon}+\lim_{\varepsilon'\to 0^+}\arctan\varphi(x)\Big|_{2+\varepsilon'}^3$$

$$=\arctan 2+\arctan\frac{4}{3}-\pi.$$

课后习题解答(习题 5-4)

1. 解 (1) $\int_1^{+\infty}\frac{dx}{x^4}=-\frac{1}{3}\cdot\frac{1}{x^3}\Big|_1^{+\infty}=-\frac{1}{3}(0-1)=\frac{1}{3}$,故此反常积分收敛于$\frac{1}{3}$.

(2) $\int_1^{+\infty}\frac{dx}{\sqrt{x}}=2\sqrt{x}\Big|_1^{+\infty}=+\infty$,故此反常积分发散.

注:本题也可用"$p-$积分"的结论判断,这时 $p=\frac{1}{2}<1$,故此反常积分发散.

(3) $\int_0^{+\infty}e^{-ax}dx\quad(a>0)=-\frac{1}{a}e^{-ax}\Big|_0^{+\infty}=-\frac{1}{a}(0-1)=\frac{1}{a}(a>0)$,

故此反常积分收敛于$\frac{1}{a}$.

(4) 收敛.$\int_0^{+\infty}e^{-pt}\operatorname{ch}t dt=\frac{1}{2}\int_0^{+\infty}[e^{-(p-1)t}+e^{-(p+1)t}]dt$

$$=\frac{1}{2}\left[-\frac{1}{p-1}e^{-(p-1)t}+\frac{-1}{p+1}e^{-(p+1)t}\right]\Big|_0^{+\infty}$$

$$=\frac{1}{2}\left[0-0+\frac{1}{p-1}+\frac{1}{p+1}\right]=\frac{p}{p^2-1}.$$

(5) $\int_0^{+\infty} e^{-pt}\sin wt\,dt=-\frac{1}{w}\int_0^{+\infty} e^{-pt}d(\cos wt)=-\frac{1}{w}-\frac{p}{w^2}\int_0^{+\infty} e^{-pt}d\sin wt$

$$=\frac{1}{w}-\frac{p}{w^2}e^{-pt}\sin wt\Big|_0^{+\infty}+\frac{p}{w^2}\int_0^{+\infty}-pe^{-pt}\sin wt\,dt,$$

$$\text{故}\int_0^{+\infty} e^{-pt}\sin wt\,dt=\frac{1}{w}\cdot\frac{1}{1+\frac{p^2}{w^2}}=\frac{w}{p^2+w^2}.$$

(6) $\int_{-\infty}^{+\infty}\frac{dx}{x^2+2x+2}=\int_{-\infty}^{+\infty}\frac{d(x+1)}{(x+1)^2+1}=\arctan(x+1)\Big|_{-\infty}^{+\infty}=\frac{\pi}{2}-(-\frac{\pi}{2})=\pi.$

(7) $\int_0^1\frac{xdx}{\sqrt{1-x^2}}=\lim_{\varepsilon\to0^+}\int_0^{1-\varepsilon}\frac{xdx}{\sqrt{1-x^2}}=\lim_{\varepsilon\to0^+}(-\frac{1}{2})\int_0^{1-\varepsilon}\frac{d(1-x^2)}{\sqrt{1-x^2}}$

$$=-\frac{1}{2}\lim_{\varepsilon\to0^+}2(1-x^2)^{\frac{1}{2}}\Big|_0^{1-\varepsilon}$$

$$=\lim_{\varepsilon\to0^+}-\{[1-(1-\varepsilon)^2]^{\frac{1}{2}}-1\}=1,x=1\text{ 为间断点}.$$

(8) $\int_0^2\frac{dx}{(1-x)^2}=\int_0^1\frac{dx}{(1-x)^2}+\int_1^2\frac{dx}{(1-x)^2},$

因为$\int_0^1\frac{dx}{(1-x)^2}=\frac{1}{1-x}\Big|_0^1=\infty,$

故原积分发散.

(9) $\int_1^2\frac{xdx}{\sqrt{x-1}},x=1$ 为间断点，

$$\int_1^2\frac{x}{\sqrt{x-1}}dx=\int_1^2\frac{(x-1)+1}{\sqrt{x-1}}dx=\int_1^2\left(\sqrt{x-1}+\frac{1}{\sqrt{x-1}}\right)d(x-1)$$

$$=\frac{2}{3}(x-1)^{\frac{3}{2}}\Big|_1^2+2(x-1)^{\frac{1}{2}}\Big|_1^2=2\frac{2}{3}.$$

(10) $\int_1^e\frac{dx}{x\sqrt{1-(\ln x)^2}},x=e$ 为间断点，

$$\lim_{\varepsilon\to0^+}\int_1^{e-\varepsilon}\frac{dx}{x\sqrt{1-(\ln x)^2}}=\lim_{\varepsilon\to0^+}\int_1^{e-\varepsilon}\frac{d\ln x}{\sqrt{1-(\ln x)^2}}$$

$$=\lim_{\varepsilon\to0^+}\arcsin(\ln x)\Big|_1^{e-\varepsilon}=\frac{\pi}{2}.$$

2. 解　因为$\int_2^A\frac{dx}{x(\ln x)^k}=\int_2^A\frac{d(\ln x)}{(\ln x)^k}=\begin{cases}\ln\ln A-\ln\ln 2, & \text{当 } k=1\\ \frac{1}{1-k}[(\ln A)^{1-k}-(\ln 2)(1-k)], & \text{当 } k\neq1,\end{cases}$

所以当 $k=1$ 时$\int_2^{+\infty}\frac{dx}{x\ln x}=\lim_{A\to+\infty}(\ln\ln A-\ln\ln 2)=+\infty$,发散.

当 $k<1$ 时,$\int_2^{+\infty}\frac{dx}{x(\ln x)^k}=\lim_{A\to+\infty}\frac{1}{1-k}[(\ln A)^{1-k}-(\ln 2)^{1-k}]=+\infty$,发散.

当 $k>1$ 时，$\int_2^{+\infty}\frac{dx}{x(\ln x)^k}=\lim\limits_{A\to+\infty}\frac{1}{1-k}[(\ln A)^{1-k}-(\ln 2)^{1-k}]=\frac{(\ln 2)^{1-k}}{k-1}$，收敛.

当 $k>1$ 时，令 $f(k)=\int_2^{+\infty}\frac{dx}{x(\ln x)^k}$，即 $f(k)=\frac{1}{k-1}(\ln 2)^{1-k}$，

则 $f'(k_1)=-\frac{\ln\ln 2}{(k-1)^2}\cdot(\ln 2)^{1-k}[k-(1-\frac{1}{\ln\ln 2}]$.

所以 $f(k)$ 的驻点为 $k_0=1-\frac{1}{\ln\ln 2}$，$k_0>1$. 易知当 $1<k<k_0$ 时，$f'(k)<0$；而当 $k_0<k$ 时，$f'(k)>0$. 因此，k_0 为最小值点.

即当 $k=k_0=1-\frac{1}{\ln\ln 2}$ 时，反积分最小，此时积分

$$\int_2^{+\infty}\frac{dx}{x(\ln x)^{k_0}}=f(k_0)=-\ln\ln 2(\ln 2)^{\frac{1}{\ln\ln 2}}$$

3. 解　$I_n=\int_0^{+\infty}x^n e^{-x}dx$，

则 $I_n=-\int_0^{+\infty}x^n de^{-x}=x^n e^{-x}\Big|_0^{+\infty}+\int_0^{+\infty}e^{-x}nx^{n-1}dx=0+n\int_0^{+\infty}x^{n-1}e^{-x}dx=nI_{n-1}$

$\xlongequal{\text{递推}}n(n-1)I_{n-2}=\cdots=n(n-1)(n-2)\cdots 2I_1=n!I_1$.

而 $I_1=\int_0^{+\infty}xe^{-x}dx=-\int_0^{+\infty}xde^{-x}=-xe^{-x}\Big|_0^{+\infty}+\int_0^{+\infty}e^{-x}dx=1$，

故 $\int_0^{+\infty}x^n e^{-x}dx=n!$.

当 $n=0$ 时，$I_0=1=0!$

5.5 反常积分的审敛法、Γ 函数

本节重难点及考研要求

重点及考点

1. 反常积分的审敛法与无穷级数中的数项级数，特别是正项级数的审敛法非常类似.

2. 判别反常积分的敛散性的方法

(1) 直接法，即由敛散性的定义直接判别.

(2) 间接法，即由判别准则来判别.

3. 在 $\Gamma(s)=\int_0^{+\infty}e^{-x}x^{s-1}dx$ 中作代换 $s=u^2$，

可得 $\int_0^{+\infty}e^{-u^2}u^t du=\frac{1}{2}\Gamma\left(\frac{1+t}{2}\right)(t>-1)$.

上式左端是应用上常见的积分，它的值可由 Γ 函数计算出来.

特别地，令 $s=\frac{1}{2}$，得 $\int_0^{+\infty}e^{-u^2}du=\frac{\sqrt{\pi}}{2}$.

这是概率论中常用的积分.

考研要求

掌握反常积分的审敛法,了解 Γ 函数及常用反常积分的敛散性.

典型例题与解题技巧

题型 Ⅰ:反常积分敛散性的判别

【题型分析】 一般有两种方法判断反常积分的敛散性:

1. 直接法,即由敛散性的定义来判别.
2. 间接法,即由判别准则来判别,绝大多数情况是用间接法.

例 1 判断积分 $\int_0^{\frac{\pi}{2}}\frac{\ln(\sin x)}{\sqrt{x}}dx$ 是条件收敛还是绝对收敛.

分析 先考虑 $\int_0^{\frac{\pi}{2}}\left|\frac{\ln(\sin x)}{\sqrt{x}}\right|dx$ 的收敛性.

解 显然 $x=0$ 是瑕点.

$$\lim_{x\to0}\left|\frac{\ln(\sin x)}{\sqrt{x}}\right|\Big/\frac{1}{x^{\frac{2}{3}}}\overset{\frac{\infty}{\infty}}{=\!=}\lim_{x\to0}\frac{|\ln(\sin x)|}{|x^{-\frac{1}{6}}|}$$

$$=\lim_{x\to0}\frac{\frac{\cos x}{\sin x}}{\left|-\frac{1}{6}x^{-\frac{1}{6}-1}\right|}=6\lim_{x\to0}\frac{x}{\sin x}\lim_{x\to0}x^{\frac{1}{6}}\cos x=0,$$

$p=\frac{2}{3}<1, l=0,$

故 $\int_0^{\frac{\pi}{2}}\left|\frac{\ln(\sin x)}{\sqrt{x}}\right|dx$ 收敛,即 $\int_0^{\frac{\pi}{2}}\frac{\ln(\sin x)}{\sqrt{x}}dx$ 绝对收敛.

题型 Ⅱ:求反常积分中的待定常数值

【题型分析】 由反常积分收敛的判别准则列方程式,解待定常数.

例 2 设 $\int_1^{+\infty}\left[\frac{(b-a)x+a}{2x^2+ax}\right]dx=0$,求常数 a,b.

分析 由原反常积分收敛,根据判别准则得出一个方程,再由该反常积分求解得另一方程,解出常数 a,b.

解 原积分 $=\int_1^{+\infty}\left[\frac{(b-a)x+a}{2x^2+ax}\right]dx=0.$

因为当 $b-a\neq0$ 时,$\lim\limits_{x\to+\infty}x\cdot\frac{(b-a)x+a}{2x^2+ax}=\frac{b-a}{2}, p=1,$

因此,由原反常积分收敛,必须有 $b-a=0$.

于是得 $\int_1^{+\infty}\frac{a}{2x^2+ax}dx=0$,而

$$\int_1^{+\infty}\frac{a}{x(2x+a)}\mathrm{d}x=\int_1^{+\infty}\left(\frac{1}{x}-\frac{2}{2x+a}\right)\mathrm{d}x=\ln\frac{x}{2x+a}\bigg|_1^{+\infty}=\ln\frac{2+a}{2}.$$

即 $\ln\frac{2+a}{2}=0\Rightarrow\frac{2+a}{2}=1\Rightarrow a=0$,则 $b=0$.

课后习题解答(习题 5-5)

1. 解 (1) 由于 $f(x)=\frac{x^2}{x^4+x^2+1}\geqslant 0$,且 $\lim\limits_{x\to+\infty}x^2f(x)=1$,且 $p=2>1$,

故原积分收敛.

(2) 由于 $\frac{1}{x\sqrt[3]{x^2+1}}<\frac{1}{x^{\frac{5}{3}}}$,且 $p=\frac{5}{3}>1$,故原积分收敛.

(3) 由于 $0\leqslant\sin\frac{1}{x^2}<\frac{1}{x^2}$,而且 $\int_1^{+\infty}\frac{1}{x^2}\mathrm{d}x$ 收敛,故原积分收敛.

(4) 因为 $\frac{1}{1+x\,|\sin x|}\geqslant\frac{1}{1+x}$,而 $\int_1^{+\infty}\frac{1}{1+x}\mathrm{d}x$ 发散,所以原积分发散.

(5) 因为 $\lim\limits_{x\to+\infty}x^2\ \frac{x\arctan x}{1+x^3}=\frac{\pi}{2}$,$p=2>1$,且 $\frac{x\arctan x}{1+x^3}\geqslant 0$,

$x\in[0,+\infty)$,因此原积分收敛.

(6) 因为 $\lim\limits_{x\to1^+}\frac{(x-1)^3}{(\ln x)^3}=1>0$,且 $q=3>1$,故原积分发散.

(7) 因为 $\frac{x^4}{(1-x^4)^{\frac{1}{2}}}\geqslant 0$,且 $\lim\limits_{x\to1^-}(1-x)^{\frac{1}{2}}\cdot\frac{x^4}{(1-x^4)^{\frac{1}{2}}}=\frac{1}{2}$,且 $q\geqslant\frac{1}{2}<1$,

故原积分收敛.

(8) $f(x)=\frac{1}{\sqrt[3]{x^2-3x+2}}=\frac{1}{(x-2)^{\frac{1}{3}}(x-1)^{\frac{1}{3}}}<0,x\in(1,2)$,

即积分的瑕点为 $x=1,x=2$.

在 $x=1$ 处,$\lim\limits_{x\to1^+}(x-1)^{\frac{1}{3}}f(x)=\lim\limits_{x\to1^+}\frac{1}{(x-2)^{\frac{1}{3}}}=-1$,

故 $\int_0^{x_0}f(x)\mathrm{d}x$ 收敛,$x_0\in(1,2)$.

在 $x=2$ 处,$\lim\limits_{x\to2^-}(x-2)^{\frac{1}{3}}f(x)=\lim\limits_{x\to2^-}\frac{1}{(x-1)}^{\frac{1}{3}}=1$,

故 $\int_{x_0}^{2}f(x)\mathrm{d}x$ 收敛.因此原积分收敛.

2. 证明 由柯西 - 施瓦兹不等式 $\left(\int_a^b f(x)g(x)\mathrm{d}x\right)^2\leqslant\int_a^b f^2(x)\mathrm{d}x\int_a^b g^2(x)\mathrm{d}x$ 知,对任意的 $A>0$,均有 $\left[\int_1^A\left|\frac{f(x)}{x}\right|\mathrm{d}x\right]^2\leqslant\int_1^A f^2(x)\mathrm{d}x\int_1^A\frac{1}{x^2}\mathrm{d}x$.

因为 $\int_1^{+\infty}f^2(x)\mathrm{d}x$ 收敛,$\int_1^{+\infty}\frac{1}{x^2}\mathrm{d}x$ 也收敛,所以 $\left[\int_1^A\left|\frac{f(x)}{x}\right|\mathrm{d}x\right]\leqslant M$ (M为有

界常数).

又因为$\int_1^A\left|\frac{f(x)}{x}\right|dx$是$A$的单调增函数,从而$\lim\limits_{A\to+\infty}\int_1^A\left|\frac{f(x)}{x}\right|dx$存在,

即$\int_1^{+\infty}\left|\frac{f(x)}{x}\right|dx$收敛,也就是$\int_1^{+\infty}\frac{f(x)}{x}dx$绝对收敛.

3. 解 (1) 令$t=x^n$,则$x=t^{\frac{1}{n}}$,$dx=\frac{1}{n}t^{\frac{1}{n}-1}dt$,

则原式$=\int_0^{+\infty}e^{-t}\frac{1}{n}t^{\frac{1}{n}-t}dt=\frac{1}{n}\Gamma\left(\frac{1}{n}\right)$,$n>0$.

(2) 令$u=\ln\frac{1}{x}$,则$x=e^{-u}$,$dx=-e^{-u}du$,则

$$\int_0^1(\ln\frac{1}{x})^p dx=-\int_{+\infty}^0 u^p e^{-u}du=\int_0^{+\infty}e^{-u}u^{(p+1)-1}du=\Gamma(p+1).$$

(3) 令$x^n=t$,则$x=t^{\frac{1}{n}}$,$dx=\frac{1}{|n|}t^{\frac{1}{n}-1}dt$.

此处$x\in[0,+\infty)$,$(n\neq 0)$可取负值,故应记作$|n|$.

$$\int_0^{+\infty}x^m e^{-x^n}dx=\frac{1}{|n|}\int_0^{+\infty}e^{-t}t^{(\frac{m}{n}+\frac{1}{n})-1}dt=\frac{1}{|n|}\Gamma\left(\frac{m+1}{n}\right).$$

当$s=\frac{m+1}{n}>0$时,即$\begin{cases}n>0\\m>-1\end{cases}$或$\begin{cases}n<0\\m<-1\end{cases}$时,题设积分收敛.

4. 证明 已知$\Gamma\left(\frac{1}{2}\right)=\sqrt{\pi}$,当$k=1$时,

$$\Gamma\left(\frac{2+1}{2}\right)=\Gamma\left(\frac{1}{2}+1\right)=\frac{1}{2}\Gamma\left(\frac{1}{2}\right)=\frac{1}{2}\sqrt{\pi},$$等式成立.

设$k-1$　$(k\geqslant 2)$时等式成立,即

$$\Gamma\left[\frac{2(k-1)+1}{2}\right]=\frac{1\cdot 3\cdot 5\cdot\cdots\cdot(2k-3)\sqrt{\pi}}{2^{k-1}},$$

则　$$\Gamma\left(\frac{2k+1}{2}\right)=\Gamma\left(\frac{2k-1}{2}+1\right)=\frac{2k-1}{2}\Gamma\left(\frac{2k-1}{2}\right)$$

$$=\frac{2k-1}{2}\times\frac{1\cdot 3\cdot 5\cdot\cdots\cdot(2k-3)\sqrt{\pi}}{2^{k-1}}=\frac{1\cdot 3\cdot 5\cdot\cdots\cdot(2k-1)\sqrt{\pi}}{2^k},$$

由归纳法知等式成立.

5. 证明 (1) 因为$\Gamma(n+1)=n!$,

所以$$2^n\Gamma(n+1)=2^n\cdot n!=(2n)[2(n-1)]\cdots(2\cdot 2)(2\cdot 1)$$
$$=2\cdot 4\cdot 6\cdot\cdots\cdot 2n.$$

(2) $$\frac{\Gamma(2n)}{2^{n-1}\Gamma(n)}=\frac{(2n-2)!!-(2n-1)!!}{[2(n-1)]!!}=1\cdot 3\cdot 5\cdot\cdots\cdot(2n-1).$$

(3) $\sqrt{\pi}\Gamma(2n)=\sqrt{\pi}(2n-1)!$

由第4题：　右式$=2^{(2n-1)}(n-1)!\frac{1\cdot 3\cdot 5\cdot\cdots\cdot(2n-1)\sqrt{\pi}}{2^n}$

$$= 2^n \cdot 2^{(n-1)} \cdot (n-1)!\frac{1 \cdot 3 \cdot 5 \cdot \cdots \cdot (2n-1)\sqrt{\pi}}{2^n}$$

$$= (2n-2)!!(2n-2)!!\sqrt{\pi} = \sqrt{\pi}(2n-1)!$$

所以原等式成立.

总习题五全解

1. 解 (1) 必要;充分. (2) 充分必要. (3) 收敛. (4) 不一定.

2. 解 (1) $\int_a^b [f(x)-g(x)]\mathrm{d}x$ 表示由曲线 $y=f(x)$, $y=g(x)$ 以及直线 $x=a$, $x=b$ 所围图形的面积.

(2) $\int_a^b \pi f^2(x)\mathrm{d}x$ 表示 xOy 平面上,由曲线 $y=f(x)$, $x=a$, $x=b$ 以及 x 轴所围图形绕 x 轴旋转一周而得到的旋转体的体积.

(3) $\int_{t_1}^{t_2} \varphi(t)\mathrm{d}t$ 表示在时间段 $[t_1,t_2]$ 内向水池注入的水的总量.

(4) $\int_{T_1}^{T_2} u(t)\mathrm{d}t$ 表示该国在 $[T_1,T_2]$ 时间段内增加的人口总量.

(5) $\int_{1\,000}^{2\,000} P'(x)\mathrm{d}x$ 表示从经营第 1 000 个产品起一直到第 2 000 个产品的利润总量.

3. 解 (1) $\lim\limits_{n\to\infty}\frac{1}{n}\sum\limits_{i=1}^{n}\sqrt{1+\frac{i}{n}} = \int_0^1 \sqrt{1+x}\,\mathrm{d}x$

$$= \frac{2}{3}\sqrt{(1+x)^3}\Big|_0^1 = \frac{2}{3}(2\sqrt{2}-1).$$

(2) $\lim\limits_{n\to\infty}\frac{1^p+2^p+\cdots+n^p}{n^{p+1}}$

$$= \lim_{n\to\infty}\left[\left(\frac{1}{n}\right)^p+\left(\frac{2}{n}\right)^p+\cdots+\left(\frac{n}{n}\right)^p\right]\frac{1}{n}$$

$$= \int_0^1 x^p\,\mathrm{d}x = \frac{1}{p+1}x^{p+1}\Big|_0^1 = \frac{1}{p+1}.$$

4. 解 (1) 因为 $f(x)$ 连续,故由第一积分中值公式有

$\int_a^x f(t)\mathrm{d}t = f(\xi)(x-a)$,其中 ξ 介于 x 与 a 之间,因此

$$\lim_{x\to a}\frac{x}{x-a}\int_a^x f(t)\mathrm{d}t = \lim_{\substack{x\to a\\(\xi\to a)}} xf(\xi) = af(a).$$

(2) $$\lim_{x\to+\infty}\frac{\int_0^x(\arctan t)^2\mathrm{d}t}{\sqrt{x^2+1}} \xlongequal{\text{洛必达法则}} \lim_{x\to+\infty}\frac{(\arctan x)^2}{\frac{x}{\sqrt{x^2+1}}}$$

$$= \lim_{x\to+\infty}\frac{\sqrt{1+x^2}}{x}(\arctan x)^2 = \frac{\pi^2}{4}.$$

5. 解 (1) 计算不正确,因为$\frac{1}{x}$在$[-1,1]$上不连续.

(2) 计算不正确,因为$\frac{1}{t}$在$[-1,1]$上不连续,不能用$x=\frac{1}{t}$作变量替换.

(3) 计算不正确,因为

由$\int_{-\infty}^{+\infty}f(x)\mathrm{d}x$收敛的定义:$\int_{-\infty}^{+\infty}f(x)$收敛$\Leftrightarrow\int_{-\infty}^{0}f(x)\mathrm{d}x$与$\int_{0}^{+\infty}f(x)\mathrm{d}x$均收敛. 而本题中,$\int_{0}^{+\infty}f(x)\mathrm{d}x=\int_{0}^{+\infty}\frac{x}{1+x^2}\mathrm{d}x=\frac{1}{2}\ln(1+x^2)\Big|_0^{+\infty}=+\infty$,故$\int_{-\infty}^{+\infty}\frac{x}{1+x^2}\mathrm{d}x$是发散的.

6. 证明 记$f(x)=\int_0^x\frac{1}{1+t^2}\mathrm{d}t+\int_0^{\frac{1}{x}}\frac{1}{1+t^2}\mathrm{d}t$,则当$x>0$时,有

$$f'(x)=\frac{1}{1+x^2}+\frac{1}{1+\frac{1}{x^2}}\cdot\left(-\frac{1}{x^2}\right)=0,$$

由拉格朗日中值定理的推论,得$f(x)\equiv C\quad(x>0)$.

而$f(1)=\int_0^1\frac{1}{1+t^2}\mathrm{d}t+\int_0^1\frac{1}{1+t^2}\mathrm{d}t=\frac{\pi}{2}$,故$C=\frac{\pi}{2}$,从而结论成立.

7. 证明 因为当$x\in[0,1]$,$p>0$时,$0\leqslant x^p\leqslant 1$,所以$0\leqslant\frac{1}{1+x^p}\leqslant 1$,

从而$0\leqslant\frac{x^p}{1+x^p}\leqslant x^p$.

而$\frac{1}{1+x^p}=\frac{1+x^p-x^p}{1+x^p}=1-\frac{x^p}{1+x^p}\geqslant 1-x^p$, 即

$\frac{1}{1+x^p}-(1-x^p)\geqslant 0$,且$\frac{1}{1+x^p}-(1-x^p)\neq 0$.

由习题 5-2 的第 3 题的第(2) 小题知

$\int_0^1\left[\frac{1}{1+x^p}-(1-x^p)\right]\mathrm{d}x>0$,则有$\int_0^1(1-x^p)\mathrm{d}x<\int_0^1\frac{\mathrm{d}x}{1+x^p}$.

而$\int_0^1(1-x^p)\mathrm{d}x=\left(x-\frac{x^p}{p+1}\right)\Big|_0^1=1-\frac{1}{p+1}=\frac{p}{p+1}$.

故$\frac{p}{p+1}<\int_0^1\frac{1}{1+x^p}\mathrm{d}x$. （∗）

另外,当$x\in[0,1]$,$p>0$时,$1-\frac{1}{1+x^p}\geqslant 0$且$1-\frac{1}{1+x^p}\neq 0$,

从而有$\int_0^1\left(1-\frac{1}{1+x^p}\right)\mathrm{d}x>0$.

即$\int_0^1\frac{1}{1+x^p}\mathrm{d}x<\int_0^1\mathrm{d}x=1$. （∗∗）

综合(∗)、(∗∗),知$\frac{p}{p+1}<\int_0^1\frac{1}{1+x^p}\mathrm{d}x<1$.

8. 证明 (1) 由 $f(x)$、$g(x)$ 在 $[a,b]$ 上连续可知,所求不等式中的积分均存在,对任意实数 λ,都有 $[f(x)+\lambda g(x)]^2 \geqslant 0$,

由单调性可知 $\int_a^b [f(x)+\lambda g(x)]^2 \mathrm{d}x \geqslant 0$.

而上式左端化成 λ 的二次多项式后变为

$$\lambda^2 \int_a^b g^2(x)\mathrm{d}x + 2\lambda \int_a^b f(x)g(x)\mathrm{d}x + \int_a^b f^2(x)\mathrm{d}x \geqslant 0.$$

则因为 $\int_a^b g^2(x)\mathrm{d}x \geqslant 0$,要满足上面不等式,则必有

$$\Delta = 4\left[\int_a^b f(x)g(x)\mathrm{d}x\right]^2 - 4\int_a^b g^2(x)\mathrm{d}x \int_a^b f^2(x)\mathrm{d}x \leqslant 0.$$

即 $\left(\int_a^b f(x)g(x)\mathrm{d}x\right)^2 \leqslant \int_a^b f^2(x)\mathrm{d}x \int_a^b g^2(x)\mathrm{d}x$.

(2) $\int_a^b [f(x)+g(x)]^2 \mathrm{d}x = \int_a^b f^2(x)\mathrm{d}x + 2\int_a^b f(x)g(x)\mathrm{d}x + \int_a^b g^2(x)\mathrm{d}x$.

由上题知 $\left(\int_a^b f(x)g(x)\mathrm{d}x\right)^2 \leqslant \int_a^b f^2(x)\mathrm{d}x \int_a^b g^2(x)\mathrm{d}x$,

则 $\int_a^b f(x)g(x)\mathrm{d}x \leqslant \left|\int_a^b f(x)g(x)\mathrm{d}x\right| \leqslant \sqrt{\int_a^b f^2(x)\mathrm{d}x} \cdot \sqrt{\int_a^b g^2(x)\mathrm{d}x}$.

从而 $\int_a^b [f(x)+g(x)]^2 \mathrm{d}x \leqslant \int_a^b f^2(x)\mathrm{d}x + 2\sqrt{\int_a^b f^2(x)\mathrm{d}x} \cdot \sqrt{\int_a^b g^2(x)\mathrm{d}x} +$

$\int_a^b g^2(x)\mathrm{d}x = \left[\sqrt{\int_a^b f^2(x)\mathrm{d}x} + \sqrt{\int_a^b g^2(x)\mathrm{d}x}\right]^2$.

故 $\left(\int_a^b [f(x)+g(x)]^2 \mathrm{d}x\right)^{\frac{1}{2}} \leqslant \left(\int_a^b f^2(x)\mathrm{d}x\right)^{\frac{1}{2}} + \left(\int_a^b g^2(x)\mathrm{d}x\right)^{\frac{1}{2}}$.

9. 证明 由柯西—施瓦兹不等式知

$$\int_a^b f(x)\mathrm{d}x \int_a^b \frac{\mathrm{d}x}{f(x)} \geqslant \left(\int_a^b f(x) \cdot \frac{1}{f(x)}\mathrm{d}x\right)^2 = (b-a)^2.$$

10. 解 (1) $\int_0^{\frac{\pi}{2}} \frac{x+\sin x}{1+\cos x}\mathrm{d}x = \int_0^{\frac{\pi}{2}} \frac{x}{2\cos^2\frac{x}{2}}\mathrm{d}x - \int_0^{\frac{\pi}{2}} \frac{\mathrm{d}(1+\cos x)}{1+\cos x}$

$$= \int_0^{\frac{\pi}{2}} x\mathrm{d}\left(\tan\frac{x}{2}\right) - \ln(1+\cos x)\Big|_0^{\frac{\pi}{2}}$$

$$= x\tan\frac{x}{2}\Big|_0^{\frac{\pi}{2}} - \int_0^{\frac{\pi}{2}} \tan\frac{x}{2}\mathrm{d}x + \ln 2$$

$$= \frac{\pi}{2} + 2\ln\cos\frac{x}{2}\Big|_0^{\frac{\pi}{2}} + \ln 2 = \frac{\pi}{2}.$$

(2) $\int_0^{\frac{\pi}{4}} \ln(1+\tan x)\mathrm{d}x = \int_0^{\frac{\pi}{4}} \ln\frac{\sqrt{2}\sin\left(\frac{\pi}{4}+x\right)}{\cos x}\mathrm{d}x$

$$= \int_0^{\frac{\pi}{4}} \ln\sqrt{2}\,dx + \int_0^{\frac{\pi}{4}} \ln\sin\left(\frac{\pi}{4}+x\right)dx - \int_0^{\frac{\pi}{4}} \ln\cos x\,dx,$$

而$\int_0^{\frac{\pi}{4}} \ln\sin\left(\frac{\pi}{4}+x\right)dx \xlongequal{x=\frac{\pi}{4}-t} \int_0^{\frac{\pi}{4}} \ln\sin\left(\frac{\pi}{4}+\frac{\pi}{4}-t\right)dt$

$$= \int_0^{\frac{\pi}{4}} \ln\cos t\,dt = \int_0^{\frac{\pi}{4}} \ln\cos x\,dx,$$

故$\int_0^{\frac{\pi}{4}} \ln(1+\tan x)dx = \int_0^{\frac{\pi}{4}} \ln\sqrt{2}\,dx = \ln\sqrt{2}\times\frac{\pi}{4} = \frac{\pi}{8}\ln 2.$

(3) $\int_0^a \frac{dx}{x+\sqrt{a^2-x^2}} \xlongequal{x=a\sin t} \int_0^{\frac{\pi}{2}} \frac{\cos t\,dt}{\sin t+\cos t},$

而$\int_0^{\frac{\pi}{2}} \frac{\cos t\,dt}{\sin t+\cos t} \xlongequal{t=\frac{\pi}{2}-u} \int_0^{\frac{\pi}{2}} \frac{\sin u\,du}{\sin u+\cos u} = \int_0^{\frac{\pi}{2}} \frac{\sin t}{\sin t+\cos t}dt.$

故$\int_0^a \frac{dx}{x+\sqrt{a^2-x^2}} = \frac{1}{2}\int_0^{\frac{\pi}{2}} \frac{\sin t+\cos t}{\sin t+\cos t}dt = \frac{1}{2}\int_0^{\frac{\pi}{2}} dt = \frac{\pi}{4}.$

(4) $\int_0^{\frac{\pi}{2}} \sqrt{1-\sin 2x}\,dx = \int_0^{\frac{\pi}{2}} |\cos x-\sin x|\,dx$

$$= \int_0^{\frac{\pi}{4}} (\cos x-\sin x)dx + \int_{\frac{\pi}{4}}^{\frac{\pi}{2}} (\sin x-\cos x)dx$$

$$= 2\sqrt{2}-2 = 2(\sqrt{2}-1).$$

(5) 原式$= \int_0^{\frac{\pi}{2}} \frac{dx}{2\cos^2 x+\sin^2 x} = \int_0^{\frac{\pi}{2}} \frac{dx}{\cos^2 x(2+\tan^2 x)}$

$$= \int_0^{\frac{\pi}{2}} \frac{d\tan x}{2+\tan^2 x} = \frac{1}{\sqrt{2}}\int_0^{\frac{\pi}{2}} \frac{d\frac{\tan x}{\sqrt{2}}}{1+\left(\frac{\tan x}{\sqrt{2}}\right)^2} = \frac{1}{\sqrt{2}}\arctan\left(\frac{\tan x}{\sqrt{2}}\right)\Bigg|_0^{\frac{\pi}{2}}$$

$$= \lim_{\varepsilon\to\frac{\pi}{2}^-} \frac{1}{\sqrt{2}}\arctan\left(\frac{\tan\varepsilon}{\sqrt{2}}\right) - 0 = \frac{\pi}{2\sqrt{2}}.$$

(6) $\int_0^{\pi} x\sqrt{\cos^2 x-\cos^4 x}\,dx = \int_0^{\pi} x\,|\cos x|\sin x\,dx$

$= \frac{\pi}{2}\int_0^{\pi} |\cos x|\sin x\,dx$ （见教材例 6(2) 的结论）

$$= \frac{\pi}{2}\left[\int_0^{\frac{\pi}{2}} \cos x\sin x\,dx - \int_{\frac{\pi}{2}}^{\pi} \cos x\sin x\,dx\right]$$

$$= \frac{\pi}{2}\left[\frac{1}{2}\sin^2 x\right]_0^{\frac{\pi}{2}} - \frac{\pi}{2}\left[\frac{1}{2}\sin^2 x\right]_{\frac{\pi}{2}}^{\pi} = \frac{\pi}{2}.$$

(7) $\int_0^{\pi} x^2|\cos x|\,dx = \int_0^{\frac{\pi}{2}} x^2\cos x\,dx - \int_{\frac{\pi}{2}}^{\pi} x^2\cos x\,dx$

$$=\left[x^2\sin x+2x\cos x-2\sin x\right]_0^{\frac{\pi}{2}}-\left[x^2\sin x+2x\cos x-2\sin x\right]_{\pi}^{\frac{\pi}{2}}$$

$$=\frac{\pi^2}{2}+2\pi-4.$$

(8) $\int_0^{+\infty}\frac{\mathrm{d}x}{e^{x+1}+e^{3-x}}=\frac{1}{e^2}\int_0^{+\infty}\frac{\mathrm{d}e^{x-1}}{e^{2x-2}+1}=\frac{1}{e^2}\left[\arctan(e^{x-1})\right]_0^{+\infty}$

$$=\frac{1}{e^2}\left(\frac{\pi}{2}-\arctan\frac{1}{e}\right).$$

(9) $\int_{\frac{1}{2}}^{1}\frac{\mathrm{d}x}{\sqrt{|x^2-x|}}=\int_{\frac{1}{2}}^{1}\frac{\mathrm{d}x}{\sqrt{x-x^2}}=\int_{\frac{1}{2}}^{1}\frac{\mathrm{d}(2x-1)}{\sqrt{1-(2x-1)^2}}$

$$=\left[\arcsin(2x-1)\right]_{\frac{1}{2}}^{1}=\frac{\pi}{2};$$

$$\int_1^{\frac{3}{2}}\frac{\mathrm{d}x}{\sqrt{|x^2-x|}}=\int_1^{\frac{3}{2}}\frac{\mathrm{d}x}{\sqrt{x^2-x}}=\int_1^{\frac{3}{2}}\frac{\mathrm{d}(2x-1)}{\sqrt{(2x-1)^2-1}}$$

$$=\left[\ln(2x-1+\sqrt{(2x-1)^2-1})\right]_1^{\frac{3}{2}}=\ln(2+\sqrt{3}),$$

因此 $\int_{\frac{1}{2}}^{\frac{3}{2}}\frac{\mathrm{d}x}{\sqrt{|x^2-x|}}=\int_{\frac{1}{2}}^{1}\frac{\mathrm{d}x}{\sqrt{|x^2-x|}}+\int_1^{\frac{3}{2}}\frac{\mathrm{d}x}{\sqrt{|x^2-x|}}$

$$=\frac{\pi}{2}+\ln(2+\sqrt{3}).$$

(10) 当 $x<-1$ 时，$\int_0^x\max\{t^3,t^2,1\}\mathrm{d}t=\int_0^{-1}\mathrm{d}t+\int_{-1}^{x}t^2\mathrm{d}t=\frac{1}{3}x^3-\frac{2}{3}$；

当 $-1\leqslant x\leqslant 1$ 时，$\int_0^x\max\{t^3,t^2,1\}\mathrm{d}t=\int_0^x\mathrm{d}t=x$；

当 $x>1$ 时，$\int_0^x\max\{t^3,t^2,1\}\mathrm{d}t=\int_0^1\mathrm{d}t+\int_1^x t^3\mathrm{d}t=\frac{1}{4}x^4+\frac{3}{4}$.

因此 $\int_0^x\max\{t^3,t^2,1\}\mathrm{d}t=\begin{cases}\frac{1}{3}x^3-\frac{2}{3}, & x<-1,\\ x, & -1\leqslant x\leqslant 1,\\ \frac{1}{4}x^4+\frac{3}{4}, & x>1.\end{cases}$

11. 证明 因为 $\int_0^x f(t)(x-t)\mathrm{d}t=\int_0^x[xf(t)-tf(t)]\mathrm{d}t=x\int_0^x f(t)\mathrm{d}t-\int_0^x tf(t)\mathrm{d}t$

(t 为积分变量，x 可视为常量提到积分号外)，故可令

$$\varphi(x)=\int_0^x f(t)(x-t)\mathrm{d}t-\int_0^x\left(\int_0^t f(u)\mathrm{d}u\right)\mathrm{d}t.$$

则 $\varphi(x)=x\int_0^x f(t)\mathrm{d}t-\int_0^x tf(t)\mathrm{d}t-\int_0^x\left(\int_0^t f(u)\mathrm{d}u\right)\mathrm{d}t.$

$$\varphi'(x)=\int_0^x f(t)\mathrm{d}t+xf(x)-xf(x)-\int_0^x f(u)\mathrm{d}u=0.$$

所以　$\varphi(x)=C$(常数).

又因为　$\varphi(0)=0$，故 $C=0$，即 $\varphi(x)=0$.

所以 $\int_0^x f(t)(x-t)\mathrm{d}t = \int_0^x \left(\int_0^t f(u)\mathrm{d}u\right)\mathrm{d}t.$

12. 证明 (1) $F'(x) = f(x) + \dfrac{1}{f(x)}.$

由题设条件知 $F'(x) = \left[\sqrt{f(x)} - \dfrac{1}{\sqrt{f(x)}}\right]^2 + 2 \geqslant 2.$

(2) $F(a) = \int_a^a f(t)\mathrm{d}t + \int_b^a \dfrac{\mathrm{d}t}{f(t)} = -\int_a^b \dfrac{\mathrm{d}t}{f(t)} < 0,$

而 $F(b) = \int_a^b f(t)\mathrm{d}t + \int_b^b \dfrac{\mathrm{d}t}{f(t)} = \int_a^b f(t)\mathrm{d}t > 0.$

$F(x)$ 在 $[a,b]$ 上连续，由零点定理知：

方程 $F(x)=0$ 在 (a,b) 内至少有一根.

13. 证明 $\int_0^2 f(x-1)\mathrm{d}x = \int_0^1 \dfrac{1}{1+\mathrm{e}^{x-1}}\mathrm{d}x + \int_1^2 \dfrac{1}{x}\mathrm{d}x = \int_0^1 \dfrac{\mathrm{e}^{-x}\mathrm{d}x}{\mathrm{e}^{-x}+\mathrm{e}^{-1}} + \ln x\Big|_1^2$

$= -\ln(\mathrm{e}^{-x}+\mathrm{e}^{-1})\big|_0^1 + \ln 2 = -\left[\ln 2\mathrm{e}^{-1} - \ln\left(1+\dfrac{1}{\mathrm{e}}\right)\right] + \ln 2 = \ln(1+\mathrm{e}).$

14. 证明 若 $g(x) \equiv 0$，则结论仍然成立.

若 $g(x) \not\equiv 0$，因为 $g(x)$ 不变号，不妨设 $g(x) > 0$，因为 $f(x)$ 在 $[a,b]$ 上连续，所以有最大值 M 和最小值 m，即

$m \leqslant f(x) \leqslant M$， 从而 $mg(x) \leqslant f(x)g(x) \leqslant Mg(x).$

积分得 $m\int_a^b g(x)\mathrm{d}x \leqslant \int_a^b f(x)g(x)\mathrm{d}x \leqslant M\int_a^b g(x)\mathrm{d}x.$

因而 $m \leqslant \dfrac{\int_a^b f(x)g(x)\mathrm{d}x}{\int_a^b g(x)\mathrm{d}x} \leqslant M.$

再次利用介值定理 $f(x)$ 在 $[a,b]$ 上连续性，知至少存在一点 $\xi \in (a,b)$，

使 $\dfrac{\int_a^b f(x)g(x)\mathrm{d}x}{\int_a^b g(x)\mathrm{d}x} = f(\xi)$， 即 $\int_a^b f(x)g(x)\mathrm{d}x = f(\xi)\int_a^b g(x)\mathrm{d}x.$

15. 证明 $\int_0^{+\infty} x^n \mathrm{e}^{-x^2}\mathrm{d}x = -\dfrac{1}{2}\int_0^{+\infty} x^{n-1}\mathrm{d}(\mathrm{e}^{-x^2})$

$= -\dfrac{1}{2}\left(x^{n-1}\mathrm{e}^{-x^2}\big|_0^{+\infty} - \int_0^{+\infty}\mathrm{e}^{-x^2}\mathrm{d}x^{n-1}\right)$

$= \dfrac{n-1}{2}\int_0^{+\infty} x^{n-2}\mathrm{e}^{-x^2}\mathrm{d}x \quad (n>1),$

$\int_0^{+\infty} x^{2n+1}\mathrm{e}^{-x^2}\mathrm{d}x \xlongequal{x^2=t} \dfrac{1}{2}\int_0^{+\infty} t^n \mathrm{e}^{-t}\mathrm{d}t$

$= \dfrac{1}{2}\int_0^{+\infty} t^{(n+1)-1}\mathrm{e}^{-t}\mathrm{d}t = \dfrac{1}{2}\Gamma(n+1) \quad (n \in \mathbf{N}).$

16. 解 (1) $\int_0^{+\infty}\frac{\sin x}{\sqrt{x^3}}dx=\int_0^1\frac{\sin x dx}{\sqrt{x^3}}+\int_1^{+\infty}\frac{\sin x dx}{\sqrt{x^3}}$,

因为$\lim\limits_{x\to 0}\frac{\sqrt{x}\sin x}{\sqrt{x^3}}=\lim\limits_{x\to 0}\frac{\sin x}{x}=1$,所以积分$\int_0^1\frac{\sin x dx}{\sqrt{x^3}}$收敛.

又因为$\left|\frac{\sin x}{\sqrt{x^3}}\right|\leqslant\frac{1}{\sqrt{x^3}}$,而$\int_1^{+\infty}\frac{dx}{\sqrt{x^3}}$收敛,因而积分$\int_1^{+\infty}\frac{\sin x dx}{\sqrt{x^3}}$收敛.

因此原积分$\int_0^{+\infty}\frac{\sin x}{\sqrt{x^3}}dx$收敛.

(2) 因为$\int_2^{+\infty}\frac{dx}{x\sqrt[3]{x^2-3x+2}}$

$$=\int_2^3\frac{dx}{x(x-2)^{\frac{1}{3}}(x-1)^{\frac{1}{3}}}+\int_3^{+\infty}\frac{dx}{x\cdot\sqrt[3]{x^2-3x+2}},$$

因为$\lim\limits_{x\to 2^+}(x-2)^{\frac{1}{3}}\frac{1}{x(x-2)^{\frac{1}{3}}(x-1)^{\frac{1}{3}}}=\frac{1}{2}$,

所以$\int_2^3\frac{dx}{x(x-2)^{\frac{1}{3}}(x-1)^{\frac{1}{3}}}$收敛.

又由于$\lim\limits_{x\to+\infty}x^{\frac{5}{3}}\cdot\frac{1}{x\sqrt[3]{x^2-3x+2}}=\lim\limits_{x\to+\infty}\frac{1}{\sqrt[3]{1-\frac{3}{x}+\frac{2}{x^2}}}=1$,

故$\int_3^{+\infty}\frac{dx}{x\sqrt[3]{x^2-3x+2}}$也收敛, 因此$\int_2^{+\infty}\frac{dx}{x\sqrt[3]{x^2-3x+2}}$收敛.

(3) $\int_2^{+\infty}\frac{\cos x}{\ln x}dx=\int_2^{+\infty}\frac{d\sin x}{\ln x}=\sin x\frac{1}{\ln x}\Big|_2^{+\infty}+\int_2^{+\infty}\sin x\frac{dx}{x\ln^2 x}$

$$=\int_2^{+\infty}\frac{\sin x}{x\ln^2 x}dx-\frac{\sin 2}{\ln 2}.$$

而$\left|\frac{\sin x}{x\ln^2 x}\right|\leqslant\frac{1}{x\ln^2 x}$,因$\int_2^{+\infty}\frac{dx}{x\ln^2 x}=\frac{1}{\ln 2}$收敛,

所以$\int_2^{+\infty}\frac{\sin x}{x\ln^2 x}dx$收敛,所以$\int_2^{+\infty}\frac{\cos x}{\ln x}dx$收敛.

(4) 易见被积函数$f(x)=\frac{1}{\sqrt[3]{x^2(x-1)(x-2)}}$,其分母为零的点均在积分区域内,故应分段分析反常积分的敛散性,即

$$\int_0^{+\infty}f(x)dx=\left[\int_0^{\frac{1}{2}}+\int_{\frac{1}{2}}^1+\int_1^{\frac{3}{2}}+\int_{\frac{3}{2}}^2+\int_2^3+\int_3^{+\infty}\right]f(x)dx.$$

在$(0,\frac{1}{2}]$上,$f(x)$连续、非负,$\lim\limits_{x\to 0^+}f(x)=+\infty$.

由于$\lim\limits_{x\to 0^+}x^{\frac{2}{3}}f(x)=\lim\limits_{x\to 0^+}\frac{1}{\sqrt[3]{(x-1)(x-2)}}=\frac{1}{\sqrt[3]{2}}$,而$q=\frac{2}{3}<1$.

由极限审敛法知$\int_0^{\frac{1}{2}}f(x)dx$收敛.

同理可以判别出 $f(x)$ 在 $\left[\frac{1}{2},1\right)$, $\left(1,\frac{3}{2}\right]$, $\left[\frac{3}{2},2\right)$ 及 $(2,3]$ 上的反常积分的敛散性.

由于 $f(x)$ 或 $|f(x)|$ 在这些区间上均连续非负，且 $f(1-0)\cdot|f(1+0)|$、$f(2-0)$、$f(2+0)$ 均为 $+\infty$，而 $\lim\limits_{x\to1^-}(x-1)^{\frac{1}{3}}f(x)$、$\lim\limits_{x\to1^+}(x-1)^{\frac{1}{3}}|f(x)|$、$\lim\limits_{x\to2^-}(x-2)^{\frac{1}{3}}f(x)$ 及 $\lim\limits_{x\to2^+}(x-2)^{\frac{1}{3}}f(x)$ 均存在，故 $\int_{\frac{1}{2}}^{1}f(x)\mathrm{d}x$、$\int_{1}^{\frac{3}{2}}|f(x)|\mathrm{d}x$、$\int_{\frac{3}{2}}^{2}f(x)\mathrm{d}x$、$\int_{2}^{3}f(x)\mathrm{d}x$ 均收敛.

对于 $\int_{3}^{+\infty}f(x)\mathrm{d}x$，在 $[3,+\infty)$ 上，$f(x)>0$，$f(x)<\dfrac{1}{(x-2)^{4/3}}$，

而 $\int_{3}^{+\infty}\dfrac{1}{(x-2)^{4/3}}\mathrm{d}x$ 收敛，故 $\int_{3}^{+\infty}f(x)\mathrm{d}x$ 收敛.

综上可知 $\int_{0}^{+\infty}f(x)\mathrm{d}x$ 收敛.

17. 解 (1) $I=\int_{0}^{\frac{\pi}{2}}\ln\sin x\mathrm{d}x=\int_{0}^{\frac{\pi}{4}}\ln\sin x\mathrm{d}x+\int_{\frac{\pi}{4}}^{\frac{\pi}{2}}\ln\sin x\mathrm{d}x$

而 $\int_{\frac{\pi}{4}}^{\frac{\pi}{2}}\ln\sin x\mathrm{d}x\xlongequal{x=\frac{\pi}{2}-t}\int_{0}^{\frac{\pi}{4}}\ln\cos t\mathrm{d}t=\int_{0}^{\frac{\pi}{4}}\ln\cos x\mathrm{d}x.$

因此 $I=\int_{0}^{\frac{\pi}{4}}\ln\sin x\mathrm{d}x+\int_{0}^{\frac{\pi}{4}}\ln\cos x\mathrm{d}x=\int_{0}^{\frac{\pi}{4}}\ln(\sin x\cos x)\mathrm{d}x$

$$=\int_{0}^{\frac{\pi}{4}}\ln\frac{\sin2x}{2}\mathrm{d}x=\int_{0}^{\frac{\pi}{4}}\ln\sin2x\mathrm{d}x-\ln2\int_{0}^{\frac{\pi}{4}}\mathrm{d}x.$$

又 $\int_{0}^{\frac{\pi}{4}}\ln\sin2x\mathrm{d}x\xlongequal{t=2x}\dfrac{1}{2}\int_{0}^{\frac{\pi}{2}}\ln\sin t\mathrm{d}t=\dfrac{1}{2}I$，

因此 $I=\dfrac{1}{2}I-\dfrac{\pi}{4}\ln2$，即 $I=\dfrac{-\pi}{2}\ln2$.

亦即 $\int_{0}^{\frac{\pi}{2}}\ln\sin x\mathrm{d}x=-\dfrac{\pi}{2}\ln2.$

(2) 因为 $\int_{0}^{+\infty}\dfrac{\mathrm{d}x}{(1+x^2)(1+x^a)}\xlongequal{x=\frac{1}{t}}\int_{0}^{+\infty}\dfrac{t^a\mathrm{d}t}{(1+t^2)(1+t^a)}$

$$=\int_{0}^{+\infty}\frac{\mathrm{d}t}{1+t^2}-\int_{0}^{+\infty}\frac{\mathrm{d}t}{(1+t^2)(1+t^a)},$$

所以 $\int_{0}^{+\infty}\dfrac{\mathrm{d}x}{(1+x^2)(1+x^a)}=\dfrac{1}{2}\int_{0}^{+\infty}\dfrac{\mathrm{d}x}{1+x^2}=\dfrac{1}{2}\arctan x\Big|_{0}^{+\infty}=\dfrac{\pi}{4}.$

第六章　定积分的应用

知识结构网络图

- 定积分的应用
  - 定积分的元素法
  - 定积分在几何学上的应用
    - 求平面图形的面积
    - 求体积
    - 求平面曲线的弧长
  - 定积分在物理学上的应用
    - 功的问题
    - 水压力问题
    - 引力问题

6.1 定积分的元素法

本节重难点及考研要求

重点及考点

使用元素法的主要思想是“以不变代变，以直代弯”. 用近似的方法获得微元的表达式，然后积分得到精确值，因此元素法又称微元法. 下面两节讨论的定积分在几何及物理上的应用都是运用了这样的思想方法. 例如要求整体的面积 A，先求面积微元 dA；要求体积 V，先求体积微元 dV 等.

考研要求

了解定积分的元素法。

6.2 定积分在几何学上的应用

本节重难点及考研要求

重点及考点

1. 计算平面图形的面积时，一般要先画出大体图形，然后根据图形的特点选择是用直角坐标系还是用极坐标系. 通常图形与圆有关时可考虑用极坐标系计算起来可能会更简单. 在直角坐标系下，还要根据图形的形状选择恰当的积分变量，如果不是前面公式中所给的四种类型，还需要对图形进行分割，分割成四种标准类型中的一种再积分；极坐标系类似. 恰当地选择积分变量和积分区域可给计算带来方便. 另外，可利用图形的对称性简化计算.

2. 计算曲边梯形绕坐标轴旋转形成的旋转体体积时，可利用切片法，即把旋转体看成由一系列垂直于旋转轴的圆形薄片组成，而此薄片的体积就是体积微元.

3. 计算曲线的弧长时，主要是根据曲线的方程选择相应的公式写出弧微分 ds，继而求出弧长.

4. 计算旋转体的侧面积时，需注意是绕哪个轴旋转，若是绕 x 轴旋转，只需代入上面所给公式；若是绕 y 轴旋转，则要根据上面公式稍作改变.

考研要求

掌握用定积分表达和计算一些几何量（平面图形的面积、平面曲线的弧长、旋转体的体积和侧面积、平行截面面积为已知的立体体积）及函数的平均值.

典型例题与解题技巧

题型Ⅰ:求平面图形的面积

【题型分析】 画出平面图形的大致图形，特别是找出曲线与坐标轴或曲线之间的交点，根据条件选择用直角坐标系还是极坐标系. 在直角坐标系下，还需根据图形的特征选择相应的积分变量及积分区域，然后写出面积的积分表达式进行计算.

例 1 求星形线 $\begin{cases} x = a\cos^3 t \\ y = a\sin^3 t \end{cases}$ $(0 \leqslant t \leqslant 2\pi)$ 所围成的图形面积（如图 6-1 所示）.

分析 在计算平面图形的面积时，一条重要原则是充分利用图形的对称性，这不仅能简化计算，还常常能避免错误. 因此，熟悉一些常见曲线的方程，如星形线、摆线、心形线、叶形线是很有用的.

解 根据对称性，所求面积等于第一象限图形面积的 4 倍，故

$$A = 4\int_{\frac{\pi}{2}}^{0} a\sin^3 t \cdot (a\cos^3 t)' \mathrm{d}t$$

$$= 4\int_{\frac{\pi}{2}}^{0} a\sin^3 t(-3a\cos^2 t \cdot \sin t)\mathrm{d}t$$

$$= 12a^2\left(\int_0^{\frac{\pi}{2}} \sin^4 t\mathrm{d}t - \int_0^{\frac{\pi}{2}} \sin^6 t\mathrm{d}t\right)$$

$$= \frac{3}{8}\pi a^2.$$

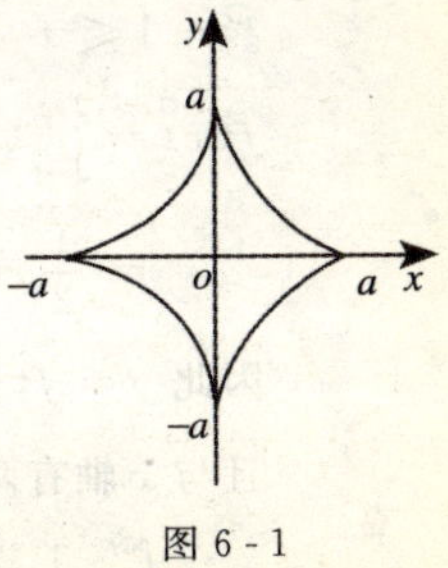

图 6-1

例 2 求由下面曲线所围成的图形的面积：$y=\frac{1}{2}x^2$ 与 $x^2+y^2=8$，位于 $y=\frac{1}{2}x^2$ 上方.

分析 先画出图形，然后积分求解.

解 如图 6-2 所示，由 $\begin{cases} y=\frac{1}{2}x^2 \\ x^2+y^2=8 \end{cases}$ 解得交点 $M(-2,2)$，$N(2,2)$.

$x^2+y^2=8$ 的上半部分为 $y=\sqrt{8-x^2}$，

则所求面积为 $A=2\int_{-2}^{2}(\sqrt{8-x^2}-\frac{1}{2}x^2)\mathrm{d}x$

$$=2\left[\frac{1}{2}x\sqrt{8-x^2}+\frac{8}{2}\arcsin\frac{x}{2\sqrt{2}}-\frac{1}{6}x^3\right]_0^2$$

$$=2\pi+\frac{4}{3}.$$

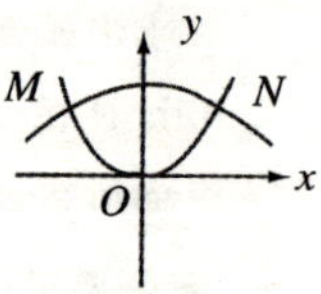

图 6-2

例 3 已知 $f(x)=\int_{-1}^{x}(1-|t|)\mathrm{d}t \quad (x>-1)$，求曲线 $y=f(x)$ 与 x 轴所围成平面图形的面积.

分析 由于 $y=f(x)$ 是由变上限函数表示的，且被积函数中有绝对值，所以要先求出分段函数 $y=f(x)$.

解 如图 6-3 所示.

当 $x>0$ 时，

$$f(x)=\int_{-1}^{0}(1+t)\mathrm{d}t+\int_{0}^{x}(1-t)\mathrm{d}t$$

$$=\frac{1}{2}+x-\frac{1}{2}x^2$$

$$=-\frac{1}{2}(x-1)^2+1.$$

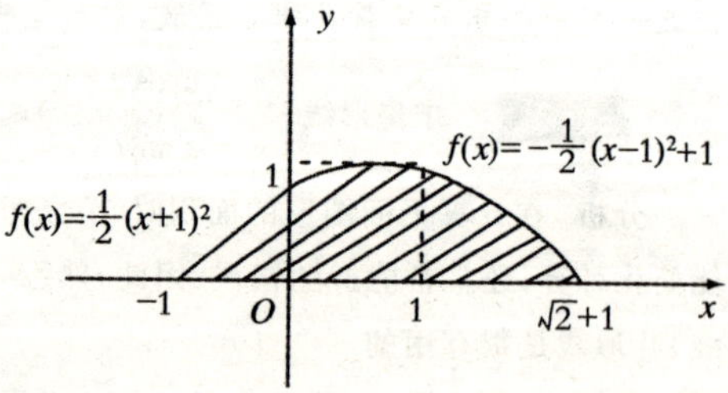

图 6-3

当 $-1\leqslant x\leqslant 0$ 时，

$$f(x)=\int_{-1}^{x}(1+t)\mathrm{d}t$$

$$=\frac{1}{2}x^2+x+\frac{1}{2}=\frac{1}{2}(x+1)^2.$$

因此 $y=f(x)$ 与 x 轴围成一平面图形，

且与 x 轴有两个交点 $(-1,0)$，$(\sqrt{2}+1,0)$，面积为

$$A=\int_{-1}^{0}\frac{1}{2}(x+1)^2\mathrm{d}x+\int_{0}^{\sqrt{2}+1}\left[-\frac{1}{2}(x-1)^2+1\right]\mathrm{d}x=1+\frac{2}{3}\sqrt{2}.$$

题型Ⅱ:求体积

【题型分析】　在求旋转体体积时,首先根据旋转体的形状确定是对 x 积分还是对 y 积分.一般 $y=f(x)$,$x=a$,$x=b$ 所围的曲边梯形绕 x 轴旋转时,利用切片法,即把旋转体看成是一系列与 x 轴垂直的圆形薄片所组成的,以此薄片的体积作为体积元素;而当该图形绕 y 轴旋转时,利用柱壳法,即把旋转看成是以 y 轴为中心轴的一系列圆柱形薄壳组成,以此柱壳的体积作为体积元素.可以把这类问题推广到绕平行于 x 轴或 y 轴的直线旋转的情况,也可以把问题推广为 $y=f_1(x)$,$y=f_2(x)$,$x=a$,$x=b$ 所围成的区域绕 x 轴或 y 轴旋转的情况,只需把它看成是两个曲边梯形的差即可.

例 4　一平面经过半径为 R 的圆柱体的底圆中心并与底面交成角 α,计算圆柱体被这平面截割下的那部分体积.

分析　首先要建立坐标系,然后求平行截面面积,最后将立体体积表示为截面面积的定积分.

解　如图 6-4 所示.

底圆方程为 $x^2+y^2=R^2$,在 x 处用垂直于 x 轴的平面截割形体所得截面为一直角三角形 ABC,其面积为

$$S_{\triangle ABC}=\frac{1}{2}AB\cdot BC=\frac{1}{2}y\cdot y\tan\alpha=\frac{1}{2}(R^2-x^2)\tan\alpha.$$

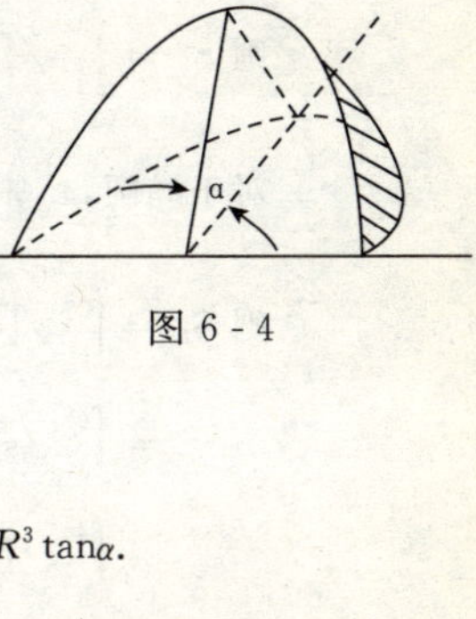

图 6-4

故所求形体体积为

$$V=\int_{-R}^{R}\frac{1}{2}(R^2-x^2)\tan\alpha\,\mathrm{d}x=\int_0^R(R^2-x^2)\tan\alpha\,\mathrm{d}x=\frac{2}{3}R^3\tan\alpha.$$

例 5　求心形线 $\rho=4(1+\cos\theta)$ 和直线 $\theta=0,\theta=\frac{\pi}{2}$ 围成图形绕极轴旋转所成的旋转体的体积.

分析　按切片法选 x 为积分变量进行积分求解.

解　如图 6-5 所示,

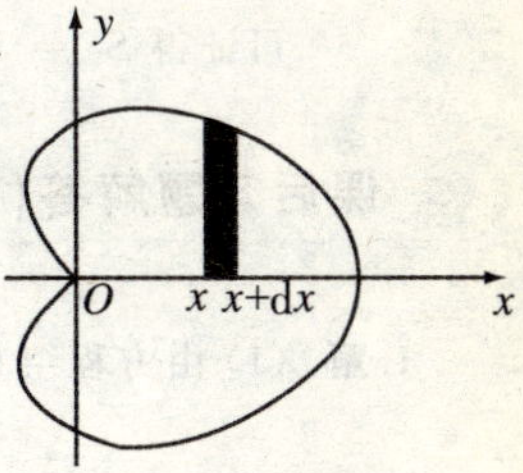

图 6-5

由极坐标与直角坐标的关系有 $\rho=4(1+\cos\theta)$,

由 $\begin{cases}x=\rho\cos\theta\\ y=\rho\sin\theta\end{cases}$,得 $\begin{cases}x=4(1+\cos\theta)\cos\theta,\\ y=4(1+\cos\theta)\sin\theta.\end{cases}$

当 $\theta=0$ 时,$\rho=8$,$\mathrm{d}V=\pi y^2\mathrm{d}x$.

$$V=\int_0^8\pi y^2\,\mathrm{d}x=-\int_{\frac{\pi}{2}}^{0}16\pi(1+\cos\theta)^2\sin^2\theta\cdot4(\sin\theta+2\sin\theta\cos\theta)\,\mathrm{d}\theta$$

$$=64\pi\int_0^{\frac{\pi}{2}}(1+\cos\theta)^2\sin^3\theta(1+2\cos\theta)\,\mathrm{d}\theta=160\pi.$$

题型 Ⅲ:求平面曲线的弧长.

【题型分析】 求平面曲线的弧长时,只需根据曲线方程的表示方法(直角坐标、参数坐标或极坐标)选择相应的公式即可.

例 6 求摆线 $\begin{cases} x = 1 - \cos t \\ y = t - \sin t \end{cases}$ 一拱($0 \leqslant t \leqslant 2\pi$)的弧长.

分析 直接按参数方程弧长计算公式求解.

解 $ds = \sqrt{x'^2_{(t)} + y'^2_{(t)}}\,dt = \sqrt{\sin^2 t + (1 - \cos t)^2}\,dt$

$= \sqrt{2(1 - \cos t)}\,dt.$

则 $S = \int_0^{2\pi} \sqrt{2(1 - \cos t)}\,dt = \int_0^{2\pi} 2\sin\frac{t}{2}\,dt = 8.$

例 7 证明曲线 $y = \sin x$ 的一个周期的弧长 S_2 为 $2x^2 + y^2 = 2$ 的周长.

分析 分别按弧长公式求出这两个图形的弧长,看是否相等.

证明 设 S_1 为 $y = \sin x$ 的一个周期的弧长 S_2 为 $2x^2 + y^2 = 2$ 的周长.

则 $S_1 = \int_0^{2\pi} \sqrt{1 + y'^2}\,dx = \int_0^{2\pi} \sqrt{1 + \cos^2 x}\,dx.$

对于椭圆,$x^2 + \frac{y^2}{(\sqrt{2})^2} = 1$, 即 $\begin{cases} x = \cos\theta \\ y = \sqrt{2}\sin\theta \end{cases}$,

则 $S_2 = \int_0^{2\pi} \sqrt{[x'(\theta)]^2 + [y'(\theta)]^2}\,d\theta = \int_0^{2\pi} \sqrt{(-\sin\theta)^2 + (\sqrt{2}\cos\theta)^2}\,d\theta$

$= \int_0^{2\pi} \sqrt{\sin^2\theta + 2\cos^2\theta}\,d\theta = \int_0^{2\pi} \sqrt{1 + \cos^2\theta}\,d\theta$

$= \int_0^{2\pi} \sqrt{1 + \cos^2 x}\,dx.$

可证得 $S_1 = S_2$.

课后习题解答(习题 6-2)

1. 解 (1) 由方程组 $\begin{cases} y = x \\ y = \sqrt{x} \end{cases}$ 得直线与抛物线的交点为(0,0)和(1,1),故所求面积

$$A = \int_0^1 (\sqrt{x} - x)\,dx = \frac{2}{3}x^{\frac{3}{2}} - \frac{1}{2}x^2 \Big|_0^1 = \frac{1}{6}.$$

(2) 曲线 $y = e^x$ 与直线 $y = e$ 交于点(1,e),故所求面积

$$A = \int_0^1 (e - e^x)\,dx = e - e^x \Big|_0^1 = 1.$$

(3) 直线 $y=2x$ 与抛物线 $y=3-x^2$ 的交点坐标为 $A(-3,-6)$ 和 $B(1,2)$，

故所求面积　$A=\int_{-3}^{1}[(3-x^2)-2x]\mathrm{d}x=\dfrac{32}{3}$.

(4) 直线 $y=2x+3$ 与抛物线 $y=x^2$ 的交点为 $A(-1,1)$ 和 $B(3,9)$，故所求面积

$$A=\int_{-1}^{3}(2x+3-x^2)\mathrm{d}x=x^2+3x-\frac{1}{3}x^3\Big|_{-1}^{3}=\frac{32}{3}.$$

2. 解 (1) 如图 6-6(a) 所示，解方程组 $\begin{cases}y=\dfrac{1}{2}x^2\\ x^2+y^2=8\end{cases}$，得交点坐标 $A(2,2)$，$B(-2,2)$，利用对称性，有

$$S_1=2S_{11}=2\int_0^2\left(\sqrt{8-x^2}-\frac{1}{2}x^2\right)\mathrm{d}x$$

$$=2\int_0^2\sqrt{8-x^2}\,\mathrm{d}x-\frac{1}{3}x^3\Big|_0^2$$

$$\xlongequal{x=2\sqrt{2}\sin t}2\int_0^{\frac{\pi}{4}}(2\sqrt{2}\cos t)^2\mathrm{d}t-\frac{8}{3}$$

$$=16\int_0^{\frac{\pi}{4}}\frac{1+\cos 2t}{2}\mathrm{d}t-\frac{8}{3}$$

$$=8\times\frac{\pi}{4}+4\sin^2 t\Big|_0^{\frac{\pi}{4}}-\frac{8}{3}=2\pi+\frac{4}{3};$$

$$S_2=\pi(2\sqrt{2})^2-S_1$$

$$=8\pi-\left(2\pi+\frac{4}{3}\right)=6\pi-\frac{4}{3}.$$

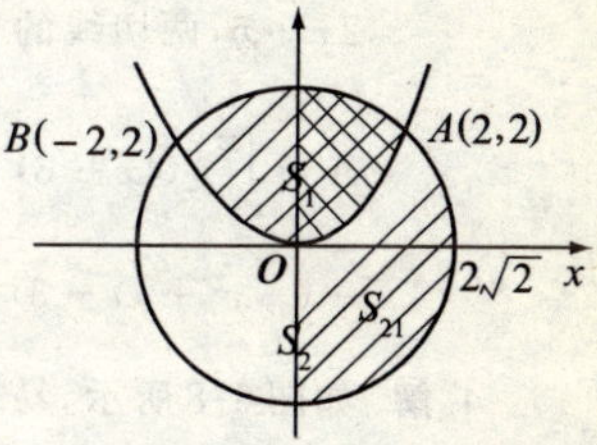

(a)

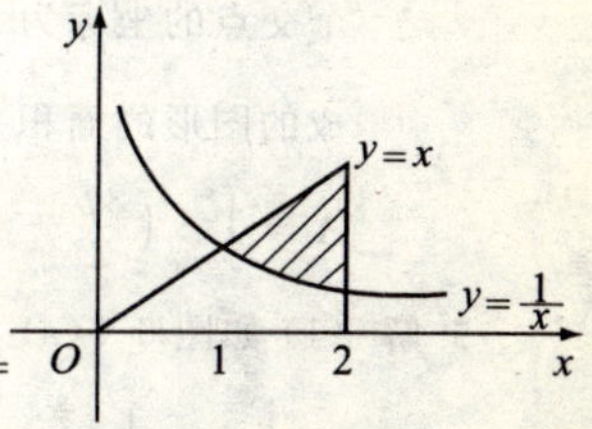

(b)

图 6-6

(2) 如图 6-6(b) 所示，$S=\int_1^2\left(x-\dfrac{1}{x}\right)\mathrm{d}x=\left(\dfrac{1}{2}x^2-\ln x\right)\Big|_1^2=\dfrac{3}{2}-\ln 2$.

(3) 如图 6-6(c) 所示，

$$S=\int_0^1(\mathrm{e}^x-\mathrm{e}^{-x})\mathrm{d}x=(\mathrm{e}^x+\mathrm{e}^{-x})\Big|_0^1=\mathrm{e}+\frac{1}{\mathrm{e}}-2.$$

(4) 如图 6-6(d) 所示.　$S=\int_{\ln a}^{\ln b}\mathrm{e}^y\mathrm{d}y=\mathrm{e}^y\Big|_{\ln a}^{\ln b}=b-a$.

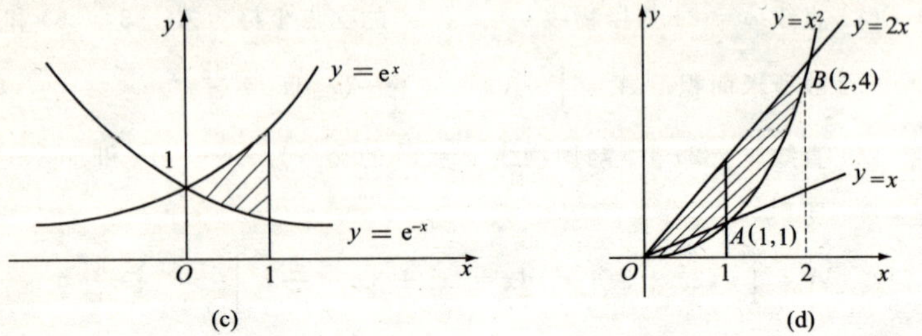

图 6-6

3. 解　如图 6-7 所示，易求得抛物线上点 $A(0,-3)$ 处的切线方程为 $y=4x-3$；点 $B(3,0)$ 处的切线方程为 $y=-2x+6$，两切线的交点为 $C\left(\dfrac{3}{2},3\right)$，故所求面积为

$$A=\int_0^{\frac{3}{2}}[(4x-3)-(-x^2+4x-3)]\mathrm{d}x+\int_{\frac{3}{2}}^{3}[(2x-6)-(-x^2+4x-3)]\mathrm{d}x=\frac{9}{4}.$$

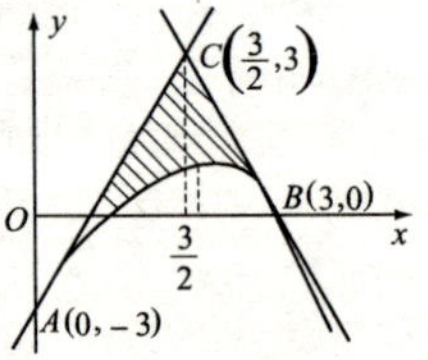

图 6-7

4. 解　如图 6-8 所示，易求得点 $A\left(\dfrac{p}{2},p\right)$ 处的法线方程为 $y-p=-\left(x-\dfrac{p}{2}\right)$，即 $x=\dfrac{3p}{2}-y$. 法线与抛物线的另一个交点的坐标为 $B\left(\dfrac{9}{2}p,-3p\right)$，故法线与抛物线所围成的图形的面积为

$$A=\int_{-3p}^{p}\left(\frac{3p}{2}-y-\frac{y^2}{2p}\right)\mathrm{d}y=\left(\frac{3p}{2}y-\frac{1}{2}y^2-\frac{1}{6p}y^3\right)\Bigg|_{-3p}^{p}=\frac{16}{3}p^2.$$

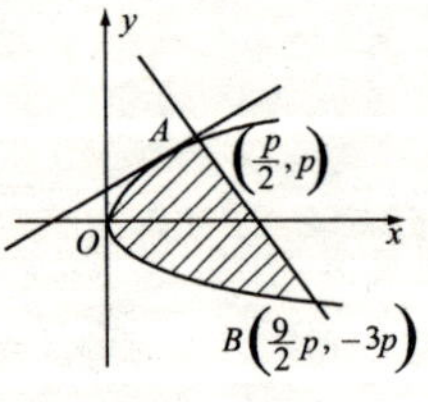

图 6-8

5. 解　(1) 如图 6-9(a) 所示.

$$A=\frac{1}{2}\int_{-\frac{\pi}{2}}^{\frac{\pi}{2}}(2a\cos\theta)^2\mathrm{d}\theta=4a^2\int_0^{\frac{\pi}{2}}\cos^2\theta\mathrm{d}\theta=2a^2\int_0^{\frac{\pi}{2}}(1+\cos2\theta)\mathrm{d}\theta=\pi a^2.$$

(2) 如图 6-9(b) 所示.

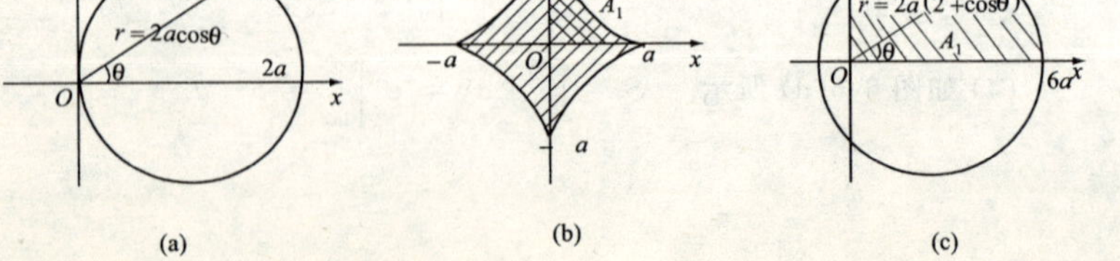

图 6-9

$$A = 4A_1 = 4\int_0^a y\mathrm{d}x = 4\int_{\frac{\pi}{2}}^0 (a\sin^3 t)\mathrm{d}(a\cos^3 t)$$

$$= 4a^2\int_0^{\frac{\pi}{2}} 3\cos^2 t\sin^4 t\mathrm{d}t = 3a^2\int_0^{\frac{\pi}{2}} \sin^2 t\sin^2 2t\mathrm{d}t$$

$$= 3a^2\int_0^{\frac{\pi}{2}} \frac{1-\cos4t}{2}\cdot\frac{1-\cos2t}{2}\mathrm{d}t = \frac{3}{8}\pi a^2.$$

(3) 如图 6-9(c) 所示.

$$A = 2A_1 = 2\times\frac{1}{2}\int_0^\pi [2a(2+\cos\theta)]^2\mathrm{d}\theta$$

$$= \int_0^\pi 4a^2(4+4\cos\theta+\cos^2\theta)\mathrm{d}\theta$$

$$= 4a^2\left[4\pi + 4\sin\theta\Big|_0^\pi + \int_0^\pi \frac{1+\cos2\theta}{2}\mathrm{d}\theta\right]$$

$$= 18\pi a^2.$$

6. 解　如图 6-10 所示.

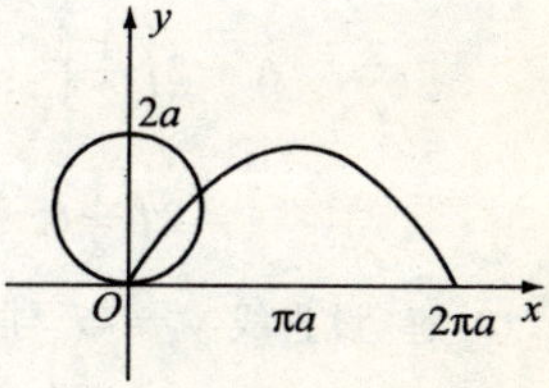

图 6-10

$$A = \int_0^{2\pi a} y\mathrm{d}x$$

$$\underline{\underline{换元}}\int_0^{2\pi} a(1-\cos t)a(1-\cos t)\mathrm{d}t$$

$$= a^2\int_0^{2\pi}(1-\cos t)^2\mathrm{d}t$$

$$= a^2\int_0^{2\pi}\left(1-2\cos t+\frac{1+\cos2t}{2}\right)\mathrm{d}t$$

$$= a^2\left(2\pi[-2\sin t+\frac{t}{2}+\frac{1}{4}\sin25]_\theta^{2\pi}\right)$$

$$= 3\pi a^2.$$

7. 解　如图 6-11 所示.

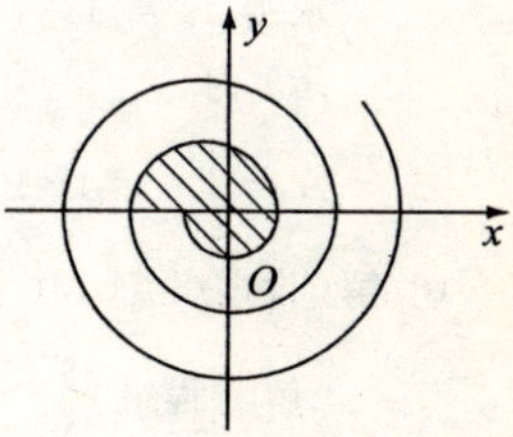

图 6-11

$$A = \frac{1}{2}\int_{-\pi}^\pi a\mathrm{e}^\theta\mathrm{d}\theta = \frac{1}{2}a^2\int_{-\pi}^\pi \mathrm{e}^{2\theta}\mathrm{d}\theta$$

$$= \frac{1}{4}a^2\int_{-\pi}^\pi \mathrm{d}2\theta = \frac{a^2}{4}(\mathrm{e}^{2\pi}-\mathrm{e}^{-2\pi}).$$

8. 解　(1) 由于图形关于 x 轴对称，因此如图 6-12(a) 所示，

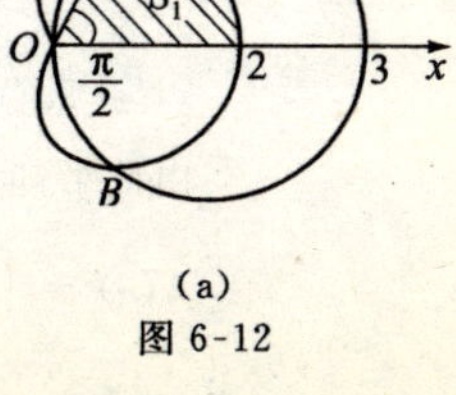

(a)

图 6-12

$$A = 2(S_1+S_2),$$

解方程组 $\begin{cases} r = 3\cos\theta, \\ r = 1+\cos\theta, \end{cases}$ 得

A 点极坐标 $\left(\frac{3}{2},\frac{\pi}{3}\right)$.

所以

$$A=2\left[\frac{1}{2}\int_0^{\frac{\pi}{3}}(1+\cos\theta)^2\mathrm{d}\theta+\frac{1}{2}\int_{\frac{\pi}{3}}^{\frac{\pi}{2}}(3\cos\theta)^2\mathrm{d}\theta\right]$$

$$=\int_0^{\frac{\pi}{3}}\left(1+2\cos\theta+\frac{1+\cos2\theta}{2}\right)\mathrm{d}\theta$$

$$+9\int_{\frac{\pi}{3}}^{\frac{\pi}{2}}\frac{1+\cos2\theta}{2}\mathrm{d}\theta$$

$$=\frac{\pi}{3}+2\sin\theta\Big|_0^{\frac{\pi}{3}}+\frac{\pi}{6}+\frac{1}{4}\sin2\theta\Big|_0^{\frac{\pi}{3}}$$

$$+9\left(\frac{1}{2}\times\frac{\pi}{2}+\frac{1}{4}\sin2\theta\Big|_{\frac{\pi}{3}}^{\frac{\pi}{2}}\right)=\frac{5}{4}\pi.$$

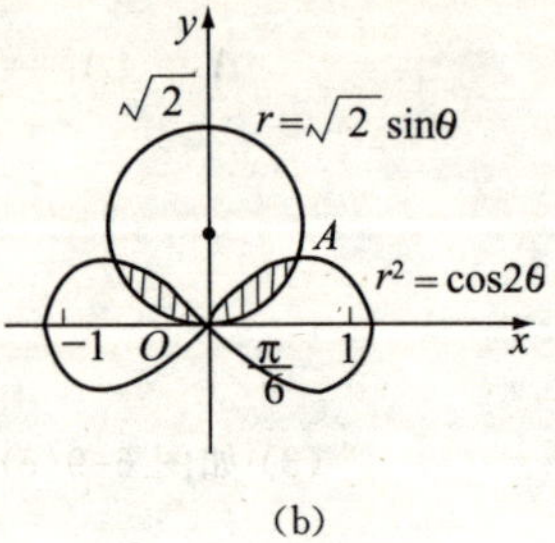

(b)
图 6-12(续)

(2) 解方程组 $\begin{cases}r=\sqrt{2}\sin\theta,\\ r^2=\cos2\theta,\end{cases}$ 得两曲线在第一象限内的交点 A 的极坐标为 $\left(\frac{\sqrt{2}}{2},\frac{\pi}{6}\right)$(如图 6-12(b) 所示),由对称性知所求面积

$$A=2\left(\frac{1}{2}\int_0^{\frac{\pi}{6}}(\sqrt{2}\sin\theta)^2\mathrm{d}\theta+\frac{1}{2}\int_{\frac{\pi}{6}}^{\frac{\pi}{4}}\cos2\theta\mathrm{d}\theta\right)$$

$$=2\left(\frac{1}{2}\theta-\frac{1}{4}\sin2\theta\right)\Big|_0^{\frac{\pi}{6}}+\frac{1}{2}\sin2\theta\Big|_{\frac{\pi}{6}}^{\frac{\pi}{4}}=\frac{\pi}{6}+\frac{1-\sqrt{3}}{2}.$$

9. 解 设直线 $y=kx$ 与曲线 $y=\mathrm{e}^x$ 相切于 $A(x_0,y_0)$ 点,

则有 $\begin{cases}y_0=kx_0\\ y_0=\mathrm{e}^{x_0}\\ y'(x_0)=\mathrm{e}^{x_0}=k\end{cases}$,

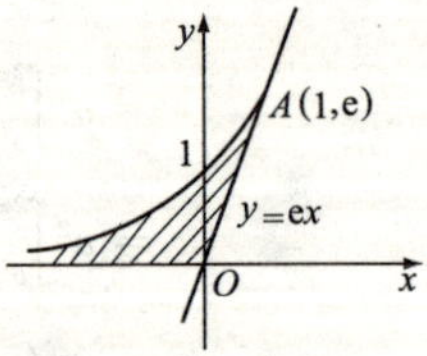

图 6-13

求得 $x_0=1,y_0=\mathrm{e},k=\mathrm{e}$. 故所求面积(如图 6-13 所示)为

$$A=\int_{-\infty}^0\mathrm{e}^x\mathrm{d}x+\int_0^1(\mathrm{e}^x-\mathrm{e}x)\mathrm{d}x=\mathrm{e}^x\Big|_{-\infty}^0+\mathrm{e}^x\Big|_0^1-\frac{\mathrm{e}}{2}x^2\Big|_0^1=\frac{\mathrm{e}}{2}.$$

10. 解 设过焦点 $(a,0)$ 的弦的倾角为 α,则此弦所在直线的方程为 $y=\tan\alpha\cdot(x-a)$

解方程组 $\begin{cases}y^2=4ax\\ y=\tan\alpha(x-a)\end{cases}$ 得抛物线与此弦的交点的纵坐标:

$$y=\frac{4a\cdot\cot\alpha\pm\sqrt{16a^2\cot^2\alpha+16a^2}}{2}.$$

从而有 $y=2a\cot\alpha\pm2a\csc\alpha$.

因为 $0<\alpha<\pi$,所以 $\csc\alpha>0$.

$y_1=2a(\cot\alpha-\csc\alpha)<2a(\cot\alpha+\csc\alpha)=y_2$,

由此可知 y_1,y_2 分别为 A 与 B 两点的坐标,弦 AB 与抛物线所围成的面积.

$$A(\alpha)=\int_{y_1}^{y_2}\left[(a+\cot\alpha\cdot y)-\frac{y^2}{4a}\right]\mathrm{d}y$$

$$= ay\Big|_{y_1}^{y_2} + \frac{1}{2}\cot\alpha(y_2^2 - y_1^2) - \frac{1}{12a}(y_2^3 - y_1^3)$$

$$= a(4\mathrm{acsc}\alpha) + \frac{1}{2}\cot\alpha(16a^2\csc\alpha\cdot\cot\alpha) - \frac{1}{12a}(4a\csc\alpha)(8a^2\cot^2\alpha$$

$$+ 8a^2\csc^2\alpha + 4a^2\cot^2\alpha - 4a^2\csc^2\alpha) = \frac{8}{3}a^2\csc^3\alpha.$$

因为 $0 < \alpha < \pi, \alpha = \frac{\pi}{2}$ 时，$\csc^3\alpha$ 取得最小值为 1

所以当 $\alpha = \frac{\pi}{2}$ 时，过焦点的弦与抛物线 $y^2 = 4ax$ 所围的面积

$A(\frac{\pi}{2}) = \frac{8}{3}a^2$ 最小.

11. 解 $V = \int_0^{x_0}\pi f^2(x)\,\mathrm{d}x = \int_0^{x_0}\pi(\sqrt{4ax})^2\,\mathrm{d}x = \int_0^{x_0}4\pi ax\,\mathrm{d}x = 2\pi ax_0^2.$

12. 解 如图 6-14 所示，绕 x 轴及绕 y 轴旋转所得旋转体的体积分别为

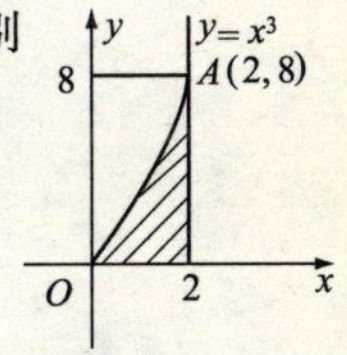

图 6-14

$$V_x = \pi\int_0^2(x^3)^2\,\mathrm{d}x = \frac{1}{7}\pi x^7\Big|_0^2 = \frac{128}{7}\pi;$$

$$V_y = \pi(2)^2\times 8 - \pi\int_0^8(y^{\frac{1}{3}})^2\,\mathrm{d}y$$

$$= 32\pi - \frac{3\pi}{5}y^{\frac{5}{3}}\Big|_0^8 = \frac{64}{5}\pi.$$

13. 解 $V = 2\int_0^a\pi y^2(x)\,\mathrm{d}x = 2\pi\int_0^a(a^{\frac{2}{3}} - x^{\frac{2}{3}})^3\,\mathrm{d}x = 2\pi\int_0^a(a^2 - 3a^{4/3}x^{3/2})^3\,\mathrm{d}x.$

$$= 2\pi\int_0^a(a^2 - 3a^{\frac{4}{3}}x^{\frac{2}{3}} + 3a^{\frac{2}{3}}x^{\frac{4}{3}} - x^2)\,\mathrm{d}x$$

$$= 2\pi\left(a^2x - \frac{9}{5}a^{\frac{4}{3}}x^{\frac{5}{3}} + \frac{9}{7}a^{\frac{2}{3}}x^{\frac{7}{3}} - \frac{1}{3}x^3\right)\Big|_0^a = \frac{32}{105}\pi a^3.$$

14. 证明 $V = \int_{R-H}^R\pi x^2(y)\,\mathrm{d}y = \pi\int_{R-H}^R(R^2 - y^2)\,\mathrm{d}y$

$$= \pi R^2y\Big|_{R-H}^R - \pi\frac{y^3}{3}\Big|_{R-H}^R$$

$$= \pi R^2[R-(R-H)] - \frac{\pi}{3}[R^3 - (R-H)^3]$$

$$= \pi H^2\left(R - \frac{H}{3}\right).$$

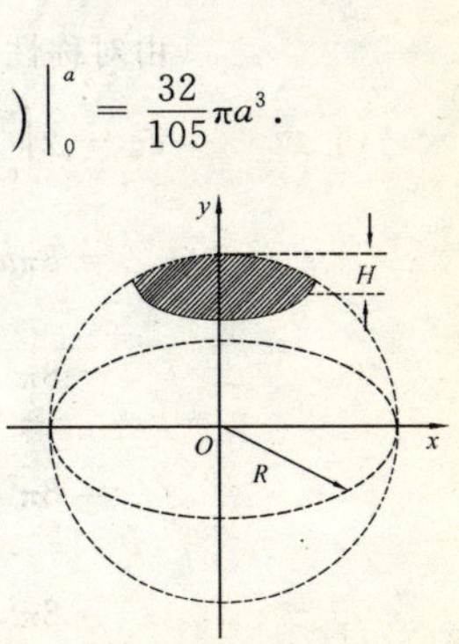

图 6-15

15. 解 (1) 如图 6-16(a) 所示，所求体积是两个旋转体体积之差，故

$$V_1 = \pi\int_0^1 y\mathrm{d}y - \pi\int_0^1 y^4\mathrm{d}y$$

$$= \pi\int_0^1 (y - y^4)\mathrm{d}y = \pi\left(\frac{y^2}{2} - \frac{y^5}{5}\right)\Big|_0^1 = \frac{3}{10}\pi.$$

(2) 如图 6-16(b) 所示,所围图形是曲边梯形,故

$$V = \int_0^a \pi y^2(x)\mathrm{d}x = \int_0^1 \pi(\arcsin x)^2\mathrm{d}x$$

$$= \Big[\pi x(\arcsin x)^2\Big]_0^1 - \int_0^1 2\pi\frac{x}{\sqrt{1-x^2}}\arcsin x\mathrm{d}x$$

$$= \frac{\pi^3}{4} + \pi\left[2\sqrt{1-x^2}\cdot\arcsin x\cdot x\Big|_0^1 - 2\int_0^1\mathrm{d}x\right] = \frac{\pi^3}{4} - 2\pi$$

(3) 如图 6-16(c) 所示,旋转体可看作是上、下两个半圆绕 x 轴旋转所成两个旋转体体积之差,上下两个半圆的方程为 $y = 5 \pm \sqrt{16-x^2}$,

所以 $V_x = \pi\int_{-4}^4 (5+\sqrt{16-x^2})^2\mathrm{d}x - \pi\int_{-4}^4 (5-\sqrt{16-x^2})^2\mathrm{d}x$

$$= 2\pi\int_0^4 4\times 5\times\sqrt{16-x^2}\mathrm{d}x = 40\pi\int_0^4\sqrt{16-x^2}\mathrm{d}x$$

$$\xlongequal{x=4\sin t} 160\pi\int_0^{\frac{\pi}{2}}\cos t\cdot 4\cos t\mathrm{d}t$$

$$= 320\pi\int_0^{\frac{\pi}{2}}(1+\cos 2t)\mathrm{d}t = 320\pi\cdot\frac{\pi}{2} = 160\pi^2.$$

(4) 如图 6-16(d) 所示,作平移变换 $\bar{x} = a, \bar{y} = y - 2a$,

则摆线方程为 $\begin{cases}\bar{x} = a(t-\sin t),\\ \bar{y} = a(-1-\cos t),\end{cases}$

由对称性得

$$V_{\bar{x}} = 2\int_0^{\pi a}\pi(-2a)^2\mathrm{d}\bar{x} - 2\int_0^{\pi a}\pi\bar{y}^2\mathrm{d}\bar{x}$$

$$= 8\pi a^2\cdot\pi a - 2\pi\int_0^{\pi} a^2(1+\cos t)^2\cdot a(1-\cos t)\mathrm{d}t$$

$$= 8\pi^2a^3 - 2\pi a^3\int_0^{\pi}\sin^2 t(1+\cos t)\mathrm{d}t$$

$$= 8\pi^2a^3 - 2\pi a^3\left[\int_0^{\pi}\frac{1-\cos 2t}{2}\mathrm{d}t + \int_0^{\pi}\sin^2 t\mathrm{d}(\sin t)\right]$$

$$= 8\pi^2a^3 - 2\pi a^3\left[\left(\frac{t}{2} - \frac{1}{4}\sin 2t\right)\Big|_0^{\pi} + \frac{1}{3}\sin^3 t\Big|_0^{\pi}\right]$$

$$= 8\pi^2a^3 - 2\pi a^3\cdot\frac{\pi}{2} = 7\pi^2a^3.$$

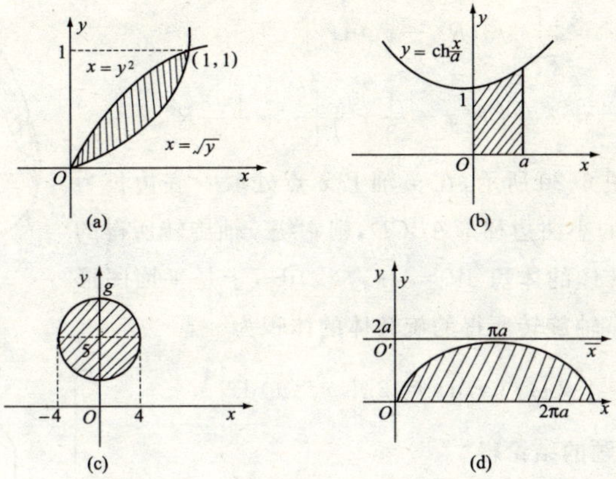

图 6-16

16. 解　如图 6-17 所示，所求旋转体的体积

$$V=\pi\left[\int_{-a}^{a}(b+\sqrt{a^2-y^2})^2\mathrm{d}y-\int_{-a}^{a}(b-\sqrt{a^2-y^2})^2\mathrm{d}y\right]$$

$$=8\pi b\int_0^a\sqrt{a^2-y^2}\mathrm{d}y=8\pi b\cdot\frac{1}{4}\pi a^2=2\pi^2a^2b.$$

(因为$\int_0^a\sqrt{a^2-y^2}\mathrm{d}y$为半径为 a 的圆面积的$\frac{1}{4}$，故$\int_0^a\sqrt{a^2-y^2}\mathrm{d}y=\frac{1}{4}\pi a^2$.)

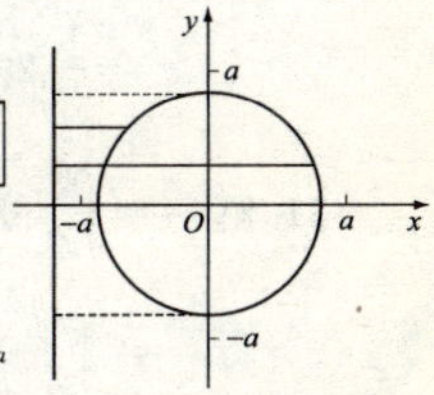

图 6-17

17. 解　以下底中心为原点，截锥体中心线为 x 轴建立坐标系，如图 6-18 所示. 在 x 轴上坐标为 x 的点处作垂直于 x 轴的截面，该截面 $A(x)$ 为一椭圆，用三角形相似原理，易求得$A(x)$的长半轴为$A-\frac{A-a}{h}x$，短半轴为$B-\frac{B-b}{h}x$，

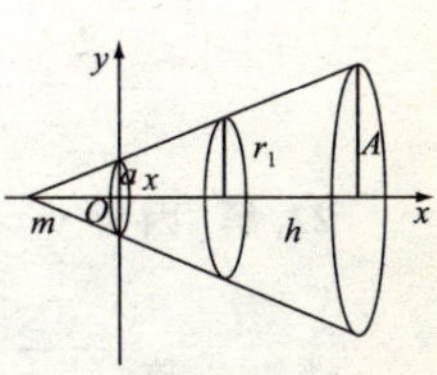

图 6-18

因而截面面积为$A(x)=\pi\left[A-\frac{A-a}{h}x\right]\left[B-\frac{B-b}{h}x\right]$，

所以该截锥体体积为

$$V=\int_0^hA(x)\mathrm{d}x=\int_0^h\pi\left(A-\frac{A-a}{h}x\right)\left(B-\frac{B-b}{h}x\right)\mathrm{d}x$$

$$=\frac{1}{6}\pi h[2(ab+AB)+aB+bA].$$

18. 解　以底面圆中心为原点，固定直径为 x 轴建立坐标系，如图 6-19 所示. 设过点 x 且垂直于 x 轴的截面面积为 $A(x)$. 已知此截面为等边三角形，由于底面是半径为 R 的圆，所以相应于点 x 的截面的底边长为 $2\sqrt{R^2-x^2}$，高为 $\sqrt{3}\sqrt{R^2-x^2}$，因而 $A(x)=\sqrt{3}(R^2-x^2)$.

故 $V=2\int_0^R \sqrt{3}(R^2-x^2)\mathrm{d}x$

$$=2\sqrt{3}\left(R^2x-\frac{1}{3}x^3\right)\Big|_0^R=\frac{4\sqrt{3}}{3}R^3.$$

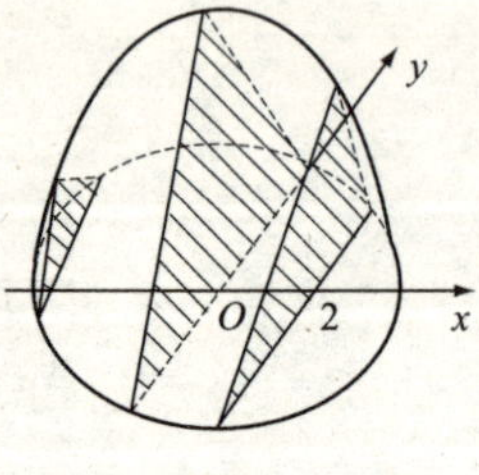

图 6-19

19. 证明 如图 6-20 所示,在 x 轴上 x 点处取一底边长为 $\mathrm{d}x$ 的小曲边梯形 $ABCD$,则它绕 y 轴旋转所得的旋转体的体积 $\mathrm{d}V=2\pi xf(x)\mathrm{d}x$,于是平面图形绕 y 轴旋转所得的旋转体的体积为

$$V=\int_a^b 2\pi xf(x)\mathrm{d}x=2\pi\int_a^b xf(x)\mathrm{d}x.$$

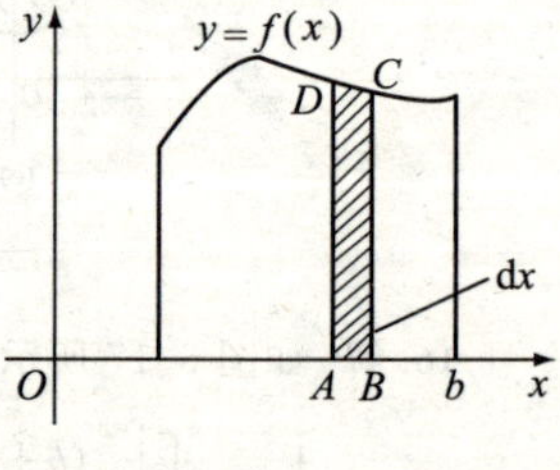

图 6-20

20. 解 由 19 题的结论得

$$V=2\pi\int_a^b xf(x)\mathrm{d}x=2\pi\int_0^\pi \sin x\mathrm{d}x$$

$$=-2\pi(x\cos x+\sin x)\Big|_0^\pi=2\pi^2.$$

21. 解 $s=\int_{\sqrt{3}}^{\sqrt{8}}\sqrt{1+y'^2(x)}\mathrm{d}x=\int_{\sqrt{3}}^{\sqrt{8}}\sqrt{1+[(\ln x)']^2}\mathrm{d}x$

$$=\int_{\sqrt{3}}^{\sqrt{8}}\frac{\sqrt{1+x^2}}{x}\mathrm{d}x\xlongequal{\sqrt{1+x^2}=t}\int_2^3\frac{t}{\sqrt{t^2-1}}\cdot\frac{t}{\sqrt{t^2-1}}\mathrm{d}t$$

$$=\int_2^3\frac{t^2-1+1}{t^2-1}\mathrm{d}t=\int_2^3\mathrm{d}t+\int_2^3\frac{1}{t^2-1}\mathrm{d}t$$

$$=1+\frac{1}{2}\ln\left(\frac{t-1}{t+1}\right)\Big|_2^3=1+\frac{1}{2}\ln\frac{3}{2}.$$

22. 解 因为 $y'=\dfrac{1}{2\sqrt{x}}-\dfrac{1}{2}\sqrt{x}$,

故 $\sqrt{1+y'^2}=\dfrac{1}{2}\left(\sqrt{x}+\dfrac{1}{\sqrt{x}}\right)$,

所以所求弧长为

$$s=\frac{1}{2}\int_1^3\left(\sqrt{x}+\frac{1}{\sqrt{x}}\right)\mathrm{d}x$$

$$=\frac{1}{2}\left(\frac{2}{3}x^{3/2}+2\sqrt{x}\right)\Big|_1^3=2\sqrt{3}-\frac{4}{3}.$$

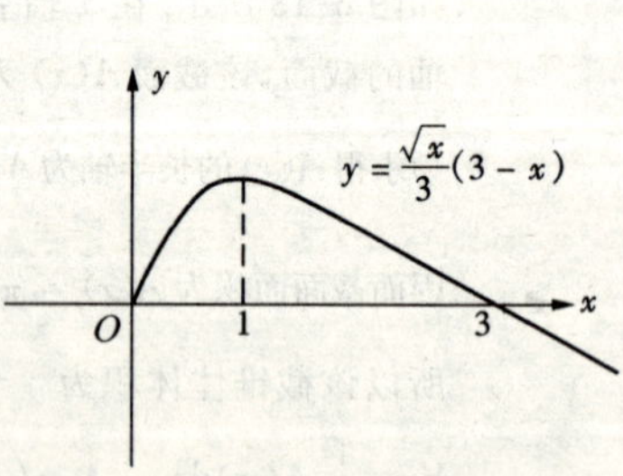

图 6-21

23. 解 如图 6-22 所示,半立方抛物线被抛物线截得的部分 $\widehat{ACB}=2\widehat{AC}$,解方程组

$$\begin{cases} y=\sqrt{\dfrac{2}{3}}(x-1)^{\frac{3}{2}}, \\ y^2=\dfrac{x}{3}, \end{cases}$$ 得交点 A 的坐标 $\left(2,\dfrac{\sqrt{6}}{3}\right)$.

而$\widehat{AC}$的方程 $y=\sqrt{\frac{2}{3}}(x-1)^{\frac{3}{2}}$.

所以 $y'=\sqrt{\frac{3}{2}}(x-1)^{\frac{1}{2}}$，故

$$\widehat{ABC}=2\int_1^2\sqrt{1+y'^2}\mathrm{d}x\int_1^2\sqrt{1+\frac{3}{2}(x-1)\mathrm{d}x}$$

$$=\frac{2}{3\sqrt{2}}\int_1^2\sqrt{3x-1}\mathrm{d}(3x-1)$$

$$=\frac{8}{9}\left[\left(\frac{5}{2}\right)^{\frac{3}{2}}-1\right].$$

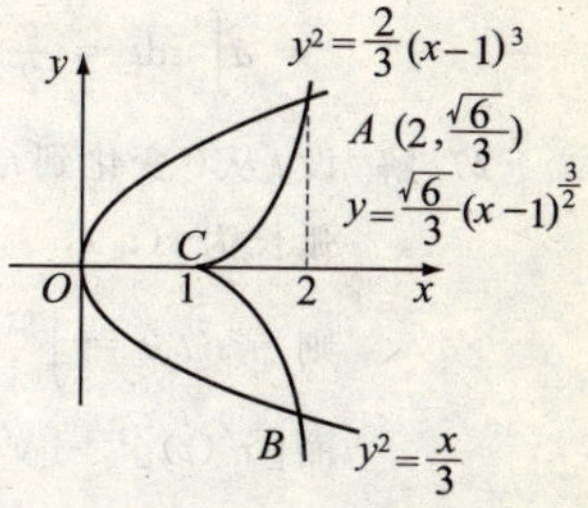

图 6-22

24. 解　OM 的弧长

$$s=\int_0^y\sqrt{1+x'^2}\mathrm{d}y=\int_0^y\sqrt{1+\left(\frac{y}{p}\right)^2}\mathrm{d}y$$

$$=\int_0^y\sqrt{1+\frac{y^2}{p^2}}\mathrm{d}y=\frac{1}{p}\int_0^y\sqrt{p^2+y^2}\mathrm{d}y,$$

而 $\int_0^y\sqrt{p^2+y^2}\mathrm{d}y=y\sqrt{p^2+y^2}\Big|_0^y-\int_0^y\frac{y^2}{\sqrt{p^2+y^2}}\mathrm{d}y$

$$=y\sqrt{p^2+y^2}-\left(\int_0^y\sqrt{p^2+y^2}\mathrm{d}y-p^2\int_0^y\frac{\mathrm{d}y}{\sqrt{p^2+y^2}}\right)$$

$$=y\sqrt{p^2+y^2}-\int_0^y\left[\sqrt{p^2+y^2}\mathrm{d}y+p^2\ln(y+\sqrt{p^2+y^2}),\right.$$

所以　$\int_0^y\sqrt{p^2+y^2}\mathrm{d}y=\frac{1}{2}[y\sqrt{p^2+y^2}+p^2\ln(y+\sqrt{p^2+y^2})]$.

故弧长　$s=\frac{1}{2p}[y\sqrt{y^2+p^2}+p^2\ln(y+\sqrt{p^2+y^2})]$.

25. 解由用参数方程的弧长公式得

$$s=\int_\alpha^\beta\sqrt{\varphi'^2(t)+\psi'^2(t)\mathrm{d}t}$$

$$=4\int_0^{\frac{\pi}{2}}\sqrt{[3a\cos^2t(-\sin t)]^2+(3a\sin^2t\cos t)^2}\mathrm{d}t$$

$$=4\int_0^{\frac{\pi}{2}}\sqrt{9a^2\sin^2t\cos^2t(\cos^2t+\sin^2t)}\mathrm{d}t$$

$$=12a\int_0^{\frac{\pi}{2}}\sin t\cos t\mathrm{d}t=12\cdot a\frac{1}{2}\sin^2t\Big|_0^{\frac{\pi}{2}}$$

$$=6a(\alpha\leqslant t\leqslant\beta).$$

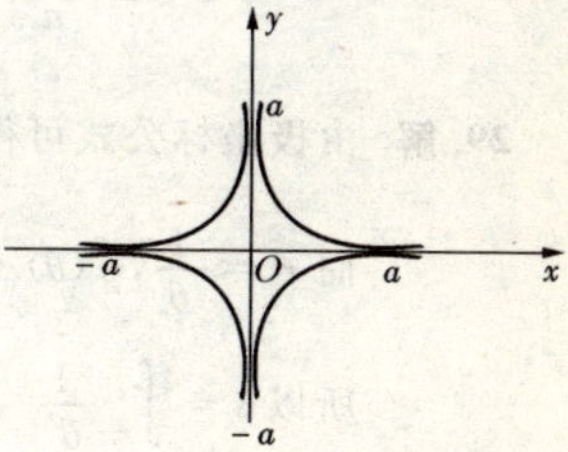

图 6-23

26. 解　由参数方程弧长公式

$$s=\int_0^\pi\sqrt{[x'(t)]^2+[y'(t)]^2}\mathrm{d}t=\int_0^\pi\sqrt{(at\cos t)^2+(at\sin t)^2}\mathrm{d}t$$

$= a\int_0^{\pi} t\mathrm{d}t = \dfrac{a}{2}\pi^2.$

27. 解 设 t 从 0 变化到 t_0 时摆线第一拱上对应的弧长为 $s(t_0)$，

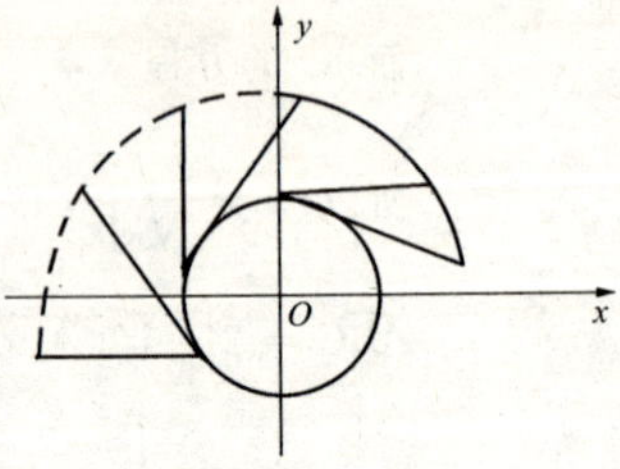

图 6-24

则 $s(t_0) = \int_0^{t_0} \sqrt{[x'(t)]^2 + [y'(t)]^2}\mathrm{d}t.$

而 $[x'(t)]^2 + [y'(t)]^2 = [a(1-\cos t)]^2 + (a\sin t)^2 = 4a^2\sin^2\dfrac{t}{2}$，

所以 $s(t_0) = \int_0^{t_0} 2a\sin\dfrac{t}{2}\mathrm{d}t = -4a\cos\dfrac{t}{2}\Big|_0^{t_0} = 4a\left(1-\cos\dfrac{t_0}{2}\right).$

当 $t_0 = 2\pi$ 时，第一拱弧长 $s(2\pi) = 8a$.

令分摆线第一拱为 1∶3 的点对应的参数为 t，由于第一拱全长 $8a$，故第一部分应为 $2a$，即 $4a\left(1-\cos\dfrac{t_0}{2}\right) = 2a$，解之得 $t_0 = \dfrac{2}{3}\pi$，

因而分点的横坐标 $x = a\left(\dfrac{2}{3}\pi - \sin\dfrac{2}{3}\pi\right) = \left(\dfrac{2}{3}a\pi - \dfrac{\sqrt{3}}{2}a\right)$；

纵坐标 $y = a\left(1-\cos\dfrac{2}{3}\pi\right) = \dfrac{3}{2}a.$

故所求分点的坐标为 $\left[\left(\dfrac{2}{3}\pi - \dfrac{\sqrt{3}}{2}\right)a, \dfrac{3}{2}a\right].$

28. 解 由极坐标弧长公式得

$$s = \int_0^{\varphi} \sqrt{r^2(\theta) + r'^2(\theta)}\mathrm{d}\theta = \int_0^{\varphi} \sqrt{(\mathrm{e}^{a\theta})^2 + (a\mathrm{e}^{a\theta})^2}\mathrm{d}\theta = \int_0^{\varphi} \sqrt{1+a^2}\,\mathrm{e}^{a\theta}\mathrm{d}\theta$$

$$= \sqrt{1+a^2}\,\frac{1}{a}\int_0^{\varphi} \mathrm{e}^{a\theta}\mathrm{d}\theta = \frac{\sqrt{1+a^2}}{a}(\mathrm{e}^{a\varphi}-1).$$

29. 解 由极坐标公式可得　$s = \int_{\frac{3}{4}}^{\frac{4}{3}} \sqrt{[r(\theta)^2 + r'(\theta)]^2}\mathrm{d}\theta$，

而 $r = \dfrac{1}{\theta}, r'(\theta) = -\dfrac{1}{\theta^2}$，

所以 $s = \int_{\frac{3}{4}}^{\frac{4}{3}} \dfrac{1}{\theta^2}\sqrt{1+\theta^2}\mathrm{d}\theta = -\int_{\frac{3}{4}}^{\frac{4}{3}} \sqrt{1+\theta^2}\,\mathrm{d}\dfrac{1}{\theta}$

$$= -\left(\frac{1}{\theta}\sqrt{1+\theta^2}\Big|_{\frac{3}{4}}^{\frac{4}{3}} - \int_{\frac{3}{4}}^{\frac{4}{3}} \frac{\mathrm{d}\theta}{\sqrt{1+\theta^2}}\right)$$

$$= -\left(-\frac{5}{12} - \ln(\theta + \sqrt{1+\theta^2})\Big|_{\frac{3}{4}}^{\frac{4}{3}}\right) = \frac{5}{12} + \ln\frac{3}{2}.$$

30. 解 由极坐标弧长公式及心形线关于极轴的对称性知

$$s=2\int_0^{\pi}\sqrt{r^2(\theta)+[r'(\theta)]^2}\,\mathrm{d}\theta,$$

而 $r^2(\theta)+[r'(\theta)]^2=a^2(1+\cos\theta)^2+(-a\sin\theta)^2=a^2(2+2\cos\theta)$

$$=2a^2\,2\cos^2\frac{\theta}{2}=4a^2\cos^2\frac{\theta}{2},$$

故 $s=2\times 2a\int_0^{\pi}\cos\frac{\theta}{2}\mathrm{d}\theta=8a\int_0^{\pi}\cos\frac{\theta}{2}\mathrm{d}\frac{\theta}{2}=8a\sin\frac{\theta}{2}\Big|_0^{\pi}=8a.$

6.3 定积分在物理学上的应用

本节重难点及考研要求

重点及考点

做物理问题时，首先要建立一个数学模型，即把物理问题化为数学问题，例如最基本的建立坐标系. 在解决变力沿直线做功、压力、引力、质量等问题时常要用到元素法的思想，将问题转化为定积分的计算问题. 本节常考的内容为变力做功问题.

考研要求

掌握用定积分计算一些物理量（功、引力、压力）的方法.

典型例题与解题技巧

题型Ⅰ:定积分在物理学上的应用

【题型分析】 对于物理学中的实际问题，定积分的元素法提供了一个解决问题的很好的途径，在元素法的使用过程中，选取积分变量 x 与积分区间 $[a,b]$ 及寻求所求量 U 的积分元素 $\mathrm{d}U=f(x)\mathrm{d}x$ 的表达式是最为关键的两点. 特别是在确定积分元素的表达式时，需先把最简单的情况下如何计算相应的量搞清楚，例如变力做功的计算，就要先搞清楚质点沿直线运动时常力所做的功为 $F\cdot s$，这样才清楚变力在小曲线段上做功的近似值为 $F\cdot n\mathrm{d}s$，其中 n 为曲线的切向量. 其他如引力、压力等都是如此.

例 1 设有一半径为 R、长度为 l 的圆柱体，平放在深度为 $2R$ 的水池中（圆柱体的侧面与水面相切）. 设圆柱体的比重为 $\rho(\rho>1)$，现将圆柱体从水中移出水面，问需做多少功？

分析 建立坐标系如图 6-25 所示，用微元法，考查微元上的作用力. 注意，在水里时受重力与浮力的作用，在水面上时只受重力的作用.

解 任取小区间 $[x,x+\mathrm{d}x]\subset[-R,R]$ 相应的柱体薄片，其体积为 $2yl\mathrm{d}x=2l\sqrt{R^2-x^2}\,\mathrm{d}x$.

移至水面时薄片移动的距离为 $R-x$，所受的力（重力与浮力之差）为 $(\rho-1)g2l$

$\sqrt{R^2-x^2}\,dx$，因而移至水面时做的功为

$(\rho-1)g2l(R-x)\sqrt{R^2-x^2}\,dx.$

整个移出水面时，此薄片离水面距离为$R+x$. 将薄片从水面移到此距离时所做的功为$\rho g(R+x)2l\sqrt{R^2-x^2}\,dx$.

于是对薄片做的功

$$dW=2l[(\rho-1)(R-x)+\rho(R+x)]g\sqrt{R^2-x^2}\,dx$$
$$=2l[(2\rho-1)R+x]g\sqrt{R^2-x^2}\,dx.$$

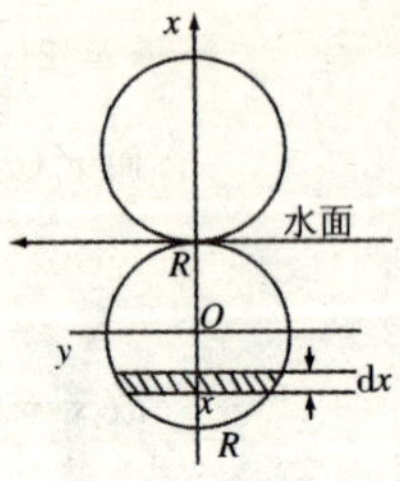

图 6-25

因此，所求的功 $W=\int_{-R}^{R}2lg\sqrt{R^2-x^2}[(2\rho-1)R+x]dx$

$$=2lg(2\rho-1)R\int_{-R}^{R}\sqrt{R^2-x^2}\,dx+0$$
$$=2lg(2\rho-1)R\cdot\frac{\pi}{2}R^2=lg(2\rho-1)\pi R^3.$$

例 2　半径为R，比重为σ(大于1)的球沉入深为H(大于$2R$)的水池底，现将其从水中取出，需做多少功?

分析　将球从池底提到球顶面与水平面相切时恒力做功，将球进一步提离水面是变力做功，分成两部分进行分析求解.

解　建立如图 6-26 所示的坐标系，将球从底捞出所需做的功分为两部分:(1) 将球从池底提升到球顶面与水面相切时所需的功W_1，(2) 将球进一步提离水平面所作的功W_2.

$$F_1=\text{球重}-\text{浮力}=\frac{4}{3}\pi R^3\cdot\sigma-\frac{4}{3}\pi R^3,$$

于是 $W_1=F_1\cdot(H-2R)=\frac{4}{3}\pi R^3(\sigma-1)(H-2R)$;

当把球从水面提出高度为x单位时所用外力

$$F_2=\text{球重}-\text{浮力}=\frac{4}{3}\pi R^3\sigma-\text{水下部分球缺的浮力}$$
$$=\frac{4}{3}\pi R^3\sigma-\pi h^2\left(R-\frac{h}{3}\right)\text{(其中 }h\text{ 为球缺的高)}$$
$$=\frac{4}{3}\pi R^3\sigma-\pi(2R-x)^2\left[R-\frac{1}{3}(2R-x)\right]$$
$$=\frac{\pi}{3}[4R^3(\sigma-1)-x^3+3Rx^2],$$

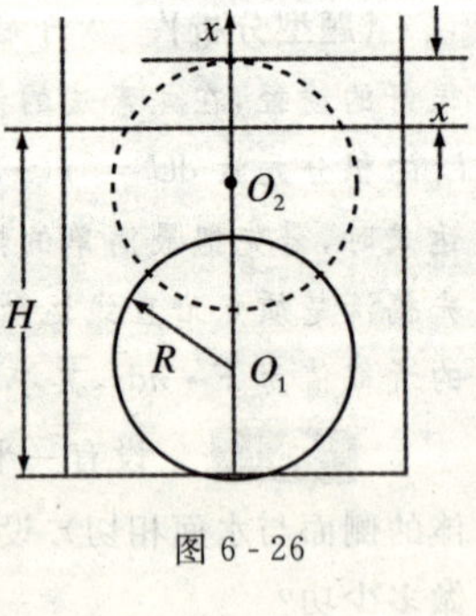

图 6-26

故　$W_2=\int_0^{2R}F_2\,dx=\frac{\pi}{3}\int_0^{2R}[4R^3(\sigma-1)-x^3+3Rx^2]dx$

$$=\frac{\pi}{3}\left[4R^3(\sigma-1)x-\frac{1}{4}x^4+Rx^3\right]\Big|_0^{2R}=\frac{4}{3}\pi R^4(2\sigma-1).$$

于是将球从池底捞出外力需做的功为

$$W=W_1+W_2=\frac{4}{3}\pi R^3(\sigma-1)(H-2R)+\frac{4}{3}\pi R^4(2\sigma-1)$$

$$=\frac{4}{3}\pi R^3[R+(\sigma-1)H].$$

例 3　一铅直倒立的等腰三角形水闸，底为 a 米，高为 h 米，底与水面齐平，试求：

(1) 水闸所受压力；

(2) 能划分水闸为上、下两部分的水平线，使双方所受水压力之值相等.

分析　液体压强只与深度有关，要沿深度方向建立坐标系，对深度作微元.

解　建立如图 6-27 所示坐标系：坐标系的 y 轴与水闸底边重合，x 轴垂直向下，且原点恰为底边之中点.

AB 的方程为 $\dfrac{x}{h}+\dfrac{y}{\frac{a}{2}}=1$，即 $y=\dfrac{a}{2h}(h-x)$，

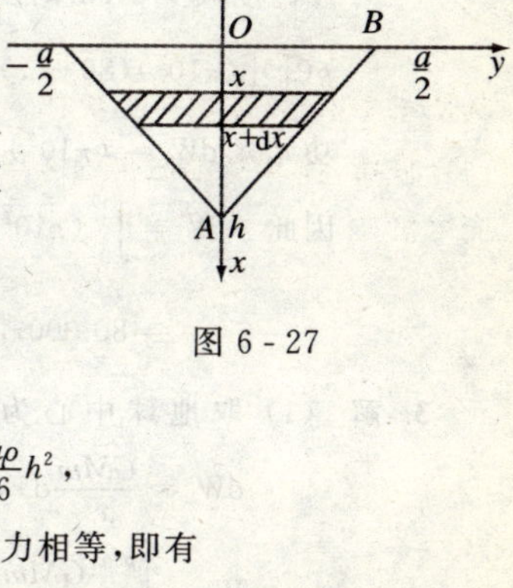

图 6-27

取 x 为积分变量，则 x 的变化区间为 $[0,h]$，又在部分区间 $[x,x+\mathrm{d}x]$ 上，水闸窄条所受的压力微元为

$$\mathrm{d}P=\rho x\cdot 2y\mathrm{d}x\quad(\rho\text{ 为水的比重})$$

$$=\frac{a\rho}{h}(h-x)x\mathrm{d}x,$$

故水闸所受总压力 $P=\dfrac{a\rho}{h}\displaystyle\int_0^h(h-x)x\mathrm{d}x=\dfrac{a\rho}{6}h^2$，

又设在水深 $x=b$ 处，其上部及下部的水闸压力相等，即有

$\displaystyle\int_0^b\mathrm{d}P=\int_b^h\mathrm{d}P$，于是 $\displaystyle\int_0^b(h-x)x\mathrm{d}x=\int_b^h(h-x)x\mathrm{d}x$，

$\dfrac{h}{2}b^2-\dfrac{1}{3}b^3=\dfrac{1}{6}h^3-\dfrac{h}{2}b^2+\dfrac{1}{3}b^3$，即 $hb^2-\dfrac{2}{3}b^3=\dfrac{h^3}{6}$，解出 $b=\dfrac{h}{2}$.

所以以水闸中位线为界，其上、下两部分所受水压力相等.

例 4　有两根长为 l，质量为 M 的均匀细杆位于同一直线上，相距为 a，求两杆间的引力.

分析　取某杆的任一微元，先求此微元与另一杆间的引力，然后再沿杆积分.

解　沿杆建立坐标系如图 6-28 所示. 在右杆上任取微元 $[x,x+\mathrm{d}x]$，它与左杆间的引力

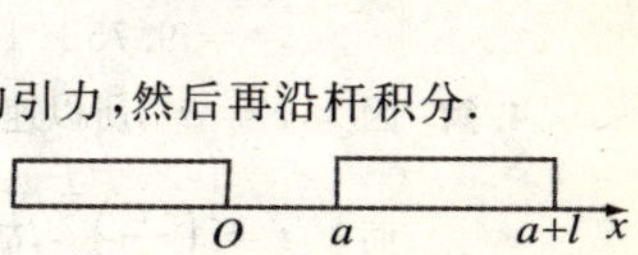

图 6-28

$$\mathrm{d}F=k\frac{M\cdot\frac{M}{l}\mathrm{d}x}{x(x+l)}$$

(杆的线密度为$\frac{M}{l}$,此微元到杆右端距离为 x). 于是两杆间的引力为

$$F=\int_a^{a+l}\frac{kM^2}{lx(x+l)}\mathrm{d}x=\frac{kM^2}{l^2}\int_a^{a+l}\left(\frac{1}{x}-\frac{1}{x+l}\right)\mathrm{d}x$$

$$=\frac{kM^2}{l^2}\ln\frac{x}{x+l}\bigg|_a^{a+l}=\frac{kM^2}{l^2}\ln\frac{(a+l)^2}{a(a+2l)}.$$

课后习题解答(习题 6-3)

1. 解 将弹簧一端固定于 A,另一端(被拉端)在自由长度时的点 O 为坐标原点,建立坐标系. 功元素 $\mathrm{d}W=F\mathrm{d}s=ks\mathrm{d}s$,

所求功 $W=\int_0^6 ks\mathrm{d}s=\frac{1}{2}ks^2\bigg|_0^6=18\mathrm{k(N\cdot cm)}=0.18(\mathrm{kJ})$.

2. 解 由玻-马定律知 $pV=k=10\times(\pi 10^2\times 80)=80\ 000\pi$,

设高度减少 x cm 时压强为 $p(x)\mathrm{N/cm^2}$,则

$$p(x)[(\pi 10^2)(80-x)]=80\ 000\pi\Rightarrow p(x)=\frac{800}{80-x}.$$

功元素 $\mathrm{d}W=(\pi 10^2)p(x)\mathrm{d}x$,

因此 $$W=\int_0^{40}(\pi 10^2)\frac{800}{80-x}\mathrm{d}x=80\ 000\pi\int_0^{40}\frac{\mathrm{d}x}{80-x}$$

$$=80\ 000\pi[-\ln(80-x)]\bigg|_0^{40}=800\pi(\ln 2)(\mathrm{J}).$$

3. 解 (1) 取地球中心为坐标原点,把质量为 m 的物体升高时的功元素 $\mathrm{d}W=\frac{GMm}{x^2}\mathrm{d}x$,故升到 h 处所做的功为

$$W=\int_R^{R+h}\frac{GMm}{x^2}\mathrm{d}x=GMm\left(-\frac{1}{x}\right)\bigg|_R^{R+h}=G\frac{mMh}{R(R+h)}.$$

(2) 由(1)的结论有

$$W=G\frac{Mmh}{R(R+h)}$$

$$=6.67\times 10^{-11}\times\frac{173\times 5.98\times 10^{24}\times 630\times 10^3}{6\ 370\times 10^3\times(6\ 370+630)\times 10^3}$$

$$=9.75\times 10^5(\mathrm{kJ}).$$

4. 解 因为 $x=ct^3$,所以速度 $v=x'(t)=3ct^2$,阻力 $f=-kv^2=-9kc^2t^4(k>0)$,

而 $t=\left(\frac{x}{c}\right)^{\frac{1}{3}}$,故 $f(x)=-9kc^2\left(\frac{x}{c}\right)^{\frac{4}{3}}\frac{2}{3}x^{\frac{4}{3}}$,

因此功元素 $\mathrm{d}W=-f(x)\mathrm{d}x$,从而所求之功

$$W=\int_0^a -f(x)\mathrm{d}x=\int_0^a 9kc^{\frac{2}{3}}x^{\frac{4}{3}}\mathrm{d}x$$

$$= 9kc^{\frac{3}{2}}\int_0^a x^{\frac{4}{3}}\mathrm{d}x = 9kc^{\frac{3}{2}}\ \frac{3}{7}x^{\frac{7}{3}}\Big|_0^a = \frac{27}{7}kc^{\frac{2}{3}}a^{\frac{7}{3}}.$$

5. 解　设锤击第二次时铁钉又击入 h cm，因木板对铁钉的阻力 f 与铁钉击入木板的深度 x(cm) 成正比，即 $f = kx$，功元素 $\mathrm{d}W = f\mathrm{d}x = kx\mathrm{d}x$，

击第一次做功 $W_1 = \int_0^1 kx\mathrm{d}x = \frac{1}{2}kx^2\Big|_0^1 = \frac{1}{2}k$，

击第二次做功 $W_2 = \int_1^{1+h} kx\mathrm{d}x = \frac{1}{2}k[(1+h)^2-1] = \frac{1}{2}k(h^2+2h)$，

由已知有 $W_1 = W_2$，所以 $\frac{1}{2}k = \frac{1}{2}k(h^2+2h)$，

即 $h^2+2h-1=0$，解之得 $h=\sqrt{2}-1$(cm)(舍去负根 $-1-\sqrt{2}$)

6. 解　建立如图 6-29 所示的坐标系过 AB 两点的直线方程为 $y = 10 - \frac{2}{3}x$，

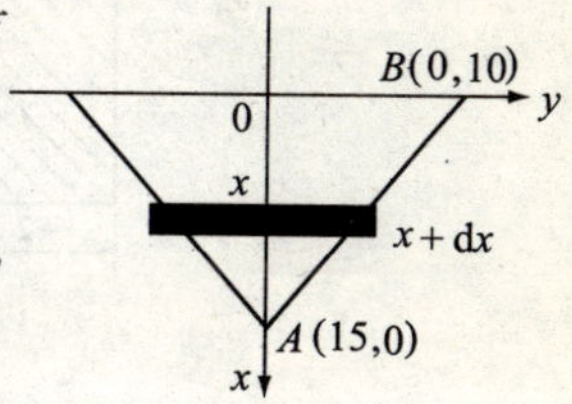

图 6-29

功元素 $\mathrm{d}W = x\pi\rho g y^2(x)\mathrm{d}x = \pi x\rho g(10-\frac{2}{3}x)^2\mathrm{d}x$，

从而所求功 $W = \int_0^{15}\pi\rho g x\left(10-\frac{2}{3}x\right)^2\mathrm{d}x$

$$= \pi\rho g\int_0^{15}\left(100x - \frac{40}{3}x^2 + \frac{4}{9}x^3\right)\mathrm{d}x$$

$$= \pi\rho g\left(50x^2 - \frac{40}{9}x^3 + \frac{1}{9}x^4\right)\Big|_0^{15} = 57\ 697.5(\text{kJ}).$$

7. 解　如图 6-30(a) 所示，取水面为坐标原点，水压力元素为 $\mathrm{d}P = gx2\mathrm{d}x$，其中 g 为重力加速度，故闸门单侧所受的水压力 $P = \int_2^5 2gx\mathrm{d}x = gx^2\Big|_2^5 = 205.8(\text{kN})$.

8. 解　如图 6-30(b) 所示以水箱的一个侧面的中心为原点建立坐标系，则椭圆方程为 $\frac{x^2}{\left(\frac{3}{4}\right)^2} + \frac{y^2}{1} = 1$，

压力元素 $\mathrm{d}P = g\left(\frac{3}{4}+x\right)\times 1\times 2y(x)\mathrm{d}x$，

因为 $y(x) = \frac{4}{3}\sqrt{\left(\frac{3}{4}\right)^2 - x^2}$，

所以 $\mathrm{d}P = \frac{8}{3}g\left(\frac{3}{4}+x\right)\sqrt{\left(\frac{3}{4}\right)^2 - x^2}\,\mathrm{d}x$，

因此 $P = \int_{-\frac{3}{4}}^{\frac{3}{4}}\frac{8}{3}g\left(\frac{3}{4}+x\right)\sqrt{\left(\frac{3}{4}\right)^2 - x^2}\,\mathrm{d}x$

$$= \frac{8}{3}\times\frac{3}{4}\times g\int_{-\frac{3}{4}}^{\frac{3}{4}}\sqrt{\left(\frac{3}{4}\right)^2 - x^2}\,\mathrm{d}x + \frac{8}{3}\int_{-\frac{3}{4}}^{\frac{3}{4}}x\sqrt{\left(\frac{3}{4}\right)^2 - x^2}\,\mathrm{d}x$$

$$\xlongequal{\text{奇函数性质}} 2\times 2g\int_0^{\frac{3}{4}}\sqrt{\left(\frac{3}{4}\right)^2-x^2}\,\mathrm{d}x+0$$

$$\xlongequal{x=\frac{3}{4}\sin t} 4g\int_0^{\frac{\pi}{2}}\left(\frac{3}{4}\cos t\right)^2\mathrm{d}t$$

$$=\frac{9}{4}g\int_0^{\frac{\pi}{2}}\frac{1+\cos 2t}{2}\mathrm{d}t=\frac{9}{16}\pi g\approx 17.3(\mathrm{kN}).$$

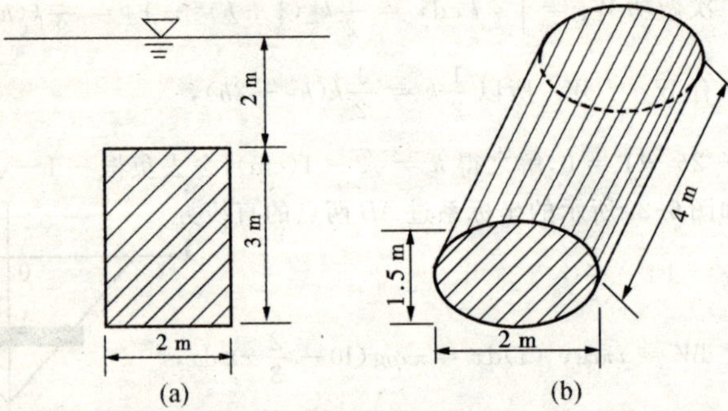

图 6-30

9. 解 建立坐标系如图 6-31 所示,直线 AB 的方程为

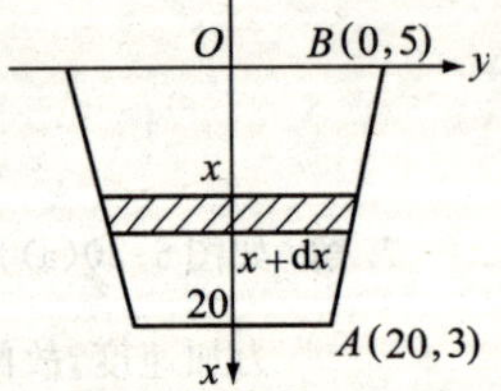

图 6-31

$$y=-\frac{x}{10}+5,$$

压力元素 $\mathrm{d}P=2gx\left(-\frac{x}{10}+5\right)\mathrm{d}x$,

压力 $P=\int_2^{20}2gx\left(-\frac{x}{10}+5\right)\mathrm{d}x$

$$=\left(5x^2-\frac{1}{15}x^3\right)g\Big|_0^{20}=1\,467g=14\,388(\mathrm{kN}).$$

10. 解 建立坐标系如图 6-32 所示,腰 AC 的方程为

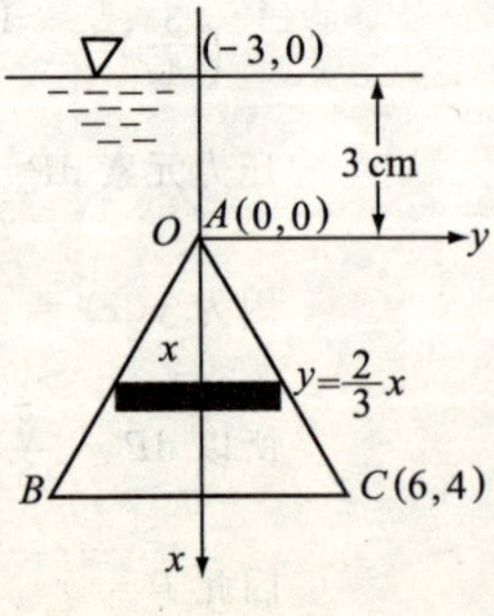

图 6-32

$$y=\frac{2}{3}x,$$

压力元素 $\mathrm{d}p=g(x+3)\left(2\times\frac{2}{3x}\right)\mathrm{d}x$

$$=\frac{4}{3}gx(x+3)\mathrm{d}x,$$

故压力 $p=\int_0^6\frac{4}{3}gx(x+3)\mathrm{d}x$

$$=\frac{g}{3}\left(\frac{4}{3}x^3+6x^2\right)\Big|_0^6=1.65(\mathrm{N}).$$

11. 解 以细棒一端为原点，细棒为 x 轴建立坐标系如图 6-33 所示. 区间 $[x,x+\mathrm{d}x]$ 对质点 M 的引力大小

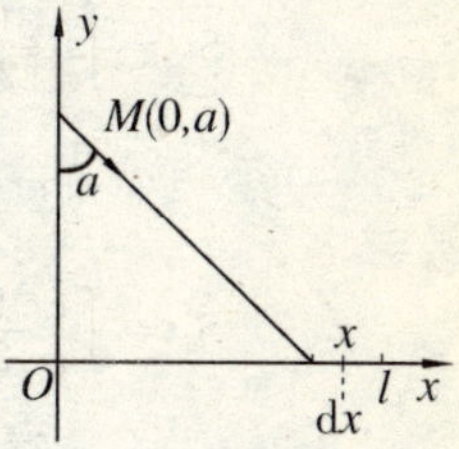

图 6-33

$$\mathrm{d}F = G\frac{m\rho\mathrm{d}x}{a^2+x^2}.$$

在 x 轴、y 轴上的分量分别为

$$\mathrm{d}F_x = \mathrm{d}F\sin\alpha = G\cdot\frac{m\rho\mathrm{d}x}{a^2+x^2}\cdot\frac{x}{\sqrt{a^2+x^2}}$$

$$= G\frac{m\rho x}{(a^2+x^2)^{\frac{3}{2}}}\mathrm{d}x,$$

$$\mathrm{d}F_y = -\mathrm{d}F\cos\alpha = -G\frac{m\rho a}{(a^2+x^2)^{\frac{3}{2}}}\mathrm{d}x,$$

故 $F_x = \int_0^l G\frac{m\rho x}{(a^2+x^2)^{\frac{3}{2}}}\mathrm{d}x = Gm\rho\left(\frac{1}{a}-\frac{1}{\sqrt{a^2+l^2}}\right),$

$$F_y = -\int_0^l G\frac{m\rho a}{(a^2+x^2)^{\frac{3}{2}}}\mathrm{d}x = -\frac{Gm\rho l}{a\sqrt{a^2+l^2}}.$$

12. 解 建立坐标系如图 6-34 所示，圆弧形细棒上一小段 $\mathrm{d}s$ 对质点 M 的引力

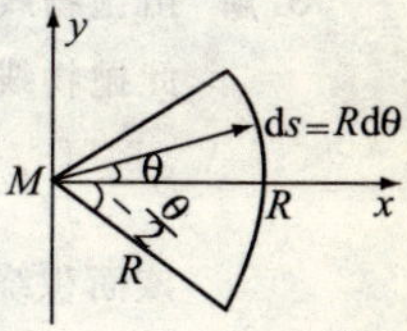

图 6-34

$$\mathrm{d}F = \frac{Gm\rho\mathrm{d}s}{R^2} = \frac{Gm\rho}{R^2}(R\mathrm{d}\theta) = \frac{Gm\rho}{R}\mathrm{d}\theta,$$

$$\mathrm{d}F_x = -\mathrm{d}F\cos\theta = -\frac{Gm\rho}{R}\cos\theta\mathrm{d}\theta,$$

故 $F_x = -\int_{-\frac{\varphi}{2}}^{\frac{\varphi}{2}}\frac{Gm\rho}{R}\cos\theta\mathrm{d}\theta = -2\int_0^{\frac{\varphi}{2}}\frac{Gm\rho}{R}\cos\theta\mathrm{d}\theta = -\frac{2Gm\rho}{R}\sin\frac{\varphi}{2}.$

由对称性有 $F_y=0$，故引力的大小为 $\frac{2Gm\rho}{R}\sin\frac{\varphi}{2}$，方向自 M 点起指向圆弧中心.

总习题六全解

1. 解 $[0,x]$ 一段的质量 $m_x = \int_0^x\frac{1}{\sqrt{t+1}}\mathrm{d}t = 2\sqrt{x+1}-2,$

全棒的质量 $m = \int_0^3\frac{1}{\sqrt{x+1}}\mathrm{d}x = 2,$

所以 $2\sqrt{x+1}-2=1, x=\frac{5}{4}$(m).

2. 解 如图 6-35 所示，联立两曲线的方程，解之得两曲线的交点为 $(0,0)$ 和 $\left(\frac{\pi}{2},a\right)$，故

$$S_1=\int_0^{\frac{\pi}{2}}\frac{1}{2}(a\sin\theta)^2\mathrm{d}\theta=\frac{1}{2}a^2\int_0^{\frac{\pi}{2}}\frac{1-\cos2\theta}{2}\mathrm{d}\theta$$

$$=\frac{1}{2}a^2\left(\frac{1}{2}\theta-\frac{1}{4}\sin2\theta\right)\Big|_0^{\frac{\pi}{2}}=\frac{1}{8}\pi a^2;$$

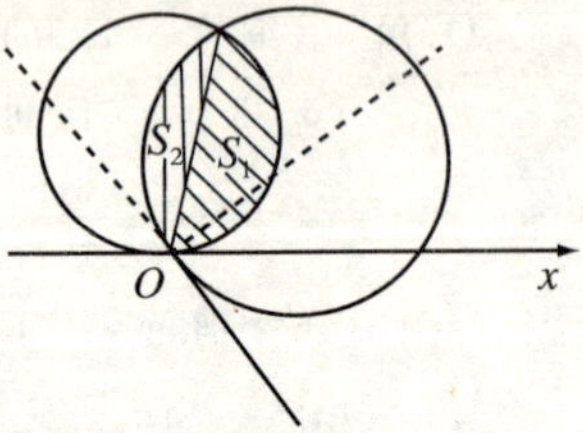

图 6-35

$$S_2=\int_{\frac{\pi}{2}}^{\frac{3\pi}{4}}\frac{1}{2}\left[\sqrt{2}a\sin\left(\theta+\frac{\pi}{4}\right)\right]^2\mathrm{d}\theta$$

$$=a^2\int_{\frac{\pi}{2}}^{\frac{3\pi}{4}}\sin^2\left(\theta+\frac{\pi}{4}\right)\mathrm{d}\theta$$

$$\xlongequal{\text{令}\ \theta+\frac{\pi}{4}=t}a^2\int_{\frac{3\pi}{4}}^{\pi}\frac{1-\cos2t}{2}\mathrm{d}t=\frac{\pi}{8}a^2-\frac{a^2}{4}.$$

所求面积为

$$S=S_1+S_2=\frac{\pi}{8}a^2+\frac{\pi}{8}a^2-\frac{a^2}{4}=\frac{a^2}{4}(\pi-1).$$

3. 解 由抛物线 $y=ax^2+bx+c$ 通过点$(0,0)$得 $c=0$,所以 $y=ax^2+bx$,又因为此抛物线与直线 $x=1,y=0$ 所围图形的面积为

$$S=\int_0^1(ax^2+bx)\mathrm{d}x.$$

该面积绕 x 轴旋转而成的旋转体的体积为

$$V=\pi\int_0^1(ax^2+bx)^2\mathrm{d}x.$$

因此$\int_0^1(ax^2+bx)\mathrm{d}x=\left(\frac{a}{3}x^3+\frac{b}{2}x^2\right)\Big|_0^1=\frac{a}{3}+\frac{b}{2}=\frac{4}{9}$,

即 $b=\frac{8-6a}{9}$.

从而 $V=\pi\int_0^1(ax^2+bx)^2\mathrm{d}x=\pi\left(\frac{a^2}{5}+\frac{ab}{2}+\frac{b^2}{3}\right)$

$$=\pi\left[\frac{a^2}{5}+\frac{a}{2}\left(\frac{8-6a}{9}\right)+\frac{1}{3}\left(\frac{8-6a}{9}\right)^2\right],$$

$$\frac{\mathrm{d}V}{\mathrm{d}a}=\pi\left[\frac{2a}{5}+\frac{1}{18}(8-12a)+\frac{12}{3}\frac{(6a-8)}{81}\right].$$

令$\frac{\mathrm{d}V}{\mathrm{d}a}=0$,得 $a=-\frac{5}{3}$,从而 $b=2$.

故所求抛物线方程为 $y=-\frac{5}{3}x^2+2x$.

4. 解 曲线 $y=x^{\frac{3}{2}}$ 与直线 $x=4$,x 轴围成的区域如图 6-36 所示.

该区域绕 y 轴旋转所得体积为

$$V=\pi\int_0^8x_2^2(y)\mathrm{d}y-\pi\int_0^8x_1^2(y)\mathrm{d}y$$

$$= \pi\int_0^8 16\mathrm{d}y - \pi\int_0^8 y^{\frac{4}{3}}\mathrm{d}y$$

$$= 128\pi - \frac{3\pi}{7}y^{\frac{7}{3}}\Big|_0^8 = \frac{512}{7}\pi.$$

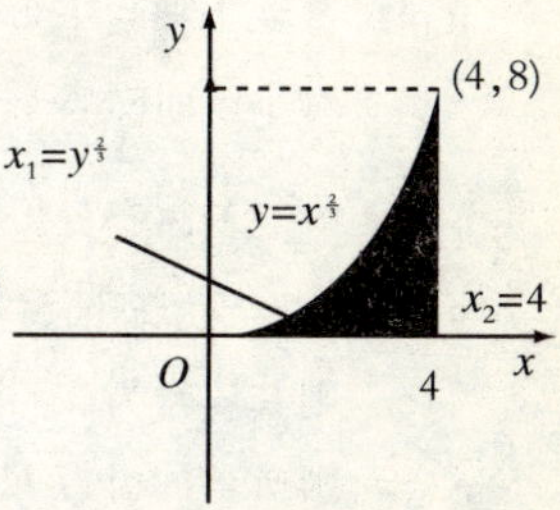

图 6-36

5. 解 圆盘$(x-2)^2+y^2\leqslant 1$，如图 6-37 所示，其绕 y 轴旋转所得体积为

$$V = \pi\int_{-1}^1 x_2^2(y)\mathrm{d}y - \pi\int_{-1}^1 x_1^2(y)\mathrm{d}y$$

$$= \pi\int_{-1}^1 [(2+\sqrt{1-y^2})^2 - (2-\sqrt{1-y^2})^2]\mathrm{d}y$$

$$= 8\pi\int_{-1}^1 \sqrt{1-y^2}\mathrm{d}y = 16\pi\int_0^1 \sqrt{1-y^2)}\mathrm{d}y$$

$$\underline{\underline{y=\sin t}}\ 16\pi\int_0^{\frac{\pi}{2}} \cos^2 t\mathrm{d}t$$

$$= 8\pi\int_0^{\frac{\pi}{2}} (1+\cos 2t)\mathrm{d}t = 8\pi\left(\frac{\pi}{2}+0\right) = 4\pi^2.$$

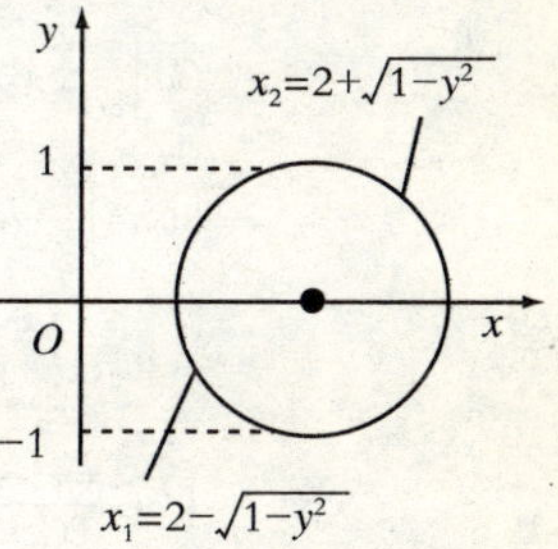

图 6-37

6. 解 由$\begin{cases} y=\dfrac{1}{2}x^2 \\ x^2+y^2=3 \end{cases}$ 解得抛物线与圆的两个交点为$(-\sqrt{2},1)$ 和$(\sqrt{2},1)$. 由对称性得所求弧长为

$$L = 2\int_0^{\sqrt{2}} \sqrt{1+[y'(x)]^2}\mathrm{d}x = 2\int_0^{\sqrt{2}} \sqrt{1+x^2}\mathrm{d}x$$

$$= 2\left[\frac{x}{2}\cdot\sqrt{1+x^2} + \frac{1}{2}\ln(x+\sqrt{1+x^2})\right]\Big|_0^{\sqrt{2}}$$

$$= \sqrt{6} + \ln(\sqrt{3}+\sqrt{2}).$$

7. 解 建立如图 6-38 所示的直角坐标系，在 x 处厚度为 $\mathrm{d}x$ 的一小薄片由 A 上升到 B 时，在水中的行程为$(r+x)$，在水上的行程为 $2r-(r+x)=r-x$. 由题设知，球的比重与水的比重相同，因而此薄片所受的浮力与重力的合力为零. 所以此薄片在水中由 A 上升到水面时，提升力为零，不做功，由水面再上提到 B 时，需克服重力做功，功元素为：

$\mathrm{d}W = F\cdot s = mg(r-x)$.

即 $\mathrm{d}W = (r-x)[\rho_{水}\cdot\pi y^2(x)\mathrm{d}x]g$，

整理得 $\mathrm{d}W = \rho_{水}(r-x)\pi g(r^2-x^2)\mathrm{d}x$.

故所求功为 $W = \int_{-r}^r \rho_{水}\ \pi g(r-x)(r^2-x^2)\mathrm{d}x$

$$= \frac{4000}{3}\pi g r^4.$$

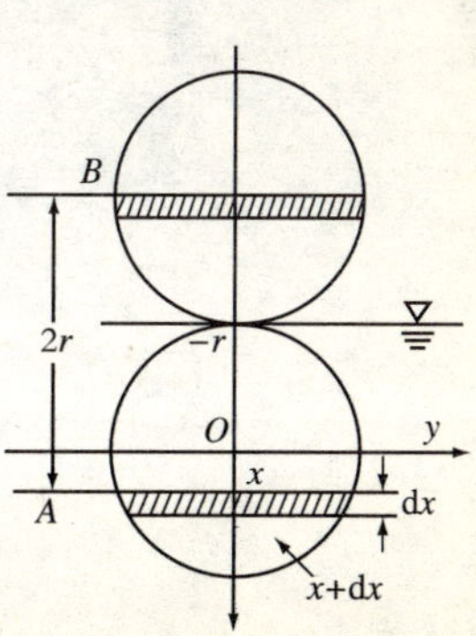

图 6-38

8. 解 设 x 为薄板上点到近水面的边长的距离，取 x 为积分变量，则 $x\in[0,b]$，对小区间$[x,x+\mathrm{d}x]$，压强为 $\rho g(h+x\sin\alpha)$，面积为 abx，因此压力为

$$P=\int_0^b \rho ga(h+x\sin\alpha)\mathrm{d}x=\frac{1}{2}\rho gab(2h+b\sin\alpha).$$

9. 解 取(x,y)处的弧微分 $\mathrm{d}s$ 为质点，

则其质量为$(x^2+y^2)^{3/2}\mathrm{d}s$，

则所求的引力 F 在 x 轴、y 轴上的投影 F_x、F_y 为

$$F_x=\int_0^{\frac{\pi}{2}} G\frac{(x^2+y^2)^{3/2}}{(x^2+y^2)}\cdot\frac{x}{\sqrt{x^2+y^2}}\mathrm{d}s$$

$$=Ga\int_0^{\frac{\pi}{2}}\cos^3 t\sqrt{[(a\cos^3 t)']^2+[(a\sin^3 t)']^2}\mathrm{d}t$$

$$=3Ga^2\int_0^{\frac{\pi}{2}}\cos^4 t\sin t\mathrm{d}t$$

$$=-3Ga^2\int_0^{\frac{\pi}{2}}\cos^4 t\mathrm{d}\cos t=-\frac{3}{5}Ga^2\cos^5 t\Big|_0^{\frac{\pi}{2}}=\frac{3}{5}Ga^2.$$

$$F_y=\int_0^{\frac{\pi}{2}} G\frac{(x^2+y^2)^{3/2}}{(x^2+y^2)}\cdot\frac{y}{\sqrt{x^2+y^2}}\mathrm{d}s$$

$$=Ga\int_0^{\frac{\pi}{2}}a\sin^3 t\sqrt{[(a\cos^3 t)']^2+[(a\sin^3 t)']^2}\mathrm{d}t$$

$$=3Ga^2\int_0^{\frac{\pi}{2}}\sin^4 t\cos t\mathrm{d}t$$

$$=3Ga^2\int_0^{\frac{\pi}{2}}\sin^4 t\mathrm{d}\sin t=3Ga^2\cdot\frac{1}{5}\sin^5 t\Big|_0^{\frac{\pi}{2}}=\frac{3}{5}Ga^2.$$

因此，$F=\left\{\frac{3}{5}Ga^2,\frac{3}{5}Ga^2\right\}$.

第七章　微分方程

知识结构网络图

- 微分方程
  - 微分方程解的概念
    - 常微分方程的概念
    - 解
    - 通解
    - 初始条件与特解
  - 能用初等积分法解出的方程的类型
    - 可分离变量的方程
    - 齐次方程
    - 一阶线性方程
    - 伯努利方程
    - 全微分方程
    - 可用简单的变量代换求解的方程
    - 可降阶的高阶微分方程
  - 高阶线性微分方程
    - 线性微分方程解的性质及解的结构定理
    - 二阶常系数线性微分方程
  - 欧拉方程
  - 包含两个未知函数的一阶常数线性微分方程组
  - 微分方程的级数解法
  - 微分方程(组)的简单应用

7.1 微分方程的基本概念

本节重难点及考研要求

重点及考点

1. 一阶微分方程初值问题的几何意义：$\begin{cases} F(x,y,y')=0 \\ y(x_0)=y_0 \end{cases}$.

即过点(x_0,y_0)且在该点处的切线斜率为y'的满足方程的积分曲线.

2. 带有未知函数的变上(下)限积分的方程称为积分方程，它通常可以通过一次或多次求导化为微分方程求解.

3. 验证函数是否是微分方程的解，可以由相应微分方程的阶数求至几阶导数，消去常数，代入方程，若恒等，再进一步验证初始条件.

考研要求

了解微分方程及其阶、解、通解、初始条件和特解等概念。

典型例题与解题技巧

题型Ⅰ:验证函数是否是微分方程的解或通解

【题型分析】 首先验证函数是否是方程的解，然后验证函数中含有的任意常数的个数是否和微分方程的阶数相等，若相等，则为方程通解.

例1 函数$y=C_1(e^x+2)+C_2e^x+C_3$(C_1,C_2,C_3都是任意常数)是方程$y'''-y''=0$的通解吗?

分析 首先验证函数是否是方程的解，然后验证函数中含有的任意常数的个数是否和微分方程的阶数相等，若相等，则为方程通解.

解 可验证函数$y=C_1(e^x+2)+C_2e^x+C_3$是方程$y'''-y''=0$的解.表面上看，函数$y=C_1(e^x+2)+C_2e^x+C_3$中含有3个任意常数，它与方程的阶数相同，但实际上3个任意常数可合并为两个：

$y=C_1(e^x+2)+C_2e^x+C_3=(C_1+C_2)e^x+(2C_1+C_3)=C'_1e^x+C'_2$.

其中只含两个任意常数，故y不是方程$y'''-y''=0$的通解.

例2 验证$y=Ce^{2x}$是否是$\begin{cases} y'-2y=0 \\ y(\frac{1}{2})=1 \end{cases}$的解，并求满足初始条件的特解.

分析 代入验证并求解.

解 对$y=Ce^{2x}$求导，$y'=2Ce^{2x}$代入方程得

$2Ce^{2x}-2Ce^{2x}=0$,则 $y=Ce^{2x}$ 是方程的解.

将 $y\left(\frac{1}{2}\right)=1$ 代入解中则 $1=C\cdot e^{2\times\frac{1}{2}}$,所以 $C=e^{-1}$.

故满足初始条件 $y\left(\frac{1}{2}\right)=1$ 的特解是 $y=e^{2x-1}$.

题型 Ⅱ:建立已知函数族满足的微分方程

【题型分析】 一般而言,包含 n 个独立的任意常数的原始式,可产生不含任意常数的 n 阶微分方程.这个 n 阶方程式可以通过从 $n+1$ 个方程中消去 n 个常数得到,而此 $n+1$ 个方程是由原始式与将原始式对自变量微分 n 次所得到的 n 个方程所组成.

例 3　求平面上全体圆族 $(x-a)^2+(y-b)^2=r^2$ 可满足的微分方程.

分析 通过对已知曲线族求导,并设法消去曲线族中的任意常数,注意到曲线族如果有 s 个任意圆常数,则建立的微分方程的阶数正是 s.

圆族中有三个任意常数 a、b、r,应建立三阶微分方程.

解 在 $(x-a)^2+(y-b)^2=r^2$ 中,

两边对 x 求导　$2(x-a)+2(y-b)y'=0$,

再求导得　$2+2y'^2+2(y-b)y''=0$,

变形为　$y-b=-\frac{1}{y''}(1+y'^2)$.

两边再求导　$y'=\frac{-1}{y''^2}[2y'y''^2-(1+y'^2)y''']$,

整理得到　$(1+y'^2)y'''-3y'y''^2=0$.

正是全体圆族满足的微分方程.

例 4　已知积分曲线族为 $y=C_1x+C_2x^2$,求它们满足的微分方程.

分析 应通过求导消去常数 C_1、C_2,得到微分方程,且应求到二阶导数为止.

解 对 $y=C_1x+C_2x^2$ 两边求导得到 $\begin{cases}y'=C_1+2C_2x,\\ y''=2C_2.\end{cases}$

从而解得　$C_2=\frac{y''}{2}, C_1=y'-xy''$.

代入曲线族方程中得到　$y=x(y'-xy'')+\frac{x^2}{2}y''$.

化简得到微分方程　$x^2y''-2xy'+2y=0$.

题型 Ⅲ:化积分方程为微分方程

【题型分析】 如遇到积分方程,其求解问题可化为相应的微分方程初值问题的求解.方法是对应变上(下)限积分求导来确定微分方程,再利用原积分方程进一步确定初始条件.

例 5 设 $f(x)=\sin x-\int_0^x (x-t)f(t)\mathrm{d}t$，其中 f 为连续函数，求 $f(x)$.

分析 求导，消去积分号.

解 对原积分方程关于 x 求导，得 $f'(x)=\cos x-\int_0^x f(t)\mathrm{d}t.$ ①

对①式关于 x 求导，得 $f''(x)=-\sin x-f(x)$，即 $f''(x)+f(x)=-\sin x$.

又有 $f(0)=0, f'(0)=1$. 记 $y=f(x)$，

即 $f(x)$ 满足的微分方程为 $\begin{cases} y''+y=-\sin x, \\ y\,|_{x=0}=0, y'\,|_{x=0}=1. \end{cases}$

关于 $f(x)$ 的求解见后.

例 6 将下列积分方程变形为微分方程：$\left(\int_0^x f(t)\mathrm{d}t\right)^2+\int_0^x f(t)\mathrm{d}t=f(x)$.

分析 求导消去积分号，有时需多次求导.

解 两边求导得到 $2\int_0^x f(t)\mathrm{d}t\cdot f(x)+f(x)=f'(x)$.

以及 $f'(0)=0, f(0)=0$，

即 $\int_0^x f(t)\mathrm{d}t=\frac{1}{2}\left(\frac{f'(x)}{f(x)}-1\right)$.

再两边求导得到 $f(x)=\frac{[f''(x)f(x)-f'^2(x)]}{2f^2(x)}$，

记 $y=f(x)$，即得 $\begin{cases} yy''-y'^2=2y^3, \\ y\,|_{x=0}=0, \\ y'\,|_{x=0}=0. \end{cases}$

课后习题解答(习题 7-1)

1. 解 (1) 一阶； (2) 二阶； (3) 三阶； (4) 一阶； (5) 二阶； (6) 一阶.

2. 解 (1) 因为 $y'=10x$，

所以 $xy'=x\cdot 10x=2(5x^2)$，即 $y=5x^2$ 是方程的解.

(2) 因为 $y'=3\cos x+4\sin x, y''=-3\sin x+4\cos x$，

所以 $y''+y=(-3\sin x+4\cos x)+(3\sin x-4\cos x)=0$，

即 $y=3\sin x-4\cos x$ 是所给方程的解.

(3) 因为 $y'=\mathrm{e}^x(2x+x^2), y''=\mathrm{e}^x(2+4x+x^2)$，所以

$y''-2y'+y=\mathrm{e}^x(2+4x+x^2)-2\mathrm{e}^x(2x+x^2)+x^2\mathrm{e}^x=2\mathrm{e}^x\neq 0$，

故 $y=x^2\mathrm{e}^x$ 不是方程的解.

(4) 因为 $y'=C_1\lambda_1\mathrm{e}^{\lambda_1 x}+C_2\lambda_2\mathrm{e}^{\lambda_2 x}, y''=C_1\lambda_1^2\mathrm{e}^{\lambda_1 x}+C_2\lambda_2^2\mathrm{e}^{\lambda_2 x}$，

$y''-(\lambda_1+\lambda_2)y'+\lambda_1\lambda_2 y=(C_1\lambda_1^2\mathrm{e}^{\lambda_1 x}+C_2\lambda_2^2\mathrm{e}^{\lambda_2 x})-(\lambda_1+\lambda_2)(C_1\lambda_1\mathrm{e}^{\lambda_1 x}+$

$C_2\lambda_2 e^{\lambda_2 x}) + \lambda_1\lambda_2(C_1 e^{\lambda_1 x} + C_2 e^{\lambda_2 x}) = 0.$

即　$y = C_1 e^{\lambda_1 x} + C_2 e^{\lambda_2 x}$ 是所给方程的解.

3. 解　(1) $x^2 - xy + y^2 = C$ 两边同时对 x 求导,得

$2x - y - xy' + 2yy' = 0,$

整理得　$(x-2y)y' = 2x - y,$

即由 $x^2 - xy + y^2 = C$ 所确定的函数是所给微分方程的解.

(2) $y = \ln(xy)$ 两边对 x 求导,整理得　$y' = \dfrac{y}{xy - x}.$

再次求导得　$y'' = \dfrac{-xy^3 + 2xy^2 - 2xy}{(xy-x)^3}.$

代入微分方程,得

$$(xy-x)\frac{-xy^3+2xy^2-2xy}{(xy-x)^3} + x\frac{y^2}{(xy-x)^2} + y\frac{y}{xy-x} - 2\frac{y}{xy-x} = 0,$$

因此 $y = \ln(xy)$ 所确定的函数是方程的解.

4. 解　(1) 由于 $y\Big|_{x=0} = 5$,故 $C = 0 - 5^2 = -25$,

因此　$y^2 - x^2 = 25.$

(2) $y' = C_2 e^{2x} + 2(C_1 + C_2 x)e^{2x}$,由 $y\Big|_{x=0} = 0, y'\Big|_{x=0} = 1$ 得

$$\begin{cases} C_1 = 0, \\ C_2 + 2C_1 = 1. \end{cases}\quad \text{解之得} \begin{cases} C_1 = 0, \\ C_2 = 1, \end{cases} \text{故 } y = xe^{2x}.$$

(3) $y' = C_1\cos(x - C_2)$,由 $y\Big|_{x=\pi} = 1, y'\Big|_{x=\pi} = 0$ 得

$1 = C_1\sin(\pi - C_2) = C_1\sin C_2,$

$0 = C_1\cos(\pi - C_2) = -C_1\cos C_2.$

由此推断 $C_1 = 1, C_2 = \dfrac{\pi}{2}$,故

$y = \sin\left(x - \dfrac{\pi}{2}\right)$,　即 $y = -\cos x.$

5. 解　(1) 设曲线为 $y = y(x)$,则曲线上点 (x,y) 处的切线斜率为 y',由条件知 $y' = x^2$,这便是所求微分方程.

(2) 设曲线为 $y = y(x)$,则曲线上点 $P(x,y)$ 处的法线斜率为 $\dfrac{-1}{y'}$,由条件知 PQ 中点的横坐标为 0,所以 Q 的坐标为 $(-x,0)$,从而有

$\dfrac{y-0}{x+x} = -\dfrac{1}{y'}$,即 $yy' + 2x = 0.$

6. 解　$\dfrac{dp}{dT} = k\dfrac{p}{T^2}$,$k$ 为比例系数.

7.2 可分离变量的微分方程

本节重难点及考研要求

重点及考点

1. 变量可分离方程的通解形式为$\int \frac{1}{g(y)}dy = \int f(x)dx$，由于将 $g(y)$ 作为分母，故若 $g(y)=0$ 有解 $y_1,y_2,\cdots,y_m$，则变量可分离方程还有特解 $y=y_i(i=1,2,\cdots,m)$. 故注意在分离变量的同时，经常在两边要同除以某一函数，此时往往会遗漏该函数的某些特解，而这些特解通常并不能由通解得到，因此要及时补全.
2. 在解微分方程时变量代换是重点也是难点，应根据具体问题尽量简化方程，选好变量代换，使得变换后的方程是较熟悉的方程类型，求解后，应还原为原变量.

考研要求

了解微分方程及其解、阶、通解、初始条件和特解等概念，掌握变量可分离的微分方程的解法.

典型例题与解题技巧

题型 Ⅰ:可分离变量的方程的解

【题型分析】

1. 方程中出现 $f(xy),f(x\pm y),f(x^2\pm y^2),f(\frac{y}{x})$ 等形式的项时，通常要做相应的变量替换 $u=xy,x\pm y,x^2\pm y^2,\frac{y}{x},\cdots$.

2. 分离变量后两端积分，如通过变量替换化原方程为可分离变量的方程，则求解后须还原到原来的变量.

例 1 求解微分方程$(x^2+1)(y^2-1)dx+xydy=0$.

解 这是可分离变量的方程.

当 $x(y^2-1)\neq 0$ 时，分离变量得 $\frac{x^2+1}{x}dx+\frac{y}{y^2-1}dy=0$,

积分得 $\frac{1}{2}\int\frac{x^2+1}{x^2}dx^2+\frac{1}{2}\int\frac{dy^2}{y^2-1}=C_1$,

$$x^2+\ln x^2+\ln|y^2-1|=2C_1,$$

$$x^2e^{x^2}|y^2-1|=e^{2C_1},$$

即 $x^2e^{x^2}(y^2-1)=C$，当 $x=0$ 或 $y=\pm1$ 时，也是原方程的解.

其中 C 为任意常数.

例 2 求方程$\frac{\mathrm{d}y}{\mathrm{d}x}=(x-y)^2$的通解.

解 作变换$u=x-y, y'=-u'+1$,原方程变为$-u'+1=u^2$,

$-\frac{\mathrm{d}u}{u^2-1}=\mathrm{d}x$积分得$\frac{1}{2}\ln\left|\frac{1+u}{1-u}\right|=x+C_1$,

$u=x-y$代入方程得通解$\frac{1+x-y}{1-x+y}=Ce^{2x}$.

题型 Ⅱ:用可分离变量的方法求应用题

【题型分析】

1. 此类问题的关键是把物理问题抽象为数学模型,转化为微分方程.
2. 根据已知条件确定初值条件求解此微分方程.

例 3 质量为m的船以速度v_0行驶,在$t=0$时,动力关闭,假设水的阻力正比于v^n,其中n为一常数,v为瞬时速度,求速度与滑行距离的函数关系.

解 船所受的净力 = 向前推力 − 水的阻力 $=0-kv^n$,

加速度 = 速度对时间的导数,即$a=\frac{\mathrm{d}v}{\mathrm{d}t}$,于是由题设有

$$\begin{cases} m\frac{\mathrm{d}v}{\mathrm{d}t}=-kv^n, \\ v\big|_{t=0}=v_0. \end{cases}$$

现在要求的不是速度与时间的关系,而是距离关系.

设距离为x,于是上述方程可化为

$$m\frac{\mathrm{d}v}{\mathrm{d}t}=m\frac{\mathrm{d}v}{\mathrm{d}x}\cdot\frac{\mathrm{d}x}{\mathrm{d}t}=mv\cdot\frac{\mathrm{d}v}{\mathrm{d}x}=-kv^n.$$

则 $mv^{1-n}\mathrm{d}v=-k\mathrm{d}x.$ ①

当$n\neq 2$时,两边积分得,$\frac{mv^{2-n}}{2-n}=-kx+C$.

把$v\Big|_{t=0}=v_0, x\Big|_{t=0}=0$,代入上式得,得$C=\frac{mv_0^{2-n}}{2-n}$.

故 $v^{2-n}=-\frac{k(2-n)}{m}x+v_0^{2-n}$.

当$n=2$时,由 ① 式得:$mv^{-1}\mathrm{d}v=k\mathrm{d}x$,积分得$v=Ce^{-\frac{k}{m}x}$,

将初值代入得$C=v_0$,故$v=v_0e^{-\frac{k}{m}x}$.

课后习题解答(习题 7-2)

1. 解 (1) 改写原方程为$x\frac{\mathrm{d}y}{\mathrm{d}x}-y\ln y=0$,分离变量得

$$\frac{\mathrm{d}y}{y\ln y}=\frac{\mathrm{d}x}{x},\int\frac{\mathrm{d}y}{y\ln y}=\int\frac{\mathrm{d}x}{x},$$

即 $\ln(\ln y)=\ln x+C=\ln Cx$，亦即 $y=e^{Cx}$，故通解为 $y=e^{Cx}$.

(2) 将原方程改写为 $5\dfrac{dy}{dx}=3x^2+5x$，分离变量得 $5dy=(3x^2+5x)dx$，

两边积分，得　$\int 5dy=\int(3x^2+5x)dx$.

即 $5y=x^3+\dfrac{5}{2}x^2+C_1$，故通解为 $y=\dfrac{1}{5}x^3+\dfrac{1}{2}x^2+C$.

(3) 原方程变形为 $\dfrac{dy}{\sqrt{1-y^2}}=\dfrac{dx}{\sqrt{1-x^2}}$，两边积分得 $\int\dfrac{dy}{\sqrt{1-y^2}}=\int\dfrac{dx}{\sqrt{1-x^2}}$，

故通解为 $\arcsin y=\arcsin x+C$，即 $y=\sin(\arcsin x+C)$.

(4) 原方程变形为 $(1-x-a)\dfrac{dy}{dx}=ay^2$，分离变量，并将两边积分得

$\int\dfrac{dy}{ay^2}=\int\dfrac{dx}{1-a-x}$，即 $-\dfrac{1}{ay}=-\ln|1-a-x|-C_1$，

故通解为 $y=\dfrac{1}{C+a\ln(1-a-x)}$，这里 $C=aC_1$，为任意常数.

(5) 分离变量并积分得

$\int\dfrac{\sec^2 y}{\tan y}dy=-\int\dfrac{\sec^2 x}{\tan x}dx$，亦即 $\int\dfrac{d\tan y}{\tan y}=-\int\dfrac{d\tan x}{\tan x}$.

从而 $\ln(\tan y)=-\ln(\tan x)+\ln C$，$\ln(\tan x\tan y)=\ln C$，

故通解为 $\tan x\tan y=C$.

(6) 分离变量得 $10^{-y}dy=10^x dx$，两边积分得 $\int 10^{-y}dy=\int 10^x dx$.

从而 $-\dfrac{10^{-y}}{\ln 10}=\dfrac{10^x}{\ln 10}+\dfrac{C_1}{\ln 10}$，亦即 $10^{-y}=-10^x+C$.

故通解为　$y=-\lg(-10^x+C)$，其中 C 为任意常数.

(7) 原方程变为 $e^y(e^x+1)dy=e^x(1-e^y)dx$，

分离变量并两边积分得　$\int\dfrac{e^y dy}{1-e^y}=\int\dfrac{e^x dx}{1+e^x}$，

从而 $-\ln(e^y-1)=\ln(e^x+1)-\ln C$，即 $\ln(e^x+1)+\ln(e^y-1)=\ln C$.

故通解为 $(e^x+1)(e^y-1)=C$.

(8) 分离变量得 $\dfrac{\cos y}{\sin y}dy=-\dfrac{\cos x}{\sin x}dx$，积分得 $\int\dfrac{\cos y}{\sin y}dy=\int-\dfrac{\cos x}{\sin x}dx$，

从而 $\ln(\sin y)=-\ln(\sin x)+\ln C$，即 $\ln(\sin x\sin y)=\ln C$，

故通解为 $\sin x\sin y=C$，其中 C 为任意常数.

(9) 分离变量得 $(y+1)^2dy=-x^3dx$，两边积分得 $\int(y+1)^2dy=-\int x^3dx$.

从而 $\dfrac{1}{3}(y+1)^3=-\dfrac{1}{4}x^4+C_1$，

故通解为 $4(y+1)^3+3x^4=C\quad(C=12C_1)$.

(10) 分离变量得 $\dfrac{dx}{4x-x^2}=\dfrac{dy}{y}$，积分得 $\int\left(\dfrac{1}{x}+\dfrac{1}{4-x}\right)dx=4\ln y$，

从而 $\ln x-\ln(4-x)+\ln C=\ln(y^4)$，$\ln\left[\left(\dfrac{x}{4-x}C\right)\right]=\ln(y^4)$.

即　$y^4(4-x)=Cx$ 为原方程的通解.

2. 解 (1) 分离变量得 $e^y dy=e^{2x}dx$，

积分得 $\int e^y dy=\int e^{2x}dx$，即 $e^y=\dfrac{1}{2}e^{2x}+C\Rightarrow y=\ln\left(\dfrac{1}{2}e^{2x}+C\right)$.

依题意 $y\Big|_{x=0}=0$，代入得 $\ln\left(C+\dfrac{1}{2}\right)=0$，

所以有 $C=\dfrac{1}{2}$，故满足初始条件的特解为 $y=\ln\left(\dfrac{e^{2x}+1}{2}\right)$.

(2) 分离变量得 $\tan y dy=\tan x dx$，

两边积分得 $\int\tan y dy=\int\tan x dx$，从而 $-\ln(\cos y)=-\ln(\cos x)-\ln C$，

即 $\cos y=-C\cos x$，由 $y\Big|_{x=0}=\dfrac{\pi}{4}$ 得 $\cos\dfrac{\pi}{4}=C\cos 0=C$，

即 $C=\dfrac{1}{\sqrt{2}}$，因此，$\sqrt{2}\cos y=\cos x$ 为所求的特解.

(3) 分离变量得 $\dfrac{dy}{y\ln y}=\dfrac{dx}{\sin x}$，积分得 $\int\dfrac{dy}{y\ln y}=\int\dfrac{dx}{\sin x}$，

从而 $\ln(\ln y)=\ln\left(\tan\dfrac{x}{2}\right)+\ln C=\ln\left(C\tan\dfrac{x}{2}\right)$，

即 $\ln y=C\tan\dfrac{x}{2}$，亦即 $y=e^{C\tan\frac{x}{2}}$.

由于 $y\Big|_{x=\frac{\pi}{2}}=e$，故 $\ln e=C\cdot\tan\dfrac{\pi}{4}=C$，即 $C=1$，

因此 $y=e^{\tan\frac{x}{2}}$ 为所求的特解.

(4) 分离变量得 $-\dfrac{\sin y}{\cos y}=\dfrac{e^x}{1+e^x}dx$，积分得 $-\int\dfrac{\sin y}{\cos y}dy=\int\dfrac{e^x}{1+e^x}dx$，

即 $\int\dfrac{d\cos y}{\cos y}=\int\dfrac{d(1+e^x)}{1+e^x}$，

从而 $\ln|\cos y|=\ln(e^x+1)+\ln|C|$.

即 $\cos y=C(e^x+1)$ 为原方程的通解.

由初始条件知 $\cos\dfrac{\pi}{4}=C(e^0+1)$，故 $C=\dfrac{\sqrt{2}}{4}$，特解为 $\cos y=\dfrac{\sqrt{2}}{4}(e^x+1)$.

(5) 分离变量得 $\dfrac{dy}{2y}=-\dfrac{dx}{x}$，两边积分得 $\int\dfrac{dy}{2y}=\int-\dfrac{dx}{x}$，

从而$\frac{1}{2}\ln y=-\ln x+\frac{1}{2}\ln C$.

即 $x^2y=C$,其中 C 为任意常数,由初始条件知,$1=\frac{1}{4}C$,

故 $C=4$,从而特解为 $x^2y=4$.

3. 解 建立坐标系如图 7-1 所示,设 t 时刻已流出的水的体积为 V,则由水力学有

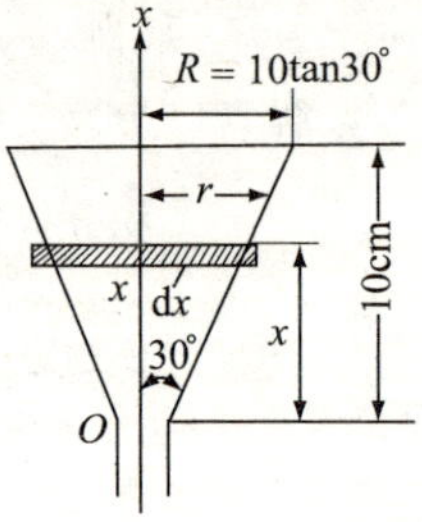

图 7-1

$\frac{dV}{dt}=0.62\times0.5\times\sqrt{(2\times980)x}$,即

$dV=0.62\times0.5\times\sqrt{(2\times980)x}dt$.

又因为 $r=x\tan30°=\frac{x}{\sqrt{3}}$,

故 $V=-\pi r^2dx=-\frac{\pi}{3}x^2dx$.

从而 $0.62\times0.5\times\sqrt{(2\times980)x}dt=-\frac{\pi}{3}x^2dx$,

即 $dt=\frac{-\pi}{3\times5\times0.62\times0.5\times\sqrt{2\times980}}x^{\frac{3}{2}}dx$,

因此 $t=\frac{-2\pi}{3\times5\times0.62\times0.5\times\sqrt{2\times980}}x^{\frac{5}{2}}+C$.

又因为 $t=0$ 时 $x=10$,

所以 $C=\frac{2\pi}{3\times5\times0.62\times0.5\times\sqrt{2\times980}}10^{\frac{5}{2}}$.

故水从小孔流出的规律为

$$t=\frac{2\pi}{3\times5\times0.62\times0.5\times\sqrt{2\times980}}(10^{\frac{5}{2}}-x^{\frac{5}{2}})=-0.0305x^{\frac{5}{2}}+9.645,$$

令 $x=0$,得水流完所需的时间约为 10 s.

4. 解 已知 $F=k\frac{t}{v}$,并且当 $t=10$ s 时,$v=50$ cm/s,$F=4$ g·cm/s^2,

故 $4=k\frac{10}{50}$,从而 $k=20$,因此 $F=20\frac{t}{v}$.

又由牛顿定律,$F=ma$,即 $1\cdot\frac{dv}{dt}=20\frac{t}{v}$,故 $vdv=20tdt$.

这便是速度与时间应满足的微分方程,解之得

$\frac{1}{2}v^2=10t^2+C$,即 $v=\sqrt{20t^2+2C}$,

由初始条件有$\frac{1}{2}\times50^2=10\times10^2+C$,即 $C=250$.

因此 $v=\sqrt{20t^2+500}$ 为所求特解.

当 $t=60$ s 时,

$v=\sqrt{20\times 60^2+500}=269.3(\text{cm/s})$.

5. 解 由题设知 $\frac{\mathrm{d}R}{\mathrm{d}t}=-\lambda R$,即 $\frac{\mathrm{d}R}{R}=-\lambda\mathrm{d}t$,积分得 $\int\frac{\mathrm{d}R}{R}=-\lambda\int\mathrm{d}t$.

即 $\ln R=-\lambda t+C_1$,从而 $R=C\mathrm{e}^{-\lambda t}(C=\mathrm{e}^{C_1})$.

因为 $t=0,R=R_0$,故 $R_0=C\mathrm{e}^0=C$,即 $R=R_0\mathrm{e}^{-\lambda t}$.

又由于 $t=1\,600,R=\frac{R_0}{2}$,故 $\frac{R_0}{2}=R_0\mathrm{e}^{-1\,600\lambda}$.

从而得 $\lambda=\frac{\ln 2}{1\,600}$,因此 $R=R_0\mathrm{e}^{-\frac{\ln 2}{1000}t}=R_0\mathrm{e}^{-0.000\,433t}$.

6. 解 设切点为 $P(x,y)$,则切线在 x 轴、y 轴的截距分别为 $2x$、$2y$,切线斜率为 $\frac{2y-0}{0-2x}=-\frac{y}{x}$,

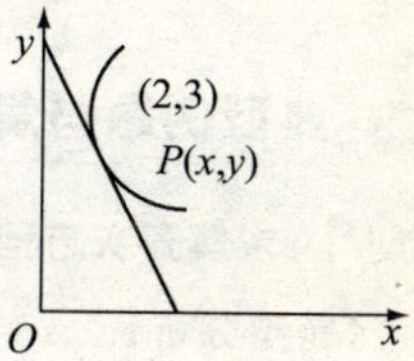

图 7-2

故曲线满足微分方程 $\frac{\mathrm{d}y}{\mathrm{d}x}=-\frac{y}{x}$.

从而 $\int\frac{\mathrm{d}y}{y}=\int-\frac{\mathrm{d}x}{x}$,即 $\ln y+\ln x=\ln C$,

故 $xy=C$.

由于曲线经过点(2,3),因此 $C=2\times 3=6$,

故曲线方程为 $xy=6$.

7. 解 建立坐标系如图 7-3 所示,设 t 时刻船的位置为 (x,y),此时水速为

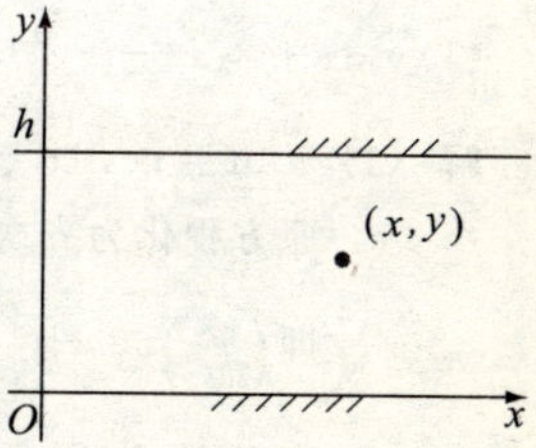

图 7-3

$v=\frac{\mathrm{d}x}{\mathrm{d}t}=ky(h-y)$,故 $\mathrm{d}x=ky(h-y)\mathrm{d}t$.

又由已知 $y=at$,代入上式得

$\mathrm{d}x=kat(h-at)\mathrm{d}t$.

积分得 $x=\frac{1}{2}kaht^2-\frac{1}{3}ka^2t^3+C$,由初始条件 $x\Big|_{t=0}=0$,得 $C=0$.

故 $x=\frac{1}{2}kaht^2-\frac{1}{3}ka^2t^3$.

因此船运动路线的函数方程为

$$\begin{cases}x=\frac{1}{2}kaht^2-\frac{1}{3}ka^2t^3,\\ y=at\end{cases}$$

从而一般方程为 $x=\frac{k}{a}(\frac{h}{2}y^2-\frac{1}{3}y^3),y\in[0,h]$.

7.3 齐次方程

本节重难点及考研要求

重点及考点

解齐次方程的关键是利用变量代换或换元将原方程化为变量可分离的微分方程来求解.

考研要求

会解齐次微分方程,会用简单的变量代换解某些微分方程.

典型例题与解题技巧

题型Ⅰ:求解齐次方程或可化为齐次的方程

【题型分析】

1. 此类方程的求解方法要点是利用变量变换将原方程化为变量可分离方程.
2. 对于可化为齐次型的方程,先判断属于三类中的哪一类再求解.
3. 对于积分中出现的二次有理分式,注意使用特定系数法求解.

例1 求下列方程的通解:

(1) $y^3\mathrm{d}x+2(x^2-xy^2)\mathrm{d}y=0$; (2) $\frac{\mathrm{d}y}{\mathrm{d}x}=\frac{y}{x}+\tan\frac{y}{x}$.

解 (1) 令 $x=u^2,\mathrm{d}x=2u\mathrm{d}u$,

原方程化为齐次方程 $y^3u\mathrm{d}u+(u^4-u^2y^2)\mathrm{d}y=0$.

即 $\left(\frac{y}{u}\right)^3\mathrm{d}u+\left[1-\left(\frac{y}{u}\right)^2\right]\mathrm{d}y=0$.

令 $y=zu,\mathrm{d}y=z\mathrm{d}u+u\mathrm{d}z$,

原方程化为 $z^3\mathrm{d}u+(1-z^2)(z\mathrm{d}u+u\mathrm{d}z)=0$.

分离变量得 $\frac{z^2-1}{z}\mathrm{d}z=\frac{\mathrm{d}u}{u}$,

积分得 $\frac{1}{2}z^2-\ln z=\ln u+\frac{C}{2}$,即 $z^2=\ln(zu)^2+C$.

代入 $y=zu,u^2=x$,得原方程通解 $y^2=x(\ln y^2+C)$.

(2) 设 $\frac{y}{x}=u,\frac{\mathrm{d}y}{\mathrm{d}x}=x\frac{\mathrm{d}u}{\mathrm{d}x}+u$,

原方程变为 $x\frac{\mathrm{d}u}{\mathrm{d}x}+u=u+\tan u$,即 $\frac{\mathrm{d}u}{\mathrm{d}x}=\frac{\tan u}{x}$.

分离变量得 $\cot u\,du = \dfrac{dx}{x}$，积分得 $\sin u = Cx$.

故方程通解为 $\sin \dfrac{y}{x} = Cx$.

例 2　求方程 $y(1+e^{x/y})dx + e^{x/y}(y-x)dy = 0$ 的通解.

分析　本题中 e 的指数上有 x/y，它启示应当作变换 $u = \dfrac{x}{y}$，再观察原式，知两边除以 ydy 后即为齐次方程.

解　作变换 $u = x/y$，$dx = udy + ydu$ 代入方程得

$(1+e^u)(udy + ydu) + e^u(1-u)dy = 0$.

整理后得 $(u+e^u)dy + y(1+e^u)du = 0$，即 $\dfrac{(1+e^u)du}{u+e^u} = -\dfrac{dy}{y}$.

两边积分得 $\ln(u+e^u) = \ln\dfrac{1}{y} + \ln C$，所以 $u + e^u = C/y$.

令 $u = x/y$，代入得 $\dfrac{x}{y} + e^{\frac{x}{y}} = C/y$，因此通解为 $x + ye^{\frac{x}{y}} = C$.

课后习题解答(习题 7-3)

1. 解　(1) 原方程变为 $\dfrac{dy}{dx} = \dfrac{y}{x} + \sqrt{\left(\dfrac{y}{x}\right)^2 - 1}$，令 $u = \dfrac{y}{x}$，

则原方程化为

$u + x\dfrac{du}{dx} = u + \sqrt{u^2-1}$，即 $\dfrac{du}{(u^2-1)^{\frac{1}{2}}} = \dfrac{dx}{x}$.

积分得 $\ln(u+\sqrt{u^2-1}) = \ln x + \ln C$，即 $u + \sqrt{u^2-1} = Cx$，

代入 $u = \dfrac{y}{x}$ 得 $\dfrac{y}{x} + \sqrt{\left(\dfrac{y}{x}\right)^2 - 1} = Cx$，即 $y + \sqrt{y^2-x^2} = Cx^2$ 为所求的通解.

(2) 原方程变为 $\dfrac{dy}{dx} = \dfrac{y}{x}\ln\dfrac{y}{x}$，令 $\dfrac{y}{x} = u$，

则原方程变为 $u + x\dfrac{du}{dx} = u\ln u$，即 $\dfrac{du}{u(\ln u - 1)} = \dfrac{dx}{x}$，

两边积分得 $\ln(\ln u - 1) = \ln x + \ln C$，即 $u = e^{Cx+1}$，

将 $u = \dfrac{y}{x}$ 代入即得原方程的通解为 $y = xe^{Cx+1}$.

(3) 原方程变为 $\dfrac{dy}{dx} = \dfrac{x^2+y^2}{xy} = \dfrac{1+\left(\dfrac{y}{x}\right)^2}{\dfrac{y}{x}}$，令 $u = \dfrac{y}{x}$，

则方程化为$u+x\frac{du}{dx}=\frac{1+u^2}{u}$,即$udu=\frac{dx}{x}$,

积分得$\frac{1}{2}u^2=\ln x+\frac{1}{2}\ln C$.

于是$\frac{y^2}{x^2}=2\ln x+\ln C$,即$y^2=x^2\ln Cx^2$为所求通解.

(4) 原方程化为$\frac{dy}{dx}=\frac{x^3+y^3}{3xy^2}=\frac{1+(\frac{y}{x})^3}{3(\frac{y}{x})^2}$,令$\frac{y}{x}=u$,

则方程变为$u+x\frac{du}{dx}=\frac{1+u^3}{3u^3}$,即$\frac{3u^2}{1-2u^3}du=\frac{1}{x}dx$.

两边积分得$-\frac{1}{2}\ln(1-2u^3)=\ln x+\ln C$,

即$2u^3=1-\frac{C}{x^2}$,将$u=\frac{y}{x}$代入上式,得原方程的通解为$x^3-2y^3=Cx$.

(5) 原方程可写为$\frac{dy}{dx}=\frac{y}{x}+\frac{2}{3}\tan\frac{y}{x}$.

令$t=\frac{y}{x}$,原方程化为$\frac{3}{2}\frac{dt}{\tan t}=\frac{dx}{x}$,

解得$\sin^3 t=Cx^2$,

将$t=\frac{y}{x}$代入得$\sin^3\frac{y}{x}=Cx^2$.

(6) 原方程变为$\frac{dx}{dy}=\frac{\left(\frac{x}{y}-1\right)2e^{\frac{x}{y}}}{1+2e^{\frac{x}{y}}}$,令$u=\frac{x}{y}$,则方程化为

$u+y\frac{du}{dy}=\frac{2(u-1)e^u}{1+2e^u}$,即$y\frac{du}{dy}=-\frac{u+2e^u}{1+2e^u}$,

分离变量得$\frac{(1+2e^u)}{u+2e^u}du+\frac{dy}{y}=0$.

积分得$\ln(u+2e^u)+\ln y=\ln C$,$y(u+2e^u)=C$.

代入$u=\frac{x}{y}$得通解:$y\left(\frac{x}{y}+2e^{\frac{x}{y}}\right)=C$,

即 $x+2ye^{\frac{x}{y}}=C$为原方程的通解.

2. 解 (1) 原方程化为$\frac{dy}{dx}=-\frac{2\left(\frac{y}{x}\right)}{\left(\frac{y}{x}\right)^2-3}$,令$u=\frac{y}{x}$,则方程变为

$$u+x\frac{du}{dx}=-\frac{2u}{u^2-3},\quad \text{即}\quad \frac{u^2-3}{u-u^3}du=\frac{dx}{x}.$$

由待定系数法易知 $\frac{u^2-3}{u-u^3}=-\frac{3}{u}+\frac{1}{u+1}+\frac{1}{u-1}$.

因此方程两边积分得

$$-3\ln u+\ln(u+1)+\ln(u-1)=\ln x+\ln C,$$

即　$\ln\left|\frac{u^2-1}{u^3}\right|=\ln|Cx|$. 故　$u^2-1=Cu^3x$.

代入 $u=\frac{y}{x}$ 得通解：$y^2-x^2=Cy^3$，

由初始条件　$y(0)=1$ 得 $C=1$.　故特解为　$y^2-x^2=y^3$.

(2) 令 $\frac{y}{x}=u$，则原方程变为

$$u+x\frac{du}{dx}=\frac{1}{u}+u,\quad \text{即}\quad udu=\frac{dx}{x}.$$

两边积分得　$\frac{1}{2}u^2=\ln x+\frac{\ln C}{2}$，即 $u^2=\ln Cx^2$.

将 $u=\frac{y}{x}$ 代入上式，得通解　$y^2=x^2\ln Cx^2$.

由 $y\Big|_{x=1}=2$，得 $C=e^2$.　故所求特解为 $y^2=2x^2(\ln x+2)$.

(3) 原方程化为 $\frac{dy}{dx}=\frac{\left(\frac{y}{x}\right)^2-2(y/x)-1}{\left(\frac{y}{x}\right)^2+2(y/x)-1}$，令 $u=\frac{y}{x}$，得

$$u+x\frac{du}{dx}=\frac{u^2-2u-1}{u^2+2u-1},\text{即}\ \frac{dx}{x}=-\frac{u^2+2u-1}{u^3+u^2+u+1}du,$$

亦即　$\frac{dx}{x}=\left(\frac{1}{u+1}-\frac{2u}{u^2+1}\right)du$.

积分得　$\ln x+\ln C=\ln\frac{u+1}{u^2+1}$，

即　$(u+1)=Cx(u^2+1)$.

代入 $u=\frac{y}{x}$，其中得原方程的通解　$x+y=C(x^2+y^2)$.

由初始条件　$y\Big|_{x=1}=1$，得　$C=1$.

因而特解为　$x+y=x^2+y^2$.

3. 解　设曲线弧 $\overset{\frown}{OA}$ 的方程为 $y=f(x)$，由题意得

$$\int_0^x f(x)dx-\frac{1}{2}xf(x)=x^2.$$

两边对 x 求导得　$f(x)-\dfrac{1}{2}f(x)-\dfrac{1}{2}f'(x)x=2x$,

即　$y'=\dfrac{y}{x}-4$.　　　①

令　$\dfrac{y}{x}=u$,① 式可化为　$x\dfrac{du}{dx}=-4$,即 $du=-4\dfrac{dx}{x}$,

积分得 $u=-4\ln x+C$.

代入 $u=\dfrac{y}{x}$ 得原方程的通解:$y=-4x\ln|x|+Cx$,

由于 $A(1,1)$ 在曲线上,即 $y(1)=1$,故 $C=1$. 从而 $\overset{\frown}{OA}$ 的方程为 $y=-4x\ln x+x$.

4. 解　(1) 令 $x=X+h,y=Y+k$,则 $dx=dX,dy=dY$,从而原方程化为

$(2X-5Y+2h-5k+3)dX-(2X+4Y+2h+4k-6)dY=0$.

解方程组 $\begin{cases}2h-5k+3=0,\\2h+4k-6=0.\end{cases}\Rightarrow h=1,k=1$.

故令 $x=X+1,y=Y+1$ 时,原方程化为

$(2X-5Y)dX-(2X+4Y)dY=0$.

进一步将此方程化为 $\dfrac{dY}{dX}=\dfrac{2-5\dfrac{Y}{X}}{2+4\dfrac{Y}{X}}$.

令 $u=\dfrac{Y}{X}$,　则以上方程变为 $X\dfrac{du}{dX}=\dfrac{2-5u}{2+4u}-u$,

即 $-\dfrac{4u+2}{4u^2+7u-2}du=\dfrac{dX}{X}$.

$$\begin{aligned}\text{积分得 }\ln|X|&=-\frac{1}{2}\int\frac{8u+7-3}{4u^2+7u-2}du\\&=-\frac{1}{2}\int\frac{d(4u^2+7u-2)}{4u^2+7u-2}+\frac{3}{2}\int\frac{du}{4u^2+7u-2}\\&=-\frac{1}{2}\ln|4u^2+7u-2|+\frac{1}{6}\ln\left|\frac{4u-1}{u+2}\right|+\frac{1}{6}\ln|C_1|\end{aligned}$$

$\Rightarrow 6\ln|X|+3\ln|4u^2+7u-2|-\ln\left|\dfrac{4u-1}{u+2}\right|=\ln|C_1|$.

即 $X^6(4u^2+7u-2)^3\dfrac{u+2}{4u-1}=C_1$,亦即 $X^6(4u-1)^2(u+2)^4=C_1$,

代入 $X=x-1,Y=y-1$,

得　$(x-1)^6\left[4\dfrac{y-1}{x-1}-1\right]^2\left[\dfrac{y-1}{x-1}+2\right]^4=C_1$,

即　$(4y-x-3)(y+2x-3)^2=C$　$(C=\sqrt{C_1})$ 为通解.

(2) 原方程可写成 $\dfrac{dy}{dx}=\dfrac{-(x-1)+y}{(x-1)+4y}$,令 $\begin{cases}x-1=X\\y=Y\end{cases}$,

则原方程变为$\frac{\mathrm{d}Y}{\mathrm{d}X}=\frac{-X+Y}{X+4Y}$，　亦即$\frac{\mathrm{d}Y}{\mathrm{d}X}=\frac{-1+\frac{Y}{X}}{1+4\frac{Y}{X}}$.

再令$\frac{Y}{X}=u$,则方程变为　$u+X\frac{\mathrm{d}u}{\mathrm{d}X}=\frac{-1+u}{1+4u}$.

即　$\frac{4u+1}{4u^2+1}\mathrm{d}u=-\frac{\mathrm{d}X}{X}$.

积分得　$\int\frac{4u+1}{4u^2+1}\mathrm{d}u=-\int\frac{\mathrm{d}X}{X}$,

即　$\int\frac{4u}{4u^2+1}\mathrm{d}u+\int\frac{1}{1+4u^2}\mathrm{d}u=-\int\frac{\mathrm{d}X}{X}$.

从而$\frac{1}{2}\ln(4u^2+1)+\frac{1}{2}\arctan(2u)=-\ln|X|+C_1$.

$\ln[X^2(4u^2+1)]+\arctan(2u)=C$,其中$C=2C_1$.

将$X=x-1,u=\frac{Y}{X}=\frac{y}{x-1}$代入上式,得原方程的通解为

$\ln[4y^2+(x-1)^2]+\arctan\frac{2y}{x-1}=C$.

(3) 原方程变为$\frac{\mathrm{d}y}{\mathrm{d}x}=\frac{7x-3y-7}{-3x+7y+3}$,

令$x=X+h,y=Y+k$,代入上式,得

$\frac{\mathrm{d}Y}{\mathrm{d}X}=\frac{7X-3Y+7h-3k-7}{-3X+7Y-3h+7k+3}$,

令$\begin{cases}7h-3k-7=0\\-3h+7k+3=0\end{cases}\Rightarrow\begin{cases}h=1\\k=0\end{cases}$.

故令$x=X+1,y=Y$,原方程变为$\frac{\mathrm{d}Y}{\mathrm{d}X}=\frac{7X-3Y}{-3X+7Y}$,

即　$\frac{\mathrm{d}Y}{\mathrm{d}X}=\frac{7-3\frac{Y}{X}}{-3+7\frac{Y}{X}}$.

令$\frac{Y}{X}=u$,以上方程变为$u+X\frac{\mathrm{d}u}{\mathrm{d}X}=\frac{7-3u}{-3+7u}$,

即　$\frac{7u-3}{u^2-1}\mathrm{d}u=\frac{-7}{X}\mathrm{d}X$.

从而　$2\ln|u-1|+5\ln|u+1|=-7\ln X+\ln|C|$.

进一步整理得$X^7(u-1)^2(u+1)^5=C$.

将$X=x-1,u=\frac{y}{x-1}$回代上式后方程的通解为

$(y-x+1)^2(y+x-1)^5=C$.

(4) 原方程变形为$\dfrac{dy}{dx}=\dfrac{-(x+y)}{3(x+y)-4}$,

令 $x+y=u$,则 $y=u-x,\dfrac{dy}{dx}=\dfrac{du}{dx}-1$,从而原方程变为

$\dfrac{du}{dx}-1=\dfrac{-u}{3u-4}$,　即　$\dfrac{3u-4}{2u-4}du=dx$.

两边积分得　$\int\dfrac{3u-4}{u-2}du=\int 2dx$,　即　$\int 3du+\int\dfrac{2}{u-2}du=\int 2dx$.

从而　$3u+2\ln|u-2|=2x+C$,

将 $u=x+y$ 代入上式,得原方程的通解为

$x+3y+2\ln(2-x-y)=C$.

7.4 一阶线性微分方程

本节重难点及考研要求

重点及考点

1. 在求解一阶线性方程时,一定要化为标准形式

$$y'+P(x)y=Q(x). \qquad (*)$$

然后再用公式求解.

2. 一阶线性方程的解题步骤如下:

① 标准化,即将方程化为(*)的形式.

② 求方程 $y'+P(x)y=0$ 的通解

$\Rightarrow y'=-P(x)y,\dfrac{dy}{y}=-P(x)dx\Rightarrow \ln y=-\int P(x)dx+\ln C$

$\Rightarrow y=Ce^{-\int P(x)dx}$.

③ 用常数变易法求方程(*)的通解.

令 $y=C_1(x)e^{-\int P(x)dx}$ 为方程(*)的解,

将其代入方程并整理得

$C'_1(x)e^{-\int P(x)dx}=Q(x)\Rightarrow C'_1(x)=Q(x)e^{\int P(x)dx}$

$$C_1(x)=\int Q(x)e^{\int P(x)dx}dx+C$$

故原方程的通解为　$y=\left(\int Q(x)e^{\int P(x)dx}dx+C\right)e^{-\int P(x)dx}$.

3. 伯努利方程 $y'+P(x)y=Q(x)y^n$　$(n\neq 0,1)$ 可以化为一阶线性方程的一种形式,只须令 $z=y^{1-n}$,并以$\dfrac{dz}{dy}=(1-n)y^{-n}$ 乘以方程两边,

得$\frac{\mathrm{d}z}{\mathrm{d}x}+(1-n)P(x)z=(1-n)Q(x)$，即化为线性方程.

实际解题时也可由 $\alpha y^{\alpha-1}y'+\alpha P(x)y^{\alpha}=\alpha Q(x)$，

观察得到 $v=y^{\alpha}(\alpha=1-n)$.

考研要求

掌握一阶线性微分方程的解法.会解伯努利方程.

典型例题与解题技巧

题型Ⅰ:解一阶线性微分方程

例 1　求方程$\frac{\mathrm{d}y}{\mathrm{d}x}-y\tan x=\sec x$满足初始条件$y|_{x=0}=0$的特解.

分析　一阶微分方程 $y'+P(x)y=Q(x)$　$(Q(x)\neq 0)$的基本解法为常数变易法，步骤如下:① 解相应齐次方程 $y'+P(x)y=0$，解为 $y=Ce^{-\int P(x)\mathrm{d}x}$；② 令原方程解为 $y=C(x)e^{-\int P(x)\mathrm{d}x}$，代入原方程化简得到 $C'(x)e^{-\int P(x)\mathrm{d}x}=Q(x)$，

即 $C(x)=\int Q(x)e^{\int P(x)\mathrm{d}x}\mathrm{d}x+C$；③ 原方程的解为 $y=e^{\int P(x)\mathrm{d}x}\left[C+\int Q(x)e^{\int P(x)\mathrm{d}x}\mathrm{d}x\right]$.

当然如能熟记本公式，直接代入积分也可以.

解　此方程为一阶线性方程:$P(x)=-\tan x,Q(x)=\sec x$.

$$y=e^{\int\frac{\sin x}{\cos x}\mathrm{d}x}\left[C+\int\sec x e^{-\int\frac{\sin x}{\cos x}\mathrm{d}x}\mathrm{d}x\right]=e^{-\ln\cos x}\left[C+\int\sec x\cdot\cos x\mathrm{d}x\right]$$

$$=\frac{1}{\cos x}[C+x].$$

由 $y|_{x=0}=0$ 得 $C=0$，所以特解为 $y=\frac{x}{\cos x}$.

例 2　求方程 $xy'\ln x+y=ax(\ln x+1)$ 的通解.

分析　化为标准型，直接用公式求解.

解　化为标准型 $y'+\frac{1}{x\ln x}\cdot y=\frac{a(\ln x+1)}{\ln x}$，

相应的齐次方程为 $y'+\frac{1}{x\ln x}y=0$，

分离变量得$\frac{\mathrm{d}y}{y}=-\frac{1}{x\ln x}\mathrm{d}x$，

积分得齐次方程的通解为 $\ln y=-\ln(\ln x)+\ln C_1$，即 $y=\frac{C_1}{\ln x}$.

令原方程的通解为 $y=\frac{C(x)}{\ln x}$，

则　$\frac{C'(x)}{\ln x}=\frac{a(\ln x+1)}{\ln x}, C'(x)=a(\ln x+1)$,

得　$C(x)=a\int(\ln x+1)\mathrm{d}x=ax\ln x+C$.

原方程的通解为　$y=\frac{ax\ln x+C}{\ln x}$.

题型Ⅱ:伯努利方程的求解

【题型分析】　伯努利方程 $y'+P(x)y=Q(x)y^n\quad(n\neq 0,1)$,可以化为一阶线性方程,只须令 $v=y^{1-n}$,并以 $\frac{\mathrm{d}v}{\mathrm{d}y}=(1-n)y^{-n}$ 乘以方程两边,

得　$\frac{\mathrm{d}v}{\mathrm{d}x}+(1-n)P(x)v=(1-n)Q(x)$,即化为线性方程.

例 3　求微分方程 $y'=\frac{1}{xy+x^2y^3}$ 的通解.

分析　先判断方程是否为伯努利方程,再利用变量代换转化为线性方程,求通解,并代入原变量.

解　将方程变形为 $\frac{\mathrm{d}x}{\mathrm{d}y}-yx=y^3x^2$,正是伯努利方程.

令 $u=x^{-1}$,求出 $\frac{\mathrm{d}u}{\mathrm{d}y}=-x^{-2}\frac{\mathrm{d}x}{\mathrm{d}y}$,

故以 $\frac{\mathrm{d}u}{\mathrm{d}x}=-x^{-2}$ 乘上式,方程变成 $\frac{\mathrm{d}u}{\mathrm{d}y}+yu=-y^3$.

求解得　$u=\mathrm{e}^{-\int y\mathrm{d}y}\left[C+\int -y^3\cdot\mathrm{e}^{\int y\mathrm{d}y}\mathrm{d}y\right]=\mathrm{e}^{\frac{y^2}{2}}\left(C+\int -y^3\mathrm{e}^{\frac{y^2}{2}}\mathrm{d}y\right)$

$=C\mathrm{e}^{-\frac{y^2}{2}}-y^2+2$.

将 $u=\frac{1}{x}$ 代入,通解为 $Cx\mathrm{e}^{-\frac{y^2}{2}}-xy^2+2x=1$.

课后习题解答(习题 7-4)

1. 解　(1) $y=\mathrm{e}^{-\int\mathrm{d}x}\left(\int\mathrm{e}^{-x}\cdot\mathrm{e}^{\int\mathrm{d}x}\mathrm{d}x+C\right)=\mathrm{e}^{-x}\left(\int\mathrm{e}^{-x}\cdot\mathrm{e}^{x}\mathrm{d}x+C\right)=\mathrm{e}^{-x}(x+C)$.

(2) 原方程变为　$y'+\frac{1}{x}y=x+\frac{2}{x}+3$,

$$y=\mathrm{e}^{-\int\frac{1}{x}\mathrm{d}x}\left[\int\left(x+\frac{2}{x}+3\right)\mathrm{e}^{\int\frac{1}{x}\mathrm{d}x}\mathrm{d}x+C\right]=\frac{1}{x}\left[\int(x^2+3x+2)\mathrm{d}x+C\right]$$

$$=\frac{1}{x}\left(\frac{1}{3}x^3+\frac{3}{2}x^2+2x+C\right)=\frac{1}{3}x^2+\frac{3}{2}x+2+\frac{C}{x}.$$

(3) $y=\mathrm{e}^{-\int\cos x\mathrm{d}x}\left(\int\mathrm{e}^{-\sin x}\cdot\mathrm{e}^{\int\cos x\mathrm{d}x}\mathrm{d}x+C\right)=\mathrm{e}^{-\sin x}(x+C)$.

(4) $y=e^{-\int\tan x\mathrm{d}x}\left(\int\sin 2x\cdot e^{\int\tan x\mathrm{d}x}\mathrm{d}x+C\right)=e^{\ln\cos x}\left(\int\sin 2x\cdot e^{-\ln\cos x}\mathrm{d}x+C\right)$

$=\cos x\left(\int\frac{2\sin x\cos x}{\cos x}\mathrm{d}x+C\right)=C\cos x-2\cos^2 x.$

(5) 原方程变形为 $y'+\frac{2x}{x^2-1}y=\frac{\cos x}{x^2-1}$，故

$y=e^{-\int\frac{2x}{x^2-1}\mathrm{d}x}\left(\int\frac{\cos x}{x^2-1}e^{\int\frac{2x}{x^2-1}\mathrm{d}x}\mathrm{d}x+C\right)=\frac{1}{x^2-1}\left(\int\cos x\mathrm{d}x+C\right)$

$=\frac{\sin x+C}{x^2-1}.$

(6) $\rho=e^{-\int 3\mathrm{d}\theta}\left(\int 2e^{\int 3\mathrm{d}\theta}\mathrm{d}\theta+C\right)=e^{-3\theta}\left(\int 2e^{3\theta}\mathrm{d}\theta+C\right)=e^{-3\theta}\left(\frac{2}{3}e^{3\theta}+C\right)=\frac{2}{3}+Ce^{-3\theta}.$

(7) $y=e^{-\int 2x\mathrm{d}x}\left(\int 4xe^{\int 2x\mathrm{d}x}\mathrm{d}x+C\right)=e^{-x^2}\left(\int 4xe^{x^2}\mathrm{d}x+C\right)$

$=e^{-x^2}(2e^{x^2}+C)=2+Ce^{-x^2}.$

(8) 原方程变形为$\frac{\mathrm{d}x}{\mathrm{d}y}+\frac{x}{y\ln y}=\frac{1}{y}$，

$x=e^{-\int\frac{\mathrm{d}y}{y\ln y}}\left(\int\frac{1}{y}e^{\int\frac{\mathrm{d}y}{y\ln y}}\mathrm{d}y+C_1\right)=e^{\ln(\ln y)}\left(\int\frac{1}{y}\ln y\mathrm{d}y+C_1\right)$

$=\frac{1}{\ln y}\left(\frac{1}{2}\ln^2 y+C_1\right)$，

$2x\ln y=\ln^2 y+C\quad(C=2C_1).$

(9) 原方程可化成$\frac{\mathrm{d}y}{\mathrm{d}x}-\frac{1}{x-2}y=2(x-r)^2$，代入公式得

$y=e^{-\int\frac{-1}{x-2}\mathrm{d}x}\left(\int 2(x-2)^2e^{\int\frac{-1}{x-2}\mathrm{d}x}\mathrm{d}x+C\right)=(x-2)[(x-2)^2+C]$

$=(x-2)^3+C(x-2).$

(10) 原方程可化成$\frac{\mathrm{d}x}{\mathrm{d}y}-\frac{3}{y}x=-\frac{1}{2}y$，代入公式得

$x=e^{\int\frac{3}{y}\mathrm{d}y}\left(\int-\frac{y}{2}e^{-\int\frac{3}{y}\mathrm{d}y}\mathrm{d}y+C\right)=y^3\left(\frac{1}{2}\cdot\frac{1}{y}+C\right)=\frac{1}{2}y^2+Cy^3.$

2. 解 (1) $y=e^{\int\tan x}\mathrm{d}x\left(\int\sec x\cdot e^{-\int\tan x\mathrm{d}x}\mathrm{d}x+C\right)$

$=e^{-\ln\cos x}\left(\int\sec x\cdot\cos x\mathrm{d}x+C\right)=\frac{1}{\cos x}(x+C)$，

由 $y\Big|_{x=0}=0$，得 $C=0$. 因此特解为 $y=\frac{x}{\cos x}$.

(2) $y=e^{-\int\frac{1}{x}\mathrm{d}x}\left(\int\frac{\sin x}{x}e^{\int\frac{1}{x}\mathrm{d}x}\mathrm{d}x+C\right)=\frac{1}{x}\left(\int\sin x\mathrm{d}x+C\right)$

$=\frac{1}{x}(-\cos x+C)$，

由 $y\Big|_{x=\pi}=1$ 得 $C=\pi-1$，

故所求特解为 $y=\dfrac{1}{x}(\pi-1-\cos x)$.

(3) $y=e^{-\int\cot x dx}(5\int e^{\cos x}\cdot e^{\int\cot x dx}dx+C)=e^{-\ln\sin x}(5\int e^{\cos x}\cdot e^{\ln\sin x}dx+C)$

$=\dfrac{1}{\sin x}(5\int e^{\cos x}\cdot\sin x dx+C)=\dfrac{1}{\sin x}(-5e^{\cos x}+C)$，

由 $y\Big|_{x=\frac{\pi}{2}}=-4$ 得 $C=1$，

故 $y=\dfrac{1}{\sin x}(-5e^{\cos x}+1)$，即 $y\sin x+5e^{\cos x}=1$ 为所求之特解.

(4) $y=e^{-\int 3dx}(\int 8e^{\int 3dx}dx+C)=e^{-3x}(\int 8e^{3x}dx+C)$

$=e^{-3x}\left(\dfrac{8}{3}e^{3x}+C\right)$

$=\dfrac{8}{3}+Ce^{-3x}$，由 $y\Big|_{x=0}=2$ 得 $C=-\dfrac{2}{3}$，　故所求特解为 $y=\dfrac{2}{3}(4-e^{-3x})$.

(5) $y=e^{-\int\frac{2-3x^2}{x^3}dx}\left(\int e^{\int\frac{2-3x^2}{x^3}dx}dx+C\right)$，

因为 $\int\dfrac{2-3x^2}{x^3}dx=\int\dfrac{2}{x^3}dx-3\int\dfrac{1}{x}dx=-\dfrac{1}{x^2}-3\ln x+C_1$，

所以 $y=e^{\frac{1}{x^2}+3\ln x}\left(\int e^{-\frac{1}{x^2}-3\ln x}dx+C\right)$

$=x^3e^{1/x^2}\left[\dfrac{1}{2}\int e^{-1/x^2}d(-\dfrac{1}{x^2})+C\right]=x^3e^{1/x^2}\left(\dfrac{1}{2}e^{-1/x^2}+C\right)$，

由 $y\Big|_{x=1}=0$ 得 $C=-\dfrac{1}{2}e^{-1}$，

故所求特解为 $y=\dfrac{1}{2}x^3e^{1/x^2}(e^{-1/x^2}-e^{-1})$.

3. 解　由题意知 $y'=2x+y$ 并且 $y\Big|_{x=0}=0$，

由一阶线性方程的求解公式得通解

$y=e^{\int dx}\left(\int 2xe^{-\int dx}dx+C\right)=e^x(2\int xe^{-x}dx+C)$

$=e^x[-2\int xd(e^{-x})+C]=e^x(-2xe^{-x}-2e^{-x}+C)$.

再由初始条件 $y\Big|_{x=0}=0$ 得 $C=2$，

因此 $y=e^x(-2xe^{-x}-2e^{-x}+2)=2(e^x-x-1)$ 为所求的特解.

4. 解　由牛顿定律 $F=ma$ 得

$m\frac{dv}{dt}=k_1t-k_2v$,亦即$\frac{dv}{dt}+\frac{k_2}{m}v=\frac{k_1}{m}t$,所以

$$v=e^{-\int\frac{k_2}{m}dt}\left(\int\frac{k_1}{m}te^{\int\frac{k_2}{m}dt}dt+C\right)=e^{-\frac{k_2}{m}t}\left[\frac{k_1}{m}\int te^{\frac{k_2}{m}t}dt+C\right]$$

$$=e^{-\frac{k_2}{m}t}\left(\frac{k_1}{m}\frac{m}{k_2}\int td(e^{\frac{k_2}{m}t}+C)\right)=e^{-\frac{k_2}{m}t}\left(\frac{k_1}{k_2}te^{\frac{k_2}{m}t}-\frac{k_1m}{k_2^2}e^{\frac{k_2}{m}t}+C\right).$$

由题意,$t=0$ 时 $v=0$,得 $C=\frac{k_1m}{k_2^2}$,

故 $v=e^{-\frac{k_2}{m}t}+\left(\frac{k_1}{k_2}te^{\frac{k_2t}{k_2^2}}-\frac{k_1m}{k_2^2}e^{\frac{k_2}{m}t}+\frac{k_1m}{k_2^2}\right)$,

即 $v=\frac{k_1}{k_2}t-\frac{k_1m}{k_2^2}(1-e^{-\frac{k_2}{m}t})$.

5. 解　由回路电压定律知 $20\sin5t-2\frac{di}{dt}-10i=0$,

即$\frac{di}{dt}+5i=10\sin5t$. 故

$$i=e^{-\int5dt}(\int10\sin5te^{\int5dt}dt+C)=e^{-5t}[2\int\sin(5t)e^{5t}d5t+C]$$

$$=e^{-5t}\left[2\frac{e^{5t}(\sin5t-\cos5t)}{2}+C\right]=\sin5t-\cos5t+Ce^{-5t}.$$

因为 $t=0$ 时 $i=0$,所以 $C=1$.

故 $i=\sin5t-\cos5t+e^{-5t}=e^{-5t}+\sqrt{2}\sin\left(5t-\frac{\pi}{4}\right)$　.

6. 解　原方程变形为$\frac{dy}{dx}=\frac{-yf(xy)}{xg(xy)}$,在代换 $v=xy$ 下

$$y=\frac{v}{x},\frac{dy}{dx}=\frac{x\frac{dv}{dx}-v}{x^2}=\frac{1}{x}\cdot\frac{dv}{dx}-\frac{v}{x^2}.$$

故原方程进一步变形为$\frac{1}{x}\cdot\frac{dv}{dx}-\frac{v}{x^2}=-\frac{vf(v)}{x^2g(v)}$,

即$\frac{dv}{dx}=\frac{1}{x}\left(\frac{vg(v)-vf(v)}{g(v)}\right)$,

分离变量得$\frac{dx}{x}=\frac{g(v)dv}{v[g(v)-f(v)]}$,

积分得　$\ln|x|+\int\frac{g(v)dv}{v[f(v)-g(v)]}=C.$

对上式求出积分后,将 $v=xy$ 代回,即得通解.

7. 解　(1) 令 $u=x+y$,则$\frac{dy}{dx}=\frac{du}{dx}-1$.

原方程化为$\frac{du}{dx}=1+u^2$,即 $dx=\frac{du}{1+u^2}$,

两边积分得 $x = \arctan u + C$.

将 $u = x + y$ 代入上式即得通解

$x - C = \arctan(x + y)$ 或 $y = -x + \tan(x + C)$.

(2) 令 $u = x - y$,则 $\frac{dy}{dx} = 1 - \frac{du}{dx}$,

原方程化为 $-\frac{du}{dx} = \frac{1}{u}$,即 $dx = -u du$.

两边积分得 $x = -\frac{1}{2}u^2 + C_1$.

将 $u = x - y$ 代入上式得原方程的通解为

$(x - y)^2 = -2x + C$ (其中 $C = 2C_1$).

(3) 令 $u = xy$,则 $y = \frac{u}{x}$,$\frac{dy}{dx} = \frac{1}{x}\cdot\frac{du}{dx} - \frac{u}{x^2}$,

原方程化为 $x\left(\frac{1}{x}\cdot\frac{du}{dx} - \frac{u}{x^2}\right) + \frac{u}{x} = \frac{u}{x}\ln u$, 即 $\frac{dx}{x} = \frac{du}{u\ln u}$.

两边积分得 $\ln C + \ln x = \ln\ln u$, 即 $u = e^{Cx}$.

将 $u = xy$ 代入上式得原方程的通解为 $y = \frac{1}{x}e^{Cx}$.

(4) 原方程变形为 $y' = (y + \sin x - 1)^2 - \cos x$.

令 $u = y + \sin x - 1$,

则 $\frac{dy}{dx} = \frac{du}{dx} - \cos x$,原方程变为 $\frac{du}{dx} - \cos x = u^2 - \cos x$,即 $u^{-2}du = dx$.

积分得 $x + C = -\frac{1}{u}$. 代回 $u = y + \sin x - 1$,

得 $y = 1 - \sin x - \frac{1}{x + C}$.

(5) 原方程变形为 $\frac{dy}{dx} = -\frac{y(xy + 1)}{x(1 + xy + x^2y^2)}$,

令 $u = xy$,则 $y = \frac{u}{x}$,$\frac{dy}{dx} = \frac{1}{x}\cdot\frac{du}{dx} - \frac{u}{x^2}$,原方程变为

$\frac{1}{x}\cdot\frac{du}{dx} - \frac{u}{x^2} = -\frac{u}{x^2}\cdot\frac{1 + u}{1 + u + u^2}$,即 $\frac{1}{x}\cdot\frac{du}{dx} = \frac{u^3}{(1 + u + u^2)x^2}$.

从而 $\frac{dx}{x} = \left(\frac{1}{u^3} + \frac{1}{u^2} + \frac{1}{u}\right)du$,两边积分得

$C_1 + \ln x = -\frac{1}{2}u^{-2} - u^{-1} + \ln u$.

将 $u = xy$ 代入上式,即得原方程的通解

$C_1 = \ln y - \frac{1}{2}\cdot\frac{1}{x^2y^2} - \frac{1}{xy}$,

即　$2x^2y^2\ln y - 2xy - 1 = Cx^2y^2$　（其中 $C = 2C_1$）.

8. 解　(1) 令 $z = y^{1-2} = \frac{1}{y}$，则原方程变为

$$-\frac{1}{z^2}\cdot\frac{dz}{dx} + \frac{1}{z} = \frac{1}{z^2}(\cos x - \sin x).$$

即　$\frac{dz}{dx} - z = \sin x - \cos x$.

故　
$$\begin{aligned} z &= e^{\int dx}\left[\int(\sin x - \cos x)e^{-\int dx}dx + C\right] \\ &= e^x\left[\int e^{-x}\sin x dx - \int e^{-x}\cos x dx + C\right] \\ &= e^x\left[\frac{e^{-x}}{2}(-\sin x - \cos x) - \frac{e^{-x}}{2}(\sin x - \cos x) + C\right] \\ &= Ce^x - \sin x. \end{aligned}$$

将 $z = \frac{1}{y}$ 代入上式，得原方程的通解为 $\frac{1}{y} = Ce^x - \sin x$.

(2) 令 $z = y^{1-2} = \frac{1}{y}$，则原方程变为　$-\frac{1}{z^2}\cdot\frac{dz}{dx} - 3x\cdot\frac{1}{z} = \frac{x}{z^2}$.

即 $\frac{dz}{dx} + 3xz = -x$.

$$z = e^{-\int 3x dx}\left(\int -xe^{\int 3x dx}dx + C_1\right) = e^{-\frac{3}{2}x^2}\left(-\frac{1}{3}e^{\frac{3}{2}x^2} + C_1\right).$$

将 $z = \frac{1}{y}$ 代入上式并整理即得原方程的通解

$$\left(1 + \frac{3}{y}\right)e^{\frac{3}{2}x^2} = C \quad (C = 3C_1).$$

(3) 令 $z = y^{1-4} = y^{-3}$，则原方程变为

$-\frac{1}{3}z^{-\frac{4}{3}}\cdot\frac{dz}{dx} + \frac{1}{3}z^{\frac{-1}{3}} = \frac{1}{3}(1-2x)z^{-\frac{4}{3}}$，即 $\frac{dz}{dx} = z + 2x - 1$，故

$$z = e^{\int dx}\left[\int(2x-1)e^{-\int dx}dx + C\right] = -2x - 1 + Ce^x.$$

代入 $z = \frac{1}{y}$ 得原方程的通解为　$\frac{1}{y^3} = Ce^x - 2x - 1$.

(4) 令 $z = y^{1-5} = y^{-4}$，则原方程变为

$-\frac{1}{4}z^{-\frac{5}{4}}\cdot\frac{dz}{dx} - z^{-\frac{1}{4}} = xz^{-\frac{5}{4}}$，　即 $\frac{dz}{dx} + 4z = -4x$.

$$\begin{aligned} z &= e^{-\int 4dx}\left(\int -4xe^{\int 4dx}dx + C\right) = e^{-4x}\left(\int 4xe^{4x}dx + C\right) \\ &= e^{-4x}\left(-xe^{4x} + \int e^{4x}dx + C\right) = e^{-4x}\left(-xe^{4x} + \frac{1}{4}e^{4x} + C\right) \end{aligned}$$

$$=-x+\frac{1}{4}+Ce^{-4x}.$$

代入 $z=y^{-4}$,得原方程的通解为 $\frac{1}{y^4}=-x+\frac{1}{4}+Ce^{-4x}$.

(5) 原方程变为 $\frac{dy}{dx}=\frac{y+xy^3(1+\ln x)}{x}$,进一步整理得

$$\frac{dy}{dx}-\frac{1}{x}y=(1+\ln x)y^3.$$

令 $z=y^{1-3}=y^{-2}$,则原方程变为

$$-\frac{1}{2}z^{-\frac{3}{2}}\cdot\frac{dz}{dx}-\frac{1}{x}z^{-\frac{1}{2}}=(1+\ln x)z^{-\frac{3}{2}},\quad 即\frac{dz}{dx}+\frac{2}{x}z=-2(1+\ln x).$$

故
$$z=e^{-\int\frac{2}{x}dx}\left[-2\int(1+\ln x)e^{\int\frac{2}{x}dx}dx+C\right]$$
$$=x^{-2}\left[-2\int(1+\ln x)x^2dx+C\right]$$
$$=x^{-2}\left(-2\int x^2dx-2\int x^2\ln xdx+C\right)$$
$$=x^{-2}\left(-\frac{2}{3}x^3-\frac{2}{3}\int\ln xdx^3+C\right)$$
$$=x^{-2}\left[-\frac{2}{3}x^3-\frac{2}{3}\left(x^3\ln x-\int\frac{x^3}{x}dx\right)+C\right]$$
$$=x^{-2}\left[-\frac{2}{3}x^3-\frac{2}{3}\left(x^3\ln x-\frac{1}{3}x^3\right)+C\right]$$
$$=\frac{C}{x^2}-\frac{2}{3}x\ln x-\frac{4}{9}x.$$

代入 $z=y^{-2}$,得原方程的通解为 $\frac{1}{y^2}=\frac{C}{x^2}-\frac{2}{3}x\ln x-\frac{4}{9}x.$

7.5 可降阶的高阶微分方程

本节重难点及考研要求

重点及考点

1. 一般的高阶微分方程并没有通用的解法,求解的基本思路是把微分方程的阶数降低,通过变量代换把高阶方程的求解化为较低阶方程的求解,本节介绍以下三种类型的方程的求解方法:

(1) $y^{(n)}=f(x)$ 型方程. 这是最简单的可降阶的高阶方程,只需逐步积分即可求解,在求解积分的过程中每次都需增加一个常数,最后的解中应包含有 n 个常数,从而它的解可以表示为

$$y(x)=\underbrace{\int\cdots\int}_{n}f(x)\mathrm{d}x+C_1x^{n-1}+C_2x^{n-2}+\cdots+C_{n-1}x+C_n.$$

(2) 可降阶的二阶微分方程. 通常的二阶微分方程为 $F(x,y,y',y'')=0$，有四个变量，仅当缺少 x 或 y 时一定可以降阶求解.

① 对于 $F(x,y',y'')=0$，即不显含 y 的方程，可视 y' 为新变量 $p(x)$，而 y'' 视为 $p'(x)$，方程变成一阶方程 $F(x,p,p')=0$，从而可按一阶方程求解，得到 $p(x,C_1)$，再利用 $\frac{\mathrm{d}y}{\mathrm{d}x}=p(x)$ 积分后得到方程的解 $y(x)=\int p(x,C_1)\mathrm{d}x+C_2$.

② 对于 $F(y,y',y'')=0$，即不显含 x 的方程，就可把 y 当作自变量，而把 y' 看成 y 的函数 $p(y)$，这时 $y''=\frac{\mathrm{d}}{\mathrm{d}x}p(y)=\frac{\mathrm{d}p}{\mathrm{d}y}\cdot\frac{\mathrm{d}y}{\mathrm{d}x}=p\cdot\frac{\mathrm{d}p}{\mathrm{d}y}$，代入原方程后变成 $F\left(y,p(y),p\frac{\mathrm{d}p}{\mathrm{d}y}\right)=0$，按一阶方程求解得 $p(y,C_1)$，然后利用 $\frac{\mathrm{d}y}{\mathrm{d}x}=p(y,C_1)$，即 $\frac{\mathrm{d}y}{p(y,C_1)}=\mathrm{d}x$ 积分后得到方程的解 $x=\int\frac{1}{p(y,C_1)}\mathrm{d}y+C_2$.

考研要求

会用降阶法解下列形式的微分方程：

$y^{(n)}=f(x)$，　$y''=f(x,y')$，　$y''=f(y,y')$.

典型例题与解题技巧

题型 Ⅰ：$y^{(n)}=f(x)$ 型方程的求解

【题型分析】　$y^{(n)}=f(x)$ 型方程是最简单的可降阶的高阶方程，只需逐步积分即可求解，在求解积分的过程中每次都需增加一个常数，最后的解中应包含有 n 个常数，从而它的解可以表示为

$$y(x)=\underbrace{\int\cdots\int}_{n}f(x)\mathrm{d}x+C_1x^{n-1}+C_2x^{n-2}+\cdots+C_{n-1}x+C_n.$$

例 1　求下列微分方程的通解：

(1) $y^{(n)}=\mathrm{e}^{ax}+x^b$；　(2) $\frac{\mathrm{d}^5x}{\mathrm{d}t^5}-\frac{1}{t}\cdot\frac{\mathrm{d}^4x}{\mathrm{d}t^4}=0$.

分析　作 n 次积分即可.

解　(1) 由于 $\int\mathrm{e}^{ax}\mathrm{d}x=\frac{1}{a}\mathrm{e}^{ax}$，$\int x^t\mathrm{d}x=\frac{1}{t+1}x^{t+1}$.

故方程的通解为

$$y=\frac{1}{a^n}\mathrm{e}^{ax}+[(b+n)(b+n-1)\cdots\cdots(b+1)]^{-1}x^{b+n}+C_1x^{n-1}+C_2x^{n-2}+\cdots+C_{n-1}x+C_n.$$

(2) 令 $\frac{d^4x}{dt^4}=y$，则方程化为 $\frac{dy}{dt}-\frac{1}{t}y=0$.

积分后得 $y=Ct$，即 $\frac{d^4x}{dt^4}=Ct$，

故原方程的通解为 $x=C_1t^5+C_2t^3+C_3t^2+C_4t+C_5$.

题型Ⅱ：可降阶的二阶微分方程

【题型分析】

1. 对于 $F(x,y',y'')=0$，即不显含 y 的方程，可视 y' 为新变量 $p(x)$，而 y'' 视为 $p'(x)$，方程变成一阶方程 $F(x,p,p')=0$，从而可按一阶方程求解，得到 $p(x,C_1)$，再利用 $\frac{dy}{dx}=p(x)$ 积分后得到方程解 $y(x)=\int p(x,C_1)dx+C_2$.

2. 对于 $F(y,y',y'')=0$，即不显含 x 的方程，就可把 y 当作自变量，而把 y' 看成 y 的函数 $p(y)$，这时 $y''=\frac{d}{dx}p(y)=\frac{dp}{dy}\cdot\frac{dy}{dx}=p\cdot\frac{dp}{dy}$，代入原方程后变成 $F(y,p(y),p\frac{dp}{dy})=0$，按一阶方程求得 $p(y,C_1)$，然后利用 $\frac{dy}{dx}=p(y,C_1)$. 即 $\frac{dy}{p(y,C_1)}=dx$ 积分后得到方程的解 $x=\int\frac{1}{p(y,C_1)}dy+C_2$.

例 2　求解下列方程：

(1) $xy''=y'+x\sin\frac{y'}{x}$；　　(2) $y''=\frac{2x}{1+x^2}y'$.

分析　这两题均为 $F(x,y',y'')=0$ 型，令 $y'=p$.

解　(1) 因为此方程不显含 y，所以令 $y'=p$，则原方程化为 p 的一阶方程 $xp'=p+x\sin\frac{p}{x}$，这是一个齐次方程，令 $\frac{p}{x}=u$，则上面的方程变为 $xu'=\sin u$，从而求得通解 $\tan\frac{u}{2}=C_1x$，C_1 为任意常数，

即有通解 $\frac{p}{x}=2\arctan C_1x$，而上式即为 $\frac{dy}{dx}=2x\arctan C_1x$，

积分，即得原方程的通解

$$\begin{cases}y=x^2\arctan C_1x-\frac{x}{C_1}+\frac{1}{C_1^2}\arctan C_1x+C_2 & (C_1\neq 0),\\ y=C_2 & (C_1=0)\end{cases}$$

其中 C_2 为任意常数.

(2) 是 $F(x,y',y'')$ 型. 令 $y'=p(x)$，$y''=p'$，$\frac{dp}{dx}=\frac{2x}{1+x^2}p$.

解得 $\int\frac{dp}{p}=\int\frac{2x}{1+x^2}dx$，$\ln p=\ln(1+x^2)+\ln C_1$，

$\frac{dy}{dx} = p = C_1(1+x^2)$. 积分得 $y = C_1\left(x+\frac{x^3}{3}\right)+C_2$..

例 3　求解方程 $xy'' = y'\ln y'$ 的特解，且 $y(1)=0, y'(1)=e$.

分析　先判断类型解出其通解，再由已知条件确定特解.

解　令 $y'=p, y''=\frac{dp}{dx}$，则原方程化为 $x\frac{dp}{dx}=p\ln p$，

分离变量得 $\frac{dp}{p\ln p}=\frac{dx}{x}$，两边积分得 $p=e^{C_1x}$，

故原方程的通解为 $y=\int p(x)dx=\frac{1}{C_1}e^{C_1x}+C_2$.

由初始条件 $y(1)=0$，得 $\left.\frac{1}{C_1}e^{C_1x}+C_2\right|_{x=1}=0$，

即 $\frac{e^{C_1}}{C_1}+C_2=0$.

再由初始条件 $y'(1)=e$，得 $e^{C_1}=e$.

解出 $C_1=1$，代入方程得 $C_2=-e$.

所以特解为 $y=e^x-e$.

题型 Ⅲ：可降阶的高阶微分方程的应用题

【题型分析】

1. 由题设抽象出数学模型建立微分方程.
2. 确定方程的类型求其通解再利用已知条件确定其特解.

例 4　在上半平面求一条凹的曲线，其上任一点 $P(x,y)$ 处的曲率等于此曲线在该点的法线段 PQ 长度的导数（Q 是法线与 x 轴的交点），且曲线在点 $(1,1)$ 处的切线与 x 轴平行.

解　依据题意建立微分方程 $yy''=1+y'^2$，

且当 $x=1$ 时，$y=1, y'=0$.

令 $y'=p$，则 $y''=p\frac{dp}{dy}$.

代入上面的方程，得 $yp\frac{dp}{dy}=1+p^2$，即 $\frac{p}{1+p^2}dp=\frac{dy}{y}$.

两边积分并注意到 $y=1$ 时，$p=0$，得 $y=\sqrt{1+p^2}$，

代入 $\frac{dy}{dx}=p$，得 $y'=\pm\sqrt{y^2-1}$，即 $\frac{dy}{\sqrt{y^2-1}}=\pm dx$.

上式两边积分，并注意到 $x=1$ 时 $y=1$，得 $\ln(y+\sqrt{y^2-1})=\pm(x-1)$.

因此，所求曲线方程为 $y+\sqrt{y^2-1}=e^{\pm(x-1)}$.

将 y 移至右边再平方，整理得 $y=\frac{1}{2}(e^{x-1}+e^{-(x-1)})$.

例 5 求 $y^2y''+1=0$ 的积分曲线方程,使积分曲线通过点 $(0,\frac{1}{2})$,且在该点处切线的斜率为 2.

分析 把几何问题抽象为数学中的微分方程,利用已知条件求其特解.

解 由题设有 $y^2y''+1=0, y|_{x=0}=\frac{1}{2}, y'|_{x=0}=2$.

令 $y'=p, y''=p\frac{dp}{dy}$,则原方程化为 $y^2p\frac{dp}{dy}+1=0$,即 $p\frac{dp}{dy}=-y^{-2}$,

分离变量 $pdp=-y^{-2}dy$,得 $\frac{p^2}{2}=\frac{1}{y}+C_1$.

由 $y'\Big|_{x=0}=2, y\Big|_{x=0}=\frac{1}{2}$,解出 $C_1=0$.

所以 $\frac{dy}{dx}=\sqrt{\frac{2}{y}}$,即 $\sqrt{y}dy=\sqrt{2}dx$. 再两边积分,得 $\frac{2}{3}y^{\frac{3}{2}}=\sqrt{2}x+C_2$.

由 $y|_{x=0}=\frac{1}{2}$,解出 $C_2=\frac{2}{3}\left(\frac{1}{2}\right)^{\frac{3}{2}}$.

所求积分曲线方程为 $y^3=\frac{1}{2}\left(3x+\frac{1}{2}\right)^2$.

课后习题解答(习题 7-5)

1. 解 (1) $y'=\int(x+\sin x)dx=\frac{x^2}{2}-\cos x+C_1$,

$$y=\int(\frac{x^2}{2}-\cos x+C_1)dx=\frac{x^3}{6}-\sin x+C_1x+C_2,$$

即原方程的通解为 $y=\frac{x^3}{6}-\sin x+C_1x+C_2$.

(2) $y''=\int xe^x dx=xe^x-e^x+C_1$,

$$y'=\int(xe^x-e^x+C_1)dx=xe^x-2e^x+C_1x+C_2,$$

$$y=\int(xe^x-2e^x+C_1x+C_2)dx=xe^x-3e^x+C_1x^2+C_2x+C_3,$$

即原方程的通解为

$$y=(x-3)e^x+C_1x^2+C_2x+C_3.$$

(3) $y'=\int\frac{1}{1+x^2}dx=\arctan x+C_1$,

$$y=\int(\arctan x+C_1)dx=x\arctan x-\int\frac{x}{1+x^2}dx+C_1x$$

$$=x\arctan x-\frac{1}{2}\ln(1+x^2)+C_1x+C_2.$$

$= x\arctan x - \ln\sqrt{1+x^2} + C_1x + C_2.$

即原方程的通解为　$y = x\arctan x - \ln\sqrt{1+x^2} + C_1x + C_2.$

(4) 令 $p = y'$,则 $y'' = p'$,原方程化为 $p' = 1 + p^2$,

从而$\int\frac{\mathrm{d}p}{1+p^2} = \int\mathrm{d}x$,故 $\arctan p = x + C_1$,

即 $p = \tan(x + C_1)$,而 $y' = p$,因而 $y' = \tan(x + C_1)$,

所以 $y = \int\tan(x+C_1)\mathrm{d}x = -\ln|\cos(x+C_1)| + C_2.$

即原方程的通解为 $y = -\ln|\cos(x+C_1)| + C_2.$

(5) 令 $p = y'$,则 $y'' = p'$,原方程化为 $p' = p + x$,

即为一阶线性方程 $p' - p = x.$

从而 $p = \mathrm{e}^{\int\mathrm{d}x}\left(\int x\mathrm{e}^{-\int\mathrm{d}x}\mathrm{d}x + C_1\right) = \mathrm{e}^x\left(\int x\mathrm{e}^{-x}\mathrm{d}x + C_1\right)$

$= C_1\mathrm{e}^x - \mathrm{e}^x(x\mathrm{e}^{-x} + \mathrm{e}^{-x}) = C_1\mathrm{e}^x - x - 1.$

又由 $p = y'$ 得 $y' = C_1\mathrm{e}^x - x - 1$,

因此 $y = \int(C_1\mathrm{e}^x - x - 1)\mathrm{d}x = C_1\mathrm{e}^x - \frac{x^2}{2} - x + C_2.$

即 $y = C_1\mathrm{e}^x - \frac{x^2}{2} - x + C_2$ 为原方程的通解.

(6) 令 $y' = p$,则 $y'' = p'$,原方程化为 $xp' + p = 0$,即$\frac{\mathrm{d}p}{p} = -\frac{\mathrm{d}x}{x}.$

因而$\int\frac{\mathrm{d}p}{p} = \int -\frac{\mathrm{d}x}{x}$,即 $\ln p = -\ln x + \ln C_1$,所以 $p = \frac{C_1}{x}.$

于是 $y' = \frac{C_1}{x}$,从而 $y = \int\frac{C_1}{x}\mathrm{d}x = C_1\ln x + C_2$,

故 $y = C_1\ln x + C_2$ 为原方程的通解.

(7) 令 $p = y'$,则 $y'' = \frac{\mathrm{d}p}{\mathrm{d}y}\cdot\frac{\mathrm{d}y}{\mathrm{d}x} = p\frac{\mathrm{d}p}{\mathrm{d}y}$,

原方程化为 $yp\frac{\mathrm{d}p}{\mathrm{d}y} + 1 = p^2$,　即$\frac{p\mathrm{d}p}{p^2-1} = \frac{\mathrm{d}y}{y}.$

积分得$\frac{1}{2}\ln|p^2-1| = \ln|y| + \ln|C_1|$,即 $p^2 - 1 = \pm C_1^2y^2.$

① $|y'| = |p| > 1$ 时,方程变为 $y' = \pm\sqrt{1+C_1^2y^2}$,

即$\frac{\mathrm{d}y}{1+(C_1y)^2} = \pm\mathrm{d}x.$

积分得 $\mathrm{arcsh}(C_1y) = \pm C_1x + C_2$,

即 $y = \frac{1}{C_1}\mathrm{sh}(C_2 \pm C_2x)$ 为原方程的解.

② $|y'|=|p|<1$ 时,方程变为 $y'=\pm\sqrt{1-(C_1y)^2}$,

即$\dfrac{dy}{1-(C_1y)^2}=\pm dx$.

积分得 $\arcsin(C_1y)=\pm C_1x+C_2$,即 $y=\dfrac{1}{C_1}\sin(C_2\pm C_1x)$,亦为原方程的解.

(8) 令 $p=y'$,则 $y''=p\dfrac{dp}{dy}$,原方程化为 $y^3p\dfrac{dp}{dy}-1=0$,

即 $pdp=y^{-3}dy$. 积分得$\dfrac{p^2}{2}=-\dfrac{1}{2}y^{-2}+\dfrac{C_1}{2}$,即 $p^2=-y^{-2}+C_1$.

故 $y'=\pm\sqrt{C_1-y^{-2}}$,即 $\dfrac{dy}{\pm\sqrt{C_1-y^{-2}}}=dx$,

因而$\pm\dfrac{1}{2C_1}\displaystyle\int\dfrac{d(C_1y^2-1)}{(C_1y^2-1)^{\frac{1}{2}}}=\int dx$,

即 $\pm2\sqrt{C_1y^2-1}=2C_1x+2C_2$.

故 $C_1y^2-1=(C_1x+C_2)^2$ 为原方程的通解.

(9) 令 $p=y'$,则 $y''=p\dfrac{dp}{dy}$,原方程化为

$$p\frac{dp}{dy}=\frac{1}{\sqrt{y}},\quad 即\ pdp=\frac{dy}{\sqrt{y}}.$$

积分得$\dfrac{p^2}{2}=2\sqrt{y}+2C_1$,亦即 $p^2=4\sqrt{y}+4C_1$.

从而 $\dfrac{dy}{dx}=\pm2\sqrt{\sqrt{y}+C_1}$,即$\dfrac{\pm dy}{2\sqrt{\sqrt{y}+C_1}}=dx$.

积分得
$$x=\pm\frac{dy}{\sqrt{\sqrt{y}+C_1}}=\pm\int\frac{2\sqrt{y}d\sqrt{y}}{2\sqrt{\sqrt{y}+C_1}}=\pm\int\frac{\sqrt{y}+C_1-C_1}{(\sqrt{y}+C_1)^{\frac{1}{2}}}d(\sqrt{y})$$
$$=\pm\left[\int\sqrt{\sqrt{y}+C_1}\,d(\sqrt{y})-\int\frac{C_1}{\sqrt{\sqrt{y}+C_1}}d(\sqrt{y})\right]$$
$$=\pm\left[\frac{2}{3}(\sqrt{y}+C_1)^{\frac{2}{3}}-2C_1\sqrt{\sqrt{y}+C_1}\right]+C_2.$$

即为所求通解.

(10) 令 $p=y'$,则 $y''=p\dfrac{dp}{dy}$,原方程化为

$$p\frac{dp}{dy}=p^3+p,即\ p\left[\frac{dp}{dy}-(1+p^2)\right]=0.$$

① 由 $p=0$,得 $y=C$,这是原方程的一个解(非通解).

② 由$\dfrac{dp}{dy}-(1+p^2)=0$,得

$\arctan p = y - C_1$，即 $p = \tan(y - C_1)$，　故 $\dfrac{dy}{dx} = \tan(y - C_1)$.

从而　$x + C_2 = \int \dfrac{dy}{\tan(y - C_1)} = \ln\sin(y - C_1)$，

故　$y - C_1 = \arcsin(e^{x+C'_2}) = \arcsin C_2 e^x$（其中 $C_2 = e^{C'_2}$），

因此 $y = \arcsin(C_2 e^x) + C_1$，

（显然 $y = C$ 包含在此通解中）.

2. 解　(1) 令 $y' = p(y)$，则 $y'' = \dfrac{dp}{dy}$，原方程变为　$y^3 p \dfrac{dp}{dy} = -1$，

从而 $p dp = -y^{-3} dy$，积分得 $p^2 = \dfrac{1}{y^2} + C_1$，即 $y'^2 = \dfrac{1}{y^2} + C_1$，

因为 $x = 1$ 时，$y = 1$，$y' = 0$，故 $C_1 = -1$，因而 $y'^2 = \dfrac{1}{y^2} + 1$.

由此得 $y' = \pm \dfrac{1}{y} \sqrt{1 - y^2}$，即 $\pm \dfrac{y}{\sqrt{1 - y^2}} dy = dx$.

积分得 $\mp \dfrac{1}{2} \int \dfrac{d(1 - y^2)}{\sqrt{1 - y^2}} = x + C_2$，从而 $\mp \sqrt{1 - y^2} = x + C_2$.

由 $x = 1$ 时 $y = 1$，得 $C_2 = -1$，因此所求特解为 $\pm \sqrt{1 - y^2} = x - 1$，

即 $y = \sqrt{2x - x^2}$（舍去 $y = -2\sqrt{2x - x^2}$，因 $y(1) = 1$）.

(2) 令 $p = y'$，则 $y'' = \dfrac{dp}{dx}$，原方程变为 $\dfrac{dp}{dx} - ap^2 = 0$，即 $\dfrac{dp}{p^2} = a dx$.

积分得 $-\dfrac{1}{p} = ax + C_1$，因为 $p\Big|_{x=0} = y'\Big|_{x=0} = -1$，

所以 $C_1 = 1$，从而 $-\dfrac{1}{y'} = ax + 1$.

即 $dy = -\dfrac{dx}{ax + 1}$，故 $y = -\dfrac{1}{a} \ln(ax + 1) + C_2$.

又因为 $y\Big|_{x=0} = 0$，故 $C_2 = 0$，

因此 $y = -\dfrac{1}{a} \ln(ax + 1)$ 为所求的特解（$a \neq 0$）.

(3) $y'' = \int e^{ax} dx = \dfrac{1}{a} e^{ax} + C_1 (a \neq 0)$，由 $y''\Big|_{x=1} = 0$ 得 $C_1 = -\dfrac{1}{a} e^a$.

从而 $y'' = \dfrac{1}{a} e^{ax} - \dfrac{1}{a} e^a$，

因此 $y' = \int \left(\dfrac{1}{a} e^{ax} - \dfrac{1}{a} e^a \right) dx = \dfrac{1}{a^2} e^{ax} - \dfrac{1}{a} e^a x + C_2$.

又由 $y'\Big|_{x=1}=0$ 得 $C_2=\frac{1}{a}e^a-\frac{1}{a^2}e^a$，$y'=\frac{1}{a^2}e^{ax}-\frac{1}{a}e^a x+\frac{1}{a}e^a-\frac{1}{a^2}e^a$

因而 $y=\int\left(\frac{1}{a^2}e^{ax}-\frac{1}{a}e^a x+\frac{1}{a}e^a-\frac{1}{a^2}e^a\right)dx$

$$=\frac{1}{a^3}e^{ax}-\frac{1}{2a}e^a x^2+\frac{1}{a}e^a x-\frac{1}{a^2}e^a x+C_3.$$

再次由 $y\Big|_{x=1}=0$，得 $C_3=\frac{1}{a^2}e^a-\frac{1}{a}e^a+\frac{1}{2a^3}e^a$.

因此 $y=\frac{1}{a^3}e^{ax}-\frac{e^a}{2a}x^2+\frac{e^a}{a^2}(a-1)x+\frac{e^a}{2a^3}(2a-a^2-2)$ 为所求的特解.

(4) 令 $y'=p(y)$，则 $y''=\frac{dp}{dy}p$，原方程变为 $p\frac{dp}{dy}=e^{2y}$，即 $pdp=e^{2y}dy$.

积分得 $\frac{1}{2}p^2=\frac{1}{2}e^{2y}+C_1$，即 $\frac{1}{2}y'^2=\frac{1}{2}e^{2y}+C_1$，

由 $y\Big|_{x=0}=y'\Big|_{x=0}=0$ 得 $C_1=-\frac{1}{2}$.

因为 $y'^2=e^{2y}-1$，从而 $y'=\pm\sqrt{e^{2y}-1}$，即 $\frac{dy}{\sqrt{e^{2y}-1}}=\pm dx$，变形为

$\frac{e^{-y}dy}{\sqrt{1-e^{-2y}}}=\pm dx$.

积分得 $-\arcsin e^{-y}=\pm x+C_2$，由 $y\Big|_{x=0}=0$ 得 $C_2=\frac{-\pi}{2}$.

因而 $e^{-y}=\sin(\mp x+\frac{\pi}{2})=\cos x$，

从而 $y=-\ln\cos x$ 为原方程的特解.

(5) 令 $y'=p(y)$，则 $y''=p\frac{dp}{dy}$，

原方程变为 $p\frac{dp}{dy}=3y^{\frac{1}{2}}$，即 $pdp=3\sqrt{y}dy$，

积分得 $\frac{1}{2}p^2=2y^{\frac{3}{2}}+C_1$.

由 $y\Big|_{x=0}=1$，$p\Big|_{x=0}=y'\Big|_{x=0}=2$ 得 $C_1=0$，

故 $y'=p=\pm 2y^{\frac{3}{4}}$.

又由 $y''=3\sqrt{y}>0$ 可知 $y'=2y^{\frac{3}{4}}$，即 $\frac{dy}{y^{\frac{3}{4}}}=2dx$.

积分得 $4y^{\frac{1}{4}}=2x+C_2$. 由 $y\Big|_{x=0}=1$ 得 $C_2=4$.

故 $y^{\frac{1}{4}}=\frac{1}{2}x+1$，即 $y=\left(\frac{1}{2}x+1\right)^4$ 为原方程的特解.

(6) 令 $y'=p(y)$，则 $y''=p\dfrac{dp}{dy}$，原方程变为

$p\dfrac{dp}{dy}+p^2=1$，即 $\dfrac{pdp}{1-p^2}=dy$，

积分得 $\dfrac{1}{2}\ln(p^2-1)=-y+C$，整理得 $p^2-1=C_1e^{-2y}$。

由 $y\Big|_{x=0}=0, p\Big|_{x=0}=y'\Big|_{x=0}=0$ 得 $C_1=-1$。

因而 $p^2=1-e^{-2y}$，即 $p=\pm\sqrt{1-e^{-2y}}$，故 $\dfrac{dy}{\sqrt{1-e^{-2y}}}=\pm dx$。

积分得 $\pm x+C_2=\displaystyle\int\frac{de^y}{\sqrt{e^{2y}-1}}=\ln(e^y+\sqrt{e^{2y}-1})$。

由 $y\Big|_{x=0}=0$ 得 $C_2=0$，因而 $\pm x=\ln(e^y+\sqrt{e^{2y}-1})$，

得 $e^{\pm x}=e^y+\sqrt{e^{2y}-1}$，

由此得 $e^y=\dfrac{e^{\pm x}+e^{\mp x}}{2}=\text{sh}x$，即 $y=\ln\text{ch}x$ 为原方程的特解。

3. 解　因为积分曲线过 $M(0,1)$，

所以当 $x=0$ 时，$y=1$。由于积分曲线在 $M(0,1)$ 处与 $y=\dfrac{x}{2}+1$ 相切，

所以 $x=0, y'=\dfrac{1}{2}$。

由 $y''=x$ 积分得 $y'=\dfrac{x^2}{2}+C_1$，得 $C_1=\dfrac{1}{2}$，

即 $y'=\dfrac{1}{2}x^2+\dfrac{1}{2}\Rightarrow y=\dfrac{1}{6}x^3+\dfrac{1}{2}x+C_2$。

又因为 $x=0, y=1$，所以 $C_2=1$，故有 $y=\dfrac{1}{6}x^3+\dfrac{1}{2}x+1$。

4. 解　由已知 $m\dfrac{dv}{dt}=mg-Cv$，$t=0$ 时，$s=0, v=0$，

$\dfrac{mdv}{mg-Cv}=dt$，积分得 $\ln(g-\dfrac{C}{m}v)=-\dfrac{C}{m}t+C_1$。

因 $t=0, v=0, C_1=\ln g$，得 $s=\dfrac{my}{C}(t+\dfrac{m}{C}e^{\frac{C}{m}t})+C_2$。

由 $t=0, s=0$ 得 $C_2=-\dfrac{m^2g}{C^2}$。

得所求特解为 $s=\dfrac{mg}{C}t+\dfrac{m^2g}{c^2}(e^{-\frac{s}{m}t}-1)$。

7.6 高阶线性微分方程

本节重难点及考研要求

重点及考点

1. 求二阶线性方程只需知道齐次方程的一个特解,则利用常数变易法可求出它的全部解.

首先对于齐次方程 $y''+a_1(x)y'+a_2(x)y=0$,

若 $y_1(x)$ 是它的特解,由解的结构定理可知 $Cy_1(x)$ 也是它的解.

令 $C=C(x)$,对 $C(x)y_1(x)$ 求导,代入方程得到

$y_1C''+[2y'_1+a_1(x)y_1]C'=0.$

$\ln C'=\ln y_1^{-2}-\int a_1(x)\mathrm{d}x+\ln C_1.$

故$\dfrac{C''}{C'}=-\dfrac{2y_1'}{y_1}-a_1(x)$, $\ln C'=\ln y_1^{-2}-\int a_1(x)\mathrm{d}x+\ln C_1.$

故解得 $C'=C_1\cdot\dfrac{1}{y_1^2}\mathrm{e}^{-\int a_1(x)\mathrm{d}x}.$

所以 $y=y_1[C_2+C_1\int\dfrac{1}{y_1^2}\mathrm{e}^{-\int a_1(x)\mathrm{d}x}\mathrm{d}x].$ (∗)

取 $C_2=0, C_1=1$,得到齐次方程的另一个特解

$y_2=y_1\int\dfrac{1}{y_1^2}\mathrm{e}^{-\int a_1(x)\mathrm{d}x}\mathrm{d}x.$

它与 $y_1(x)$ 线性无关,因此(∗)给出了原齐次方程的通解.

2. 关于 $y''+Py'+Qy=0$ 特解的求法.

① 观察法.一方面根据方程系数的特点,一方面要根据已掌握的各类函数导数的特点,在方程较简单的情况下,观察出特解.

② 降阶法.如果有些方程只能观察出一个解,可由降阶法求出另一与之线性无关的特解,降阶法要点与公式如下:设 $y_2(x)=y_1(x)u(x)$,代入原方程可得到一个可降阶的关于 $u(x)$ 的二次方程,再解这个可降阶的二次方程得

$u(x)=\int\dfrac{1}{y_1^2}\mathrm{e}^{-\int P(x)\mathrm{d}x}\mathrm{d}x,$

于是另一特解为 $y_2=y_1(x)u(x)=y_1(x)\int\dfrac{\mathrm{e}^{-\int P(x)\mathrm{d}x}}{y_1^2(x)}\mathrm{d}x.$

若已知一个特解,求出一个特解,就可由解的结构原理求出通解.

考研要求

理解线性微分方程解的性质及解的结构定理.

典型例题与解题技巧

题型Ⅰ:用线性微分方程解的结构求解二阶微分方程

【题型分析】 牢记齐次线性微分方程的解的结构和非齐次方程的解的结构.

例 1 求$(x+1)y''+xy'-y=0$的通解.

分析 对$y''+Py'+Qy=0$的特解的解法可利用观察法,即在方程简单的情况下观察出特解,再求出通解.

解 由观察知,$y_1=x$是方程的一个特解,于是可找出与y_1线性无关的另一特解y_2.

即 $$y_2=y_1\int\frac{1}{{y_1}^2}e^{-\int P\mathrm{d}x}\mathrm{d}x=x\int\frac{1}{x^2}e^{-\int\frac{x}{x+1}\mathrm{d}x}\mathrm{d}x$$

$$=x\int\frac{x+1}{x^2}e^{-x}\mathrm{d}x=x\left(\int\frac{1}{x}e^{-x}\mathrm{d}x+\int\frac{1}{x^2}e^{-x}\mathrm{d}x\right),$$

而$$\int\frac{1}{x^2}e^{-x}\mathrm{d}x=-\int e^{-x}\mathrm{d}\left(\frac{1}{x}\right)=-[e^{-x}\frac{1}{x}-\int\frac{1}{x}\mathrm{d}e^{-x}]$$

$$=-\left[e^{-x}\frac{1}{x}+\int\frac{1}{x}e^{-x}\mathrm{d}x\right],$$

则$$y_2=x\left[\int\frac{1}{x}e^{-x}\mathrm{d}x-\left(e^{-x}\frac{1}{x}+\int\frac{1}{x}e^{-x}\mathrm{d}x\right)\right]=-e^{-x},$$

故求出方程的通解为$y=C_1x+C_2e^{-x}$.

例 2 证明函数$y=\frac{1}{x}(C_1e^x+C_2e^{-x})+\frac{e^x}{2}$ (C_1,C_2为任意常数)是方程$xy''+2y'-xy=ex$的通解.

分析 找出其中的一个特解和对应齐次线性方程的通解.

证明 记$y_1=\frac{1}{x}e^x$,$y_2=\frac{1}{x}e^{-x}$,$y^*=\frac{e^x}{2}$,

则$y'_1=x^{-1}e^x-x^{-2}e^x$,$y''_1=x^{-1}e^x-2x^{-2}e^x+2x^{-3}e^x$,

$y_1^2=e^{-x}(-x^{-1}-e^{-2})$,$y''_2=e^{-x}(x^{-1}+2x^{-2}+2x^{-3})$,

代入后y_1、y_2满足$xy''+2y'-xy=0$.

且y_1/y_2不为常数,故$C_1y_1+C_2y_2$是齐次方程的通解.

而$y^*=y^{*\prime}y^{*\prime\prime}=\frac{1}{2}e^x$,

有$xy^{*\prime\prime}+2y^{*\prime}-xy^*=\frac{e^x}{2}(x+2-x)=e^x$.

即$y^*=\frac{e^x}{2}$是非齐次方程的特解.从而由线性微分方程解的结构定理知

$y=\frac{1}{x}(C_1e^x+C_2e^{-x})+\frac{e^x}{2}$是非齐次线性方程的通解.

题型Ⅱ:常数变易法求通解

【题型分析】

1. 对于齐次方程 $y''+a_1(x)y'+a_2(x)y=0$,若 $y_1(x)$ 是它的特解,由解的结构知道 $Cy_1(x)$ 也是它的解,令 $C=C(x)$,对 $C(x)y_1(x)$ 求导代入方程中得到 $y_1C''+[2y'_1+a_1(x)y_1]C'=0$,得 $y=y_1[C_2+C_1\int\frac{1}{y_1^2}e^{-\int a_1(x)dx}dx]$.

2. 对于二阶非齐次线性方程而言,若相应的二阶齐次线性方程的通解由 $C_1y_1(x)+C_2y_2(x)$ 得到,也可用常数变易法求解,设特解为 $y^*=C_1(x)y_1(x)+C_2(x)y_2(x)$,用待定法决定 $C_1(x)$、$C_2(x)$.

例3 已知齐次方程 $xy''-(x+1)y'+y=0$ 的通解为 $C_1(x+1)+C_2e^x$,求非齐次方程 $xy''-(x+1)y'+y=x^2$ 的通解.

分析 用常数变易法令 $y=C_1(x)(x+1)+C_2(x)e^x$.

分别求得 y'、y'',且令 $C'_1(x)(x+1)+C'_2(x)e^x=0$. 将 y'、y'' 代入方程后又得到 $C'_1(x)(x+1)'+C'_2(x)(e^x)'=x$,联立解出 $C_1(x)$、$C_2(x)$ 即可.

解 将方程写成标准形式

$$y''-\frac{x+1}{x}y'+\frac{1}{x}y=0.$$

令 $y=C_1(x)(x+1)+C_2(x)e^x$,得到方程组

$$\begin{cases}C'_1(x)(x+1)+C'_2(x)e^x=0, & (1)\\ C'_1(x)\cdot 1+C'_2(x)e^x=x. & (2)\end{cases}$$

(1)-(2) 得 $C'_1(x)=-1$.

(2)×$(x+1)$-(1) 得 $xe^xC'_2(x)=x(x+1)$.

$$\begin{cases}C'_1(x)=-1,\\ C'_2(x)=(x+1)e^{-x}.\end{cases}\text{解得}\quad\begin{cases}C_1(x)=-x+C_1,\\ C_2(x)=-(x+2)e^{-x}+C_2.\end{cases}$$

从而非齐次方程的通解为

$$\begin{aligned}y_1&=(C_1-x)(x+1)+[C_2-(x+2)e^{-x}]e^x\\&=C_1(x+1)+C_2e^x-2x-x^2-2.\end{aligned}$$

课后习题解答(习题 7-6)

1. 解 由线性相关的定义易知,y_1 与 y_2 线性相关的充要条件为 $\frac{y_1}{y_2}$ 或 $\frac{y_2}{y_1}$ 恒为常数.

而(1)、(4)、(5)、(6)、(8)、(9)、(10) 中的两个函数之比均不为常数,所以这七组函数均线性无关.

2. 解 $y'_1=-w\sin wx$,$y''_1=-w^2\cos wx$.

故 $y''_1+w^2y_1=-w^2\cos wx+w^2\cos wx=0$.

即 y_1 是 $y''+w^2y=0$ 的解.

同理可证 y_2 也是 $y''+w^2y=0$ 的解.

又 $\dfrac{y_1}{y_2}=\cot wx\neq$ 常数,故 y_1 与 y_2 线性无关.

因而方程的通解为 $y=C_1\cos wx+C_2\sin wx$.

3. 解 因为 $y'_1=2xe^{x^2}$,$y''_1=(2+4x^2)e^{x^2}$;

$y'_2=(1+2x^2)e^{x^2}$,$y''_2=(6x+4x^3)e^{x^2}$;

所以 $y''_1-4xy'_1+(4x^2-2)y_1$

$=(2+4x^2)e^{x^2}-4x\cdot 2xe^{x^2}+(4x^2-2)e^{x^2}=0$;

$y''_2-4xy'_2+(4x^2-2)y_2$

$=(6x+4x^3)e^{x^2}-4x(1+2x^2)e^{x^2}+(4x^2-2)xe^{x^2}=0$.

即 $y_1=e^{x^2}$ 和 $y_2=xe^{x^2}$ 都是已知方程的解.

又由于$\dfrac{y_2}{y_1}=x\neq$ 常数,所以 y_1 和 y_2 线性无关,故所给方程的通解为

$y=C_1e^{x^2}+C_2xe^{x^2}$.

4. 解 (1) 令 $y_1=e^x$,$y_2=e^{2x}$,$y^*=\dfrac{1}{12}e^{5x}$,

由于 $y''_1-3y'_1+2y_1=e^x-3e^x+2e^x=0$,

$y''_2-3y'_2+2y_2=4e^{2x}-3(2e^{2x})+2e^{2x}=0$,

故 y_1 和 y_2 均为齐次方程 $y''-3y'+2y=0$ 的解,又因为$\dfrac{y_1}{y_2}=e^{-x}\neq$ 常数,即 y_1 与 y_2 线性无关,因而 $C_1e^x+C_2e^{2x}$ 是齐次方程 $y''-3y'+2y=0$ 的通解.

又由于 $y^{*}{}''-3y^{*}{}'+2y^*=\dfrac{25}{12}e^{5x}-3\times\dfrac{5}{12}e^{5x}+2\times\dfrac{1}{12}e^{5x}=e^{5x}$,故 y^* 是非齐次方程的特解.

故 $y=C_1e^x+C_1e^{2x}+\dfrac{1}{12}e^{5x}$ 是方程 $y''-3y'+2y=e^{5x}$ 的通解.

(2) 令 $y_1=\cos 3x$,$y_2=\sin 3x$,$y^*=\dfrac{1}{32}(4x\cos x+\sin x)$,

由于 $y''_1+9y_1=-9\cos 3x+9\cos 3x=0$,

$y''_2+9y_2=-9\sin 3x+9\sin 3x=0$,

且$\dfrac{y_1}{y_2}\neq$ 常数,即 y_1、y_2 线性无关.

故 y_1、y_2 是齐次方程 $y''+9y=0$ 的两个线性无关的解.

又因为 $y^{*\prime}=\frac{1}{32}(5\cos x-4x\sin x)$,

$y^{*\prime\prime}=\frac{1}{32}(-9\sin x-4x\cos x)$,

$y^{*\prime\prime}+9y^{*}=\frac{1}{32}(-9\sin x-4x\cos x)+\frac{9}{32}(4x\cos x+\sin x)=x\cos x.$

所以 y^{*} 是非齐次方程的一个特解.

故 $y=C_1\cos 3x+C_2\sin 3x+\frac{1}{32}(4x\cos x+\sin x)$ 是所给方程的通解.

(3) 令 $y_1=x^2, y_2=x^2\ln x$,则

$x^2y''_1-3xy'_1+4y_1=2x^2-6x^2+4x^2=0.$

$x^2y''_2-3xy'_2+4y_2=x^2(2\ln x+3)-3x(2x\ln x+x)+4x^2\ln x=0.$

且 $\frac{y_2}{y_1}=\ln x\neq$ 常数,即 y_1、y_2 线性无关.

所以 $y=C_1x^2+C_2x^2\ln x$ 为原方程的通解.

(4) 令 $y_1=x^5, y_2=\frac{1}{x}, y^{*}=-\frac{x^2}{9}\ln x.$

因为 $x^2y''_1-3xy'_1-5y_1=x^2(20x^3)-3x(5x^4)-5(x^5)=0$,

$x^2y''_2-3xy'_2-5y_2=x^2(\frac{2}{x^3})-3x(-\frac{1}{x^2})-5(\frac{1}{x})=0$,

且 $\frac{y_1}{y_2}=x^6\neq$ 常数,即 y_1、y_2 线性无关,

所以 $C_1x^5+C_2\frac{1}{x}$ 是齐次方程 $x^2y''-3xy'-5y=0$ 的通解.

又由于 $x^2y^{*\prime\prime}-3xy^{*\prime}-5y^{*}$

$=x^3(-\frac{2}{9}\ln x-\frac{1}{3})-3x(-\frac{2}{9}x\ln x-\frac{x}{9})-5(-\frac{x^2}{9}\ln x)=x^2\ln x.$

所以 y^{*} 是非齐次方程 $x^2y''-3xy'-5y=x^2\ln x$ 的一个特解.

因此 $y=C_1x^5+C_2\frac{1}{x}-\frac{x^2}{9}\ln x$ 是原非齐次方程的通解.

(5) 设 $y_1=\frac{e^x}{x}, y_2=\frac{e^{-x}}{x}, y^{*}=\frac{e^x}{2}$,则

$y'_1=\frac{xe^x-e^x}{x^2}, y''_1=\frac{x^3e^x-2x(xe^x-e^x)}{x^4}$;

$y'_2=\frac{-xe^{-x}-e^{-x}}{x^2}, y''_2=\frac{x^3e^{-x}+2x(xe^{-x}+e^{x})}{x^4}.$

代入方程易验证 y_1、y_2 均为方程 $xy''+2y'-xy=0$ 的解.

又因为 $\frac{y_1}{y_2}=e^{2x}\neq$ 常数,故 y_1、y_2 线性无关.

所以$\frac{1}{x}(C_1e^x+C_2e^{-x})$为方程$xy''+2y'-xy=0$的通解.

又因为$y^{*\prime}=\frac{e^x}{2}, y^{*\prime\prime}=\frac{e^x}{2}$,所以

$$xy^{*\prime\prime}+2y^{*\prime}-xy^*=x\cdot\frac{e^x}{2}+2\cdot\frac{e^x}{2}-x\cdot\frac{e^x}{2}=e^x,$$

即y^*是$xy''+2y'-xy=0$的一个特解.

所以$y=\frac{1}{x}(C_1e^x+C_2e^{-x})+\frac{e^x}{2}$是方程的通解.

(6) 设$y_1=e^x, y_2=e^{-x}, y_3=\cos x, y_4=\sin x, y^*=-x^2$,

则容易验证y_1、y_2、y_3、y_4均是方程$y^{(4)}-y=0$的解.

又因为y_1、y_2、y_3、y_4线性无关,故$C_1e^x+C_2e^{-x}+C_3\cos x+C_4\sin x$是方程$y^{(4)}-y=0$的通解,且$y^{*(4)}=0$,

所以$y^{*(4)}-y^*=x^2$,故$-x^2$是$y^{(4)}-y=x^2$的一个特解.

所以$y=C_1e^x+C_2e^{-x}+C_3\cos x+C_4\sin x-x^2$是原方程的通解.

***5. 解** 设$y_2(x)=y_1(x)u(x)=e^xu(x)$也为该方程的解,则

$$y'_2=e^xu(x)+e^xu'(x)=e^x[u(x)+u'(x)],$$

$$y''_2=e^x[u(x)+u'(x)]+e^x[u'(x)+u''(x)]$$
$$=e^x[u(x)+2u'(x)+u''(x)],$$

将y_2代入原方程得

$$(2x-1)e^x[u(x)+2u'(x)+u''(x)]-(2x+1)e^x[u(x)+u'(x)]+2e^xu(x)=0,$$

即$(2x-1)u''(x)+(2x-3)u'(x)=0$.

令$u'(x)=p(x)$,则$u''(x)=\frac{dp}{dx}$,从而以上方程变为

$$(2x-1)\frac{dp}{dx}+(2x-3)p=0,\quad 即\frac{dp}{p}=-\frac{2x-3}{2x-1}dx.$$

积分得$\ln p=-x+\ln(2x-1)+\ln C_1$,即$p=C_1(2x-1)e^{-x}$.

从而$u=C_1\int(2x-1)e^{-x}dx=-C_1\int(2x-1)de^{-x}$

$$=-C_1[(2x-1)e^{-x}+2e^{-x}+C_2],$$

故$y_2(x)=e^xu(x)=-C_1(2x+1)+C_2e^x$.

令$C_1=-1, C_2=0$,则$y_2(x)=2x+1$为原方程的一个特解,且与$y_1(x)$线性无关,所以原方程的通解为$y=C_1(2x+1)+C_2e^x$.

***6. 解** 首先求$x^2y''-2xy'+2y=0$的通解.

令$y_2(x)=y_1(x)u(x)=xu(x)$为齐次方程的一个解,

$y'_2=u(x)+xu'(x), y''_2=2u'(x)+xu''(x)$.代入齐次方程

$$x^2[2u'(x)+xu''(x)]-2x[u(x)+xu'(x)]+2xu(x)=0,$$

即 $u''(x)=0$,从而 $u(x)=cx+c_2$.不妨取 $u(x)=x$,

那么 $y_2(x)=x^2$ 也为齐次方程的解,且与 y_1 线性无关,因此得齐次方程的通解为 $Y=C_1x+C_2x^2$.

其次很容易观察出 $y^*=x^3$ 是非齐次方程的一个特解,因而原方程的通解为 $y=C_1x+C_2x^2+x^3$.

*7. **解** 显然 $y_1=\cos x, y_2=\sin x$ 是 $y''+y=0$ 的两个线性无关的解,

又因为在 $y''+y=\sec x$ 中,$f(x)=\sec x$,

且 $y'_1=-\sin x, y'_2=\cos x$,故

$W=y_1y'_2-y'_1y_2=\cos^2x+\sin^2x=1$.

因此 $y=C_1\cos x+C_2\sin x-\cos x\int\sin x\sec x\mathrm{d}x+\sin x\int\cos x\sec x\mathrm{d}x$

$$=C_1\cos x+C_2\sin x+\cos x\int\frac{\mathrm{d}\cos x}{\cos x}+\sin x\int\mathrm{d}x,$$

即 $y=C_1\cos x+C_2\sin x+\cos x\ln\cos x+x\sin x$ 为 $y''+y=\sec x$ 的通解.

*8. **解** $y_1=x, y_2=x\ln x$ 是 $x^2y''-xy'+y=0$ 的两个线性无关的解,

将 $x^2y''-xy'+y=x$ 化为标准形式 $y''-\frac{1}{x}y'+\frac{1}{x}y=\frac{1}{x}$,

其中 $f(x)=\frac{1}{x}$.又由 $y'_1=1, y'_2=\ln x+1$ 得

$W=y_1y'_2-y'_1y_2=x$.

故由常数变易公式知

$$y=C_1x+C_2x\ln x-x\int\frac{x\ln x\cdot\frac{1}{x}}{x}\mathrm{d}x+x\ln x\int\frac{x\cdot\frac{1}{x}}{x}\mathrm{d}x$$

$$=C_1x+C_2x\ln x-\frac{x}{2}(\ln x)^2+x(\ln x)^2,$$

即 $y=C_1x+C_2x\ln x+\frac{x}{2}(\ln x)^2$ 为 $x^2y''-xy'+y=x$ 的通解.

7.7 常系数齐次线性微分方程

本节重难点及考研要求

重点及考点

常系数齐次线性微分方程一般可写成 $y^{(n)}+p_1y^{n-1}+\cdots+p_ny=0$,

其中 $p_1,\cdots,p_n$ 是常数,由于假设 $y=\mathrm{e}^{rx}$ 是它的解,经求导代入方程消去 e^{rx} ($\mathrm{e}^{rx}\neq0$)后得到了相应的特征方程　$r^n+p_1r^{n-1}+\cdots+p_n=0$.

这是一个 n 次方程,必有 n 个根 $r_1,r_2,\cdots,r_n$,其中 r_n 可以是 k 重实根,也可以是 k 重

共轭复根 $\alpha\pm i\beta$；每一个 r_i 都对应于齐次方程的一个特解（当 r 是 k 重根时对应于 k 个线性无关的特解（$e^{rx}, xe^{rx}, \cdots, x^{k-1}e^{rx}$），共得到 n 个线性无关的特解，利用线性微分方程解的结构，可构成包含 n 个任意常数的通解.

考研要求

掌握二阶常系数齐次微分方程的解法，并会解某些高于二阶的常系数齐次微分方程.

典型例题与解题技巧

题型Ⅰ：求解二阶常系数齐次线性方程和高阶齐次线性方程

【题型分析】 特征方程：$\lambda^2+p\lambda+q=0$.

1. 当 λ_1,λ_2 为相异的特征根时，方程的通解为 $y(x)=C_1e^{\lambda_1x}+C_2e^{\lambda_2x}$.

2. 当 $\lambda_1=\lambda_2$ 时，通解为 $y(x)=(C_1+C_2x)e^{\lambda_1x}$.

3. 当 $\lambda=\alpha\pm i\beta$（复根）时，通解为 $y(x)=e^{\alpha x}(C_1\cos\beta x+C_2\sin\beta x)$.

例1 求解下列微分方程的通解：

(1) $9y''-30y'+25y=0$；　(2) $y''+2y'+10y=0$.

分析 求解特征方程，根据解的形式写出方程的通解.

解 (1) 特征方程为 $9t^2-30t+25=0$，

解得 $t=\dfrac{5}{3}$（二重根）. 故通解为 $y=(C_1+C_2x)e^{\frac{5}{3}x}$.

(2) 特征方程为 $t^2+2t+10=0$，解得 $t=-1\pm 3i$.

故方程的通解为 $y=e^{-x}(C_1\cos3x+C_2\sin3x)$.

例2 求下列微分方程的通解：

(1) $y'''-6y''+3y'+10y=0$；　(2) $y^{(4)}-2y'''+2y''-2y'+y=0$.

分析 列出特征方程，根据解的形式写出高阶方程的通解.

解 (1) 特征方程为 $r^3-6r^2+3r+10=0$，

解得 $r_1=-1, r_2=2, r_3=5$ 均为单重根，

故原方程的通解为 $y=C_1e^{-x}+C_2e^{2x}+C_3e^{5x}$.

(2) 特征方程为 $r^4-2r^3+2r^2-2r+1=0$，

即 $(r-1)^2(r^2+1)=0$，

得二重实根 1，单重共轭复根 $\pm i$，

故原方程的通解为 $y=(C_1+C_2x)e^x+C_3\cos x+C_4\sin x$.

题型Ⅱ：由已知解确定方程

【题型分析】 此类问题是求解的逆问题，主要有两种方法：

1. 根据通解的结构形式选择相应的特征方程,进而写出微分方程.

2. 将特解的一阶导数、二阶导数求出,作线性组合,使三者加起来为零.

例 3　已知 $y=e^{x}(C_1\cos\sqrt{2}x+C_2\sin\sqrt{2}x)$ 是某二阶常系数线性微分方程的通解,求此微分方程.

分析　观察通解的表达式,逆向思考.

解　特征根 $\lambda_{1,2}=1\pm\sqrt{2}i$,

特征方程为 $\lambda^2-2\lambda+3=0$,故所求方程为 $y''-2y'+3y=0$.

例 4　验证 $y_1=x^2$,$y_2=x^2\ln x$ 都是线性齐次方程 $x^2y''-3xy'+4y=0$ 的解,并写出该方程的解.

分析　先代入验证,然后判定是否相关,若无关则写出通解.

解　$y'_1=2x$,$y''_1=2$,则 $x^2y''_1-3xy'_1+4y_1=2x^2-6x^2+4x^2=0$,

所以 $y_1=x^2$ 是方程的解.

又因为　$y'_2=2x\ln x+x$,$y''_2=2\ln x+3$,

则 $x^2y''_2-3xy'_2+4y_2=x^2(2\ln x+3)-3x(2x\ln x+x)+4x^2\ln x=0$,

所以 $y=x^2\ln x$ 也是方程的解.

由于$\dfrac{y_1}{y_2}=\dfrac{1}{\ln x}\neq$ 常数,故 y_1、y_2 线性无关.

故原方程的通解为 $y=C_1x^2+C_2x^2\ln x$.

题型 Ⅲ:应用题与综合题

【题型分析】　微分方程在这类物理几何等应用题中充当了解题工具,解题的关键是抽象出数学模型,然后按微分方程的类别求解.

例 5　设函数 $f(u)$ 具有二阶连续导数,而 $z=f(e^{x}\sin y)$ 满足方程$\dfrac{\partial^2 z}{\partial x^2}+\dfrac{\partial^2 z}{\partial y^2}=e^{2x}z$,求 $f(u)$.

分析　先将 z 对 x、y 求偏导,然后代入此偏微分方程,化简为微分方程求解.

解　令 $u=e^{x}\sin y$,则

$$\frac{\partial z}{\partial x}=f'(u)e^{x}\sin y,\ \frac{\partial^2 z}{\partial x^2}=f''(u)e^{2x}\sin^2 y+f'(u)e^{x}\sin y;$$

$$\frac{\partial z}{\partial x}=f'(u)e^{x}\cos y,\ \frac{\partial^2 z}{\partial y^2}=f''(u)e^{2x}\cos^2 y-f'(u)e^{x}\sin y,$$

代入$\dfrac{\partial^2 z}{\partial x^2}+\dfrac{\partial^2 z}{\partial y^2}=e^{2x}z$ 中得 $f''(u)-f(u)=0$.

其特征方程为 $\lambda^2-1=0$,解得 $\lambda=\pm1$,

故 $f(u)=C_1e^{u}+C_2e^{-u}$.

例 6　设圆柱形浮筒直径为 0.5 m,铅直没在水中,稍向下压后突然放开,浮

筒在水中上下振动的周期为 2 s,求浮筒的质量.

分析　用物理问题抽象出数学模型,建立微分方程,进行求解.

解　设 ρ 为水的密度,S 为浮筒横断面积,D 为浮筒的直径,且设压下的位移为 x,如图 7-5 所示,则受到浮力 $f=-\rho gSx$,$f=ma=m\dfrac{d^2x}{dt^2}$,

即方程 $m\dfrac{d^2x}{dt^2}+\rho gSx=0$.

记 $a^2=\dfrac{\rho gS}{m}$,得 $x''_t+a^2x=0$.

特征方程为 $r^2+a^2=0$,

特征根为 $r_1=ai$,$r_2=-ai$,

齐次方程的通解为 $x=C_1\cos at+C_2\sin at$

或 $x=A\cos(at+\varphi)$.

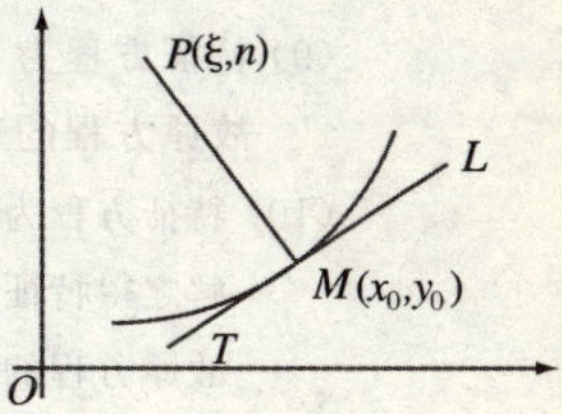

图 7-5

振动周期恰为 $T=\dfrac{2\pi}{a}$,已知 $T=2$,从而 $a=\pi$,

即 $\pi^2=\dfrac{\rho gS}{m}$,$m=\dfrac{\rho gS}{\pi^2}$.

因 $\mu=1\,000\ (kg/m^3)$,$g=9.8\ (m/s^2)$,$d=0.5\ (m)$,$S=\dfrac{\pi}{4}d^2$,

故浮筒质量为　$m=\dfrac{1\,000\times9.8\times0.5^2}{4\pi}=195(kg)$.

课后习题解答(习题 7-7)

1. 解　(1) 特征方程为 $r^2+r-2=0$,解之得特征根 $r_1=1$,$r_2=-2$,

故原方程的通解为　$y=C_1e^x+C_2e^{-2x}$.

(2) 特征方程为 $r^2-4r=0$,解之得特征根 $r_1=0$,$r_2=4$,

因而原方程的通解为　$y=C_1+C_2e^{4x}$.

(3) 特征方程为 $r^2+1=0$,解之得特征根 $r_1=i$,$r_2=-i$.

故原方程的通解为　$y=C_1\cos x+C_2\sin x$.

(4) 特征方程为 $r^2+6r+13=0$,解之得特征根 $r_{1,2}=-3\pm2i$,

故原方程的通解为　$y=e^{-3x}(C_1\cos2x+C_2\sin2x)$.

(5) 特征方程为 $4r^2-20r+25=0$,解之得特征根 $r_1=r_2=\dfrac{5}{2}$,

故原方程的通解为　$x=(C_1+C_2t)e^{\frac{5}{2}t}$.

(6) 特征方程为 $r^2-4r+5=0$,解之得特征根 $r_{1,2}=2\pm i$.

故方程的通解为　$y=e^{2x}(C_1\cos x+C_2\sin x)$.

(7) 特征方程为 $r^4-1=0$,解之得特征根 $r_1=1,r_2=-1,r_{3,4}=\pm i$.

故原方程的通解为 $y=C_1e^x+C_2e^{-x}+C_3\cos x+C_4\sin x$.

(8) 特征方程为 $r^4+2r^2+1=0$,即$(r^2+1)^2=0$,

解之得特征根 $r_1=r_2=i,r_3=r_4=-i$.

故原方程的通解为 $y=(C_1+C_2x)\cos x+(C_3+C_4x)\sin x$.

(9) 特征方程为 $r^4+2r^3+r^2=0$,解之得特征根 $r_1=r_2=0,r_3=r_4=1$.

故原方程的通解为 $y=C_1+C_2x+(C_3+C_4x)e^x$.

(10) 特征方程为 $r^4+5r^2-36=0$,

解之得特征根 $r_1=2,r_2=-2,r_3=3i,r_4=-3i$,

故原方程的通解为 $y=C_1e^{2x}+C_2e^{-2x}+C_3\cos 3x+C_4\sin 3x$.

2. 解 (1) 特征方程为 $r^2-4r+3=0$,解之得特征根 $r_1=1,r_2=3$.

故原方程的通解为 $y=C_1e^x+C_2e^{3x}$.

代入初始条件得$\begin{cases}C_1+C_2=6,\\C_1+3C_2=10.\end{cases}$ 解之得$\begin{cases}C_1=4,\\C_2=2.\end{cases}$

因而所求特解为 $y=4e^x+2e^{3x}$.

(2) 特征方程为 $4r^2+4r+1=0$,解得特征根 $r_1=r_2=-\frac{1}{2}$.

因而方程的通解为 $y=e^{-\frac{x}{2}}(C_1+C_2x)$,

代入初始条件得$\begin{cases}C_1=2,\\-\frac{1}{2}C_1+C_2=0.\end{cases}$

从而 $C_1=2,C_2=1$,因此特解为 $y=e^{-\frac{x}{2}}(2+x)$.

(3) 特征方程为 $r^2-3r-4=0$,解之得特征根 $r_1=-1,r_2=4$,

故通解为 $y=C_1e^{-x}+C_2e^{4x}$.

代入初始条件得$\begin{cases}C_1+C_2=0,\\-C_1+4C_2=-5.\end{cases}$ 解得$\begin{cases}C_1=1,\\C_2=-1.\end{cases}$

因此所求特解为 $y=e^{-x}-e^{4x}$.

(4) 特征方程为 $r^2+4r+29=0$,解之得特征根 $r_{1,2}=-2\pm 5i$.

故通解为 $y=e^{-2x}(C_1\cos 5x+C_2\sin 5x)$.

由此 $y'=e^{-2x}[(5C_2-2C_1)\cos 5x+(-5C_1-2C_2)\sin 5x]$.

代入初始条件得 $C_1=0,5C_2-2C_1=15$,故 $C_1=0,C_2=3$.

因此 $y=e^{-2x}(0\cdot\cos 5x+3\sin 5x)=3e^{-2x}\sin 5x$ 即为所求的特解.

(5) 特征方程为 $r^2+25=0$,解之得特征根 $r_{1,2}=\pm 5i$.

故通解为 $y=C_1\cos 5x+C_2\sin 5x$,因此 $y'=-5C_1\sin 5x+5C_2\cos 5x$, 代

入初始条件,得 $\begin{cases} C_1 = 2. \\ 5C_2 = 5. \end{cases}$ 即 $\begin{cases} C_1 = 2, \\ C_2 = 1, \end{cases}$

因此所求特解为 $y = 2\cos 5x + \sin 5x$.

(6) 特征方程为 $r^2 - 4r + 13 = 0$,解之得特征根 $r_{1,2} = 2 \pm 3\mathrm{i}$.

故通解为 $y = \mathrm{e}^{2x}(C_1\cos 3x + C_2\sin 3x)$,

$y' = \mathrm{e}^{2x}[(2C_1 + 3C_2)\cos 3x + (2C_2 - 3C_1)\sin 3x]$.

代入初始条件得 $C_1 = 0, 2C_1 + 3C_2 = 3$,从而 $C_1 = 0, C_2 = 1$.

因此 $y = \mathrm{e}^{2x}\sin 3x$ 即为所求特解.

3. 解 设数轴为 x 轴,υ_0 方向为正轴方向. $x'' = k_1x - k_2x'$,即 $x'' + k_2x' - k_1x = 0$;并且 $t = 0$ 时,$x = 0, x' = \upsilon_0$,方程 $x'' + k_2x' - k_1x = 0$ 的特征方程为 $r^2 + k_2r - k_1 = 0$,解之得特征根 $r_{1,2} = \dfrac{-k_2 \pm \sqrt{k_2^2 + 4k_1}}{2}$.

故通解为

$$x = C_1\exp\left(\frac{-k_2 - \sqrt{k_2^2 + 4k_1}}{2}\right) + C_2\exp\left(\frac{-k_2 + \sqrt{k_2^2 + 4k_1}}{2}t\right).$$

又因为 $x' = \dfrac{-k_2 - \sqrt{k_2^2 + 4k_1}}{2}C_1\exp\left(\dfrac{-k_2 - \sqrt{k_2^2 + 4k_1}}{2}t\right) + \dfrac{-k_2 + \sqrt{k_2^2 + 4k_1}}{2}$

$$C_2\exp\left(\frac{-k_2 + \sqrt{k_2^2 + 4k_1}}{2}t\right),$$

由于 $t = 0$ 时,$x = 0, x' = \upsilon_0$,所以 $0 = C_1 + C_2$ 且

$$\upsilon_0 = \frac{-k_2 - \sqrt{k_2^2 + 4k_1}}{2}C_1 + \frac{-k_2 - \sqrt{k_2^2 + 4k_1}}{2}C_2,$$

$$C_1 = -\frac{\upsilon_0}{\sqrt{k_2^2 + 4k_1}}, C_2 = \frac{\upsilon_0}{\sqrt{k_2^2 + 4k_1}}.$$

因此 $x = \dfrac{\upsilon_0}{\sqrt{k_2^2 + 4k_1}}\exp\left(\dfrac{-k_2 + \sqrt{k_2^2 + 4k_1}}{2}t\right)[1 - \exp(-\sqrt{k_2^2 + 4k_1}\,t)]$ 即为原点运动规律.

4. 解 由回路电压定律得 $E - L\dfrac{\mathrm{d}i}{\mathrm{d}t} - \dfrac{q}{C} - Ri = 0$,

由于 $q = Cu_c$,故 $i = \dfrac{\mathrm{d}q}{\mathrm{d}t} = Cu'_c, \dfrac{\mathrm{d}i}{\mathrm{d}t} = Cu''$,

因此 $-LCu''_c - u_c - RCu'_c = 0$,即 $u''_c + \dfrac{R}{L}u'_c + \dfrac{1}{LC}u_c = 0$.

已知 $\dfrac{R}{L} = \dfrac{2\,000}{0.1} \times 10^4, \dfrac{1}{LC} = \dfrac{1}{0.1 \times 0.5 \times 10^{-6}} = \dfrac{1}{5} \times 10^8$,

故 $u''_c + 2 \times 10^4 u'_c + \dfrac{1}{5} \times 10^8 u_c = 0$,其特征方程为

$$r^2+2\times10^4 r+\frac{1}{5}\times10^8=0.$$

解之得特征根 $r_1=-1.9\times10^4, r_2=-10^3$.

因此其通解为 $u_c=C_1\mathrm{e}^{-1.9\times10^4 t}+C_2\mathrm{e}^{-10^3 t}$.

又因为 $u'_c=-1.9\times10^4 C_1\mathrm{e}^{-1.9\times10^4 t}-10^3 C_2\mathrm{e}^{-10^2 t}$,

由初始条件 $t=0$ 时 $u_c=20, u'_c=0$ 知,

$C_1+C_2=20, -1.9\times10^4 C_1-10^3 C_2=0$.

解方程组得 $C_1=-\frac{10}{9}, C_2=\frac{190}{9}$.

故 $u_c(t)=\frac{10}{9}(19\mathrm{e}^{-10^3 t}-\mathrm{e}^{-1.9\times10^4 t})(\mathrm{V})$,

$i(t)=\frac{19}{18}\times10^{-2}(\mathrm{e}^{-1.9\times10^4 t}-\mathrm{e}^{-10^3 t})(\mathrm{A})$ 即为所求.

5. 解 设 ρ 为水的密度,S 为浮筒的横截面积,D 为浮筒的直径,且设压下的位移为 x(如图 7-6 所示),则 $f=-\rho gSx$.

又因为 $f=ma=m\frac{\mathrm{d}^2x}{\mathrm{d}t^2}$,因而 $-\rho gSx=m\frac{\mathrm{d}^2x}{\mathrm{d}t^2}$

即 $m\frac{\mathrm{d}^2x}{\mathrm{d}t^2}+\rho gSx=0$.

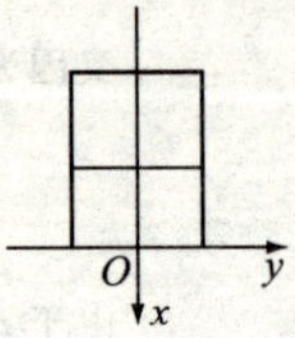

图 7-6

此方程的特征方程为 $mr^2+\rho gS=0$,解之得特征根

$r_{1,2}=\pm\sqrt{\frac{\rho gS}{m}}\mathrm{i}$,故通解为

$$x=C_1\cos\sqrt{\frac{\rho gS}{m}}t+C_2\sin\sqrt{\frac{\rho gS}{m}}t,\quad 即$$

$$x=A\sin\left(\sqrt{\frac{\rho gS}{m}}t+\varphi\right),$$

因而浮筒的振动频率 $\omega=\sqrt{\frac{\rho gS}{m}}$,

周期 $T=\frac{2\pi}{\omega}=2\pi\sqrt{\frac{m}{\rho gS}}$,

由已知 $T=2$ 得 $2=2\pi\sqrt{\frac{m}{\rho gS}}$,即 $m=\frac{\rho gS}{\pi^2}$.

而 $\rho=1\,000\ (\mathrm{kg/m^3}), g=9.8\ (\mathrm{m/s^2}), D=0.5\ (\mathrm{m})$,

因此 $m=\frac{\rho gS}{\pi^2}=\frac{1\,000\times9.8\times0.5^2}{4\pi}=195(\mathrm{kg})$.

7.8 常系数非齐次线性微分方程

本节重难点及考研要求

重点及考点

二阶常系数非齐次线性方程通解的求法如下：

① 用特征根法求出对应齐次方程的通解 $y_1(x)$.

② 用算子法或待定系数法求出非齐次方程的一个特解 $y^*(x)$.

③ 写出原方程的通解 $y = y_1(x) + y^*(x)$.

考研要求

会解自由项为多项式、指数函数、正弦函数、余弦函数以及它们的和与积的二阶常系数非齐次线性微分方程.

典型例题与解题技巧

题型Ⅰ:求二阶非齐次线性微分方程的通解

【题型分析】

1. 求出对应的齐次方程的通解,用特征方程求解.
2. 求非齐次线性方程的一个通解 y^*.
3. 求非齐次线性方程的通解 $y = Y + y^*$.

例 1　求方程 $y'' + 2y' + 2y = e^{-x}\sin x$ 的通解.

分析　先求齐次方程的通解,再求非齐次方程的特解.

解　相应的齐次线性方程为 $y'' + 2y' + 2y = 0$,

其特征方程为 $r^2 + 2r + 2 = 0$,

解之得特征根为 $r_1 = -1 + i, r_2 = -1 - i$,

故其通解为 $Y = e^{-x}(C_1\cos x + C_2\sin x)$,

按待定系数法,设原方程的一个特解为 $y^*(x) = e^{-x}(Ax\cos x + Bx\sin x)$,

代入原方程可得 $2A(-e^{-x}\cos x - e^{-x}\sin x) + 2B(-e^{-x}\sin x + e^{-x}\cos x) + 2Ae^{-x}\cos x + 2Be^{-x}\sin x = e^{-x}\sin x$.

由此可得 $A = -\dfrac{1}{2}, B = 0$.

故可得原方程的通解 $y = -\dfrac{1}{2}xe^{-x}\cos x + e^{-x}(C_1\cos x + C_2\sin x)$.

题型Ⅱ:求 n 阶非齐次线性微分方程的通解

【题型分析】　解题步骤同二阶非齐次线性微分方程相同.

例2 求 $y^{(4)}+4y''+4y=x\cos 2x+xe^{2x}$ 的特解.

分析 与二阶方程求法相同.

解 相应的特征方程 $r^4+4r^2+4=(r^2+2)^2$,

特征根 $\pm 2i$ 是二重根.

对于 $f_1(x)=x\cos 2x$ 而言,$\lambda=2i$ 是二重特征根,

所以 $y_1^*=x^2[(Ax+B)\cos 2x+(Cx+D)\sin 2x]$.

对于 $f_2(x)=xe^{2x}$ 而言 $\lambda=2$ 不是特征根,

因此 $y_2^*=(Ex+F)e^{2x}$,

于是整个特解为

$y^*=x^2(Ax+B)\cos 2x+x^2(Cx+D)\sin 2x+(Ex+F)e^{2x}$.

题型Ⅲ:应用题与综合题

例3 若 $f(x)$ 满足方程 $f'(x)=f(1-x)$,且满足方程 $f''(x)+f(x)=0$,求方程 $f'(x)=f(1-x)$ 的解.

分析 对第一个微分方程求导,解出 $f(x)$,代入第二个微分方程验证为0.

解 由于 $f'(x)=f(1-x)$,

求导得 $f''(x)=f'(1-x)(-1)=-f'(1-x)=-f[1-(1-x)]=-f(x)$.

故 $f''(x)+f(x)=0$,其通解为 $f(x)=C_1\cos x+C_2\sin x$.

又由于 $f'(x)=f(1-x)$,

故 $-C_1\sin x+C_2\cos x=C_1\cos(1-x)+C_2\sin(1-x)$.

令 $x=0$,得 $C_2=C_1\cos 1+C_2\sin 1$.

则 $C_2=\dfrac{C_1\cos 1}{1-\sin 1}=\dfrac{C_1(1+\sin 1)}{\cos 1}$,

从而方程 $f'(x)=f(1-x)$ 的解为 $f(x)=C_1\left(\cos x+\dfrac{1+\sin 1}{\cos 1}\sin x\right)$.

课后习题解答(习题7-8)

1.解 (1) 特征方程为 $2r^2+r-1=0$,解得特征根 $r_1=\dfrac{1}{2}$,$r_2=-1$.

故对应的齐次方程的通解为 $Y=C_1e^{\frac{x}{2}}+C_2e^{-x}$,

又因为 $f(x)=2e^x$,$\lambda=1$ 不是特征方程的根,故设 $y^*=Ae^x$ 为非齐次方程的一个特解,代入原方程得 $2Ae^x+Ae^x-Ae^x=2e^x$,

从而 $A=1$,因而 $y^*=e^x$ 为非齐次方程的一个特解,从而原方程的通解为 $y=C_1e^{\frac{x}{2}}+C_2e^{-x}+e^x$.

(2) 特征方程为 $r^2+a^2=0$,解之得特征根 $r=\pm ai$.

故对应齐次方程的通解为　$Y = C_1\cos ax + C_2\sin ax$.

而 $f(x) = e^x, \lambda = 1$ 不是特征方程的根，

故不妨设 $y^* = Ce^x$ 为非齐次方程的一个特解，则 $(y^*)' = (y^*)'' = Ce^x$.

代入原方程得 $Ce^x + a^2Ce^x = e^x$，从而　$C = \dfrac{1}{1+a^2}$.

所以 $y^* = \dfrac{e^x}{1+a^2}$ 为非齐次方程的一个特解.

因此非齐次方程的通解为　$y = C_1\cos ax + C_2\sin ax + \dfrac{e^x}{1+a^2}$.

(3) 特征方程为 $2r^2 + 5r = 0$，解之得特征根 $r_1 = 0, r_2 = -\dfrac{5}{2}$.

故对应的齐次方程的通解为　$Y = C_1 + C_2e^{-\frac{5}{2}x}$，

而 $f(x) = 5x^2 - 2x - 1, \lambda = 0$ 是特征方程的根.

故设 $y^* = x(Ax^2 + Bx + C)$ 为非齐次方程的一个特解，代入原方程整理得

$Ax^2 + (12A + 10B)x + (4B + 5C) = 5x^2 - 2x - 1$，

比较系数得 $A = \dfrac{1}{3}, B = -\dfrac{3}{5}, C = \dfrac{7}{25}$.

故 $y^* = \dfrac{1}{3}x^3 - \dfrac{3}{5}x^2 + \dfrac{7}{25}x$ 为一个特解，

从而 $y = C_1 + C_2e^{-\frac{5}{2}x} + \dfrac{1}{3}x^3 - \dfrac{3}{5}x^2 + \dfrac{7}{25}x$ 是原方程的通解.

(4) 特征方程为 $r^2 + 3r + 2 = 0$，解之得特征根 $r_1 = -1, r_2 = -2$.

故对应齐次方程的通解为　$Y = C_1e^{-x} + C_2e^{-2x}$.

而 $f(x) = 3xe^{-x}, \lambda = -1$ 为特征方程的单根，所以设 $y^* = e^{-x}(Ax + B)$ 为原方程的一个特解，则　$(y^*)' = -e^{-x}[Ax^2 + (B - 2A)x - B]$，

$(y^*)'' = e^{-x}[Ax^2 + (B - 4A)x + (2A - 2B)]$，代入原方程整理得

$2Ax + (2A + B) = 3x$，比较系数得 $A = \dfrac{3}{2}, B = -3$，

因而 $y^* = e^{-x}\left(\dfrac{3}{2}x^2 - 3x\right)$.

从而原方程的通解为　$y = C_1e^{-2x} + C_2e^{-x} + e^{-x}\left(\dfrac{3}{2}x^2 - 3x\right)$.

(5) 特征方程为 $r^2 - 2r + 5 = 0$，解之得特征根 $r_{1,2} = 1 \pm 2i$.

故对应的齐次方程的通解为 $Y = e^x(C_1\cos 2x + C_2\sin 2x)$.

又因为 $f(x) = e^x\sin x$ 属于 $e^{\lambda x}[P_1(x)\cos\omega x + P_2(x)\sin\omega x]$ 型，

且 $\lambda = 1, \omega = 2, P_1(x) = 0, P_2(x) = 1$，

由于 $\lambda + i\omega = 1 + 2i$ 为特征方程的根，所以令

$y^* = xe^x(A\cos 2x + B\sin 2x)$ 为非齐次方程的一个特解，

代入方程得 $e^x[4B\cos 2x + (-4A)\sin 2x] = e^x\sin 2x$.

比较系数得 $B = 0, A = -\frac{1}{4}$，故 $y^* = -\frac{1}{4}xe^x\cos 2x$，

因而原方程的通解为 $y = e^x(C_1\cos 2x + C_2\sin 2x) - \frac{1}{4}xe^x\cos 2x$.

(6) 特征方程为 $r^2 - 6r + 9 = 0$，解之得特征根 $r_1 = r_2 = 3$.

所以对应齐次方程的通解为 $Y = e^{3x}(C_1 + C_2 x)$.

又因为 $f(x) = e^{2x}(x+1)$ 属于 $P_m(x)e^{\lambda x}$ 型，$\lambda = 2$ 不是特征方程的根，

令 $y^* = e^{2x}(Ax+B)$ 为非齐次方程的一个特解，$(y^*)' = e^{2x}(2Ax+2B+A)$，

$(y^*)'' = e^{2x}(4Ax + AB + 4A)$，代入原方程得 $Ax + B - 2A = x + 1$.

比较系数得　$A = 1, B = 3$，故 $y^* = e^{2x}(x+3)$，

因此原方程的通解为　$y = (C_1 + C_2 x)e^{3x} + (x+3)e^{2x}$.

(7) 特征方程为 $r^2 + 5r + 4 = 0$，解之得特征根 $r_1 = -1, r_2 = -4$，

故对应的齐次方程的通解为 $Y = C_1 e^{-x} + C_2 e^{-4x}$.

又因为 $f(x) = 3 - 2x$ 是 $P_m(x)e^{\lambda x}$ 型，$P_m(x) = 3 - 2x, \lambda = 0$ 不是特征方程的根，因而设 $y^* = Ax + B$ 为非齐次方程的一个特解，

代入原方程得 $4Ax + (5A + 4B) = 3 - 2x$.

比较系数得 $A = -\frac{1}{2}, B = \frac{1}{8}$，故 $y^* = -\frac{1}{2}x + \frac{11}{8}$.

从而原方程的通解为 $y = C_1 e^{-x} + C_2 e^{-4x} + \frac{11}{8} - \frac{1}{2}x$.

(8) 特征方程为 $r^2 + 4 = 0$，解之得特征根 $r = \pm 2i$.

故对应的齐次方程的通解为 $Y = C_1\cos 2x + C_2\sin 2x$.

而 $f(x) = x\cos x$ 属于 $e^{\lambda x}[P_1(x)\cos\omega x + P_2(x)\sin\omega x]$ 型，$\lambda = 0, \omega = 1$，$\lambda + \omega i = i$ 不是特征方程的根，

故设 $y^* = (Ax + B)\cos x + (Cx + D)\sin x$ 为原方程的一个特解，

则 $(y^*)' = (Cx + A + D)\cos x + (C - B - Ax)\sin x$，

$(y^*)'' = (2C - B - Ax)\cos x + (-2A - D - Cx)\sin x$.

代入原方程得 $(2C - B - Ax)\cos x + (-2A - D - Cx)\sin x + 4(Ax + B)\cos x + 4(x+1)\sin x = x\cos x$.

比较系数得 $A = \frac{1}{3}, B = 0, C = 0, D = \frac{2}{9}$.

所以 $y^* = \frac{1}{3}x\cos x + \frac{2}{9}\sin x$.

故原方程的通解为 $y = C_1\cos 2x + C_2\sin 2x + \frac{1}{3}x\cos x + \frac{2}{9}\sin x$.

(9) 特征方程为 $r^2+1=0$,解之得特征根 $r=\pm i$.

于是 $\overline{y}=C_1\cos x+C_2\sin x$,

不难看出 $y_1^*=\dfrac{e^x}{2}$ 是方程 $y''+y=e^x$ 的特解.

下面求方程 $y''+y'=\cos x$ 的特解,设特解为 $y_2^*=x(a\cos x+b\sin x)$,

计算 $y_2^{*\,\prime}$、$y_2^{*\,\prime\prime}$,代入方程 $y''+y'=\cos x$ 并比较系数得 $a=0,b=\dfrac{1}{2}$.

所以 $y_2^*=\dfrac{1}{2}x\sin x$, $y^*=\dfrac{1}{2}e^x+\dfrac{1}{2}x\sin x$,

故原方程的通解为 $y=C_1\cos x+C_2\sin x+\dfrac{1}{2}e^x+\dfrac{1}{2}x\sin x$.

(10) 特征方程为 $r^2-1=0$,解之得特征根 $r=\pm 1$.

故对应齐次方程的通解为 $Y=C_1e^{-x}+C_2e^x$.

又因为 $f(x)=\sin^2 x=\dfrac{1}{2}-\dfrac{1}{2}\cos 2x$,

而 $y_1^*=-\dfrac{1}{2}$ 为方程 $y''-y=\dfrac{1}{2}$ 的一个特解,

方程 $y''-y=-\dfrac{1}{2}\cos x$ 具有形如 $A\cos 2x+B\sin 2x$ 的特解,

所以设 $y^*=-\dfrac{1}{2}+A\cos 2x+B\sin 2x$ 为原方程的一个特解,

则 $(y^*)'=-2A\sin 2x+2B\cos 2x,(y^*)''=-4A\cos 2x-4B\sin 2x$,

代入原方程,得 $\dfrac{1}{2}-5A\cos 2x-5B\sin 2x=\dfrac{1}{2}-\dfrac{1}{2}\cos 2x$.

比较系数得 $A=\dfrac{1}{10},B=0$,

故 $y^*=-\dfrac{1}{2}+\dfrac{1}{10}\cos 2x$.

因此原方程的通解为 $y=C_1e^{-x}+C_2e^x+\dfrac{1}{10}\cos 2x-\dfrac{1}{2}$.

2. 解 (1) 特征方程为 $r^2+1=0$,解之得特征根 $r=\pm i$.

故对应的齐次方程的通解为 $Y=C_1\cos x+C_2\sin x$.

而 $f(x)=-\sin 2x,\lambda+i\omega=2i$ 不是特征方程的根,

故设 $y^*=A\cos 2x+B\sin 2x$ 为原方程的一个特解,则

$(y^*)'=-2A\sin 2x+2B\cos 2x,(y^*)''=-4A\cos 2x-4B\sin 2x$,

代入原方程得 $-3A\cos 3x-3B\sin 2x+\sin 2x=0$.

从而 $-3A=0,-3B+1=0$. 故 $A=0,B=\dfrac{1}{3}$,从而 $y^*=\dfrac{1}{3}\sin 2x$.

因此原方程的通解为 $y = C_1\cos x + C_2\sin x + \frac{1}{3}\sin 2x$.

而 $y' = -C_1\sin x + C_2\cos x + \frac{2}{3}\cos 2x$,

代入初始条件得 $1 = -C_1, 1 = -C_2 + \frac{2}{3}$,求得 $C_1 = -1, C_2 = -\frac{1}{3}$.

因此满足初始条件的特解为 $y = -\cos x - \frac{1}{3}\sin x + \frac{1}{3}\sin 2x$.

(2) 特征方程 $r^2 - 3r + 2 = 0$,解得 $r_1 = 1, r_2 = 2$.

对应齐次方程的通解为 $Y = C_1 e^x + C_2 e^{2x}$.

因为 $f(x) = 5$,所以 $\lambda = 0$ 不是特征方程的根,

所以设 $y^* = A$,代入原方程得 $2A = 5$,得 $A = \frac{5}{2}$,所以 $y^* = \frac{5}{2}$.

所以原方程的通解为 $y = C_1 e^x + C_2 e^{2x} + \frac{5}{2}$.

由初始条件得 $\begin{cases} C_1 + C_2 + \frac{5}{2} = 1, \\ C_1 + 2C_2 = 2. \end{cases}$ 解得 $\begin{cases} C_1 = -5, \\ C_2 = \frac{7}{2}. \end{cases}$

所以满足初始条件的特解为 $y = -5e^x + \frac{7}{2}e^{2x} + \frac{5}{2}$.

(3) 特征方程为 $r^2 - 10r + 9 = 0$,解之得特征根 $r_1 = 1, r_2 = 9$.

因而对应齐次方程的通解为 $Y = C_1 e^x + C_2 e^{9x}$.

而 $f(x) = e^{2x}$,$\lambda = 2$ 不是特征方程的根.故设 $y^* = Ae^{2x}$ 为原方程的一个特解,则 $(y^*)' = 2Ae^{2x}$,$(y^*)'' = 4Ae^{2x}$,代入原方程有

$4A - 20A + 9A = 1$,即 $A = -\frac{1}{7}$.

因此,$y^* = -\frac{1}{7}e^{2x}$,从而 $y = C_1 e^x + C_2 e^{9x} - \frac{1}{7}e^{2x}$ 为原方程的通解.

由初始条件得 $C_1 = \frac{1}{2}, C_2 = \frac{1}{2}$,

故方程满足初始条件的特解为 $y = \frac{1}{2}(e^x + e^{9x}) - \frac{1}{7}e^{2x}$.

(4) 特征方程为 $r^2 - 1 = 0$,解之得特征根 $r_1 = 1, r_2 = -1$.

故对应的齐次方程的通解为 $Y = C_1 e^x + C_2 e^{-x}$.

又因为 $f(x) = 4xe^x$,$\lambda = 1$ 是特征方程的根,所以设 $y^* = x(Ax + B)e^x$ 为原方程的一个特解,代入原方程得 $(4Ax + 2A + 2B)e^x = 4xe^x$.

比较系数得 $A = 1, B = -1$,故 $y^* = e^x(x^2 - x)$.

从而原方程的通解为 $y = C_1 e^x + C_2 e^{-x} + e^x(x^2 - x)$.

由初始条件得 $\begin{cases} C_1 + C_2 = 0 \\ C_1 - C_2 - 1 = 1 \end{cases} \Rightarrow \begin{cases} C_1 = 1 \\ C_2 = -1 \end{cases}$,

因而满足初始条件的特解为　$y = e^x - e^{-x} + e^x(x^2 - x)$.

(5) 特征方程为 $r^2 - 4r = 0$,解之得特征根 $r_1 = 0, r_2 = 4$.

故对应的齐次方程的通解为　$Y = C_1 + C_2 e^{4x}$.

通过观察易知,$y^* = -\frac{5}{4}x$ 为原方程的一个特解,

因而 $y = C_1 + C_2 e^{4x} - \frac{5}{4}x$ 为原方程的通解.

由初始条件易求得　$C_1 = \frac{11}{6}, C_2 = \frac{5}{16}$.

因此方程满足初始条件的特解为　$y = \frac{1}{16}(11 + 5e^{4x}) - \frac{5}{4}x$.

3. 解　取炮口为原点,炮弹前进的水平方向为 x 轴,铅直向上为 y 轴,弹道运动的微分方程为

$$\begin{cases} \dfrac{d^2 y}{dt^2} = -g, \\ \dfrac{dx}{dt} = 0. \end{cases} \qquad ①$$

且满足初始条件

$$\begin{cases} y\Big|_{t=0} = 0, y'\Big|_{t=0} = v_0 \sin\alpha, \\ x\Big|_{t=0} = 0, x'\Big|_{t=0} = v_0 \cos\alpha. \end{cases} \qquad ②$$

易知满足方程 ① 和初始条件 ② 的解(弹道曲线)为

$$\begin{cases} x = v_0 \cos\alpha \cdot t, \\ y = v_0 \sin\alpha \cdot t - \frac{1}{2}gt^2. \end{cases}$$

4. 解　由回路定律可知

$LCu''_c + RCu'_c + u_c = E$,

即　$u''_c + \frac{R}{L}u'_c + \frac{u_c}{LC} = \frac{E}{LC}$,且 $t = 0$ 时,$u_c = 0, u'_c = 0$.

已知 $R = 1\,000\ (\Omega), L = 0.1\ (\mathrm{H}), C = 0.2\ (\mu\mathrm{F})$,

故 $\frac{R}{L} = \frac{1\,000}{0.1} = 10^4$,

$\frac{1}{LC} = \frac{1}{0.1 \times 0.2 \times 10^{-6}} = 5 \times 10^7$,

$\frac{E}{LC} = \frac{20}{2 \times 10^{-8}} = 10 \times 10^8 = 10^9$,

因此方程为 $u''_c + 10^4 u'_c + 5 \times 10^7 u_c = 10^9$.

其特征方程为 $r^2+10^4r+5\times10^7=0$.

解之得特征根 $r_{1,2}=-\dfrac{10^4}{2}\pm\dfrac{10^4}{2}\mathrm{i}=-5\times10^3\pm5\times10^3\mathrm{i}$.

由观察法易知 $y^*=20$ 为非齐次方程的一个特解,因此

$$u_c=\mathrm{e}^{-5\times10^3t}[C_1\cos(5\times10^3)t+C_2\sin(5\times10^3)t]+20$$

为原方程的通解.

又因为 $u'_c=-(5\times10^3)\mathrm{e}^{-5\times10^3t}[C_1\cos(5\times10^3)t+C_2\sin(5\times10^3)t]+\mathrm{e}^{-5\times10^3t}[-(5\times10^3)C_1\sin(5\times10^3)t+(5\times10^3)C_2\cos(5\times10^3)t]$,

代入初始条件得 $\quad 20+C_1=0,-5\times10^3C_1+5\times10^3C_2=0$,

从而 $C_1=-20,C_2=-20$.

因此 $u_c(t)=20-20\mathrm{e}^{-5\times10^3t}[\cos(5\times10^3)t+\sin(5\times10^3)t](\mathrm{V})$,

$i(t)=Cu'_c=0.2\times10^{-6}u'_c=4\times10^{-2}\mathrm{e}^{-5\times10^3t}\sin(5\times10^3t)(\mathrm{A})$.

5. 解 (1) 设在时刻 t 时,链条上较长的一段垂下 x m,且设链条的密度为 ρ,则向下拉链条下滑的作用力

$$F=x\rho g-(20-x)\rho g=2\rho g(x-10),$$

由牛顿第二定理有 $\quad 20\rho x''=2\rho g(x-10)$,

亦即 $\quad x''-\dfrac{g}{10}x=-g.$

其特征方程为 $\quad r^2-\dfrac{g}{10}=0$,解出特征根 $r_{1,2}=\pm\sqrt{\dfrac{g}{10}}$.

故其对应的齐次方程的通解为 $x=C_1\exp(-\sqrt{\dfrac{g}{10}}t)+C_2\exp(\sqrt{\dfrac{g}{10}}t)$.

由观察法易知,$x^*=10$ 为非齐次方程的一个特解.

因而方程(1)的通解为 $x=C_1\exp(-\sqrt{\dfrac{g}{10}}t)+C_2\exp(\sqrt{\dfrac{g}{10}}t)+10$.

由 $S'=-(\dfrac{g}{10})^{\frac{1}{2}}C_1\exp[(-\sqrt{\dfrac{g}{10}}t)+(\dfrac{g}{10})^{\frac{1}{2}}C_2\exp(\sqrt{\dfrac{g}{10}}t)]$

以及初始条件 $x(0)=12,x'(0)=0$ 得

$C_1+C_2=2,-C_1+C_2=0$,从而 $C_1=C_2=1$.

因此 $x=\exp[-(\dfrac{g}{10})^{\frac{1}{2}}t]+\exp[(\dfrac{g}{10})^{\frac{1}{2}}t]+10$.

当 $x=20$ 时,即链条完全滑下来时有 $10=\mathrm{e}^{-\sqrt{\frac{g}{10}}t}+\mathrm{e}^{\sqrt{\frac{g}{10}}t}$,

解之得所需时间 $\quad t=\sqrt{\dfrac{10}{g}}\ln(5+2\sqrt{6})(\mathrm{s})$.

(2) 此时向下拉链条的作用力变为 $\quad F=x\rho g-(20-x)\rho g-1\rho g$,

由牛顿第二定律知　$x'' - \frac{g}{10}x = -1.05g$.

类似于(1),得此方程的通解为

$x = C_1\exp(-\sqrt{\frac{g}{10}}t) + C_2\exp(\sqrt{\frac{g}{10}}t) + 10.5$,

代入初始条件可得　$C_1 = C_2 = \frac{3}{4}$.

即　$x = \frac{3}{4}\exp(-\sqrt{\frac{g}{10}}t) + \frac{3}{4}\exp(\sqrt{\frac{g}{10}}t) + 10.5$ 为所求特解.

当 $x = 20$ 时,有 $9.5 = \frac{3}{4}(e^{-\sqrt{\frac{g}{10}}t} + e^{\sqrt{\frac{g}{10}}t})$,解之得所需时间

$t = \sqrt{\frac{10}{g}}\ln(\frac{19}{3} + \frac{4\sqrt{22}}{3})(s)$.

6. 解　两边对 $\varphi(x) = e^x + \int_0^x t\varphi(t)dt - x\int_0^x \varphi(t)dt$ 求导得

$\varphi'(x) = e^x - \int_0^x \varphi(t)dt, \varphi''(x) = e^x - \varphi(x)$.

从而　$\varphi''(x) + \varphi(x) = e^x$.　①

再由题设可知,$\varphi(0) = 1, \varphi'(0) = 1$,① 对应的齐次方程的特征方程为

$r^2 + 1 = 0$,解之得特征根 $r_{1,2} = \pm i$,

故其对应的齐次方程的通解为 $\varphi(x) = C_1\cos x + C_2\sin x$.

不难观察出 $y^* = \frac{1}{2}e^x$ 为 ① 的一个特解,

因而 ① 的通解为 $\varphi(x) = C_1\cos x + C_2\sin x + \frac{1}{2}e^x$.

又因为 $\varphi'(x) = -C_1\sin x + C_2\cos x + \frac{1}{2}e^x$,由初始条件 $\varphi(0) = 1, \varphi'(0) = 1$

得$1 = C_1 + \frac{1}{2}, 1 = C_2 + \frac{1}{2}$,从而 $C_1 = \frac{1}{2}, C_2 = \frac{1}{2}$,因此 $\varphi(x) = \frac{1}{2}(\cos x + \sin x + e^x)$.

7.9 欧拉方程

本节重难点及考研要求

重点及考点

1. 欧拉方程是变系数线性方程通过变量代换 $x = e^t$ 能化成关于 $y(t)$ 的常系数微分方程的基本类型,其特点是:

① 齐次方程是 $x^k y^{(k)}$ 的线性组合为 0 的形式.

② 自由项为 $f(x)$、$\ln x$ 和 x^k 的形式,经过 $x = e^t$ 变换后能变成 $P_m(t)e^{\lambda t}$ 形式.若

记 $D=\frac{d}{dt}$,则有 $x^k y^{(k)}=D(D-1)\cdots(D-k+1)y$.

解出 $y(t)$ 后再用 $t=\ln x$ 回代得原方程的解.

考研要求

会解欧拉方程,会用微分方程解决一些简单的应用问题.

典型例题与解题技巧

题型Ⅰ:求解欧拉方程

【题型分析】 变量替换,化为常系数方程.

令 $x=e^t$,即 $t=\ln x$,把 y 看作 t 的函数,则

$xy'=\frac{dy}{dt}=Dy.$

$x^2y'=\frac{d^2y}{dt^2}-\frac{dy}{dt}=D(D-1)y.$

…

$x^ny^{(n)}=D(D-1)\cdots(D-n+1)y,$

于是,欧拉方程化为 $P_n(D)y=f(e^t)$.

解出 $y=y(t)$,则 $y=y(\ln x)$ 就是欧拉方程的解.

例 1 求解下列微分方程:

(1) $x^2y''+3xy'-3y=x^3$; (2) $x^3y'''-x^2y''+2xy-2y=x\sin(\ln x)$.

分析 令 $x=e^t$,则 $t=\ln x$,把 y 看成 t 的函数,把欧拉方程化为常系数线性方程.

原方程 $\Rightarrow[D(D-1)+3(D-3)]y=e^{3t}\Rightarrow(D^2+2D-3)y=e^{3t}$.

解 (1) 令 $x=e^t$,则 $t=\ln x$,

用算子法得特征方程为 $\lambda^2+2\lambda-3=0\Rightarrow\lambda_1=-3,\lambda_2=1$.

对应的关于 t 的齐次方程的通解为 $y(t)=C_1e^{-3t}+C_2e^t$.

非齐次方程的特解为 $y^*(t)=\frac{1}{D^2+2D-3}e^{3t}=\frac{1}{12}e^{3t}$.

故方程的通解为 $y(t)=C_1e^{-3t}+C_2e^t+\frac{1}{12}e^{3t}$.

于是原方程的通解为 $y(x)=C_1\frac{1}{x^3}+C_2x+\frac{1}{12}x^3$.

(2) 令 $x=e^t$,则 $t=\ln x$,原方程为

$[D(D-1)(D-2)-D(D-1)+2D-2]y=e^t\sin t\Rightarrow$

$(D^3-4D^2+5D-2)y=e^t\sin t$.

特征方程为 $\lambda^3-4\lambda^2-5\lambda-2=(\lambda-1)^2(\lambda-2)=0\Rightarrow$

$\lambda_{1,2}=1,\lambda_3=2$,

对应的齐次方程的通解为 $y(t)=(C_1+C_2t)e^t+C_3e^{2t}$，

一个特解为

$$y^*(t)=\frac{1}{D^3-4D^2+5D-2}e^t\sin t=e^t\frac{1}{D^3-D^2}\sin t$$

$$=e^t\left(\frac{1}{1-D}\sin t\right)=\frac{1}{2}e^t(\sin t+\cos t),$$

通解为 $y(t)=(C_1+C_2t)e^t+C_3e^{2t}+\frac{1}{2}e^t(\sin t+\cos t)$，

原方程的通解为 $y(x)=(C_1+C_2\ln x)x+C_3x^2+\frac{1}{2}x[\sin(\ln x)+\cos(\ln x)]$.

课后习题解答(习题 7-9)

1. 解 (1) 作变换 $x=e^t$,即 $t=\ln x$,则

$$\frac{dy}{dx}=\frac{dy}{dt}\cdot\frac{dt}{dx}=\frac{1}{x}\cdot\frac{dy}{dt},$$

$$\frac{d^2y}{dx^2}=\frac{d}{dx}\left(\frac{dy}{dx}\right)=-\frac{1}{x^2}\cdot\frac{dy}{dt}+\frac{1}{x}\cdot\frac{d^2y}{dt^2}\cdot\frac{dt}{dx}=\frac{1}{x^2}\left(\frac{d^2y}{dt^2}-\frac{dy}{dt}\right),$$

故原方程化为 $\frac{d^2y}{dt^2}-y=0$. ①

方程①的特征方程为 $r^2-1=0$,解得特征根 $r_1=1,r_2=-1$，

因而方程①的通解为 $y=C_1e^t+C_2e^{-t}$，

将 $t=\ln x$ 代入上式,得原方程的通解为 $y=C_1x+\frac{C_2}{x}$.

(2) 将方程化为标准形式得 $x^2y''-xy'+y=2x$. ①

令 $t=\ln x$,则

$$\frac{dy}{dx}=\frac{dy}{dt}\cdot\frac{dt}{dx}=\frac{1}{x}\cdot\frac{dy}{dt},\frac{d^2y}{dx^2}=\frac{1}{x^2}\left(\frac{d^2y}{dt^2}-\frac{dy}{dt}\right),$$

故①可化为 $y''_t-2y'_t+y=2e^t$， ②

②的特征方程为 $r^2-2r+1=0$,解得特征根为 $r_{1,2}=1$.

因而②对应的齐次方程的通解为 $Y=(C_1+C_2t)e^t$.

而 $f(t)=2e^t,\lambda=1$ 为特征方程的二重根,故设 $y^*=At^2e^t$ 为②的一个特解,则 $(y^*)'=A(t^2+2t)e^t,(y^*)''=A(t^2+4t+2)e^t$，

代入②得 $A=1$.

故 $y^*=t^2e^t$,因此②的通解为 $y=(C_1+C_2t)e^t+t^2e^t$.

从而原方程的通解为 $y=x(C_1+C_2\ln x)+x\ln^2x$.

(3) 作变换 $x=e^t$,即 $t=\ln x$,则

$$\frac{dy}{dx}=\frac{1}{x}\cdot\frac{dy}{dt},\frac{d^2y}{dx^2}=\frac{1}{x^2}\left(\frac{d^2y}{dt^2}-\frac{dy}{dt}\right),$$

$$\frac{d^3y}{dx^3}=\frac{1}{x^3}\left(\frac{d^3y}{dt^3}-3\frac{d^2y}{dt^2}+2\frac{dy}{dx}\right).$$

从而原方程化为 $y'''_t-3y'_t+2y=0$. ①

方程 ① 的特征方程为 $r^3-3r+2=0$,

解之得特征根 $r_1=r_2=1,r_3=-2$,

因而方程 ① 的通解为 $Y=(C_1+C_2t)e^t+C_3e^{-2t}$.

将 $t=\ln x$ 代入上式,原方程的通解为 $y=C_1x+C_2x\ln x+\dfrac{C_3}{x^2}$.

(4) 令 $x=e^t$,即 $t=\ln x$,则

$$\frac{dy}{dx}=\frac{dy}{dt}\cdot\frac{dt}{dx}=\frac{1}{x}\cdot\frac{dy}{dt}=\frac{1}{x}y'_t,$$

$$\frac{d^2y}{dx^2}=-\frac{1}{x^2}\cdot\frac{dy}{dt}+\frac{1}{x}\cdot\frac{d^2y}{dt^2}\cdot\frac{dt}{dx}=\frac{1}{x^2}(y''_t-y'_t),$$

因而原方程化为 $y''_t-3y'_t+2y=t^2-2t$. ①

① 的特征方程为 $r^2-3r+2=0$,解之得特征根 $r_1=1,r_2=2$.

故 ① 对应的齐次方程的通解为 $Y=C_1e^t+C_2e^{2t}$.

而 $f(t)=t^2-2t,\lambda=0$ 不是特征根,所以设 $y^*=At^2+Bt+C$ 为 ① 的一个特解.

将 $(y^*)'=2At+B,(y^*)''=2A$ 代入 ① 得

$$A=\frac{1}{2},B=\frac{1}{2},C=\frac{1}{4},$$

故 $y^*=\dfrac{1}{2}t^2+\dfrac{1}{2}t+\dfrac{1}{4}$,从而 ① 的通解为

$$y=C_1e^t+C_2e^{2t}+\frac{1}{2}t^2+\frac{1}{2}t+\frac{1}{4}.$$

代入 $t=\ln x$ 得原方程的通解为

$$y=C_1x+C_2x^2+\frac{1}{2}(\ln^2x+\ln x)+\frac{1}{4}.$$

(5) 令 $x=e^t$,即 $t=\ln x$,则 $\dfrac{dy}{dx}=\dfrac{1}{x}=\dfrac{1}{x}\cdot\dfrac{dy}{dt},\dfrac{d^2y}{dx^2}=\dfrac{1}{x^2}\left(\dfrac{d^2y}{dt^2}-\dfrac{dy}{dt}\right)$,

因而原方程化为 $y''_t-4y=e^{3t}$. ①

方程 ① 的特征方程为 $r^2-4=0$,解之得特征值 $r_1=2,r_2=-2$.

因而方程 ① 对应的齐次方程的通解为 $Y=C_1e^{2t}+C_2e^{-2t}$.

设 $y^*=Ae^{3t}$ 为方程 ① 的一个特解,代入 ①,得

$(9A-4A)e^{3t}=e^{3t}$.

所以 $A=\dfrac{1}{5}$,从而 $y^*=\dfrac{1}{5}e^{3t}$,因此方程 ① 的通解为

$$y = C_1 e^{2t} + C_2 e^{-2t} + \frac{1}{5}e^{3t}.$$

代入 $t = \ln x$ 得原方程的通解为 $y = C_1 x^2 + \frac{C_2}{x^2} + \frac{1}{5}x^3$.

(6) 令 $x = e^t$，即 $t = \ln x$，则

$\frac{dy}{dx} = \frac{1}{x} \cdot \frac{dy}{dt}, \frac{d^2 y}{dx^2} = \frac{1}{x^2}(\frac{d^2 y}{dt^2} - \frac{dy}{dt})$，

因而原方程化为 $y''_t - 2y'_t + 4y = e^t \sin t$.　①

① 的特征方程为 $r^2 - 2r + 4 = 0$.

解之得 $r_1 = 1 + \sqrt{3}i, r_2 = 1 - \sqrt{3}i$.

故 ① 对应的齐次方程的通解为 $Y = e^t(C_1 \cos\sqrt{3}t + C_2 \sin\sqrt{3}t)$.

而 $f(t) = e^t \sin t, \lambda + \omega i = 1 + i$ 不是特征根，

所以设 $y^* = e^t(A\cos t + B\sin t)$ 为 ① 的一个特解，则

$(y^*)' = e^t[(A+B)\cos t + (B+A)\sin t]$，

$(y^*)'' = e^t[2B\cos t + 2A\sin t]$，

代入 ① 得　$A = 0, B = \frac{1}{2}$，故 $y^* = \frac{1}{2}e^t \sin t$，

因此 ① 的通解为　$y = e^t(C_1 \cos\sqrt{3}t + C_2 \sin\sqrt{3}t) + \frac{1}{2}e^t \sin t$.

代入 $t = \ln x$ 得原方程的通解为

$$y = x[C_1 \cos(\sqrt{3}\ln x) + C_2 \sin(\sqrt{3}\ln x)] + \frac{1}{2}x\sin(\ln x).$$

(7) 令 $x = e^t$，即 $t = \ln x$，则

$\frac{dy}{dx} = \frac{1}{x} \cdot \frac{dy}{dt}, \frac{d^2 y}{dx^2} = \frac{1}{x^2}(\frac{d^2 y}{dt^2} - \frac{dy}{dt})$，

从而原方程化为　$y''_t - 4y'_t + 4y = e^t + te^{2t}$.　①

方程 ① 的特征方程为　$r^2 - 4r + 4 = 0$.

解之得　$r_1 = r_2 = 2$.

故方程 ① 对应的齐次方程的通解为 $Y = (C_1 + C_2 t)e^{2t}$.

由于 $\lambda_1 = 1$ 不是特征方程的根，$\lambda_2 = 2$ 是特征方程的根，

所以方程 $y''_t - 4y'_t + 4y = e^t$ 有形如 Ae^t 的特解，

$y''_t - 4y'_t + 4y = te^{2t}$ 有形如 $t^2(Bt + C)e^{2t}$ 的特解，

因而设 $y^* = Ae^t + t^2(Bt + C)e^{2t}$ 为方程 ① 的特解，

代入方程 ① 得 $Ae^t + (6Bt + 2C)e^{2t} = e^t + te^{2t}$.

比较系数得 $A = 1, B = \frac{1}{6}, C = 0$，　故 $y^* = e^t + \frac{1}{6}t^3 e^{2t}$.

因而方程 ① 的通解为 $y = (C_1 + C_2 t)e^{2t} + e^t + \frac{1}{6}t^3 e^{2t}$.

代入 $t=\ln x$ 即得原方程的通解为

$$y=C_1x^2+C_2x^2\ln x+x+\frac{1}{6}x^2\ln^3 x.$$

(8) 令 $x=e^t$,即 $t=\ln x$,则原方程化为

$$D(D-1)(D-2)y+2Dy-2y=te^{2t}+3e^t,$$

即　$D^3y-3D^2y+4Dy-2y=te^{2t}+3e^t$,

亦即　$y'''_t-3t''_t+4y'_t-2y=te^{2t}+3e^t$.　①

① 的特征方程为

$r^3-3r^2+4r-2=0$,即 $(r-1)(r^2-2r+2)=0$.

解之得 $r_1=1, r_{2,3}=1\pm i$.

因而和 ① 对应的齐次方程的通解为 $Y=C_1e^t+e^t(C_2\cos t+C_3\sin t)$.

由于方程 $y'''_t-3y''_t+4y'_t-2y=te^{2t}$ 中的 $f(t)=te^{2t}$,并且 $\lambda=2$ 不是特征根,所以它具有形如 $(At+B)e^{2t}$ 的特解,又由于方程 $y'''_t-3y''_t+4y'_t-2y=3e^t$ 中的 $f(t)=3e^t$,$\lambda=1$ 为单特征根,因而具有形如 Cte^t 的特解,故由迭加原理,方程 ① 具有形如 $y^*=(At+B)e^{2t}+Cte^t$ 的特解,代入 ①,比较系数可得 $A=\frac{1}{2}, B=-1, C=3$.

从而　$y^*=(\frac{1}{2}t-1)e^{2t}+3te^t$ 为 ① 的一个特解.

故 ① 的通解为

$$y=C_1e^t+e^t(C_2\cos t+C_3\sin t)+(\frac{1}{2}t-1)e^{2t}+3te^t.$$

代入 $t=\ln x$,得原方程的通解为

$$y=C_1x+x[C_2\cos(\ln x)+C_3\sin(\ln x)]+(\frac{1}{2}\ln x-1)x^2+3x\ln x.$$

7.10 常系数线性微分方程组解法举例

本节重难点及考研要求

重点及考点

常系数线性微分方程组是几个具有同一自变量 x 的函数所满足的微分方程组,一般而言含有 S 个未知函数就应有 S 个方程,它的特点是:① 微分方程组中各个未知函数的各阶导数都是一次的;② 函数及各阶导数的系数都是常数.

解题步骤如下:

① 利用代入法、消元法或其他解线性方程组的方法消去其他未知函数及其导数,得到只含有一个未知函数的高阶常系数线性微分方程.

② 解此方程,求出某一未知函数的通解.

③ 把已求出的未知函数代入原方程组，通过求导而不是积分的步骤求出其余的未知函数.

考研要求

会解常系数线性微分方程组.

典型例题与解题技巧

题型Ⅰ:求解线性方程组

【题型分析】 解题步骤如下:

1. 利用代入法、消元法或其他解线性方程组的方法消去其他未知函数及其导数，得到只含有一个未知函数的高阶常系数线性微分方程.

2. 解此方程，求出某一未知函数的通解.

3. 把已求出的未知函数代入原方程组，通过求导而不是积分的步骤求出其余的未知函数.

例 求微分方程组 $\begin{cases} \dfrac{dx}{dt} = -x + y + \sin 2t \\ \dfrac{dy}{dt} = x - y - \sin 2t \end{cases}$ 的通解.

分析 一般地，可以用消去未知函数的方法把方程组化为只有一个未知函数的高阶方程，再利用前面介绍的方法求解.

解 记 $D = \dfrac{d}{dt}$，原方程组化为 $\begin{cases} (D+1)x - y = \sin 2t \\ -x + (D+1)y = -\sin 2t \end{cases}$，有

$$\begin{vmatrix} D+1 & -1 \\ -1 & D+1 \end{vmatrix} y = \begin{vmatrix} D+1 & \sin 2t \\ -1 & -\sin 2t \end{vmatrix},$$

即 $(D^2 + 2D)y = -D\sin 2t = -2\cos 2t$. ①

其对应的齐次方程为 $(D^2 + 2D)y = 0$，

特征方程 $r^2 + 2r = 0$，解出 $r_1 = 0, r_2 = -2$.

齐次方程的通解为 $Y = C_1 + C_2 e^{-2t}$.

由于 $\lambda + wi = 2i$ 不是特征方程的根.

设 $y^* = A\cos 2t + B\sin 2t$，代入 ①，

得 $4(B-A)\cos 2t - 4(A+B)\sin 2t = -2\cos 2t$，

得出 $\begin{cases} 2(B-A) = -1 \\ -2(A+B) = 0 \end{cases}$，解得 $A = \dfrac{1}{4}, B = -\dfrac{1}{4}$.

即 $y^* = \dfrac{1}{4}\cos 2t - \dfrac{1}{4}\sin 2t$.

① 的通解为 $y = \dfrac{1}{4}\cos 2t - \dfrac{1}{4}\sin 2t + C_1 + C_2 e^{-2t}$，

且 $x = y' + y + \sin 2t = \frac{1}{4}\sin 2t - \frac{1}{4}\cos 2t + C_1 - C_2 e^{-2t}$，

故原方程组的通解为 $\begin{cases} x = \frac{1}{4}\sin 2t - \frac{1}{4}\cos 2t + C_1 - C_2 e^{-2t} \\ y = \frac{1}{4}\cos 2t - \frac{1}{4}\sin 2t + C_1 + C_2 e^{-2t} \end{cases}$.

课后习题解答(7-10)

1. 解 (1) ① 两边对 x 求导得 $\frac{dz}{dx} = \frac{d^2 y}{dx^2}$，代入 ② 得 $\frac{d^2 y}{dx^2} - y = 0$③

③ 的特征方程为 $r^2 - 1 = 0$，解之得特征 $r_{1,2} = \pm 1$，因而 ③ 的通解为

$y = C_1 e^x + C_2 e^{-x}$. 代之入 ① 得 $z = C_1 e^x - C_2 e^{-x}$，

因此原方程组的通解为：$\begin{cases} y = C_1 e^x + C_2 e^{-x}, \\ z = C_1 e^x - C_2 e^{-x}. \end{cases}$

(2) ① 两边对 t 求二阶导数得 $\frac{d^2 y}{dt^2} = \frac{d^4 x}{dt^4}$，代入 ② 得

$\frac{d^4 x}{dt^4} - x = 0.$ ③

③ 的特征方程为 $r^4 - 1 = 0$，解之得特征值 $r_{1,2} = \pm 1, r_{3,4} = \pm i$.

故 ③ 的通解为 $x = C_1 e^t + C_2 e^{-t} + C_3 \cos t + C_4 \sin t$.

代入 ① 得 $y = C_1 e^t + C_2 e^{-t} - C_3 \cos t - C_4 \sin t$.

故原方程的解为 $\begin{cases} x = C_1 e^t + C_2 e^{-t} + C_3 \cos t + C_4 \sin t, \\ y = C_1 e^t + C_2 e^{-t} - C_3 \cos t - C_4 \sin t. \end{cases}$

(3) ① + ② 得，$2\frac{dx}{dt} = 2y$，即 $\frac{dx}{dt} = y$； ③

① − ② 得 $2\frac{dy}{dt} = -2x + 6$，即 $\frac{dy}{dt} = -x + 3$； ④

③ 两边得 t 求得导 $\frac{dy}{dt} = \frac{d^2 x}{dt^2}$，

代入 ④ 得 $\frac{d^2 x}{dt^2} + x = 3.$ ⑤

⑤ 的特征方程为 $r^2 + 1 = 0$，解之得特征根.

$r = \pm i$. 故 ⑤ 对应的齐次方程的通解为 $x = C_1 \cos t + C_2 \sin t$.

而 $x^* = 3$ 为 ⑤ 的一个特解，因而 ⑤ 的通解为

$x = 3 + C_1 \cos t + C_2 \sin t$.

代入 ③ 得 $y = -C_1 \sin t + C_2 \cos t$.

因而原方程组的通解为 $\begin{cases} x = 3 + C_1 \cos t + C_2 \sin t, \\ y = -C_1 \sin t + C_2 \cos t. \end{cases}$

(4) 原方程组改写为$\begin{cases}(D+5)x+y=e^t, & ①\\ -x+(D-3)y=e^{2t}. & ②\end{cases}$

故$\begin{vmatrix}D+5 & 1\\ -1 & D-3\end{vmatrix}x=\begin{vmatrix}e^t & 1\\ e^{2t} & D-3\end{vmatrix}$,

即　$(D^2+2D-14)x=-2e^t-e^{2t}$.　③

其特征方程为$r^2+2r-14=0$,解之得特征根$r_{1,2}=-1\pm\sqrt{15}$,

故③的齐次方程的通解为　$x=C_1e^{(-1+\sqrt{15})t}+C_2e^{(-1-\sqrt{15})t}$.

在方程$(D^2+2D-14)x=-e^{2t}$中$f(t)=-e^{2t}$,因而其具有形如Ae^{2t}的特解,而方程$(D^2+2D-14)x=-e^{2t}$中$f=-e^{2t}$,因而具有形如Be^{2t}的特解,因此③具有形如$y^*=Ae^t+Be^{2t}$的特解,代入③整理得

$-11Ae^t-6Be^{2t}=-2e^t-e^{2t}$,因而　$A=\dfrac{2}{11},B=\dfrac{1}{6}$.

故③的一个特解为$x^*=\dfrac{2}{11}e^t+\dfrac{1}{6}e^{2t}$,

所以③的通解为$x=C_1e^{(-1+\sqrt{15})t}+C_2e^{(-1-\sqrt{15})t}+\dfrac{2}{11}e^t+\dfrac{1}{6}e^{2t}$.

再由①得

$$y=e^t-Dx-5x$$
$$=(-4-\sqrt{15})C_1e^{(-1+\sqrt{15})t}-(4-\sqrt{15})C_2e^{(-1-\sqrt{15})t}-\frac{e^t}{11}-\frac{7}{6}e^{2t}.$$

原方程的通解为

$$\begin{cases}x=C_1e^{(-1+\sqrt{15})t}+C_2e^{(-1-\sqrt{15})t}+\dfrac{2}{11}e^t+\dfrac{1}{6}e^{2t},\\ y=(-4-\sqrt{15})C_1e^{(-1+\sqrt{15})t}-(4-\sqrt{15})C_2e^{(-1-\sqrt{15})t}-\dfrac{e^t}{11}-\dfrac{7}{6}e^{2t}.\end{cases}$$

(5) 方程组改写为$\begin{cases}(D+2)x+(D+1)y=t, & ①\\ 5x+(D+3)y=t^2. & ②\end{cases}$

故$\begin{vmatrix}D+2 & D+1\\ 5 & D+3\end{vmatrix}x=\begin{vmatrix}t & D+1\\ t^2 & D+3\end{vmatrix}$,

即　$(D^2+1)x=1+t+t^2$.　③

③的特征方程为$r^2+1=0$,因而特征根为$r_{1,2}=\pm i$,故③对应的齐次方程的通解为　$x=C_1\cos t+C_2\sin t$.

由观察易知　$x^*=3+t-t^2$为③的一个特解,因而③的通解为

$x=C_1\cos t+C_2\sin t+3+t-t^2$.

又由②－①得　$2y+3x-\dfrac{dx}{dt}=t^2-t$,

因而$y=\dfrac{1}{2}\left(\dfrac{dx}{dt}-3x+t^2-t\right)$

$$= \frac{1}{2}(C_2 - 3C_1) \times \cos t - \frac{1}{2}(C_1 + 3C_2)\sin t - 4 - 3t + t^2.$$

即原方程组的通解为 $\begin{cases} x = C_1\cos t + C_2\sin t + 3 + t - t^2 \\ y = \frac{1}{2}(C_2 - 3C_1)\cos t - \frac{1}{2}(C_1 + 3C_2)\sin t - 4 - 3t + t^2 \end{cases}$.

(6) 记 $D = \frac{\mathrm{d}}{\mathrm{d}t}$,可得到　$(3D^2 + 16D + 5)x = 2\cos t.$

其通解为 $x = C_1 \mathrm{e}^{-5t} + C_2 \mathrm{e}^{-\frac{1}{3}t} + \frac{8\sin t + \cos t}{65}$,

而由 $3Dx + 7x - 6y = 2\cos t - 2\sin t$ 可得到 y,

故原方程的通解为

$$\begin{cases} x = C_1 \mathrm{e}^{-5t} + C_2 \mathrm{e}^{-\frac{t}{3}} + \frac{8\sin t + \cos t}{65}, \\ y = -\frac{4}{3}C_1 \mathrm{e}^{-5t} + C_2 \mathrm{e}^{-\frac{t}{3}} + \frac{61\sin t - 33\cos t}{130}. \end{cases}$$

2. 解 (1) 原方程组可化为 $\begin{cases} Dx - y = 0 \\ x + Dy = 0 \end{cases}$,

所以 $D^2 x + x = 0$,其通解为 $x = C_1 \cos t + C_2 \sin t$.

$y = Dx = -C_1 \sin t + C_2 \cos t$.

因为 $x\Big|_{t=0} = 0, y\Big|_{t=0} = 1$,　所以 $C_1 = 0, C_2 = 1$,

故所求特解为 $\begin{cases} x = \sin t, \\ y = \cos t. \end{cases}$

(2) 可得到 $y = -\frac{\mathrm{d}x}{\mathrm{d}t}$,代入第一个方程,有

$\frac{\mathrm{d}^2 x}{\mathrm{d}t^2} + x = 0$,通解为 $x = C_1 \cos t + C_2 \sin t$.

所以 $y = -\frac{\mathrm{d}x}{\mathrm{d}t} = C_1 \sin t - C_2 \cos t$.

由初始条件得 $\begin{cases} C_1 = 1, \\ C_2 = 0. \end{cases}$　故所求特解为 $\begin{cases} x = \cos t, \\ y = \sin t. \end{cases}$

(3) 方程组可化为 $\begin{cases} (D+3)x - y = 0, \\ -8x + (D+1)y = 0, \end{cases}$

有　$(D^2 + 4D - 5)x = 0$,

通解为　$x = C_1 \mathrm{e}^t + C_2 \mathrm{e}^{-5t}$,而 $y = Dx + 3x$,

故原方程的通解为 $\begin{cases} x = C_1 \mathrm{e}^t + C_2 \mathrm{e}^{-5t}, \\ y = 4C_1 \mathrm{e}^t - 2C_2 \mathrm{e}^{-5t}. \end{cases}$　所求特解为 $\begin{cases} x = \mathrm{e}^t, \\ y = 4\mathrm{e}^t. \end{cases}$

(4) $\begin{cases} (2D-4)x + (D-1)y = \mathrm{e}^t, & ① \\ (D+3)x + y = 0. & ② \end{cases}$

故 $\begin{vmatrix} 2D-4 & D-1 \\ D+3 & 1 \end{vmatrix} x = \begin{vmatrix} e^t & D-1 \\ 0 & 1 \end{vmatrix}$，即　$D^2x + x = e^t$.　③

方程 ③ 的特征方程为 $r^2+1=0$，特征根为 $r_{1,2}=\pm i$.

故方程 ③ 对应的齐次方程的通解为 $x = C_1\cos t + C_2\sin t$.

观察易知 $x^* = -\dfrac{1}{2}e^t$ 为 ③ 的一个特解，因而方程 ③ 的通解为

$$x = C_1\cos t + C_2\sin t - \frac{1}{2}e^t.$$

再由 ② 得　$y = -\dfrac{dx}{dt} - 3x = (C_1-3C_2)\sin t - (3C_1+C_2)\cos t + 2e^t$.

因此原方程组的通解为 $\begin{cases} x = C_1\cos t + C_2\sin t - \dfrac{1}{2}e^t, \\ y = (C_1-3C_2)\sin t - (3C_1+C_2)\cos t + 2e^t. \end{cases}$

代入初始条件得 $\begin{cases} C_1 - \dfrac{1}{2} = \dfrac{3}{2}, \\ -3C_1 + C_2 + 2 = 0. \end{cases}$　从而解得 $\begin{cases} C_1 = 2, \\ C_2 = -4. \end{cases}$

故满足初始条件的特解为　$\begin{cases} x = 2\cos t - 4\sin t - \dfrac{1}{2}e^t, \\ y = 14\sin t - 2\cos t + 2e^t. \end{cases}$

(5) 原方程组改写成 $\begin{cases} (D+2)x + (-Dy) = 10\cos t, & ① \\ Dx + (D+2)y = 4e^{-2t}. & ② \end{cases}$

故 $\begin{vmatrix} D+2 & -D \\ D & D+2 \end{vmatrix} y = \begin{vmatrix} D+2 & 10\cos t \\ D & 4e^{-2t} \end{vmatrix}$.

即　$(D^2+2D+2)y = 5\sin t$.　③

③ 的特征方程为　$r^2+2r+2=0$，特征值为　$r_{1,2} = -1\pm i$.

因而 ③ 的齐次方程的通解为

$y = e^{-t}(C_1\cos t + C_2\sin t)$.

又因为 ③ 中的 $f(t) = 5\sin t$，故设 ③ 的一个特解为 $y^* = A\cos t + B\sin t$，则 $(y^*)' = -A\sin t + B\cos t$，$(y^*)'' = -A\cos t - B\sin t$.

代入 ③ 得　$(A+2B)\cos t + (B-2A)\sin t = 5\sin t$.

比较系数得　$A=-2, B=1$，故 $y^* = -2\cos t + \sin t$.

因此 ③ 的通解为

$y = e^{-t}(C_1\cos t + C_2\sin t) + \sin t - 2\cos t$.

由 ① − ② 得　$2x - \dfrac{dy}{dx} - 2y = 10\cos t - 4e^{-2t}$.

从而 $x = \dfrac{dy}{dx} + y + 5\cos t - 2e^{-2t} \overset{④}{=\!=\!=} e^{-t}(C_2\cos t - C_1\sin t) + 4\cos t + 3\sin t - 2e^{-2t}$.

代入初始条件得 $C_1=2,C_2=0$,故方程组的特解为

$$\begin{cases}x=4\cos t+3\sin t-2e^{-2t}-2e^{-2t}\sin t,\\y=\sin t-2\cos t+2e^{-t}\cos t.\end{cases}$$

(6) 原方程组改写为 $\begin{cases}(D-1)x+(D+3)y=e^{-t}-1, & ①\\(D+2)x+(D+1)y=e^{2t}+t. & ②\end{cases}$

故 $\begin{vmatrix}D-1 & D+3\\D+2 & D+1\end{vmatrix}x=\begin{vmatrix}e^{-t}-1 & D+3\\e^{2t}+t & D+1\end{vmatrix}$,

即 $(5D+7)x=5e^{2t}+3t+2$,亦即 $\dfrac{dx}{dt}+\dfrac{7}{5}x=e^{2t}+\dfrac{3}{5}t+\dfrac{2}{5}$. ③

③ 为一阶常系数线性非齐次方程,故通解为

$$x=e^{-\int\frac{7}{5}dt}\left[C+\int(e^{2t}+\frac{3}{5}t+\frac{2}{5})e^{\int\frac{7}{5}dt}dt\right]$$

$$=e^{-\frac{7}{5}t}[C+\int(e^{2t}+\frac{3}{5}t+\frac{2}{5})e^{\frac{7}{5}t}dt],$$

即 $x=Ce^{-\frac{7}{5}t}+\dfrac{5}{17}e^{2t}+\dfrac{3}{7}t-\dfrac{1}{49}$.

又由 ① − ② 得 $-3x+2y=e^{-t}-1-e^{2t}-t$.

$$y=\frac{3}{2}x+\frac{1}{2}(e^{-t}-1-e^{2t}-t)=\frac{3}{2}Ce^{-\frac{7}{5}t}-\frac{1}{17}e^{2t}+\frac{1}{2}e^{-t}+\frac{1}{7}t-\frac{26}{49}.$$

由初始条件 $x\Big|_{t=0}=\dfrac{48}{49},y\Big|_{t=0}=\dfrac{95}{90}$,得 $C=\dfrac{12}{17}$.

故原方程组的特解为

$$\begin{cases}x=\dfrac{12}{17}e^{-\frac{7}{5}t}+\dfrac{5}{17}e^{2t}+\dfrac{3}{7}t-\dfrac{1}{49},\\y=\dfrac{18}{17}e^{-\frac{7}{5}t}-\dfrac{1}{17}e^{2t}+\dfrac{1}{2}e^{-t}+\dfrac{1}{7}t-\dfrac{26}{49}.\end{cases}$$

总习题七全解

1. 解 (1) 三　　(2) $y=e^{-\int P(x)dx}(\int Q(x)e^{\int P(x)dx}dx+C)$.

(3) $y'=f(x,y),y|_{x=x_0}=0$.　　(4) $y=C_1(x-1)+C_2(x^2-1)+1$.

2. 解 (1) 对 $(x+C)^2+y^2=1$ 两边对 x 求导可得 $y'=-\dfrac{x+C}{y}$.

于是 $C=-y'y-x$,代入原方程可得 $(-y'y)^2+y^2=1$,即为 $y^2(y'^2+1)=1$.

故其满足的微分方程为 $y^2(y'^2+1)=1$.

(2) 由通解形式可知方程的两个特征根为 $\lambda_1=1,\lambda_2=2$.

故特征方程为 $(\lambda-1)(\lambda-2)=0$,即 $\lambda^2-3\lambda+2=0$.

其对应的齐次微分方程为 $y''-3y'+2y=0$.

3. 解 (1) 令 $z=\sqrt{y}$，则 $y=z^2, y'=2zz'$.

原方程可化为 $\quad 2xzz'+z^2=2\sqrt{x}z$，

即 $z'+\dfrac{1}{2x}z=\dfrac{1}{\sqrt{x}}$，

则 $z=\mathrm{e}^{-\int\frac{1}{2x}\mathrm{d}x}\left[\int(x^{-\frac{1}{2}})\mathrm{e}^{\int\frac{1}{2x}\mathrm{d}x}\mathrm{d}x+C\right]=\dfrac{1}{\sqrt{x}}\left(\int\dfrac{1}{\sqrt{x}}\cdot\sqrt{x}\,\mathrm{d}x+C\right)=\dfrac{1}{\sqrt{x}}(x+C)$.

代回原变量，则 $\sqrt{y}=\dfrac{1}{\sqrt{x}}(x+C)$.

故原方程的通解为 $x-\sqrt{xy}=C$.

(2) 将原式变形为 $y'+\dfrac{1}{x\ln x}y=a\left(1+\dfrac{1}{\ln x}\right)$.

则 $y=\mathrm{e}^{-\int\frac{1}{x\ln x}\mathrm{d}x}\left[\int a\left(1+\dfrac{1}{\ln x}\right)\mathrm{e}^{\int\frac{1}{x\ln x}\mathrm{d}x}\mathrm{d}x+C\right]$

$=\dfrac{a}{\ln x}\left[\int(\ln x+1)\mathrm{d}x+C_1\right]=\dfrac{a}{\ln x}[x\ln x+C_1]=ax+\dfrac{C}{\ln x}$

即原方程的通解为 $y=ax+\dfrac{C}{\ln x}$.

(3) 将 x 作为未知函数，将原方程化为 $\dfrac{\mathrm{d}x}{\mathrm{d}y}+\dfrac{2}{y}x=\dfrac{2}{y}\ln y$，　则有

$x=\mathrm{e}^{-\int\frac{2}{y}\mathrm{d}y}\left[\int\dfrac{2}{y}\ln y\cdot\mathrm{e}^{\int\frac{2}{y}\mathrm{d}y}\mathrm{d}y+C\right]=\dfrac{1}{y^2}\left[2\int\ln y\cdot y\mathrm{d}y+C\right]$

$=\dfrac{1}{y^2}\left[\ln y\cdot y^2-\dfrac{1}{2}y^2+C\right]=\ln y-\dfrac{1}{2}+\dfrac{C}{y^2}$.

即原方程的通解为 $x=\ln y-\dfrac{1}{2}+\dfrac{C}{y^2}$.

(4) 令 $z=y^{-2}$，则 $y=z^{-\frac{1}{2}}$，　$y'=-\dfrac{1}{2}z^{-\frac{3}{2}}z'$.

则原方程可化为 $-\dfrac{1}{2}z^{-\frac{3}{2}}z'+xz^{-\frac{1}{2}}-x^3z^{-\frac{3}{2}}=0$，

即 $z'-2zx=-2x^3$，

则 $z=\mathrm{e}^{\int 2x\mathrm{d}x}\left[\int(-2x^3)\cdot\mathrm{e}^{-\int 2x\mathrm{d}x}\mathrm{d}x+C\right]=\mathrm{e}^{x^2}\left[\int-2x^3\cdot\mathrm{e}^{-x^2}\mathrm{d}x+C\right]$

$=\mathrm{e}^{x^2}[\mathrm{e}^{-x^2}(x^2+1)+C]=x^2+1+C\mathrm{e}^{x^2}$.

即原方程的通解为 $\quad y^{-2}=x^2+1+C\mathrm{e}^{x^2}$.

(5) 令 $y'=p$，则 $y''=p'$，$p'+p^2+1=0$，$\displaystyle\int\frac{\mathrm{d}p}{1+p^2}=-\int\mathrm{d}x$，

$\arctan p=-x+C_1$，即 $y'=\tan(-x+C_1)$.

故 $y=\ln|\cos(x-C_1)|+C_2$.

(6) 方程不显含 x,设 $y'=p$,则有 $yp\cdot\frac{\mathrm{d}p}{\mathrm{d}y}-p^2-1=0$, 即 $\frac{p\mathrm{d}p}{p^2+1}=\frac{\mathrm{d}y}{y}$.

积分得 $\frac{1}{2}\ln|p^2+1|=\ln|y|+\ln C_1$

即 $p^2+1=(C_1y^2)$,$p=\pm\sqrt{(C_1y)^2-1}$.

则 $\frac{\mathrm{d}y}{\mathrm{d}x}=\pm\sqrt{(C_1y)^2-1}$,$\frac{\mathrm{d}y}{\sqrt{(C_1y)^2-1}}=\pm\mathrm{d}x$.

积分得 $\ln|C_1y-\sqrt{1+(C_1y)^2}|=\pm C_1x+C_2$.

即 $\operatorname{arcch}(C_1y)=C_1x+C_2$.

故通解为 $y=\frac{1}{C_1}\operatorname{ch}(C_1x+C_2)$.

(7) 对应齐次方程为 $y''+2y'+5y=0$.

特征方程为 $\lambda^2+2\lambda+5=0$, $\lambda_{1,2}=-1\pm2\mathrm{i}$.

故齐次方程通解为 $y^*=\mathrm{e}^{-x}(C_1\cos2x+C_2\sin2x)$.

设原方程一特解为 $y_0=A\cos2x+B\sin2x$,

代入原方程,利用待定系数法可知 $A=-\frac{4}{17}$, $B=\frac{1}{17}$.

故 $y_0=-\frac{4}{17}\cos2x+\frac{1}{17}\sin2x$.

故原方程的通解为 $y=\mathrm{e}^{-x}(C_1\cos2x+C_2\sin2x)-\frac{4}{17}\cos2x+\frac{1}{17}\sin2x$.

(8) 对应齐次方程为 $y'''+y''-2y'=0$,

特征方程为 $\lambda^3+\lambda^2-2\lambda=0$.

解之得特征根为 $\lambda_1=0,\lambda_2=1,\lambda_3=-2$.

故齐次方程的通解为 $y^*=C_1+C_2\mathrm{e}^x+C_3\mathrm{e}^{-2x}$.

设 $y'''+y''-2y'=x\mathrm{e}^x$ 的一个特解为 $y_1=x(Ax+B)\mathrm{e}^x$.

代入解得 $A=\frac{1}{6}$,$B=-\frac{4}{9}$,故 $y_1=\left(\frac{1}{6}x^2-\frac{4}{9}x\right)\mathrm{e}^x$.

设 $y'''+y''-2y'=4x$ 的一个特解为 $y_2=x(Cx+D)$,

代入解得 $C=-1$,$D=-1$, 故 $y_2=-x^2-x$.

故原方程的一个特解 $y_0=\left(\frac{1}{6}x^2-\frac{4}{9},x\right)\mathrm{e}^x-x^2-x$.

故原方程的通解为 $y=C_1+C_2\mathrm{e}^x+C_3\mathrm{e}^{-2x}+\left(\frac{1}{6}x^2-\frac{4}{9}x\right)\mathrm{e}^x-x^2-x$.

(9) 将 x 视为未知函数,将原方程化为 $\frac{\mathrm{d}x}{\mathrm{d}y}-\frac{3}{y}x=-y^3x^{-1}$,

令 $z=x^2$,于是有 $\frac{1}{2}z^{-\frac{1}{2}}\cdot z'-\frac{3}{y}\cdot z^{\frac{1}{2}}=-y^2z^{-\frac{1}{2}}$,

即 $z' - \frac{6}{y}z = -2y^3$.

则 $z = e^{\int \frac{6}{y}dy}\left[\int(-2y^3)\cdot e^{-\int\frac{6}{y}dy}dy + C\right]$

$= y^6\left[\int -2y^{-3}dy + C\right] = y^6[y^{-2}+C] = Cy^6 + y^4$.

故原方程的通解为 $x^2 = y^4 + Cy^6$.

(10) 作变换 $u = \sqrt{x^2+y}$,原方程化为 $2u\frac{du}{dx} - x = u$,

即$\frac{du}{dx} - \frac{1}{2u}x = \frac{1}{2}$.

则其通解为 $2u^3 - 3xu^2 + x^3 = C$.

代入 $u = \sqrt{x^2+y}$,得原方程的通解为

$2\sqrt{(x^2+y)^3} - 2x^3 - 3xy = C$.

4. 解 (1) 原方程变为$\frac{dx}{dy} - \frac{2}{y}x = -\frac{2}{y^3}x^2$.

这是一个关于未知函数 x 的伯努利方程,令 $z = x^{-1}$,则

$x = \frac{1}{z}, \frac{dx}{dy} = -\frac{1}{z^2}\cdot\frac{dz}{dy}$,

从而原方程化为 $-\frac{1}{z^2}\cdot\frac{dz}{dy} - \frac{2}{y}\cdot\frac{1}{z} = -\frac{2}{y^3}\cdot\frac{1}{z^2}$.

即$\frac{dz}{dy} + \frac{2}{y}z = \frac{2}{y^3}$,此方程为一阶线性方程,其通解为

$z = e^{-\int\frac{2}{y}dy}\left(\int\frac{2}{y^3}e^{\int\frac{2}{y}dy}dy + C\right) = \frac{1}{y^2}\left(\int\frac{2}{y}dy + C\right) = \frac{1}{y^2}(2\ln|y| + C)$.

将 $z = x^{-1}$ 代入上式得原方程的通解

$\frac{1}{x} = \frac{1}{y^2}(2\ln|y| + C)$，　即 $y^2 = x(2\ln|y| + C)$.

将初始条件代入通解得 $C = 1$.

故满足初始条件的特解为 $y^2 = x(1 + 2\ln|y|)$.

(2) 令 $y' = p(x)$,则原方程为$\frac{dp}{dx} - ap^2 = 0$,

分离变量得$\frac{dp}{p^2} = a\,dx$.

两边积分有 $-\frac{1}{p} = ax + C_1$，　即 $p = -\frac{1}{ax+C_1}$.

代入 $p = y'$ 得 $y' = -\frac{1}{ax+C_1}$.

将初始条件 $x=0$ 时 $y'=-1$ 代入上式,得 $-1=-\dfrac{1}{C_1}$,

亦 $C_1=1$,因而 $y'=-\dfrac{1}{ax+1}$, 即 $\mathrm{d}y=-\dfrac{\mathrm{d}x}{ax+1}$.

两边积分得 $y=-\dfrac{1}{a}\ln|ax+1|+C_2$.

由初始条件 $x=0$ 时 $y=0$ 得 $C_2=0$.

因此满足初始条件的特解为 $y=-\dfrac{1}{a}\ln|ax+1|$.

(3) 令 $y'=p(y)$,则 $y''=p\dfrac{\mathrm{d}p}{\mathrm{d}y}$,故原方程变为 $2p\dfrac{\mathrm{d}p}{\mathrm{d}y}-\sin 2y=0$.

分离变量得 $2p\mathrm{d}p=\sin 2y\mathrm{d}y$.

两边积分得 $p^2=-\dfrac{1}{2}\cos 2y+C_1$.

将 $p=y'$ 代入上式得 $(y')^2=-\dfrac{1}{2}\cos 2y+C_1$.

代入初始条件 $y'(0)=1$ 得 $C_1=\dfrac{1}{2}$.

因而 $(y')^2=\dfrac{1}{2}-\dfrac{1}{2}\cos 2y=\sin^2 y$,即 $y'=\sin y$,

分离变量得 $\dfrac{\mathrm{d}y}{\sin y}\mathrm{d}x$.

两边积分得 $\displaystyle\int\frac{\mathrm{d}y}{\sin y}=\int\mathrm{d}x$.

而 $\displaystyle\int\frac{\mathrm{d}y}{\sin y}=\int\frac{\sin y}{1-\cos^2 y}\mathrm{d}y=-\int\frac{1}{1-\cos^2 y}\mathrm{d}\cos y=\frac{1}{2}\ln\frac{1-\cos y}{1+\cos y}+C$.

所以上式为 $\dfrac{1}{2}\ln\dfrac{1-\cos y}{1+\cos y}=x+C_2$.

将初始条件 $y(0)=\dfrac{\pi}{2}$ 代入上式,得 $C_2=0$.

因而所求特解为 $x=\dfrac{1}{2}\ln\dfrac{1-\cos y}{1+\cos y}$.

(4) 特征方程为 $r^2+2r+1=0$,解之得特征根 $r_1=r_2=-1$.

所以原方程对应的齐次方程的通解为 $y=(C_1+C_2x)\mathrm{e}^{-x}$.

又因为 $f(x)=\cos x,\lambda=0,\omega=1,\lambda+\mathrm{i}\omega=\mathrm{i}$ 不是特征根,所以原方程具有形如 $y^*=A\cos x+B\sin x$ 的特解,代入原方程得

$(-A\cos x-B\sin x)+2(-A\sin x+B\sin x)+(A\cos x+B\sin x)=\cos x$,

即 $\quad -2A\sin x+2B\cos x=\cos x$.

比较系数得 $A=0, B=\frac{1}{2}$，　所以 $y^*=\frac{1}{2}\sin x$.

从而原方程的通解为 $y=(C_1+C_2x)e^{-x}+\frac{1}{2}\sin x$.

将初始条件代入通解得 $\begin{cases} C_1=0, \\ -C_1+C_2+\frac{1}{2}=\frac{3}{2}. \end{cases}$　即 $\begin{cases} C_1=0, \\ C_2=1. \end{cases}$

因此满足初始条件的特解为 $y=xe^{-x}+\frac{1}{2}\sin x$.

5. 解　设 (x,y) 为曲线上任一点，则曲线在 (x,y) 的切线方程为 $Y-y=y'(X-x)$，该切线在纵轴上的截距为 $y-xy'$，由题设有

$y'=\frac{y}{x}-1$，是一阶线性微分方程，通解为

$y=e^{\int\frac{1}{x}dx}\left[\int(-1)\cdot e^{-\int\frac{1}{x}dx}dx+C\right]=x(-\ln|x|+C)$.

将 $x=y=1$ 代入得所求曲线方程为 $y=x(1-\ln|x|)$.

6. 解　设每分钟应输入的空气为 a (m³)，t 时刻车间中 CO_2 的浓度为 $x(t)$，则车间中 CO_2 的含量（以体积计算）在 t 时刻经过 dt (min) 的改变量为

$30\times30\times6dx=0.000\,4adt-axdt$.

分离变量，得 $\frac{1}{x-0.000\,4}dx=-\frac{a}{5\,400}dt$.

由于 $x>0.000\,4$，故两边积分得 $\ln(x-0.000\,4)=-\frac{a}{5\,400}t+\ln C$.

即　$x=0.000\,4+Ce^{\frac{a}{5\,400}t}$.

由于开始时车间中的空气含 0.12% 的 CO_2，即 $t=0$ 时，$x=0.001\,2$，

代入上式得　$C=0.000\,8$，

因此　$x=0.000\,4+0.000\,8e^{\frac{a}{5\,400}t}$，

由上式得　$a=-\frac{5\,400}{t}\ln\frac{x-0.000\,4}{0.000\,8}$.

由于要求 30 (min) 后车间中 CO_2 的含量不超过 0.06%，

即当 $t=30$ 时 $x\leqslant0.000\,6$，将 $t=30$，$x=0.000\,6$ 代入上式，

得 $a=180\ln4\approx250$.

因为 $x'=\frac{0.000\,8}{5\,400}e^{\frac{a}{5\,400}t}<0$，所以 x 是 a 的减函数，

故当 $a\geqslant250$ 时可保证 $x\leqslant0.000\,6$

因此每分钟输入新鲜空气的量不得小于 250 (m³).

7. 解　在 $\varphi(x)\cos x + 2\int_0^x \varphi(t)\sin t\mathrm{d}t = x+1$ 两边对 x 求导得

$\varphi'(x)\cos x - \varphi(x)\sin x + 2\varphi(x)\sin x = 1.$

即 $\varphi'(x)\cos x + \varphi(x)\sin x = 1.$

记 $y=\varphi(x)$,则上式变为　$y'\cos x + y\sin x = 1.$

即　$y' + y\tan x = \sec x$,是一个一阶线性方程,其通解为

$$y = \mathrm{e}^{-\int \tan x\mathrm{d}x}\left(\int \sec x \mathrm{e}^{\int \tan x\mathrm{d}x}\mathrm{d}x + C\right) = \mathrm{e}^{-\int \frac{\sin x}{\cos x}\mathrm{d}x}\left(\int \sec x \mathrm{e}^{\int \frac{\sin x}{\cos x}}\mathrm{d}x + C\right)$$

$$= \cos x\left(\int \sec^2 x\mathrm{d}x + C\right) = \cos x(\tan x + C) = \sin x + C\cos x.$$

在 $\varphi(x)\cos x + 2\int_0^x \varphi(t)\sin t\mathrm{d}t = x+1$ 中令 $x=0$ 得 $\varphi(0)=1$,

因而 $x=0$ 时,$y=1$,即 $\sin 0 + C\cos 0 = 1$,从而 $C=1$.

因此 $\varphi(x) = \sin x + \cos x$.

8. 解　由题意得 $\int_0^x \sqrt{1+(y')^2}\mathrm{d}x = \mathrm{e}^x - 1$,且 $y|_{x=0}=0$,

两端对 x 求导得 $\sqrt{1+(y')^2} = \mathrm{e}^x$.

即 $y' = \pm\sqrt{\mathrm{e}^{2x}-1}$,取 $y' = \sqrt{\mathrm{e}^{2x}-1}$,

$y = \sqrt{\mathrm{e}^{2x}-1} - \arctan\sqrt{\mathrm{e}^{2x}-1} + C$,

由 $y|_{x=0}=0$ 知 $C=0$,故 $y = \sqrt{\mathrm{e}^{2x}-1} - \arctan\sqrt{\mathrm{e}^{2x}-1}$.

9. 解　(1) $\omega' = y_1'y_2' + y_1y_2'' - (y_1'y_2' + y_1''y_2) = y_1y_2'' - y_1''y_2$.

故 $\omega' + p\omega = y_1y_2'' - y_1''y_2 + py_1y_2' - py_1'y_2$

$= (y_1y_2'' + py_1y_2') - (y_1''y_2 + py_1'y_2)$

$= y_1(y_2'' + py_2') - y_2(y_1'' + py_1')$

$= -qy_1y_2 + qy_1y_1 = 0.$

(2) 由 $\omega' + p\omega = 0$ 解得 $\omega = C\mathrm{e}^{-\int P(t)\mathrm{d}t}$.

将 $x=x_0$ 代入,则 $C=\omega(x_0)$,　$\omega = \omega(x_0)\mathrm{e}^{-\int_{x_0}^x P(t)\mathrm{d}t}$.

10. 解　(1) 令 $x=\mathrm{e}^t$,即 $t=\ln x$,则原方程变为 $D(D-1)y + 3Dy + y = 0$.

即　$D^2y + 2Dy + y = 0$,　亦即　$y_t'' + 2y_t' + y = 0$.　①

方程 ① 的特征方程为　$r^2 + 2r + 1 = 0$.

解之得特征根　$r_1 = r_2 = -1$.

于是方程 ① 的通解为 $y = (C_1 + C_2t)\mathrm{e}^{-t}$.

将 $t=\ln x$ 代入即得原方程的通解为　$y = \dfrac{C_1 + C_2\ln|x|}{x}$.

(2) 令 $x=e^t$,即 $t=\ln x$,则 $\dfrac{dy}{dx}=\dfrac{1}{x}\cdot\dfrac{dy}{dt}$, $\dfrac{d^2y}{dx^2}=\dfrac{1}{x^2}\left(\dfrac{d^2y}{dt^2}-\dfrac{dy}{dt}\right)$

故原方程化为 $$\frac{d^2y}{dt^2}-5\frac{dy}{dt}+6y=e^t. \quad ①$$

方程 ① 的特征方程为 $r^2-5r+6=0$.

解之得特征根 $r_1=2, r_2=3$.

因而方程 ① 对应的齐次方程的通解为 $y=C_1e^{2t}+C_2e^{3t}$.

又由于 $f(t)=e^t$,$\lambda=1$ 不是特征根,所以方程 ① 具有形如 $y^*=Ae^t$ 的特解,代入方程 ① 得 $2Ae^t=e^t$.

即 $A=\dfrac{1}{2}$, 故 $y^*=\dfrac{1}{2}e^t$,

从而方程 ① 的通解为 $y=C_1e^{2t}+C_2e^{3t}+\dfrac{1}{2}e^t$.

将 $t=\ln x$ 代入即得原方程的通解为 $y=C_1x^2+C_2x^3+\dfrac{x}{2}$.

11. 解 (1) 原方程组可表示成

$$\begin{cases} Dx+(2D+1)y=0, & ① \\ (3D+2)x+(4D+3)y=t. & ② \end{cases}$$

① $\times(3D+2)-$ ② $\times D$,得 $(2D^2+4D+2)y=-1$.

即 $$2y''+4y'+2y=-1. \quad ③$$

方程 ③ 的特征方程为 $2r^2+4r+2=0$.

解之得特征根 $r_1=r_2=-1$.

因此方程 ③ 对应的齐次方程的通解为 $y=(C_1+C_2t)e^{-t}$.

由于 $f(t)=-1$,0 不是特征根,所以方程 ③ 具有形如 $y^*=A$ 的特解,

把 ② 代入方程 ③ 得 $2A=-1$,即 $A=\dfrac{-1}{2}$,从而 $y^*=-\dfrac{1}{2}$.

因此方程 ③ 的通解为 $y=(C_1+C_2t)e^{-t}-\dfrac{1}{2}$.

又由 ② $-$ ① $\times 3$ 得 $2x-2Dy=t$,即

$$x=\frac{dy}{dt}+\frac{1}{2}t=C_2e^{-t}+(C_1+C_2t)e^{-t}\cdot(-1)+\frac{1}{2}t$$

$$=(-C_1+C_2-C_2t)e^{-t}+\frac{1}{2}t.$$

即原方程组的通解为 $$\begin{cases} x=(-C_1+C_2-C_2t)e^{-t}+\dfrac{1}{2}t, \\ y=(C_1+C_2t)e^{-t}-\dfrac{1}{2} \end{cases}.$$

(2) 原方程组可表示成

$$\begin{cases}(D+1)^2x+(D+1)y=0, & ①\\ (D+1)x+(D+1)^2y=e^t. & ②\end{cases}$$

① × $(D+1)$ − ② 得　$(D^3+3D^2+2D)x=-e^t$.

即　$x'''_t+3x''_t+2x'_t=-e^t$.　③

方程 ③ 的特征方程为　$r^3+3r^2+2r=0$.

解之得特征根 $r_1=0, r_2=-1, r_3=-2$.

因此方程 ③ 对应的齐次方程的通解为　$x=C_1+C_2e^{-t}+C_3e^{-2t}$.

由于 $f(t)=-e^t$，$\lambda=1$ 不是特征根，所以方程 ③ 有形如 $x^*=Ae^t$ 的特解，代入方程 ③ 得 $6Ae^t=-e^t$，即 $A=-\frac{1}{6}$，从而 $x^*=-\frac{1}{6}e^t$.

因此方程 ③ 的通解为　$x=C_1+C_2e^{-t}+C_3e^{-2t}-\frac{1}{6}e^t$.

由原方程组中的第一个方程有

$$\begin{aligned}\frac{dy}{dt}+y&=-\frac{d^2x}{dt^2}-2\frac{dx}{dt}-x\\ &=-\left(C_2e^{-t}+4C_3e^{-2t}-\frac{1}{6}e^t\right)-2\left(-C_2e^{-t}-2C_3e^{-2t}-\frac{1}{6}e^t\right)\\ &\quad-\left(C_1+C_2e^{-t}+C_3e^{-2t}-\frac{1}{6}e^t\right)\\ &=-C_1-C_3e^{-2t}+\frac{2}{3}e^t.\end{aligned}$$

即　$\frac{dy}{dt}+y=-C_1-C_3e^{-2t}+\frac{2}{3}e^t$，其通解为

$$\begin{aligned}y&=e^{-\int dt}\left[\int\left(-C_1-C_3e^{-2t}+\frac{2}{3}e^t\right)e^{\int dt}dt+C_4\right]\\ &=e^{-t}\left[\int\left(-C_1e^t-C_3e^{-t}+\frac{2}{3}e^{2t}\right)dt+C_4\right]\\ &=e^{-t}\left(-C_1e^t+C_3e^{-t}+\frac{1}{3}e^{2t}+C_4\right)\\ &=-C_1+C_3e^{-2t}+\frac{1}{3}e^t+C_4e^{-t}.\end{aligned}$$

因此原方程的通解为

$$\begin{cases}x=C_1+C_2e^{-t}+C_3e^{-2t}-\frac{1}{6}e^t,\\ y=-C_1+C_3e^{-2t}+C_4e^{-t}+\frac{1}{3}e^t.\end{cases}$$